EXCEL
SixSigma Tools 응용과 이해

홍릉과학출판사

이 책의 부록 파일은 도서출판 홍릉 홈페이지(www.hongpub.co.kr)에서 내려받을 수 있습니다.

홈페이지에서 도서명 검색 후 보조자료를 다운로드하시기 바랍니다. (Chrome 웹브라우저 사용 권장)

머리말

우리나라의 식스시그마 혁신전략은 괄목상대할 만큼 성과를 이루었다. 그 힘의 원천은 데이터 분석법에 있다. 즉 데이터에 근거한 의사결정의 역할이라고 해도 지나친 말이 아닐 것이다. 물론 의사결정에는 감과 직관에 의한 의사결정도 있으나 급변하는 경제상황과 다양한 고객니즈를 따라가기에는 역부족이다. 이 두 가지 의사결정 방법이 서로 유기적인 관계를 이루어야 한다. 의사결정에 있어서 데이터 분석법의 주류는 통계적 방법론에 근거한다. 그러나 거의 모든 통계관련 서적들이 이론을 설명하는데 치우쳐 있기 때문에, 통계학을 전공하는 사람들이나 전공하지 않는 사람들에게 통계학을 배우고 통계적 품질혁신을 수행하는 것이 매우 공허하고 머리 아픈 일임이 사실이다. 이론을 이해할 지라도 실제 적용할 때 많은 어려움(컴퓨터의 사용, 분석프로그램 숙지 등)을 느끼고 있는 실정이다. 따라서 혁신전략을 수행하여 성과를 얻기 위해서는 가장 보편적인 엑셀 툴을 사용하여 통계적 데이터 분석법을 짧은 시간 내에 익히고 현장에 적용하는 것이 절실히 필요하다.

이 책은 식스시그마 전략을 추진하는데 있어서 EXCEL과 Excel addin 프로그램인 SixSigma Tools를 사용하여 실제로 체험을 통해 손쉽게 자신의 데이터를 분석하고, 통계데이터를 정보로서 활용할 수 있도록 집필되었으므로 보다 짧은 시간과 노력으로 전문적이고 행동전략적인 품질혁신리더가 될 수 있으리라 기대한다.

원태연, Ph.D.

원 태 연, Ph.D.

중앙대학교 대학원 통계학과 석사, 박사

- 현, 淵 혁신전략연구소 대표
- 12' 여의도연구소 여론조사실 자문위원
- 06~2012 중앙대학교 대학원 강사/ 창업경영대학원 외래교수
- 2009~2010 한나라당 여의도연구소 정책자문위원
- 07' 한나라당 대통령후보 경선관리위원회 여론조사전문가위원
- 07' 여의도연구소 정책조사팀 자문위원
- Global Consulting Group BI 본부장/이사 역임
- 99~06`, LG 전자 Learning Center 기술교육 외래교수, TQ Six Sigma 자문교수 역임
- 2000' LG 전자 CU Six Sigma 연구회 사외 자문교수 역임
- KSA 2001년도 교육과정개발 TFT 자문위원 역임
- KSA 연구소 Six Sigma 품질혁신전략 교재개발 위원 역임
- KSA (QM) 교육부 통계분과 자문위원 역임

저 서

1. 통계적 품질관리, 홍릉과학출판사, 2011
2. IBM SPSS 바이블, 원태연, 미정, 근간
3. Six Sigma 통계적 사고, 원태연, 미정, 근간
4. EXCEL SixSigma Tools 2007 GuideBook, 원태연, 미정, 근간
5. Minitab & SixSigma Tools 통계자료분석, 홍릉과학출판사, 2010
6. SPSS 서베이리서치, 원태연, 홍릉과학출판사, 2010
7. 통계조사분석 - PASW18 개정판, 원태연, 한나래출판사, 2009
8. EXCEL 고객만족 전략분석, 원태연, 홍릉과학출판사, 2009
9. SPSS 시각화 통계자료분석, 원태연, 홍릉과학출판사, 2009
10. 마케팅 조사 통계분석, 원태연 외 1인, 교우사, 2004
11. 시각화 통계분석 원리, 원태연 외 1인, 교우사, 2004
12. 다변량 시각화 데이터 분석법, 원태연, 교우사, 2004
13. 일변량 시각화 데이터 분석법, 원태연, 교우사, 2004
14. 경영혁신전략을 위한 고객정보 조사분석, 원태연, 교우사, 2004
15. 시계열 자료와 단순화 분석 Series II, 원태연 외 1인, SPSS 아카데미, 2003
16. 시계열 자료와 단순화 분석 Series I, 원태연 외 1인, SPSS 아카데미, 2001
17. 고객정보조사분석 , 원태연, SPSS 아카데미, 2001
18. 시각화 데이터 분석법 -BASIC , 원태연, SPSS 아카데미, 2001
19. 시각화 데이터 분석법 -Advanced , 원태연, SPSS 아카데미, 2001
20. 통계조사분석- 10k 개정판, 원태연 외 1인, SPSS 아카데미, 2001
21. 마케팅조사 분석론 -은행 고객만족도 조사- , 원태연 외 2인, 율곡출판사, 2000
22. 시각화 통계분석 원리, 원태연, SPSS 아카데미, 2000
23. 마케팅조사 통계분석, 원태연 외 1인, SPSS 아카데미, 1998
24. 통계조사분석 7.5K, 원태연 외 1인, SPSS 아카데미, 1998
25. SAS를 이용한 통계자료분석, 원태연 외 1인, 중앙대학교 출판부, 1995

기타 생략함....

경영혁신 Tools 개발

- ⊙ 10` DoE MasterWare 7a 개발(Excel 2007-2010용)...
- ⊙ 09` CSM Analyzer 7d 개발(Excel 2007-2010용)
- ⊙ 09` SixSigma Tools 2007d 개발(Excel 2007-2010용)
- ⊙ 10` SPC MasterWare 개발중…
- ⊙ 10` 수요예측 모듈 개발예정…
- ⊙ 06` X-SPI V4.0, 한국경영혁신컨설팅과 제휴(www.kmiway.com)
- ⊙ Six Sigma Project 수행 Tools 개발 (TQ-6Sigma Tools V1.0 for LGE) 완료 - LG 전자 CU 내에서 사용권 허용 …

일러두기

이 책에서 사용한 대부분의 도표, 그림, 출력결과 및 계산은 모두 EXCEL과 EXCEL addin Program인 SixSigma Tools 2007d버전을 사용하여 만들어진 것이다. SixSigma Tools은 EXCEL 기반의 프로그램으로 EXCEL의 뛰어난 그래프 기능과 계산능력을 모두 갖추고 있으며 매우 분석적인 아웃풋을 제공한다. 그리고 일부 아웃풋은 DoE MasterWare 7을 사용하여 출력하였다. DoE MasterWare는 실험계획법을 활용하기 위한 툴로서 개발되었다. SixSigma Tools과 DoE MasterWare를 사용하면 기업의 모든 품질혁신전략을 수행하는데 무리가 없다. SixSigma Tools은 식스시그마 추진전략인 DMAIC에 따른 메뉴로 구성되어 있으며 고급 실험계획법은 DoE MasterWare로 집중하여 모듈이 개발되었다.

Phases	Activity	VBA Tools
Define	D_1 Step1. 비즈니스 기회정의 D_2 Step2. 고객 정의 및 요구사항 확인 D_3 Step3. 프로젝트 선정 및 등록 (CTQ)	CSM Analyzer SixSigma Tools
Measure	M_1 Step4. 측정대상 결정 M_2 Step5. 측정계획 수립 및 실행 M_3 Step6. 현수준(baseline) 평가 / 목표설정	SixSigma Tools
Analyze	A_1 Step7. 잠재 요인 X's의 도출 A_2 Step8. 데이터 수집 및 인과관계 규명 A_3 Step9. Vital few X's 선정 및 목표검증	SixSigma Tools DoE MasterWare
Improve	I_1 Step10. 개선안 도출 I_2 Step11. 개선안 실행-vital few X's의 최적화 I_3 Step12. 개선결과 검증	SixSigma Tools DoE MasterWare
Control	C_1 Step13. 관리계획 수립 및 모니터링 시스템 구축 C_2 Step14. 관리계획 시행 및 이관 C_3 Step15. 프로젝트 성과 공유/사후관리	SixSigma Tools

SixSigma Tools은 모든 단계에서 다양하게 활용될 수 있다. CSM Analyzer는 시장조사, 고객만족조사, Survey 등에 초점을 맞추어 개발되었다. 이들 툴들은 㶕혁신전략연구소 사이트 www.yonisi.com의 연혁신전략연구소 자료실(download)에서 받아 볼 수 있다. 그리고 기타 서적과 교육프로그램등도 참고할 만하다.

첨부된 CD에 대해...

CD에는 SixSigma Tools 2007d 버전이 수록되어 있다. 2012년 4월 업데이트 버전이다. 최신버전 및 정보는 淵혁신전략연구소 사이트 www.yonisi.com의 연혁신전략연구소 자료실(download)에서 받아 볼 수 있다. CD는 자동으로 인스톨 프로그램이 작동하면 다음과 같은 초기화면을 볼 수 있으며 수동으로 CD를 열기하여 "\Autorun\Autorun.exe"을 실행해도 된다. 메뉴 상단의 'Go Simple Video Manual'을 클릭하면 기본적인 사용법을 학습할 수 있는 동영상 매뉴얼을 볼 수 있다. 그리고 이 책에서 사용되는 예제 데이터는 '\SST데이터\'에 수록하였다.

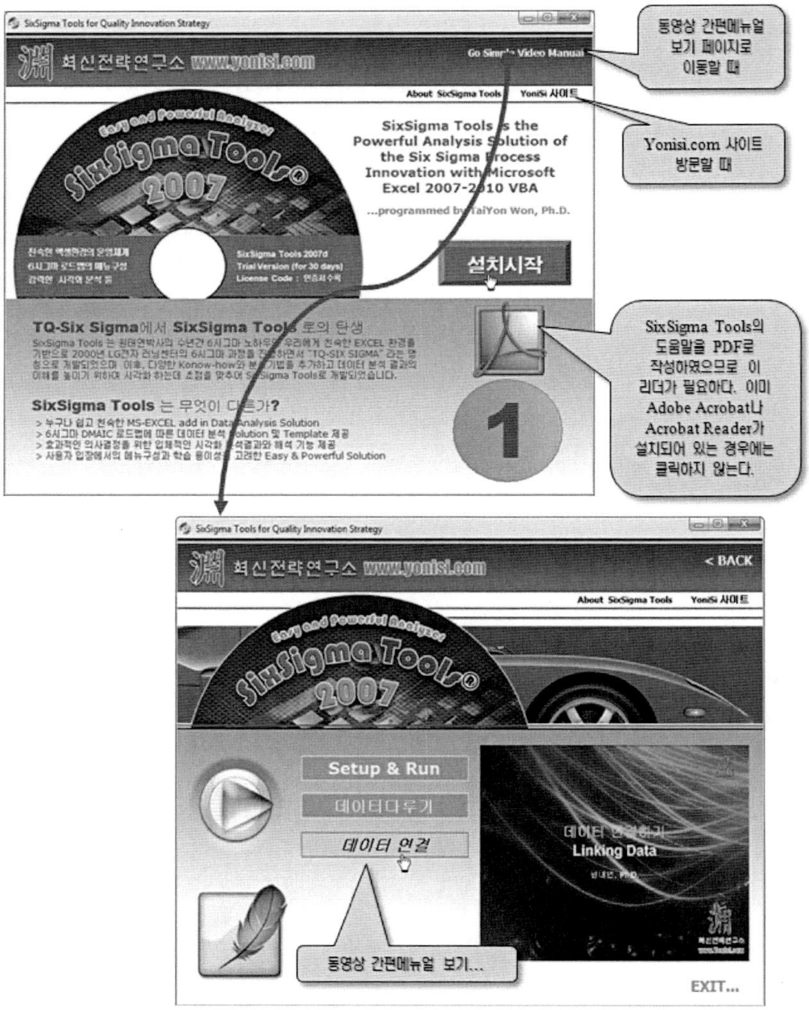

[**설치순서 요약**]

❶ OS는 Windows 환경으로 XP 및 이상의 버전을 권장합니다. XP가 무난히 수행될 수 있는 정도의 컴퓨터 사양이 필요합니다. 메모리는 클수록 좋습니다.

❷ 반드시 자신의 컴퓨터에 EXCEL 2007 및 이상의 버전이 설치되어 있어야 합니다. 권장 버전은 EXCEL 2007-2010입니다.

❸ EXCEL 2007은 일부 버그가 있으므로 EXCEL이 정상적으로 동작하기 위해서는 서비스 팩 2가 설치되어야 합니다. Office 2007 SP2는 마이크로소프트 사의 홈페이지에서 다운받아 설치하시기 바랍니다. 역시 Office 2010은 SP1을 설치하십시오.

❹ VBA 프로그램은 기본적으로 EXCEL의 처리속도에 의존합니다.

❺ EXCEL을 실행한 후에 Alt + F를 누르고 [**옵션**]을 선택합니다. 대화상자가 나타나고 왼쪽 메뉴리스트에서 "**보안 센터**"을 클릭하고 Alt + T를 누르고 "**매크로 설정**"에서 Alt + E를 누르면 [**모든 매크로 포함**]이 선택된다. 이외는 취양에 따라 지정하고 [확인]을 클릭하여 설정을 완료합니다.

❻ CD인 경우는 CD를 삽입하면 자동으로 실행되며, 그렇지 않은 경우는 Autorun 폴더 안의 "Autorun.exe"를 더블 클릭하여 프로그램을 설치합니다. Window 7인 경우 보안문제로 OS가 설치되어 있는 C: 드라이브를 피하여 D:나 E: 등의 드라이브에 설치해야 정상적으로 프로그램을 사용할 수 있습니다.

❼ 설치가 완료하면 자동으로 프로그램이 실행됩니다. 자동으로 실행하지 않은 경우는 **시작 > 프로그램 > SixSigma Tools 2007** 그룹에서 아이콘 SixSigma Tools 2007을 클릭하여 실행합니다. 해당하는 라이센스 코드

를 입력하고 확인단추를 클릭하면 등록 메시지가 나타납니다.

❽ 엑셀의 메뉴 끝에 "**추가 기능**"이 나타나고 여기에 **SixSigma Tools 2007**이라는 리본메뉴가 나타납니다. 이제부터 식스시그마 돌파전략을 수행하는 강력한 시각화 분석 도구의 진수를 맛보실 수 있습니다.

내 용

1부 SixSigma Tools와 EXCEL / 1

1장 데이터 분석을 위한 Excel 기본사용법 /5

⇨1.1 Excel 시작, 환경설정, 종료 5

⇨1.2 EXCEL의 기본환경 9

⇨1.3 데이터 입력 및 편집 18

⇨1.4 파일 열기/불러오기 33

⇨1.5 데이터 계산/변환/출력 38

⇨1.6 데이터 다루기 61

⇨1.7 확률분포와 모의실험 69

⇨1.8 그래프 78

⇨1.9 SixSigma Tools을 이용한 그래프 만들기 84

2부 확률론 / 94

2장 확률과 분포이론 / 95

⇨2.1 확률 및 분포 95

⇨2.2 평균 101

⇨2.3 분산 103

⇨2.4 왜도와 첨도 105

⇨2.5 적률모함수 107

⇨2.6 분위수 109

⇨2.7 상관계수(correlation coefficient) 113

3장 이산형 확률분포 / 117

⇨3.1 베르누이분포 119

⇨3.2 이항분포 121

⇨3.3 음이항분포 125

⇨3.4 기하분포 128

⇨3.5 초기하분포 132

⇨3.6 포아송분포 134

4장 연속형 확률분포 / 139

⇨4.1 정규분포 140

⇨4.2 균일분포 150

⇨4.3 지수분포 151

⇨4.4 감마분포와 카이제곱분포 155

⇨4.5 와이블분포 161

⇨4.6 로그정규분포 164

⇨4.7 베타(Beta)분포 166

⇨4.8 t-분포 168

⇨4.9 F-분포 170

⇨4.10 이변량 정규분포 173

⇨4.11 다변량정규분포 175

3부 Basic Statistical Techniques / 178

5장 데이터와 측정이론 / 179

⇨5.1 측정이란? 179

⇨5.2 측정과정 180

⇨5.3 데이터란 무엇인가? 183

⇨5.4 측정수준 184

⇨5.5 척도의 종류 186

⇨5.6 척도화 방법 190

6장 통계적 가설검정 / 197

⇨6.1 가설검정의 개요 197

⇨6.2 가설의 설정 199

⇨6.3 검정통계량 201

⇨6.4 유의수준과 기각역 204

⇨6.5 대립가설과 기각역 205

⇨6.6 제1종 오류와 제2종 오류 208

⇨6.7 유의수준과 p-값 209

⇨6.8 기각값, p-값, 신뢰구간에 의한 판단 213

7장 일표본의 모평균에 대한 신뢰구간과 가설검정 / 215

⇨7.1 모표준편차를 알 때 모평균의 신뢰구간 216

⇨7.2 모표준편차를 알지 못할 때 모평균의 신뢰구간 220

⇨7.3 모표준편차를 알 때 모평균에 대한 가설검정 226

⇨7.4 표준편차를 알지 못할 때 모평균에 대한 가설검정 230

⇨7.5 모비율에 대한 신뢰구간과 가설검정 234

⇨7.6 일표본 위치문제에 대하여(필독)... 238

8장 2집단 평균비교 : 신뢰구간과 T-검정 / 241

⇨8.1 T-검정 개요 241

⇨8.2 대응표본과 독립표본의 이해 242

⇨8.3 대응표본의 차이평균 검정 244

⇨8.4 독립표본의 평균차 검정 249

⇨8.5 두 모비율의 차이검정 257

9장 카이제곱검정 / 261

⇨9.1 독립성 검정 262

⇨9.2 동질성 검정 269

⇨9.3 카이제곱 적합도 검정 273
⇨9.4 기타 Training 예제 279

10장 분산분석 : ANOVA / 283

⇨10.1 서론 283
⇨10.2 1인자 분산분석 (일원배치법) 286
⇨10.3 난괴법 (randomized block design) 291
⇨10.4 2요인 분산분석 (이원배치법) 296
⇨10.5 다인자 분산분석(다원배치법) 314

11장 상관분석 / 343

⇨11.1 상관계수의 정의 343
⇨11.2 상관계수의 성질 345
⇨11.3 광고비와 매출액 간의 선형관계 347

12장 단순회귀분석 / 351

⇨12.1 회귀분석의 개념 351
⇨12.2 단순회귀식의 적합 353
⇨12.3 단순회귀의 분산분석표 354
⇨12.4 오차항에 대한 4가지 가정 356
⇨12.5 오차항의 4가정 확인방법 358

13장 다중회귀분석 / 372

⇨13.1 서 론 372
⇨13.2 다중회귀모형의 적합 373
⇨13.3 회귀모형의 분석 절차 378
⇨13.4 변수선택법 386

14장 비모수 검정 / 398

⇨14.1 서 론 398
⇨14.2 2표본 검정 401

⇨14.3 독립된 K개의 표본 비교분석 410
⇨14.4 기타 Training 예제 415

4부 통계적 공정관리 Statistical Process Control / 418

15장 QC 7가지 도구 / 419

⇨15.1 히스토그램 420
⇨15.2 체크시트 422
⇨15.3 파레토 도표 424
⇨15.4 특성요인도(Cause & Effect Diagram) 428
⇨15.5 결점집중도 431
⇨15.6 산점도(scatter plot) 433
⇨15.7 관리도 434

16장 관리도(Control Chart) / 437

⇨16.1 관리도 437
⇨16.2 관리도의 통계적 개념 440
⇨16.3 관리도의 효율 441
⇨16.4 평균런길이 442
⇨16.5 관리도의 종류 443
⇨16.6 공정분포 444

17장 Shewhart 관리도 / 445

⇨17.1 관리도의 기본개념 445
⇨17.2 $\overline{X}$-관리도 448
⇨17.3 R-관리도 460
⇨17.4 S-관리도 463
⇨17.5 $\overline{X}$-R 관리도와 $\overline{X}$-S 관리도 466

⇨17.6 $\widetilde{X}$-관리도와 $\widetilde{X}$-R관리도 468
⇨17.7 np-관리도와 p-관리도 469
⇨17.8 c-관리도와 u-관리도 477
⇨17.9 X-MR 관리도 487

18장 누적합 관리도 / 493

⇨18.1 누적합관리도 493
⇨18.2 누적합관리도의 절차 496
⇨18.3 관리통계량 의 선정 498
⇨18.4 참고값(k)과 결정구간(h)의 설정 499
⇨18.5 V-마스크(mask)를 사용한 양쪽관리절차 502
⇨18.6 평균런길이의 계산 504
⇨18.7 누적합관리도의 작성 506

19장 지수가중이동평균 관리도 / 511

⇨19.1 지수가중이동평균 관리도 511
⇨19.2 가중치 r과 관리한계 k의 설정 515
⇨19.3 평균런길이의 계산 517
⇨19.4 지수가중 이동평균관리도의 작성 520
품질수준 평가와 공정능력분석 523
⇨20.1 품질수준의 평가 523
⇨20.2 공정능력이란? 528
⇨20.3 공정능력지수(process capability index) 538

21장 측정시스템분석 / 555

⇨21.1 측정시스템 평가방법과 절차 555
⇨21.2 측정오차와 측정능력 562
⇨21.3 계측변동 569

⇨21.4 위치문제 평가 581

5부 Advanced Statistical Techniques / 588

22장 다변량 통계분석 – Multivariate Statistical Analysis / 589

⇨22.1 다변량 통계분석이란? 589

⇨22.2 다변량 통계분석의 분류 590

⇨22.3 유사성 및 상이성 행렬 591

⇨22.4 고유값과 고유벡터 595

⇨22.5 표본공분산행렬 계산 597

⇨22.6 표본상관행렬 계산 599

23장 주성분 분석 Principal Component Analysis / 601

⇨23.1 주성분 분석 이란? 601

⇨23.2 주성분의 활용 602

⇨23.3 주성분 이론 602

⇨23.4 주성분의 개수() 결정 604

⇨23.5 시리얼 시장조사 데이터의 주성분 추출 606

⇨23.6 미국 Wisconsin주 사회경제조사 615

24장 요인분석 – Factor Analysis / 625

⇨24.1 요인분석이란? 625

⇨24.2 요인모형의 이론적 배경 627

⇨24.3 주성분 법의 요인모형 630

⇨24.4 공통요인 수의 결정기준 631

⇨24.5 요인회전(factor rotation) 634

⇨24.6 회전방법 635

⇨24.7 요인의 해석 637

⇨24.8 요인점수의 계산 640

⇨24.9 시리얼 시장조사 641
⇨24.10 운동화 구매요인분석 651

25장 군집분석 – Cluster Analysis / 661

⇨25.1 군집분석이란? 661
⇨25.2 군집분석 절차 662
⇨25.3 설명변수의 선정 663
⇨25.4 유사성의 측정 664
⇨25.5 군집의 유형 665
⇨25.6 군집 연결 방법 667
⇨25.7 미국맥주 군집화 674
⇨25.8 12종의 시리얼 군집화 681

26장 문항의 신뢰도 분석 / 687

⇨26.1 신뢰도분석의 개요 687
⇨26.2 신뢰도란? 688
⇨26.3 척도화(Scaling)란? 693
⇨26.4 Likert 척도화 방법 694
⇨26.5 신뢰도 분석 활용위치 697
⇨26.6 PC 만족도 문항의 신뢰도 분석 698

27장 대응일치분석 Correspondence Analysis / 703

⇨27.1 최적화 척도법 개요 703
⇨27.2 대응일치분석 704
⇨27.3 개인용 컴퓨터(PC) 이미지의 위치화 705

참고문헌 714

색인 716

Introduction to
Behaviorally Statistical Data Analysis
using SixSigma Tools 2007, Excel 2010 VBA Solution

I

SixSigma Tools와 EXCEL

淵혁신전략연구소에서는 EXCEL VBA addin 프로그램을 활용하여 식스시그마 프로젝트와 품질혁신 프로제트, 더 나아가 마케팅 조사 및 고객만족조사 등 그리고 정치여론조사, 학술연구논문 수행에 필수적인 모듈과 템플릿을 제공하는 Solution을 개발하여 제공하고 있다. Air Academy Associates에서도 집적 제작한 Excel VBA Addin 프로그램인 통계분석도구를 사용하여 Six Sigma 혁신전략을 지원하고 훈련 및 교육을 진행하고 있다. 개발된「SixSigma Tools 2007」은 사용하기가 쉽고, 클라이언트의 제조, 엔지니어링, 경영품질, 마케팅 등의 향상을 지원하는 필수적인 기능을 갖추고 있다. 또 연혁신전략연구소는 주문제작(order made)한 특수기능을 첨가하는 일에도 적극적이다.「SixSigma Tools 2007」은 식스시그마를 추진하는 기업에서 DMAIC 돌파전략에 따라 다양한 분석용 도표와 템플릿, 통계기법, SPC 관리도 등의 기본기능을 사용하여 Defects, Cost, Cycle Time을 극적으로 개선할 수 있는 통합된 분석 팩키지이다. GUI(graphical user interface)에 입각한 풀다운 메뉴와 최소한의 대화상자만을 사용하여 이미 노출된 분석결과를 쉽게 프리젠테이션 스타일의 높은 해상도의 결과물을 얻을 수 있다.

일반적으로 통계 패키지들의 결과물은 보고서에 직접 활용할 정도의 미려하고 보기 좋게 정리된 결과를 제공한다고 하기보다는 다분히 통계적 이론 중심의 결과물을 제공하고 있다. SAS, SPSS, S-Plus, Minitab, STATISTICA 등 거의 모든 통계분석 패키지들이 역시 그러하다. 대부분의 통계분석 패키지는 나름대로 미려한 결과 이미지를 주장하고 있으나 그 결과를 그대로 사용한 적이 거의 없을 정도로 실전에서는 편집 및 수정 또는 완전 가공된 상태의 결과 이미지를 사용하게 된다. 핵심을 말하면 이들 통계패키지의 결과가 통계적이지, 분석적이지 못하다는 것이다. 실전에서의 분석은 하나의 통계적 기법의 결과만을 사용하여 분석하는 경우는 거의 없다. 동일한 분석을 여러 번 반복하여 출력한 결과를 다시 시각화 하거나 재분석하여 또 다른 결과를 산출하게 되거나 서로 다른 통계기법들을 결합 활용하여 전략적인 분석 결과를 산출해야만 우리가 원하는 행동지향적인 분석결과를 얻을 수 있다.

초기버전 1.0은 TQ-Six Sigma Tools에서…

2000년, LG전자 러닝센터에서 강의하던 해 Six Sigma 일환의 강의를 진행하면서 TQ-SixSigma Tools란 이름으로 개발을 시작하게 되었다. 그 후 개인적으로 6시그마에 대한 열정과 데이터 분석결과를 시각화하는데 초점을 맞추어 수정보완을 거듭한 가운데 2007년 8월 TQ-SixSigma Tools V5.0을 완료하게 되었으며, 2009년 3월에 EXCEL 2007버전에 대응하는 "SixSigma Tools 2007"로 업그레이드되고 이와 동시에 고객만족분석 모듈을 확장하여 개발한 "CSM Analyzer 7"을 개발 완료하였다. 그리고 실험계획법(DoE)의 최적화 방법모듈인 "DoE MasterWare 7"도 개발에 착수하여 완료하였다. 그리고 EXCEL 2010에서 호환되도록 하였다. "SixSigma Tools 2007" 평가판은 첨부된 CD에 포함되어 있으며 차후 개선된 평가판은 淵혁신전략연구소 사이트 www.Yonisi.com을 방문하거나 저자의 e-mail(tywon@yonisi.com; tywontywon

@gmail.com; tywontywon@naver.com)로 문의하기 바란다.

일반적으로 Six Sigma를 추진할 경우에 통계분석활용에 대하여…

일반적으로 사용되고 있는 통계팩키지의 활용이 쉽지 않고 출력결과 자체가 통계적 기반을 위주로 출력됨으로 이를 활용하여 현업에 적용하기 위해서는 능수능란한 응용력과 다양한 경험이 필수적이라 할 수 있다. 그리고 기존의 통계용 소프트웨어는 어느 정도의 활용수준에 이르기 위해서는 개인의 열정적인 노력과 많은 시간이 소요되며, 집중적인 사내교육 및 훈련이 필요하다. 이는 Six Sigma 경영혁신의 전문인력 양성에 있어서 많은 시간과 비용을 초래하는 것으로 Six Sigma의 비용절감이라는 측면에 위배되는 치명적인 문제점이 되고 있다. 게다가 출력결과 자체도 그다지 현실적이지도 못하여 실제로 현업에 적용되는 데는 많은 통찰력을 요구하게 된다. 그리고 최근에 Six Sigma 경영혁신은 사무간접 부문, 마케팅, 홍보 분야뿐만 아니라 서비스 기업, 정부기관 및 공공기업 등으로 급속히 확산됨에 따라서 짧은 시간 내에 많은 전문인력을 양성하여 신속하고 정확하게 개선을 추진하기가 쉽지 않은 일이 되었다. 또한, 제조업 분야에서 활용한 데이터분석 도구인 실험계획법, 다구찌 실험계획, 반응표면분석 등은 이러한 서비스 공공분야에는 적용되지 않는 통계적 분석도구로 그 활용도가 거의 없는 도구로 이러한 도구에만 숙달된 기존의 전문인력(MBB, BB)들의 역할에 제약이 있을 수밖에 없으며 이들의 재교육이 절실해 졌다.

한편 공사기업들의 내부에 가장 범용으로 사용하는 프로그램이 MS Office이며, MS Office에서도 EXCEL과 PowerPoint의 활용도가 가장 높다고 할 수 있다. 그러므로 분석용 소프트웨어는 EXCEL 기반의 Six Sigma 프로젝트 분석도구로서 개발하는 것이 가장 합리적이라고 할 수 있으며, 이렇게 함으로서 비용을 대폭 줄이고, 내부의 많은 전문인력들이 접근하기가 쉽고, 따로 사용법을 익히고 숙달되는 시간을 혁신적으로 줄일 수 있으며, 최종 출력결과를 해석하고 이를 행동전략으로 변환하는 방법만을 익히면 되는 것이다. 이러한 관점에서 상기의 시각화 도구들은 그 힘을 유감없이 발휘할 것이다.

Introduction to
Behaviorally Statistical Data Analysis
using SixSigma Tools 2007, Excel 2010 VBA Solution

1

데이터 분석을 위한 Excel 기본사용법

⇨1.1 Excel 시작, 환경설정, 종료

처음으로 Excel을 설치한 후 Excel을 실행하고, 앞으로 학습할 때 보다 편리한 정보와 결과물을 확인하기 위하여 기본적인 Excel 환경을 설정하는 방법 그리고 종료하는 방법을 알아보자.

1.1.1 Excel 시작

1. "시작 ▸ 프로그램 ▸ Microsoft Office ▸ Microsoft Office Excel 2010"을 클릭한다.
2. 바탕화면의 Excel 바로가기를 만들어 놓은 경우, Excel 아이콘을 더블클릭한다.

1.1.2 Excel 환경설정

Excel 설치 후 처음 실행하고 나면 VBA addin program을 실행할 경우 매번 '매크로 포함'할 것인지를 묻는다. 포함해야만 매크로 addin 프로그램을 실행할 수 있다. 그러므로 매번 포함하기 위하여 포함 단추를 클릭하는 것 보다 옵션에서 매크로를 사용하는 것으로 지정하면 매번 포함할지의 여부를 묻는 대화상자가 나타나지 않는다. 그러므로 다음과 같은 절차에 따라 기본적인 환경을 설정한다.

① 엑셀초기화면에서 옵션으로 가기 위아여 [파일]탭을 클릭하고 난 다음 [옵션]을 클릭한다.

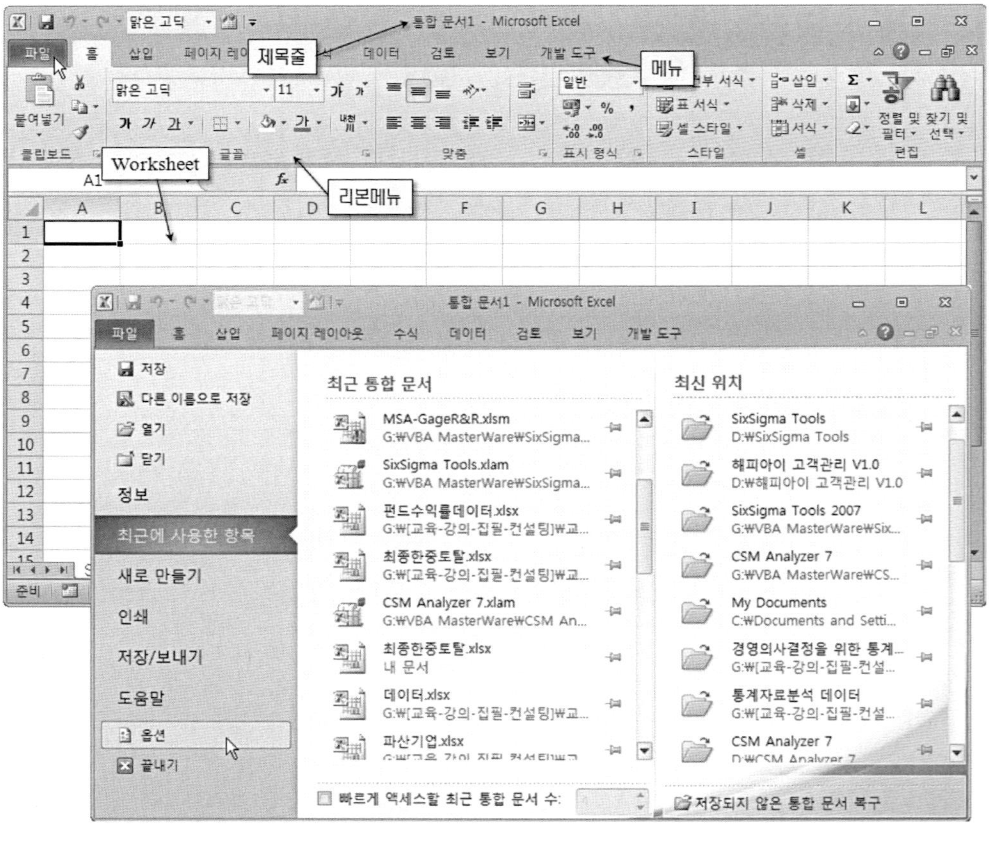

② [보안 센터] > 보안 센터 설정(T)... 순으로 클릭한다.

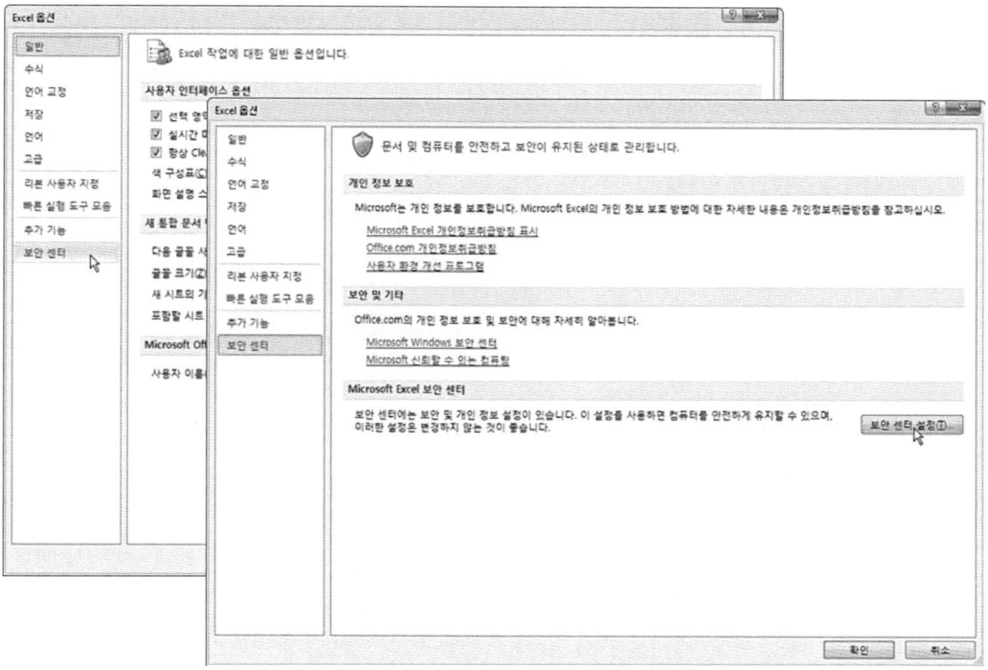

③ [매크로 설정]에서 [모든 메크로 포함]을 선택하고 [VBA 프로젝크 개체 모델에 안전하게 엑세스할 수 있음]을 체크한다.

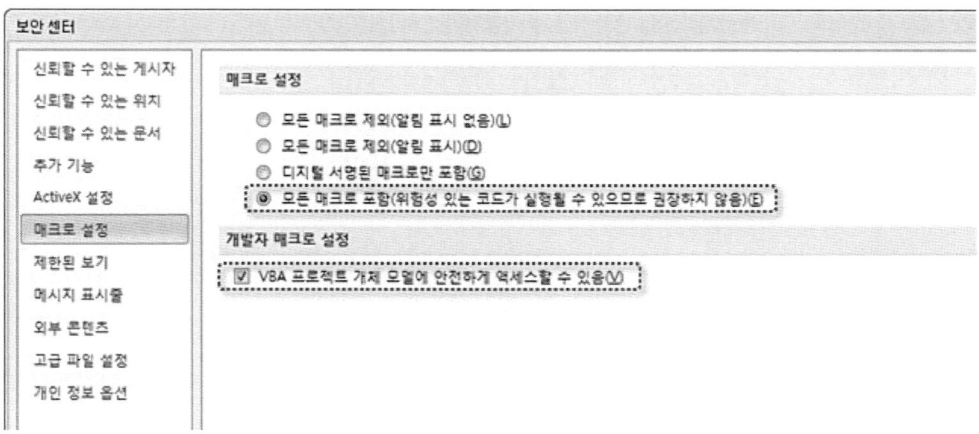

④ [확인] > [확인] 단추를 클릭하면 옵션설정이 완료된다.

1.1.3 Excel 종료

Excel을 종료할 경우 다음과 같은 절차를 따른다.

① 제목줄 오른쪽에서  을 클릭한다.

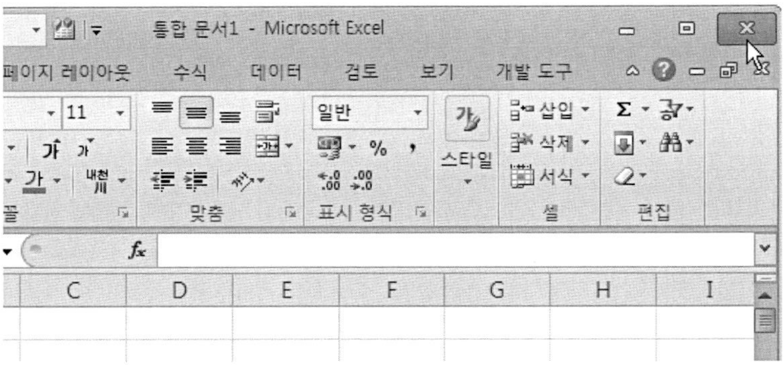

② 워크시트에 변경사항이 있을 때는 저장할 것인가를 확인하게 되는데 저장이 기본으로 설정되어 있으며 저장할지 여부를 결정한다.

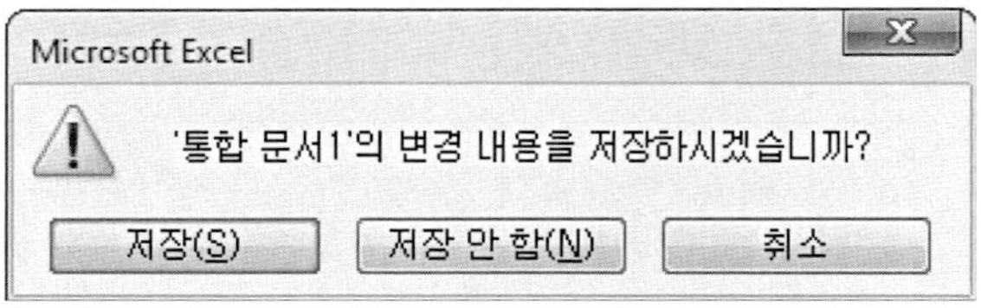

③ 저장할 경우  단추를 클릭하고 파일명을 지정하여 저장한다.

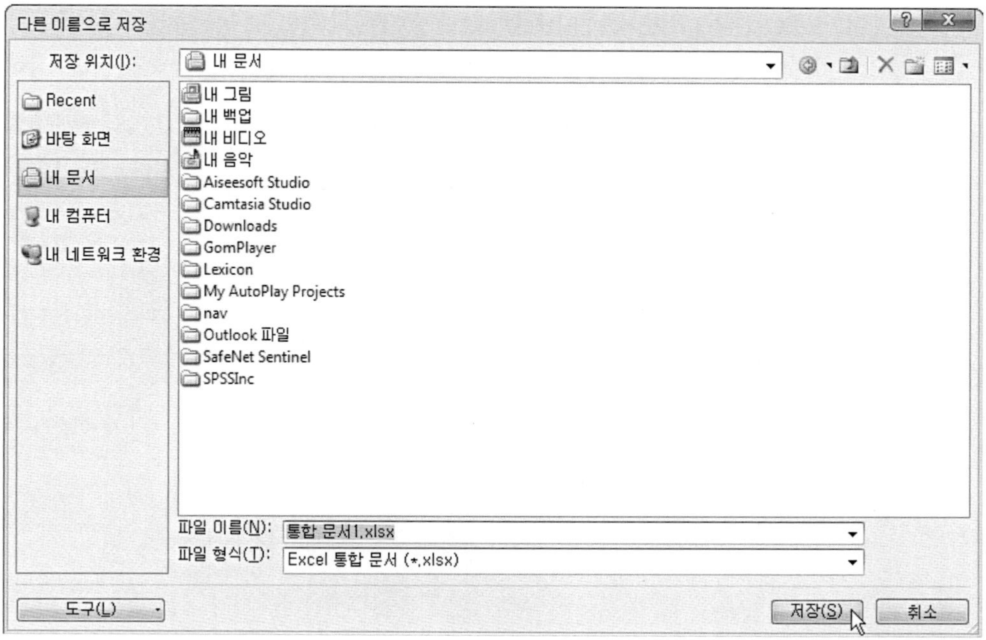

➾1.2 EXCEL의 기본환경

Excel 2007-2010의 화면 구성 중 가장 큰 변화는 이전 버전에서 [표준]도구모음이나 [서식] 도구모음이 있던 자리가 리본 메뉴라는 그룹 메뉴로 변경된 것이다. 사용자가 특정 작업에 필요한 탭을 선택하면 해당 탭에 포함되어 있는 여러 가지 리본 메뉴를 한 눈에 볼 수 있게 되어있다. 다음은 화면의 기본 구성요소들에 대한 기능을 정리해 보기로 한다. 이는 최소한 창을 열어놓고 직접 실행해 보고 확인해 보기 바란다.

1.2.1 Excel의 기본화면 구성

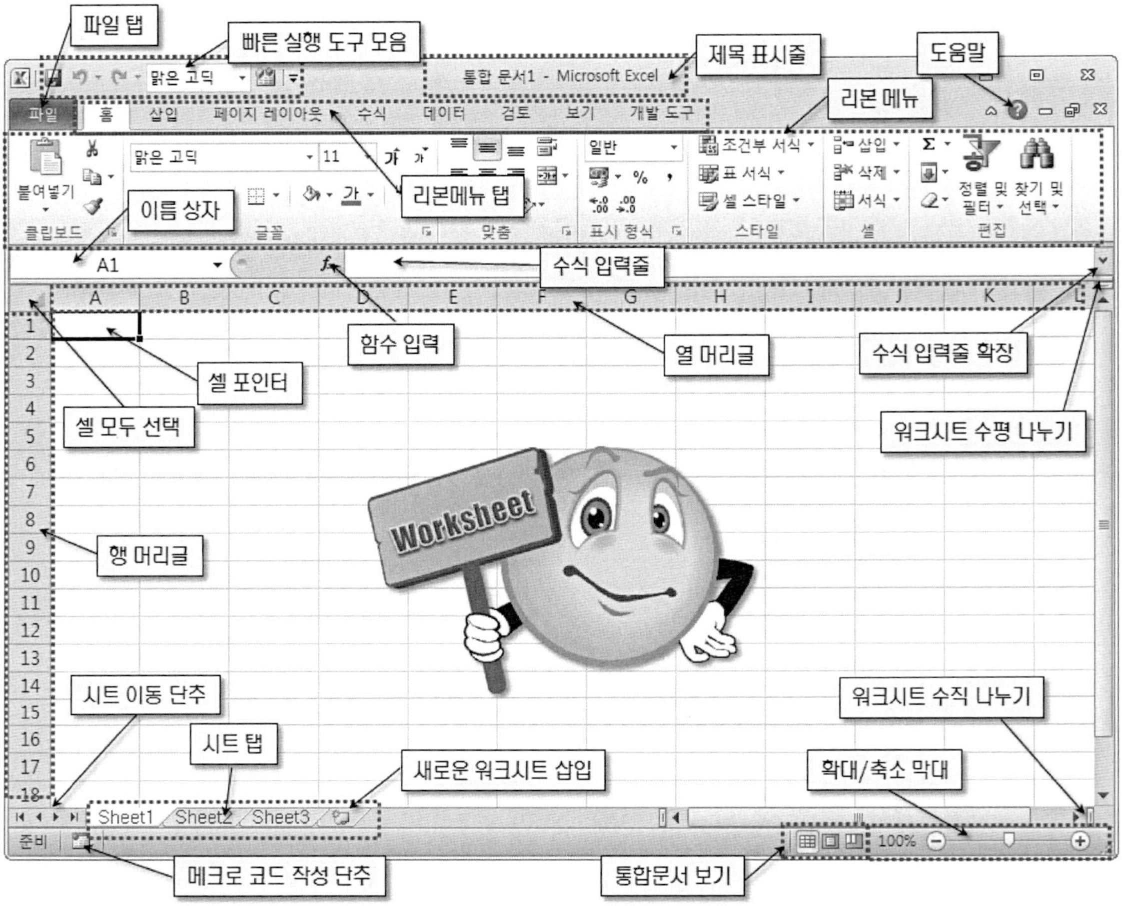

⊙ 파일 메뉴 : 이전 버전에서 [파일] 메뉴에 포함되어 있던 열기, 저장, 인쇄 등 문서 작업에 사용되는 기본 명령과 [Excel 옵션] 대화상자를 열 수 있다.

⊙ 빠른 실행 도구 모음 : 기본적으로 저장, 실행 취소, 다시 실행 등이 표시되어 있으며 목록단추를 클릭하여 다른 도구모음을 선택하거나 위치를 변경할 수 있다.

⊙ 제목 표시줄: 프로그램의 이름과 현재 작업 중인 문서의 이름이 표시되며 새로운 창을 열 때마다 '통합 문서1', '통합 문서2', '통합 문서3'…과 같이 표시된다.

- 창 제어 단추: Excel 창 오른쪽 위의 3개의 버튼으로 구성 되어 있으며, 최소화, 최대화, 이전 크기로 복원, 닫기로 구성되어 있는데 Excel 2010 창의 크기를 변경하거나 닫을 수 있다.
- 탭: 기능별로 그룹화된 리본 메뉴를 포함하고 있다.
- Microsoft Office Excel 도움말: 특정 작업에 대한 설명이나 오류 발생에 대한 해결책 등 문서 작업에 필요한 여러 가지 내용을 확인할 수 있다.
- 통합 문서 제어 단추: Excel 창 오른쪽 위의 3개의 버튼으로 구성되어 있으며, 최소화, 최대화, 창 복원 그리고 닫기로 구성되어 있는데 통합 문서 창의 크기를 변경하거나 닫을 수 있다.
- 리본 메뉴: 선택한 탭에 포함되어있는 여러 가지 유사한 기능을 그룹으로 표시한다.
- 이름 상자: 현재 셀 포인터가 위치한 셀의 주소(address)를 나타내며 문서에 삽입된 개체를 선택하면 해당 개체의 이름이 나타난다. 특정 이름으로 지정한 셀 범위(range)를 선택하면 범위 명이 나타난다.
- 함수 입력: 수식 입력 줄에 함수를 입력하기 위한 [함수 마법사] 대화상자가 나타낸다.
- 수식 입력줄: 셀에 입력한 데이터나 수식이 나타나는 부분이며 직접 입력할 수도 있다.
- 수식 입력줄 확장: 현재 선택한 셀의 데이터나 수식의 길이가 긴 경우 확장하여 전체 내용을 확인한다.
- 셀 모두 선택: 이름 상자 바로 아래 부분으로, 마우스로 클릭하면 전체 Worksheet가 선택된다.
- 행/열 머리글: 각 행과 열의 위치를 나타내는 문자나 숫자로서 1,048,576개의 행과 16,384개의 열을 가지고 있다.
- 셀, 셀 포인터: 셀은 Worksheet를 이루는 기본 단위이며 현재 선택된 셀을 나타내는 표시를 셀 포인터라고 한다.

⊙ Worksheet: 일반 데이터, 수식 등을 입력하거나 이미 입력된 데이터가 표시되는 실제 작업 공간이다.

⊙ 시트 이동: 시트 탭이 여러 개일 경우 화면상에 보일 수 있도록 앞/뒤 또는 맨 처음/맨 뒤에 위치한 시트 탭으로 이동한다.

⊙ 시트 탭: 통합 문서를 구성하는 Worksheet의 이름이 표시되는 부분으로 기본적으로 3개의 Worksheet가 표시된다.

⊙ 새로운 Worksheet 삽입: 클릭 하면 새로운 Worksheet가 추가된다.

⊙ 통합문서 보기: Worksheet 화면을 나타내는 [기본], [페이지 레이아웃], [페이지 나누기 미리 보기]방법 중에서 선택한다.

⊙ 확대/축소 비율: 슬라이드를 드래그 하여 Worksheet 화면을 확대/축소하거나 엑셀 2010에서 제공하는 확대/축소 배율을 선택한다.

1.2.2 Excel 2010의 리본 메뉴

[홈] 탭

Excel 엑셀 2010을 실행하면 기본적으로 선택되어 표시되며 글꼴이나 맞춤, 표시 형식, 셀 편집 등 자주 사용하는 기능이 포함되어 있다.

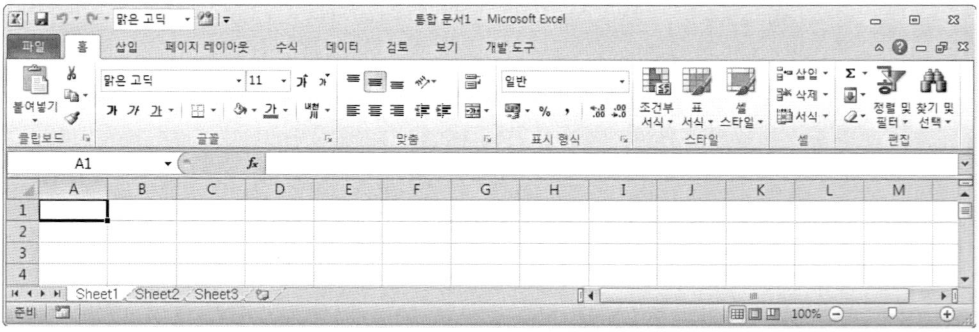

[삽입] 탭

피벗 테이블, 여러 가지 개체, 차트, 하이퍼링크, 머리글/바닥글, WordArt, 기호 등 문서에 삽입할 수 있는 여러 가지 항목들이 포함되어 있다.

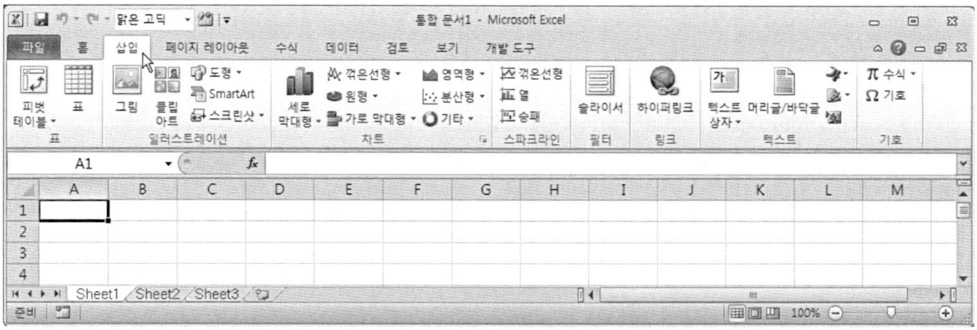

[페이지 레이아웃] 탭

전체 문서의 디자인이나 인쇄를 위한 용지 설정과 인쇄 배율, 인쇄 설정, 시트 옵션, 문서에 삽입한 개체에 대한 정렬 기능 등이 포함되어 있다.

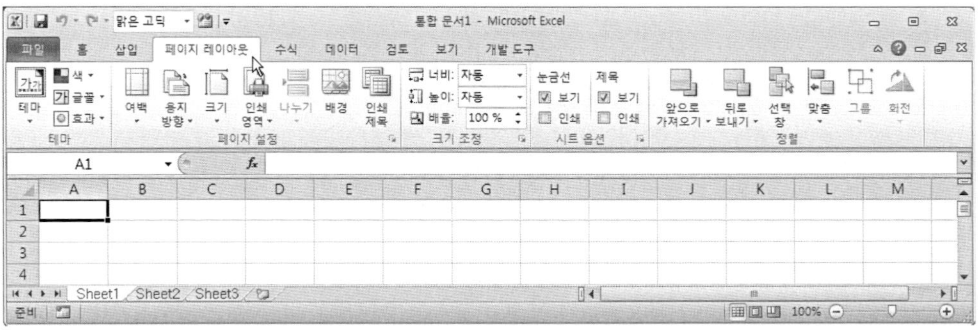

[수식] 탭

여러 가지 함수를 선택할 수 있으며 셀 범위에 대한 이름 정의나 셀 추적 또는 오류 검사, 계산 옵션 등 수식 계산에 관련된 기능이 포함되어 있다.

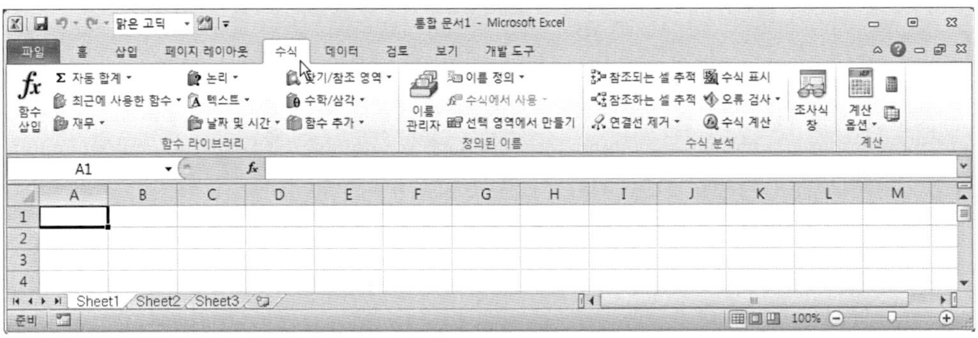

[데이터] 탭

웹 또는 다른 프로그램과의 연동, 통합 문서의 업데이트, 데이터의 정렬이나 필터링 작업과 데이터 관리에 대한 기능이 포함되어있다.

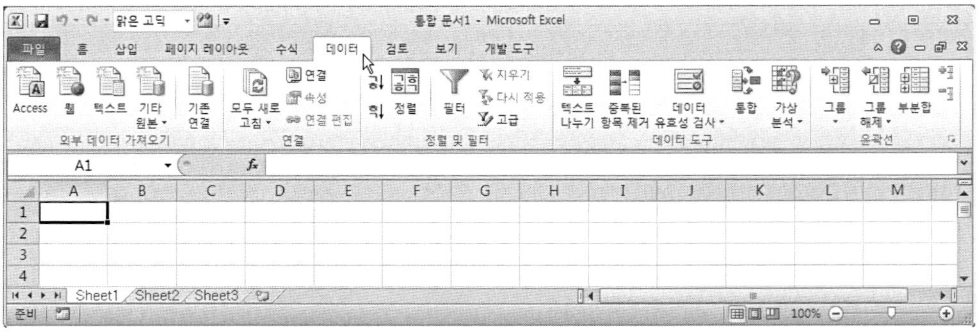

[검토] 탭

데이터의 맞춤법이나 한자 변환, 메모, 시트나 통합 문서의 보호, 공유 등에 대한 기능이 포함되어 있다.

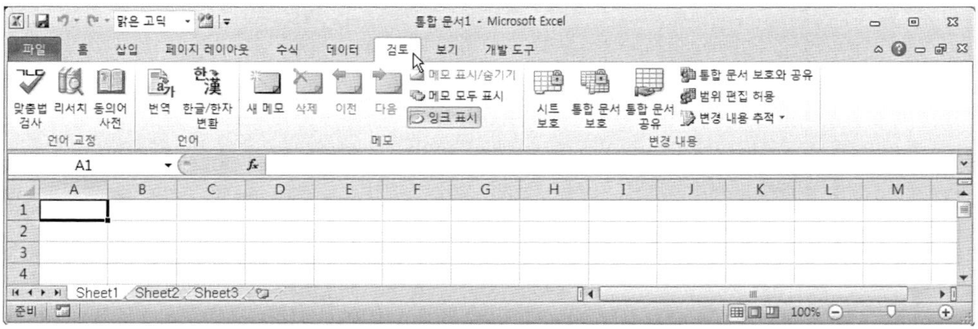

[보기] 탭

문서를 화면에 나타내는 방식과 구성 요소의 표시와 숨기기, 확대/축소, 여러 가지 창에 대한 작업 기능 등이 포함되어 있다.

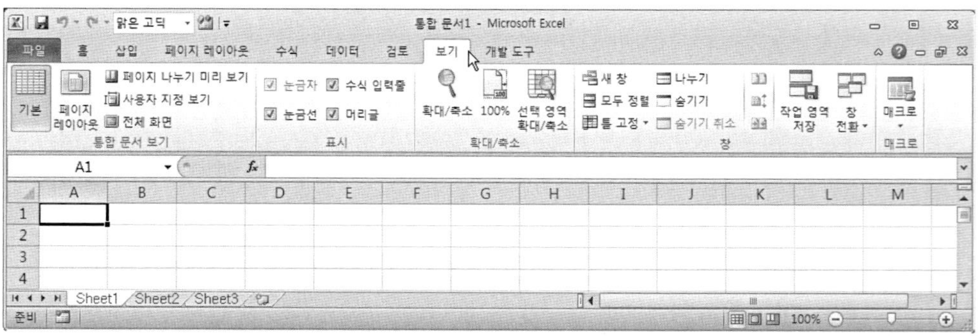

[개발 도구] 탭

엑셀 자동화를 하기 위하여 표시한 리본 텝으로 추가기능 및 컨트롤 넣기, 메크로, VBA(visual basic application) 코드를 작성하고 수행할 수 있는 편집기 등 고급 사용자를 위한 기능들이 포함되어 있다.

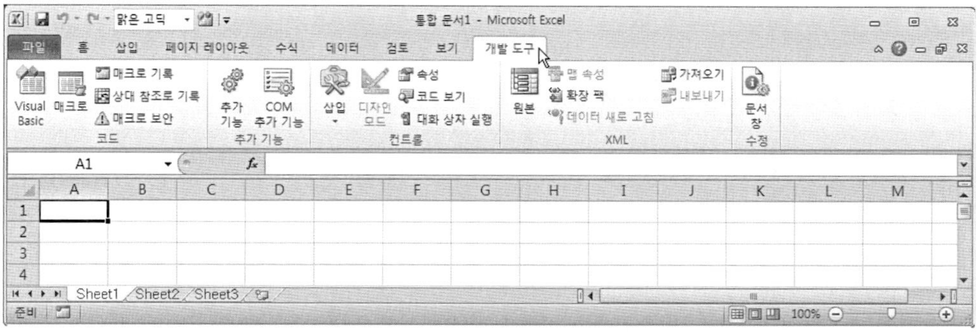

이 탭을 나타내기 위해서는 “파일 〉 옵션 〉 리본 사용자 지정”에서 다음과 같이 지정한다.

[추가 기능] 탭

VBA Add-in program에서 메뉴를 작성하여 실행하면 보통 [추가 기능] 탭에 나타난다. 다음은 淵혁신전략연구소에서 개발한 3가지 Tools[1)]을 설치한 상태의 메뉴를 보여준다.

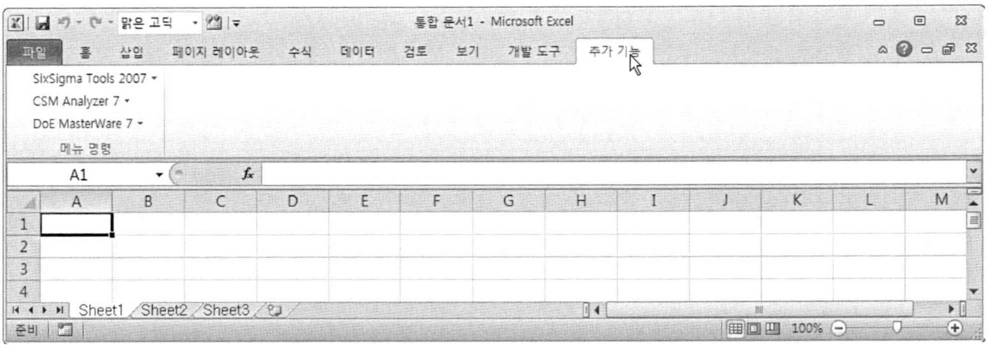

빠른 실행 도구 모음

엑셀에는 수백 개의 명령이 있지만 그 중에서 일부만 [빠른 실행 도구 모음]의 단추로 표시된다. 그러나 [빠른 실행 도구 모음]에 다른 단추들을 표시하도록 수정하거나 사용하지 않는 단추를 삭제할 수 있다.

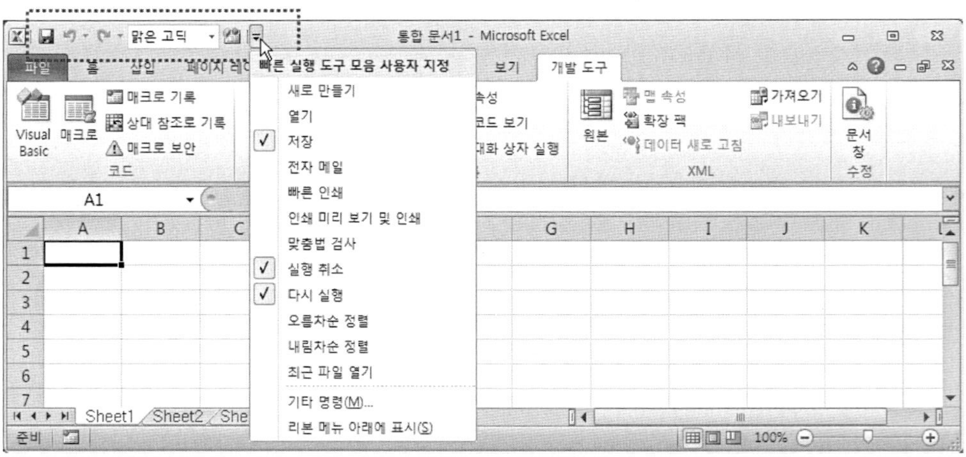

---

1) 이 툴들은 연혁신전략연구소 사이트(www.yonisi.com)의 '자료실'에서 평가판을 다운로드하여 설치하기 바란다.

EXCEL 기본 단축키 정리

단축키	동작	설명
Ctrl+A	선택	선택한 셀이 비어있지 않은 경우 Region을 선택하고 다시 누르면 전체를 선택한다. 빈 셀인 경우 시트 전체를 선택한다.
Ctrl+B	**굵게**	선택한 텍스트를 굵게 표시한다.
Ctrl+I	*기울임꼴*	선택한 텍스트를 기울임꼴로 표시한다.
Ctrl+U	<u>밑줄</u>	선택한 텍스트의 밑줄을 표시한다.
Ctrl+C	복사	선택영역을 복사하여 클립보드에 넣는다.
Ctrl+F	찾기	문서에서 특정 텍스트, 서식, 정보의 종류를 찾아 선택한다.
Ctrl + G F5	이동	이동 명령을 사용하면 수식과 같은 특정 유형의 데이터가 포함된 모든 셀 또는 특정 조건에 맞는 셀 만 신속하게 찾아서 선택할 수 있습니다.
Ctrl + Home	[A1]셀로 이동	현재 활성셀에서 처음 [A1]셀로 이동한다.
Ctrl + Back Space	활성셀로 화면이동	현재 활성셀이 화면에 보이지 않을 때 현재 활성셀의 위치로 화면을 이동 시킨다.
Ctrl + H	바꾸기	바꾸기 대화상자가 열린다.
Ctrl + O Ctrl + F12	열기	파일열기 대화상자가 열린다.
Ctrl + P	인쇄	인쇄모드를 연다.
Ctrl + S Shift + F12	저장	워크북을 저장한다.
Ctrl + V	붙여넣기	클립보드의 내용을 분여넣기 한다.
Ctrl + W Ctrl + F4	닫기	활성 워크북을 닫는다.
Ctrl + X	잘라내기	선택영역을 잘라내어 클립보드에 넣는다.
Ctrl + Y F4	최근 동작 반복	최근 동작을 반복한다.
Ctrl + Z	최근 동작 취소	최근 동작의 실행을 취소한다.
F1	도움말	도움말 창을 연다.
Ctrl + F1	리본 숨기기/보이기	리본메뉴를 숨기기/보이기 한다.
F2	활성셀 편집	활성셀의 내용 끝으로 커서를 위치시킨다.

⇨1.3 데이터 입력 및 편집

1.3.1 셀의 범위 지정

Worksheet에서 셀의 범위를 지정한다는 것은 하나 이상의 셀에 대해 어떠한 명령을 한꺼번에 처리하기 위해서이다. 이렇게 범위로 지정된 셀 영역은 연한 파란색 계열의 반투명한 색상으로 바탕색이 나타난다. 셀의 범위 지정은 주로 마우스를 사용하는 것이 편리하지만 경우에 따라 키보드를 사용할 수도 있다.

(1) 한 개의 셀 선택하기

한 개의 셀을 선택하는 방법은 선택하고자 하는 셀을 마우스로 클릭만 하면 된다. 그러면 선택된 셀에 셀 포인터가 놓여진다. 물론 키보드를 사용하는 경우에는 키보드의 방향키(←→↑↓HomeEndPage UpPage Down)를 조작하여 셀 포인터를 이동함으로써 하나의 셀을 선택할 수도 있다.

(2) 연속적인 여러 개의 셀 선택하기

연속적인 여러 개의 셀을 선택하려면 선택 하고자 하는 셀 중에서 가장 왼쪽 열, 가장 위쪽 행에 있는 셀을 기점으로 하여 그 셀에 마우스 포인터를 위치시키고, 마우스의 왼쪽 버튼을 누른 상태에서 범위로 지정 할 마지막 셀 위치까지 끌기(drag)한다.

키보드로 여러 개의 셀을 선택하려면 키보드의 Shift키와 방향키(←→↑↓)를 조작하여 원하는 셀을 선택할 수도 있다.

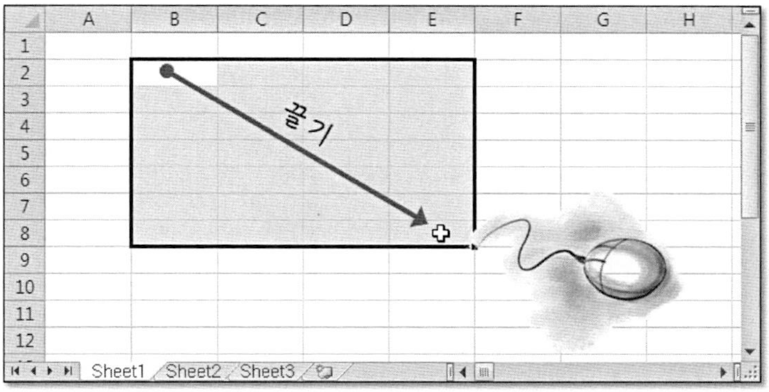

(3) 비연속적인 여러 개의 셀 선택하기

비연속적인 셀의 범위를 지정하기 위해서는 키보드의 Ctrl키를 사용해야 한다.

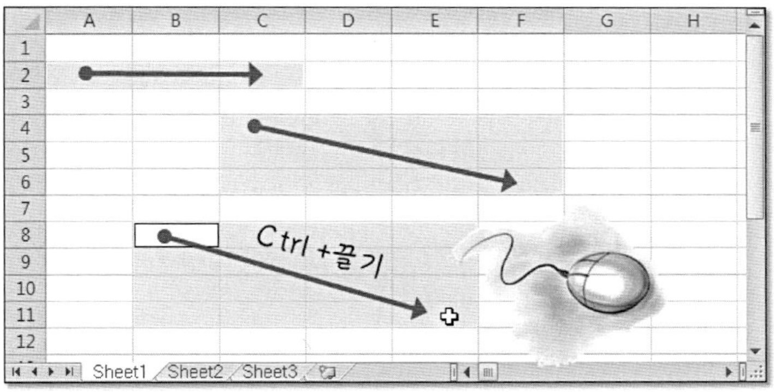

(4) 셀 삽입/삭제하기

새로운 셀을 추가할 때 삽입하고 싶은 곳을 선택하여 [홈]탭-[셀]그룹-[삽입]목록-[셀 삽입]명령을 클릭하면 [삽입] 대화 상자가 표시된다. 또는 활성화된 셀에서 마우스 [오른 클릭]-[삽입]을 누른다.

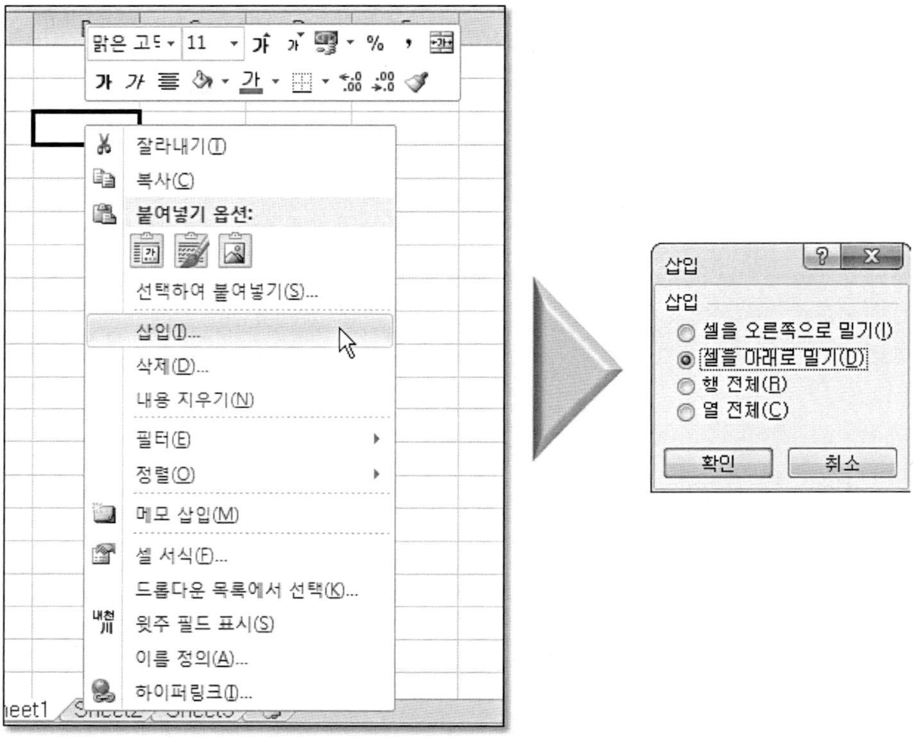

⊙ 셀을 오른쪽으로 밀기: 활성화된 셀 위치에 셀을 삽입하고, 그 결과 영향을 받는 셀이 오른쪽으로 밀린다.

⊙ 셀을 아래로 밀기: 활성화된 셀 위치에 셀을 삽입하고, 그 결과 영향을 받는 셀이 아래로 밀린다.

⊙ 행 전체: 활성화된 셀 위에 행을 삽입한다.

⊙ 열 전체: 활성화된 셀 왼쪽에 새로운 열을 삽입한다.

잘못 추가된 셀을 삭제할 때 삭제하고 싶은 곳을 선택하여 [홈]탭-[셀]그룹-[삭제]목록-[셀 삭제]명령을 클릭하면 [삭제]대화 상자가 표시된다. 또는 활성화된 셀에서 마우스 [오른 클릭]-[삭제]를 누른다. 후자의 방법이 접근하기 쉽기 때문에 더 많이 사용된다.

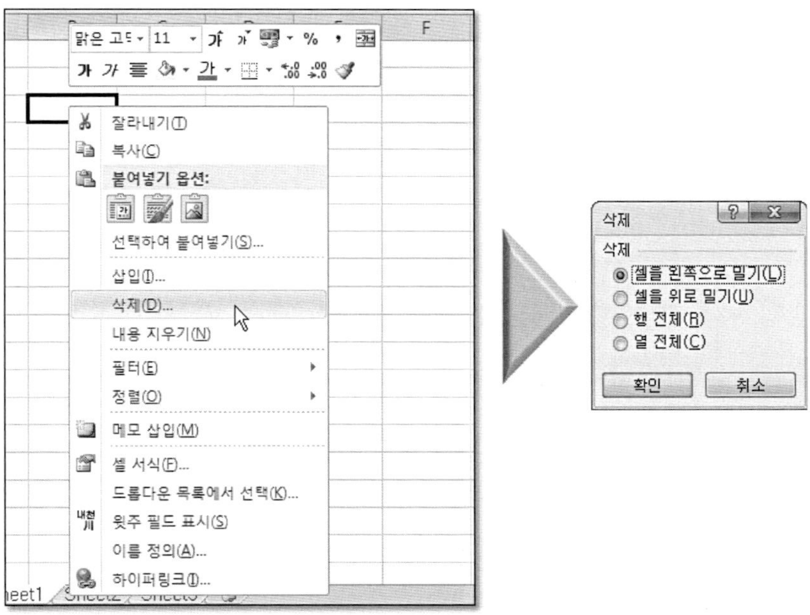

⊙ 셀을 왼쪽으로 밀기: 활성화된 셀 위치에 셀을 삭제하고, 그 결과 영향을 받는 셀의 오른쪽 셀이 왼쪽 셀로 밀린다.

⊙ 셀을 위로 밀기: 활성화된 셀 위치에 셀을 삭제하고, 그 결과 영향을 받는 셀의 아래쪽 셀이 위쪽으로 밀린다.

⊙ 행 전체: 활성화된 셀의 행을 삭제한다.

⊙ 열 전체: 활성화된 셀의 열을 삭제한다.

(5) 여러 개의 셀을 하나로 병합하기

보통 표의 제목을 표 전체 폭의 가운데에 표시하고 싶은 때 사용한다. [홈]탭-[맞춤]그룹-[병합하고 가운데 맞춤] 명령을 사용하여, 여러 개의 셀을 하나로 병합한다.

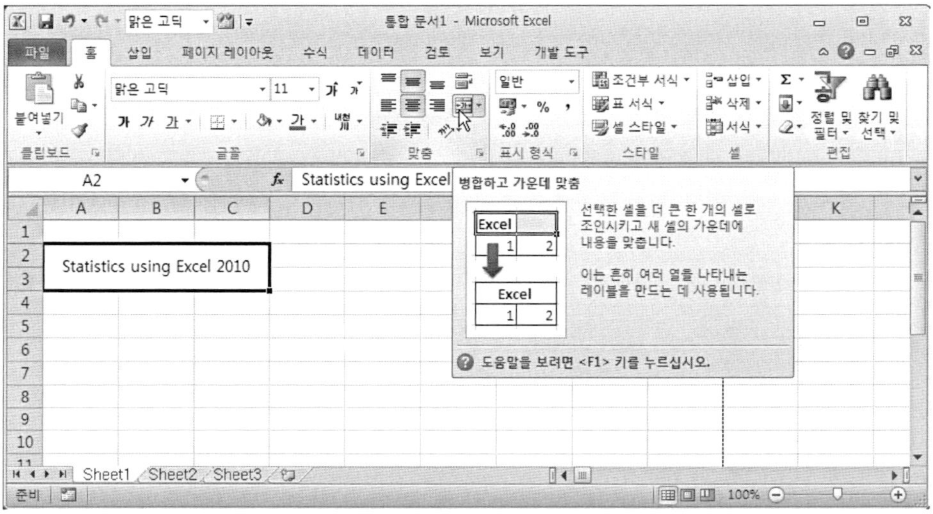

셀 병합과 문자 열 맞춤을 한 번에 해제할 수 있다. [홈]탭-[맞춤]그룹-[병합하고 가운데 맞춤] 명령을 다시 한 번 클릭하면 된다.

(6) 행/열 단위로 범위 지정하기

셀의 범위를 지정하다 보면 행과 열 전체를 범위로 지정해야 하는 경우가 종종 생긴다. 특히 행이나 열을 삽입하거나 삭제할 때, 여러 개 행의 높이나 열의 너비를 똑 같은 크기로 조절하고자 할 때 행/열 단위로 범위를 지정해야 한다. 이 때, 행/열 단위로 범위 지정을 하려면 행 머리글이나 열 머리글을 사용한다.

(7) 행/열 삽입/삭제하기

새로운 항목을 추가하거나 누락된 데이터를 추가적으로 입력하기 위해서는 행이나 열을 삽입해야 한다.

- ❖ 행/열을 삽입하는 방법은 [홈]탭-[셀]그룹-[삽입]목록-[시트 행/열 삽입] 또는 삽입할 열 오른쪽 열/삽입할 행 아래 행에서 마우스 [오른 클릭]-[삽입] 명령을 한다.
- ❖ 행/열을 삭제하는 방법은 [홈]탭-[셀]그룹-[삭제]목록-[시트 행/열 삭제] 또는 삭제할 행/열에서 마우스 [오른 클릭]-[삭제] 명령을 한다.

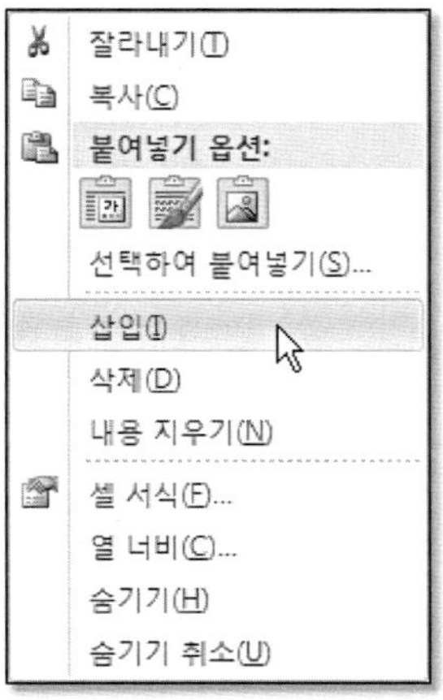

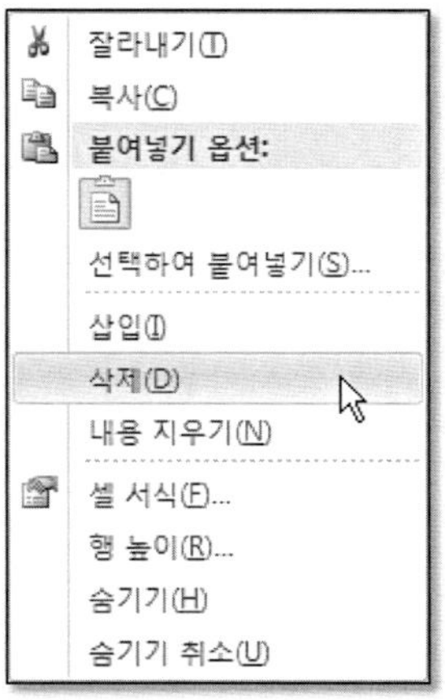

(8) 행/열 숨기기/숨기기 취소

행이나 열에 입력한 내용을 Worksheet 상에서 숨기기하고 싶은 경우, 숨기고 싶은 행이나 열의 머리글을 마우스 [오른 클릭]-[숨기기] 명령 또는 [홈]탭-[셀]그룹-[서식]목록-[표시 유형]목록-[행/열 숨기기]명령을 선택하여 숨기기 할 수 있다.

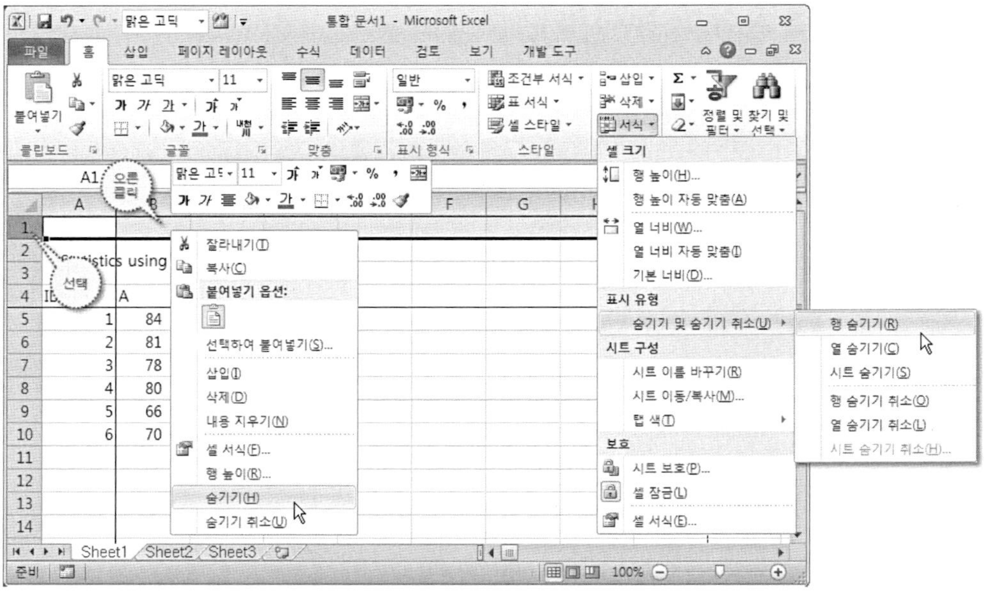

숨기기를 취소하고 싶은 경우, 숨겨진 행이나 열의 앞□ 뒤의 행이나 열의 머리글을 마우스 [오른 클릭]-[숨기기 취소] 명령 또는 [홈]탭-[셀]그룹-[서식]목록-[표시 유형]목록-[행/열 숨기기 취소]명령을 선택하여 숨기기 취소한다.

(9) 틀 고정하기

표를 작성할 때 표의 제목과 열 제목을 입력하게 된다. 그런데 화면을 Scroll 하게 되면 표의 제목들이 화면에서 보이지 않게 된다. 큰 표를 작업을 할 때, 화면을 Scroll 해도 항상 항목 명의 행, 열이 표시되도록 설정하는 작업이다. 틀 고정에는 [틀 고정], [첫 행 고정], [첫 열 고정]이 있다. [틀 고정]은 행, 열을 항상 표시 되도록 설정한다. 기준이 되는 셀을 클릭하고 [보기]탭-[창]그룹-[틀 고정]목록-[틀 고정] 명령을 선택한다. 기준이 되는 행의 위쪽 행이 고정되고, 기준이 되는 열의 왼쪽 열이 고정된다.

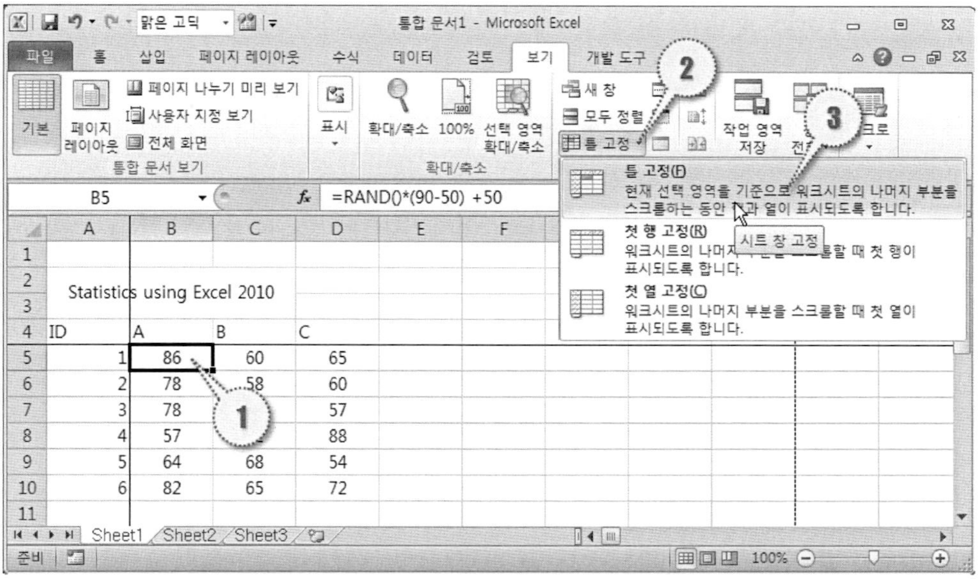

[첫 행 고정]은 첫 행이 항상 표시되도록 설정한다. 또한 [첫 열 고정]은 첫 열이 항상 표시되도록 설정한다.

1.3.2 패턴 데이터 입력

1에서 100까지의 자연수를 입력하거나 1, 2, 3을 연속적으로 7번 입력하는 일정한 규칙을 가지고 있는 데이터를 입력할 경우 보다 편리하게 데이터를 입력할 수 있다. 특히 설문조사에서 설문의 일련번호를 일괄적으로 입력하거나 분산분석(ANOVA)에서 요인을 설계할 경우 요인의 수준을 입력하는데 유용하게 사용할 수 있다.

다음의 예는 자연수를 입력할 때 '1'을 먼저 입력한 후에 그 해당 셀에서 자동채우기 핸들(▪) 표시를 아래로 끌기(이를 FillDown이라고 함)하여 채우기를 한다. 그런데 아마도 '1'만 채워지는 것을 볼 수 있을 것이다. 이때 Ctrl +FillDown을 동시에 행하면 자연수가 채워지는 것을 볼 수 있다. 두 번째 B 열은 1로 시작하여 0.5씩 증가하는 데이터를 입력하는 방법이다. 이 경우 1을 먼저 입력하고 다음 셀에 1.5을 입력한다. 그리고 두 셀을 선택하고 자동채우기 핸들을 아래로 끌기하면 쉽게 0.5씩 증가하는 값을 입력할 수 있다. 다음 C열은 1, 2, 3을 반복 입력하는 방법이다. 우선 1, 2, 3을 한 번만 입력한 후 모두 선택하고 핸들을 클릭하고 Ctrl+FillDown을 하면 반복되어 입력된다.

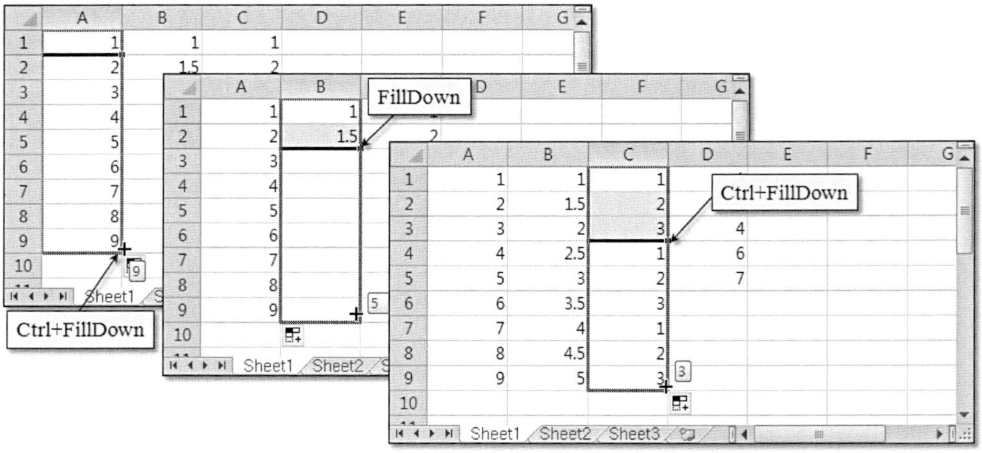

다음은 일정한 규칙성이 있는 문자데이터를 입력하여 보자. '적색', '하늘색', '파랑'이 입력되고 전체가 반복되는 경우는 다음과 같이 실행한다.

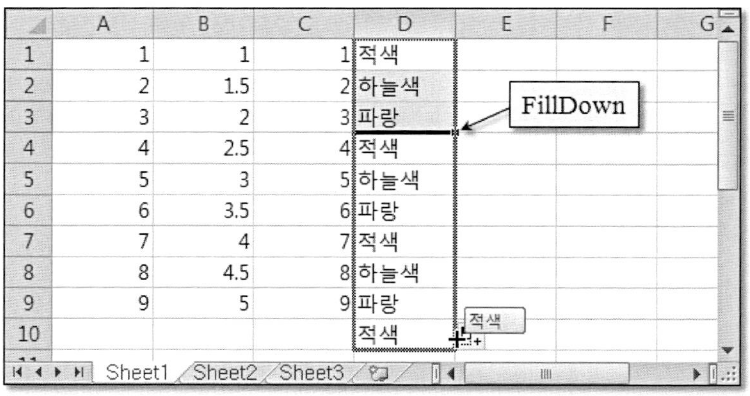

1.3.3 데이터 파일의 구조

기본적인 데이터 파일의 구조는 사각형으로 반드시 열에는 변수(variables)를, 행에는 케이스(cases)를 기록해야 한다. 이는 모든 분석용 프로그램의 공통된 속성으로 반드시 지켜야 될 사항이다. 아래 그림과 같이 열의 첫 번째 셀(cell)에는 변수이름(variable name)을 입력하고, 다음 두 번째 셀부터는 변수값(values)을 차례대로 입력해 내려간다. 특별한 경우를 제외하고는 측정수준이 서열(순서)척도 이상의 경우는 반드시 '숫자'로 입력하고 명목척도인 경우는 '문자'로 입력하는 것을 기본으로 하나 명목의 경우도 '숫자'로 입력하고 난 후에 설명문 메모에 입력한대로 '문자'로 코딩변환하는 것이 훨씬 효율적이다.

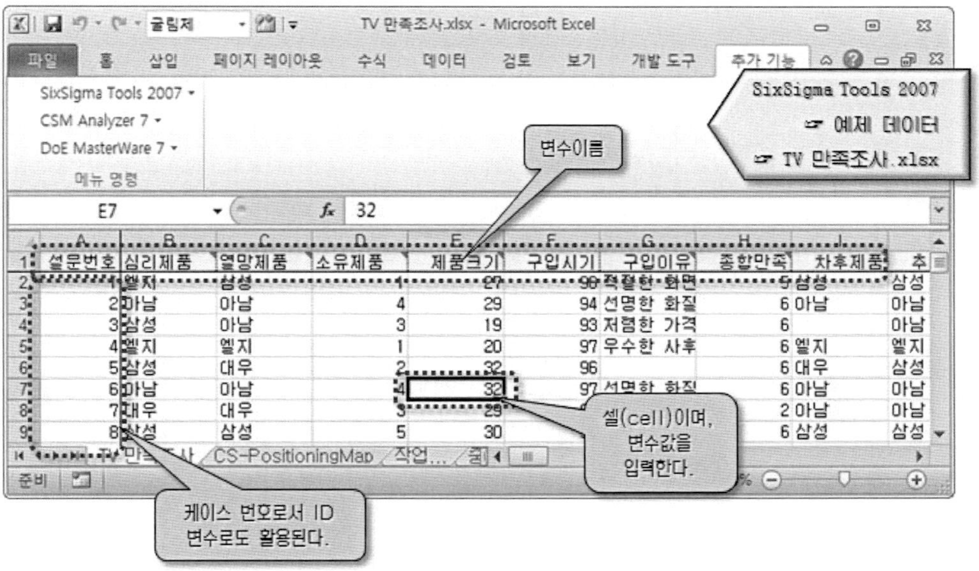

[데이터 입력방법]

① 변수이름은 입력하고자 하는 범위의 가장 첫 번째 행에 입력한다.

② 변수값은 변수이름 다음 행부터 차례대로 입력한다.

③ 변수값을 입력할 경우 문자 데이터와 숫자데이터를 구분하여 입력한다. 문자데이터의 경우는 범주형이므로 수치화하여 나중에 숫자를 문자로

'바꾸기'하는 것이 더 편리하다. 이러한 기능은 메뉴에 마련되어 있다.

④ 결측값(missing values)은 아무것도 입력하지 않는다.

⑤ 이미 입력한 데이터는 엑셀의 '파일열기'로 접근하여 열 수가 있다. 다른 프로그램에서 저장된 파일의 경우 대부분은 엑셀로 읽을 수 있으나 그렇지 못한 경우는 그 해당프로그램에서 엑셀로 읽을 수 있는 파일형식으로 저장함으로써 읽어 들일 수 있다.

1.3.4 **변수이름 입력**

분석하기 위해 작성된 데이터의 구조는 사각형의 행렬이어야 한다. 그리고 첫 행의 모든 열에는 반드시 변수이름이 입력되어 있어야 한다. 변수이름은 공백문자를 포함하여 영문과 한글, 숫자를 조합하여 작성한다. 길이는 제한이 없으나 변수이름을 너무 길게 설정하는 것은 인지하기가 쉽지 않으므로 인지하기가 어려지 않는 한 짧게 입력하는 것이 좋다.

다음은 변수이름과 변수값 설명을 입력한 예를 보여 준다. 변수값 입력은 메모를 사용하여 입력한다.

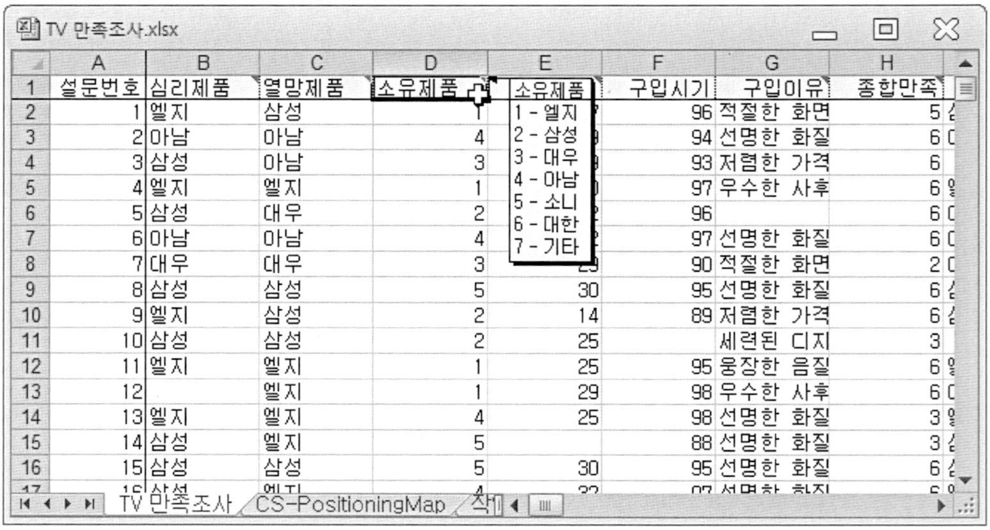

1.3.5 변수값 설명메모 달기

데이터를 코딩할 때 모두 수치화하는 것이 기본이다. 이 기본을 지키지 않으면 실로 불편하거나 비효율을 맛보게 된다. 특히 범주형 데이터들은 문자로 입력하기 전에 수치화하고 숫자로 입력하고 난 다음 변수값 설명을 작성한다. 그리고 작성된 설명문으로 간편하게 변경하면 수많은 문자 데이터를 보다 쉽고 간편하게 입력할 수 있다.

메모설명은 다음 그림과 같이 반드시 변수이름이 입력되어 있는 셀에 작성해야 한다. 메모의 첫 번째 줄은 변수이름을 기록하고, 두 번째 줄부터 숫자 변수값을 입력하고 '-' 나 '.' 을 공백문자와 섞어가며 입력한 후 마지막으로 문자 설명문을 입력한 후 ENTER 키를 누른다. 그리고 세 번째 줄에서도 같은 형식으로 반복하여 사용해야 할 모든 변수값을 입력하면 설명문 메모를 완성하게 된다. 다음의 메모는 모두 사용가능한 예이다.

소유제품	소유제품	소유제품	소유제품	소유제품	소유제품
1 - 엘지	1 -엘지	1 - 엘지	1 엘지	1. 엘지	1 .엘지
2 - 삼성	2 -삼성	2 - 삼성	2 삼성	2. 삼성	2 .삼성
3 - 대우	3 -대우	3 - 대우	3 대우	3. 대우	3.대우
4 - 아남	4 -아남	4-아남	4 아남	4.아남	4. 아남
5 - 소니	5- 소니	5 - 소니	5 소니	5.소니	5. 소니
6 - 대한	6- 대한	6 -대한	6 대한	6.대한	6. 대한
7 - 기타	7- 기타	7 - 기타	7 기타	7.기타	7. 기타

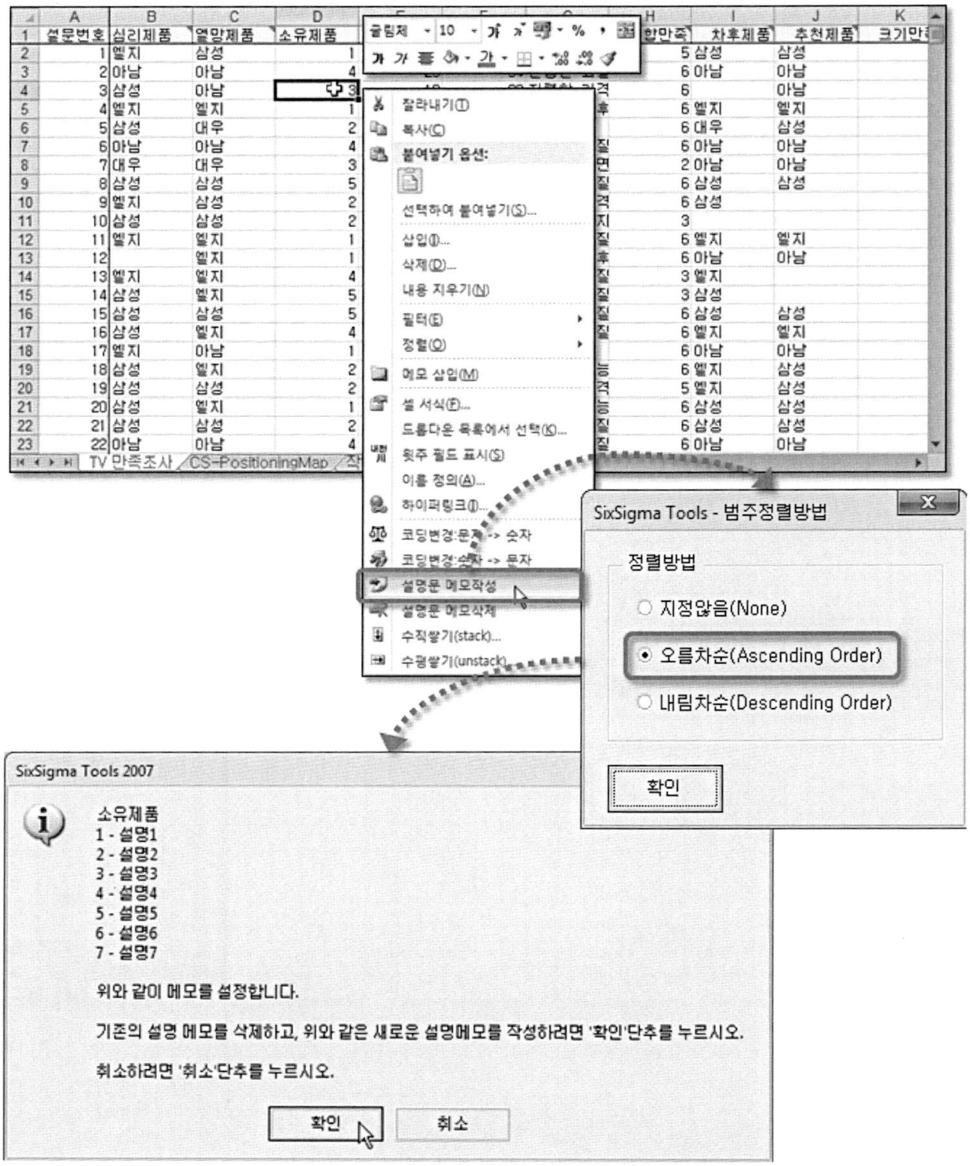
SixSigma Tools - 범주정렬방법
정렬방법
지정않음(None)
오름차순(Ascending Order)
내림차순(Descending Order)
확인
SixSigma Tools 2007
소유제품
1 - 설명1
2 - 설명2
3 - 설명3
4 - 설명4
5 - 설명5
6 - 설명6
7 - 설명7
위와 같이 메모를 설정합니다.
기존의 설명 메모를 삭제하고, 위와 같은 새로운 설명메모를 작성하려면 '확인'단추를 누르시오.
취소하려면 '취소'단추를 누르시오.
확인
취소

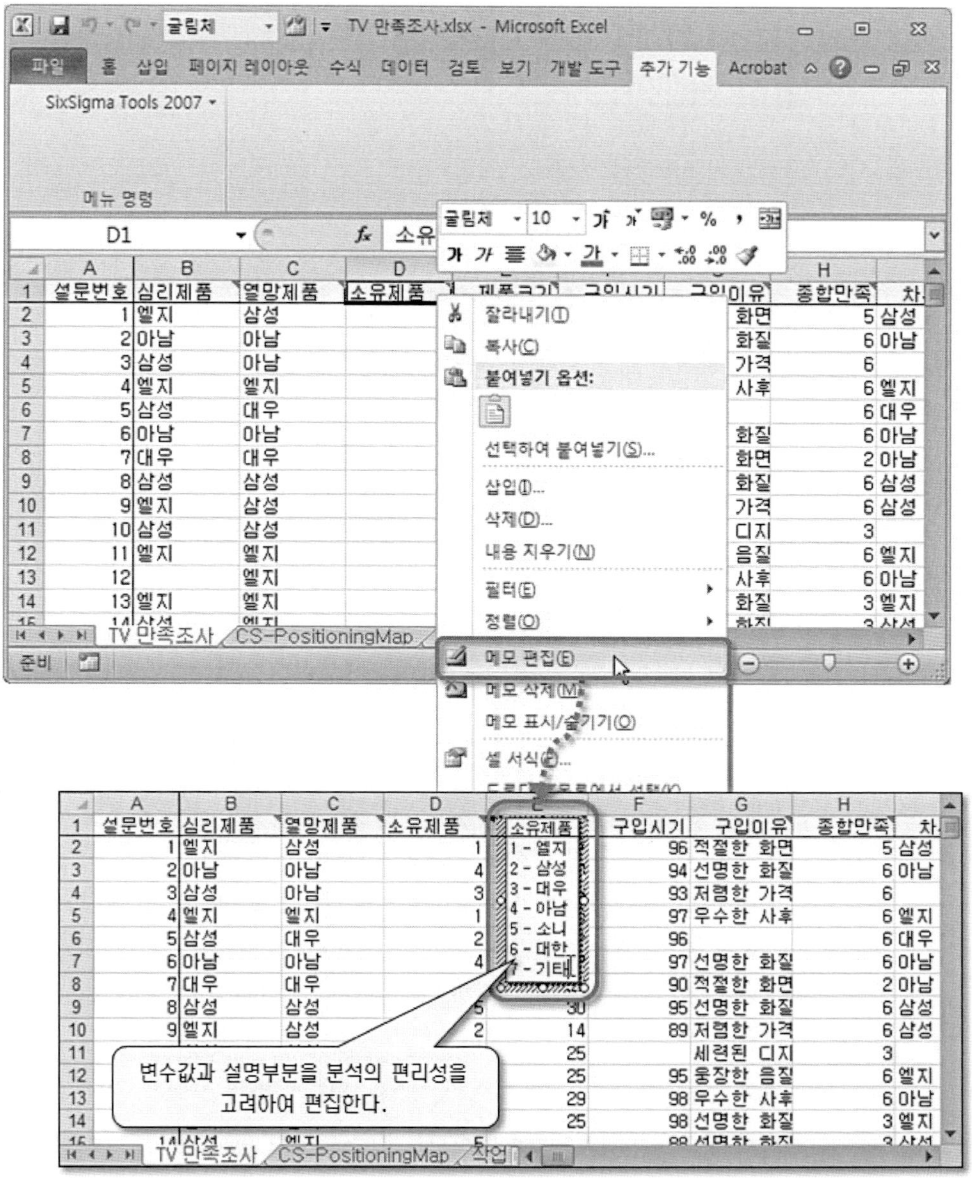

숫자 데이터를 메모설명을 적용하여 변경하려면 다음과 같이 실행한다.

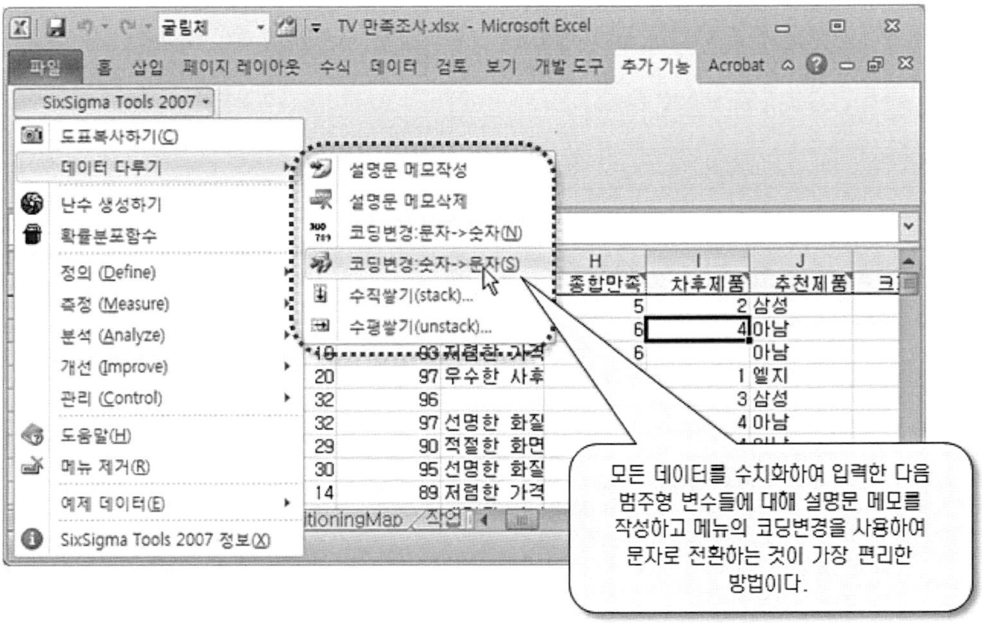

이상 설명메모작성 방법을 요약하면 다음과 같다.

[데이터 입력 및 설명문메모 설정]

① 데이터 분석에서는 모든 변수값을 수치화하는 것이 기본이다. 그러므로 모든 데이터를 수치화하여 입력한다. 그러므로 문자 데이터는 숫자를 부여하여 입력한다.

② 입력된 데이터 중에 범주형 변수들은 설명문 메모를 변수이름이 입력된 셀에 작성한다. 보다 쉽게 작성하기 위하여 메뉴에서 "SixSigma Tools 2007 > 데이터 다루기 > 설명문 메모작성"을 선택하여 작성하고, 작성된 메모를 편집하여 '숫자변수값-'다음의 텍스트를 입력하여 설명문 메모를 완성한다.

③ 이렇게 완성된 메모를 이용하면 숫자로 입력된 범주형 변수들을 쉽게 문자로 변환하거나 다시 숫자로 환원할 수 있게 된다. 즉 메뉴에서 "SixSigma Tools 2007 > 데이터 다루기 > 코딩변경:숫자->문자"를 이용하면 문자로 변환이 되며, 반대로 "SixSigma Tools 2007 > 데이터 다루기 > 코딩변경: 문자->숫자"를 이용하면 쉽게 문자데이터를 숫자로 변경할 수 있다.

④ 이렇게 문자데이터를 숫자로 변경하는 경우는 종종 통계적분석기법 중에 문자데이터를 숫자로 변경하여 분석해야 하는 경우가 있기 때문에 이러한 기능이 반드시 필요하다.

⇒1.4 파일 열기/불러오기

1.4.1 ASCII 데이터 파일 불러오기

ASCII 데이터 파일은 고정형식(fixed format)과 자유형식(free format)으로 읽어 들일 수 있다. 고정형식은 ASCII 데이터 파일에 입력된 각 변수의 변수값 모두가 동일한 입력열 위치에 입력되어 있는 경우이며, 자유형식은 서로 다른 변수의 값들이 하나 이상의 공백으로 구분되어 있으며, 각 변수의 케이스들이 서로 다른 위치에 입력되어 있는 경우이다. 즉 고정형식의 ASCII 데이터 파일은 SPSS에서 데이터를 읽어 들일 때, 읽어 드려야 할 변수의 입력열의 위치를 지정하여 읽는 방식이며, 자유형식은 변수의 입력열의 위치를 지정하지 않고 읽는 방식이다.

고정형식

```
1  m  02/03/52  15 3   $57,000
2  m  05/23/58  16 1   $40,200
3  f  07/26/29  12 1   $21,450
4  f  04/15/47  11 1   $21,900
5  m  02/09/55  15 1
6  m  08/22/58  15 1
```

자유형식

```
1  m  02/03/52  15 3 $57,000
2 m 05/23/58 16 1 $40,200
 3 f 7/26/29  12 1     $21,450
4 f 04/15/47 8 1 $21,900
 5 m 2/9/55 15 1 $45,000
6 m 08/22/58 15 1 $32,100
```

Excel을 이용하여 데이터를 읽어 들일 때 자유형식은 고정형식에 비해 입력열의 위치를 표시하지 않는다는 점에서 편리한 점이 있으나 자유형식은 ASCII 데이터 파일을 작성할 때 서로 다른 변수의 변수값을 하나 이상의 공백(blank)으로 구분하여 입력해야 한다. 또한 공백문자를 입력할 때 그 개수가 항상 일정한 수로 변수값들을 구분하도록 입력해야 함을 잊지 말아야 한다. 이외에도 불편한 점이 많으므로 추천하고 싶지 않은 방법이다.

고정형식은 입력하는 데이터의 자리수만을 맞추어 입력한다면 데이터를 구분하기 위한 공백(space)은 입력할 필요가 없으며 읽어 들인 데이터의 자리수는 지정한 입력열의 위치에 맞추어 표시되므로 정수값들이 정확하게 표시된다. 고정형식은 자유형식에 비해 입력열 위치를 표시해 주어야 한다는 점이 불편한 점이라 할 수 있다. 그러나 일반적으로 설문지를 통한 조사데이터는 특별한 경우를 제외하고 고정형식을 사용하기를 권한다.

1.4.4 고정형식(fixed format)파일 불러오기

텍스트로 작성한 파일을 고정형식으로 불러오는 방법을 알아보자.

순서1 D:\SST데이터\autospec2.dat

[Fixed Format 파일(data 파일)]

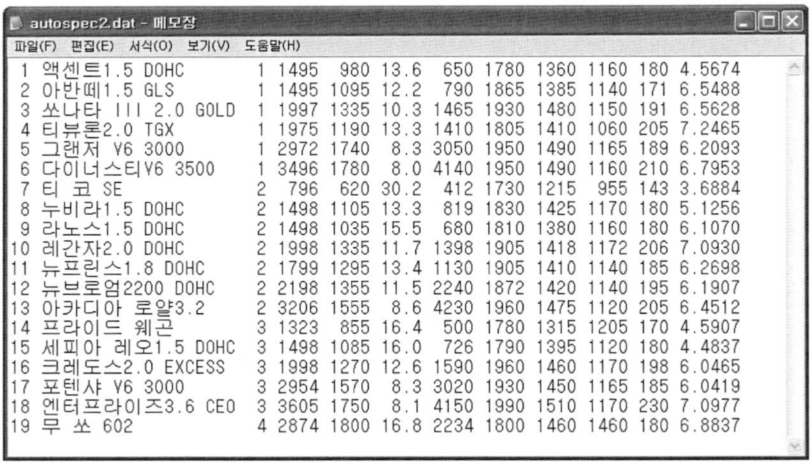


```
 1 액센트1.5 DOHC        1 1495  980 13.6  650 1780 1360 1160 180 4.5674
 2 아반떼1.5 GLS         1 1495 1095 12.2  790 1865 1385 1140 171 6.5488
 3 쏘나타 III 2.0 GOLD   1 1997 1335 10.3 1465 1930 1480 1150 191 6.5628
 4 티뷰론2.0 TGX         1 1975 1190 13.3 1410 1805 1410 1060 205 7.2465
 5 그랜저 V6 3000        1 2972 1740  8.3 3050 1950 1490 1165 189 6.2093
 6 다이너스티V6 3500     1 3496 1780  8.0 4140 1950 1490 1160 210 6.7953
 7 티 코 SE              2  796  620 30.2  412 1730 1215  955 143 3.6884
 8 누비라1.5 DOHC        2 1498 1105 13.3  819 1830 1425 1170 180 5.1256
 9 라노스1.5 DOHC        2 1498 1035 15.5  680 1810 1380 1160 180 6.1070
10 레간자2.0 DOHC        2 1998 1335 11.7 1398 1905 1418 1172 206 7.0930
11 뉴프린스1.8 DOHC      2 1799 1295 13.4 1130 1905 1410 1140 185 6.2698
12 뉴브로엄2200 DOHC     2 2198 1355 11.5 2240 1872 1420 1140 195 6.1907
13 아카디아 로얄3.2      2 3206 1555  8.6 4230 1960 1475 1120 205 6.4512
14 프라이드 웨곤         3 1323  855 16.4  500 1780 1315 1205 170 4.5907
15 세피아 레오1.5 DOHC   3 1498 1085 16.0  726 1790 1395 1120 180 4.4837
16 크레도스2.0 EXCESS    3 1998 1270 12.6 1590 1960 1460 1170 198 6.0465
17 포텐샤 V6 3000        3 2954 1570  8.3 3020 1930 1450 1165 185 6.0419
18 엔터프라이즈3.6 CEO   3 3605 1750  8.1 4150 1990 1510 1170 230 7.0977
19 무 쏘 602             4 2874 1800 16.8 2234 1800 1460 1460 180 6.8837
```

순서2 파일 ▸ 열기... > autospec2.dat을 선택하고 [열기(O)] 클릭...

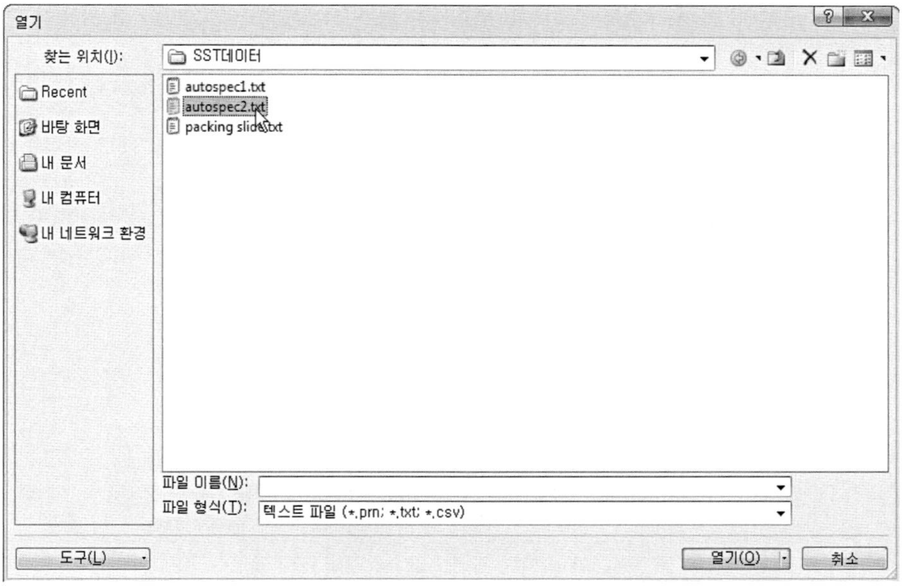

순서3 고정형식이므로 [너비가 일정함]을 유지한 채 다음(N) > 단추를 클릭한다.

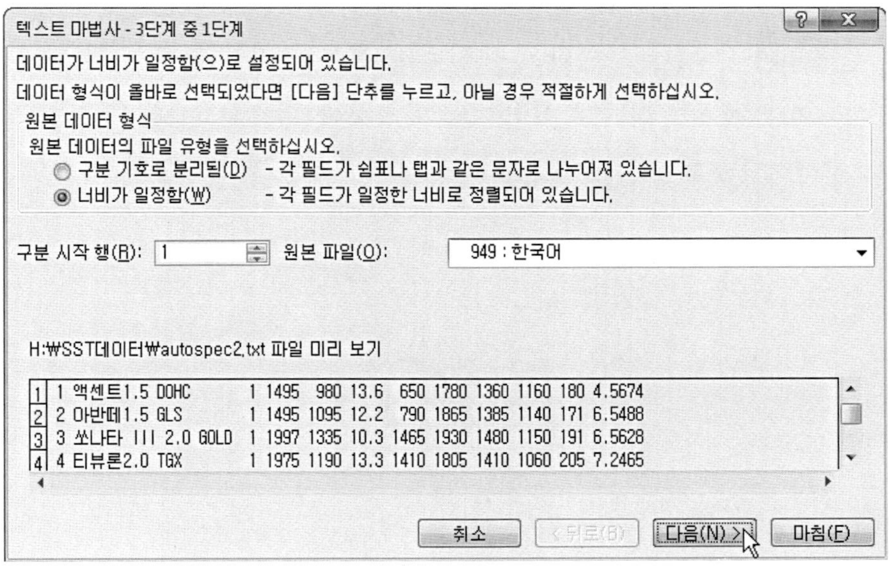

순서4 열 구분선을 지정할 수 있는 대화상자가 다음과 같이 나타나면 마

우스 포인터를 사용하여 구분선을 지정/변경할 수 있는데 여기에서는 변경할 필요없이 자동인식된 구분을 그대로 사용하면 된다. 그러므로 [다음(N) >] 단추를 클릭한다.

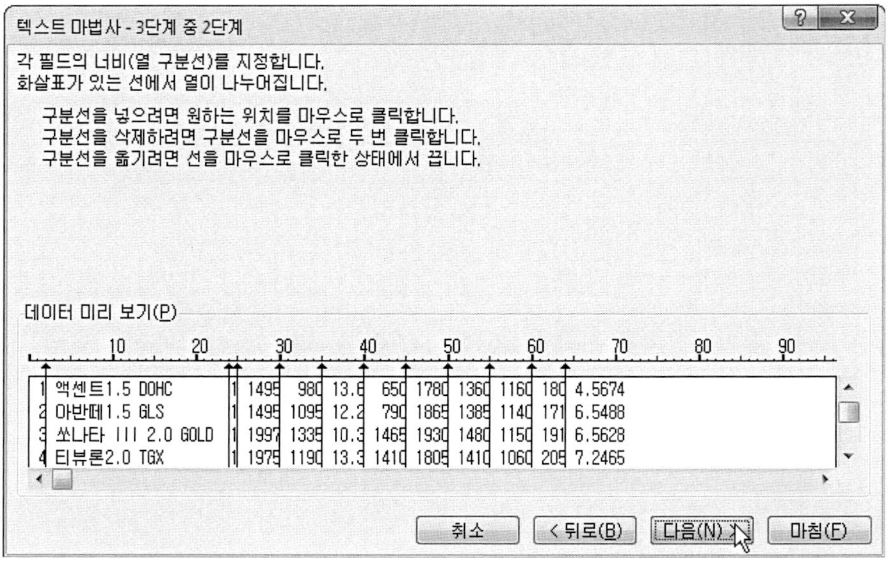

순서5 각 열을 클릭하고 데이터의 형식을 지정할 수 있다. 여기에서는 모든 열의 데이터를 일반형식으로 지정되어 있으므로 달리 변경할 필요는 없다. [마침(F)] 단추를 클릭한다.

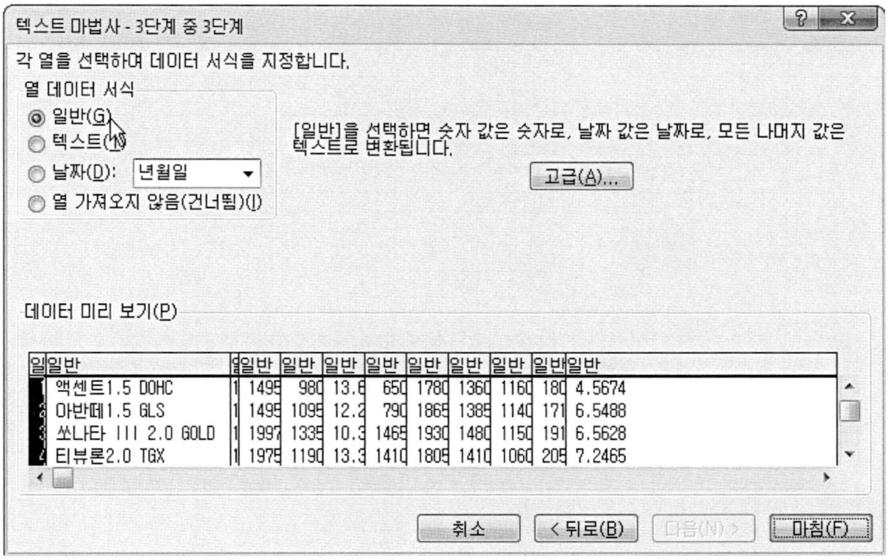

순서6 다음과 같이 텍스트 파일을 읽어 들인 것을 확인할 수 있다. 그러나 맨 첫 행에는 변수이름을 입력해야 하므로 첫 행에서 한 줄을 삽입하고 변수이름을 입력한다. 그리고 범주형 변수는 반드시 설명문 메모를 작성하고, 마지막으로 저장하는 것을 잊지 말라.

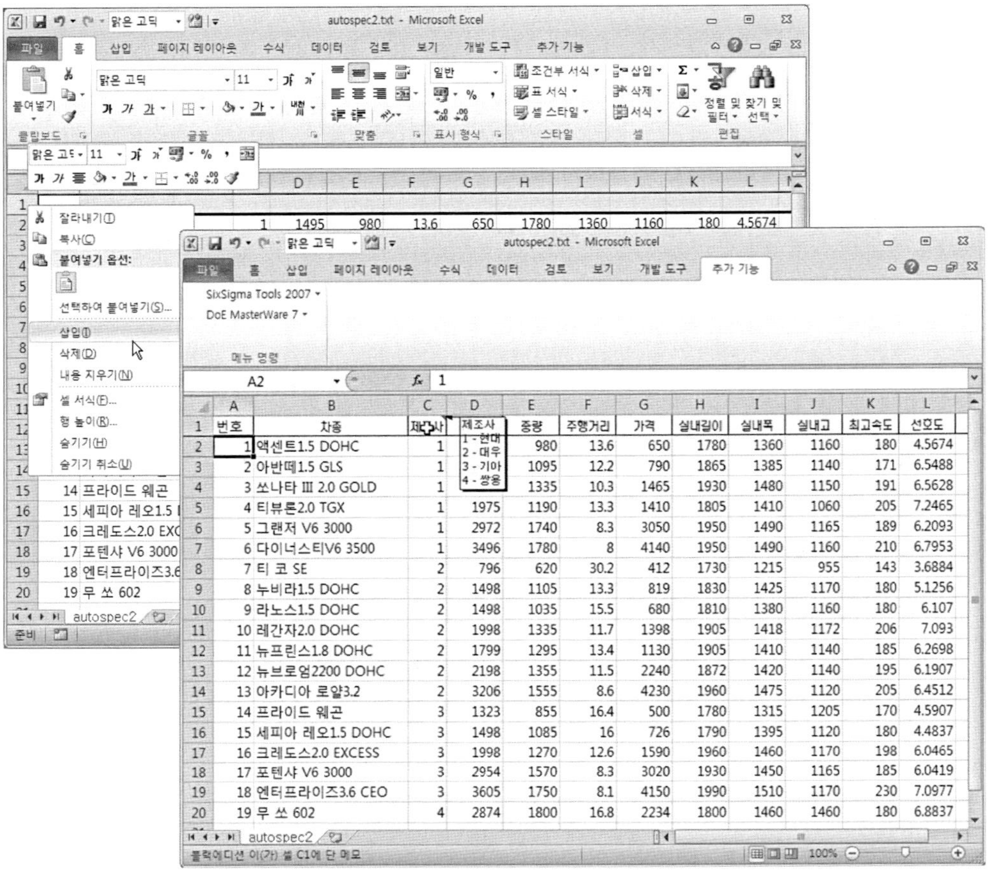

⇨1.5 데이터 계산/변환/출력

1.5.1 새로운 변수계산

데이터를 읽은 후 새로운 변수를 계산하여 열에 저장하는 방법을 익히기로 하자. 여기에서 사용하는 데이터는 MEASURE.xlsx로 저장되어 있으며, 전체 30개의 표본을 조사하여 4번씩 반복측정한 데이터이다. 행별로 합계, 평균, 표준편차, 범위를 계산하여 보자.

순서1 MEASURE.xlsx 파일을 읽어 들인다.

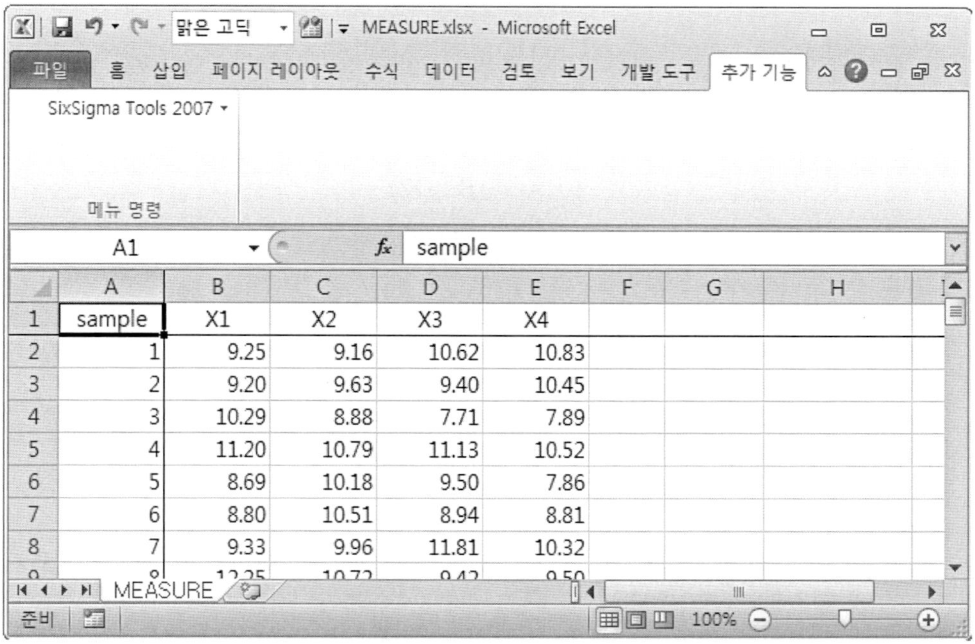

순서2 행을 기준으로 합계를 빈 칼럼에 저장하기 위하여 다음과 같이 지정하고 아래로 자동채우기(FillDown) 한다.

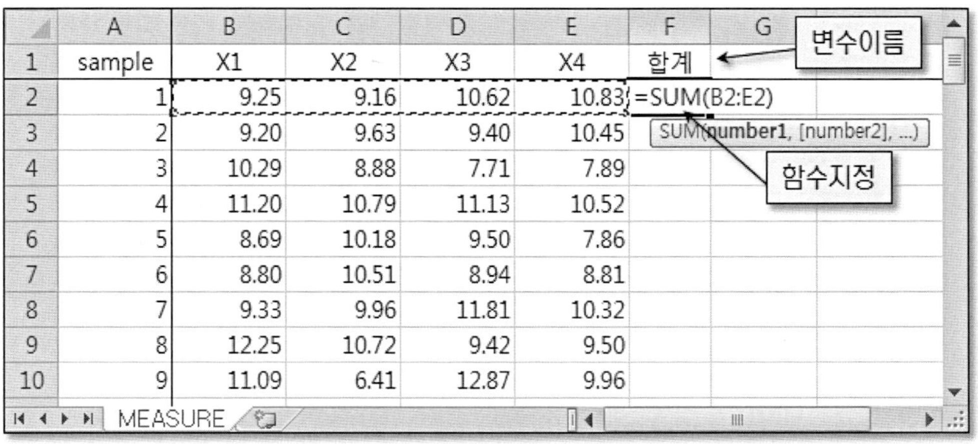

Tips! 위 함수 표현식에서 "SUM(B2,C2,D2,E2)"로 지정해도 동일하나 서로 이웃하여 연결된 경우는 참조주소를 B2:D2로 지정하는

것이 일반적이다.

순서3 평균, 표준편차, 범위 등도 동일한 방법으로 계산한다. 함수는 다음과 같이 지정하고 아래로 자동채우기 한다.

평 균 : AVERAGE(B2:D2)

표본표준편차 : STDEV.S(B2:D2)

범 위 : MAX(B2:D2)-MIN(B2:D2)

	A	F	G	H	I
1	sample	합계	평균	표준편차	범위
2	1	=SUM(B2:E2)	=AVERAGE(B2:E2)	=STDEV.S(B2:E2)	=MAX(B2:D2)-MIN(B2:D2)
3	2	=SUM(B3:E3)			
4	3	=SUM(B4:E4)			
5	4	=SUM(B5:E5)			
6	5	=SUM(B6:E6)			
7	6	=SUM(B7:E7)			
8	7	=SUM(B8:E8)			
9	8	=SUM(B9:E9)			
10	9	=SUM(B10:E10)			

MEASURE

	A	B	C	D	E	F	G	H	I
1	sample	X1	X2	X3	X4	합계	평균	표준편차	범위
2	1	9.25	9.16	10.62	10.83	39.86	9.965	0.882515345	1.46
3	2	9.20	9.63	9.40	10.45	38.68	9.67	0.548877643	0.43
4	3	10.29	8.88	7.71	7.89	34.77	8.6925	1.182719324	2.58
5	4	11.20	10.79	11.13	10.52	43.64	10.91	0.31570028	0.41
6	5	8.69	10.18	9.50	7.86	36.23	9.0575	1.004137275	1.49
7	6	8.80	10.51	8.94	8.81	37.06	9.265	0.832446194	1.71
8	7	9.33	9.96	11.81	10.32	41.42	10.355	1.052758282	2.48
9	8	12.25	10.72	9.42	9.50	41.89	10.4725	1.325930491	2.83
10	9	11.09	6.41	12.87	9.96	40.33	10.0825	2.725648241	6.46

MEASURE

1.5.2 **데이터 리코딩**(Code)

순서1 autospec.xlsx 파일을 읽어 들인다.

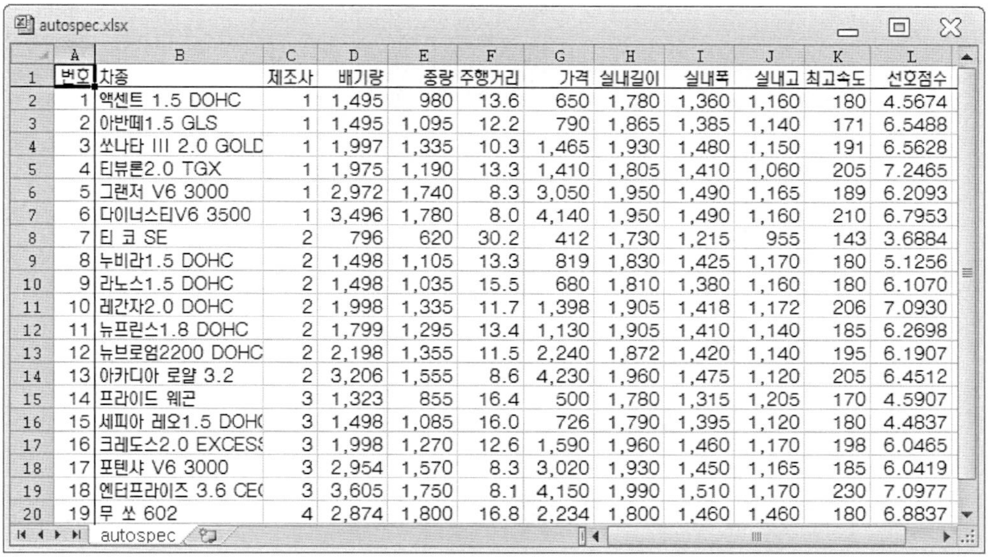

번호	차종	제조사	배기량	중량	주행거리	가격	실내길이	실내폭	실내고	최고속도	선호점수
1	액센트 1.5 DOHC	1	1,495	980	13.6	650	1,780	1,360	1,160	180	4.5674
2	아반떼1.5 GLS	1	1,495	1,095	12.2	790	1,865	1,385	1,140	171	6.5488
3	쏘나타 III 2.0 GOLD	1	1,997	1,335	10.3	1,465	1,930	1,480	1,150	191	6.5628
4	티뷰론2.0 TGX	1	1,975	1,190	13.3	1,410	1,805	1,410	1,060	205	7.2465
5	그랜저 V6 3000	1	2,972	1,740	8.3	3,050	1,950	1,490	1,165	189	6.2093
6	다이너스티V6 3500	1	3,496	1,780	8.0	4,140	1,950	1,490	1,160	210	6.7953
7	티 코 SE	2	796	620	30.2	412	1,730	1,215	955	143	3.6884
8	누비라1.5 DOHC	2	1,498	1,105	13.3	819	1,830	1,425	1,170	180	5.1256
9	라노스1.5 DOHC	2	1,498	1,035	15.5	680	1,810	1,380	1,160	180	6.1070
10	레간자2.0 DOHC	2	1,998	1,335	11.7	1,398	1,905	1,418	1,172	206	7.0930
11	뉴프린스1.8 DOHC	2	1,799	1,295	13.4	1,130	1,905	1,410	1,140	185	6.2698
12	뉴브로엄2200 DOHC	2	2,198	1,355	11.5	2,240	1,872	1,420	1,140	195	6.1907
13	아카디아 로얄 3.2	2	3,206	1,555	8.6	4,230	1,960	1,475	1,120	205	6.4512
14	프라이드 웨곤	3	1,323	855	16.4	500	1,780	1,315	1,205	170	4.5907
15	세피아 레오1.5 DOH(	3	1,498	1,085	16.0	726	1,790	1,395	1,120	180	4.4837
16	크레도스2.0 EXCES(	3	1,998	1,270	12.6	1,590	1,960	1,460	1,170	198	6.0465
17	포텐샤 V6 3000	3	2,954	1,570	8.3	3,020	1,930	1,450	1,165	185	6.0419
18	엔터프라이즈 3.6 CE(	3	3,605	1,750	8.1	4,150	1,990	1,510	1,170	230	7.0977
19	무 쏘 602	4	2,874	1,800	16.8	2,234	1,800	1,460	1,460	180	6.8837

순서2 제조사 변수의 수치데이터를 문자데이터로 변경하기 위하여 커서를 C열의 어떤 셀에 위치시키고 메뉴에서 [데이터 다루기] > [설명문 메모작성]을 선택한다.

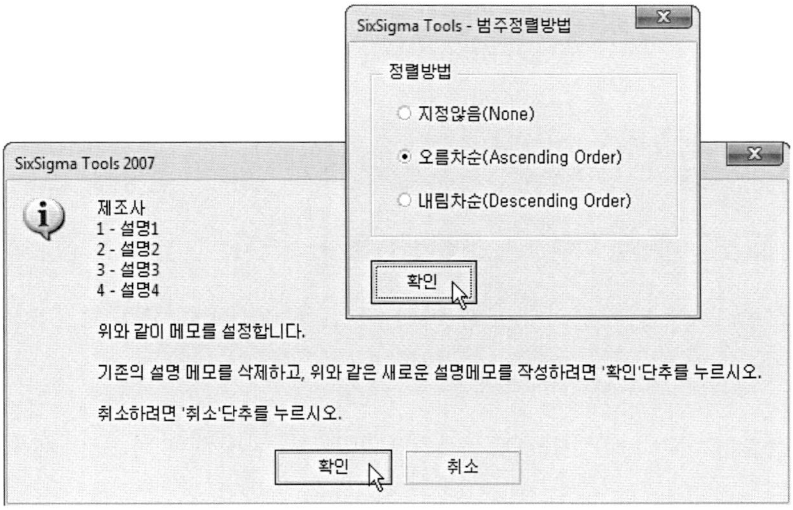

순서3 작성된 메모를 다음과 같이 편집한다.

C2 ☞ 문자 : 1 ☞ 현대, 2 ☞ 대우, 3 ☞ 기아, 4 ☞ 쌍용

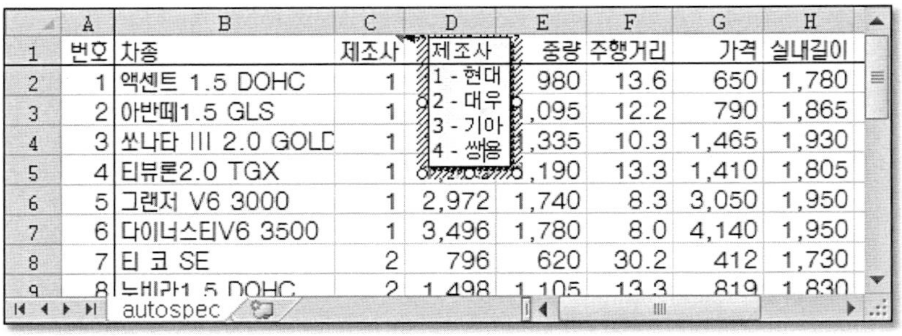

	A	B	C	D	E	F	G	H
1	번호	차종	제조사		중량	주행거리	가격	실내길이
2	1	액센트 1.5 DOHC	1		980	13.6	650	1,780
3	2	아반떼1.5 GLS	1		,095	12.2	790	1,865
4	3	쏘나타 III 2.0 GOLD	1		,335	10.3	1,465	1,930
5	4	티뷰론2.0 TGX	1		,190	13.3	1,410	1,805
6	5	그랜저 V6 3000	1	2,972	1,740	8.3	3,050	1,950
7	6	다이너스티V6 3500	1	3,496	1,780	8.0	4,140	1,950
8	7	티 코 SE	2	796	620	30.2	412	1,730
9	8	누비라1.5 DOHC	2	1,498	1,105	13.3	819	1,830

순서4 **데이터 다루기 > 코딩변경: 숫자->문자...**

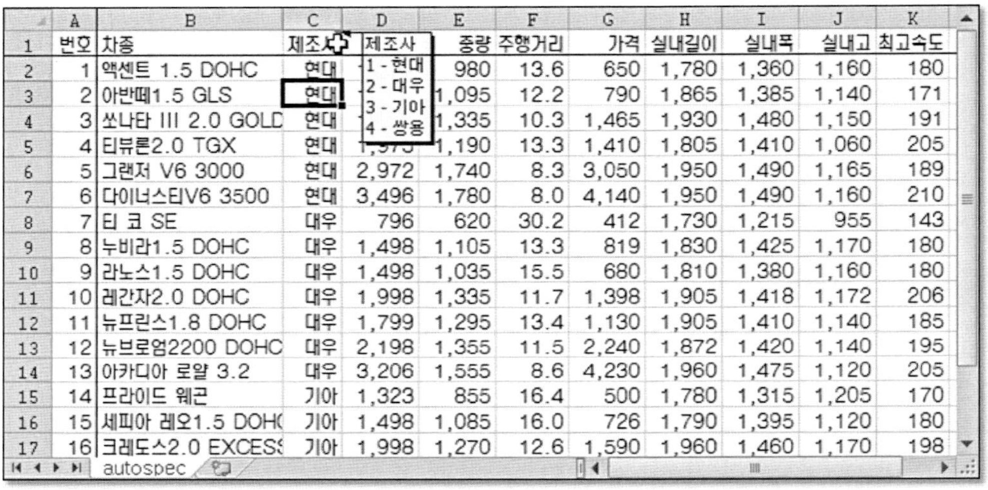

	A	B	C	D	E	F	G	H	I	J	K
1	번호	차종	제조사		중량	주행거리	가격	실내길이	실내폭	실내고	최고속도
2	1	액센트 1.5 DOHC	현대		980	13.6	650	1,780	1,360	1,160	180
3	2	아반떼1.5 GLS	현대		1,095	12.2	790	1,865	1,385	1,140	171
4	3	쏘나타 III 2.0 GOLD	현대		1,335	10.3	1,465	1,930	1,480	1,150	191
5	4	티뷰론2.0 TGX	현대		1,190	13.3	1,410	1,805	1,410	1,060	205
6	5	그랜저 V6 3000	현대	2,972	1,740	8.3	3,050	1,950	1,490	1,165	189
7	6	다이너스티V6 3500	현대	3,496	1,780	8.0	4,140	1,950	1,490	1,160	210
8	7	티 코 SE	대우	796	620	30.2	412	1,730	1,215	955	143
9	8	누비라1.5 DOHC	대우	1,498	1,105	13.3	819	1,830	1,425	1,170	180
10	9	라노스1.5 DOHC	대우	1,498	1,035	15.5	680	1,810	1,380	1,160	180
11	10	레간자2.0 DOHC	대우	1,998	1,335	11.7	1,398	1,905	1,418	1,172	206
12	11	뉴프린스1.8 DOHC	대우	1,799	1,295	13.4	1,130	1,905	1,410	1,140	185
13	12	뉴브로엄2200 DOHC	대우	2,198	1,355	11.5	2,240	1,872	1,420	1,140	195
14	13	아카디아 로얄 3.2	대우	3,206	1,555	8.6	4,230	1,960	1,475	1,120	205
15	14	프라이드 웨곤	기아	1,323	855	16.4	500	1,780	1,315	1,205	170
16	15	세피아 레오1.5 DOHC	기아	1,498	1,085	16.0	726	1,790	1,395	1,120	180
17	16	크레도스2.0 EXCESS	기아	1,998	1,270	12.6	1,590	1,960	1,460	1,170	198

연습1 문자로 코딩변경된 '제조사'를 다시 숫자로 변경해 보라.

Hint! **데이터 다루기 > 코딩변경: 문자->숫자**

연습2 D 열의 배기량 1500CC 이하 ☞ 1, 1500CC 이상 ☞ 2로 리코딩 '배기량-집단'으로 변수 생성

Hint! M열에 "=IF(D2 < 1500, 1,2)"로 함수지정하고 아래로 자동채우기 한다.

연습3 '배기량-집단'의 변수값 1 ☞ 소형, 2 ☞ 중형으로 리코딩

Hint! 설명문 메모작성하고 **코딩변경: 숫자->문자**

	A	F	G	H	I	J	K	L	M	N	O
1	번호	주행거리	가격	실내길이	실내폭	실내고	최고속도	선호점수	배기량-집단	배기량-집단	
2	1	13.6	650	1,780	1,360	1,160	180	4.5674	1	1 - 소형	
3	2	12.2	790	1,865	1,385	1,140	171	6.5488	1	2 - 중형	
4	3	10.3	1,465	1,930	1,480	1,150	191	6.5628	2		
5	4	13.3	1,410	1,805	1,410	1,060	205	7.2465	2		
6	5	8.3	3,050	1,950	1,490	1,165	189	6.2093	2		
7	6	8.0	4,140	1,950	1,490	1,160	210	6.7953	2		
8	7	30.2	412	1,730	1,215	955	143	3.6884	1		
9	8	13.3	819	1,830	1,425	1,170	180	5.1256	1		

autospec

Hint! 코딩변경: 숫자->문자하기 전에 각 셀에 숫자 1 또는 2가 입력된 것이 아니라 "=IF(D2 < 1500, 1,2)"이라는 if문이 입력되어 있으므로 코딩변경이 적용되지 않는다. 그러므로 이를 숫자 데이터로 바꾸기 위하여 M2:M20까지 복사하고 다시 원위치(M2)에서 붙여넣기할 때 '값'으로 붙여넣기한다.

	A	F	G	H	I	J	K	L	M	N	O
1	번호	주행거리	가격	실내길이	실내폭	실내고	최고속도	선호점수	배기량-집단		
2	1	13.6	650	1,780	1,360	1,160	180	4.5674	소형		
3	2	12.2	790	1,865	1,385	1,140	171	6.5488	소형		
4	3	10.3	1,465	1,930	1,480	1,150	191	6.5628	중형		
5	4	13.3	1,410	1,805	1,410	1,060	205	7.2465	중형		
6	5	8.3	3,050	1,950	1,490	1,165	189	6.2093	중형		
7	6	8.0	4,140	1,950	1,490	1,160	210	6.7953	중형		
8	7	30.2	412	1,730	1,215	955	143	3.6884	소형		
9	8	13.3	819	1,830	1,425	1,170	180	5.1256	소형		
10	9	15.5	680	1,810	1,380	1,160	180	6.1070	소형		
11	10	11.7	1,398	1,905	1,418	1,172	206	7.0930	중형		
12	11	13.4	1,130	1,905	1,410	1,140	185	6.2698	중형		
13	12	11.5	2,240	1,872	1,420	1,140	195	6.1907	중형		
14	13	8.6	4,230	1,960	1,475	1,120	205	6.4512	중형		
15	14	16.4	500	1,780	1,315	1,205	170	4.5907	소형		
16	15	16.0	726	1,790	1,395	1,120	180	4.4837	소형		

autospec

다음 표는 엑셀에서 공식과 함수를 입력할 때 자주 사용되는 연산자 목록이며 이 연산자를 사용할 때 가장 먼저 적용되는 연산자는 누승(^)으로 다른 프로그램과는 달리 (**)을 사용 하지 않고 (^)을 사용 하고 있다. 그리고 연결하기 위한 연산자로 (&)를 사용하는데 이는 매우 자주 사용하며 매우 효과적인 용도로 다양하게 사용되므로 기억해 두길 바란다.

EXCEL 연산자와 계산우선순서				
연산자	이름	우선순위	예시	결과
( )	괄호	1	=8/(2*2)	2.
:	콜론(참조범위지정)	2	A1:C30	
,	콤마(둘 이상 참조)	2	A1,B2,C7	
공백문자	두 범위를 참조할 때	2	A1:B3 C1:D3	
−( )	마이너스로 변환	3	=−(100−300)	-200
%	페센트로 변환(%)	4	0.20	20%
^	누승	5	=3^2	9
*	곱하기	6	=5*2	25
/	나누기	6	=-7/2	-3.5
+	더하기	7	=5+6	11
−	빼기	7	=2−8	-6
&	연결 (텍스트 합치기)	8	="EX "&20	EX 20
=	같다	9	=1=1 =3=1	TRUE FALSE
<>	같지 않다	9	=1<>1 =3<>1	FALSE TRUE
>	크다	9	=1>3 =3>1	FALSE TRUE
<	작다	9	=1<3 =3<1	FALSE TRUE
>=	크거나 같다	9	=1>=3 =3>=1	FALSE TRUE
<=	작거나 크다	9	=1<=3 =3<=1	TRUE FALSE

1.5.3 정렬(Sort)하기

특정 필드를 기준으로 레코드 전체의 순서를 정렬할 수 있다. 정렬은 오름차순 정렬과 내림차순 정렬이 있으며 단일 조건, 복수조건, 아이콘을 기준으로 정렬할 수 있다. 필드에 숫자, 한글, 열문, 빈 셀이 포함된 경우에는 숫자,

한글, 영문, 빈 셀 순으로 정렬된다.

정렬하기(sorting)		
종류	오름차순 정렬	내림차순 정렬
숫자	0 → 9	9 → 0
문자(한글)	ㄱ → ㅎ	ㅎ → ㄱ
문자(영문)	A → Z	Z → A
날짜	오래된 날짜 → 최근 날짜	최근날짜 → 오래된 날짜

[홈]탭 - [편집]그룹 - [정렬 및 필터]명령을 선택하면 다음과 같은 옵션이 생긴다.

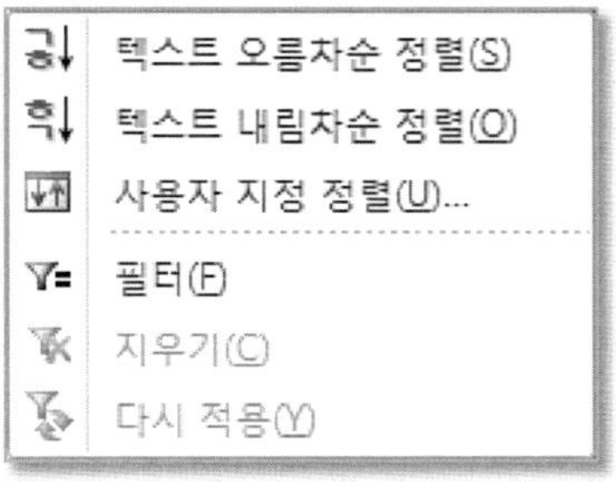

[사용자 지정 정렬]을 선택하면 다음과 같은 정렬 대화 상자가 나타나는데, 정렬 대화 상자를 구성하는 요소와 역할에 대해 알아보기로 한다.

- ✓ 

: 정렬할 기준을 추가한다.
- ✓ 

: 선택한 기준을 삭제한다.

순서1 AUTOSPEC.xlsx를 열기한다.

순서2 정렬하고자 하는 열에 커서를 두고 마우스 왼쪽 단추를 눌러 다음과 같은 단축메뉴에서 오름차순 정렬한다.

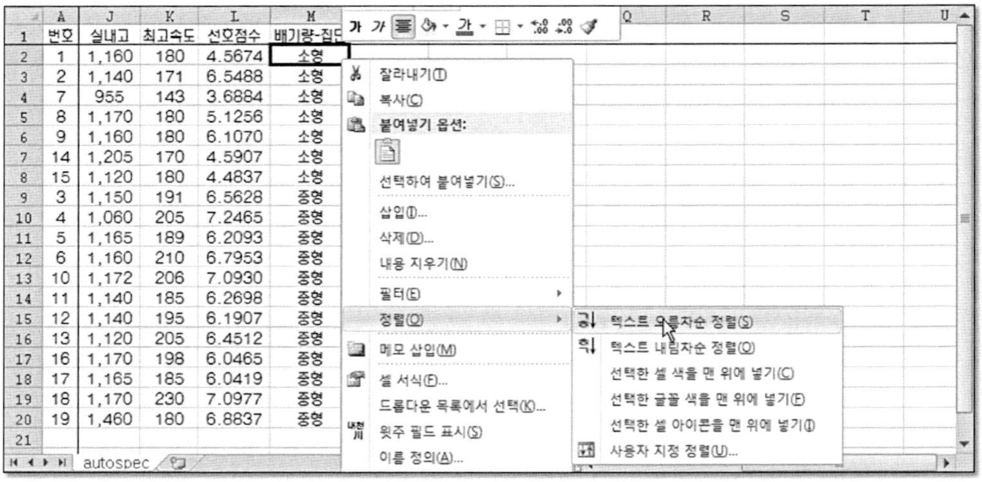

커서의 위치가 '배기량-집단'에 있으므로 배기량 집단에 따라 모든 데이터가 오름차순(ascending order)으로 정렬된다. 정렬방식을 [텍스트 내림차순 정렬]을 선택하면 내림차순(descending order)으로 정렬된다.

다음으로 제조사별로 배기량-집단을 기준으로 오름차순으로 정렬하여 보기로 한다. 정렬하고자 하는 데이터 영역에 커서를 두고 마우스 오른쪽 단추를 클릭하면 다음 그림과 같이 단축메뉴가 나타나고 [정렬 > 사용자 지정 정렬]을 선택하면 정렬 대화상자가 나타난다. 이 대화상자에서 먼저 제조사를 지정하고 [기준 추가(A)] 단추를 클릭하여 조건을 추가한다. 조건은 먼저 지정된 순서에 따라 적용된다. 그러므로 제조사를 먼저 지정하고 다음으로 배기량-집단을 지정한다.

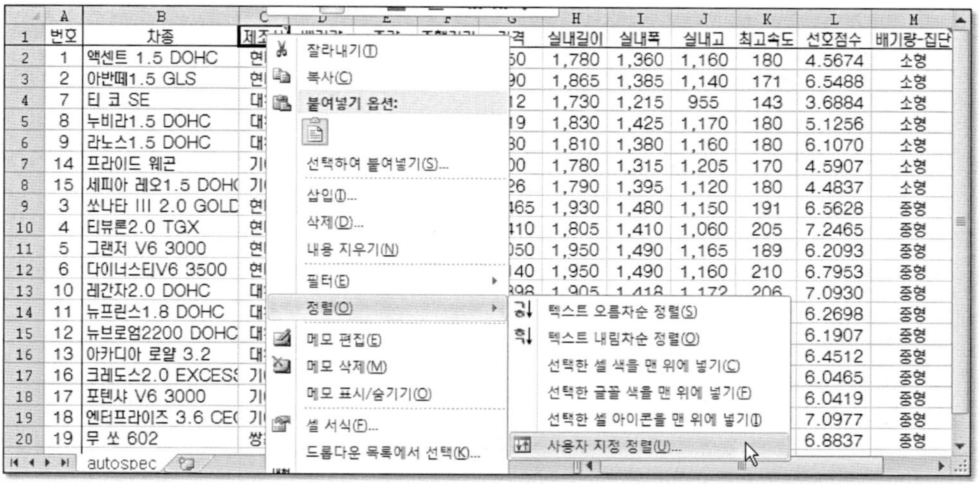

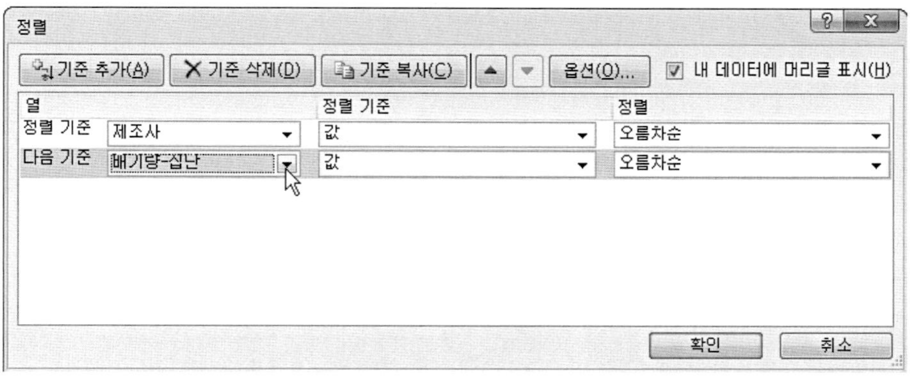

[정렬된 결과]

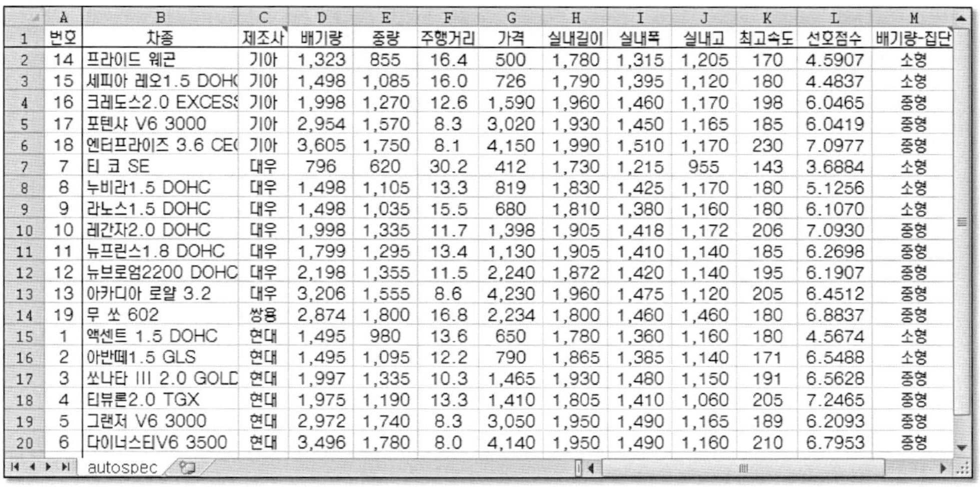

	A	B	C	D	E	F	G	H	I	J	K	L	M
1	번호	차종	제조사	배기량	중량	주행거리	가격	실내길이	실내폭	실내고	최고속도	선호점수	배기량-집단
2	14	프라이드 웨곤	기아	1,323	855	16.4	500	1,780	1,315	1,205	170	4.5907	소형
3	15	세피아 레오1.5 DOH(	기아	1,498	1,085	16.0	726	1,790	1,395	1,120	180	4.4837	소형
4	16	크레도스2.0 EXCES	기아	1,998	1,270	12.6	1,590	1,960	1,460	1,170	198	6.0465	중형
5	17	포텐샤 V6 3000	기아	2,954	1,570	8.3	3,020	1,930	1,450	1,165	185	6.0419	중형
6	18	엔터프라이즈 3.6 CE(	기아	3,605	1,750	8.1	4,150	1,990	1,510	1,170	230	7.0977	중형
7	7	티 코 SE	대우	796	620	30.2	412	1,730	1,215	955	143	3.6884	소형
8	8	누비라1.5 DOHC	대우	1,498	1,105	13.3	819	1,830	1,425	1,170	180	5.1256	소형
9	9	라노스1.5 DOHC	대우	1,498	1,035	15.5	680	1,810	1,380	1,160	180	6.1070	소형
10	10	레간자2.0 DOHC	대우	1,998	1,335	11.7	1,398	1,905	1,418	1,172	206	7.0930	중형
11	11	뉴프린스1.8 DOHC	대우	1,799	1,295	13.4	1,130	1,905	1,410	1,140	185	6.2698	중형
12	12	뉴브로엄2200 DOHC	대우	2,198	1,355	11.5	2,240	1,872	1,420	1,140	195	6.1907	중형
13	13	아카디아 로얄 3.2	대우	3,206	1,555	8.6	4,230	1,960	1,475	1,120	205	6.4512	중형
14	19	무 쏘 602	쌍용	2,874	1,800	16.8	2,234	1,800	1,460	1,460	180	6.8837	중형
15	1	액센트 1.5 DOHC	현대	1,495	980	13.6	650	1,780	1,360	1,160	180	4.5674	소형
16	2	아반떼1.5 GLS	현대	1,495	1,095	12.2	790	1,865	1,385	1,140	171	6.5488	소형
17	3	쏘나타 III 2.0 GOLD	현대	1,997	1,335	10.3	1,465	1,930	1,480	1,150	191	6.5628	중형
18	4	티뷰론2.0 TGX	현대	1,975	1,190	13.3	1,410	1,805	1,410	1,060	205	7.2465	중형
19	5	그랜저 V6 3000	현대	2,972	1,740	8.3	3,050	1,950	1,490	1,165	189	6.2093	중형
20	6	다이너스티V6 3500	현대	3,496	1,780	8.0	4,140	1,950	1,490	1,160	210	6.7953	중형

autospec

1.5.4 데이터 서식 지정

현재 작업 중인 Worksheet로부터 선택한 데이터를 보기 좋게 꾸미려면 먼저 꾸미고자 하는 대상 셀을 범위 지정하고, 메뉴 [홈]-[셀-서식]을 선택한다. 셀 서식 대화 상자에는 6가지 탭을 포함하고 있는데, 각각의 탭에서 어떠한 작업을 할 수 있는지 알아보기로 한다.

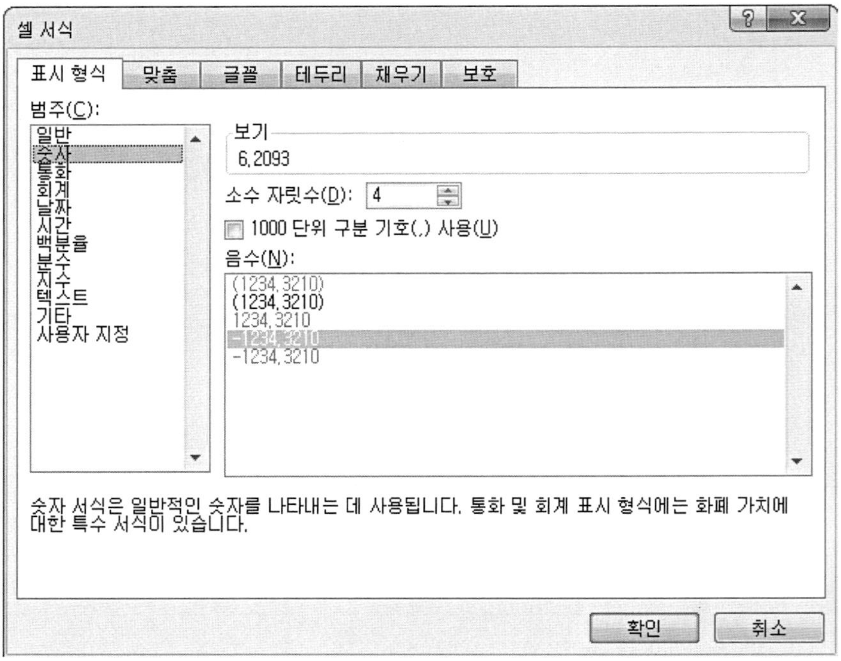

1) 표시 형식

셀 서식에서의 숫자는 수치 데이터를 비롯한 날짜 및 시간 데이터를 어떻게 표시할 것인지 지정하기 위한 기능으로서 여기에는 12가지의 세부 항목을 표시한다.

■ **표시 형식 세부 항목**

서식	결과
일반	텍스트와 숫자를 같은 것으로 다루며 입력한 대로 문자를 표시한다.
숫자	숫자를 입력한 대로 표시한다.
통화	화폐 가치를 통화 기호와 함께 표시하며 음수 및 소수자리수 옵션이 있다.
회계	통화 기호와 소수점에 맞춰 열을 정렬한다.
날짜	지정한 날짜 서식으로 날짜를 표시하고 일련의 숫자 및 날짜를 사용하여 새 날짜를 계산할 수 있다.
시간	시간 서식으로 시간을 표시한다.
백분율	셀 값에 100을 곱한 결과에 % 기호를 붙여 표시한다.
분수	소수 항목을 분수로 표시한다.
지수	셀 너비를 초과하는 큰 숫자를 표시할 때 지수를 사용한다.
텍스트	값을 텍스트로 간주하여 입력한 대로 표시한다. 텍스트 셀에 숫자를 입력할 수 있지만 텍스트 셀에 입력한 숫자로 계산을 할 수는 없다.
기타	우편 번호, 전화번호와 같이 목록이나 데이터베이스 값을 표시한다.
사용자 정의	다른 서식 유형이 지원하지 않는 서식을 설정하거나 만든다.

■ **사용자 정의 서식**

사용자 정의 서식에 #(파운드 기호)를 사용하면 특정 자릿수 위치에 유효한 자릿수 하나를 표시할 것임을 나타낸다.

입력한 숫자	사용자 정의 서식	표시
0234.56	####.##	234.56
0234.56	####.#	234.6
8005551212	(###)###-####	(800)555-1212
220	"Ext" ###	Ext 220

사용자 정의 서식에 '0'을 사용하면 사용자 정의 서식에 있는 것보다 적은 자릿수가 입력될 경우 특정 위치에 유효하지 않은 '0'을 표시한다.

입력한 숫자	사용자 정의 서식	표시
00234.56	0000.00	0234.56
234.56	0000.00	0234.50

분수로 된 ?(물음표) 표시는 분모와 분자를 나누는 슬래시를 기준으로 분수

를 맞춘다.

입력한 숫자	사용자 정의 서식	표시
5.25	# ??/??	5 1/4
15.3	## ??/??	15 3/10
.003	???/????	3/1000

사용자 정의 서식에 쉼표(,)를 사용하면 숫자에 1000의 배수로 값을 표시한다. 이 서식은 아주 큰 숫자를 모두 표시하지 않고자 할 때 사용하면 된다.

입력한 숫자	사용자 정의 서식	표시
22,400,000	0.0,,	22.4
22,450,000	0.0,,	22.4
22,450,000	0.00,,	22.45

2) 사용자 정의 서식 만들기

이 서식은 휴대폰 번호나 은행 코드와 같이 일정한 입력 형식이 있는 경우에 사용할 수 있다. 예를 들어 010-1234-5678 번호를 입력한다고 가정하면, 일반 셀에서는 제일 앞의 0은 표시되지 않는다. 이런 경우는 다음과 같이 사용자 지정 서식을 만들면 된다.

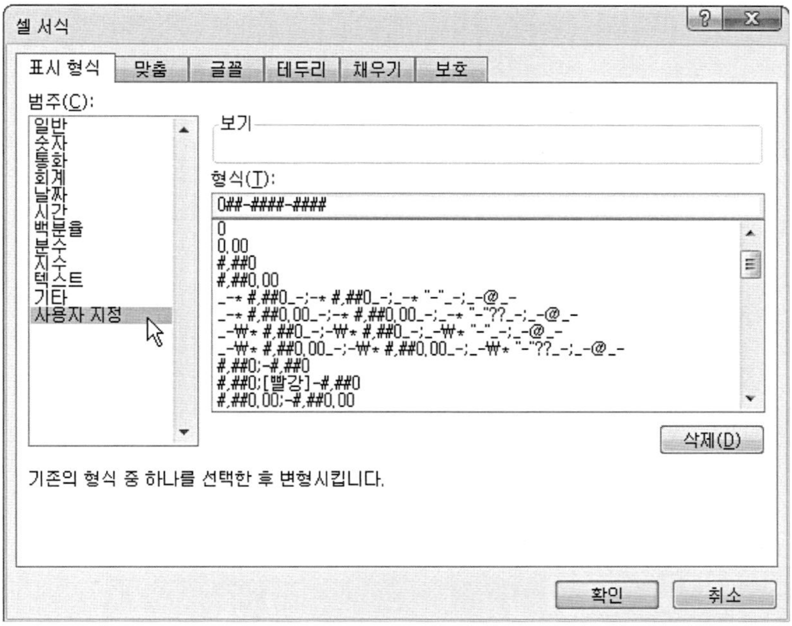

3) 단위 조정

숫자 단위가 큰 경우 종종 '천원 단위' 혹은 '백만원 단위'로 조정해서 숫자를 표시한다. 이때 사용자 지정 서식은 다음과 같으며 천원 단위로 나타내기 위하여 [#,##0, "천원"]으로 입력한 예이다.

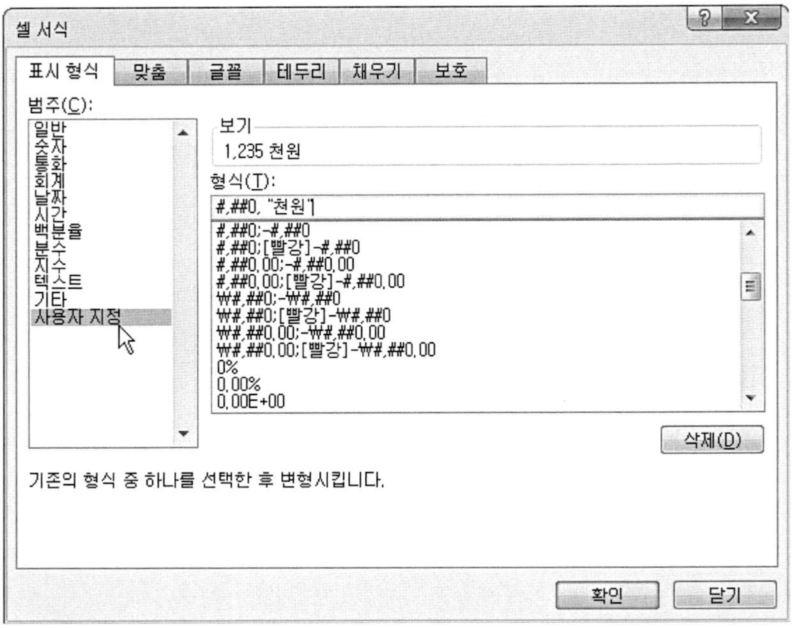

위의 서식은 천 단위 구분 기호와 0표시설정에 천원 단위로 표시한 서식이다. 만약, 백만원 단위로 설정하고 싶다면 [#,##0,, "백만원"]이라고 입력하면 된다.

1.5.5 조건부 서식으로 Worksheet 꾸미기

엑셀에서는 셀 서식이나 자동 서식으로 Worksheet에 입력한 전체자료에 대해 서식을 지정할 수 있으나 조건부 서식은 숫자 데이터에 대해 데이터 값에 따른 다양한 서식을 지정할 수 있다.

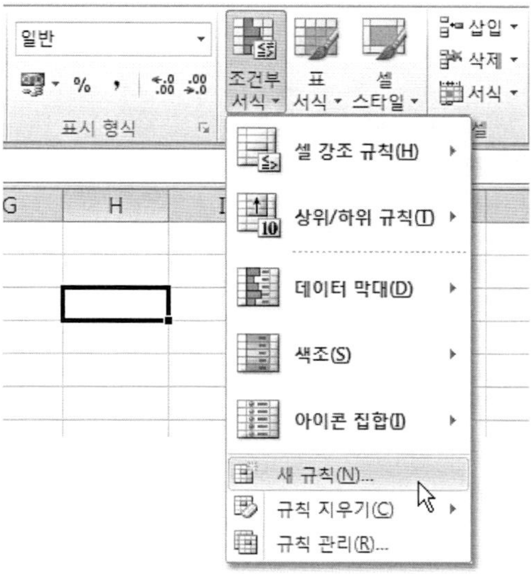

1) **조건부 서식**

기본 규칙 유형은 다음과 같다.

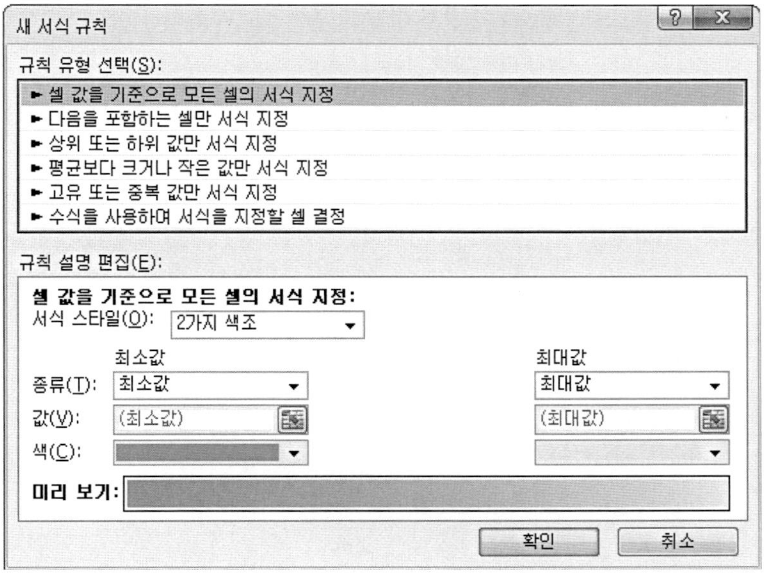

만약 조건부 서식을 특정한 수의 범위에 있을 때 특정한 서식을 지정하고자 한다면 다음과 같이 설정하면 된다.

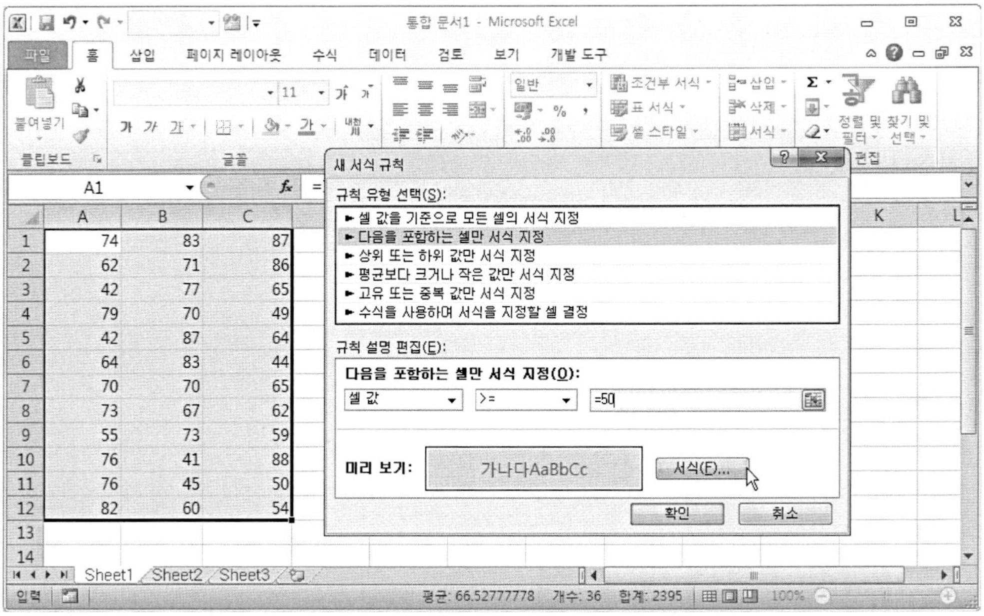

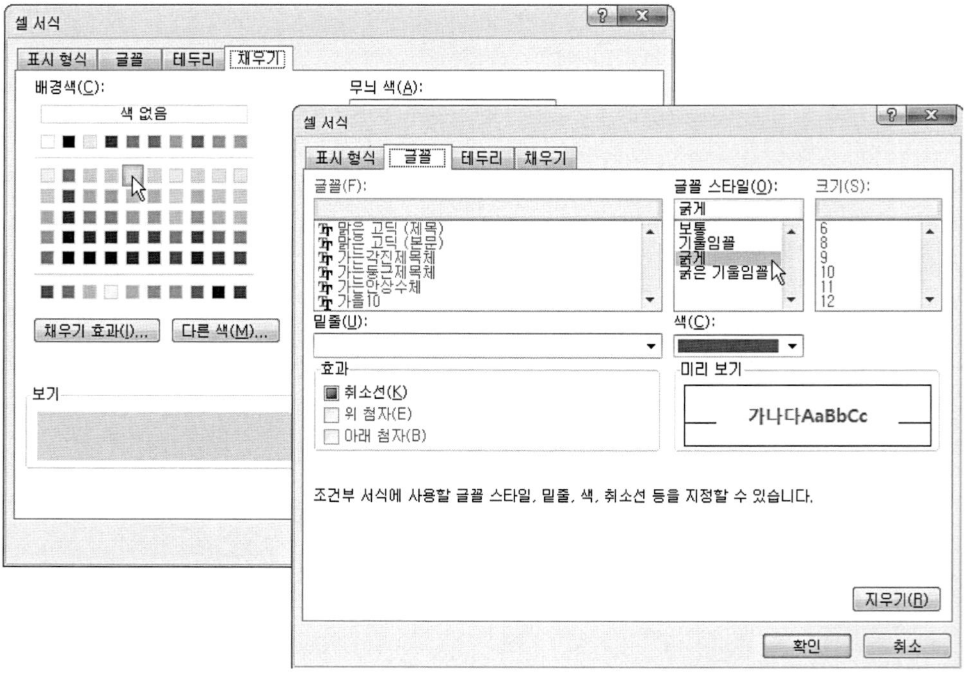

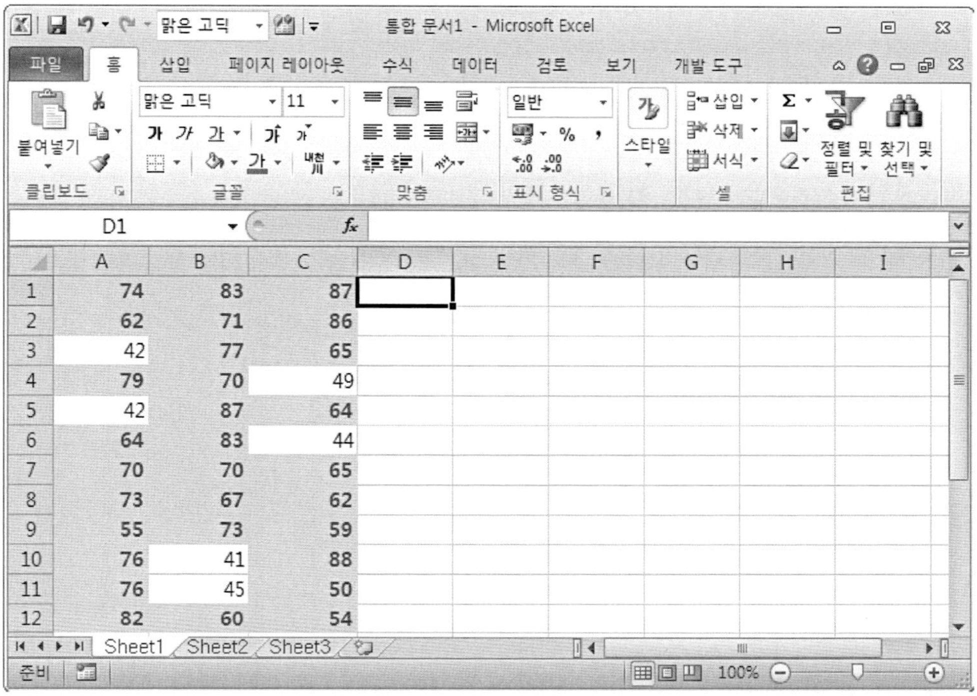

2) 기타 조건부 서식

리본 메뉴의 [홈]에서 조건부 서식을 클릭하면 목록이 나타난다.

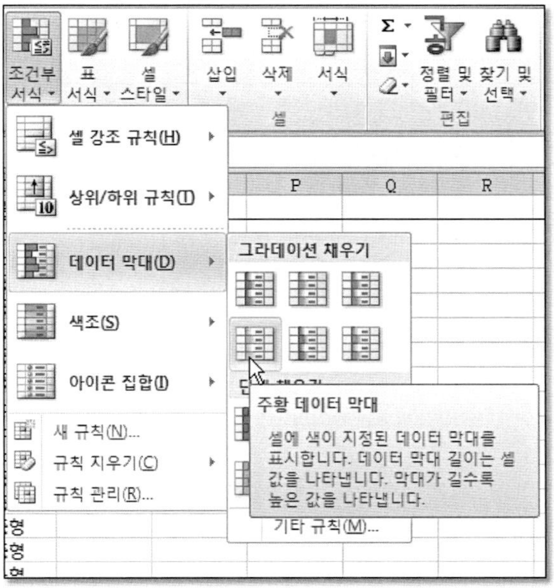

데이터 막대, 색조, 그리고, 아이콘 집합 메뉴는 새로운 기능이다. 잘 활용하면 매우 시각적으로 강한 인상을 줄 수 있는 보고서를 만들 수 있다.

3) 조건부 서식 삭제

조건부 서식을 삭제하려면 [홈]-[조건부 서식]-[규칙 관리] 메뉴를 선택한다. 조건부 서식 규칙 관리자 대화 상자에서 삭제할 조건을 선택한 뒤 [X 규칙 삭제(D)]를 클릭한다.

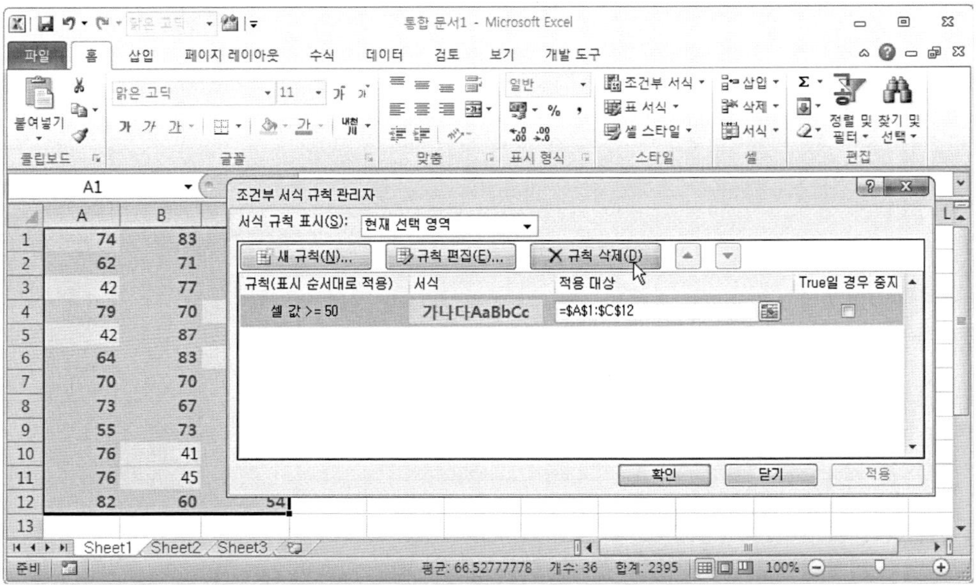

또는 다음과 같이 [규칙 지우기]에서 전체 또는 선택한 셀의 규칙을 삭제할 수도 있다.

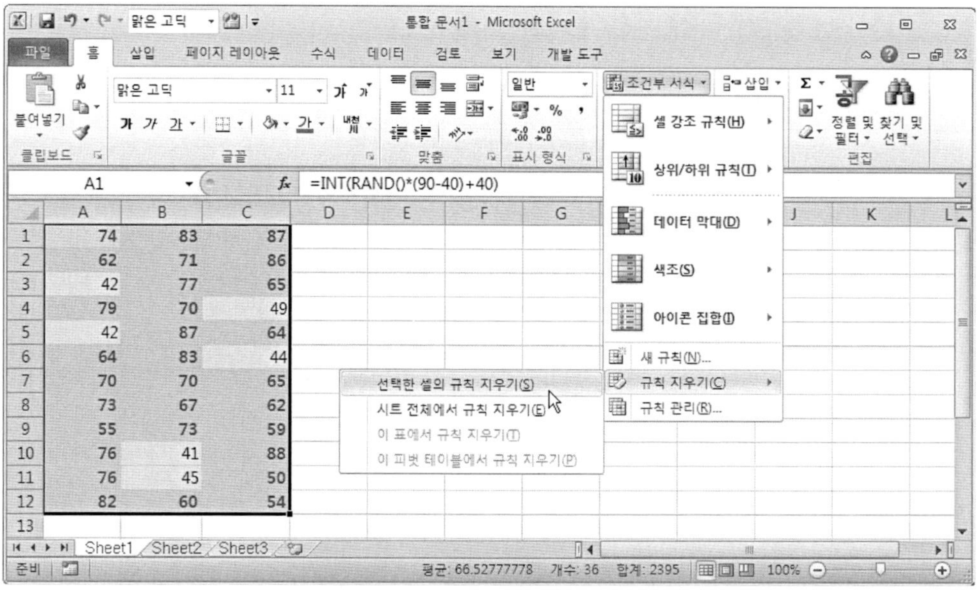

1.5.6 순위(rank) 부여하기

데이터를 크기 순서대로 나열한 후(오름차순)에 차례대로 순위(rank)를 부여한다. 이때 동일한 값이 존재하면 순위 값들의 평균값을 부여하거나 낮은 값 또는 높을 값을 부여할 수 있다. 이와 같이 동일한 값을 동률(ties)이라고 한다. 그리고 동률이 존재할 경우 평균값, 낮은 값, 높은 값, 순차적 값의 순위를 사용하느냐에 따라 평균순위, 낮은 순위, 높은 순위, 순차적 순위라고 한다. 그러므로 동률이 존재할 경우 부여하는 방법에 따라 순위도 달라진다.

기준변수	평균순위	낮은 순위	높은 순위	순차 순위
10	1	1	1	1
15	3	2	4	2
15	3	2	4	2
15	3	2	4	2
16	5	5	5	3
20	6	6	6	4

EXCEL에서는 순위를 부여하는 방법으로 낮은 순위를 사용하고 있다.

> RANK(number,ref,order)
>
> number 순위를 구하려는 수입니다.
>
> ref 숫자 목록의 배열 또는 참조입니다. 숫자 이외의 값은 무시됩니다.
>
> order 순위 결정 방법을 지정하는 수입니다.
>
> - order가 0이거나 이를 생략하면 ref가 내림차순으로 정렬된 목록인 것으로 가정하여 number의 순위를 부여합니다.
> - order가 0이 아니면 ref가 오름차순으로 정렬된 목록인 것으로 가정하여 number의 순위를 부여합니다.

그러나 일반적인 분석툴에서는 디폴트로 평균순위를 사용함으로 평균순위를 부여해 보기로 한다. Excel에서 순위함수 '=RANK(number,ref,1)'를 사용하여 해결하도록 하자. 참고로 Rank 함수는 낮은 순위로 순위를 결정하게 되나 평균순위를 사용하려면 셀에 다음 연산식

=RANK(A2,$A$2:$A$7, 1) + (COUNT($A$2:$A$7) + 1

- RANK(A2,$A$2:$A$7,0) - RANK(A2,$A$2:$A$7,1))/2

를 사용하면 된다. 이 연산식을 수정하면 여러 가지 순위를 계산할 수 있다.

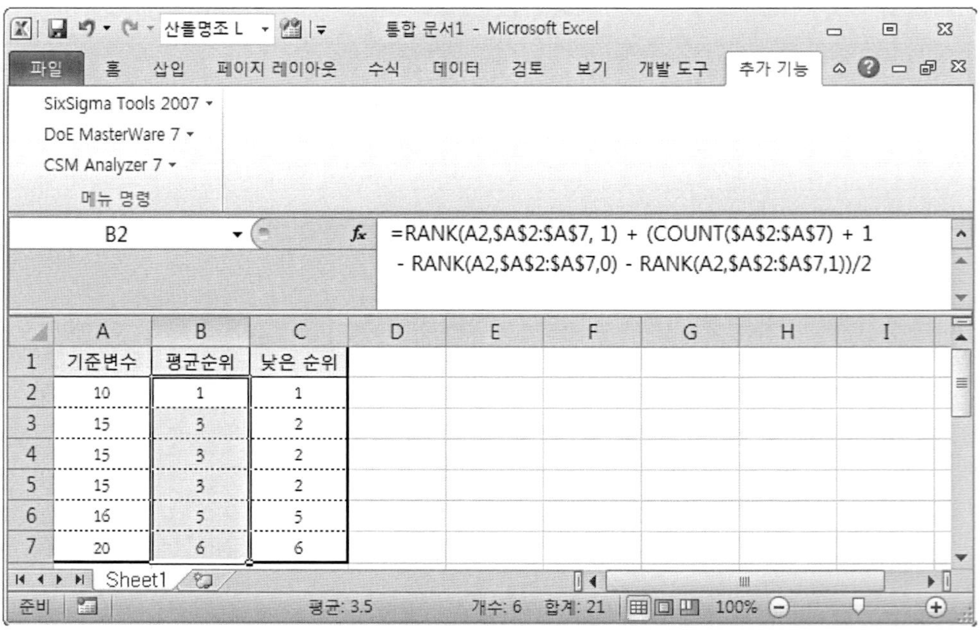

Tips! Excel 2010 버전에서는 평균순위 함수인 RANK.AVG()이 추가되었으므로 [=RANK.AVG(A2,$A$2:$A$7,1)]을 사용하면 된다. 그리고 순차 순위는 [=RANK.EQ(A2,$A$2:$A$7,1)]을 사용하면 간단히 계산할 수 있다.

1.5.7 표준화(standardization)

표준화란 데이터를 평균이 '0', 표준편차가 '1'이 되도록 데이터의 척도를 변환하는 것을 말한다. 그렇다면 표준화는 어떤 경우에 사용하는가? 이는 데이터 분석에서 측정단위가 같지 않은 변수들은 서로 숫자를 비교하거나 정당한 모형을 적합할 수 없다. 그러므로 분석할 변수들의 측정단위가 다른 경우 변수값의 척도를 동일한 척도로 바꾸고자 할 경우에 유용하게 사용할 수 있다. 특히 다변량 분석에서 데이터가 가지는 변수들의 측정단위가 서로 다른 경우에 통계적 거리는 반드시 표준화 후에 계산하여야 한다. 그래야 정당한 거리를 계산할 수 있으며 모형 적합시 해석상의 실수를 방지할 수 있다. 표준화 변수 z는 다음과 같이 정의된다.

$$z = \frac{x_i - \bar{x}}{s} \qquad \text{단, } \bar{x} = \frac{1}{n}\sum_{i=1}^{n} x_i \ , \quad s = \frac{1}{n-1}\sqrt{\sum_{i=1}^{n}(x_i - \bar{x})^2}$$

즉, 표준화 변수 z는 각 관측값에서 평균을 빼고, 표준편차로 나눈 값이다. 평균은 분포의 중심경향값이고 그 중심을 '0'으로 이동시킨다. 그리고 각 관측값들 중심인 '0'으로부터 퍼져있는 평균거리인 표준편차를 일정한 값 '1'로 조정해 줌으로써 변수들의 상대적 비교가 가능하게 된다.

'선호도' 데이터를 표준화하여 'Z선호도'로 저장해 보자.
[L1]에 'Z선호도'라고 입력하고 [L2]에 다음과 같은 함수를 작성한다.
=STANDARDIZE(K2,AVERAGE($K$2:$K$20),STDEV($K$2:$K$20))

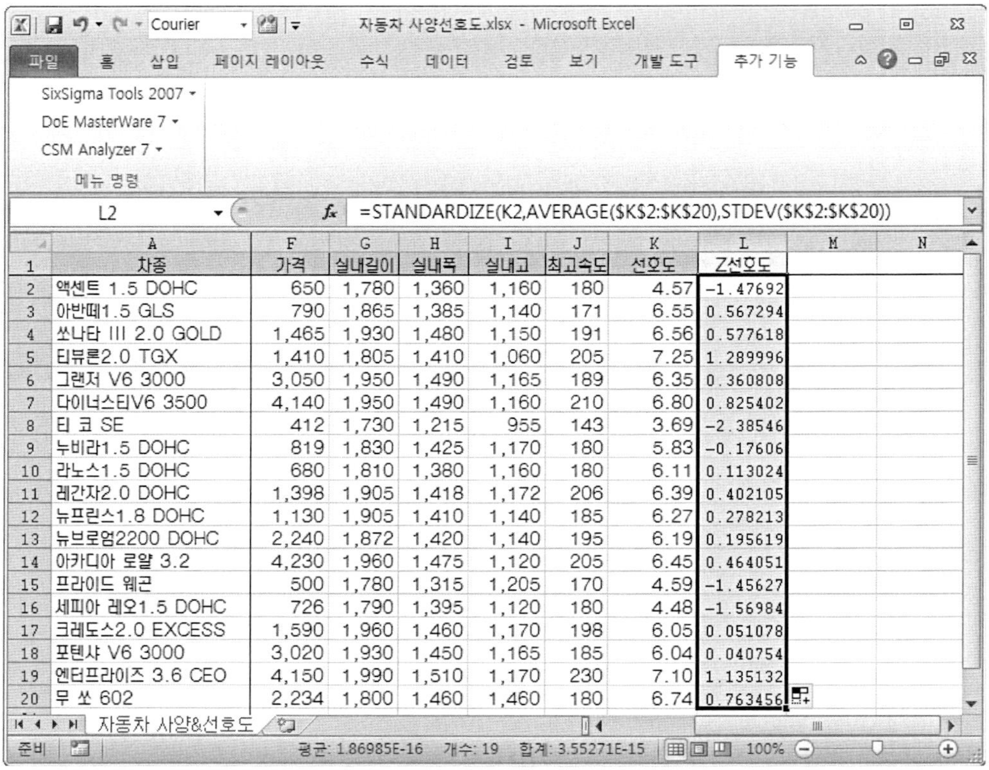

	A	F	G	H	I	J	K	L
1	차종	가격	실내길이	실내폭	실내고	최고속도	선호도	Z선호도
2	엑센트 1.5 DOHC	650	1,780	1,360	1,160	180	4.57	-1.47692
3	아반떼1.5 GLS	790	1,865	1,385	1,140	171	6.55	0.567294
4	쏘나타 III 2.0 GOLD	1,465	1,930	1,480	1,150	191	6.56	0.577618
5	티뷰론2.0 TGX	1,410	1,805	1,410	1,060	205	7.25	1.289996
6	그랜저 V6 3000	3,050	1,950	1,490	1,165	189	6.35	0.360808
7	다이너스티V6 3500	4,140	1,950	1,490	1,160	210	6.80	0.825402
8	티 코 SE	412	1,730	1,215	955	143	3.69	-2.38546
9	누비라1.5 DOHC	819	1,830	1,425	1,170	180	5.83	-0.17606
10	라노스1.5 DOHC	680	1,810	1,380	1,160	180	6.11	0.113024
11	레간자2.0 DOHC	1,398	1,905	1,418	1,172	206	6.39	0.402105
12	뉴프린스1.8 DOHC	1,130	1,905	1,410	1,140	185	6.27	0.278213
13	뉴브로엄2200 DOHC	2,240	1,872	1,420	1,140	195	6.19	0.195619
14	아카디아 로얄 3.2	4,230	1,960	1,475	1,120	205	6.45	0.464051
15	프라이드 웨곤	500	1,780	1,315	1,205	170	4.59	-1.45627
16	세피아 레오1.5 DOHC	726	1,790	1,395	1,120	180	4.48	-1.56984
17	크레도스2.0 EXCESS	1,590	1,960	1,460	1,170	198	6.05	0.051078
18	포텐샤 V6 3000	3,020	1,930	1,450	1,165	185	6.04	0.040754
19	엔터프라이즈 3.6 CEO	4,150	1,990	1,510	1,170	230	7.10	1.135132
20	무 쏘 602	2,234	1,800	1,460	1,460	180	6.74	0.763456

⇒1.6 데이터 다루기

우리가 다루는 데이터 셋은 기본적으로 사각형의 행렬의 구조를 가지고 있으며 그렇게 작성해야 한다. 입력된 칼럼들을 행으로, 또는 행을 칼럼으로 전치할 수도 있으며 행렬의 구조를 벡터의 형태로 데이터를 다시 쌓아야 할 경우도 있다. 즉 기존의 데이터를 분석에 알맞게 적절히 변환하여 사용해야 할 경우가 종종 발생된다.

1.6.1 데이터의 수직/수평쌓기

다음의 행렬구조의 데이터를 가지고 데이터 다루기를 연습해 보기로 하자. 행과 열로 이루어진 다음의 데이터 셋은 4×11 행렬이다. 그리고 구분을 위해 첫 행에 가, 나, 다, 라로 레이블을 붙여 놓았다.

가	나	다	라
38	41	89	56
71	86	86	78
85	63	57	53
46	33	82	49
56	64	75	73
62	64	84	72
37	30	51	60
67	85	40	50
69	70	88	82
60	89	88	47
40	71	71	72

행렬데이터 영역 내에 셀 포인터를 위치한 후에 메뉴에서 다음과 같이 수행한다.

▶ SixSigma Tools 2007 ‣ 데이터 다루기 ‣ 수직쌓기(stack)...

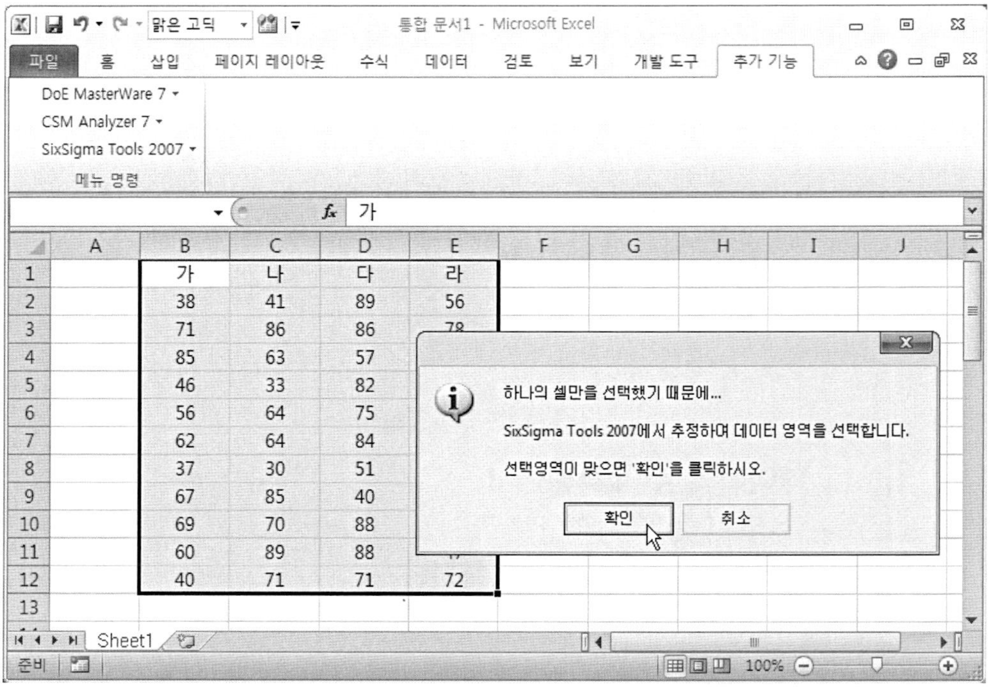

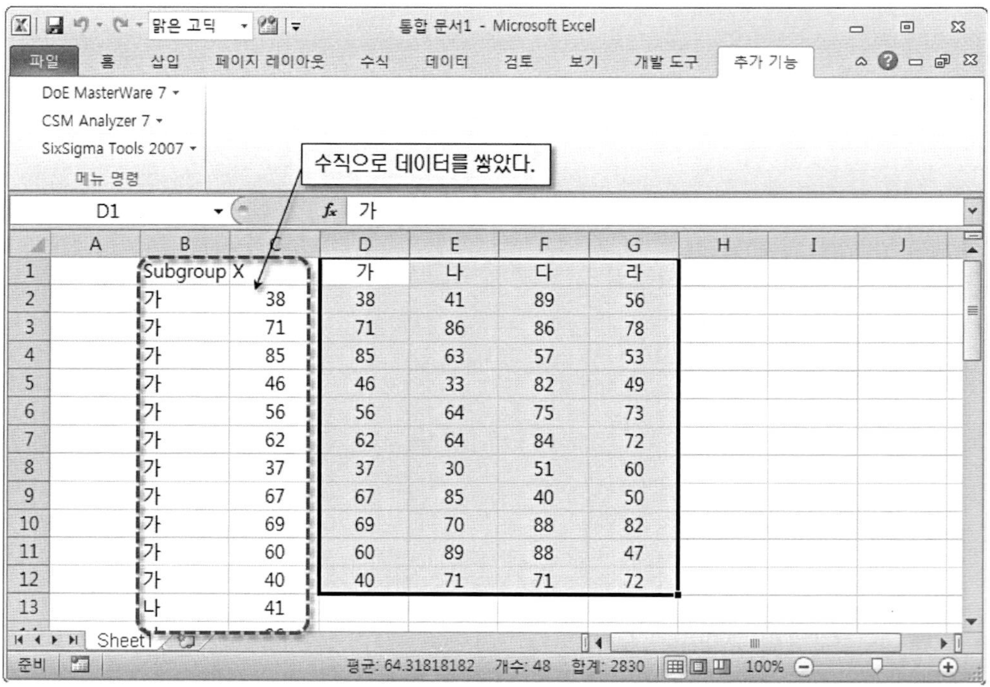

레이블의 영역의 데이터는 부집단 변수로 입력되어 나타나고 수치데이터는 열기준으로 하나의 벡터형식으로 쌓여 재입력된 모습을 볼 수 있다. 이러한

기능은 데이터를 조작할 때 매우 유용하게 사용될 수 있으므로 반드시 숙지해야 한다. 그래야 분석시 작업시간을 극적으로 줄일 수 있다.

앞에서 수직쌓기한 데이터를 다시 수평쌓기(unstack)를 해보자. 우선 수평쌓기를 하기 위하여 쌓기에 적용할 데이터 영역을 미리 선택하여야 한다. 왜냐하면 앞에서 수직쌓기를 하면 바로 앞 2열에 걸쳐 작업을 수행했음을 알 수 있다. 영역을 잡기를 하지 않으면 프로그램은 자동으로 영역잡기를 수행하는데 이로 인해 원데이터 영역이 바로 이웃에 입력되어 있기 때문에 원데이터 영역까지 영역으로 잡기 때문에 데이터 영역이 적절하게 설정되지 않는다. 그러므로 데이터 영역을 수동으로 잡거나 아니면 원데이터 영역과 수직쌓기 한 영역 사이에 하나의 열을 삽입하고 이 과정을 수행해야 한다.

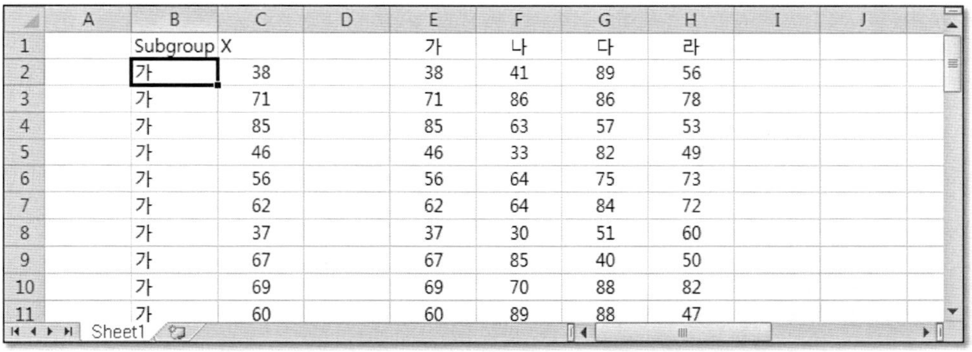

▶ **SixSigma Tools 2007 ▸ 데이터 다루기 ▸ 수평쌓기(unstack)...**

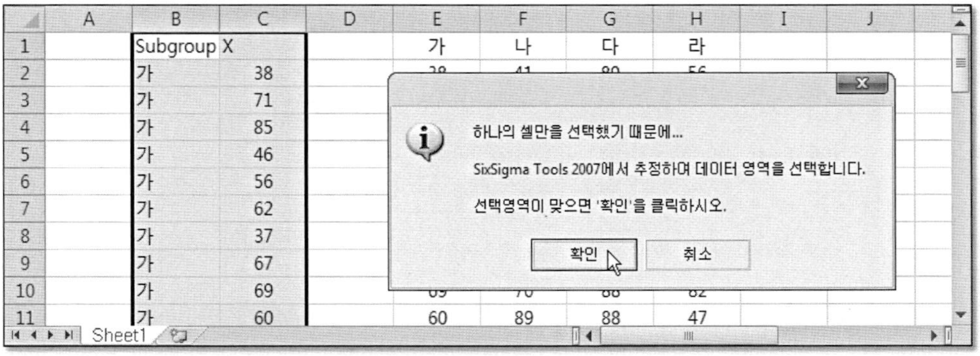

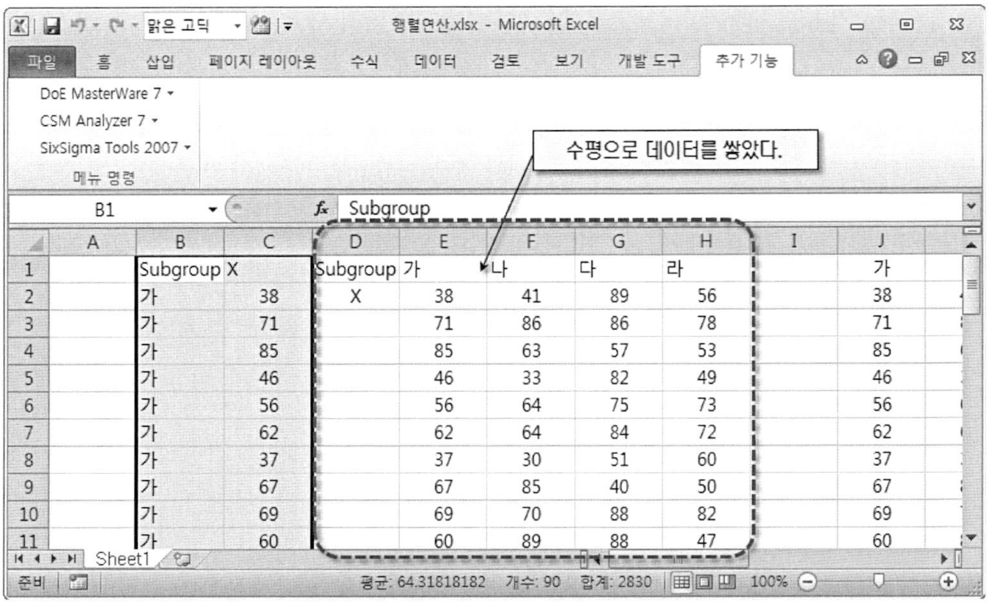

1.6.2 데이터 행렬의 연산

다음과 같은 두 행렬 데이터의 합, 빼기, 곱, 나누기 등을 계산하는 방법을 살펴보기로 한다. 먼저 데이터 행렬의 합을 계산해 본다.

순서1 행렬 M_1과 M_2는 다음과 같다.

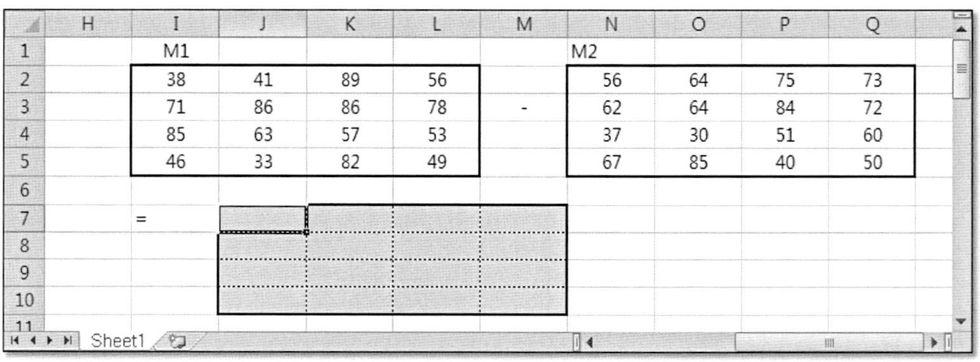

순서2 행렬 곱셈 M_1+M_2를 계산하기 위하여 계산결과를 입력할 영역을 선택한 다음 수식지정란에 [=I2:L5+N2:Q5]을 지정한다.

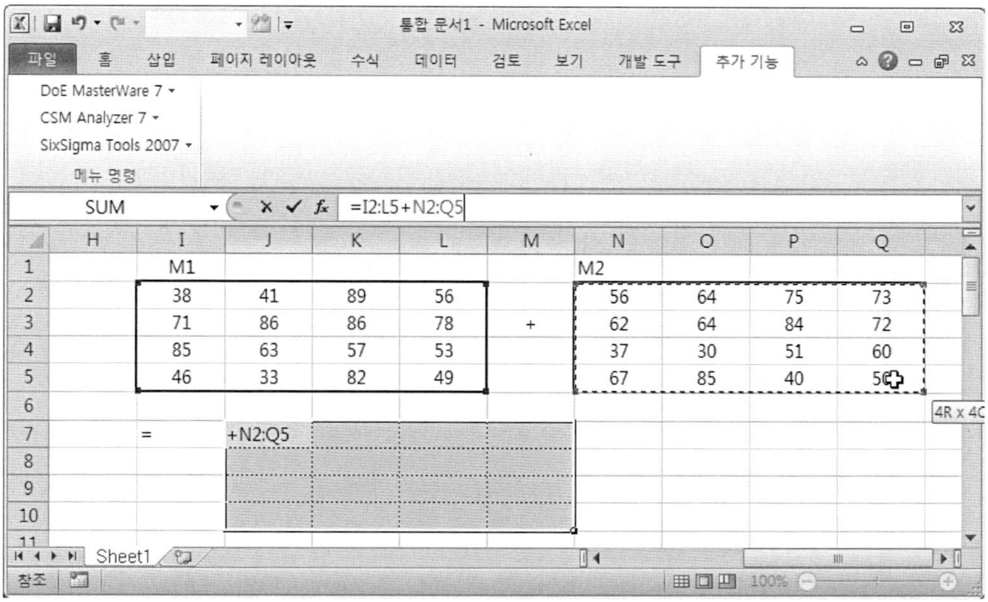

순서3 배열수식을 지정하기 위하여 Ctrl+Shift, Enter↵키를 누른다.

[데이터 행렬의 합 계산]

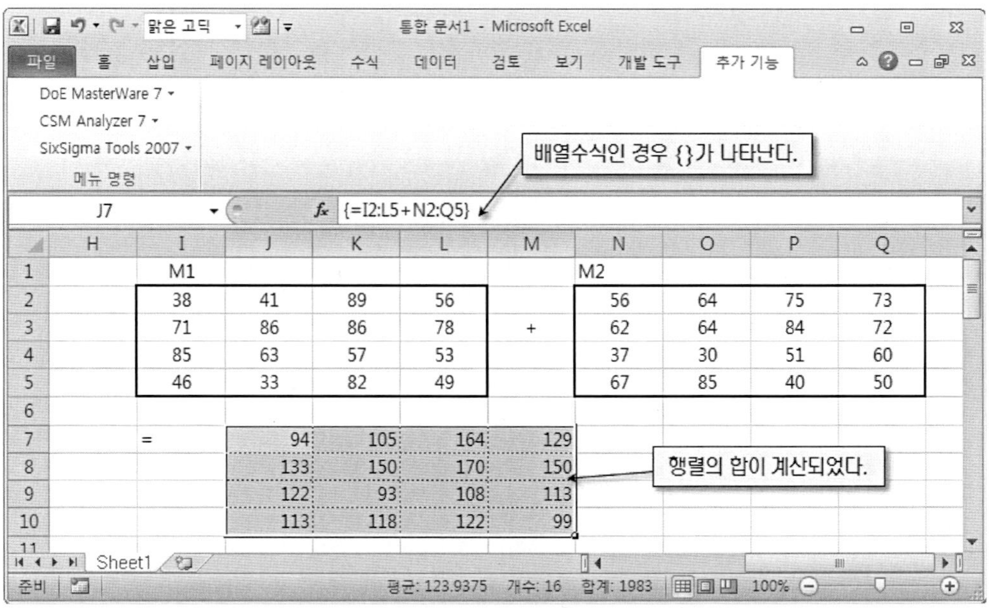

동일하게 빼기와 곱, 나누기도 할 수 있는데 이미 배열수식을 입력했으므

로 연산자인 +를 -, *, /로 변경하고 Ctrl+Shift, Enter↵키를 누르면 결과를 볼 수 있다.

[데이터 행렬의 빼기 계산]

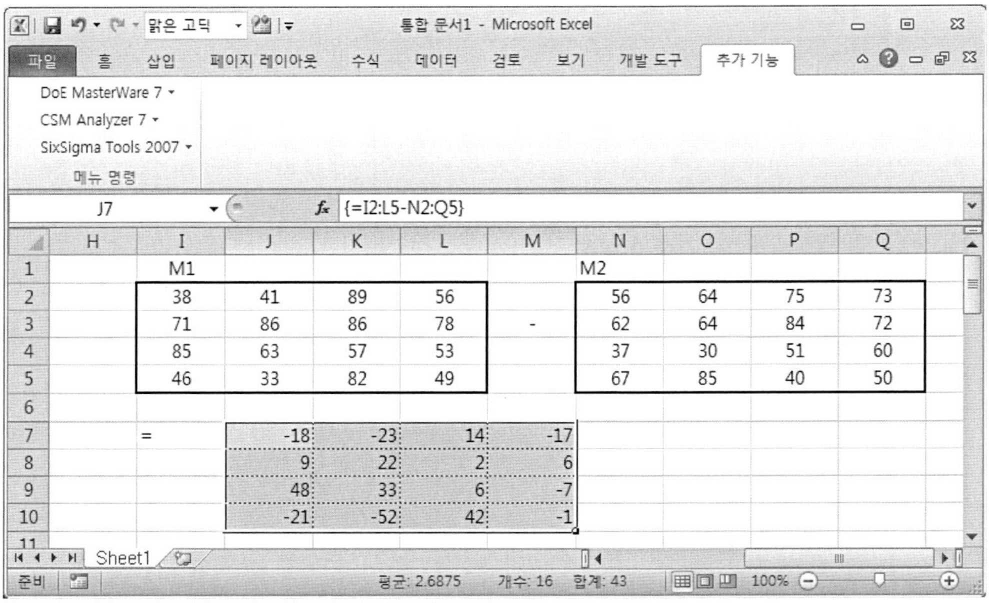

[데이터 행렬의 곱 계산]

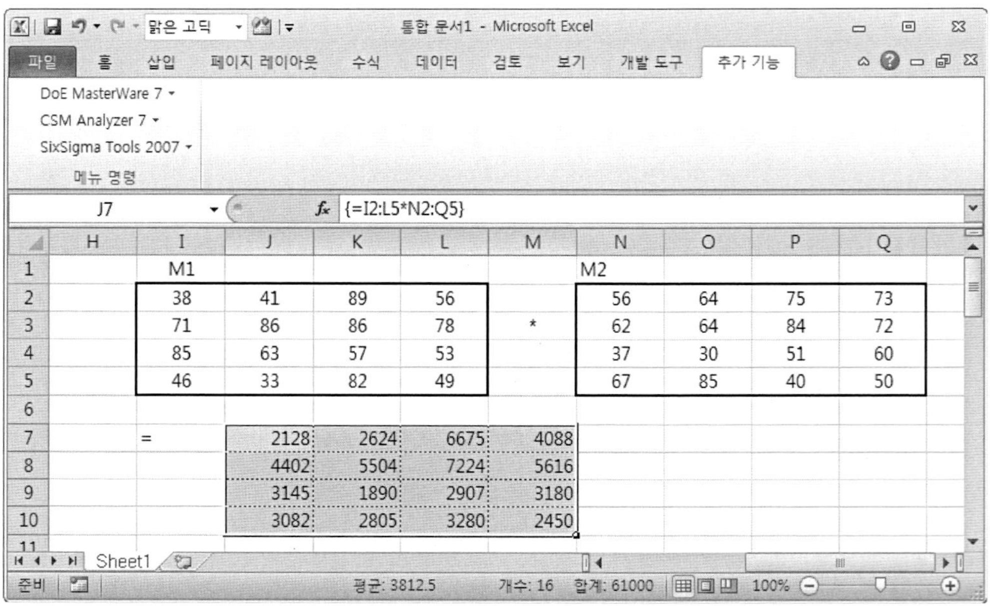

[데이터 행렬의 나누기 계산]

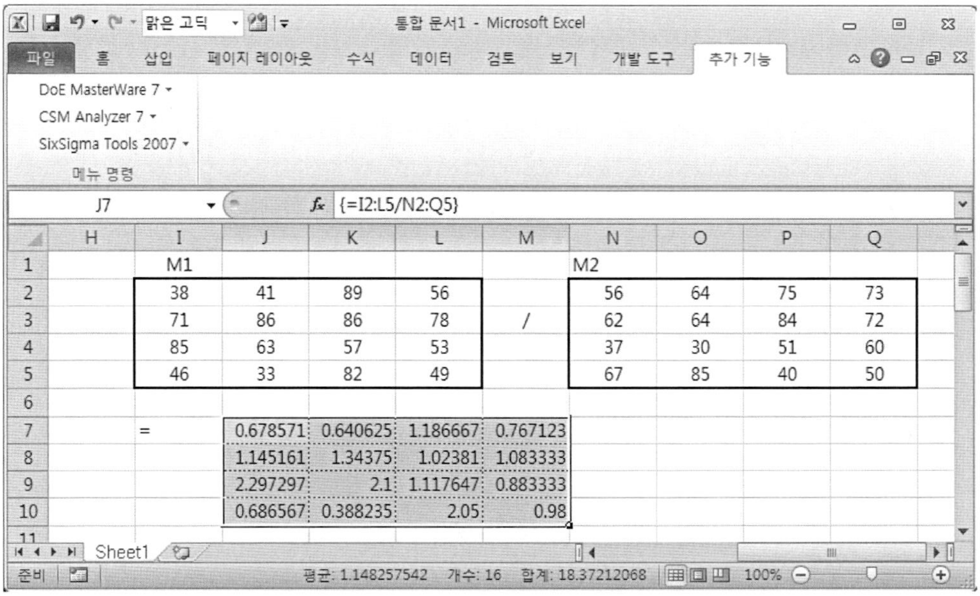

1.6.6 데이터 행렬 전치

데이터 행렬을 행과 열을 바꾸어 다시 재배치하는 것을 전치한다(transpose)고 한다. 종종 변수와 케이스가 뒤집혀 있는 데이터가 있을 때 적절히 활용할 수 있고 분석시 원래의 변수를 케이스로 하여 분석해야 할 경우도 발생한다. 그러므로 데이터를 전치하여 분석할 생각하지 못한다면 세련된 분석결과를 만들 수 없는 경우도 종종 발생한다. 의외로 전치하는 방법은 간단하다. 그러나 그 활용도는 강력함으로 알고 있어야 한다.

순서1 행렬 M_1을 전치하기 위하여 저장할 셀 위치에서 동일한 행렬 수만큼 선택한다.

순서2 공식입력란에 [=TRANSPOSE(J2:M5)]을 입력한다.

순서3 배열공식으로 선언하기 위하여 Ctrl+Shift, Enter↵키를 누른다.

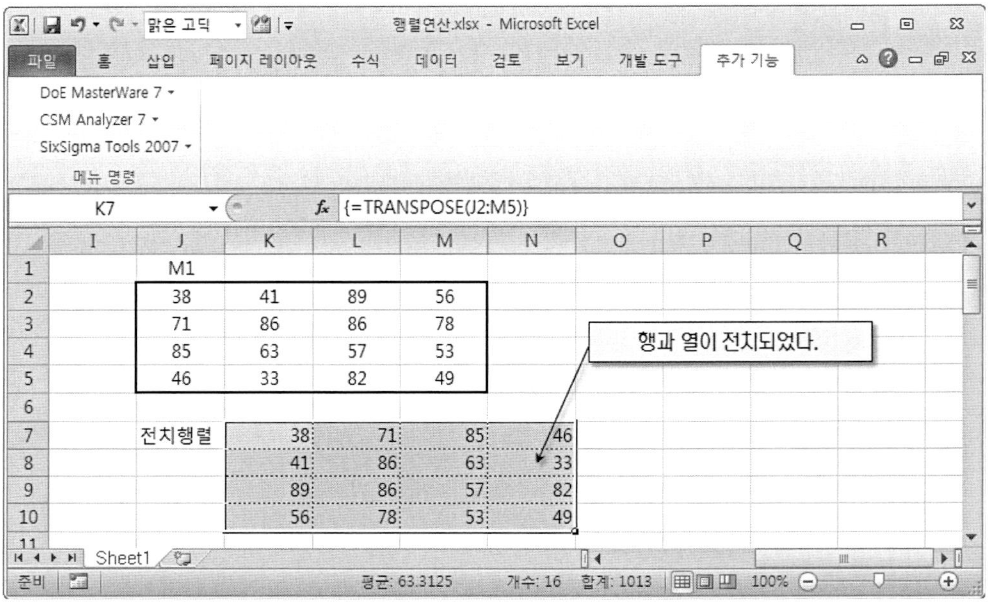

Tips! 이 과정은 원데이터를 함수 [=TRANSPOSE(J2:M5)]를 사용하여 전치하는 것이다. 그러나 실전에서는 이렇게 함수를 사용하는 것보다 실제 데이터의 값을 입력해야 하는 경우가 더 많다. 그러므로 함수를 사용하기 보다는 원데이터 영역을 복사한 다음 붙여넣기 할 때 다음과 같이 [선택하여 붙여넣기]에서 행과 열을 바꾸어 붙여넣기하는 것이 더 적절할 경우가 많다.

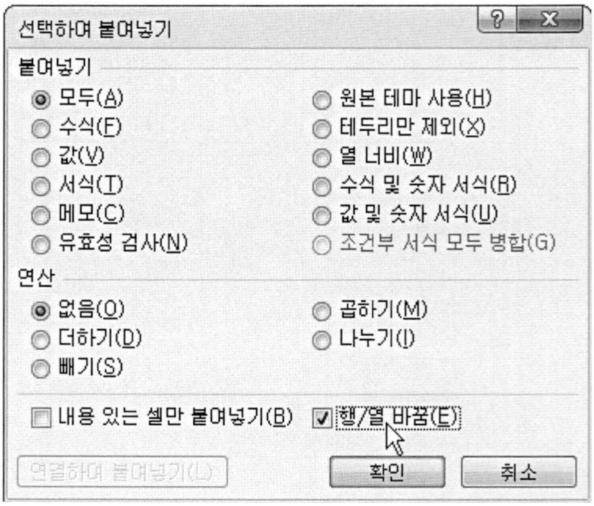

⇨1.7 확률분포와 모의실험

통계적 모의실험을 위한 가짜 데이터를 사용하는 경우가 있다. 이러한 가짜 데이터를 난수(random number)라고 한다. 이는 보통 학습하기 위한 용도나 가상현실의 조건을 주어 유사한 난수를 발생시킨 후에 이들 난수를 분석하여 실제로 어떻게 될지를 확률적으로 판단하기 위한 모의실험에 사용되기도 한다. 일반적으로 실전에서 자주 사용되지 않지만 실험이 시간, 공간, 비용, 기타 조건 등에 있어서 불리한 경우에는 필수적인 요소이므로 난수를 발생하여 난수들의 특성을 파악하는 법을 익혀 두기로 하자.

1.7.1 정수형 난수발생

주사위를 10,000번 던지는 실험을 하여 나타나는 눈금의 수를 칼럼에 저장해 보기로 하자.

순서1 **SixSigma Tools 2007 ▸ 난수 생성하기... ▸ 메뉴에서 난수생성하기 클릭**

[정수형 난수발생 대화상자]

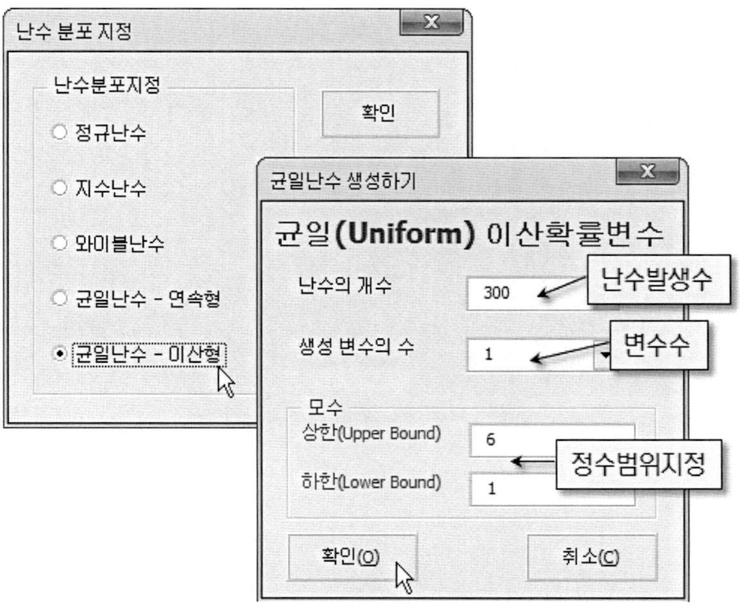

순서2 난수발생 결과를 확인하기 위하여 [난수 연결]을 클릭한다.

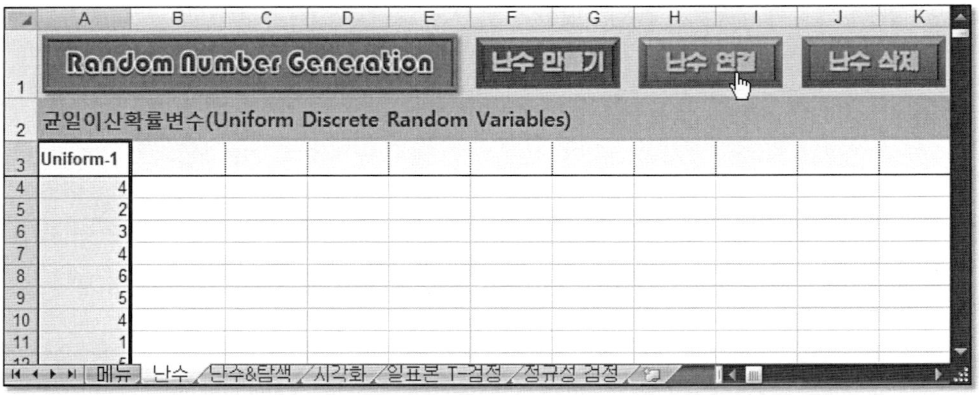

순서3 1부터 6까지의 정수난수가 어떻게 분포되어 있는지를 볼 수 있다.

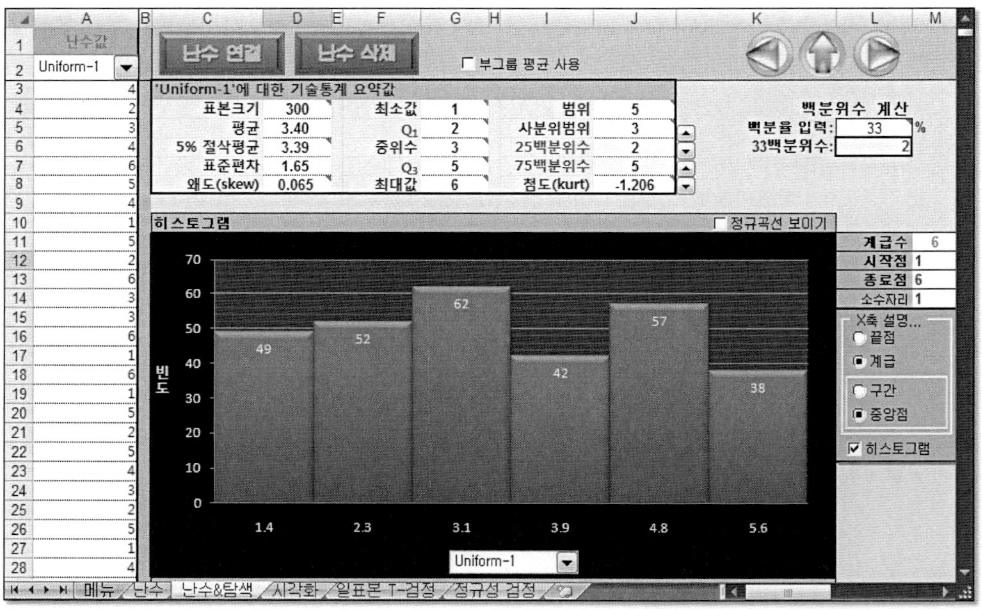

1.7.2 Normal **난수발생**

평균이 '0'이고 표준편차가 '1'인 표준정규분포 난수를 100개를 생성해 보자. 그리고 발생된 난수를 히스토그램을 그려 보기로 한다.

순서1 SixSigma Tools 2007 ▸ 난수 생성하기... ▸ 메뉴에서 난수생성하기 클릭

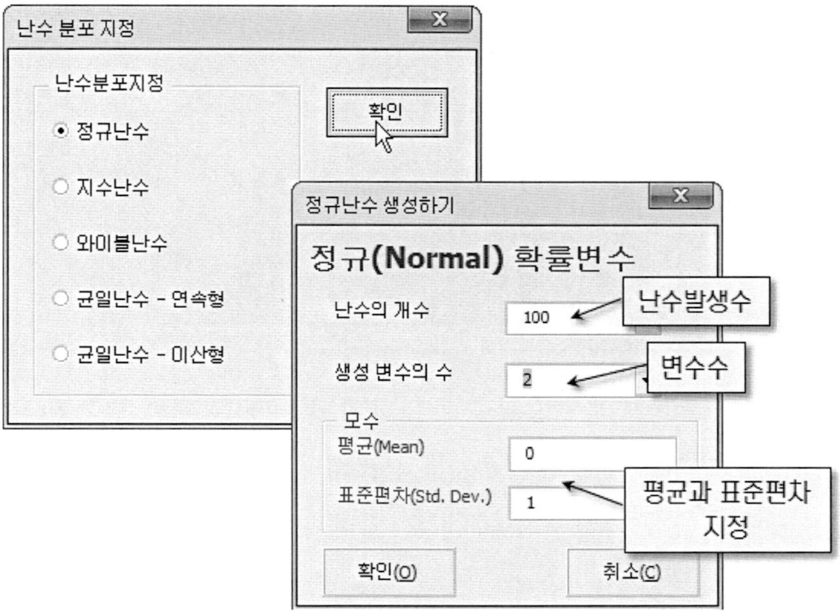

순서2 생성된 난수 연결하기

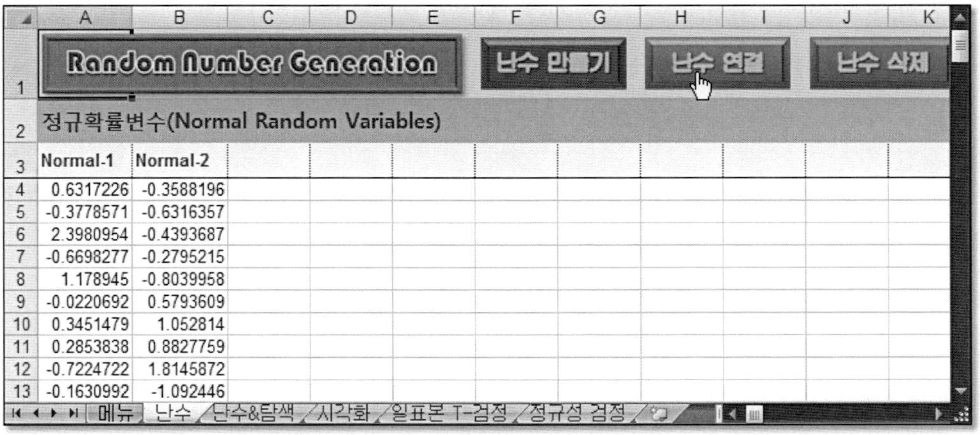

순서3 기본 통계량 및 히스토그램 확인

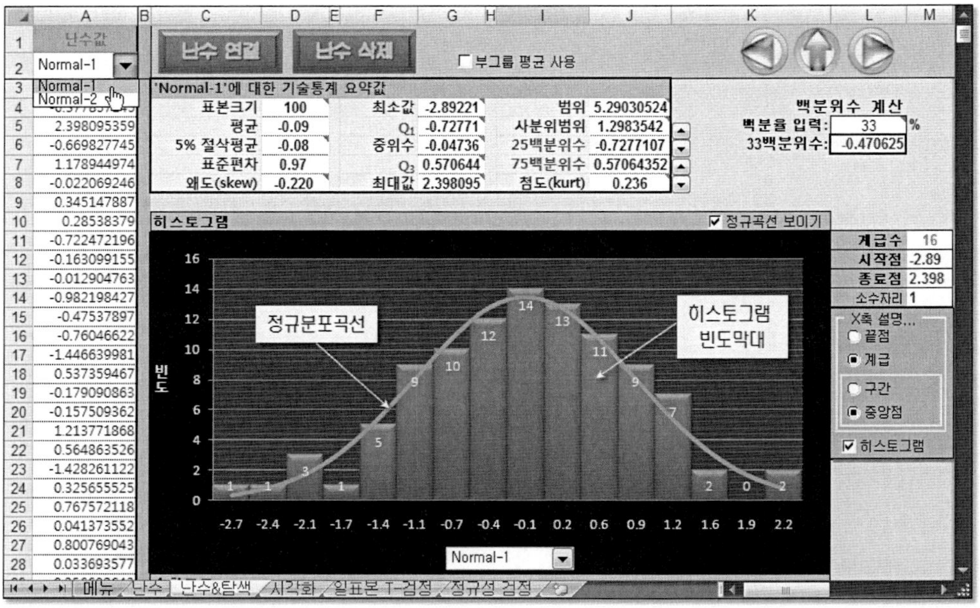

실선은 정규분포의 Pdf 함수를 나타낸 것이며 막대는 발생된 난수들의 구간별 빈도를 나타내고 있다. 이 두 분포의 형태가 유사할수록 난수가 표준정규분포에 얼마나 가까운지를 알 수 있다.

순서4 정규성 검정 확인

또한 [정규성 검정] 시트에서 정규성에 대한 검정을 확인할 수 있다. 이 시트에서 정규성에 대한 p-값을 확인하면 0.925763으로 유의수준 5%하에서 정규분포를 따른다고 할 수 있다. 검정법은 가설검정에서 설명할 것이다. 그러나 검정결과는 판단은 이 시트에 표시됨으로 가설검정의 원리를 이해하지 않아도 그 결과를 알 수 있다.

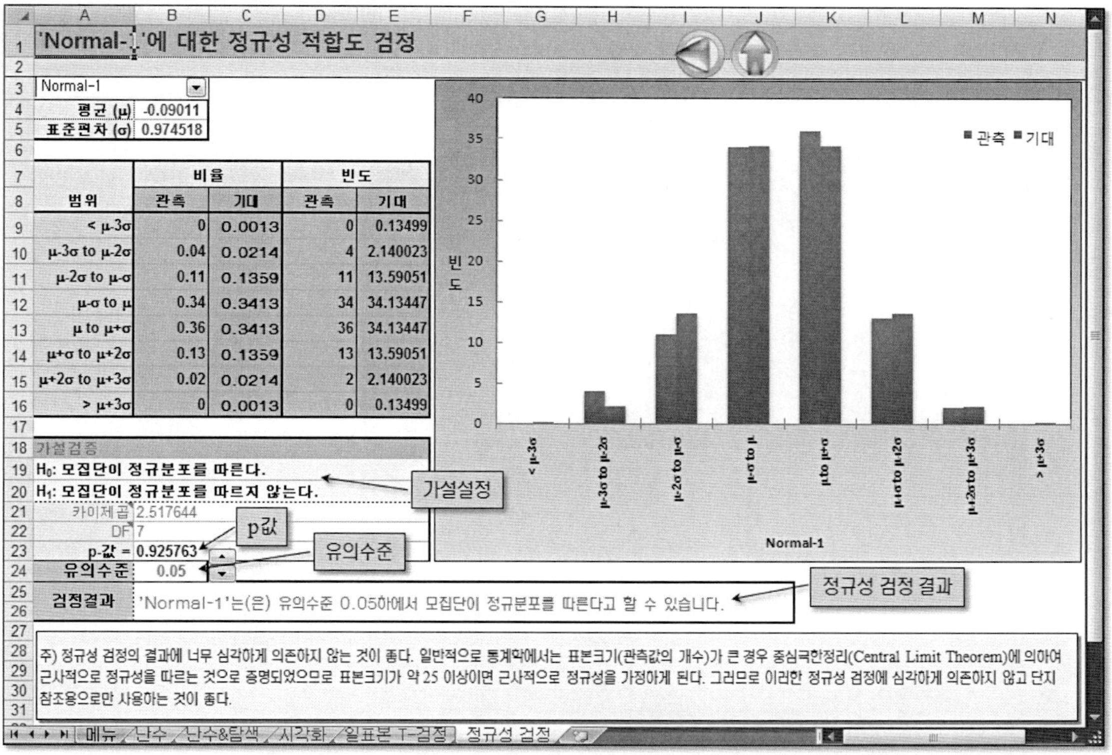

1.7.3 **지수 난수발생**

지수분포는 어떤 변화가 일어날 때까지 대기시간(waiting time)을 나타내는 데 많이 이용된다. 예를 들면 전구의 수명(즉, 전구가 고장이 날 때까지의 시간) 또는 전화교환대에서 접수되는 두 연속적인 전화요청간의 시간 등을 들 수 있다. 자세한 내용은 확률분포를 참조하기 바란다. 지수난수를 10,000번 반복한 난수를 생성하려면 다음 절차를 따른다.

순서1 **SixSigma Tools 2007 ▸ 난수 생성하기... ▸ 메뉴에서 난수생성하기 클릭**

[지수 난수발생 대화상자]

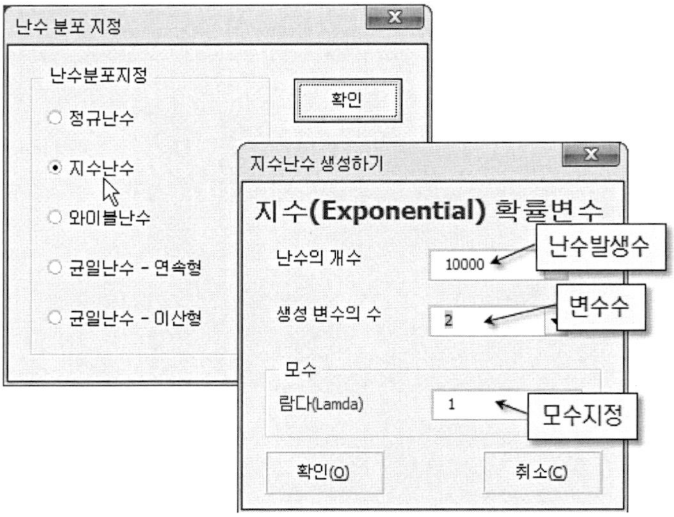

순서2 **난수발생 결과를 확인하기 위하여 [난수 연결]을 클릭한다.**

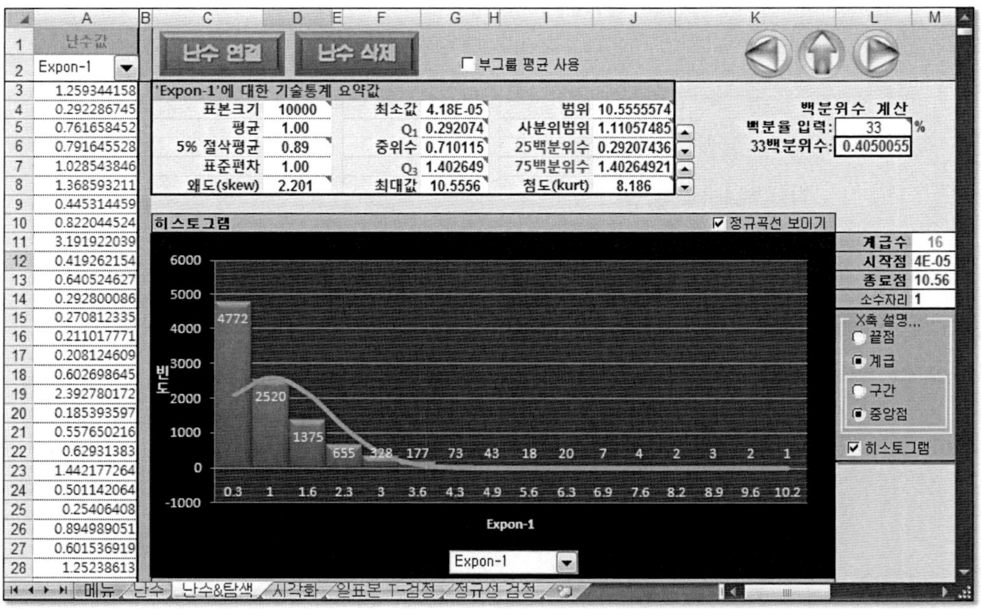

실선은 정규분포의 Pdf 함수를 나타낸 것이므로 지수분포 Exp(1)이 정규분포와 얼마나 다른지를 시각적으로 알 수 있다.

1.7.4 확률분포함수 계산하기

한 분포함수의 확률밀도함수(pdf), 누적분포함수(cdf), 역누적분포함수(inv.cdf)등을 계산하는 과정을 알면 다른 분포함수 역시 동일한 방법으로 계산할 수 있으므로 여기에서는 이항분포함수에 대해서만 살펴보기로 한다.

1) 확률밀도함수(pdf)

▶ **SixSigma Tools 2007 ▸ 확률분포함수... ▸ 메뉴에서 해당분포 클릭**

시행수가 5번이고 성공 확률이 0.7일 때의 확률값을 계산해 보자. 우선 모수설정에서 다음과 같이 입력한 후에 성공 횟수를 변경하면서 확률값을 확인한다.

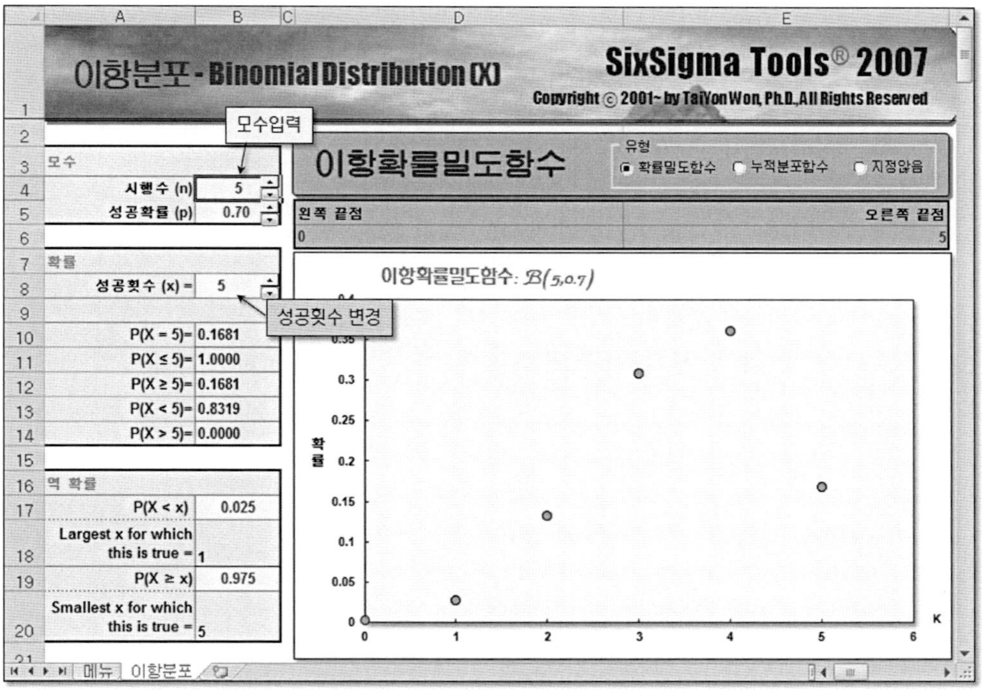

2) **누적분포함수**(CDF)

시행수 5, 성공확률 0.7인 분포의 4번까지 성공할 누적확률을 계산하려면 유형옵션에서 [누적분포함수]를 선택하면 도표가 변경되고 [성공 횟수]를 '4'로 지정한다.

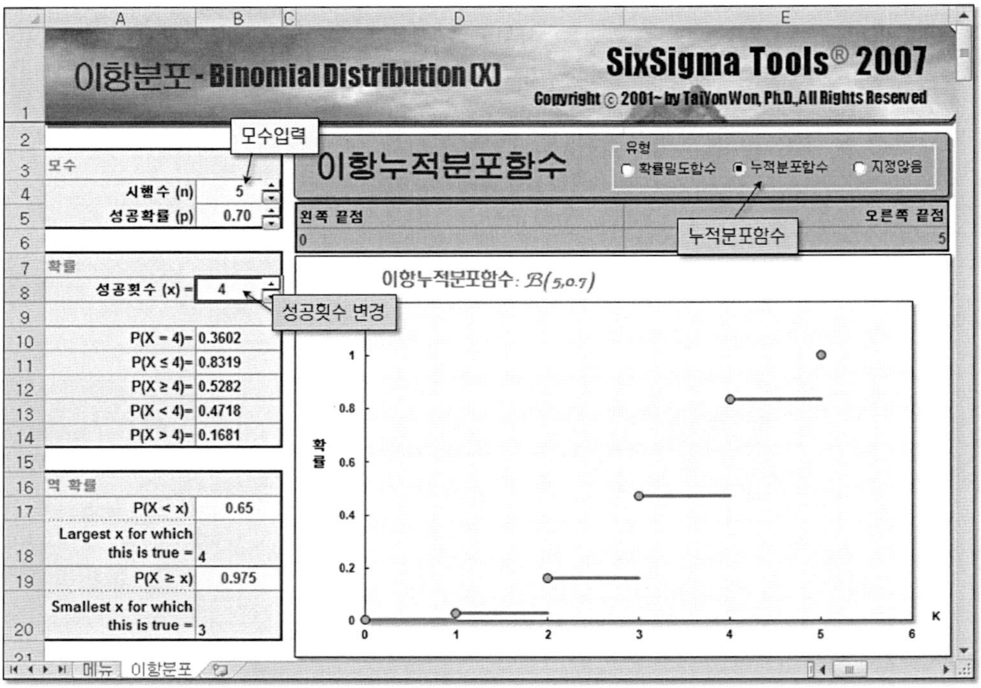

성공 횟수가 4인 누적확률은 P(X≤x)에 0.8319로 계산되었음을 볼 수 있다.

3) 역 누적분포함수(InvCDF)

시행수 5, 성공확률 0.7인 분포에서 확률이 누적확률이 0.65일 때의 성공횟수를 구하고자 하는 경우 다음과 같이 [역 확률]에서 P(X<x)에 0.65를 입력하면 바로 아래 '4'라고 출력됨을 확인할 수 있다. 즉 성공횟수가 '4'일 때 누적확률이 0.65가 된다.

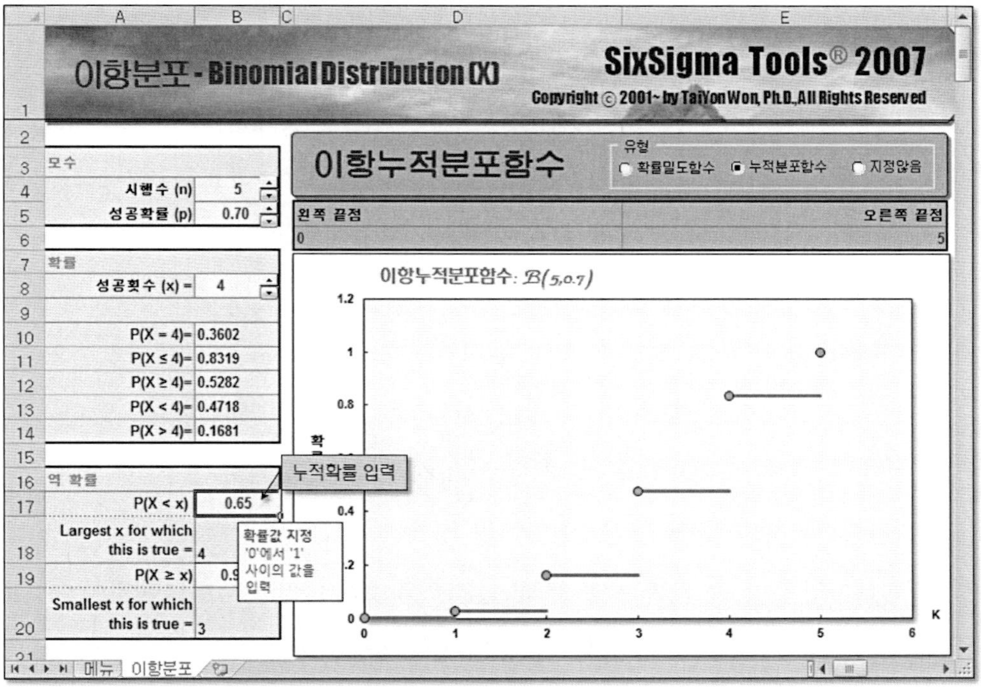

⇒1.8 그래프

"하나의 도표는 수천 개의 수치보다 더 가치가 있다"라는 말이 있듯이 주어진 데이터를 잘 묘사하는 최선의 방법은 데이터를 눈으로 보고 쉽게 인지할 수 있도록 시각화하는 것이다. 이러한 시각화 데이터 분석의 결과 이미지를 만드는 방법 중 가장 널리 사용될 수 있는 것이 바로 그래프라고 할 수 있다.

일반적으로 하나의 범주형 변수는 원도표나 막대도표로서 시각화할 수 있다. 그러나 원도표(pie chart)는 범주가 많은 경우에 각 조각(slice)들이 너무 조밀하게 나누어져 그 각의 크기를 한눈으로 비교하기가 힘든 경우가 종종 발생하게 된다. 그러므로 범주의 수가 5개 미만인 경우에 원도표를 사용하는 것이 바람직하다. 많은 범주를 가지는 변수에 대해서는 막대도표를 활용하는 것이 더 적절하다고 하겠다. 막대도표(bar chart)는 범주의 수에 상관없이 언제라도 활용할 수 있는 시각적 표현법이라고 할 수 있다. 두 개의 범주형 변수를 나타내는 방법으로 역시 막대도표의 수평누적 막대도표나 수직누적 막대도표를 활용하면 된다. 3개 이상의 범주형 변수는 사실상 표현하기 어려우며 표현한다고 해도 인지하기 쉽지 않은 것이 단점이다. 그러므로 시각화할 경우에 사람이 가장 잘 인지할 수 있는 차원의 수는 2차원이라고 해도 과언은 아닐 것이다. 한편 하나의 연속형 변수를 시각화하는 방법은 히스토그램을 그려 보는 것이다. 히스토그램은 평균과 표준편차, 표본크기 등의 수치적 정보(통계량)들도 나타내 준다. 그러므로 얼마나 중심인 평균으로부터 퍼져 있는가와 분포의 모양이 뾰쪽한지, 치우쳐 있는지 등을 쉽게 볼 수 있도록 해준다. 둘 이상의 연속형 변수들의 시각적 표현법은 산점도(scatterplot)를 그려 보는 것이다. 산점도는 2차원 및 3차원 도표를 그릴 수 있으며 다차원의 경우는 행렬 산점도로 대신하여 간접적으로 확인하는 수밖에 없다. 그리고 범주형과 연속형 변수들을 시각화하는 방법으로 다중선도표를 주로 활용하다면 매우 효과적인 시각적 결과 이미지를 만들 수 있다. 이러한 기본적인 그래프 표현법들을 체험을 통하여 익힌다면 그 외의 다른 응용된 그래프나 도표들을 활용할 수 있는 능력을 가지게 된다. 또한 더 나아가 새로운 그래프 표현법을 자신 나름대로 개발하여 적용하고 활용할 수도 있게 될 것이다.

1.8.1 차트의 구성요소

- ❖ 차트 영역: 차트의 모든 구성 요소를 포함하는 부분
- ❖ 그림 영역: 실제 차트가 표시되는 부분
- ❖ 차트 제목: 차트의 제목으로 차트레이아웃을 이용하여 나타내거나 제목을 변경할 수 있다.
- ❖ 그림 틀(frame) : 차트 외곽의 선, 라벨, 스케일 등을 지정

[차트의 구성요소]

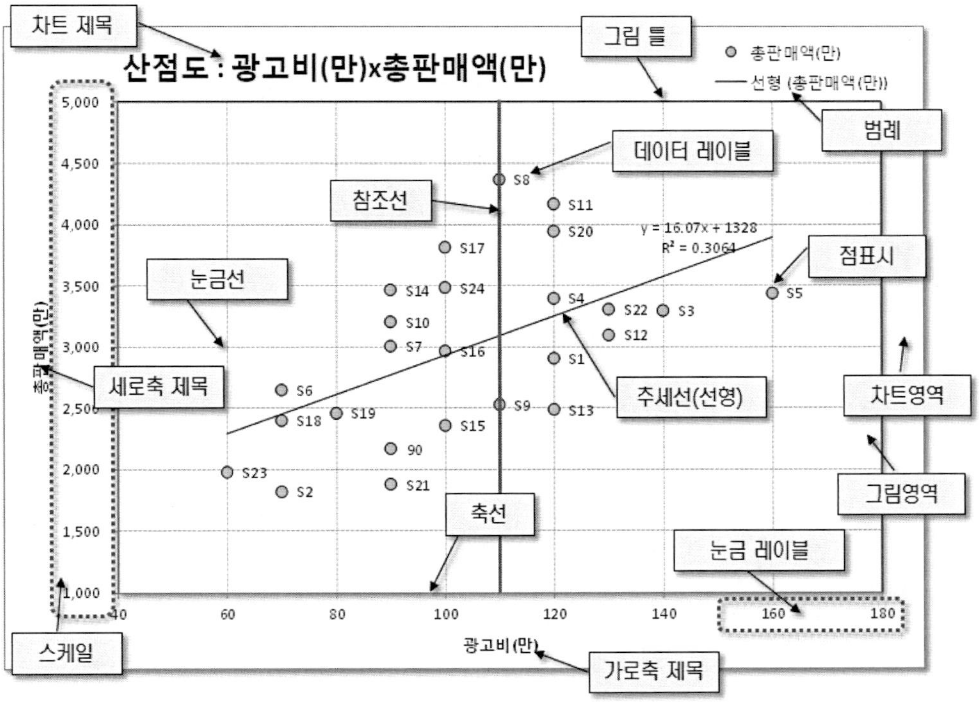

❖ 데이터 레이블: 각 데이터의 값을 나타내며 구체적인 값이나 이름, 백분율 등으로 나타냄

❖ 축 제목: 가로 또는 세로축의 제목을 나타냄

❖ 범례: 각 차트를 나타내는 이름

❖ 눈금선: 값의 간격이나 차트의 크기를 보다 확실하게 구분할 수 있다.

❖ 가로(항목) 축: 데이터의 필드 이름을 나타냄

❖ 세로(값) 축: 데이터의 값을 나타냄

1.8.2 차트 작성

❶ 차트로 표현할 부분을 드래그 하여 범위로 지정

표시 할 <항목>부터 지정 하며, 지정된 범위는 회색 음영으로 바뀌게 된다.

❷ [삽입]탭 - [차트]그룹 - [분산형]명령 클릭 후 [원하는 스타일의 차트]를 선택하면 다음과 같이 해당 데이터를 가진 차트가 나타나게 된다.

Tips! 데이터 범위를 선택 후 F11키를 누르면 쉽게 차트를 작성할 수 있다. 그러나 원하는 차트가 아닐 경우 차트 위에서 오른쪽 버튼을 클릭하여 나타나는 메뉴에서 [차트 종류 변경]을 선택하여 종류를 변경한다.

1.8.3 차트 편집

차트를 만들고 난 후 기본적으로 작성된 차트를 그대로 사용하기에는 부족한 경우가 많다. 그러므로 몇 가지 편집 및 디자인을 변경하는 경우가 대부분이다. 여기서는 차트의 각 구성 요소별로 편집해 보기로 한다.

차트가 삽입되면 [차트도구] - [디자인]탭의 [차트 레이아웃]그룹에서 (자세히)를 클릭한 후 [원하는 차트 레이아웃]을 선택한다.

참고로 [차트 레이아웃]은 차트 제목, 범례, 축 제목, 데이터 레이블 등 차트의 각 구성 요소의 표시 여부 또는 위치 등을 미리 설정해 놓은 것으로 사용자가 원하는 레이아웃이 없는 경우에는 [차트도구] - [레이아웃]탭을 통해 원하는 항목을 표시/제거 한다.

❶ 선택한 레이아웃으로 변경되면 차트를 선택하여 원하는 방향으로 이동시킨다. 지금은 차트를 표 바로 아래로 이동시킨 예이다.

❷ 크기 조절 핸들에 마우스 포인터를 위치시킨 후 양 화살표 모양으로 바뀌면 드래그 하여 차트의 크기를 원하는 크기로 조정한다.

❸ 차트 제목 편집하기

차트 제목에 대해 글꼴과 글꼴 스타일, 글자 색상, 글자 크기를 변경하고 제목 영역에 색상과 그림자 효과 등을 설정할 수 있다. [차트 도구] - [레이아웃]탭 - [레이블]그룹 - [차트 제목]명령을 선택하면 다음과 같은 옵션 사항이 표시되는데, 사용자가 원하는 레이아웃으로 선택하여 표시/제거 할 수 있다.

[기타 제목 옵션 사항]에서 차트 제목의 테두리 선, 채우기, 그림자 효과 등의 여러 가지 효과를 줄 수 있다. [차트 제목]의 수정은 차트 안에 [차트 제목]텍스트 상자를 선택하고 바로 입력 하는 것으로 간단히 할 수 있다.

❹ 가로/세로 축 제목 편집하기

가로/세로축 제목에 대해 글자 모양을 변경하고, 가로/세로축 제목 영역에 색상과 그림자 효과를 설정하고, 맞춤에서의 문자열 방향을 세로 방향으로 변경할 수 있다.

[차트도구] - [레이아웃]탭 - [레이블]그룹 - [축 제목]명령을 선택하면 다음과 같은 옵션 사항이 표시 되는데, 사용자가 원하는 레이아웃으로 선택하여 표

시/제거 할 수 있다.

[기타 기본 가로/세로 축 옵션]을 선택하면 축 제목의 테두리 선, 태우기, 그림자 효과 등의 여러 가지 효과를 줄 수 있다. [축 제목]의 수정은 [축 제목]텍스트 상자를 선택하고 바로 입력하는 것으로 간단히 할 수 있다.

1.8.4 차트종류와 데이터 변경하기

차트를 작성한 후 데이터의 성격에 맞게 다른 모양으로 변경하거나 각각의 데이터 또는 데이터 계열을 수정할 수 있다. 차트의 종류를 변경하고 차트를 편집하는 방법에 대하여 알아보자.

차트 종류 변경

차트를 일단 작성한 후에도 데이터를 유지한 채 다른 모양의 차트로 손쉽게 변경할 수 있다. 또한 행과 열을 전화하여 표시할 수도 있고 대화상자를 이용하여 데이터 계열을 추가, 제거, 순서 변경 등의 작업을 할 수 있다.
[차트도구] - [디자인]탭 - [종류]그룹 - [차트 종류 변경]명령을 선택하여 [차트 종류 변경]대화 상자를 호출 하고 원하는 차트 종류로 변경한다.

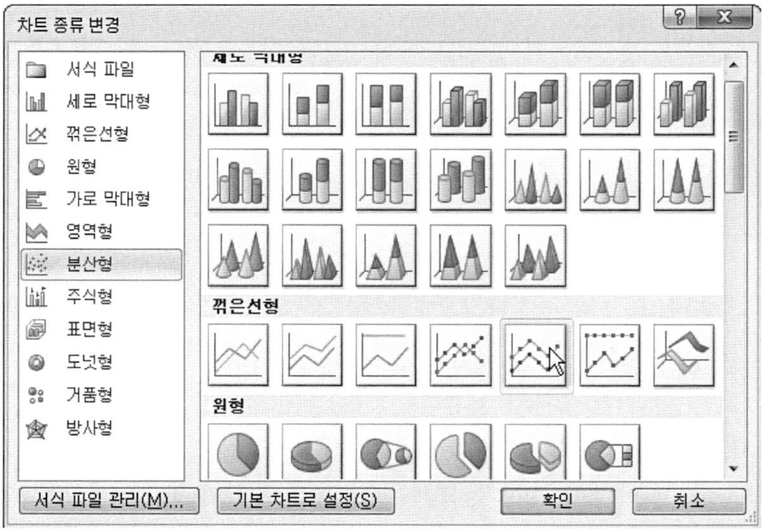

데이터 변경하기

데이터 변경은 차트를 만드는데 기본이 된 데이터 표를 수정하는 것으로 간단히 수정이 가능하다. 예를 들어 특정 셀에 데이터를 다른 수치로 변경하고 Enter↵키를 누르면 동시에 차트가 변경되는 것을 확인할 수 있다. 이러한 기능을 활용하면 데이터의 변화를 차트에서 시각적으로 확인할 수 있으며 분석에 매우 유용한 결과를 만들 수 있다.

차트 이동

작성된 차트를 하나의 Worksheet에 나타낼 수도 있다. 해당 차트를 선택한 후 표시된 차트 도구에서 [차트 이동] 메뉴를 클릭한다.

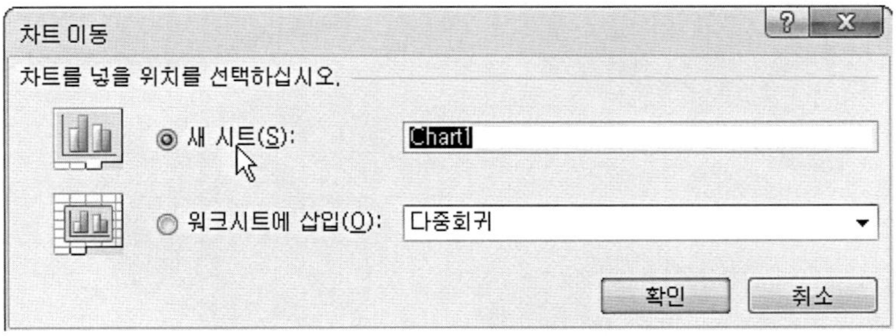

표시된 대화상자에서 [새 시트] 항목을 선택한 후 [확인] 버튼을 클릭하면 차트만 새로운 Worksheet로 이동되며 그 Worksheet에는 차트만 표시된다.

⇒1.9 SixSigma Tools을 이용한 그래프 만들기

1.9.1 **원도표**(pie chart)

❶ **분석(Analyze) > 빈도분석...**

❷ '제조사'의 범주들에 대해 다음과 같이 원도표를 작성한다.

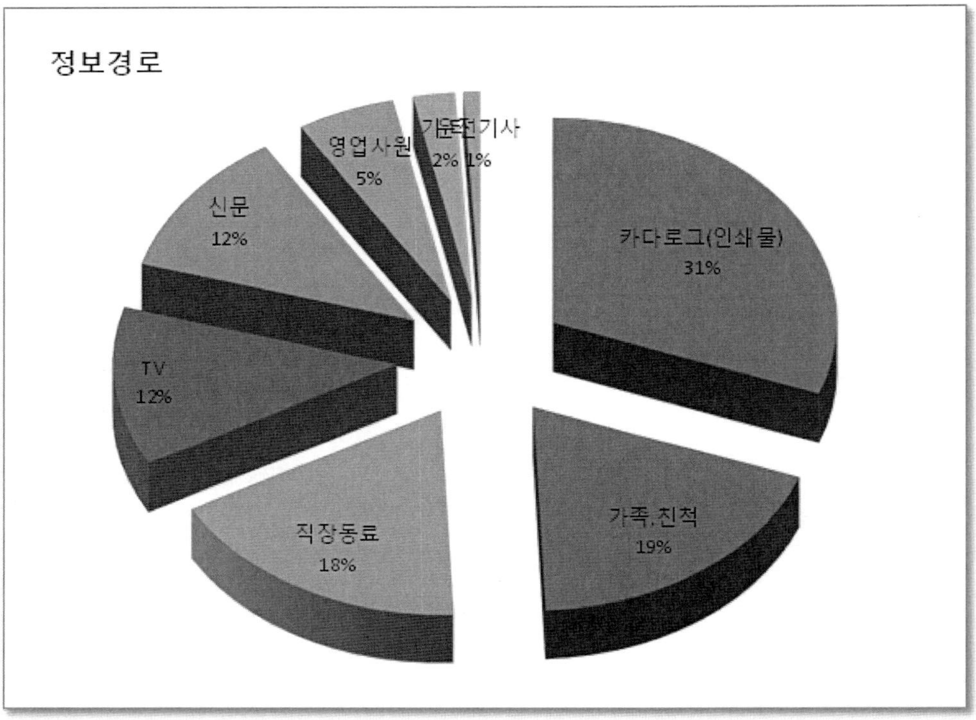

1.9.2 **막대도표**(bar chart)

순서1 **분석(Analyze) > 빈도분석...**

순서2 '제조사'의 범주들에 대해 다음과 같이 단순막대도표를 작성한다.

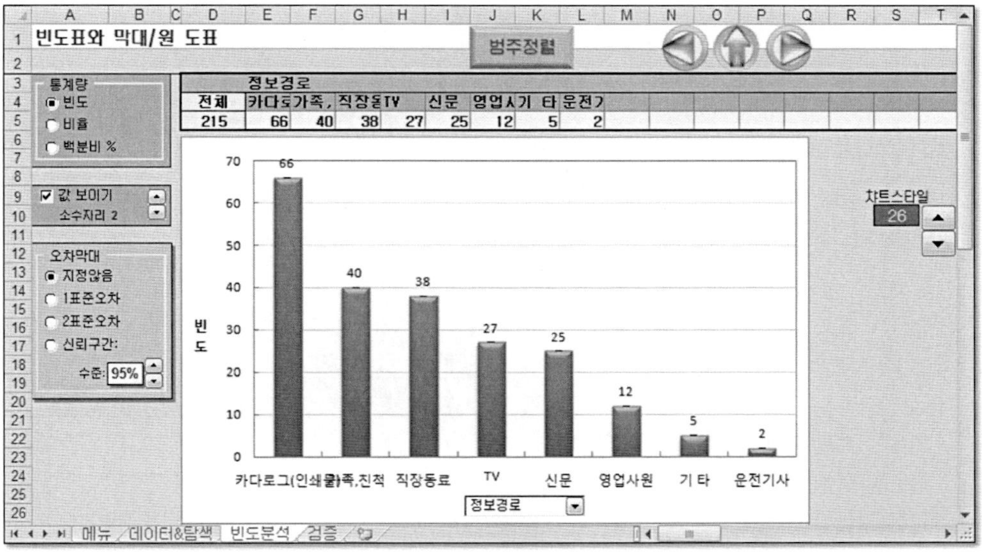

순서3 빈도 레이블을 더블클릭하면 다음의 대화상자가 나타나며 여기에서 글꼴의 크기, 색상, 위치 등을 수정/편집한다.

▶ 분석(Analyze) > 교차분석 ‣ Bar Chart...

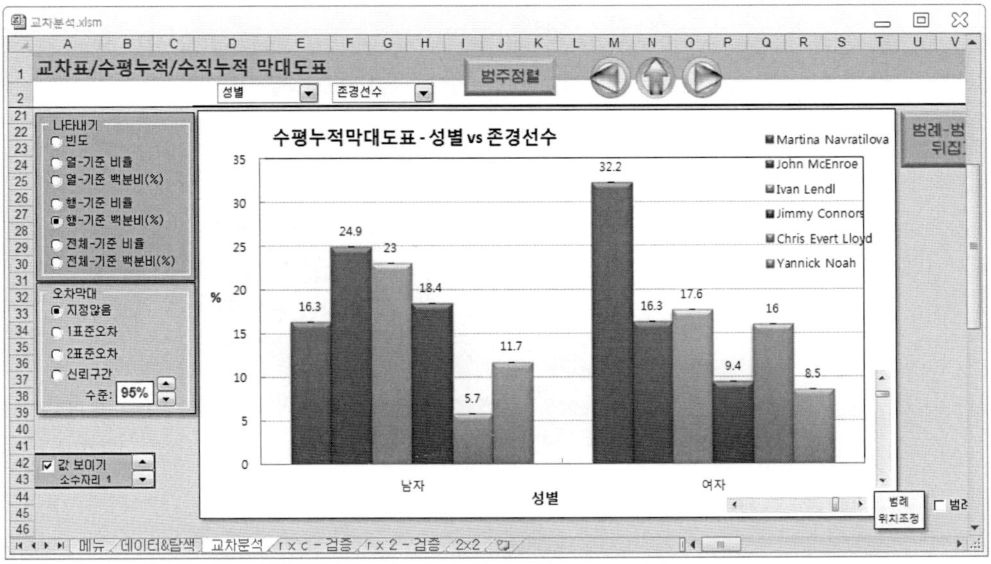

1.9.3 히스토그램(Histogram)

▶ 분석(Analyze) > 기술통계 ▸ 데이터&탐색...

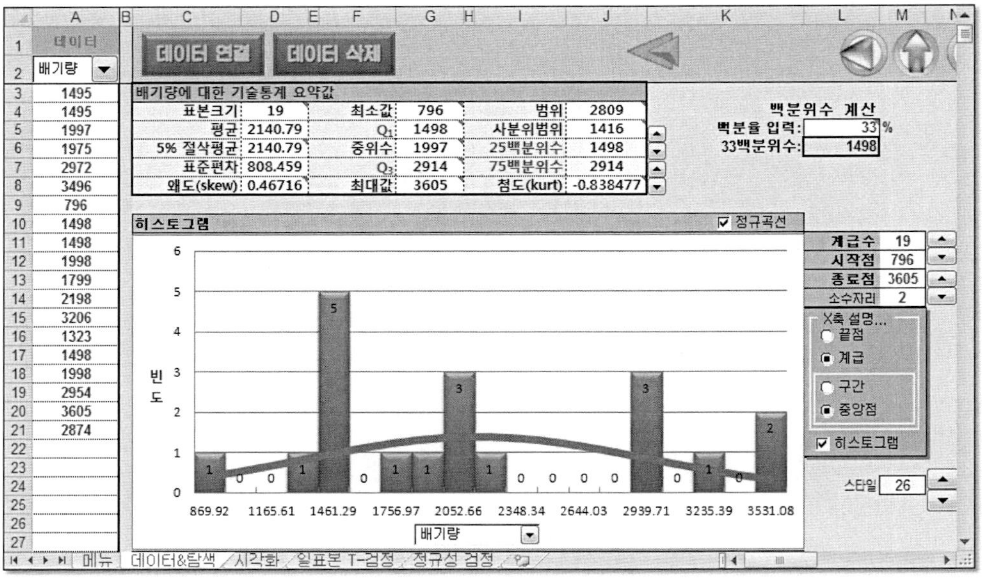

[100개의 정규난수N(0,1)에 대한 히스토그램과 정규곡선]

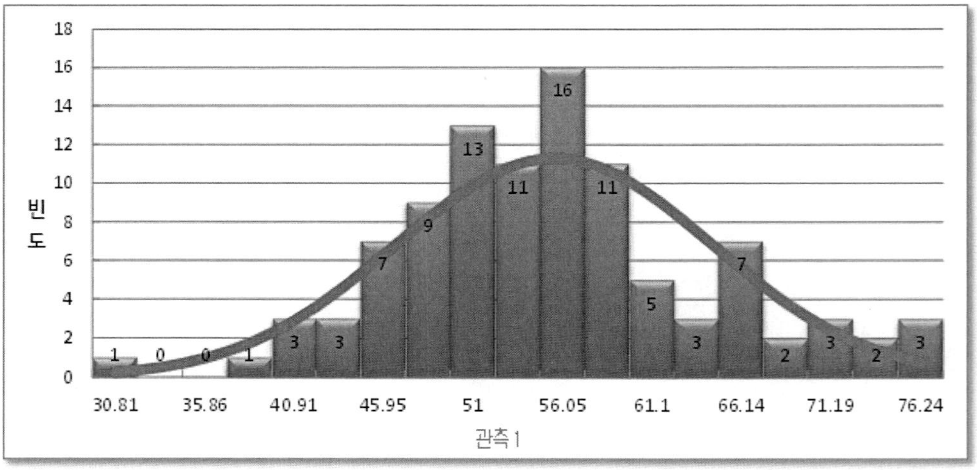

1.9.4 점도표(Dotplot)

▶ 분석(Analyze) > 평균비교 > T-검정...

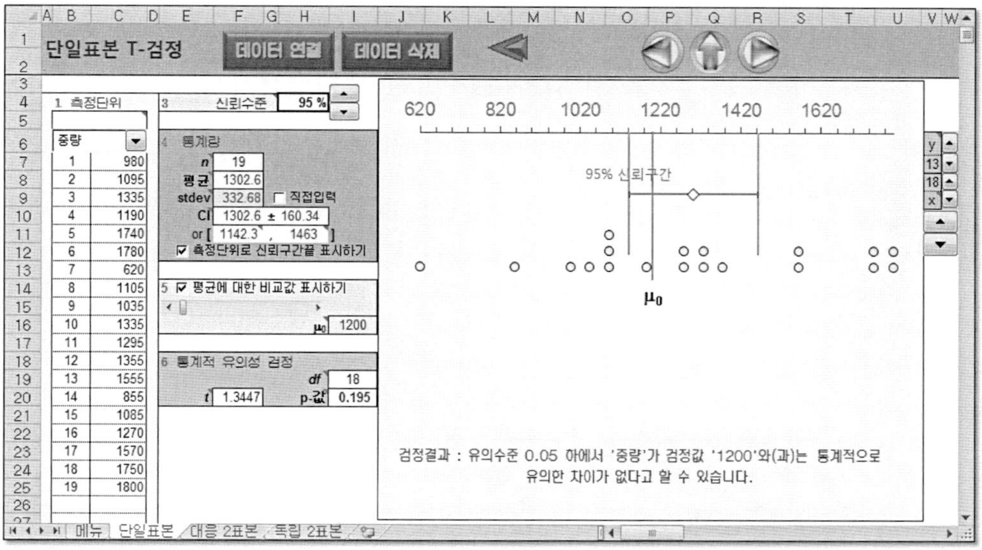

[제조사별 리터당 주행거리 점도표]

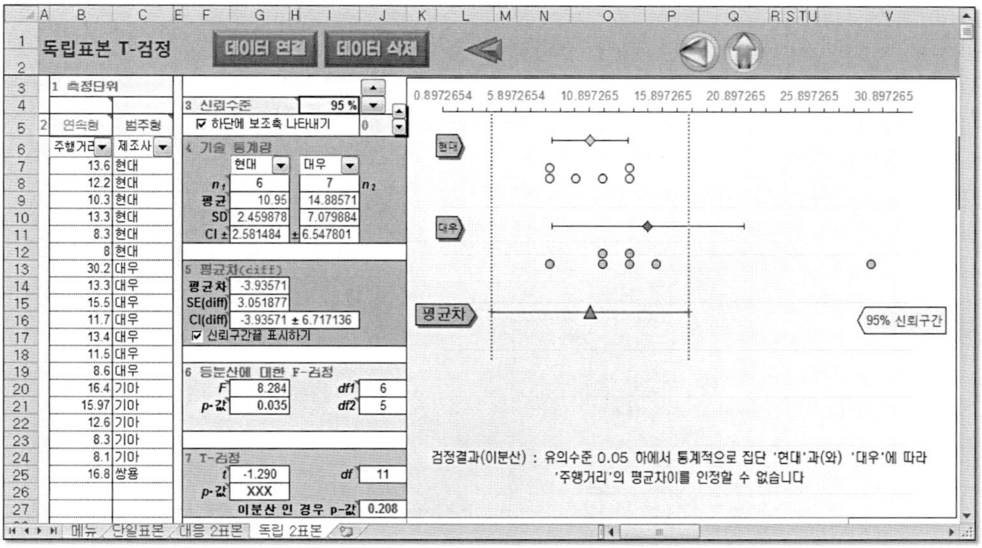

1.9.5 **산점도**(scatterplot)

산점도는 연속형 변수들의 관계를 그림으로 나타내 준다. 그러므로 연속형 변수들을 분석하기에 앞서 반드시 산점도를 그려보는 습관을 가지는 것이 매우 중요하다. 필자는 다른 어떤 그래프보다도 산점도를 많이 활용하고 있으며 상관분석 및 회귀모형뿐만 아니라 다변량 분석법에서도 산점도를 활용한 여러 가지 위치도(positioning map) 및 지각도(perceptual map) 등을 작성하는 데도 활용하고 있다. 최대한 기능을 다 발휘하여 숙지 해두길 바란다.

순서1 **예제 데이터 > 자동차 사양선호도.xlsx**

순서2 **분석(Analyze) > 상관분석 및 회귀분석 > 상관분석... 을 선택**

- 데이터 시트에서 데이터 연결을 클릭하고 데이터(자동차 사양선호도.xlsx)로 이동하여 연결단추( )를 클릭한다.
- 데이터가 연결되면 비어있는 결과들이 나타난다.

순서3 산점도 시트에서 레이블을 '차종'으로 지정한다.

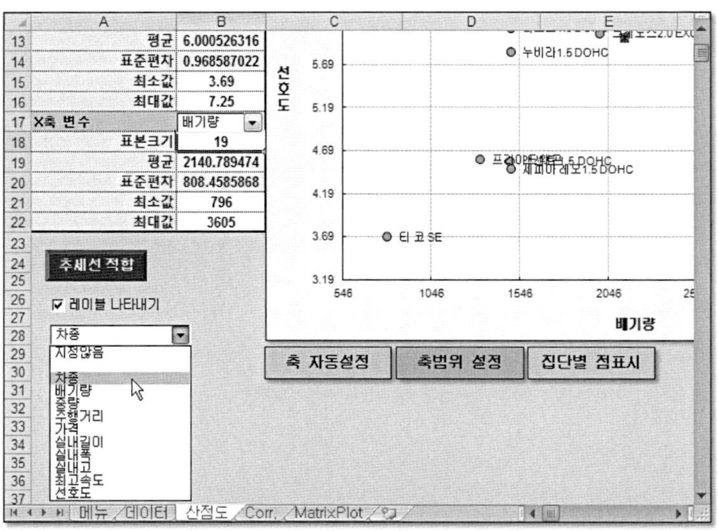

[산점에 레이블 표시]

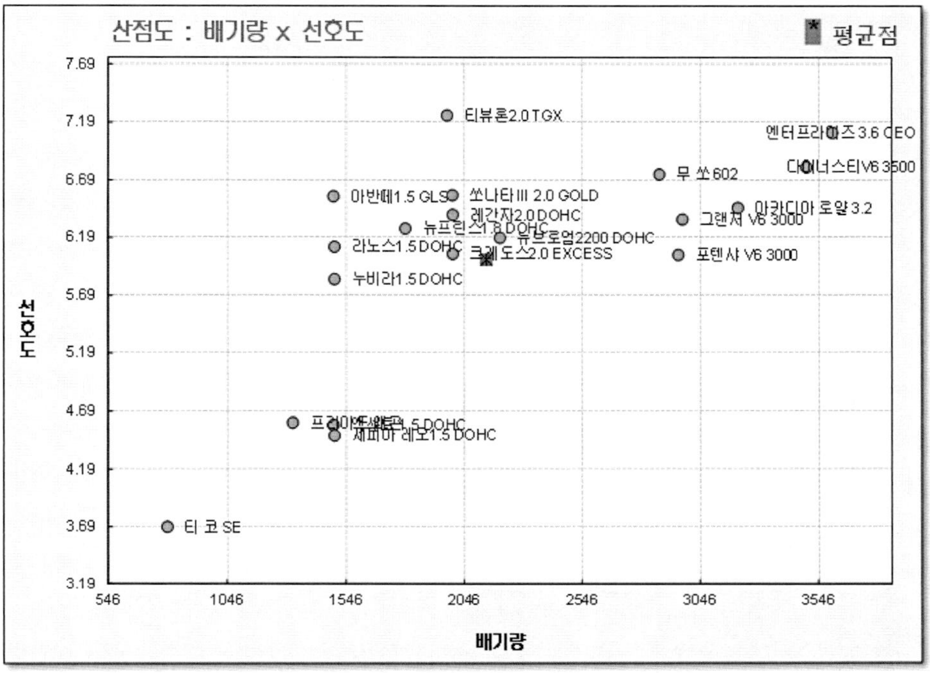

[제조사 집단별 산점표시]

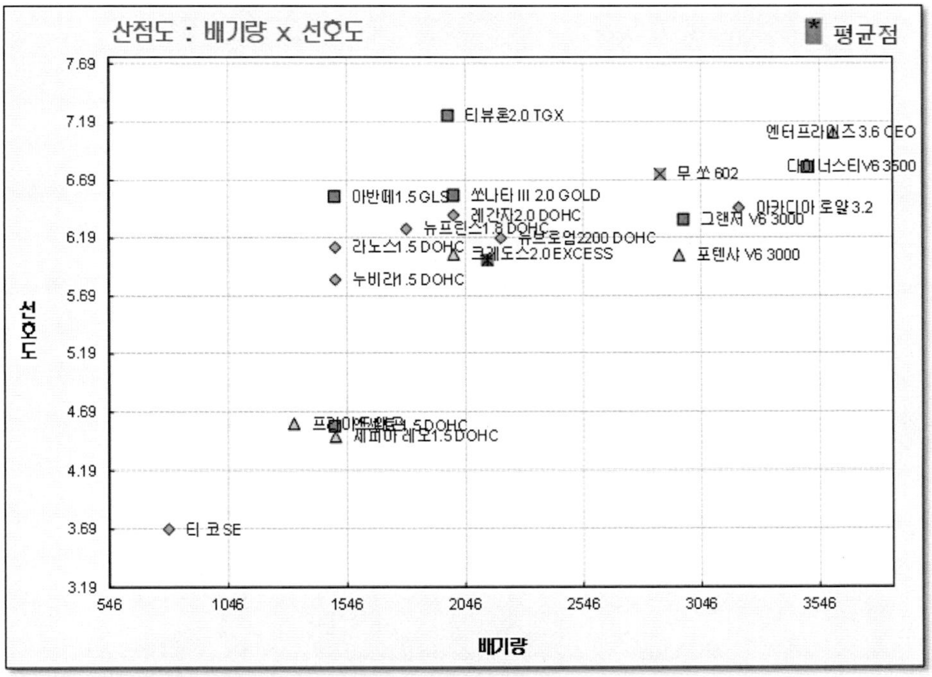

순서4 산점도 시트에서 **추세선 적합** 을 눌러 대화상자에서 추세선을 지정한다.

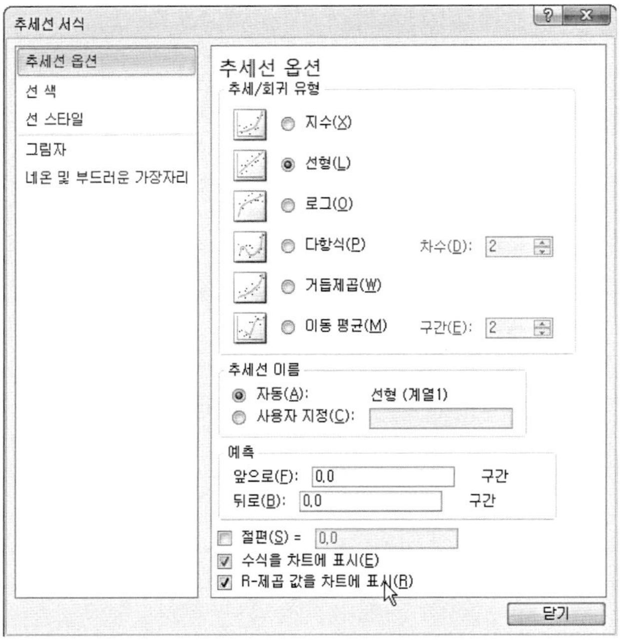

[집단별 산점표시 + 회귀선 적합]

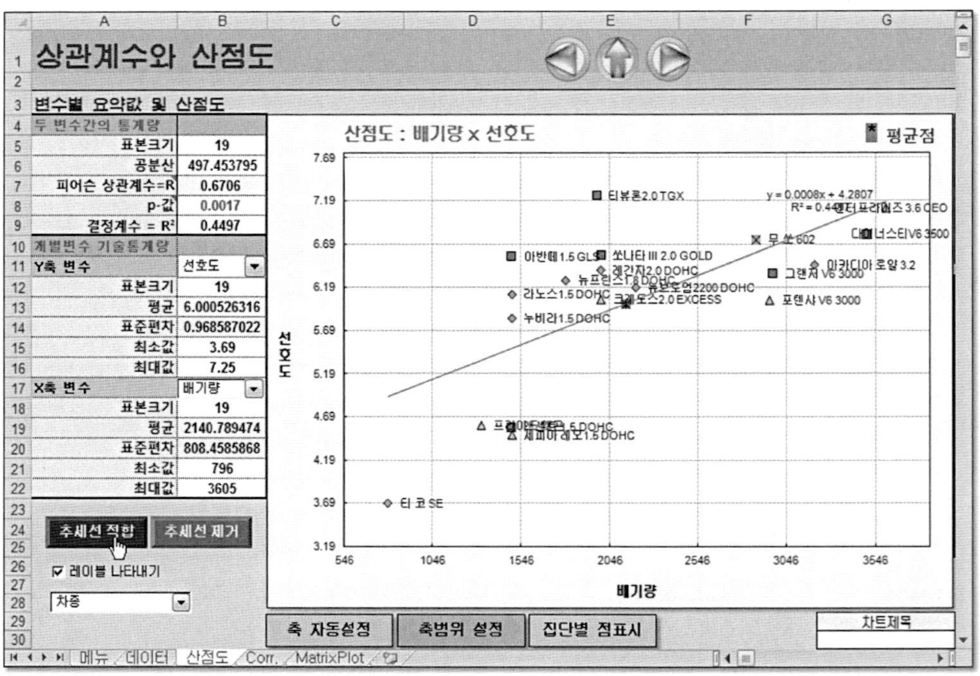

1.9.6 **행렬도표**(Matrix Plot)

순서1 예제 데이터 > 자동차 사양선호도.xlsx

순서2 분석(Analyze) > 상관분석 및 회귀분석 > 상관분석 ... ▸ MatrixPlot 시트

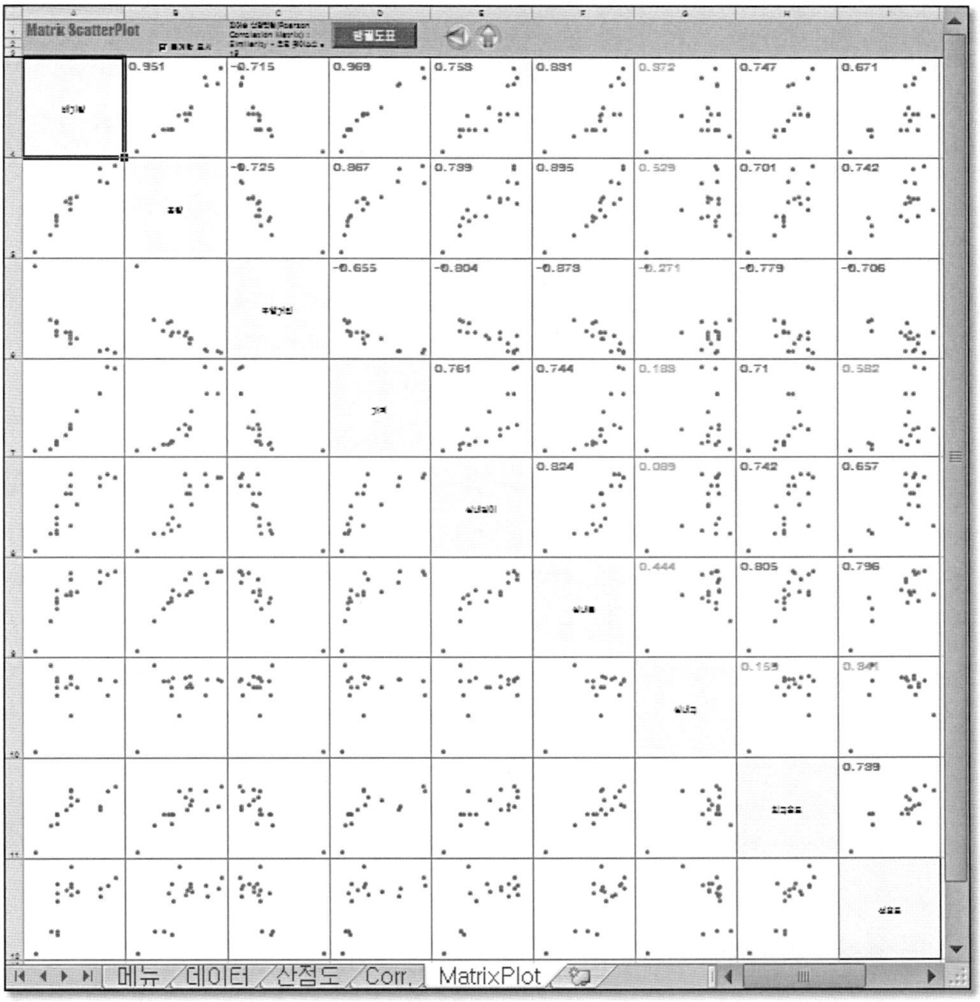

1.9.7 Gap 도표

순서1 **예제 데이터 > DVDPlayer고객평가.xlsx**

순서2 **분석(Analyze) > 집단별 통계 ... ▸ GAP_Chart 시트**

- 데이터 시트에서 데이터 연결 을 클릭하고 데이터(DVDPlayer고객평가.xlsx)로 이동하여 연결단추( )를 클릭한다.
- 데이터가 연결되면 비어있는 결과들이 나타난다.

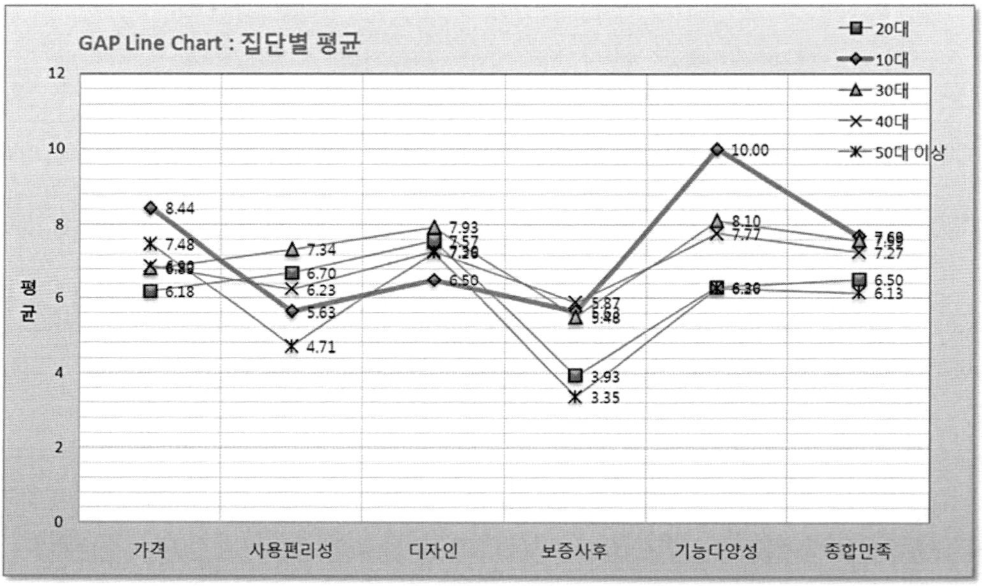

1.9.8 위치도(Positioning Map)

SixSigma Tools는 여러 가지 2차원 평면에 작도하는 위치도를 제공하고 있다. 이는 개발자이자 필자인 저자가 가장 심혈을 기울인 분석 방법이자 출력 결과물이다. 이절에서는 간단히 결과만 예시하고 다변량 분석에서 자세히 다루기로 한다.

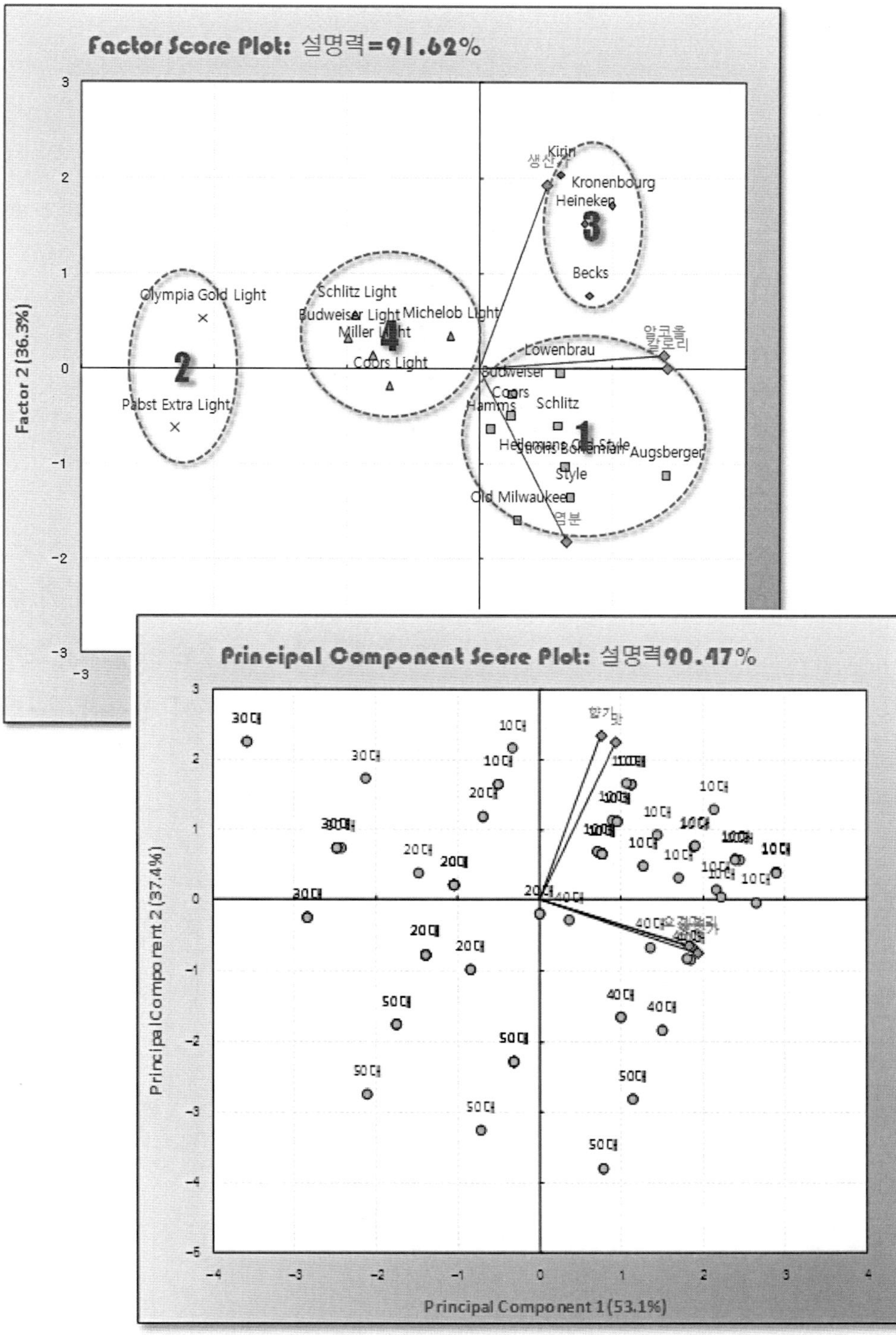
Factor Score Plot: 설명력=91.62%
Factor 2 (36.3%)
Olympia Gold Light
Pabst Extra Light
Schlitz Light
Budweiser Light
Michelob Light
Miller Light
Coors Light
Kirin
생산
Kronenbourg
Heineken
Becks
알코올
칼로리
Lowenbrau
Budweiser
Coors
Hamms
Schlitz
Augsberger
Style
Old Milwaukee
염분
Principal Component Score Plot: 설명력90.47%
Principal Component 2 (37.4%)
Principal Component 1 (53.1%)
향기
맛
10대
20대
30대
40대
50대

II 확률론

통계학은 확률론의 토대 위에 세워진 학문이다. 그러므로 모든 통계적 분석방법은 확률의 개념을 떠나 해석할 수 없다. 통계분석에서 가장 기본이 되는 이론은 추정 및 검정이다. 통계적 문제는 모집단으로부터 표본을 무작위로 추출하는데서 시작하기 때문에 반드시 확률론에 입각한 추•검정이 필요하게 된다. 이러한 추정 및 검정을 수행하기 위해서는 확률분포이론이 기본이 되어 있으므로 2부에서는 확률의 개념과 계산 방법에서 분포이론을 살펴볼 것이다. 그리고 분포이론에서 이산형 분포와 연속형 분포들을 정리할 것이다. 통계학자가 될 것이 아니라면 너무 심각하게 집중하지 마라. 단지 이러한 분포를 통해 의사결정을 위한 확률을 계산한다는 것만 기억해도 된다.

2 확률과 분포이론

⇒2.1 확률 및 분포

확률의 개념에서 가장 처음 소개되는 것은 동전을 던지는 실험이다. 물론 현실에서 이런 어처구니없고 우스꽝스러운 실험을 하고 있는 사람은 거의 없다. 그러나 확률을 이해하는데 복잡한 실험보다는 단순하고 이해하기가 쉽다는 점에서 이 우스꽝스러운 동전전지기의 예를 들어 설명하기로 하겠다. 하나의 동전을 던지는 실험에서 동전을 던지기 전에는 그 결과(outcome)가 무엇이 될 지 정확하게 예측할 수가 없다. 이와 같이 실험을 하기 전에는 결과를 알 수 없는 실험을 확률실험(random experiment)이라고 하며 확률실험으로 나타나는 개개의 결과를 요소(element)라고 한다. 이 요소들을 모두 포함하는 집합을 표본공간(sample space)이라 하며 표본공간의 부분집합을 사건(event)이라고 한다. 하나의 동전을 던지는 실험에서 앞면이 나오면 H, 뒷면이 나오면 T로 표시할 때 이 확률실험의 표본공간은 S={H,T}로 나타낸다. 또 다른 확률실험의 예로서 하나의 주사위를 던지는 실험에서 주사위 표면에 나타나는 점의 수를 관찰하는 경우 표본공간은 S={1,2,3,4,5,6}으로 표현한다.

확률실험의 결과에 함수를 이용하여 숫자를 부여하는 것을 확률변수(random variable)라 하고 일반적으로 영문 대문자(X, Y, Z, ...)를 사용하여 표시한다. 2개의 동전을 던졌을 때 이 실험의 표본공간은 S={(H,H), (H,T), (T,H), (T,T)}이 된다. 이 때 결과를 **ω**로 표현하고 확률변수 $X(\omega)$를 앞면의 수로 정의하면 다음과 같이 표현할 수 있다.

$$X(\omega) = \begin{cases} 2, & \omega \in \{(H,H)\} \\ 1, & \omega \in \{(H,T),(T,H)\} \\ 0, & \omega \in \{(T,T)\} \end{cases}$$

결국 확률변수 X는 **ω**의 함수임을 알 수 있다. 보통의 경우 확률변수 $X(\omega)$는 표현의 편리상 단순히 'X'라고만 표현한다. 이 때 결과가 {(H,T), (T,H)}에 속할 비율은 동전이 균일하면 1/2이 될 것이라고 기대할 수 있다. 이와 같은 기대비율을 확률(probability)이라 하고 다음과 같이 표현한다.

$$P(\omega \in \{(H,T),(T,H)\}) = \frac{1}{2}$$

또한 확률변수 $X=1$일 기대비율은

$$\{w : X(w) = 1\} = \{w : w \in \{(\mathrm{H},\mathrm{T}),(\mathrm{T},\mathrm{H})\}\}$$

이므로

$$P(X=1) = P(\omega \in \{(H,T),(T,H)\}) = \frac{1}{2}$$

임을 알 수 있다.

확률변수(random variable)란?

1. 일정한 확률을 가지고 발생하는 사건에 수치를 부여한 것
2. 표본공간 S에 정의된 실수값 함수
3. 표본공간 S의 원소를 실수와 관계짓는 함수 등으로 표현하고 대문자 X, Y, Z 등으로 표시한다.

확률변수의 분포는 확률변수가 어떤 값을 가질 확률이 일정한 법칙에 따라 결정되는 것을 말한다. 분포는 크게 이산형과 연속형 분포로 나눈다. 먼저 이산형 분포(discrete distribution)는 확률변수가 취할 수 있는 값의 수가 유한(finite)하거나 무한하더라도 셀 수 있는(countable) 경우의 분포를 말한다. 연속형 분포(continuous distribution)는 확률변수가 취할 수 있는 값이 실수공간$(-\infty, \infty)$에서 일정 구간(interval)으로써 표현될 때의 분포를 말한다. 이산형 분포를 따르는 확률변수를 이산형 확률변수, 연속형 분포를 따르는 확률변수를 연속형 확률변수라고 한다.

누적분포함수(cumulative distribution function) 또는 분포함수(distribution function)는 확률변수 X가 어떤 값 x보다 작거나 같을 확률을 나타낸다. 즉, 누적분포함수를 $F(x)$라 하면

$$F(x) = P(X \leq x)$$

이며, 누적분포함수는 다음과 같은 특징을 가진다.

(1) $F(\infty) = P(X \leq \infty) = 1$

(2) $F(-\infty) = P(X \leq -\infty) = 0$

(3) 모든 $y < x$ 에 대해, $F(y) = P(X \leq y) \leq P(X \leq x) = F(x)$

(4) $\Delta > 0$ 에 대해 $\lim_{\Delta \to 0} F(x+\Delta) = F(x)$ (우측연속)

누적분포함수의 형태는 연속형과 이산형에 따라 [그림 2.1]과 같이 나타난다. 이 그림에서 이산형 분포에서는 확률변수가 취할 수 있는 값이 20가지(즉, $k = 0, 1, \cdots, 19$)인 경우를 나타내고 있다.

[그림 2.1] 누적분포함수의 형태

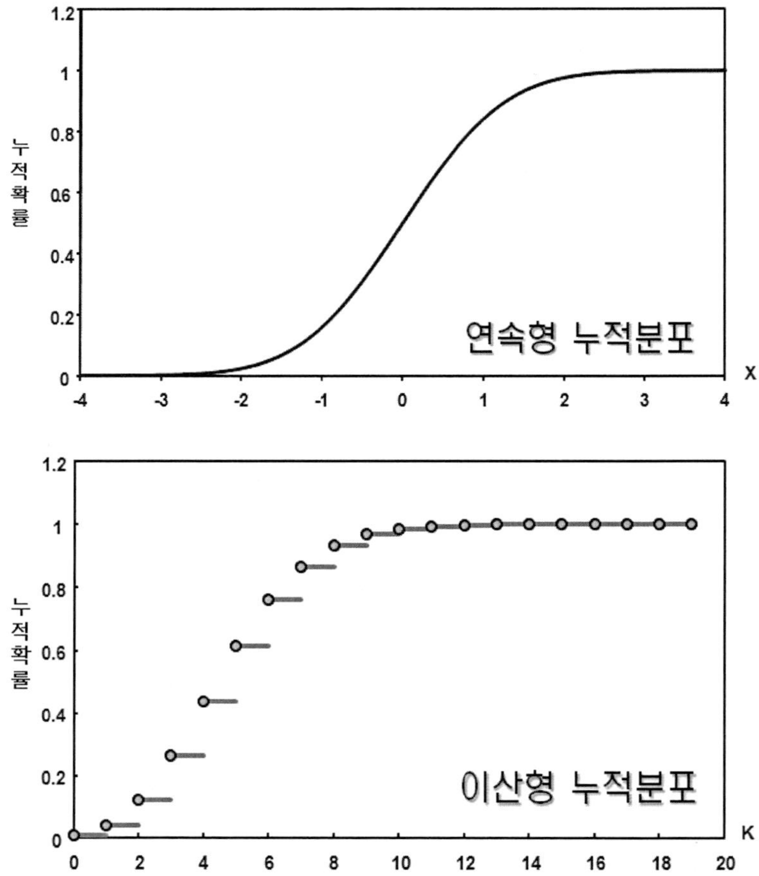

이산형 분포에서 확률변수 X가 어떤 값 x와 같을 확률을 확률함수(probability function 또는 probability mass function)라고 한다. 확률함수를 $f(x)$라 하면 $f(x) = P(X = x)$가 되고

$$F(y) = \sum_{x \leqq y} f(x)$$

의 관계가 됨을 알 수 있다.

확률함수 $f(x)$는 다음의 조건을 만족해야 한다.

(1) 모든 x에 대해 $f(x) \geqq 0$

(2) $\sum_{x} f(x) = 1$

연속형 분포에서 확률변수 X의 확률밀도함수(probability density function), 즉 $f(x)$를 다음과 같이 정의한다.

$$F(x)=\int_{-\infty}^{x} f(y)dy$$

따라서

$$f(x)=\frac{d}{dx}F(x)$$

이 되며, 확률밀도함수 $f(x)$는 다음의 조건을 만족해야 한다.

(1) 모든 x에 대해 $f(x)\geqq 0$

(2) $\int_{-\infty}^{\infty} f(x)dx=1$

다음은 둘 이상의 확률변수들의 분포를 동시에 나타내는 결합분포에 대해 알아보자. 확률변수 $X_1,\ X_2,\cdots,X_n$의 결합누적분포함수(joint cumulative distribution function) $F(x_1,\ x_2,\ \cdots,\ x_n)$는 다음과 같이 정의한다.

$$F(x_1,\ x_2,\ \cdots,\ x_n)=P(X_1\leqq x_1,\ X_2\leqq x_2,\ \cdots,\ X_n\leqq x_n)$$

이산형 확률변수 $X_1,\ X_2,\cdots,X_n$이 각각 $x_1,\ x_2,\ \cdots,\ x_n$이 될 확률은 결합확률함수(joint probability function)라 하고 $f(x_1,\ x_2,\ \cdots,x_n)$로 표시한다. 따라서 모든 $x_1,\ x_2,\ \cdots,\ x_n$에 대해,

$$f(x_1,\ x_2,\ \cdots,\ x_n)=P(X_1=x_1,\ X_2=x_2,\ \cdots,\ X_n=x_n)$$

이며, 연속형 확률변수 $X_1,\ X_2,\cdots,X_n$의 결합확률밀도함수 $f(x_1,\ x_2,\cdots,\ x_n)$는 다음과 같이 정의한다.

$$F(x_1,\ x_2,\cdots,x_n)=\int_{-\infty}^{x_n}\cdots\int_{-\infty}^{x_1} f(y_1,\ y_2,\cdots,y_n)dy_1dy_2\cdots dy_n$$

따라서 모든 $x_1,x_2,\cdots,x_n$에 대하여

$$f(x_1,\ x_2,\cdots,x_n)=\frac{d^n}{dx_1dx_2\cdots dx_n}F(x_1,\ x_2,\cdots,x_n)$$

확률변수 $X_1,\ X_2,\cdots,X_n$ 은 다음 조건을 만족할 때 서로 독립(mutually independent)이라고 한다.

$f(x_1,\cdots,x_n)=f_1(x_1)\cdots f_n(x_n)$, 모든 $x_1,\ x_2,\ \cdots,\ x_n$ 에 대해

단, $f_i(x_i)$는 X_i의 확률(밀도)함수, $i=1,\cdots,n$

즉, 결합확률밀도함수가 각 변수의 확률밀도함수의 곱으로 나타날 때 서로 독립이다. 확률변수 $X_1,\ X_2,\cdots,X_n$ 이 서로 독립이며, 동일한 분포를 따를 때 $X_1,\ X_2,\cdots,X_n$ 을 확률표본(random sample)이라고 한다. 일반적으로 무한 모집단으로부터 표본을 추출할 때 모집단의 각 구성원이 뽑힐 확률이 동일하게 추출한다면 이 표본은 확률표본의 조건을 만족하는 것으로 생각한다.

두 확률변수(X,Y)가 결합확률밀도함수 $f(x,y)$를 가진다고 하자. 이 때 Y만의 확률밀도함수는 주변확률밀도함수(marginal probability density function)라 하고 $f_Y(y)$로 표시하며 다음과 같이 계산한다.

$$f_Y(y)=\begin{cases}\sum_x f(x,y) & \text{, 이산형 분포일 때}\\ \int_{-\infty}^{\infty} f(x,y)dx & \text{, 연속형 분포일 때}\end{cases}$$

확률변수 Y의 값이 주어졌을 때 X의 조건부 확률밀도함수(conditional probability density function)는 $f(x|y)$로 표시하고 다음과 같이 계산한다.

$$f(x|y)=f(x,y)/f_Y(y),\qquad f_Y(y)>0$$

만일 두 확률변수 X와 Y가 서로 독립이면 조건부 확률밀도함수는 주변확률밀도함수와 같다. 즉,

$$f(x|y)=\frac{f_X(x)\cdot f_Y(y)}{f_Y(y)}=f_X(x)$$

단, $f_X(x)$는 X의 주변확률밀도함수

⇨2.2 평균

평균은 분포의 대표값을 나타내는데 가장 널리 사용하는 값으로서 기대값(expectation)이라고도 한다. 확률변수 X의 평균(mean) 또는 기대값(expectation)은 $E(X)$로 나타내고 다음과 같이 계산한다.

$$E(X) = \begin{cases} \sum_x x\, f(x) & \text{, 이산형 분포일 때} \\ \int_{-\infty}^{\infty} x\, f(x)\, dx & \text{, 연속형 분포일 때} \end{cases}$$

모집단의 분포를 알고 있을 때 분포를 대표하는 값으로써 그 분포의 중심의 위치를 나타내는데 평균을 주로 사용하고 있으며 확률변수와 동일한 단위를 사용한다. 예를 들어 확률변수의 단위가 ㎝이면 평균의 단위도 ㎝이다. 어떤 확률변수의 평균이 70㎝이라면 이 확률변수는 평균 70㎝를 중심으로 크고 작은 값으로 분포되어 있음을 알 수 있다.

모집단의 평균을 모평균(population mean)이라고도 하며 일반적으로 기호 μ('뮤')로 표시한다. 모집단으로부터 크기 n인 확률표본을 X_1, $X_2, \cdots, X_n$ 이라 할 때 표본평균(sample mean)은 $\overline{X}$로 나타내고 다음과 같이 계산한다.

$$\overline{X} = \frac{1}{n}\sum_{i=1}^{n} X_i$$

이 때 표본평균은 모평균 μ를 추정하는데 주로 사용된다. 확률변수 X의 함수를 $g(X)$라 할 때, $g(\mathrm{X})$의 평균은 다음과 같이 계산한다.

$$E[g(\mathrm{X})] = \begin{cases} \sum_x g(x)\, f(x) & \text{, 이산형 분포일 때} \\ \int_{-\infty}^{\infty} g(x)\, f(x) dx & \text{, 연속형 분포일 때} \end{cases}$$

확률변수 X의 선형함수 $aX+b$(단, a와 b는 상수)의 평균은

$$E[aX+b] = aE(X)+b$$

이며, 확률변수 X_1, $X_2, \cdots, X_n$ 의 선형함수에 대한 평균은, 상수 a_1, a_2, $\cdots$, a_n에 대해

$$E[a_1 X_1 + a_2 X_2 + \cdots + a_n X_n] = a_1 E(X_1) + a_2 E(X_2) + \cdots + a_n E(X_n)$$

이 성립한다. 또한 서로 독립인 확률변수 X_1, $X_2, \cdots, X_n$ 의 함수 $g_1(X_1)$, $g_2(X_2)$, $\cdots$, $g_n(X_n)$ 이 있을 때

$$E[g_1(X_1) \cdot g_2(X_2) \cdots g_n(X_n)] = E[g_1(X_1)] \cdot E[g_2(X_2)] \cdots E[g_n(X_n)]$$

이 성립한다.

예를 들어보기로 한다. 하나의 주사위 던지기 실험에서 확률변수 X가 나타난 점의 수라면 평균은 다음과 같이 계산한다.

$$\begin{aligned} E(X) &= \sum_{x=1}^{6} x\left(\frac{1}{6}\right) \\ &= 1 \cdot \frac{1}{6} + 2 \cdot \frac{1}{6} + 3 \cdot \frac{1}{6} + 4 \cdot \frac{1}{6} + 5 \cdot \frac{1}{6} + 6 \cdot \frac{1}{6} \\ &= 3.5 \end{aligned}$$

주사위 눈의 수의 평균은 3.5가 되고 이 분포는 3.5를 기준으로 크고 작은 값들로 분포되어 있음을 알 수 있다. 분포의 평균은 확률변수가 취할 수 없는 값을 가지는 경우도 있다. 이 예에서도 주사위 눈의 수는 3.5가 될 수는 없지만 평균은 3.5가 된다.

⇨2.3 분산

확률변수 X의 분산(variance)은 $Var(X)$로 나타내고 다음과 같이 계산한다.

$$Var(X) = E[X-\mu]^2$$

$$= \begin{cases} \sum_x (x-\mu)^2 f(x) & ,\ \text{이산형 분포일 때} \\ \int_{-\infty}^{\infty} (x-\mu)^2 f(x)dx & ,\ \text{연속형 분포일 때} \end{cases}$$

위 식에서

$$Var(X) = E(X^2 - 2\mu X + \mu^2)$$

$$= EX^2 - 2\mu EX + \mu^2$$

$$= EX^2 - \mu^2$$

을 알 수 있고, 이 표현은 계산상 편리한 점을 가지고 있다.

확률변수의 값은 주어진 분포에 따라 실수공간 $(-\infty, \infty)$내의 어떤 값들로 나타나게 되어 항상 일정한 값을 가지지 않고 산포를 가진다. 이 산포를 표시하는 분포의 대표값으로 분산을 주로 사용한다. 모집단의 분산을 모분산(population variance)이라고도 하며 일반적으로 기호 σ^2으로 표시한다.
확률표본 $X_1, X_2, \cdots, X_n$ 으로부터 표본분산(sample variance)은 S^2으로 나타내고 다음과 같이 계산한다.

$$S^2 = \frac{1}{n-1}\sum_{i=1}^{n}(X_i - \overline{X})^2$$

위 식의 분모에 $n-1$ 대신 n 을 사용하는 경우도 있으나 통계량의 조건인 불편성(unbiasness)을 만족하지 못하므로 통계량의 불편성을 만족시키기 위하여 $n-1$을 사용한다. 위 식에서

$$S^2 = \frac{1}{n-1} \sum_{i=1}^{n} ({X_i}^2 - 2X_i\overline{X} + \overline{X}^2)$$

$$= \frac{1}{n-1} \left(\sum_{i=1}^{n} {X_i}^2 - 2\overline{X} \sum_{i=1}^{n} X_i + n\overline{X}^2 \right)$$

$$= \frac{1}{n-1} \left(\sum_{i=1}^{n} {X_i}^2 - n\overline{X}^2 \right)$$

임을 알 수 있다. 표본분산은 모분산 σ^2을 추정하는데 주로 사용된다.

분산의 단위는 확률변수의 단위의 제곱이 되어 같은 단위로 생각하는데 어려움이 있어 분산 대신 표준편차(standard deviation)를 사용하기도 한다. 표준편차는 단순히 분산의 양의 제곱근으로 σ로 표현하고 표본표준편차는 S^2의 양의 제곱근, 즉 S로 나타낸다.

확률변수 X의 선형함수 $aX+b$(단, a와 b는 상수)의 분산은 다음과 같이 표현된다.

$$Var(aX+b) = a^2\ Var(X)$$

$$= a^2\sigma^2$$

확률변수 X의 선형변환 $Y=(X-\mu)/\sigma$를 '표준화한다(standardize)'고 한다. 이 때 표준화된 변수 Y의 평균과 분산은 항상 다음과 같다.

$$E(Y) = E(\frac{X-\mu}{\sigma}) = 0$$

$$Var(Y) = Var(\frac{1}{\sigma}X - \frac{\mu}{\sigma}) = \frac{\sigma^2}{\sigma^2} = 1$$

서로 독립인 확률변수 $X_1,\ X_2, \cdots, X_n$의 선형함수에 대한 분산은 상수 $a_1, a_2, \cdots, a_n$에 대해

$$Var(a_1X_1 + \ \cdots\ + a_nX_n) = a_1^2\ Var(X_1) + \ \cdots\ + a_n^2\ Var(X_n)$$

이 성립한다.

⇨2.4 왜도와 첨도

분산은 확률변수값의 평균과의 편차에 대한 전체적인 측도로서 사용한다. 다만 분산은 이 편차의 제곱을 사용함으로써 양 또는 음의 값에 의한 영향을 구분할 수 없다. 많은 분포의 경우에 음의 편차가 양의 편차보다 많이 나타나거나 또는 그 반대의 현상이 나타나고 있다.

왜도는 평균과의 편차가 어느 한쪽 방향(양 또는 음)으로 크게 나타나는 경향을 나타내는 측도로 사용되며 다음과 같이 정의한다.

$$m_3 = E(X-\mu)^3 / \sigma^3$$

표본으로부터의 표본왜도(sample skewness)는 다음과 같이 정의한다.

$$\hat{m}_3 = \frac{1}{n-1}\sum_{i=1}^{n}(X_i - \overline{X})^3 / S^3$$

단, $\overline{X}$는 표본평균, S는 표본표준편차

보통 표본왜도에 사용되는 상수 $1/(n-1)$대신 $n/(n-1)(n-2)$를 사용하여 계산한다. 분포의 형태가 대칭인 경우에는 항상 $m_3 = 0$이다. 분포의 형태가 왼쪽보다 오른쪽이 길게 나타나면 분포가 오른쪽으로 편중되었다(skewed to the right)고 하며 이때에는 $m_3 > 0$ 이다. 반대로 분포의 형태가 오른쪽보다 왼쪽이 길게 나타나면 분포가 왼쪽으로 편중되었다(skewed to the left)고 하며 이때에는 $m_3 < 0$ 이다.([그림 2.4]) 확률변수 X의 선형함수 $Y = aX + b$ (단, a, b는 상수)에 대한 왜도는 X의 왜도와 동일하다.

[그림 2.4] 분포의 형태에 따른 왜도와 첨도

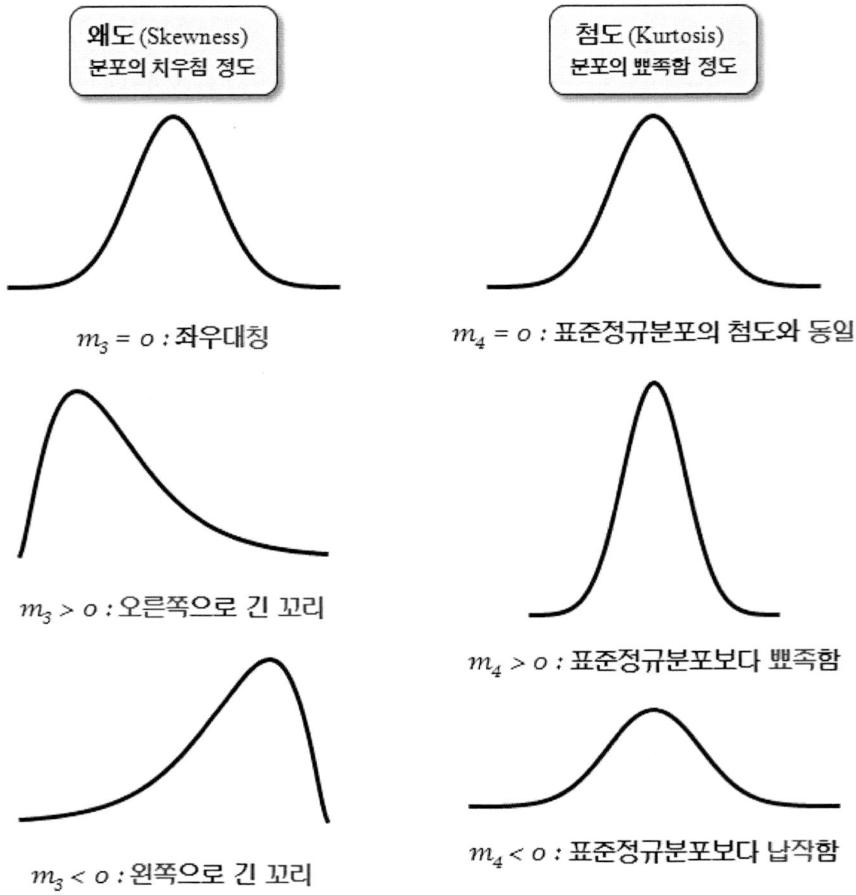

어떤 분포의 양쪽 끝 꼬리부분의 비중은 통계적으로 중요한 의미를 가지게 되며 따라서 이러한 꼬리부분의 비중에 대한 측도가 필요하게 된다. 꼬리부분의 비중이 작으면 중심부분의 비중이 커지게 되어 분포의 형태가 뾰족하게 된다는 생각을 하게 되어 꼬리부분의 비중에 대한 측도를 나타낼 때 뾰족한 정도 즉 첨도란 용어를 사용한다. 첨도는 다음과 같이 정의한다.

$$m_4 = E(X-\mu)^4 / \sigma^4 - 3$$

확률변수의 선형함수 $Y = aX + b$ (단, a, b는 상수)에 대한 첨도는 X와 동일하다. 첨도는 분포의 뾰족한 정도를 나타내는 측도로 흔히 알려져 있으나 이것은 잘못 알려진 것이며 그 정확한 의미는 분포의 꼬리부분의 비중을 나타내는 측도이다. 꼬리부분의 비중이 크면 즉 분포가 중심부분보다 상대적으로 양쪽 또는 한쪽 끝부분에서 넓게 퍼져있으면 첨도의 값은 커지게 된다.

첨도는 왜도와 다음과 같은 관계를 가진다.

$$m_4 \geqq m_3^2 - 2$$

위식으로 부터 $m_4 \geqq -2$ 임을 알 수 있다. 정규분포의 경우 $m_4 = 0$ 이다.

표본으로부터의 표본첨도(sample kurtosis)는 다음과 같이 정의한다.

$$\hat{m}_4 = \frac{1}{n-1}\sum_{i=1}^{n}(X_i - \overline{X})^4 / S^4 - 3$$

일반적으로 표본첨도를 다음과 같이 계산한다.

$$\hat{m}_4 = \frac{n(n+1)}{(n-1)(n-2)(n-3)}\sum_{i=1}^{n}(X_i - \overline{X})^4 / S^4 - 3\frac{(n-1)^2}{(n-2)(n-3)}$$

표본왜도와 표본첨도는 표본크기가 크지 않을 때에는 신뢰도가 높지 않은 추정값이지만, 이 값들이 클 경우(왜도의 경우에는 절대값이 큰 경우)에는 정규분포를 가정하는데 문제가 있으므로 주의를 필요로 한다.

⇨2.5 적률모함수

적률모함수(moment generating function)는 분포의 특성을 결정짓는 함수로서 $M_X(t)$로 표기하고 다음과 같이 계산한다.

$$M_X(t) = E(e^{tX})$$

$$= \begin{cases} \sum_x e^{tx} f(x) & \text{,이산형 분포일 때} \\ \int_{-\infty}^{\infty} e^{tx} f(x)\,dx & \text{,연속형 분포일 때} \end{cases} , \quad -h < t < h$$

하나의 분포와 하나의 적률모함수는 일대일 대응의 관계에 있다. 즉, 분포가 주어지면 그 분포의 적률모함수는 결정되어지며 어떤 또 다른 적률모함수를 가질 수 없다. 또한 주어진 적률모함수를 가지는 분포는 하나뿐이며 다른 분포의 적률모함수일 수 없다. 이 같은 특성을 적률모함수의 유일성(uniqueness)이라고 한다. 적률모함수는 항상 존재하는 것은 아니며 존재하더라도 t의 일정구간 내 $(-h,h)$에서만 존재할 수도 있다. 여기서 존재한다는 것은 적률모함수의 값이 유한하다는 것을 의미한다. 적률모함수로부터 분포의 적률(moment)을 구할 수 있다.

먼저 k차 적률은 다음과 같이 정의한다.

$$E(X^k)\,,\quad k=1,\ 2,\ \cdots$$

$k=1$이면 평균이 되고, $k=2$이면 $E(X^2)$이 된다.

적률모함수의 k차 도함수(derivative) $M_X^{(k)}(t)$는

$$\begin{aligned} M_X^{(k)}(t) &= \frac{d^k}{dt^k}M_X(t) \\ &= \frac{d^k}{dt^k}E(e^{tX}) \\ &= E\left[\frac{d^k}{dt^k}\,e^{tX}\right] \\ &= E[\,X^k\,e^{tX}\,] \end{aligned}$$

따라서

$$M_X^{(k)}(0) = E(\,X^k\,)$$

이며 k차 적률이 됨을 알 수 있다.

위 식을 이용하여 평균과 분산을 다음과 같이 계산할 수 있다.

$$\mu = E(X)$$
$$= M_X'(0)$$
$$\sigma^2 = E(X^2) - \mu^2$$
$$= M_X''(0) - \mu^2$$

분포의 확률밀도함수를 이용하여 평균과 분산을 계산하기가 어려울 때에는 위 식을 사용하면 쉽게 계산할 수 있는 경우가 있다.

서로 독립인 확률변수 X_1, $X_2, \cdots, X_n$ 이 있을 때 $Y = X_1 + X_2 + \ \cdots \ + X_n$ 이라 하면

$$M_Y(t) = E(e^{tY})$$
$$= E(e^{t(X_1 + X_2 + \ldots + X_n)})$$
$$= E(e^{tX_1}) \cdot E(e^{tX_2}) \cdots E(e^{tX_n})$$
$$= M_{X_1}(t) \cdot M_{X_2}(t) \cdots M_{X_n}(t)$$

이 되며, 만약 X_1, $X_2, \cdots, X_n$ 이 동일독립분포를 따른다면 위 식에 의해

$$M_Y(t) = [M_{X_1}(t)]^n$$

이 됨을 알 수 있다.

⇨2.6 분위수

누적분포함수는 확률변수 X가 어떤 값 x보다 작거나 같을 확률 p로 표현된다. 따라서 x가 주어지면 p의 값은 누적분포함수를 이용하여 다음과 같이 계산할 수 있다.

$$p = F(x)$$

이와는 반대로 p가 주어졌을 때 x를 계산해야 할 경우가 있다. 이와 같이 주

어진 확률 p에 대한 x를 p분위수(quantile)라 하고 q_p로 표시한다. p분위수 q_p는 다음을 만족한다.

$$p = F(q_p)$$

따라서 연속형 분포일 때는

$$q_p = F^{-1}(p)$$

이고 이산형 분포일 때는

$$q_p = \min\{x : F(x) \geq p\}$$

로 정의된다. 분위수는 분포형태에 따라 [그림 2.6a,b]와 같이 나타낸다. 이 그림에서 이산형 분포에서는 $q_{p1} = q_{p3} = x_3$, $q_{p2} = x_2$임을 주의할 필요가 있다.

[그림 2.6a] 연속형 분위수의 형태

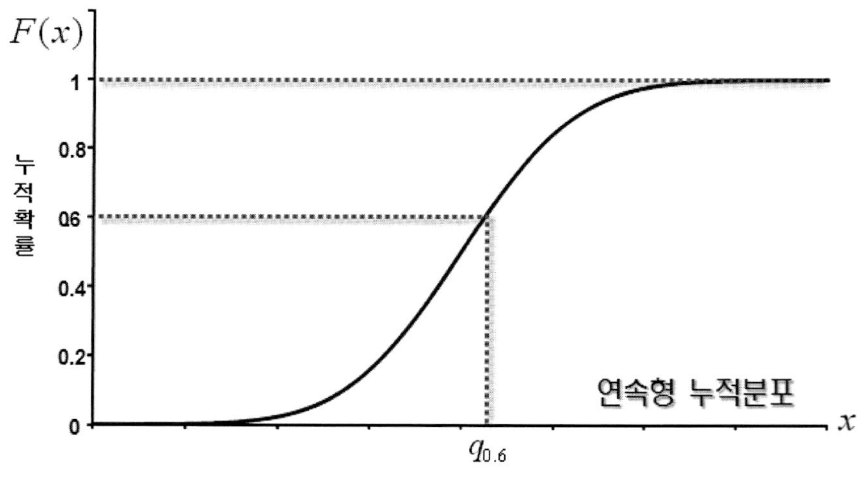

[그림 2.6b] 이산형 분위수의 형태

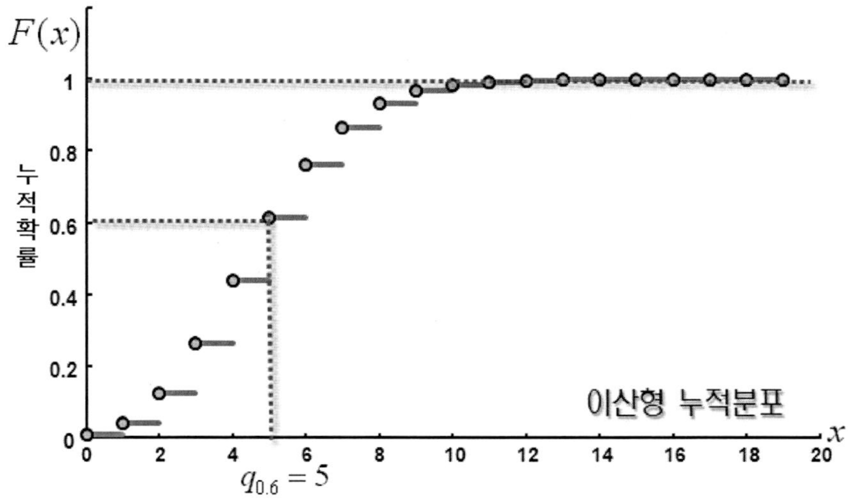

분위수는 전체 확률을 몇 등분하느냐에 따라 백분위수(percentile) 또는 사분위수(quartile)등으로 표현한다. 백분위수는 전체확률을 100등분하여 표시한 것으로 제 n백분위수는 분위수 $q_{n/100}$를 나타내며 제 n 사분위수는 $q_{n/4}$을 나타낸다. 특히 제 2 사분위수를 가운데 위치한 값이므로 중위수(median)라고도 한다. 따라서 중위수는 그 값보다 작거나 같을 확률이 0.5가 되는 값을 나타내며 분포의 위치에 대한 대표값으로 평균과 함께 많이 사용되는 값이다. 어떤 분포의 확률밀도함수가 중위수 m에 대해 대칭일 때, 대칭분포(symmetric distribution)라고 한다. 따라서 대칭분포는 다음을 만족한다.

모든 x에 대해

$$f(m-x)=f(m+x)$$

$$\begin{cases} \sum_{y \leqq m-x} f(x)=\sum_{y \geqq m+x} f(x) & \text{,이산형 분포일 때} \\ \int_{-\infty}^{m-x} f(x)dx=\int_{m+x}^{\infty} f(x)dx & \text{,연속형 분포일 때} \end{cases}$$

대칭분포에서의 분위수 q_p는 다음을 만족한다.

$$m - q_p = q_{1-p} - m$$

특히, $m = 0$인 경우에는

$$q_p = -q_{1-p}$$

으로 표현할 수 있다.

확률표본 $X_1, X_2, \cdots, X_n$ 으로부터 표본분위수를 구하는 방법은 다음과 같다. 먼저 자료를 작은 것부터 큰 순서대로 나열하고 이것을 $Y_1, Y_2, \cdots, Y_n$ 이라 한다. 이와 같이 나열한 것을 순서통계량(order statistic)이라고 한다. p 분위수는 자기값보다 작거나 같은 관측값이 적어도 np개수가 있고, 또한 자기값보다 크거나 같은 관측값이 적어도 $n(1-p)$개수만큼 있는 수를 나타낸다. 이때에 n이 작은 값이거나 np가 정수가 아닐 때에는 하나의 관측값이 여러 개의 분위수에 해당될 수 있다. n=5, p=0.25인 경우를 생각해 보자. 이때에 0.25분위수(즉, 제 1사분위수 또는 제 25백분위수)는 위의 방법에 의하면 두 번째 큰 값(Y_2)이 됨을 알 수 있다. 그러나 n=5, p=0.3인 경우에도 0.3분위수(제 30백분위수)는 역시 Y_2가 된다.

표본중위수는 흔히 $\widetilde{X}$로 표현하고 분위수중 가장 많이 사용하는 값으로서 다음과 같이 정의된다.

$$\widetilde{X} = \begin{cases} Y_{k+1} & , n = 2k+1(\text{홀수})\text{일 때} \\ \dfrac{Y_k + Y_{k+1}}{2} & , n = 2k(\text{짝수})\text{일 때} \end{cases}$$

다른 분위수는 모두 하나의 관측값으로 표현하는 것과 달리 중위수만은 표본의 크기가 짝수일 때 2개의 가운데 값의 평균으로 나타내고 있다.

⇒2.7 상관계수(correlation coefficient)

두 확률변수 X와 Y가 결합분포를 가질 때 X와 Y의 공분산(covariance) $Cov(X,Y)$는 다음과 같이 정의한다.

$$Cov(X, Y) = E[(X-\mu_X)(Y-\mu_Y)]$$

단, μ_X와 μ_Y는 각각 X와 Y의 평균

공분산이 나타내는 의미는 다음과 같이 설명할 수 있다. 공분산은 X와 Y의 두 편차의 곱의 기댓값이다. 만약에 X와 Y가 모평균 μ_X, μ_Y보다 작다면, 즉 편차가 서로 음이면 편차의 곱은 양이 되므로 공분산은 양이 될 것이고, 두 변수의 편차가 모두 양이면 역시 공분산은 양이 될 것이다. 반대로 두 편차의 크기가 서로 반대인 경우에 공분산의 값은 음의 값을 가질 가능성이 커질 것이다.

[그림 2.7a] 각 사분면의 편차의 부호관계

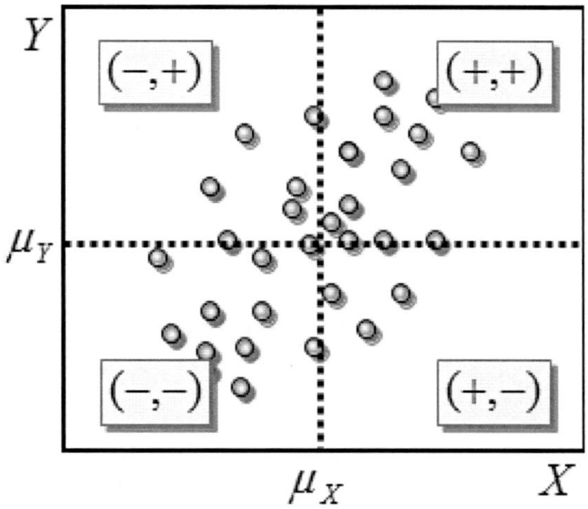

이를 수식으로 표현하면 $X>\mu_X$, $Y>\mu_Y$ 또는 $X<\mu_X$, $Y<\mu_Y$이면 $(X-\mu_X)(Y-\mu_Y)>0$이고, 그렇지 않은 경우는 $(X-\mu_X)(Y-\mu_Y)<0$이다. 따라서 공분산은 일반적으로 X가 μ_X보다 클(작을) 때 Y도 같은 경향(즉, Y도 μ_Y 보다 크다(작다))을 보이면 평균적으로 양의 값을, 그렇지 않은 경우에는

음의 값을 가지게 된다. 또한 X값의 변화에 Y가 거의 무관하게 나타나면 '0'에 가까운 값을 가진다. 이와 같이 공분산은 확률변수 X의 증감에 따른 확률변수 Y의 증감의 경향에 대하여 측정한 것을 나타낸다. 즉 공분산이 양의 값을 가지면 X와 Y는 같은 방향으로 움직이는 것을 알 수 있고(X가 커지면 Y도 커지는 경향), 음의 값이라면 X와 Y는 반대방향으로 움직임(X가 커지면 Y는 작아지는 경향)을 알 수 있다. 공분산의 값이 '0'이면 X와 Y의 관계는 선형적인 증감의 관계가 없음을 의미한다. 그런데 X와 Y가 독립이라면 공분산은 반드시 '0'이 된다. 그러나 반대로 공분산이 '0'이라고 해서 X와 Y가 반드시 독립이라고는 할 수 없다.

공분산은 이와 같이 두 변수간의 상관성을 나타내고 있으나 각 변수의 산포의 정도가 다를 경우에는 공분산의 값만으로 상관성의 정도를 비교하기 어렵다. 이 때 산포의 정도를 같게 하기 위해 각 변수를 표준화한 다음 두 표준화된 변수의 공분산을 구한 것을 모상관계수라 하고 ρ로 표시한다. 즉,

$$\rho = E\left[\left(\frac{X-\mu_X}{\sigma_X}\right)\left(\frac{Y-\mu_Y}{\sigma_Y}\right)\right]$$

$$= \frac{E[(X-\mu_X)(Y-\mu_Y)]}{\sigma_X \sigma_Y}$$

$$= \frac{Cov(X, Y)}{\sigma_X \sigma_Y}$$

단, σ_x와 σ_y는 각각 X와 Y는 표준편차

[그림 2.7b] 상관계수에 따른 분포의 형태

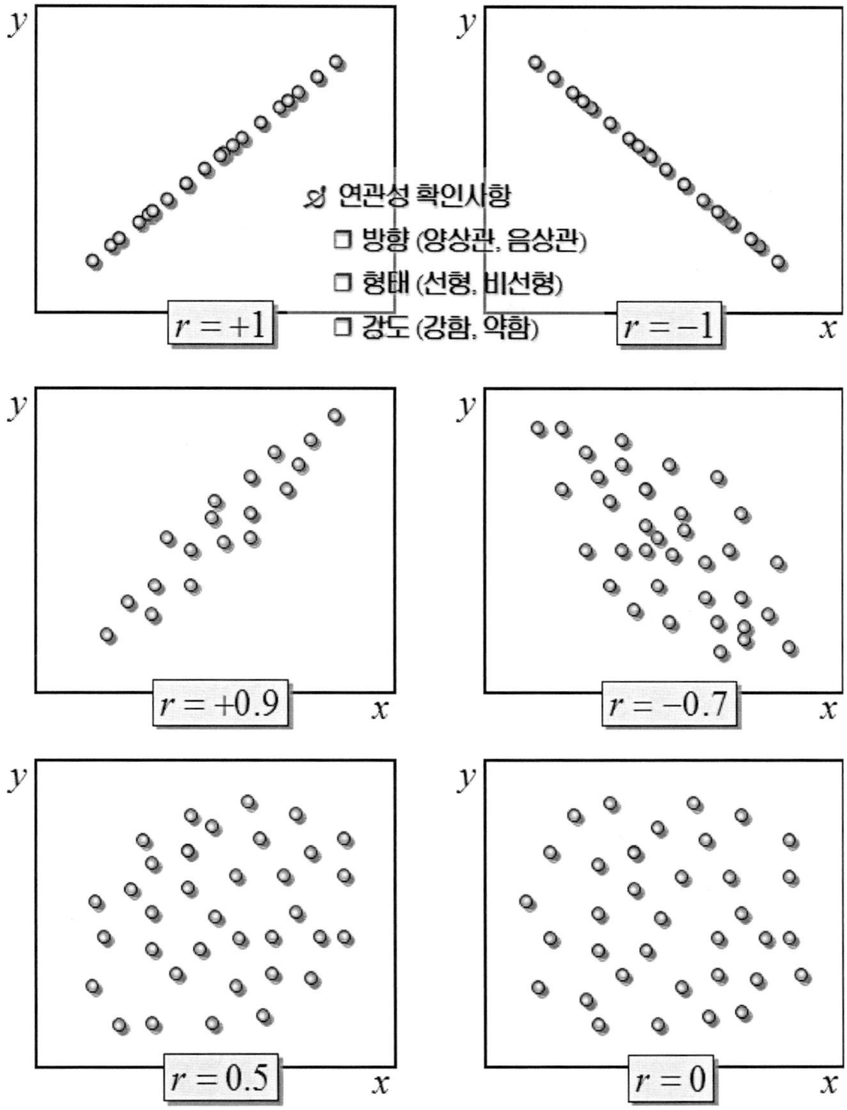

상관계수 ρ의 절대값은 항상 '1'보다 작거나 같다. 즉,

$$-1 \leqq \rho \leqq 1$$

범위 안의 값이며, $\rho = 1$은 두 변수간의 완전한 양의 상관을 나타내며 $\rho = -1$은 두 변수간의 완전한 음의 상관을 나타낸다. 두 변수가 선형관계에 있으면, 즉 $Y = aX + b$ (단a, b는 상수)일 때 b값에 관계없이 $a>0$ 이면 $\rho = 1$, $a=0$ 이면 $\rho = 0$, $a<0$ 이면 $\rho = -1$이다. [그림 2.7b]에 서로 다른 상관계수에

따른 분포의 형태가 나타나 있다.

상관계수가 ρ인 이변량(bivariate)분포로부터 얻은 대응표본(paired sample)을$(X_1, Y_1), (X_2, Y_2), \cdots, (X_n, Y_n)$이라 할 때, 표본상관계수(sample correlation coefficient)는 r로 나타내고 다음과 같이 계산한다.

$$r = \frac{\sum_{i=1}^{n}(X_i - \overline{X})(Y_i - \overline{Y})}{\sqrt{\sum_{i=1}^{n}(X_i - \overline{X})^2 \sum_{i=1}^{n}(Y_i - \overline{Y})^2}}$$

표본상관계수 r은 상관계수 ρ를 추정하는데 주로 사용된다.

Introduction to
Behaviorally Statistical Data Analysis
using SixSigma Tools 2007, Excel 2010 VBA Solution

3

이산형 확률분포

무작위로 선정된 개체의 몇몇 특성을 측정하게 되었고 관측할 수 있는 모든 가능한 값들의 목록을 작성하고 실제로 측정하였다고 가정하자.
예를 들어 어떤 제품이 불량이면 X=1을 기록하고 불량이 아니면 X=0을 기록하였다. 이때 가능한 값들은 {0, 1}이 되는 것이다.

크기 n의 임의의 표본을 추출하고, X가 결함 제품의 수로 관측하였다면 이때 X의 가능한 값의 목록은 $\{0,1,\cdots,n\}$이 될 것이다. 결국 이러한 경우는 X = 불량품의 수가 되어 이 경우 $X=0,1,\cdots$ 이 된다. 이러한 예에서 모든 가능한 값들을 알 수 있기 때문에 확률변수 X는 이산형이라 가정한다. 확률변수의 분포는 어떤 공정의 동작패턴을 묘사하거나 확률변수의 값을 어떻게 관측할 것인가를 결정하는데 도움이 된다. 다음의 6가지 이산형 분포에 대하여 논의하기로 한다.

6가지 이산형 분포

① 모수가 p인 베르누이 분포 - Bernoulli(p)
② 모수가 n, p인 이항 분포 - B(n, p)
③ 모수가 r, p인 음이항 분포 - $NB(r,p)$
④ 모수가 p인 기하분포 - $G(p)$
⑤ 모수가 N, D, n인 초기하 분포 - $HG(N,D,n)$
⑥ 모수가 λ 인 포아송 분포 - Poisson(λ)

여기에서 출력한 대부분의 분포함수 그래프는 EXCEL addin 프로그램인 "SixSigma Tools 2007"에서 출력한 도표를 제시할 것이다. SPSS, SAS, Minitab과 같은 통계팩키지를 사용할 경우는 각 함수의 x값을 대입하여 변수(컬럼)로 저장한 다음 그래프를 사용하여 작성해야 함으로 이는 매우 번거롭고 분석적이지도 못하다.

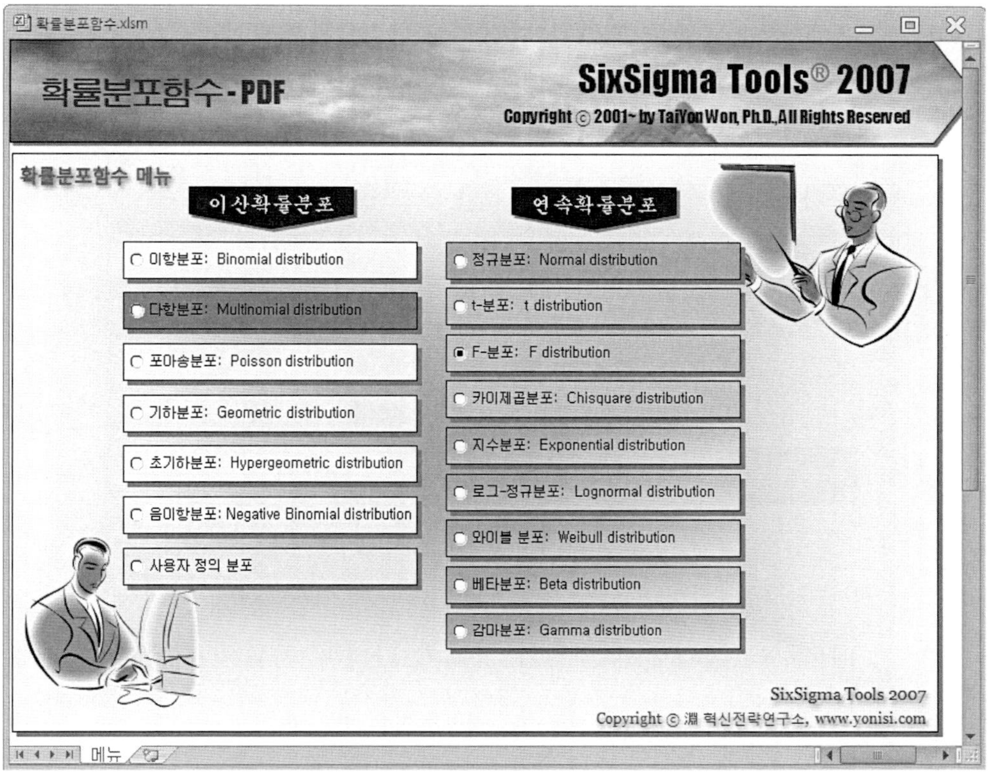

메뉴에서 확률분포함수를 선택하면 분포함수에 대한 워크북이 열리고 메뉴시트에서 해당 메뉴를 클릭하면 시트로 이동된다. 여기에서 분포함수의 모수를 지정하고 각 확률변수 X값에 따른 확률값들을 계산할 수 있다. 사용법이 너무 간단해서 별로 설명할 것이 없다.

⇒3.1 베르누이분포

어떤 실험의 결과가 상호 배반적인 두 가지 요소 중에 하나로 나타날 경우 이러한 실험을 베르누이 시행(Bernoulli trials)이라고 한다. 즉 어떤 제품의 품질이 합격 또는 불합격, 양품 또는 불량품 등으로 구분되는 경우, 이 두 가지 요소 중에 양품을 편의상 성공(success)이라고 하고 기호로 `s`, 불량품은 실패(failure)라고 하고 `f'로 나타내면 표본공간 S는 {s, f}가 되며, 이 실험에서 확률변수 X는 성공(=1)과 실패(=0)를 대응시키는 확률변수라고 한다면 이때의 X를 베르누이 확률변수라고 한다. 즉 $X(s)=1$, $X(f)=0$으로 표현된다.

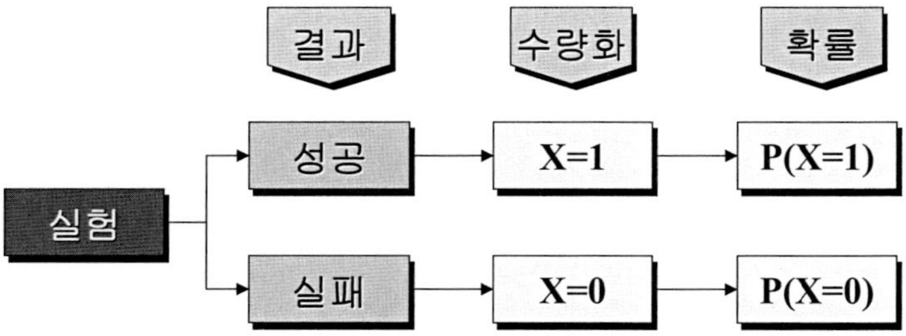

베르누이 실험에서 성공과 실패가 나타날 확률은 다음과 같이 표현된다.

$$P(\text{성공}) = P(X=1) = p$$
$$P(\text{실패}) = P(X=0) = 1-p$$

베르누이 분포의 확률함수는 다음과 같다.

$$f(x) = p^x (1-p)^{1-x}, \quad x = 0, 1$$
$$\text{단}, 0 < p < 1$$

즉, 확률함수는 $x=0$ 이면 $f(0)=1-p$이고, $x=1$ 이면 $f(1)=p$ 이다. 베르누이 분포는 확률변수 X가 0과 1 일 때는 확률밀도의 값이 0보다 큰 값을 가지게 되며, 다른 값일 때는 0이 된다.

베르누이 분포의 평균과 분산은 다음과 같다.

$$\mu = E(X) = \sum_{x=0}^{1} x\, p^x (1-p)^{1-x} = p$$

$$\sigma^2 = E(X^2) - \mu^2 = \sum_{x=0}^{1} x^2 p^x (1-p)^{1-x} - p^2 = p - p^2 = p(1-p)$$

$$M_X(t) = Ee^{tX} = \sum_{x=0}^{1} e^{tx} p^x (1-p)^{1-x} = 1 - p + pe^t$$

⇨3.2 이항분포

이항분포(binomial distribution)는 연속적인 베르누이 시행으로부터 생성되는 분포이다. 확률변수 $X_1, X_2, \cdots, X_n$이 동일 독립인 베르누이 분포를 따른다고 하자. $Y = X_1 + X_2 + \cdots + X_n$라 정의하면 Y는 n번 베르누이 시행에서의 성공의 수를 나타낸다. 확률변수 Y의 확률함수는, $x = 0, 1, 2, \cdots, n$에 대해 다음과 같이 표현된다.

$$P(Y=x) = P(n\text{번 중에서 성공이 } x\text{번, 실패 } n-x\text{번})$$
$$= [n\text{개중 } x\text{개를 선택하는 방법의 수}]\cdot[\underbrace{p \cdots p}_{x\text{번}} \cdot \underbrace{(1-p) \cdots (1-p)}_{(n-x)\text{번}}]$$
$$= \binom{n}{x} p^x (1-p)^{n-x}$$

그러므로 Y는 이항분포를 따르며, 이항분포의 확률함수는 다음과 같다.

$$f(x) = \binom{n}{x} p^x (1-p)^{n-x}\ ,\ x = 0, 1, \cdots, n$$

단, $0 < p < 1$, n은 양의 정수

이 분포는 $B(n,p)$로 표시한다. 이항분포의 확률함수는 [그림 3.2]의 형태를 나타낸다.

[그림 3.2] 이항분포 : B(30,0.3)

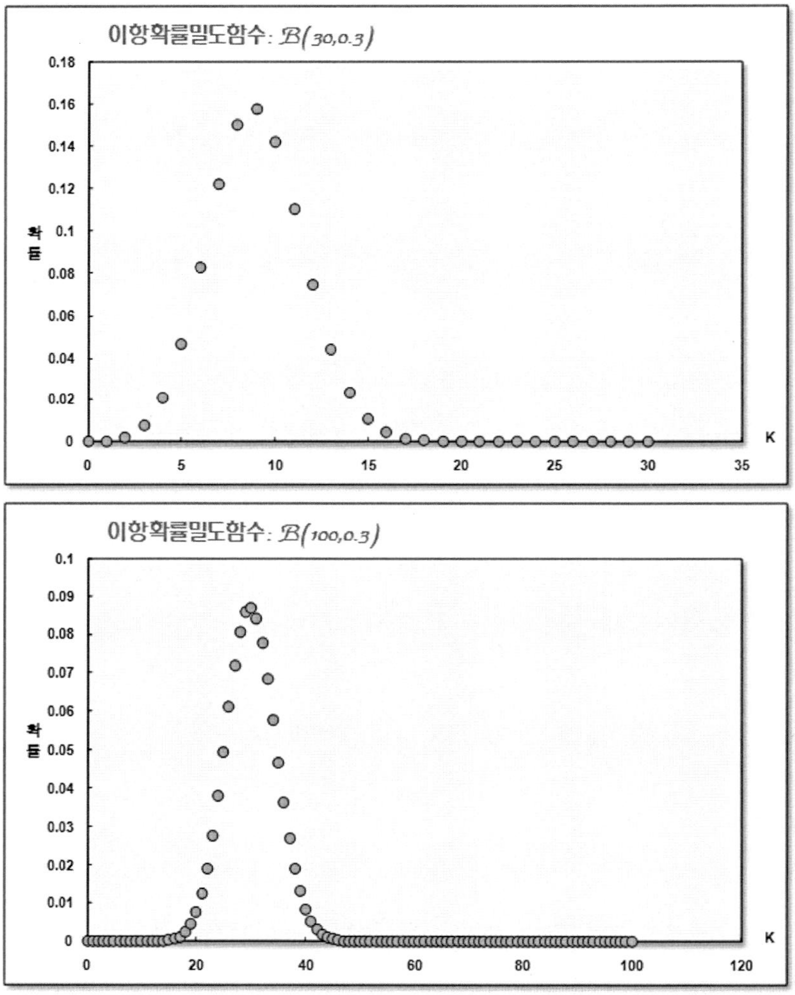

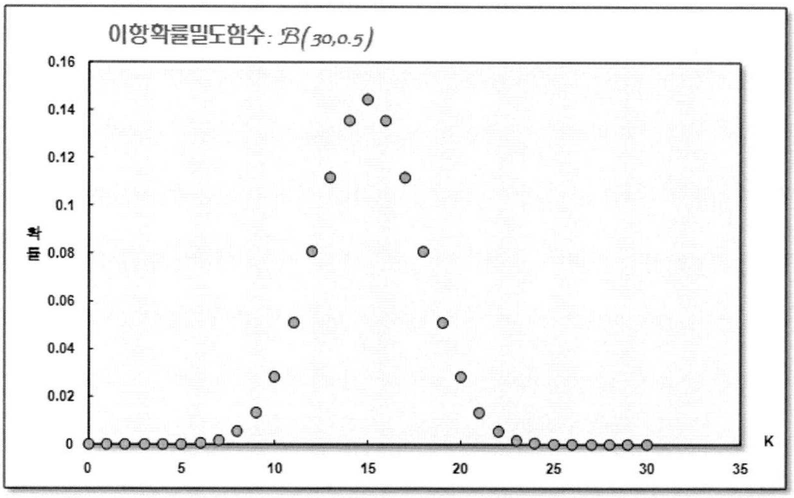
이항확률밀도함수: B(30,0.5)
확률
K

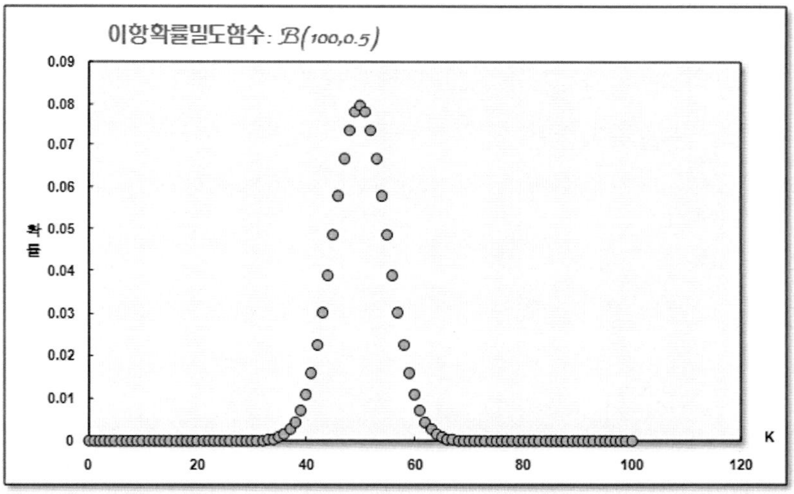
이항확률밀도함수: B(100,0.5)
확률
K

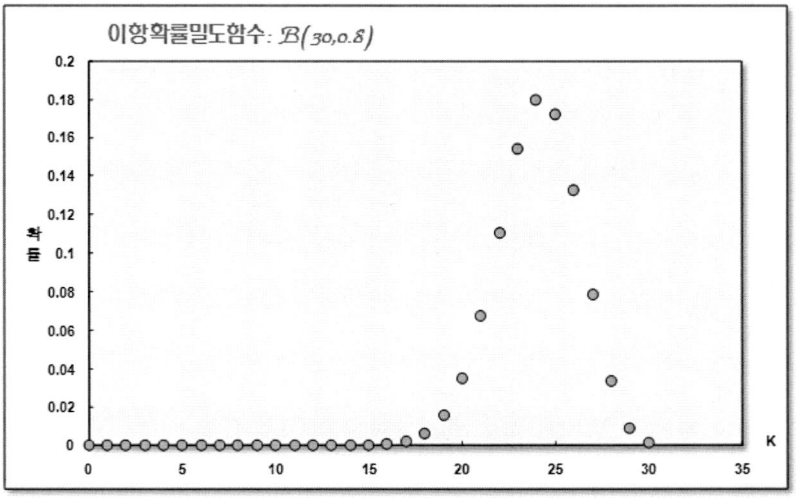
이항확률밀도함수: B(30,0.8)
확률
K

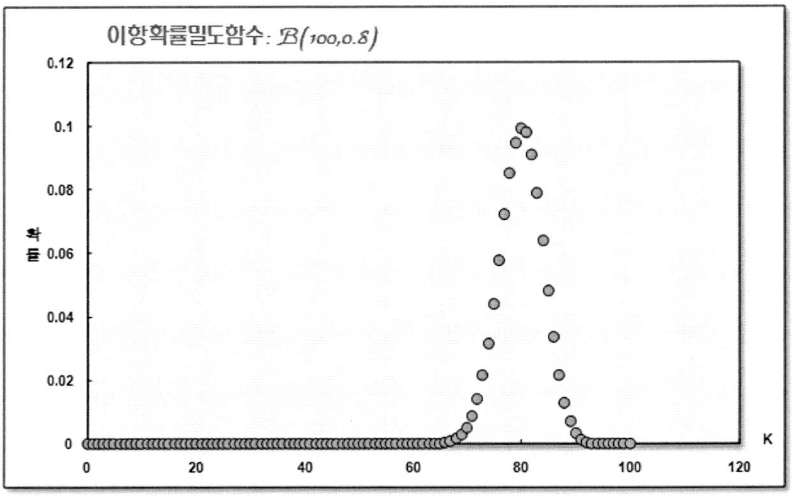

이항분포의 평균과 분산은 적률모함수를 사용하는 것이 편리하다. 먼저 이항분포의 적률모함수는

$$
\begin{aligned}
M_Y(t) &= E(e^{tY}) \\
&= \sum_{x=0}^{n} e^{tx}\binom{n}{x} p^x (1-p)^{n-x} \\
&= \sum_{x=0}^{n} \binom{n}{x} (pe^t)^x (1-p)^{n-x} \\
&= (1-p+pe^t)^n
\end{aligned}
$$

으로 표현되며, 적률모함수로부터 평균과 분산은 다음과 같이 구한다.

$$
\begin{aligned}
\mu &= \frac{d}{dx} M_X(t)\Big|_{t=0} \\
&= np\, e^t (1-p+pe^t)^{n-1}\Big|_{t=0} \\
&= np
\end{aligned}
$$

$$\begin{aligned}\sigma^2 &= EX^2 - \mu^2 \\ &= \frac{d^2}{dx^2} M_X(t)\Big|_{t=0} - (np)^2 \\ &= \left[npe^t(1-p+pe^t)^{n-1} + n(n-1)p^2e^{2t}(1-p+pe^t)^{n-2}\right]_{t=0} - n^2p^2 \\ &= np + n(n-1)p^2 - n^2p^2 \\ &= np(1-p)\end{aligned}$$

서로 독립인 확률변수 $X_1,\ X_2,\ \cdots,\ X_k$가 각각 $B(n_1,p), \cdots, B(n_k,p)$를 따르면 $Y = X_1 + X_2 + \cdots + X_k$는 $B(n_1+n_2+\cdots+n_k,\ p)$ 를 따른다.

⇨3.3 음이항분포

음이항(negative binomial)분포의 확률함수는 다음과 같다.

$$f(x) = \begin{cases} \binom{x+r-1}{r-1} p^r (1-p)^x, & x = 0,\ 1, 2,\ \cdots \\ 0 & ,\ x \neq 0,\ 1, 2,\ \cdots \end{cases}$$

이 분포는 $NB(r,p)$로 표시한다. 음이항분포의 확률함수는 [그림 3.3a,b]의 형태를 나타낸다.

[그림 3.3a] $NB(5,0.4)$의 확률함수

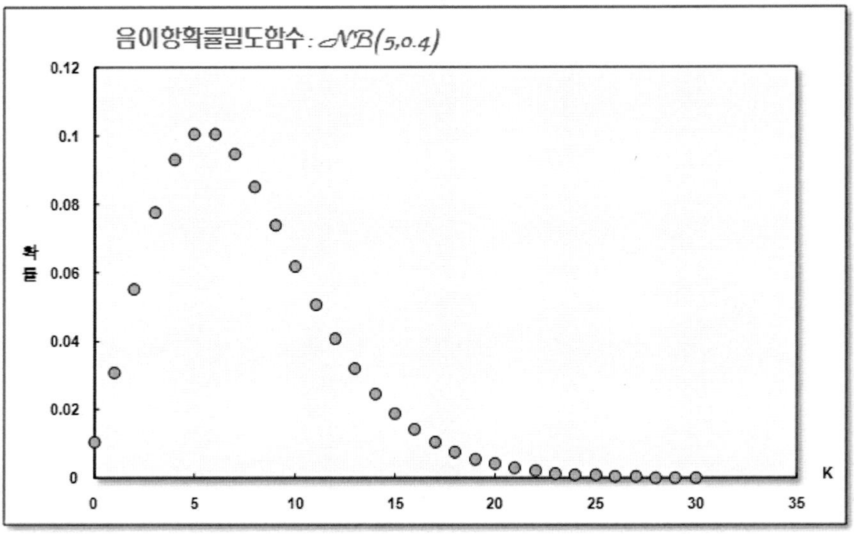

[그림 3.3b] $NB(3,0.5)$의 확률함수

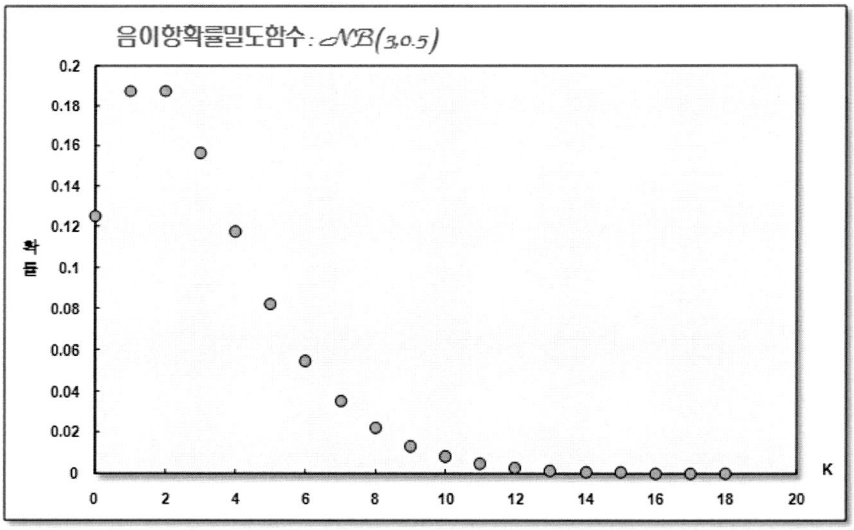

연속적인 베르누이 시행에서 r번째 성공이 일어날 때까지 필요한 실패의 수를 X라 하자. 그러면 $x=0,\ 1,\ 2,\ \cdots$ 에 대해

$$P(X=x)=P\left[\begin{array}{c}(x+r-1)\text{번째까지는 성공이 } (r-1)\text{개,}\\ \text{실패가 } x\text{개, } (x+r)\text{번째는 성공}\end{array}\right]$$

$$=\binom{x+r-1}{r-1}p^{r-1}(1-p)^x p$$

$$=\binom{x+r-1}{r-1}p^r(1-p)^x$$

가 되어 X는 음이항분포를 따름을 알 수 있다. 음이항분포의 적률모함수는 다음과 같다.

$$E(e^{tX})=\sum_{x=0}^{\infty}\binom{x+r-1}{r-1}p^r[e^t(1-p)]^x$$

$$=\frac{p^r}{[1-e^t(1-p)]^r} \qquad ,(1-p)e^t<1$$

음이항분포의 평균과 분산은 적률모함수를 이용하면 다음과 같이 구해진다.

$$E(X)=\frac{r(1-p)}{p}$$

$$Var(X)=\frac{r(1-p)}{p^2}$$

$r=1$인 경우 X의 적률모함수는 $p[1-(1-p)e^t]^{-1}$이 되어 기하분포의 적률모함수와 동일하다. 따라서 이 경우에는 X의 분포는 기하분포가 된다.

확률변수 X가 음이항분포를 따를 때 $Y=X+r$이라 하면 Y는 r번째 성공이 일어날 때까지 필요한 시행의 수가 된다. 따라서 Y의 확률함수는, $y=r,\ r+1,\cdots$ 에 대해 다음과 같이 표현될 수 있다.

$$g(y)=\Pr(Y=y)$$

$$=\Pr(X=y-r)$$

$$=\binom{y-1}{r-1}p^r(1-p)^{y-r}$$

이 경우 Y의 분포함수는 역시 음이항분포라고 한다. 단, 이때에 Y가 취할 수 있는 값의 범위는 $y=r,\ r+1,\cdots$ 임을 유의해야 한다. 동일독립인 확률변수 $X_1,\ X_2,\ \cdots,X_k$ 가 각각 기하분포를 따를 때 $Y=X_1+\cdots+X_k$는 $NB(k,p)$를 따른다. 또한 서로 독립인 확률변수 $X_1,\ X_2,\cdots,X_k$가 각각 $NB(r_1,p)$, $NB(r_2,p)$, $\cdots$, $NB(r_k,\ p)$를 따를 때 $Y=X_1+\cdots+X_k$는 $NB(r_1+r_2+\cdots+r_k,p)$를 따른다.

⇨3.4 기하분포

기하(Geometric)분포의 확률함수는 다음과 같다.

$$f(x)=\begin{cases} p(1-p)^x & ,\ x=0,\ 1,2,\ \cdots \\ 0 & ,\ x\neq 0,\ 1,\ 2,\ \cdots \end{cases}$$

이 분포는 $G(p)$로 표시한다. 기하분포의 확률함수는 [그림 3.4a,b]의 형태를 나타낸다.

[그림 3.4a] $G(0.7)$의 확률함수

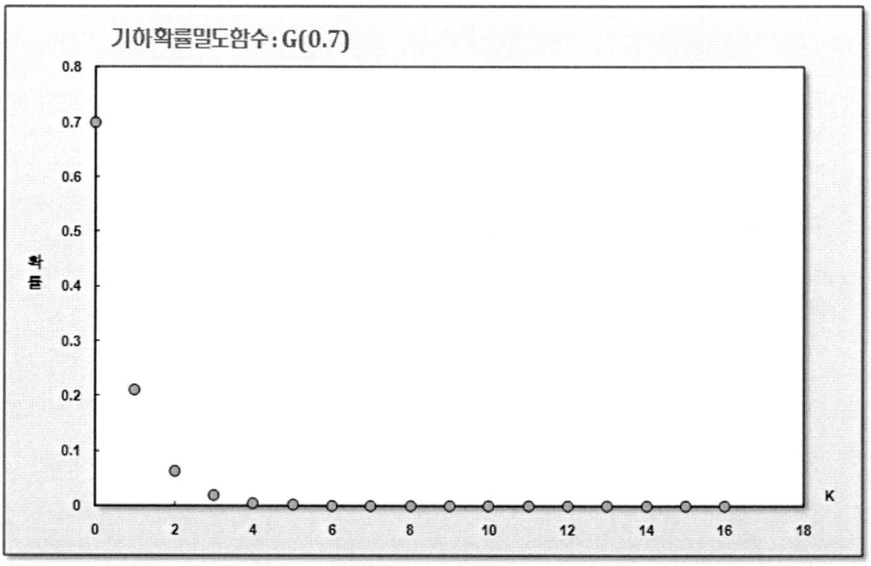

[그림 3.4b] $G(0.2)$의 확률함수

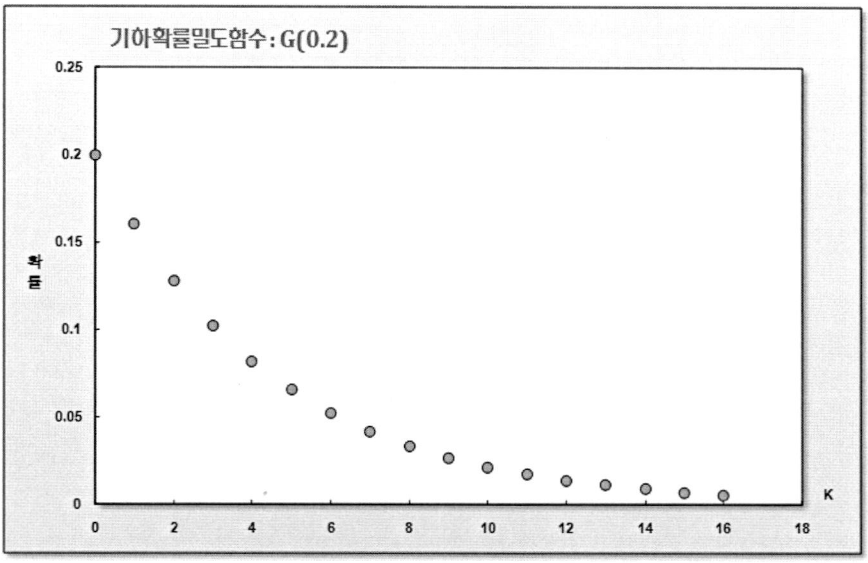

연속적인 베르누이 시행에서 첫 번째 성공이 일어날 때까지 필요한 실패의 수를 X라 하면 $x=0,\ 1,\ 2,\ \cdots$에 대해

$$P(X=x) = P(\text{처음부터 } x\text{번째까지 실패}, (x+1)\text{번째는 성공})$$

$$= (1-p)^x p$$

가 되어 X는 기하분포를 따름을 알 수 있다. 기하분포의 평균과 분산은 다음과 같다.

$$E(X) = \sum_{x=0}^{\infty} x p (1-p)^x$$

$$= p \sum_{x=0}^{\infty} x (1-p)^x$$

$$= -p(1-p) \sum_{x=0}^{\infty} \frac{d}{dp}(1-p)^x$$

$$= -p(1-p)\frac{d}{dp}\sum_{x=0}^{\infty}(1-p)^x$$

$$= -p(1-p)\frac{d}{dp}\left(\frac{1}{p}\right)$$

$$= \frac{1-p}{p}$$

$$E[X(X-1)] = \sum_{x=0}^{\infty}x(x-1)p(1-p)^x$$

$$= p(1-p)^2\sum_{x=0}^{\infty}x(x-1)(1-p)^{x-2}$$

$$= p(1-p)^2\sum_{x=0}^{\infty}\frac{d^2}{dp^2}(1-p)^x$$

$$= p(1-p)^2\left[\frac{d^2}{dp^2}\left(\frac{1}{p}\right)\right]$$

$$= \frac{2(1-p)^2}{p^2}$$

따라서

$$\sigma^2 = E[X(X-1)] + E(X) - [E(X)]^2$$

$$= \frac{2(1-p)^2}{p^2} + \frac{1-p}{p} - \frac{(1-p)^2}{p^2}$$

$$= \frac{1-p}{p^2}$$

이 되며, 기하분포의 적률모함수는 다음과 같다.

$$M_X(t) = E(e^{tX}) = \sum_{x=0}^{\infty} e^{tx} \cdot p(1-p)^x$$

$$= \sum_{x=0}^{\infty} p[(1-p)e^t]^x$$

$$= \frac{p}{1-(1-p)e^t} \quad ,\text{단} \quad (1-p)e^t < 1$$

확률변수 X가 기하분포를 따를 때 $Y=X+1$이라 하면 Y는 첫 번째 성공이 일어날 때까지 필요한 시행의 수가 된다. 따라서 Y의 확률함수는 $y=1, 2, \cdots$ 에 대해 다음과 같이 표현된다.

$$g(y) = \Pr(Y=y)$$

$$= \Pr(X=y-1)$$

$$= (1-p)^{y-1} \cdot p$$

또한 Y의 평균은

$$E(Y) = E(X+1)$$

$$= \frac{1-p}{p} + 1$$

$$= \frac{1}{p}$$

이며, Y의 분산은

$$Var(Y) = Var(X+1)$$

$$= Var(X)$$

$$= \frac{1-p}{p^2}$$

이 된다. 이 경우 Y의 분포는 역시 기하분포라고 한다. 단, 이때에 Y가 취할 수 있는 범위는 $y=1, 2, \cdots$ 임을 유의하여야 한다.

⇨3.5 초기하분포

초기하(hypergeometric)분포의 확률함수는 다음과 같다.

$$f(x)=\frac{\binom{D}{x}\binom{N-D}{n-x}}{\binom{N}{n}},\ x=0,\ 1,2,\ \cdots,\ \min(n,D)$$

단, $N\geq D$

여기에서 $0\leq x\leq n\leq N$, $0\leq x\leq D$, $0\leq n-x\leq N-D$ 이다. 이 분포는 $HG(N,D,n)$으로 나타낸다. 초기하분포의 확률함수는 [그림 3.5a]의 형태로 나타난다.

[그림 3.5a] HG(10,50,23)의 확률함수

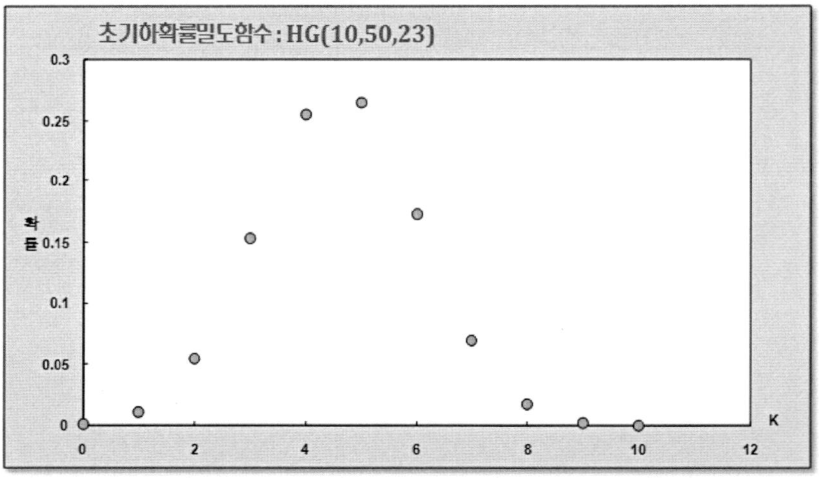

초기하분포의 평균과 분산은 다음과 같다. 그리고 초기하분포의 적률모함수는 존재하지 않는다.

$$EX = n\cdot\frac{D}{N}$$

$$Var(X)=\frac{N-n}{N-1}\cdot n\cdot\frac{D}{N}\left(1-\frac{D}{N}\right)$$

초기하분포는 유한모집단으로부터 비복원추출(sampling without

replacement)을 할 때 나타나는 분포로서 설명할 수 있다. 비복원추출이란 한번 추출한 것은 다시 되돌리지 않고 추출을 계속하는 것을 말한다. 이에 반해 복원추출(sampling with replacement)이란 한번 추출한 것을 다시 원위치 시켜 가며 추출하는 것을 말한다. 어떤 크기 N인 유한모집단이 두 종류의 개체, 예를 들면 양품과 불량품으로 구성되어 있을 때 불량품의 수를 D라고 하자. 이 모집단으로부터 n개를 비복원추출하였을 때 n개중 불량품의 수가 x개가 될 확률을 생각해 보자.

[그림 3.5b] 크기 N인 모집단으로부터 표본추출

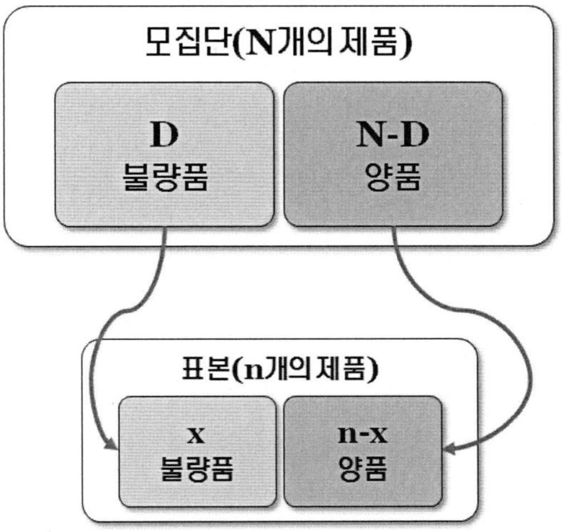

불량품의의 수를 X라 하면

$$P(X=x)=\frac{\begin{bmatrix} D\text{개 중 } x\text{개를} \\ \text{뽑는 경우의 수}\end{bmatrix}\cdot\begin{bmatrix}(N-D)\text{개 중 }(n-x)\text{개를} \\ \text{뽑는 경우의 수}\end{bmatrix}}{[N\text{개 중 } n\text{개를 뽑는 경우의 수}]}$$

$$=\frac{\binom{D}{x}\binom{N-D}{n-x}}{\binom{N}{n}}$$

따라서 X는 초기하분포를 따름을 알 수 있다.

유한모집단으로부터 복원추출을 하는 경우에 불량품의 수 X는 $B(n,p=D/N)$을 따름을 쉽게 알 수 있다. 또한 $N\to\infty$ 이고, $p=D/N$ 이면 비복원추출에서도 X는 $B(n,p)$를 따른다. 즉 모집단의 개체수가 크고 전체 개체 중 첫 번째 종류의 수의 비가 고정된 상수값(p)을 유지하면 초기하분포가 이항분포에 의해 근사될 수 있다. 따라서 이 경우에는 확률함수를 다음과 같이 이항분포로 근사시킬 수 있다.

$$P(X=x) \cong \binom{n}{x}\left(\frac{D}{N}\right)^{x}\left(1-\frac{D}{N}\right)^{n-x}$$

⇨3.6 포아송분포

단위시간이나 단위공간에서 발생하는 변화의 수를 확률변수 X로 정의하면 이 확률변수는 포아송분포를 따르게 되며, 포아송(Poisson)분포의 확률함수는 다음과 같다.

$$f(x)=\frac{e^{-\lambda}\lambda^{x}}{x!},\ x=0,\ 1,2,\ \cdots$$

이 분포는 $P(\lambda)$로 표시한다. 포아송분포의 확률함수는 [그림 3.6a,b]의 형태를 나타낸다.

[그림 3.6a] $P(2)$의 확률함수

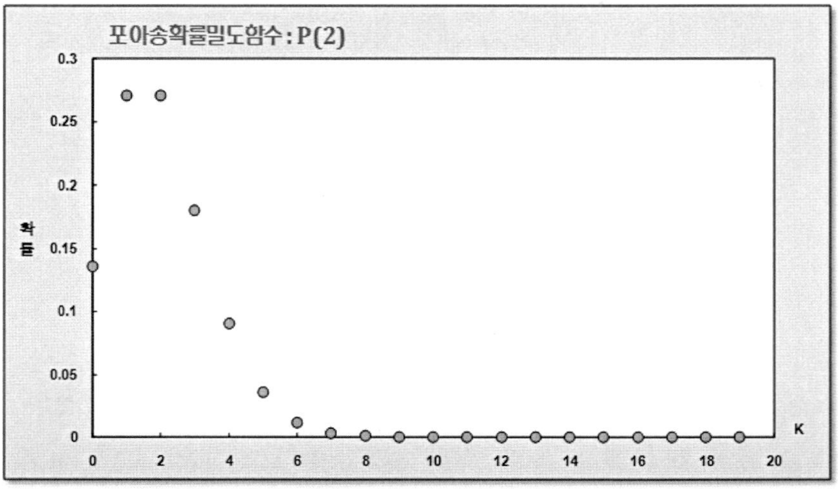

[그림 3.6b] $P(5)$의 확률함수

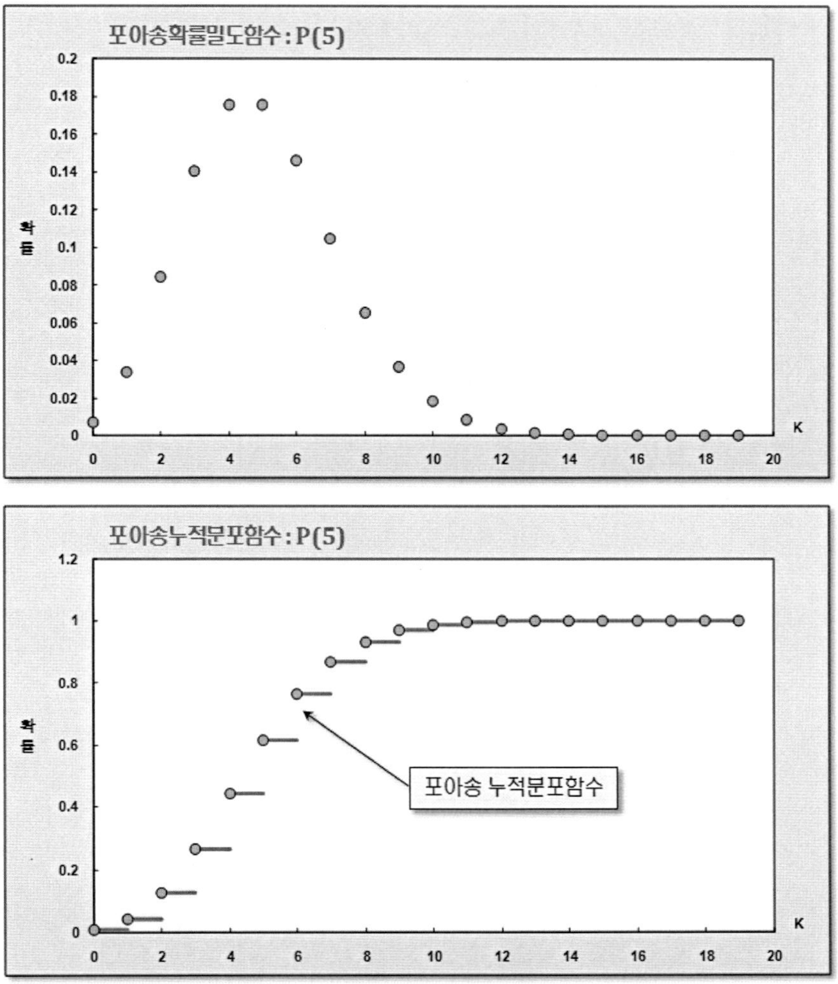

포아송분포는 단위시간(또는 단위공간)에 일어나는 변화의 수를 나타내는데 많이 이용된다. 예를 들면 전화교환대에서 매시간 접수되는 전화요청수 또는 종이공장에서 생산되는 종이 1㎡당 발생하는 결점의 수 등을 들 수 있다. 포아송분포는 다음과 같이 세 조건을 만족할 때에 적용할 수 있다.

(1) 아주 짧은 길이 h인 구간(시간 또는 공간)에 하나의 변화가 일어날 확률은 λh 이다.(즉 길이 h에 비례한다.)

(2) 아주 짧은 구간에 둘 이상의 변화가 일어날 확률은 ‘0’이다.

(3) 서로 중복되지 않은 두 구간 내에서 발생하는 변화의 수들은 서로 독립이다.

포아송분포의 평균과 분산은 다음과 같다.

$$E(X) = \sum_{x=0}^{\infty} x \cdot \frac{e^{-\lambda}\lambda^{x}}{x!}$$

$$= \lambda \sum_{x=1}^{\infty} \frac{e^{-\lambda}\lambda^{x-1}}{(x-1)!}$$

$$= \lambda \sum_{y=0}^{\infty} \frac{e^{-\lambda}\lambda^{y}}{y!}$$

$$= \lambda$$

위 식에서, $\frac{e^{-\lambda}\lambda^{x}}{x!}$는 포아송분포의 확률함수이므로 0에서 ∞까지 더하면 '1'이 된다.

$$E[X(X-1)] = \sum_{x=0}^{\infty} x(x-1)\frac{e^{-\lambda}\lambda^{x}}{x!}$$

$$= \lambda^{2} \sum_{x=2}^{\infty} \frac{e^{-\lambda}\lambda^{x-2}}{(x-2)!}$$

$$= \lambda^{2} \sum_{y=0}^{\infty} \frac{e^{-\lambda}\lambda^{y}}{y!}$$

$$= \lambda^{2}$$

$$Var(X) = E[X(X-1)] + E(X) - [E(X)]^{2}$$

$$= \lambda^{2} + \lambda - \lambda^{2}$$

$$= \lambda$$

포아송분포는 평균과 분산이 다같이 λ인 분포임을 유의할 필요가 있다. 포아송분포의 적률모함수는 다음과 같다.

$$E(e^{tX}) = \sum_{x=0}^{\infty} e^{tx} \cdot \frac{e^{-\lambda}\lambda^x}{x!}$$

$$= e^{-\lambda}\sum_{x=0}^{\infty}\frac{(\lambda e^t)^x}{x!}$$

$$= e^{-\lambda}e^{\lambda e^t}$$

$$= e^{\lambda(e^t-1)}$$

서로 독립인 확률변수 $X_1, X_2, \cdots, X_k$가 각각 $P(\lambda_1), P(\lambda_2), \cdots, P(\lambda_k)$를 따를 때 $Y = X_1 + X_2 + \cdots + X_k$의 분포는 $P(\lambda_1 + \lambda_2 + \cdots + \lambda_k)$를 따른다. 또한 포아송분포는 이항분포의 근사에 사용될 수 있다. 즉, 확률변수 Y가 $B(n,p)$ 분포를 따를 때 $n \to \infty$이고 $\lambda = np$이면

$$P(Y = x) \cong \frac{e^{-np}(np)^x}{x!}$$

으로 근사된다. 즉, 이 근사식은 n이 클 때 이항분포 $B(n,\ p)$의 확률함수는 포아송분포 $P(np)$의 확률함수에 의해 근사될 수 있음을 보여주고 있으며 이는 n이 클 때 이항분포의 확률을 포아송을 사용하여 근사적으로 계산할 수 있음을 시사하고 있다.

4 연속형 확률분포

다음의 연속형 확률분포에 대하여 논의하기로 한다.

연속형 확률분포

① 모평균 μ, 모분산 σ^2인 정규분포 $N(\mu,\sigma^2)$

② 균일분포 $U(a,b)$

③ 지수분포 $\mathrm{Exp}(\lambda)$

④ 감마분포 $Gamma(\alpha,\lambda)$와 카이제곱분포 $\chi^2(r,\alpha)$

⑤ 와이블분포 $W(\alpha,\ \beta)$

⑥ 로그정규분포 $L(\mu,\sigma)$

⑦ 베타(Beta)분포 $\mathrm{Beta}(\alpha,\beta)$

⑧ t-분포 $t(r)$

⑨ F-분포 $F(r_1,r_2)$

⑩ 이변량 정규분포 $BVN(\mu_1,\mu_2,\sigma_1^2,\sigma_2^2,\rho)$

⑪ 다변량정규분포 $MVN(\boldsymbol{\mu},\Sigma)$

⇨4.1 정규분포

정규분포(normal distribution)는 연속형분포에서 가장 많이 사용되는 분포로서 실제 자연의 현상에서 흔히 적용시킬 수 있는 분포이다. 정규분포의 확률밀도함수는 다음과 같다.

$$f(x) = \frac{1}{\sqrt{2\pi}\,\sigma} e^{-\frac{(x-\mu)^2}{2\sigma^2}}, \quad -\infty < x < \infty$$

위 정규분포의 평균은 μ, 분산은 σ^2이 되며, 이 분포는 $N(\mu,\sigma^2)$으로 표현한다. 정규분포의 분포곡선은 [그림 4.1a]와 같다. 그리고 $X \sim N(\mu, \sigma^2)$일 때, $f(x)$의 그래프는 $x=\mu$를 분포의 중심으로 하는 좌우 대칭분포를 이루며 그 모양을 종형(bell-shape) 분포라고도 한다.

[그림 4.1a] 정규분포의 확률밀도함수

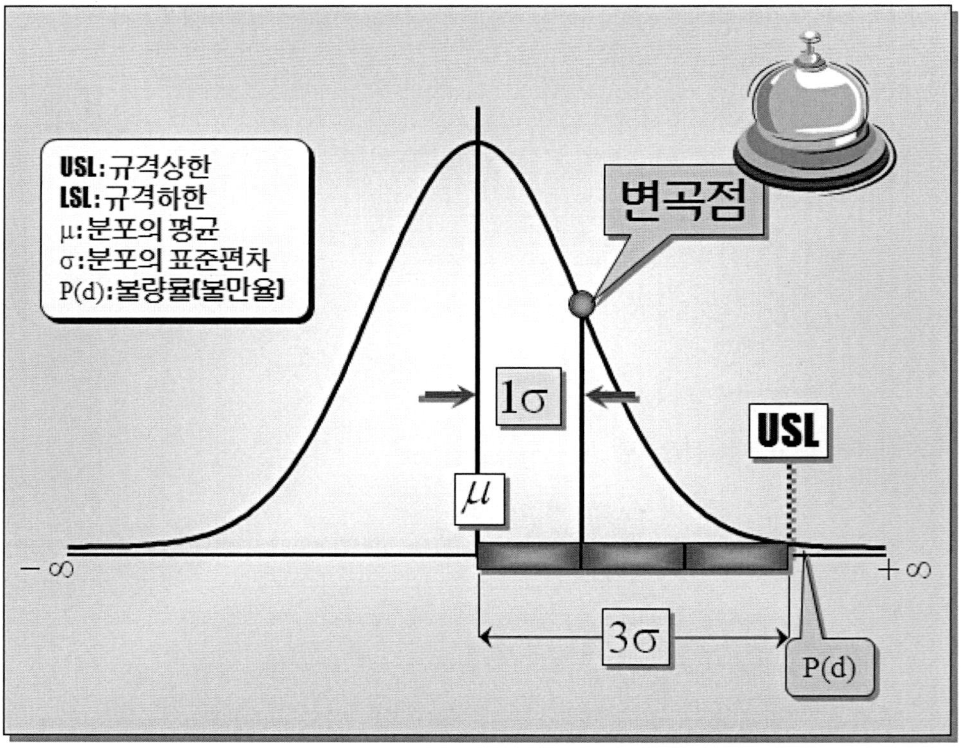

다시 말 하건데 수리적 이론은 암기할 필요는 없다. 그림을 가볍게 보고 이해하는 정도로 족하다. 보통 표본분포를 따지는 이유는 확률을 계산하여 그 확률값을 기준으로 통계적 의사결정을 하기 위함이다. 그러므로 분석자는 이론에 집중하기 보다는 의사결정기준을 어떻게 활용하는가에 초점을 맞추어 학습해야 한다. 앞으로 진행될 가설검정에서 주로 그 기준들에 대해 다루므로 여기에서는 가벼운 마음으로 살펴보는 정도로 학습하기 바란다.

먼저 정규분포의 적률모함수는 다음과 같다.

$$
\begin{aligned}
E(e^{tX}) &= \int_{-\infty}^{\infty} e^{tx}\frac{1}{\sqrt{2\pi}\,\sigma}exp\left[-\frac{(x-\mu)^2}{2\sigma^2}\right]dx \\
&= \int_{-\infty}^{\infty} \frac{1}{\sqrt{2\pi}\,\sigma}exp\left[-\frac{x^2-2\mu x+\mu^2-2\sigma^2tx}{2\sigma^2}\right]dx \\
&= \int_{-\infty}^{\infty} \frac{1}{\sqrt{2\pi}\,\sigma}exp\left[-\frac{(x-(\mu+\sigma^2t))^2-(2\mu\sigma^2t+\sigma^4t^2)}{2\sigma^2}\right]dx \\
&= e^{\mu t+\frac{\sigma^2}{2}t^2}\int_{-\infty}^{\infty} \frac{1}{\sqrt{2\pi}\,\sigma}exp\left[-\frac{(x-(\mu+\sigma^2t))^2}{2\sigma^2}\right]dx \\
&= \exp[\mu t+\frac{\sigma^2}{2}t^2]
\end{aligned}
$$

위 식에서 $\frac{1}{\sqrt{2\pi}\,\sigma}exp\left[-\frac{(x-(\mu+\sigma^2t))^2}{2\sigma^2}\right]$는 $N(\mu+\sigma^2t,\sigma^2)$의 확률밀도함수이므로 (-∞,∞)구간에서의 면적인 적분은 '1'이 된다.

적률모함수를 이용하여 평균과 분산을 구하면 다음과 같다.

$$
\begin{aligned}
E(X) &= \frac{d}{dt}M_X(t)\Big|_{t=0} \\
&= (\mu+\sigma^2t)\exp\left(\mu t+\frac{\sigma^2}{2}t^2\right)\Big|_{t=0} \\
&= \mu
\end{aligned}
$$

$$E(X^2) = \frac{d^2}{dt^2}M_X(t)\Big|_{t=0}$$
$$= \left[\sigma^2 \exp\left\{\mu t + \frac{\sigma^2}{2}t^2\right\} + (\mu + \sigma^2 t)^2 \exp\left\{\mu t + \frac{\sigma^2}{2}t^2\right\}\right]\Big|_{t=0}$$
$$= \sigma^2 + \mu^2$$

$$Var(X) = E(X^2) - [E(X)]^2$$
$$= \sigma^2 + \mu^2 - \mu^2$$
$$= \sigma^2$$

[그림 4.1b] 여러 가지 정규분포의 확률밀도함수

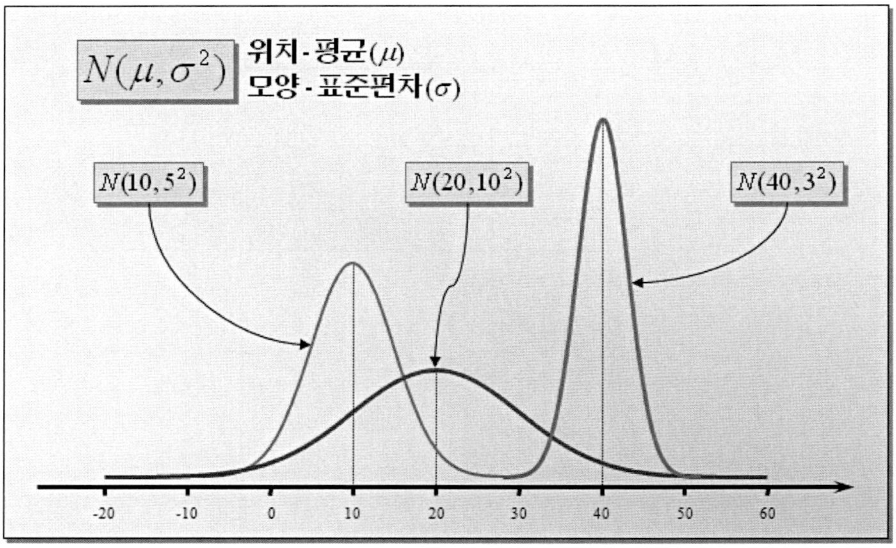

[그림 4.1b]을 보면 평균 μ의 값에 따라 곡선이 오른쪽으로 이동(평균이 증가)하거나 왼쪽으로 이동(평균이 감소)된 결과를 시각적으로 확인할 수 있다. 이러한 이유로 정규분포의 평균을 "위치"모수라고도 한다. 그리고 분산이 변화됨에 따라서 곡선의 높이와 퍼짐정도가 달라짐을 알 수 있다. 즉 분산이 작으면 작을수록 퍼짐이 적고 높은 곡선의 형태를 가지며 크면 클수록 곡선은 높이가 작고 넓게 퍼져 있게 된다. 그러므로 분산을 "형태" 모수라고도 한다.

X가 $N(\mu,\sigma^2)$을 따를 때 X의 표준화된 변수를 Y라 하면 $\left(Y=\frac{X-\mu}{\sigma}\right)$ Y의 적률모함수는 다음과 같다.

$$E(e^{tY}) = E\left(e^{t\frac{X-\mu}{\sigma}}\right)$$

$$= e^{-\frac{\mu t}{\sigma}} \cdot E\left(e^{\frac{t}{\sigma}X}\right)$$

$$= e^{-\frac{\mu t}{\sigma}} \cdot e^{\mu\frac{t}{\sigma}+\frac{\sigma^2}{2}\left(\frac{t}{\sigma}\right)^2}$$

$$= e^{\frac{t^2}{2}}$$

이 적률모함수는 $N(\mu,\sigma^2)$의 적률모함수에서 $\mu=0$, $\sigma^2=1$일 때와 동일하다. 따라서 적률모함수의 특성에 의해 Y는 $N(0,1)$을 따름을 알 수 있다. $N(0,1)$인 분포를 표준정규분포(standard normal distribution)라고 한다.

$N(\mu,\sigma^2)$의 분포함수 $F(x)$는 표준정규분포를 이용하여 다음과 같이 표시할 수 있다.

$$F(x) = \int_{-\infty}^{x} \frac{1}{\sqrt{2\pi}\,\sigma} e^{-\frac{(y-\mu)^2}{2\sigma^2}} dy$$

$$= \int_{-\infty}^{\frac{x-\mu}{\sigma}} \frac{1}{\sqrt{2\pi}\,\sigma} e^{-\frac{z^2}{2}} \sigma\, dz$$

$$= \int_{-\infty}^{\frac{x-\mu}{\sigma}} \frac{1}{\sqrt{2\pi}} e^{-\frac{z^2}{2}} dz$$

표준정규분포의 분포함수는 다음과 같이 표시한다.

$$\Phi(x) = \int_{-\infty}^{x} \frac{1}{\sqrt{2\pi}} e^{-\frac{z^2}{2}} dz$$

따라서 $N(\mu,\sigma^2)$의 분포함수는 $\Phi(\frac{x-\mu}{\sigma})$가 된다. 표준정규분포의 α분위수는

z_α로 표시하며 다음 관계를 만족한다.

$$\int_{-\infty}^{z_\alpha} \frac{1}{\sqrt{2\pi}} e^{-\frac{y^2}{2}} dy = \alpha$$

표준정규분포는 0에 대해 대칭인 분포이므로 대칭분포의 특성에 의해 다음과 같이 표현할 수 있다.

$$z_\alpha = -z_{1-\alpha}$$

확률변수 X가 $N(\mu, \sigma^2)$를 따를 때 X의 선형함수 $Y = aX + b$(단 a, b는 상수)는 $N(a\mu + b, a^2\sigma^2)$을 따른다. 서로 독립인 확률변수 X_1, $X_2, \cdots$, X_k가 각각 $N(\mu_1, \sigma_1^2), N(\mu_2, \sigma_2^2), \cdots, N(\mu_k, \sigma_k^2)$을 따를 때 $Y = a_1X_1 + a_2X_2 + \cdots + a_kX_k$ (단, $a_1, a_2, \cdots$, a_k는 상수)는 $N(a_1\mu_1 + a_2\mu_2 + \cdots + a_k\mu_k,\ a_1^2\sigma_1^2 + a_2\sigma_2^2 + \cdots + a_k^2\sigma_k^2)$를 따른다. 예를 들어, $\overline{X} = \frac{1}{n}X_1 + \frac{1}{n}X_2 + \cdots + \frac{1}{n}X_n$ 는 $N(\mu, \frac{\sigma^2}{n})$을 따른다.

확률변수의 분포가 알려지지 않은 경우, 표본평균의 분포도 알려지지 않은 것은 당연하다. 그러나 표본의 크기가 클 경우에는 표본평균의 분포는 근사적으로 정규분포를 따른다. 이것을 중심극한정리(Central Limit Theorem)라고 한다.

중심극한정리(Central Limit Theorem)

확률표본 X_1, $X_2, \cdots$, X_n이 평균 μ, 분산 $\sigma^2(<\infty)$을 가질 때

$$\lim_{n\to\infty} \frac{\overline{X} - \mu}{\sigma / \sqrt{n}} \sim N(0,1)$$

중심극한정리에 의하면 확률변수의 분포에 관계없이 표준화된 표본평균은 표본크기 n이 클 때 표준정규분포에 근사될 수 있음을 알 수 있다. 실제로 정확하게 정규분포를 따르는 데이터는 거의 없다고 할 수 있으나 중심극한

정리에 의해 정규분포를 사용하여 여러 가지 통계적 방법을 적용할 수 있음을 나타내고 있다. 이것이 정규분포가 통계학에서 가장 중요한 분포로서 사용되는 이유이다.

정규분포가 이항분포의 근사에 사용되는 경우를 알아보자. 확률변수 Y가 $B(n,p)$를 따를 때 중심극한정리에 의해 다음과 같이 근사시킬 수 있다.

$$P(Y \leqq a) = P\left(\frac{Y-np}{\sqrt{np(1-p)}} \leqq \frac{a-np}{\sqrt{np(1-p)}}\right)$$
$$\cong \Phi\left(\frac{a-np}{\sqrt{np(1-p)}}\right)$$

이 때 이항분포는 이산형 분포이고 정규분포는 연속형 분포이므로 이와 같은 근사식에는 연속성의 수정(continuity correction)을 사용하여 다음과 같이 표현한다.

$$P(Y \leqq a) \cong \Phi\left(\frac{a+0.5-np}{\sqrt{np(1-p)}}\right)$$

$P(Y \geqq b)$도 유사한 방법에 의해 다음과 같이 근사시킨다.

$$P(Y \geqq b) \cong 1-\Phi\left(\frac{b-0.5-np}{\sqrt{np(1-p)}}\right)$$

통계학에서 가장 중요한 이론을 하나만 말한다면 아마도 중심극한정리(*Central Limit Theorem*)일 것이다. 만일 $Y_1, Y_2, \cdots, Y_n$가 서로 독립이고 평균이 μ_i이고 분산이 σ_i^2인 확률변수라고 할 때 (단, i=1, 2, ⋯ ,n이며 평균과 분산이 서로 다르다) $X = Y_1 + Y_2 + \cdots + Y_n$ 라면 이때 다음 식

$$\frac{X-\sum_{i=1}^{n}\mu_i}{\sqrt{\sum_{i=1}^{n}\sigma_i^2}} \quad \text{단, } i=1,2,\cdots,n \qquad [\text{식 } 4.1]$$

의 분포는 표본크기 $n \to \infty$에 접근함에 따라 $N(0,1)$에 접근한다.

중심극한정리는 확률변수 X는 크기가 n인 수백만 개의 표본을 모집단으로부터 추출하고 그 표본 각각에 대해 관측값들의 합과 같다. 그리고 이 합은 표본마다 다른 값을 가질 것이다. [식 4.1]은 이 X를 표준화한 식이며 표본크기가 충분히 클수록 표준정규분포 $N(0,1)$에 가깝게 접근할 것이다. 그렇다면 표본크기는 얼마나 커야하는가는 표본이 추출된 모집단의 분포에 따라 달라진다. 모집단 분포의 치우침의 정도가 심할수록 필요한 표본크기는 더욱 더 커져야 한다.

참고로 표본이 추출된 모집단이 정규분포를 따른다면 표본크기 n에 상관없이 [식 4.1]의 분포는 정확하게 표준정규분포 $N(0,1)$을 따르게 된다.

관측값들의 평균들 모두 μ와 동일한 값이며 분산도 역시 σ^2와 같은 값이라고 가정하자. 그리고 확률표본으로부터의 평균을 $\overline{X}$라 하면 이때 가장 일반적인 중심극한정리의 내용은 다음

$$\frac{\overline{X}-\mu}{\sigma/\sqrt{n}}$$

의 분포는 표본크기가 $n \to \infty$에 따라 $N(0,1)$에 접근한다. 즉, 이는 $\overline{X}$의 분포는 $n \to \infty$일수록 평균이 μ이고 분산이 σ^2/n인 정규분포에 접근함을 의미한다.

아래 도표들은 한 모집단으로부터 500개의 확률표본을 추출하여 각 표본에서 표본평균 $\overline{X}$를 계산한다. 그리고 이 500개의 $\overline{X}$값들을 히스토그램으로 작성하고 $N(\mu, \sigma^2/n)$ 정규곡선을 겹쳐서 나타낸 것이다. 만일 표본크기가 충분히 크거나 표본이 추출된 모집단이 정규분포를 따른다면 이때 히스토그램은 정규곡선에 매우 가깝게 근사되어 나타날 것이다. 만일 표본크기가 충분히 크지 않다면 히스토그램은 정규곡선과는 다소 편향된 모양을 갖추게 될 것이다.

다음의 도표는 N(0,1) 분포에서 표본수를 500개, 각 부그룹의 표본크기 n =10, 30로 하여 난수를 발생하여 500개의 표본평균을 나타낸 그림이다. 즉

이 도표의 그림은 표본분포를 나타내며 표본크기 n이 커질수록 평균의 표준오차 $S/\sqrt{n}$는 작아지므로 분포의 폭이 좁아짐을 알 수 있으며 모집단이 정규분포를 따르는 표본의 평균들 역시 정규분포를 따름을 시각적으로 확인할 수 있다.

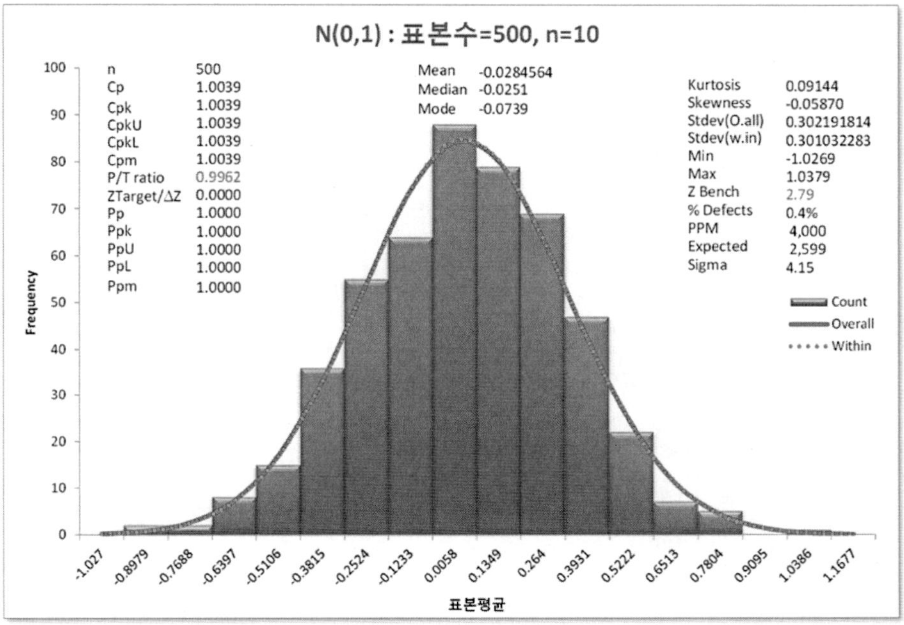

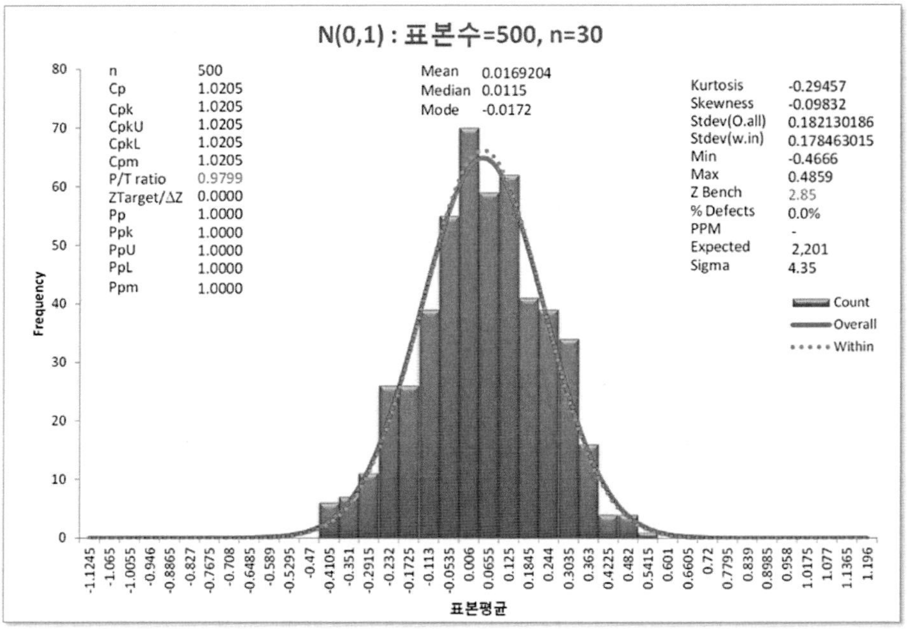

다음은 균일분포 Uniform(0,1) 분포에서 표본수를 500개, 각 부그룹의 표본크기 n=5, 15로 하여 난수를 발생하여 500개의 표본평균을 나타낸 그림이다. 모집단이 균일분포를 따르는 표본의 평균들 역시 정규분포를 따름을 시각적으로 확인할 수 있다.

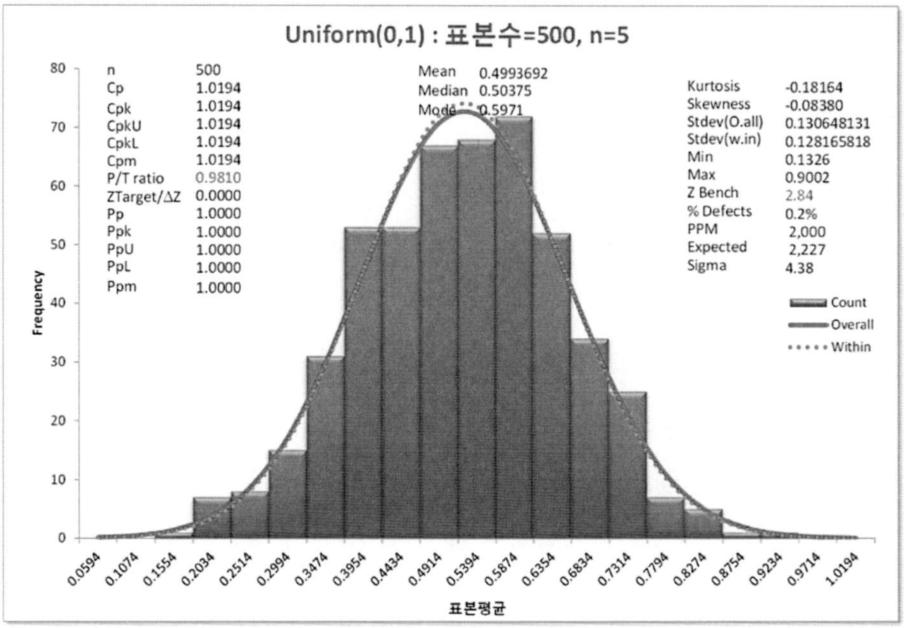

Uniform(0,1) : 표본수=500, n=5
n 500
Cp 1.0194
Cpk 1.0194
CpkU 1.0194
CpkL 1.0194
Cpm 1.0194
P/T ratio 0.9810
ZTarget/ΔZ 0.0000
Pp 1.0000
Ppk 1.0000
PpU 1.0000
PpL 1.0000
Ppm 1.0000
Mean 0.4993692
Median 0.50375
Mode 0.5971
Kurtosis -0.18164
Skewness -0.08380
Stdev(O.all) 0.130648131
Stdev(w.in) 0.128165818
Min 0.1326
Max 0.9002
Z Bench 2.84
% Defects 0.2%
PPM 2,000
Expected 2,227
Sigma 4.38
Count
Overall
Within
Frequency
표본평균

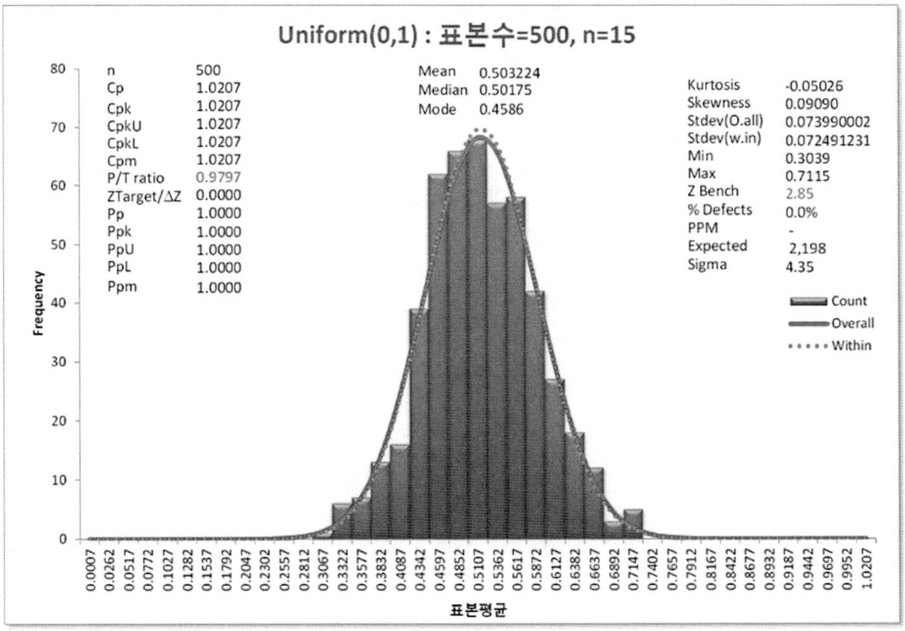

Uniform(0,1) : 표본수=500, n=15
n 500
Cp 1.0207
Cpk 1.0207
CpkU 1.0207
CpkL 1.0207
Cpm 1.0207
P/T ratio 0.9797
ZTarget/ΔZ 0.0000
Pp 1.0000
Ppk 1.0000
PpU 1.0000
PpL 1.0000
Ppm 1.0000
Mean 0.503224
Median 0.50175
Mode 0.4586
Kurtosis -0.05026
Skewness 0.09090
Stdev(O.all) 0.073990002
Stdev(w.in) 0.072491231
Min 0.3039
Max 0.7115
Z Bench 2.85
% Defects 0.0%
PPM -
Expected 2,198
Sigma 4.35
Count
Overall
Within
Frequency
표본평균

⇨4.2 균일분포

균일(uniform)분포의 확률밀도함수는 다음과 같다.

$$f(x)=\begin{cases}\dfrac{1}{b-a} & ,x \in (a,b), \quad a<b \\ 0 & ,x \notin (a,b)\end{cases}$$

이 분포는 $U(a,b)$로 표시한다. 균일분포의 분포곡선은 [그림 4.2]와 같다.

[그림 4.2] 균일분포의 확률밀도함수

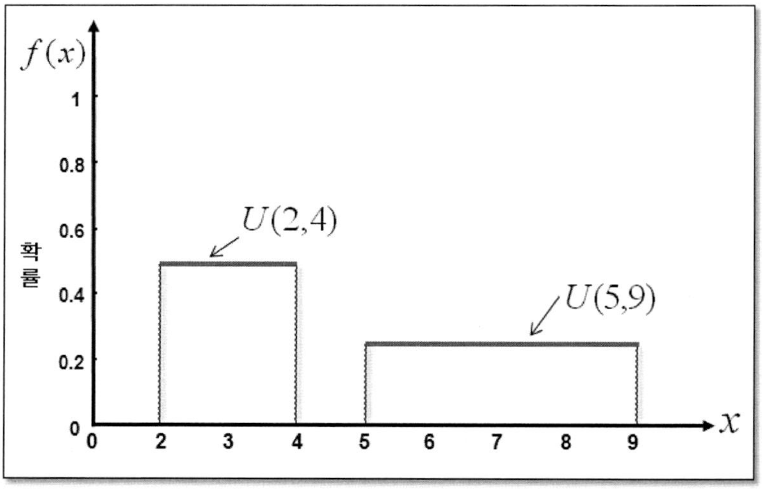

균일분포의 평균과 분산은 다음과 같다.

$$E(X)=\int_a^b x\frac{1}{b-a}dx \qquad E(X^2)=\int_a^b x^2\frac{1}{b-a}dx$$

$$=\frac{1}{b-a}\int_a^b x\,dx \qquad =\frac{1}{b-a}\int_a^b x^2dx$$

$$=\frac{a+b}{2} \qquad =\frac{b^2+ab+a^2}{3}$$

$$Var(X) = E(X^2) - [E(X)]^2$$

$$= \frac{b^2+ab+a^2}{3} - \frac{(a+b)^2}{4}$$

$$= \frac{(b-a)^2}{12}$$

균일분포의 적률모함수는 다음과 같다.

$$E(e^{tX}) = \int_a^b e^{tx} \frac{1}{b-a} dx$$

$$= \frac{1}{b-a} \int_a^b e^{tx} dx$$

$$= \frac{e^{tb} - e^{ta}}{(b-a)t}$$

⇨4.3 지수분포

X를 어떤 부품의 수명시간이라고 가정하자. 이때 수명시간을 모형화할 수 있는 분포가 모수가 λ인 지수분포이다. λ는 실패율(failure rate)로서 생각할 수 있으며, 지수분포의 평균 $\mu = 1/\lambda$으로 실패가 발생될 때까지의 평균시간이 된다. 그리고 지수분포의 분산은 $\sigma^2 = 1/\lambda^2$ 이 된다. 지수(exponential)분포의 확률밀도함수는 다음과 같다.

$$f(x) = \begin{cases} \lambda e^{-\lambda x}, & x > 0 \quad ,\lambda > 0 \\ 0, & x \leq 0 \end{cases}$$

이 분포는 Exp(λ)로 표시한다. 지수분포의 분포곡선은 [그림 4.3a]과 같다.

[그림 4.3a] 지수분포의 확률밀도함수

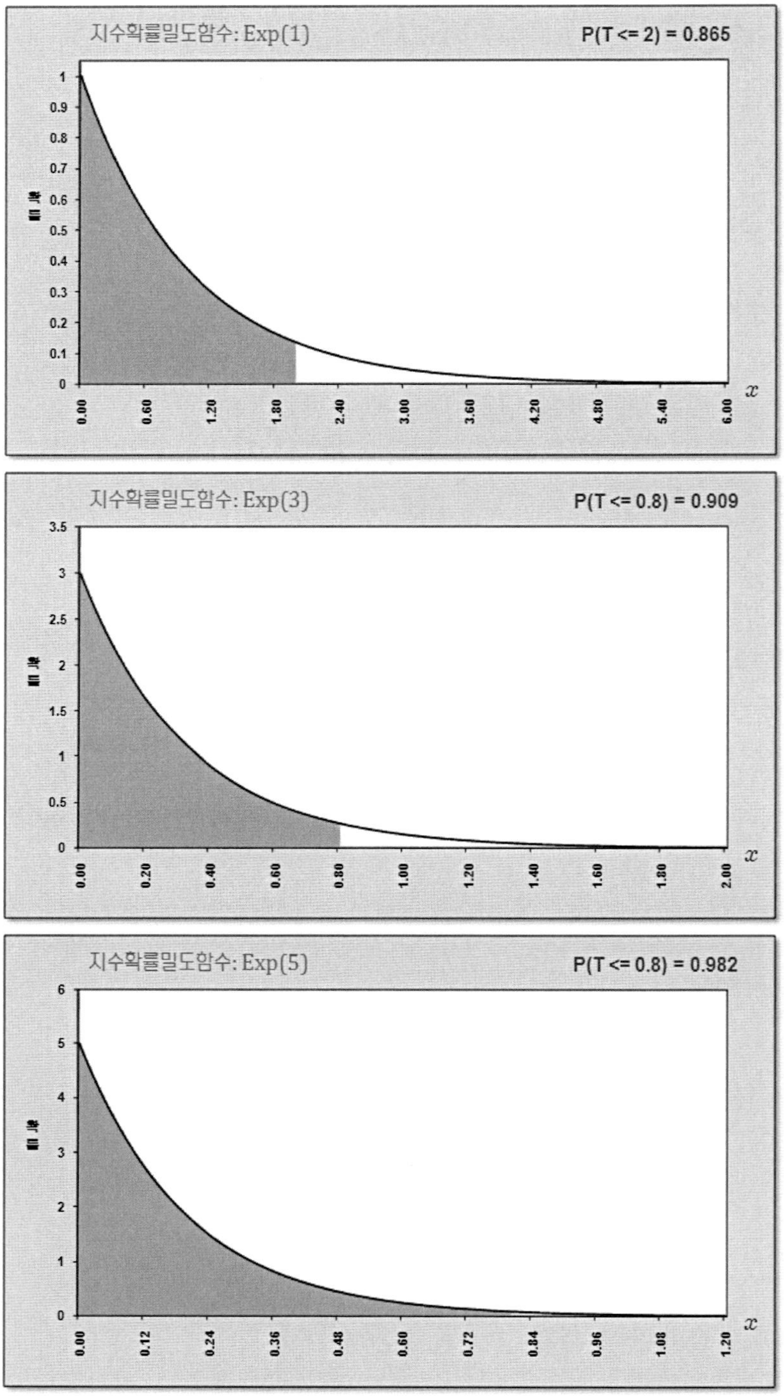

지수분포는 어떤 변화가 일어날 때까지 대기시간(waiting time)을 나타내는 데 많이 이용된다. 예를 들면 전구의 수명(즉, 전구가 고장이 날 때까지의 시간) 또는 전화교환대에서 접수되는 두 연속적인 전화요청간의 시간 등을 들 수 있다.

지수분포의 평균과 분산은 다음과 같다.

$$
\begin{aligned}
E(X) &= \int_0^\infty x\lambda e^{-\lambda x}dx \\
&= \int_0^\infty x\left[-e^{-\lambda x}\right]' dx \\
&= -xe^{-\lambda x}\Big]_0^\infty + \int_0^\infty e^{-\lambda x}dx \qquad (\text{부분적분에 의해}) \\
&= \frac{1}{\lambda} \qquad \left(\lim_{x\to\infty} xe^{-\lambda x} = 0\right)
\end{aligned}
$$

$$
\begin{aligned}
E(X^2) &= \int_0^\infty x^2\lambda e^{-\lambda x}dx \\
&= \int_0^\infty x^2(-e^{-\lambda x})' dx \\
&= -x^2e^{-\lambda x}\Big]_0^\infty + 2\int_0^\infty xe^{-\lambda x}dx \quad (\text{부분적분에 의해}) \\
&= \frac{2}{\lambda}\int_0^\infty x\lambda e^{-\lambda x}dx \qquad (\lim_{x\to\infty} x^2e^{-\lambda x} = 0) \\
&= \frac{2}{\lambda}\cdot\frac{1}{\lambda} \\
&= \frac{2}{\lambda^2}
\end{aligned}
$$

$$
\begin{aligned}
Var(X) &= \frac{2}{\lambda^2} - \frac{1}{\lambda^2} \\
&= \frac{1}{\lambda^2}
\end{aligned}
$$

지수분포의 적률모함수는 다음과 같다.

$$E(e^{tX}) = \int_0^\infty e^{tx}\lambda e^{-\lambda x}dx$$

$$= \lambda\int_0^\infty e^{-(\lambda-t)x}dx$$

$$= \lambda \cdot \frac{-e^{-(\lambda-t)x}}{\lambda-t} \quad , \ t<\lambda$$

$$= \frac{\lambda}{\lambda-t}$$

모수 λ에 따른 여러 가지 지수분포 Exp(λ)의 그림을 비교해 보기 위하여 [그림 4.3b]에 표현하였다.

[그림 4.3b] 여러 가지 Exp(λ) 확률밀도함수

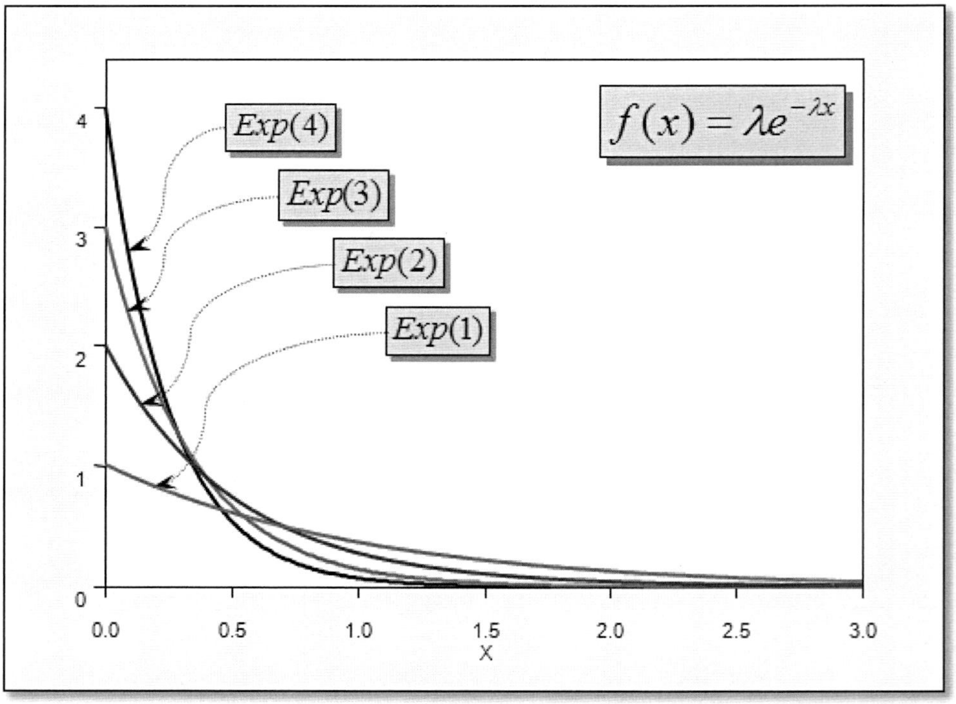

지수분포는 건망성(memoryless property, forgetfulness property)이라는 성질을 가지고 있다. 이는 제품의 수명이 지수분포에 의해 설명된다면 앞으로 남

은 수명은 현재까지 사용한 시간에 관계없다는 것이다. 예를 들어 전구는 사용시간이 오래 되었다고 하여도 현재 정상이라면 예방조치로 새로운 전구로 교환할 필요가 없다. 즉 외부의 충격 또는 사고로 인해 고장 난 경우 이외에는 고장을 설명할 방법은 우연성 이외에는 없다. 그러므로 오래 사용할수록 수명에 영향이 있다면 지수분포로 설명할 수 없다.

지수분포의 확률밀도함수는 다음과 같이 표현하기도 한다.

$$f(x) = \begin{cases} \frac{1}{\sigma} e^{-\frac{x-\theta}{\sigma}} & , x > \theta \\ 0 & , x \leq \theta \end{cases}$$

단, θ는 시작점(threshold), σ는 척도(scale)모수.

⇨4.4 감마분포와 카이제곱분포

모수가 α, λ인 감마분포(gamma distribution)는 구성품의 시스템의 생존시간(lifetimes)을 모형화할 수 있다. 각 부품의 수명시간은 Exp(λ)인 지수분포를 따르는 r개의 부품으로 구성된 시스템을 생각해 보자. 이 시스템에서 첫 번째 부품이 작동하여 실패할 때까지 지속되고 실패 후 두 번째 부품이 작동하여 실패한후 다시 세 번째 부품이 작동된다. 이렇게 계속되어 α번째 부품까지 지속된다. 이러한 시스템을 대기중복시스템(standby redundant system)이라고 언급하기도 한다. 이러한 시스템의 수명은 각 부품수명의 합이 된다. 이 합은 감마분포 모수가 α와 λ인 Gamma(α,λ)을 따른다. 모수 α는 형태모수(shape parameter)이고 λ는 척도모수(scale parameter)이다. Gamma(α,λ)의 확률밀도함수는 다음과 같이 주어진다.

$$f(x) = \begin{cases} \dfrac{\lambda^{\alpha} x^{\alpha-1} e^{-\lambda x}}{\Gamma(\alpha)} & , x > 0 \ , \ \alpha > 0 \ , \ \lambda > 0 \\ 0 & , x \leqq 0 \end{cases}$$

단, $\Gamma(\alpha) = \int_0^{\infty} y^{\alpha-1} e^{-y} dy$으로 이 분포는 $Gamma(\alpha, \lambda)$로 표현하며 분포곡선은 [그림 4.4a]와 같다.

[그림 4.4a] 감마분포의 확률밀도함수

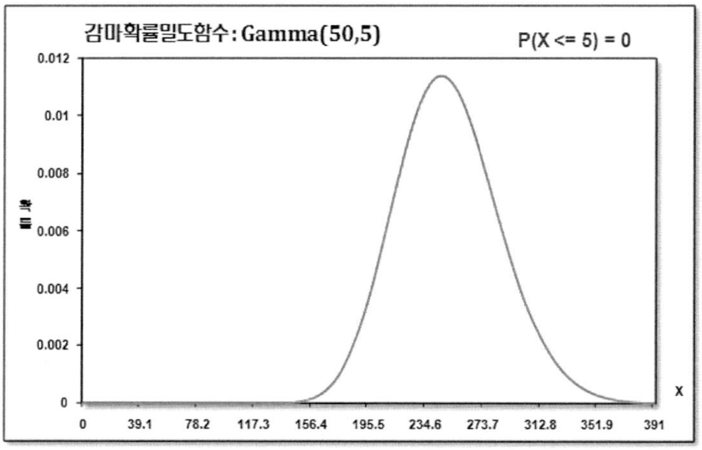

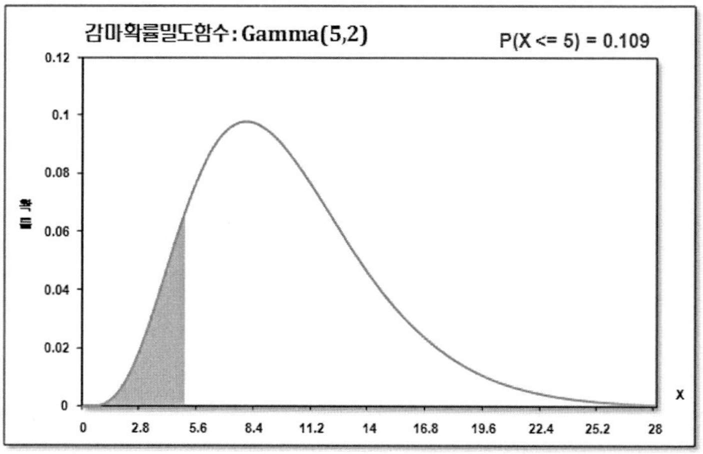

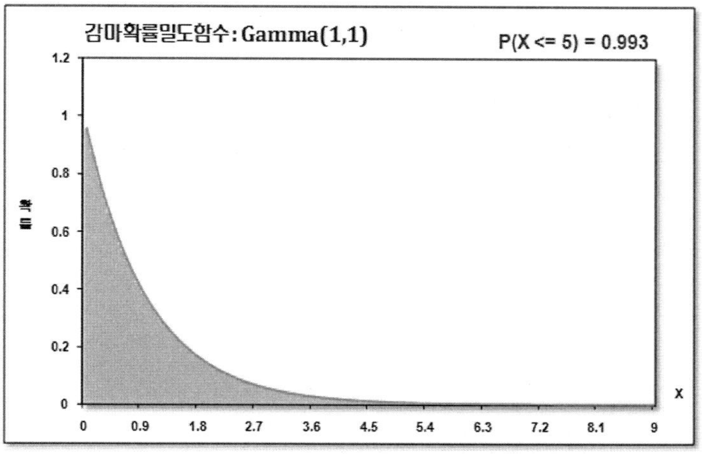

이 분포는 α번째(α가 양의 정수일 때) 변화가 일어날 때까지의 대기시간을 나타내는데 많이 이용된다. α=1인 경우는 지수분포 Exp(λ)와 동일하다. 감마분포의 적률모함수는 다음과 같다.

$$E(e^{tX}) = \int_0^\infty e^{tx} \frac{\lambda^\alpha x^{\alpha-1} e^{-\lambda x}}{\Gamma(\alpha)} dx$$

$$= \lambda^\alpha \int_0^\infty \frac{x^{\alpha-1} e^{-(\lambda-t)x}}{\Gamma(\alpha)} dx$$

$$= \frac{\lambda^\alpha}{(\lambda-t)^\alpha} \int_0^\infty \frac{(\lambda-t)^\alpha x^{\alpha-1} e^{-(\lambda-t)x}}{\Gamma(\alpha)} dx$$

$$= \left(\frac{\lambda}{\lambda-t}\right)^\alpha \quad , \quad t < \lambda$$

위 적분에서 $\frac{(\lambda-t)^\alpha x^{\alpha-1} e^{-(\lambda-t)x}}{\Gamma(\alpha)}$는 $Gamma(\alpha, \lambda-t)$의 확률밀도함수이므로 $(0, \infty)$에서의 적분은 1이 된다. 적률모함수로 부터 평균과 분산은 다음과 같이 계산한다.

$$E(X) = \frac{d}{dt}M_X(t)\Big|_{t=0}$$

$$= \alpha(\frac{\lambda}{\lambda - t})^{\alpha-1}\frac{\lambda}{(\lambda-t)^2}\Big|_{t=0}$$

$$= \frac{\alpha}{\lambda}$$

$$E(X^2) = \frac{d^2}{dt^2}M_X(t)\Big|_{t=0}$$

$$= \alpha(\alpha-1)(\frac{\lambda}{\lambda-t})^{\alpha-2}\frac{\lambda^2}{(\lambda-t)^4} + \alpha(\frac{\lambda}{\lambda-t})^{\alpha-1}\frac{2\lambda}{(\lambda-t)^3}\Big|_{t=0}$$

$$= \alpha(\alpha-1)\frac{1}{\lambda^2} + \alpha\frac{2}{\lambda^2}$$

$$= \frac{\alpha(\alpha+1)}{\lambda^2}$$

$$Var(X) = \frac{\alpha(\alpha+1)}{\lambda^2} - \frac{\alpha^2}{\lambda^2}$$

$$= \frac{\alpha}{\lambda^2}$$

감마분포의 확률밀도함수는 다음과 같이 표현하기도 한다.

$$f(x) = \begin{cases} \dfrac{1}{\Gamma(\alpha)\sigma}\left(\dfrac{x-\theta}{\sigma}\right)^{\alpha-1} e^{-\frac{x-\theta}{\sigma}} & , x > \theta \\ 0 & , x \leqq \theta \end{cases}$$

단, θ는 시작점, α는 형태(shape)모수, σ는 척도(scale)모수.

서로 독립인 확률변수 $X_1, X_2, \cdots, X_k$가 각각 $Gamma(\alpha_1, \lambda)$, $Gamma(\alpha_2, \lambda), \cdots, Gamma(\alpha_k, \lambda)$를 따를 때 $Y = X_1 + X_2 + \cdots + X_k$는 $Gamma(\alpha_1 + \alpha_2 + \cdots + \alpha_k, \lambda)$를 따른다. 특히 동일독립인 확률변수 $X_1, X_2, \cdots, X_k$가 각각 $\exp(\lambda)$를 따를 때 $Y = X_1 + X_2 + \cdots + X_k$ 는

$Gamma(k, \lambda)$를 따른다.

감마분포에서 $\alpha = r/2$ (r은 양의 정수), $\lambda = 1/2$ 인 경우를 자유도가 r인 카이제곱분포(chi-squared distribution)라고 한다. 카이제곱분포의 확률밀도함수는 다음과 같다.

$$f(x) = \begin{cases} \dfrac{x^{\frac{r}{2}-1} e^{-\frac{x}{2}}}{\Gamma(\frac{r}{2}) 2^{\frac{r}{2}}} & , x > 0 \\ 0 & , x \leqq 0 \end{cases}$$

이 분포는 $\chi^2(r)$로 표현하며 분포곡선은 [그림 4.4b]와 같다. 이 분포는 독립적인 표준화 정규변량 k개의 제곱합의 분포로 생각될 수 있으며 이 때 k를 자유도(degree of freedom:df)라고 한다. 그래프가 좌우대칭이 아니며, 또 자유도에 따라 그 분포형태가 달라진다. 자유도가 점점 커짐에 따라 분포형태는 비대칭에서 대칭으로 바뀌어 간다.

[그림 4.4b] 카이제곱분포의 확률밀도함수

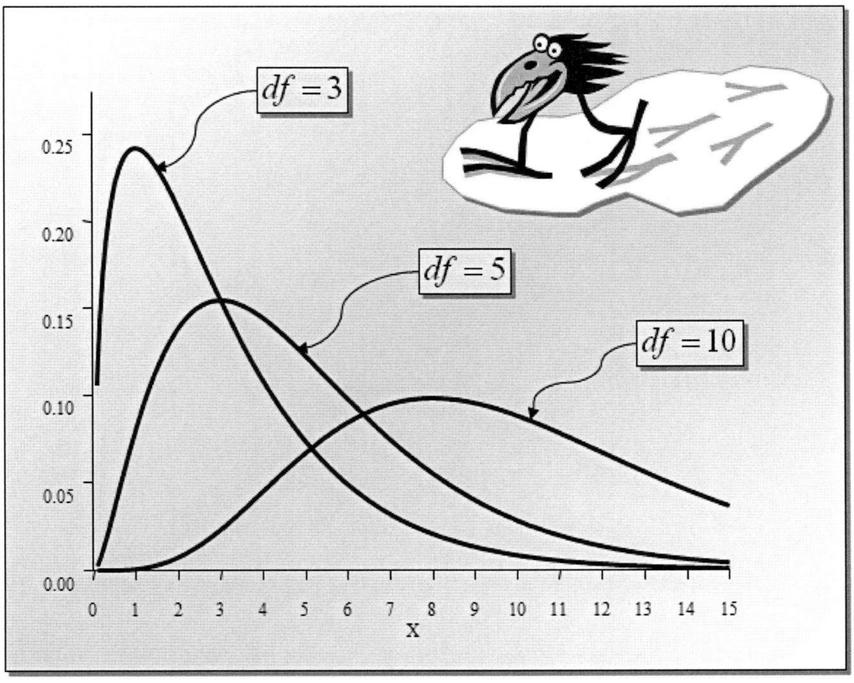

감마분포의 적률모함수로부터 카이제곱의 적률모함수는 다음과 같음을 알 수 있다.

$$E(e^{tX}) = (1-2t)^{-\frac{r}{2}} \quad , t < \frac{1}{2}$$

또한 평균과 분산은 다음과 같다.

$$E(X) = r$$

$$Var(X) = 2r$$

카이제곱분포는 통계학에서 자주 사용되는 중요한 분포이나 그 분포함수는 간단한 형태로 표현할 수 없다. 특히 이 분포의 분위수는 가설검정과 신뢰구간 추정에서 널리 사용되고 있다. 카이제곱분포의 α분위수는 $\chi^2(r,\alpha)$로 표시하며 다음 관계를 만족한다.

$$\int_0^{\chi^2(r,\alpha)} \frac{x^{\frac{r}{2}-1} e^{-\frac{x}{2}}}{\Gamma(\frac{r}{2}) 2^{\frac{r}{2}}} dx = \alpha$$

표준정규분포를 따르는 확률변수의 제곱은 $\chi^2(1)$을 따른다. 따라서 $X_1, X_2, \cdots, X_n$이 $N(\mu, \sigma^2)$으로 부터의 확률표본이면 다음을 알 수 있다.

$$\frac{(n-1)S^2}{\sigma^2} = \sum_{i=1}^{n} \left[\frac{(X_i - \mu)}{\sigma} \right]^2 \sim \chi^2(n)$$

서로 독립인 확률변수 $X_1,\ X_2, \cdots, X_k$가 각각 $\chi^2(r_1),\ \chi^2(r_2),\ \cdots,\ \chi^2(r_k)$를 따를 때, $Y = X_1 + X_2 + \cdots + X_k$는 $\chi^2(r_1 + r_2 + \cdots + r_k)$를 따른다. $\chi^2(r)$분포는 중심극한정리에 의해 $r \to \infty$ 일 때 $N(r, 2r)$로 접근한다.

카이제곱 통계량은 주로 범주형 데이터에서 빈도를 다루는 경우에 주나 사용되어 질 것이다. 그러므로 빈도분석, 교차분석, 대응일치분석 등 빈도와 비율, % 통계량이 등장하는 경우에 주로 사용된다.

⇨4.5 와이블분포

와이블분포(Weibull distribution)는 지수분포를 일반화하는 분포로서 지수분포보다 분포의 형태를 훨씬 다양하게 표현할 수 있다. 이 분포는 스웨덴의 물리학자의 이름을 인용한 분포로서 물질의 강도나 제품수명을 설명하는데 널리 사용되어 오고 있다. 특히 전자부품이나 메모리, 베어링과 같은 기계의 부품수명을 연구하는데 유용하게 사용할 수 있다. 모수가 α와 β인 와이블분포는 확률밀도함수는 다음과 같다.

$$f(x) = \begin{cases} \beta\,\alpha^{-1}\left(\dfrac{x}{\alpha}\right)^{\beta-1} e^{-\left(\frac{x}{\alpha}\right)^{\beta}} & , x > 0,\ \alpha > 0, \beta > 0 \\ 0 & , x \leq 0 \end{cases}$$

이 분포는 $W(\alpha,\ \beta)$로 표시한다. 와이블분포의 분포곡선은 [그림 4.5]와 같다.

[그림 4.5] 와이블확률밀도함수

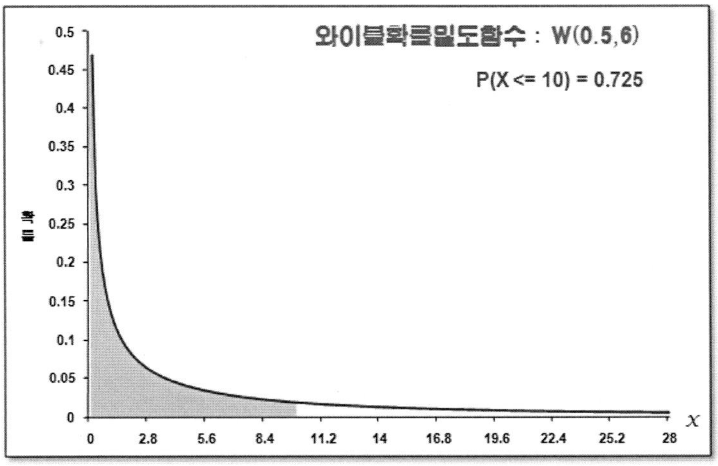

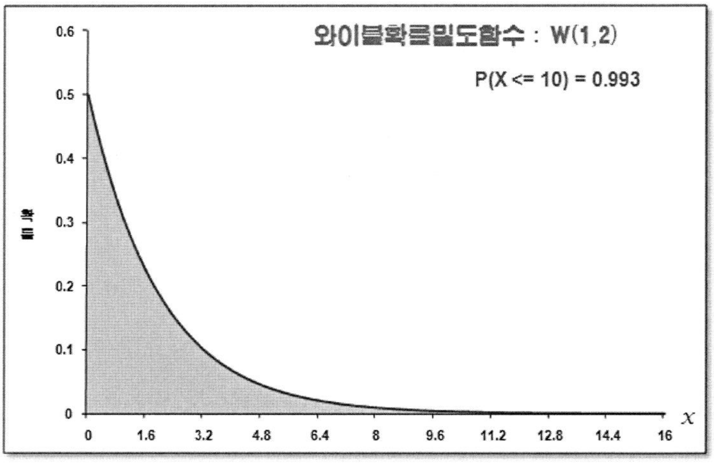
와이블확률밀도함수 : W(1,2)
P(X <= 10) = 0.993

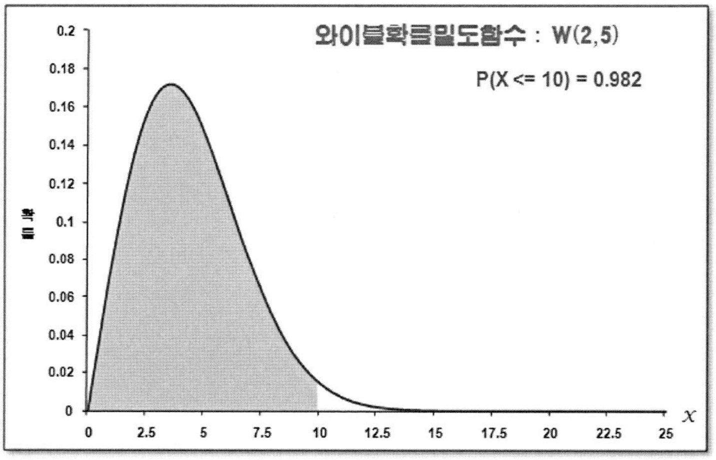
와이블확률밀도함수 : W(2,5)
P(X <= 10) = 0.982

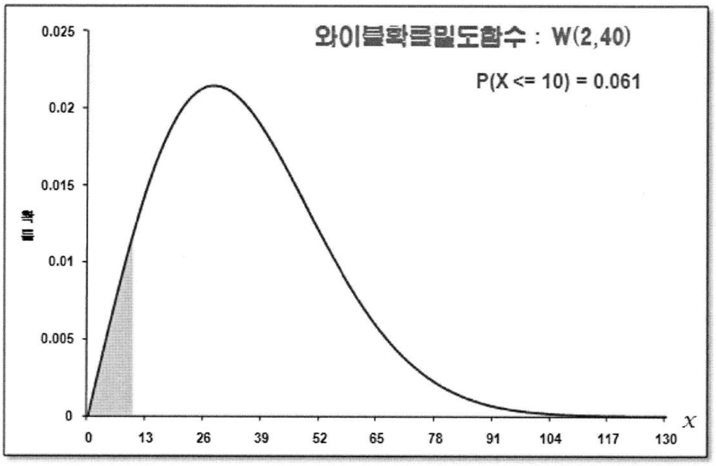
와이블확률밀도함수 : W(2,40)
P(X <= 10) = 0.061

와이블분포는 모수 $\beta=1$일 때는 지수분포 Exp$(1/\alpha)$와 동일하며, X가 와이블분포를 따를 때 $Y=\left(\frac{X}{\alpha}\right)^{\beta}$라 하면 Y는 Exp(1)을 따른다. 와이블분포의 분포함수는 다음과 같다.

$$F(x)=1-\exp[-(\frac{x}{\alpha})^{\beta}] \quad , \ x>0$$

$Y=\left(\frac{X}{\alpha}\right)^{\beta}$가 Exp(1)을 따르므로 X의 r차 적률은

$$\begin{aligned} E(X^r) &= \alpha^r E[(\frac{X}{\alpha})^r] \\ &= \alpha^r E[(\{\frac{X}{\alpha}\}^{\beta})^{\frac{r}{\beta}}] \\ &= \alpha^r E[Y^{\frac{r}{\beta}}] \end{aligned}$$

이 되며, 또한

$$\begin{aligned} E(Y^{\frac{r}{\beta}}) &= \int_0^{\infty} y^{\frac{r}{\beta}} e^{-y} dy \\ &= \Gamma(\frac{r}{\beta}+1) \end{aligned}$$

와 같이 표현된다. 따라서 X의 평균과 분산은 다음과 같다.

$$E(X) = \alpha \ \Gamma(\frac{1}{\beta}+1),$$

또한 $E(X^2) = \alpha^2 \Gamma(\frac{2}{\beta}+1)$ 이므로

$$Var(X) = \alpha^2 \left[\Gamma(\frac{2}{\beta}+1) - \left\{ \Gamma(\frac{1}{\beta}+1) \right\}^2 \right]$$

와이블분포의 확률밀도함수는 다음과 같이 표현하기도 한다.

$$f(x)=\begin{cases}\dfrac{\beta}{\alpha}\left(\dfrac{x-\theta}{\alpha}\right)^{\beta-1}e^{-\left(\frac{x-\theta}{\alpha}\right)^{\beta}} & ,\ x>\theta \\ 0 & ,\ x\leqq\theta\end{cases}$$

단, θ는 시작점, β는 형태모수, α는 척도모수

⇨4.6 로그정규분포

로그정규(lognormal)분포의 확률밀도함수는 다음과 같다.

$$f(x)=\begin{cases}\dfrac{1}{x}\dfrac{1}{\sqrt{2\pi}\,\sigma}e^{\frac{-\{\log(x)-u\}^2}{2\sigma^2}} & ,\ x>0 \\ 0 & ,\ x\leqq 0\end{cases}$$

이 분포는 $L(\mu,\sigma)$로 표시한다. 로그정규분포의 분포곡선은 [그림 4.6a,b]와 같다.

[그림 4.6a] 로그정규 확률밀도함수 : L(4,1)

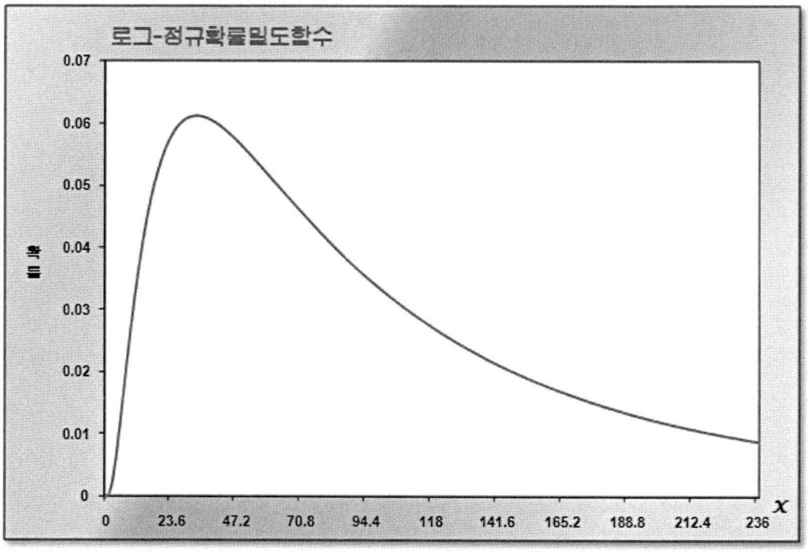

[그림 4.6b] 로그정규 확률밀도함수 : L(2,0.5)

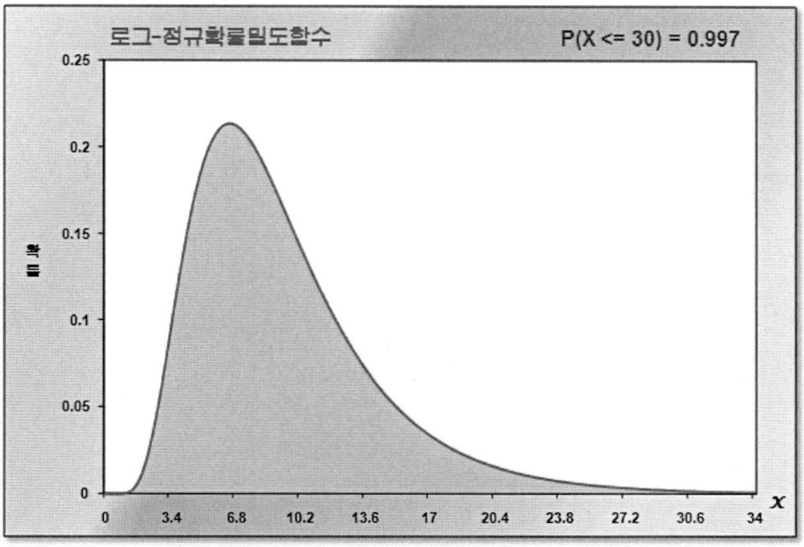

확률변수 X가 로그정규분포를 따를 때 $Y=\log(X)$라 하면 Y는 $N(\mu,\sigma)$을 따르게 된다.

r차 적률은 다음과 같다.

$$E(X^r)=\exp(r\mu+\frac{1}{2}r^2\sigma^2)$$

따라서 X의 평균과 분산은 다음과 같다.

$$E(X)=\exp(\mu+\frac{1}{2}\sigma^2),$$

또한 $E(X^2)=\exp(2\mu+2\sigma^2)$이므로

$$Var(X)=\exp(2\mu+2\sigma^2)-[\exp(\mu+\frac{1}{2}\sigma^2)]^2$$

$$=e^{2\mu}e^{\sigma^2}(e^{\sigma^2}-1).$$

로그정규분포의 확률밀도함수는 다음과 같이 표현하기도 한다.

$$f(x)=\begin{cases} \dfrac{1}{x-\theta}\dfrac{1}{\sqrt{2\pi}\,\sigma}e^{-\frac{(\log(x-\theta)-\zeta)^2}{2\sigma^2}} & ,\ x>\theta \\ 0 & ,\ x\leqq\theta \end{cases}$$

단, θ는 시작점, σ는 형태모수, ζ는 척도모수 임.

⇨4.7 베타(Beta)분포

베타분포의 확률밀도함수는 다음과 같다.

$$f(x)=\begin{cases} \dfrac{x^{\alpha-1}(1-x)^{\beta-1}}{B(\alpha,\beta)} & ,\ 0<x<1 \\ 0 & ,\ x\leqq 0 \text{ 또는 } x\geqq 1 \end{cases}$$

단, $B(\alpha,\beta)=\dfrac{\Gamma(\alpha)\Gamma(\beta)}{\Gamma(\alpha+\beta)}$

이 분포는 Beta(α,β)로 표시하며 분포곡선은 [그림 4.7]과 같다.

[그림 4.7] 여러 가지 베타확률함수

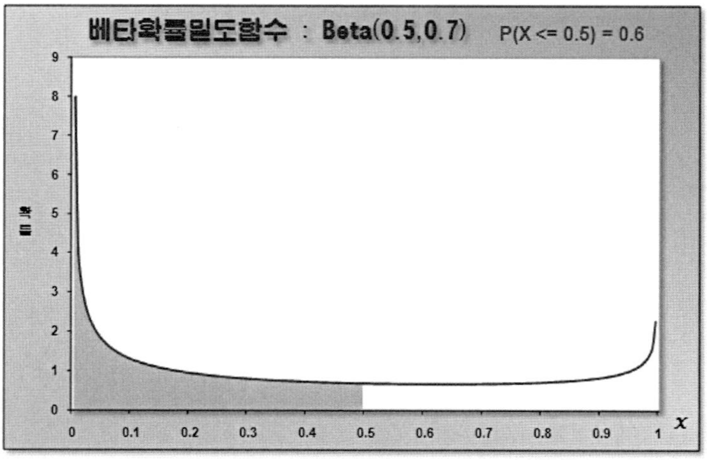

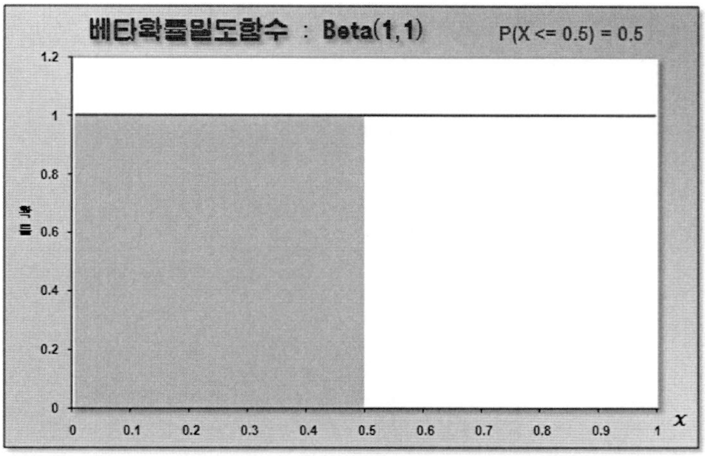
베타확률밀도함수 : Beta(1,1)
P(X <= 0.5) = 0.5
x

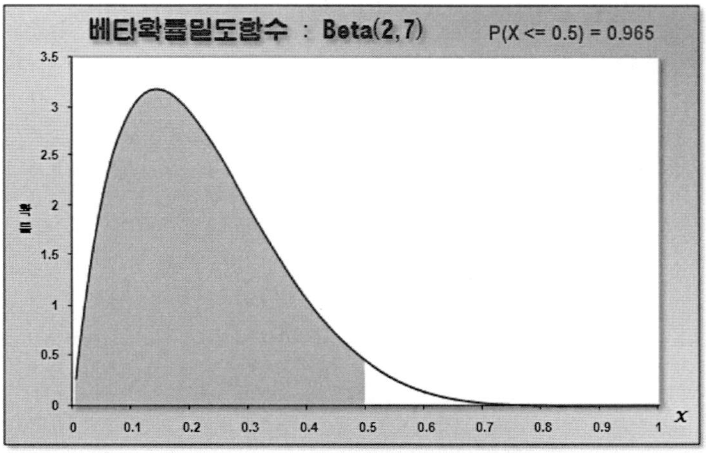
베타확률밀도함수 : Beta(2,7)
P(X <= 0.5) = 0.965
x

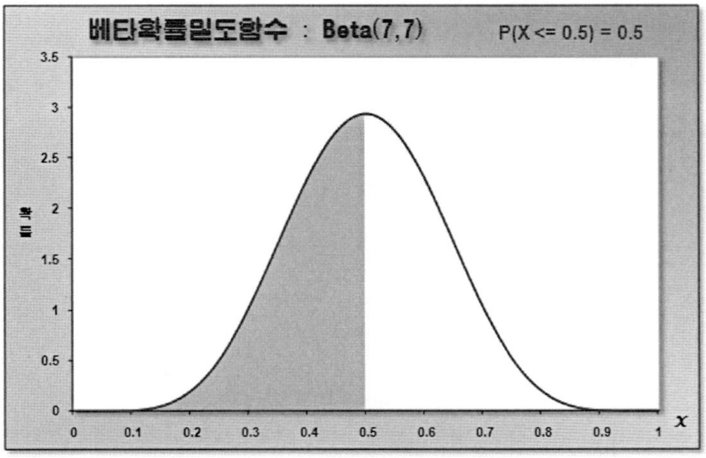
베타확률밀도함수 : Beta(7,7)
P(X <= 0.5) = 0.5
x

베타분포는 전체에 대한 어느 한 부분의 상대적 크기를 나타낼 때 유용하게 사용될 수 있다. 베타분포의 적용 예로서는 어떤 지방에서 소나기가 올 때 전체 소나기 양에 대한 첫 5분간 내린 소나기양의 비율, 또는 어떤 복합 제조공정에서 한 부분공정의 소요시간 등을 들 수 있다.

베타분포의 평균과 분산은 다음과 같다.

$$E(X) = \frac{\alpha}{\alpha+\beta}$$

$$Var(X) = \frac{\alpha\beta}{(\alpha+\beta)^2(\alpha+\beta+1)}$$

베타분포의 확률밀도함수는 다음과 같이 표현하기도 한다.

$$f(x) = \begin{cases} \dfrac{(x-\theta)^{\alpha-1}(\theta+\sigma-x)^{\beta-1}}{B(\alpha,\beta)\ \sigma^{\alpha+\beta-1}} & ,\ \theta < x < \theta+\sigma \\ 0 & ,\ x \leq \theta \text{ 또는 } x \geq \theta+\sigma \end{cases}$$

단, θ는 시작점, α와 β는 형태모수, σ는 척도모수

⇨4.8 t-분포

자유도 r인 t-분포의 확률밀도함수는 다음과 같다.

$$f(x) = \frac{\Gamma(\frac{r+1}{2})}{\sqrt{\pi r}\,\Gamma(\frac{r}{2})(1+\frac{x^2}{r})^{\frac{r+1}{2}}}$$

이 분포는 $t(r)$로 표시한다. t-분포는 표준정규분포와 같이 0을 중심으로 대칭인 분포이나 $N(0,1)$보다 더 넓게 퍼져 있으며 자유도가 작을수록 퍼진 정도가 심한 분포이다. 평균과 분산은 다음과 같다.

$$E(X) = 0$$
$$Var(X) = \frac{r}{r-2},\ (r > 2)$$

t-분포는 정규분포 ,카이제곱분포와 함께 통계학에서 자주 이용되는 중요한 분포이나 그 분포함수는 간단한 형태로 표현할 수 없다. t-분포의 α분위수는 $t(r,\alpha)$로 표시하며 다음 관계를 만족한다.

$$\int_{-\infty}^{t(r,\alpha)} \frac{\Gamma(\frac{r+1}{2})}{\sqrt{\pi r}\,\Gamma(\frac{r}{2})(1+\frac{t^2}{r})^{\frac{r+1}{2}}}\,dx = \alpha$$

t-분포는 0에 대해 대칭인 분포이므로 대칭분포의 특성에 의해 다음과 같이 표현할 수 있다.

$$t(r,\alpha) = -t(r,1-\alpha)$$

t-분포의 생성과정은 다음과 같이 설명할 수 있다. 서로 독립인 두 변수 V와 W가 각각 $V \sim N(0,1)$이고 $W \sim \chi^2(r)$일 때

$$\frac{V}{\sqrt{W/r}} \sim t(r)$$

을 따른다.

동일독립분포를 따르는 확률변수 $X_1, X_2, \cdots, X_n$이 $N(\mu, \sigma^2)$을 따를 때

$$\frac{\overline{X}-\mu}{\sigma/\sqrt{n}} \sim N(0,1),\quad \frac{(n-1)S^2}{\sigma^2} \sim \chi^2(n-1)$$

이고, $\overline{X}$ 와 S^2은 서로 독립이다. 따라서

$$T = \frac{\frac{\overline{X}-\mu}{\sigma/\sqrt{n}}}{\sqrt{\frac{(n-1)S^2}{\sigma^2}/(n-1)}}$$

$$= \frac{\overline{X}-\mu}{S/\sqrt{n}} \sim t(n-1)$$

인 확률변수는 자유도가 $(n-1)$인 t분포를 따른다.

[그림 4.8] 자유도에 따른 T-분포

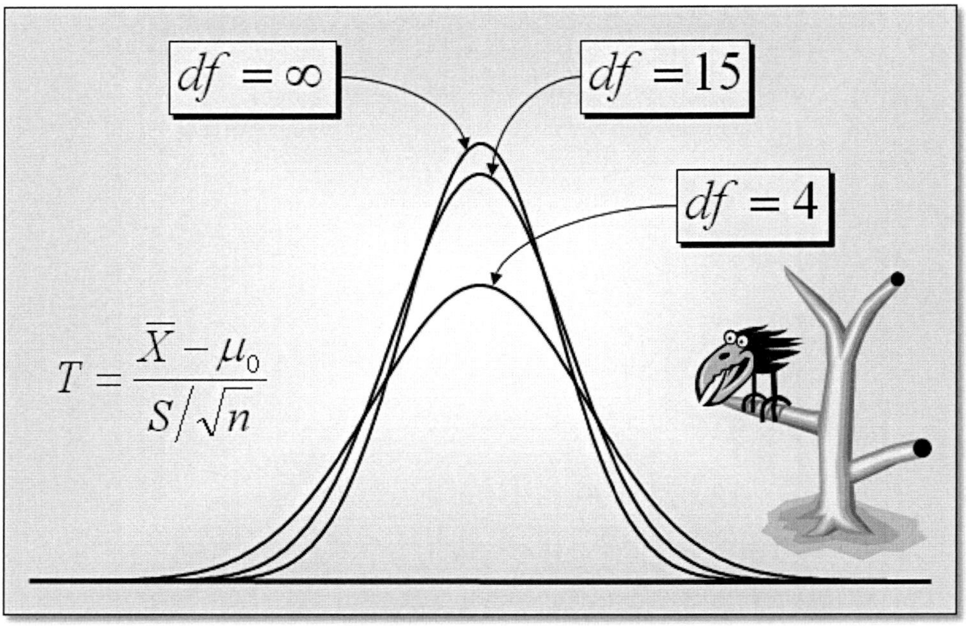

T-통계량은 평균을 다루는 경우, 일표본 위치문제, 두 집단간의 평균비교 문제, 그리고 회귀모형을 적합할 경우 계수에 대한 유의성 검정 등에 사용된다.

⇨4.9 F-분포

F-분포는 두 자유도 r_1, r_2에 의해 결정되는 분포이며 $F(r_1, r_2)$로 나타낸다. F-분포는 정규분포, 카이제곱분포, t-분포와 함께 통계학에서 자주 사용되는 분포이다. 확률밀도함수 $f(x)$는 $x > 0$일 때만 양의 값을 가지며 그 형태는 복잡하여 생략한다. $F(r_1, r_2)$ 분포의 평균은 r_1에 관계없이 다음과 같다.

$$E(X) = \frac{r_2}{r_2 - 2} \quad , \quad r_2 > 2$$

F-분포의 분포함수 역시 간단한 형태로 표현할 수 없다. F-분포의 α분위수는 $F(r_1, r_2, \alpha)$로 표시하며 다음 관계를 만족한다.

$$\int_0^{F(r_1, r_2, \alpha)} f(x)dx = \alpha$$

서로 독립이며 각각 $\chi^2(r_1)$, $\chi^2(r_2)$분포를 따르는 두 확률변수 U, V가 있을 때

$$F = \frac{U/r_1}{V/r_2} \sim F(r_1, r_2)$$

이다.

두 정규모집단으로부터 얻은 확률표본이 각각 다음과 같은 분포를 따른다고 하자.

$$X_1,\ X_2,\ \ldots, X_n \sim N(\mu_X, \sigma_X^2)$$

$$Y_1,\ Y_2,\ \ldots, Y_m \sim N(\mu_Y, \sigma_Y^2)$$

이 때 S_X^2, S_Y^2이 각 확률표본의 표본분산을 나타낼 때 다음과 같다.

$$\frac{(n-1)S_X^2}{\sigma_X^2} \sim \chi^2(n-1)$$

$$\frac{(m-1)S_Y^2}{\sigma_Y^2} \sim \chi^2(m-1)$$

따라서

$$\frac{\dfrac{(n-1)S_X^2}{\sigma_X^2}/(n-1)}{\dfrac{(m-1)S_Y^2}{\sigma_Y^2}/(m-1)} = \frac{S_X^2/\sigma_X^2}{S_Y^2/\sigma_Y^2} \sim F(n-1, m-1)$$

임을 알 수 있다.

F-분포의 분위수는 다음 관계를 만족한다.

$$F(r_1, r_2, 1-\alpha) = \frac{1}{F(r_2, r_1, \alpha)}$$

따라서 $(1-\alpha)$분위수의 값이 표에 나타나 있지 않으면 α분위수 값을 이용하여 구할 수 있다.

[그림 4.9] 자유도에 따른 여러 가지 F-분포

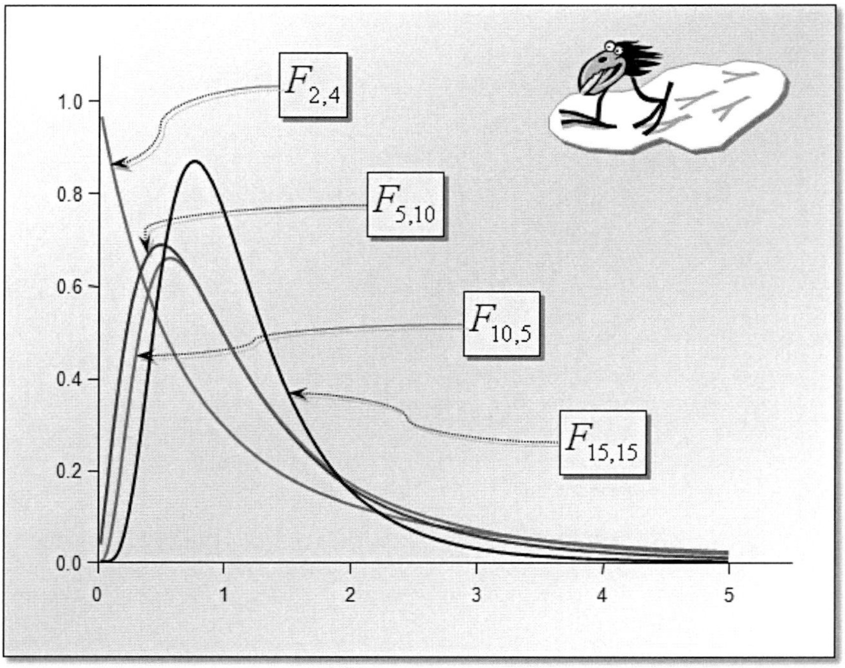

F-통계량은 주로 분산을 다루는 경우에 등장하여 분산의 동일성을 검정하는데 나타나게 되며 특히 ANOVA에서는 항상 등장하게 된다. 그러므로 실험계획법에서는 F-분포가 주를 이루고 있다고 해도 과언은 아니다.

분석을 수행하여 행동전략을 수립하는 경우 앞에서 열거한 여러 가지 분포는 가설검정을 수행할 때 P-값을 계산하는데 사용됨으로 그 자세한 수리적 표현을 암기하려고 하지마라. 통계학자도 다 기억하지 못하며 실전에서 그 수식을 암기하지 못해서 낭패인 경우는 없다. 사실 분석에서 수식은 필요없다. 그 문제는 컴퓨터가 알아서 계산할 일이므로 그 계산된 확률값을 현실에 맞게 분석하고 응용하고 활용하는 것에 의식을 집중하면 된다. 진정 그것만으로도 충분하다.

⇨4.10 이변량 정규분포

이변량정규분포를 따르는 확률변수 (X,Y)의 결합확률밀도함수는 다음과 같다.

$$f(x,y)=\frac{1}{2\pi\sigma_1\sigma_2\sqrt{1-\rho^2}}\exp\left\{-\frac{1}{2(1-\rho^2)}\left[\left(\frac{x_1-\mu_1}{\sigma_1}\right)^2-2\rho\frac{(x_1-\mu_1)(x_2-\mu_2)}{\sigma_1\sigma_2}+\left(\frac{x_2-\mu_2}{\sigma_2}\right)^2\right]\right\}$$

단, μ_1, μ_2는 X와 Y의 평균, σ_1, σ_2는 X와 Y의 표준편차, ρ는 X와 Y의 상관계수를 나타낸다. 이 분포는 $BVN(\mu_1, \mu_2, \sigma_1^2, \sigma_2^2, \rho)$로 표시한다. [그림 5.10a]는 상관계수가 '0'일 때 이변량정규분포 BVN(0,0,1,1,0)이며 [그림 5.10b]는 상관계수가 '-0.8'일 때 이변량정규분포 BVN(0,0,1,1,-0.8)을 그린 그림이다.

[그림 5.10a] 이변량정규분포 BVN(0,0,1,1,0)

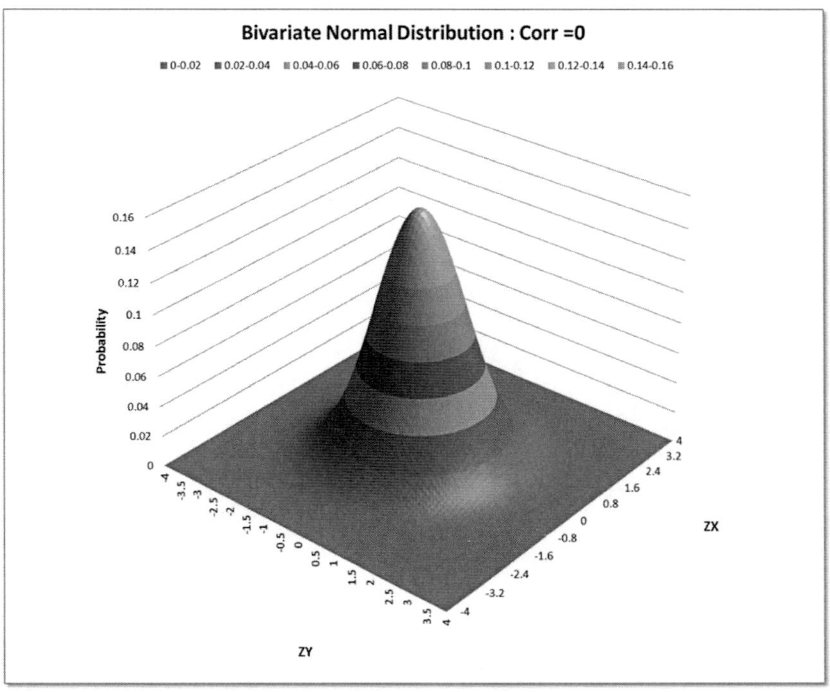

[그림 5.10b] 이변량정규분포 BVN(0,0,1,1,-0.8)

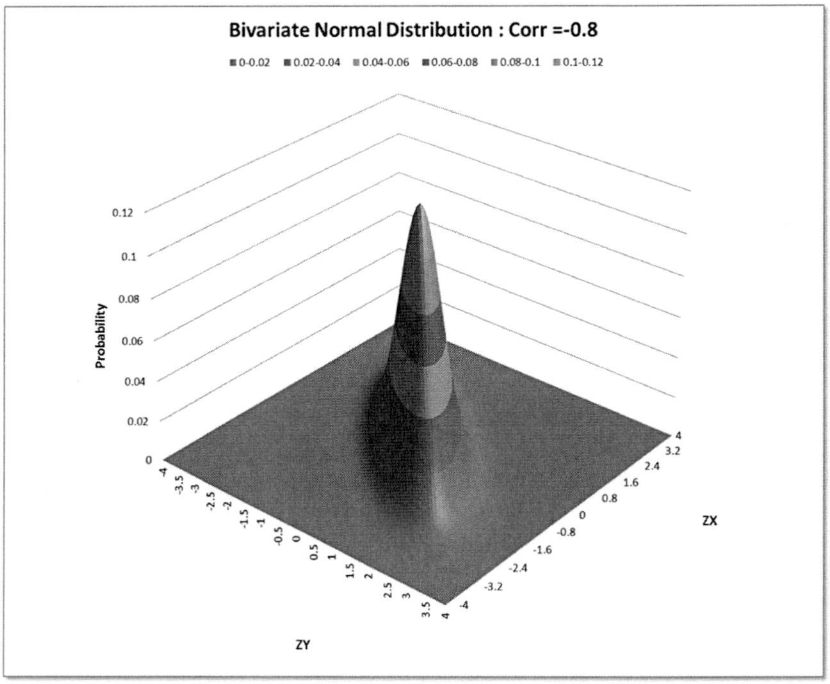

두 확률변수의 결합분포가 $BVN(\mu_1, \mu_2, \sigma_1^2, \sigma_2^2, \rho)$일 때 X와 Y의 분포는 각각

$$X \sim N(\mu_1, \sigma_1^2) \ , \quad Y \sim N(\mu_2, \sigma_2^2)$$

을 따른다. 또한 $X=x$로 주어진 경우 Y의 조건부 분포는

$$Y|_{X=x} \sim N\left(\mu_2 + \rho(\frac{\sigma_2}{\sigma_1})(x-\mu_1), \sigma_2^2(1-\rho^2)\right)$$

을 따르며, 마찬가지로 $Y=y$로 주어진 경우 X의 조건부 분포는

$$X|_{Y=y} \sim N\left(\mu_1 + \rho(\frac{\sigma_1}{\sigma_2})(y-\mu_2), \sigma_1^2(1-\rho^2)\right)$$

을 따른다.

$BVN(\mu_1, \mu_2, \sigma_1^2, \sigma_2^2, 0)$로부터의 대응확률표본을 (X_1, Y_1), $(X_2, Y_2), \cdots , (X_n, Y_n)$이라 할 때 표본상관계수 r을 사용하여 다음의 결과를 얻을 수 있다.

$$T = \frac{r}{\sqrt{\frac{1-r^2}{n-2}}} \sim t(n-2)$$

이것은 상관계수의 검정에 사용된다.

⇛4.11 다변량정규분포

$p(\geq 2)$변량 정규분포를 따르는 확률벡터 $\boldsymbol{X} = (X_1, X_2, \cdots, X_p)'$의 확률밀도함수는 다음과 같다.

$$f(\boldsymbol{x}) = \frac{1}{(2\pi)^{p/2}|\Sigma|^{1/2}} exp\left[-\frac{1}{2}(\boldsymbol{x}-\boldsymbol{\mu})'\Sigma^{-1}(\boldsymbol{x}-\boldsymbol{\mu})\right]$$

$$\text{단, } \boldsymbol{x}' = (x_1, \cdots, x_p), \quad \boldsymbol{\mu}' = (\mu_1, \cdots, \mu_p), \quad \Sigma = \begin{bmatrix} \sigma_1^2 & \sigma_{12} & \cdots & \sigma_{1p} \\ \sigma_{21} & \sigma_2^2 & \cdots & \sigma_{2p} \\ \vdots & \vdots & \ddots & \vdots \\ \sigma_{p1} & \sigma_{p2} & \cdots & \sigma_p^2 \end{bmatrix}$$

즉, $\boldsymbol{\mu}$는 확률벡터 $\boldsymbol{X}$의 평균벡터, $\boldsymbol{\Sigma}$는 분산-공분산행렬(variance-covariance matrix)을 나타내고, $\boldsymbol{\Sigma}$의 (i,j)번째 요소 σ_{ij}는 X_i와 X_j의 공분산을 표시한다. 이 분포를 다변량정규분포(multivariate normal distribution)라고 하며 $MVN(\boldsymbol{\mu}, \Sigma)$로 표시한다.

정규분포를 따르는 두 확률변수 X_i와 $X_j (i \neq j)$ 의 결합분포는 $p=2$인 경우로서 $BVN\left(\mu_i, \mu_j, \sigma_i^2, \sigma_j^2, \frac{\sigma_{ij}}{\sigma_i \sigma_j}\right)$를 따른다. 여기서 $\frac{\sigma_{ij}}{\sigma_i \sigma_j}$는 X_i와 X_j의 상관계수를 나타낸다. 각 확률변수 X_i의 분포는 $N(\mu_i, \sigma_i^2)$을 따른다.

확률벡터 $\boldsymbol{X}_1, \boldsymbol{X}_2, \cdots, \boldsymbol{X}_n$ $[\boldsymbol{X}_i' = (X_{i1}, X_{i2}, \cdots, X_{ip}), \quad i = 1, 2, \cdots, n]$ 을 평균 $\underline{\mu}$, 분산 공분산행렬 Σ인 p변량 정규분포로부터의 확률표본이라 할 때, 표본평균벡터(sample mean vector) $\overline{\boldsymbol{X}}$와 표본분산 공분산행렬 S 는 다음

과 같이 정의한다.

$$\overline{\boldsymbol{X}} = \frac{1}{n}\sum_{i=1}^{n}\boldsymbol{X}_i = \frac{1}{n}\begin{pmatrix} \sum_{i=1}^{n} X_{i1} \\ \sum_{i=1}^{n} X_{i2} \\ \vdots \\ \sum_{i=1}^{n} X_{ip} \end{pmatrix}$$

$$\boldsymbol{S} = \frac{1}{n-1}\sum_{i=1}^{n}(\boldsymbol{X}_i - \overline{\boldsymbol{X}})(\boldsymbol{X}_i - \overline{\boldsymbol{X}})'$$

이 때 $\overline{\boldsymbol{X}} \sim MVN(\boldsymbol{\mu}, \frac{1}{n}\Sigma)$이고, $(n-1)\boldsymbol{S}$의 분포를 위샤트(Wishart)분포라고 한다. 또한 $\overline{\boldsymbol{X}}$과 $\boldsymbol{S}$는 서로 독립이다.

표본벡터 $\overline{\boldsymbol{X}}_s$의 분포는 다음과 같다.

$$\overline{\boldsymbol{X}}_s = \sqrt{n}\,\Sigma^{-1/2}(\overline{\boldsymbol{X}} - \boldsymbol{\mu}) \sim MVN(\boldsymbol{0}, I)$$

단, $\boldsymbol{0} = (0,0,\ldots,0)'$, I는 P×P단위행렬

또한

$$\overline{\boldsymbol{X}_s}'\overline{\boldsymbol{X}}_s = n(\overline{\boldsymbol{X}} - \boldsymbol{\mu})\Sigma^{-1}(\overline{\boldsymbol{X}} - \boldsymbol{\mu}) \quad \sim \chi^2(p)$$

다음은 호텔링(Hotelling)의 T^2통계량에 대해 알아보자. T^2통계량은 다음과 같이 정의한다.

$$T^2 = n(\overline{\boldsymbol{X}} - \boldsymbol{\mu})'\,\boldsymbol{S}^{-1}(\overline{\boldsymbol{X}} - \boldsymbol{\mu})$$

이 때 T^2의 분포는 다음과 같다.

$$T^2 \sim \frac{(n-1)p}{(n-p)}F(p, n-p)$$

호텔링의 T^2통계량은 다변량정규분포에서 평균벡터 μ의 구간추정과 검정에 사용된다. 일변량정규분포에서 t-통계량 $t=\dfrac{\overline{X}-\mu}{\sigma/\sqrt{n}}$과 χ^2통계량 $\chi^2=\dfrac{(n-1)S^2}{\sigma^2}$을 다변량정규분포로 일반화시킨 것이 호텔링의 T^2통계량과 위샤트의 $(n-1)\boldsymbol{S}$ 통계량이다.

Basic Statistical Techniques

3부에서 다루는 내용은 Basic Statistical Analysis 기법에 대한 것으로 데이터와 측정이론, 통계적 사고, 가설검증, 집단별 비교, 분산분석(ANOVA), 연관성(카이제곱)분석, 상관분석, 회귀분석, 비모수 검정을 다루기로 한다. 읽다가 난해하거나 어려운 이론이다 싶으면 그냥 넘어가도 좋다. 그러나 SixSigma Tools을 사용하여 나타난 결과 중에서 핵심적인 의사결정에 해당하는 부분이 어디인지 파악하고 그 의미를 이해하는데 시간을 투자해야 한다. 다시 말하지만 이론에 빠지지 말라. 이론이 필요하긴 해도 그것이 전부가 아니다. 이론에 너무 몰입하게 되면 현실세계에서 일어나는 현상과 데이터가 담고 있는 내용을 볼 수 있는 안목이 자라지 않기 때문이다. 그야말로 어리석은 해석이거나 통계적 효율을 강조하는 해설은 행동전략과는 상관이 없다. 분석은 행동하기 위하여 하는 것이다. 잊지 마시라.

5 데이터와 측정이론

⇨5.1 측정이란?

"품질에 만족한다.", "기업 이미지가 좋다.", "세계적인 기업이다.", "서비스가 훌륭하다." 등과 같이 우리는 수많은 대상의 개념, 생각, 신념, 느낌, 이미지, 특성, 현상 등을 평가하게 되는데 이러한 행위를 측정이라고 한다. 즉 측정은 대상, 사건, 변수들과 같은 실제적 속성들에 숫자나 상징 등의 규칙에 의거하여 할당하는 과정이라고 할 수 있다. 여기에서 규칙이란 "매우 만족"하는 경우는 5를 할당하고, "매우 불만"인 경우는 '1'을 할당하여 값이 커짐에 따라 만족정도를 나타내도록 할당하는 것과 같다. 그러므로 규칙은 측정의 질을 결정하기 때문에 측정과정에서 가장 중요한 요소가 된다. 측정을 다시 정의하면 과학적 방법의 근본이 되는 것으로 사물이나 현상 속에 나타난 개념에 체계적으로 숫자나 가치를 부여하는 활동이라고 할 수 있다. 그러므로 측정할 수 없다면 과학적 연구를 검증할 수 없으므로 측정할 수 없다는 것은 현상에 대해서 아무 것도 알고 있지 못함을 의미한다. 다시 말해 알지 못하면 측정할 수 없다는 말이다.

⇨5.2 측정과정

측정과정은 연구자가 문제와 가설을 정의하고 수립함과 동시에 시작된다. 모든 문제와 가설은 현실세계와 밀접한 개념이나 변수와 같은 용어들로 표현되기 마련이다. 문제의 형성은 한결같이 그 속에 포함된 용어들이 각각 이론적 측면과 실증적 측면에서 무엇을 의미하는가에 대해 심사숙고하게 된다. 그리고 측정의 목적은 문제나 가설 속에 포함된 용어들을 명확하게 측정할 수 있도록 한정하는 것이라고 할 수 있다. 따라서 측정과정은 추상에서 실제로의 이동이다. 이와 같이 실제로의 이동과정은 개념화(conceptualization), 변수(variables)와 지표(indicators)의 구체화, 조작화(operationalization) 등의 3단계로 세분화 될 수 있다.

5.2.1 개념화

개념화(conceptualization)란 개념을 개발하고 명확하게 하는 것을 말한다. 개념의 의미가 명확하지 않으면 개념에 대한 관측이 가능하지 않기 때문에 개념을 명확하게 하는 것이 측정과정의 첫 단계라고 할 수 있다. 명료하지 않은 개념을 가지고 측정과정을 무리하게 진행한다면 결코 바른 연구를 수행할 수 없으며 역시 불명료한 결과를 도출하게 된다.

예를 들어, '교육이 편견을 감소시킨다'는 가설을 검증하기를 원한다면 무엇보다도 **'교육'**과 **'편견'**에 대한 개념정의부터 명확하게 해야 할 것이다. 교육은 "지적 그리고 도덕적 훈련과 지식의 정도"라고 정의할 수 있으며, 편견은 "감정적이고 한 쪽으로 치우친 사고 또는 견해"라고 정의할 수 있다. 만약 정의에 어려움이 있다면 전문학술용어사전이나 국어사전 등을 참조하여 기존의 정의를 사용하는 것도 좋은 방법이다. 그러나 개념에 대한 통일된 정의가 없는 경우에는 직접 이에 대해 새롭게 정의해야 할 것이다.

교육은 공식적 교육과 비공식적 교육 등으로 나누거나 학교교육, 사회교육, 가정교육 등으로 세분할 수 있다. 또한 편견은 부정적 감정, 고정관념, 차별화 경향 등으로 세분하거나 편견의 대상에 따라 인종적 편견, 여성에 대한 편견 등으로 유형화할 수 있다.

5.2.2 변수와 지표의 구체화

개념은 일반적으로 직접 측정가능하지 않다는 측면이 있으며 같은 분석단위에 대해서도 서로 다르게 측정할 가능성도 있다. 즉 교육과 편견과 같은 개념은 있는 그대로 측정할 수 없으며, 연구자에 따라 서로 다른 측면에서 측정할 가능성이 있다. 그러므로 개념을 변수로 전환시켜야 할 필요가 발생한다. 교육은 '공식적으로 교육받은 정도'나 '지식량' 등의 변수(variables)로 전환시킨다.

이처럼 개념을 변수로 전환시키고 나면 분석단위들에 대한 측정에 어느 정도 접근하게 된다. 그러나 아직도 정확한 측정과는 다소 거리가 있다. 따라서 변수의 추상성을 더욱 구체화하는 단계라고 할 수 있는 지표(indicators)로 전환되어야 한다. 즉 '공식적인 학교교육을 받은 년수'라는 지표로 전환한다.

교육과 같은 복잡하지 않은 개념의 경우 하나의 지표만을 사용해도 충분히 측정할 수 있지만 편견과 같이 복잡한 개념은 하나의 지표만을 가지고 측정하는 것은 충분하지 못할 수가 있다. 이러한 경우는 두 개 이상의 지표를 사용할 필요가 있다. 두 개 이상의 지표를 사용하여 개념을 측정하는 것을 지수(index) 또는 척도(scale)라고 한다. 즉 편견을 측정하기 위하여 여러 측면에서 측정할 수 있는 여러 질문문항들로 편견척도를 구성할 수 있다.

5.2.3 조작화

조작화(operationalization)는 측정과정의 마지막 단계로 분석단위를 범주별로 분류하는 과정을 의미한다. 즉 조작적 정의(operational definition)로 각 분석단위를 변수들이 가지는 범주로 할당하는 작업/과정이라고 할 수 있다.

하나의 완전한 조작적 정의는 흔히 분석단위를 상대로 하는 일련의 질문들과 응답범주들 그리고 자료수집과 개별 사례들을 범주에 할당하는 지침 등을 포함하는 것이 보통이다. 예를 들어 공식적 교육의 정도를 측정하기 위한 조작적 정의는 '질문부분'과 5개의 응답범주로 구성되는 '응답부분'으로 구성된다.

질문 당신이 공식적으로 학교교육을 받은 연수는 얼마입니까?

① 6년 미만

② 6년 이상 ~ 8년 미만

③ 8년 이상 ~ 12년 미만

④ 12년 이상 ~ 16년 미만

⑤ 16년 이상

질문 당신이 공식적으로 학교교육을 받은 정도는 어떠합니까?

① 초졸 미만

② 초졸

③ 중졸

④ 고졸

⑤ 대졸

⑥ 대학원졸

[측정과정 예시]

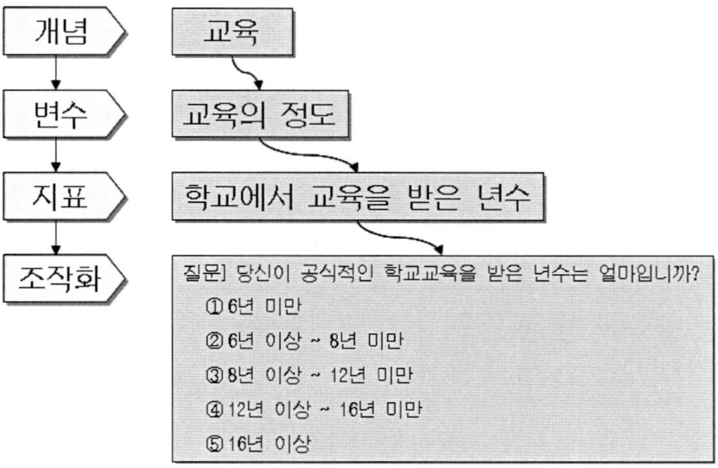

➾5.3 데이터란 무엇인가?

어떠한 결론을 내리는데 있어서 근거가 될 수 있는 모든 사실을 통칭적으로 데이터(또는 자료)라고 한다. 데이터는 숫자, 문자, 화상, 소리 등의 형태로 표현될 수 있지만, 데이터분석에서는 주로 숫자 데이터를 대상으로 한다. 숫자 데이터란 어떤 대상의 속성에 수치를 부여하는 과정에 따라 수치화된 데이터를 뜻한다. 데이터는 크게 정성적 데이터(non-metric data)와 정량적 데이터(metric data)로 나누어진다. 정성적 데이터는 비계량적 데이터 또는 질적 데이터(qualitative data)라고도 하며, 이는 데이터 분석에서는 범주형 데이터(categorical data)로 수치화 되며 이는 다시 명목척도와 서열척도로 구분된다. 또한 정량적 데이터는 계량적 데이터 또는 양적 데이터(quantitative data)라고도 하며, 이는 데이터 분석에서 연속형 데이터로 취급하며 다시 연속형 데이터는 등간척도와 비율척도로 구분된다.

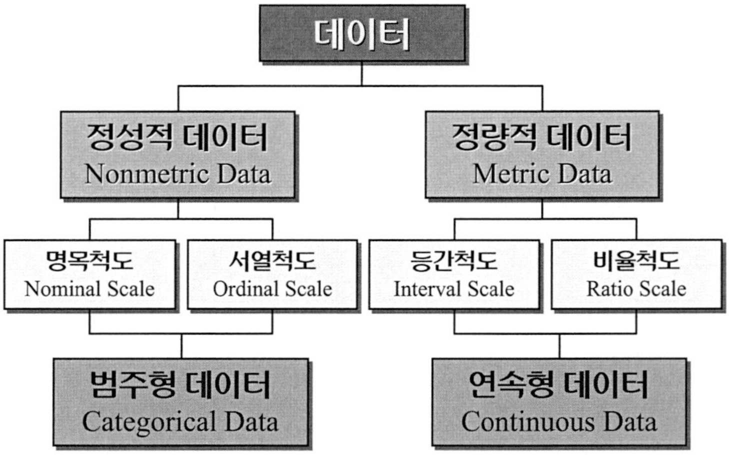

[그림 5.3] 데이터의 유형

➾5.4 측정수준

측정수준(level of measurement)은 어떤 변수에 대한 속성들에 할당된 변수값들의 관계를 의미한다. 그러면 변수값들의 관계란 무엇을 의미하는 것인가? 예를 들어, "주거형태"라는 변수를 생각해 보자. 응답자들이 응답할 수 있는 주거형태는 여러 가지가 있을 수 있다. 여기에서는 '단독주택', '연립주택', '아파트' 등을 응답할 수 있다고 가정하면, 각각의 3가지 주거형태의 종류는 속성들이라고 할 수 있으며 이러한 속성들에 숫자를 부여하는 과정을 수치화라고 한다. 이렇게 수치화 과정을 통하여 부여된 각 숫자를 변수값이라고 한다. 이러한 변수값들이 가지는 상호관계를 측정수준이라 한다. 즉 주거형태가 단독주택인 경우는 1, 연립주택은 2, 아파트는 3으로 수치화한다면 이들 1, 2, 3의 의미는 단지 이름을 숫자로서 부여했을 뿐 다른 의미를 갖지 않는다. 다시 말해 연립주택(=2)이 단독주택(=1)의 2배라고 평가할 수 없으며, 서로간의 순서적 관계도 부여할 수 없다. 이러한 경우는 명목적인 의미만을 부여할 수 있으므로 명목척도(nominal scale)라고 한다. 수치화된 변수

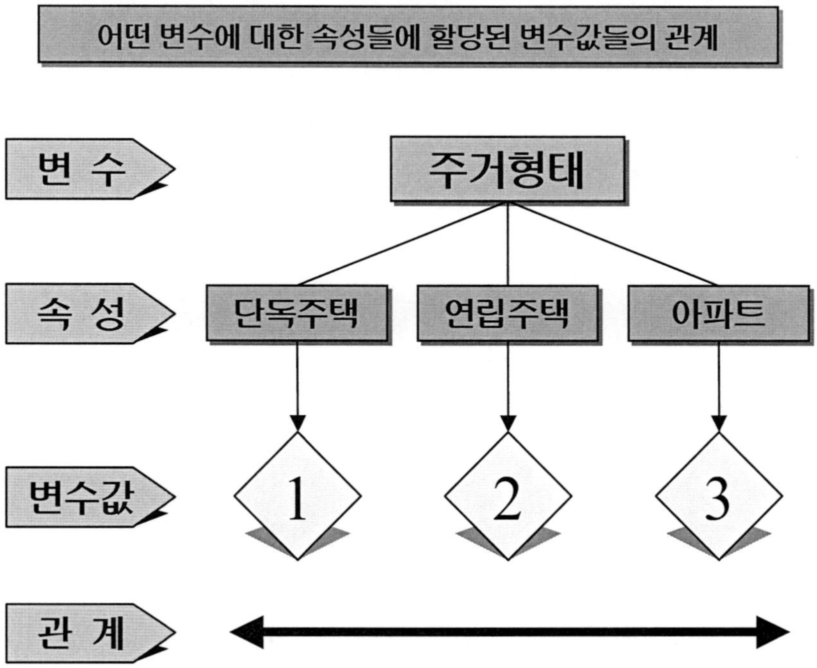

[그림 5.4] 측정수준

값들의 상호관계, 즉 측정수준에 따라 4가지의 척도로 나누어 볼 수 있으며, 일반적으로 4가지 측정수준은 다음과 같다.

- ▼ **명목척도 (nominal scale)**
- ▼ **서열척도 (ordinal scale)**
- ▼ **등간척도 (interval scale)**
- ▼ **비율척도 (ratio scale)**

측정수준에 따라 4가지 척도인 명목, 서열, 등간, 비율척도로 나누는 전통적인 측정수준 분류방법은 S.S. Stevens(1946)[2]에 의해 개발된 것이다. 이것이 가장 기본적인 분류방법이며, 여기에서도 이 방법을 사용한다. 여러 가지 다른 방법도 존재하며, 측정수준을 무시함으로써 발생하는 통계적 영향에 관해서 많은 논의가 있었으며(Borgatta와 Bohrnstedt(1980)[3] 참조), 결코 측정

2) Stevens, S.S.(1946), On the theory of scales of measurement, Science, 103, 677-680

수준을 무시해서는 데이터 분석을 진행할 수 없다.

측정수준은 측정된 변수값들의 상호관계를 말하며, 순서와 거리라는 특성으로 구분된다. 컴퓨터는 기계이므로 주어진 변수값들이 어떠한 측정을 통하여 얻어졌는지 알 수 없다. 그러므로 우리가 데이터의 측정수준을 결정하고, 이에 알맞은 적절한 통계분석방법을 적용해야 한다. 그러므로 측정수준에 따른 이 4가지 척도를 직관적으로 구분할 수 있도록 철저히 이해해야 한다.

이제 데이터 분석에서 사용되는 이 4가지 척도에 대하여 자세히 설명하기로 한다.

⇨5.5 척도의 종류

특정 사실을 수치화하는데 있어 어떠한 측정수준으로 수치화하였는가에 따라 명목척도, 서열척도, 등간척도, 비율척도 등의 네 가지로 분류되며, 어떤 척도를 사용하였느냐에 따라 측정된 데이터들에 내재된 정보의 양이 달라지며, 더 나아가 적용되는 통계분석방법이 달라진다. 이상의 척도에 따른 종류를 자세히 살펴보기로 한다.

5.5.1 명목척도(nominal scale)

측정대상을 고유한 특성에 따라 분류하거나 구분할 목적으로, 동일한 특성을 갖는 대상들이 동일한 수치를 갖도록 한 데이터를 명목척도 데이터라 한다. 즉, 명목척도는 분류에 기초를 두고 수치화된 데이터이다. 명목척도에서는 유일한 속성에 부여된 숫자 변수값이 단지 “이름”에 불과하다. 케이스

3) Borgatta, E.F., and Bohrnstedt, G.W.(1980), Level of Measurement once over again, Sociological methods and research, 9:2, 147-160

들에 순서적인 의미가 없다.

예를 들어, 어떤 상품의 전체 구매고객집단을 성별로 분류하여 '남자고객'에게는 '1', '여자고객'에게는 '2'라는 수치를 부여한다면 이것이 바로 명목데이터인데, 이러한 수치들은 단지 그 집단의 명칭을 대신할 뿐, 통상적인 수량의 의미로서 '1'과 '2'를 뜻하지 않는다. 또 다른 예로 농구에서 선수의 등번호는 명목상의 의미로 부여된 이름에 불과하다. 등번호 30인 선수는 등번호 15인 선수보다 운동능력이 뛰어난 것이 아니며, 능력이 2배라고 할 수도 없다. 따라서 명목척도는 4칙연산(+, −, ×, ÷) 등 일체의 수학적 계산이 불가능하며, 데이터의 값을 바꾸어도 무방하다. 즉, 성별에 있어서 남자를 '2', 여자를 '1'로 하여도 아무런 문제가 발생되지 않는다.

예

성별 ; 남자=1, 여자=2
운동종목 ; 축구=1, 배구=2, 농구=3
직업 ; 회사원=1, 공무원=2, 자영업=3, 학생=4, 무직=5
지역 ; 서울 경기=1, 강원도=2, 경상도=3, 전라도=4, 제주도=5
수학적 의미) A=B 또는 A≠B

5.5.2 서열척도(ordinal scale)

측정대상들을 비교하기 위해 특성의 다과 또는 대소의 서열(순서)에 따라 측정대상들에게 수치를 부여한 데이터를 서열척도 데이터 또는 순서척도 데이터라 한다. 즉, 측정대상을 그 특성에 따라 순서대로 배열하고, 그 순서에 따라 1, 2, 3등의 수치를 부여하면 이것이 바로 서열척도 데이터에 해당된다.

예를 들어 특정상품의 고객호응도에 따라 매우좋음=5, 좋음=4, 보통=3, 나쁨=2, 매우나쁨=1 등으로 수치를 부여하였을 경우, 5는 1과 다르게 분류된다는 점 이외에 수치가 커질수록 고객호응도라는 특성의 서열이 높아지게 된다. 그러나 1, 2, 3, 4, 5 등의 수치들은 단지 순서적 배열에서의 상대적 위치만을 가리킬 뿐이므로, 고객들이 절대적으로 얼마나 많은 호응을 하고 있는지는 알 수 없다. 즉, 매우좋음=5로 응답한 고객의 호응도가 매우 나쁨=1로 답한 고객의 호응도의 5배에 해당하는 호응도라고는 말할 수 없다.

예

건강상태 ; 양호=3, 보통=2, 나쁨=1
상품의 소비도 ; 대량소비=3, 중간소비=2, 소량소비=1, 비소비=0
지지도 ; 적극찬성=2, 약간찬성=1, 잘모르겠음=0, 약간반대=-1, 적극반대=-2
수학적 의미) A〉B, A=B, A〈B

5.5.3 등간척도(interval scale)

측정대상이 갖고 있는 속성의 양적인 정도의 차이에 따라 등간격으로 수치를 부여한 데이터를 등간척도 데이터라 한다. 등간척도 데이터는 해당속성이 전혀 없는 상태인 절대적 원점(absolute zero)이 존재하지 않으며 비율의 의미가 존재하지 않는 데이터이다. 등간척도 데이터는 수학에서 사용되는 4칙연산이 가능하며, 평균, 표준편차 등의 계산도 가능하다.

등간척도의 가장 대표적인 예로써 온도를 들 수 있는데, 화씨온도와 섭씨온도에 있어서 양자 모두 서로 다른 임의의 '0'점을 가지고 있지만, 실제로 '0'이라는 양을 가리키거나 온도가 없다는 것을 의미하지는 않는다. 또한, 100℃의 온도가 50℃의 온도의 정확히 2배 높은 온도라고 말할 수 없다. 이는 섭씨 0도가 열이 전혀 없는 상태인 절대 0점이 아니라 편의에 의하여 설정된 상대적 0점이기 때문이다.

예

온도 ;	섭씨	0℃	50℃	100℃
	화씨	32℉	122℉	212℉

물가지수, 산업생산지수, 무역수지 등
지지도 ; 적극찬성=2, 약간찬성=1, 잘모르겠음=0, 약간반대=-1, 적극반대=-2
수학적 의미) (A-B)+(B-C)=A-C가 성립

5.5.4 비율척도(ratio scale)

등간척도가 갖는 특성에 추가로 절대적 원점(absolute zero)이 존재하고 비율계산이 가능한 데이터를 비율척도 데이터라 한다. 즉, 소득이 0이라면 소득이 전혀 없음을 의미하며, 소득 200만원은 소득 100만원의 2배라고 확실하게 말할 수 있다. 수학에서 사용되는 4칙연산이 가능하며, 평균, 표준편차 등의 계산이 가능하다.

예

광고비, 판매량, 매출액, 무게, 제품가격, 소득 등

수학적 의미) A=KB, B=LC이면 A=KLC(단, K,L≠0)

상기 4종류의 데이터는 명목척도, 서열척도, 등간척도, 비율척도의 순으로 데이터가 갖고 있는 정보의 수준이 높아지므로 보다 정밀한 통계분석방법을 적용시킬 수 있으며, 통상적으로 명목척도와 서열척도 데이터를 범주형 데이터(categorical data)라 하며, 등간척도와 비율척도 데이터를 연속형 데이터(continuous data)라고 한다.

5.5.5 연구내용 중심의 측정수준

앞에서 각각의 측정수준이 의미하는 바를 예를 들어 설명하였다. 그러나 많은 경우에 이러한 4가지 측정수준의 예를 단순히 암기하거나 기억하는 것이 진정으로 이해한 것이 아니라는 것이다. 예를 들어 지역이라는 변수가 있다고 하자. 이 '지역'이라는 변수는 서울, 대전, 대구, 부산, 전주, 광주 등 우리나라의 주요 도시들을 변수값으로 가지고 있다. 그렇다면 이 변수의 측정수준은 무엇인가 앞에서 설명한 것을 단순히 암기했다면 명목척도로 판단해야 될 것이다. 그런데 이 지역이라는 변수를 가지고 연구해야 할 내용이 "수도권을 기점으로 물리적 거리가 멀어질수록 국민들의 정치참여도가 점점 낮아질 것이다"라는 명제를 연구한다고 하면 이 변수의 측정수준은 어떻게 될까? 이런 경우에는 지역이라는 변수는 명목척도가 아닌 서열척도로 보고 분석해야 할 것이다. 결론적으로 말해서 측정수준의 문제는 연구의 내용에 따라 그 변수에 부여되는 의미가 달라질 수 있으며 이에 따라 그 변수의 측정수준도 맞추어 판단해야 할 것이다. 그러므로 앞에서 설명한 4가지 측정수준에 대하여 이해없이 단순히 암기하는 것은 모르는 것만 못하며 이렇게 함으로써 나타나는 여러 가지 몰이해로 인한 피해는 가히 상상을 초월할 정도인 경우도 종종 발생한다. 측정수준이 무엇인가에 따라서 분석방법이 결정될 뿐만 아니라 그에 대한 해석시 말 표현도 달라지기 때문에 이에 대한 적절한 표현이 잘못됨으로 인해 한 사람의 분석자가 명석해 보이지 않거나 무지한 자로 낙인찍히는 사례도 있음을 명심하기 바란다. 어떤 이론이든 방법이든 기본을 충실히 이해하고 체험하는 것이 가장 중요하다. 기본이 바로 서야 그 위에 응용, 활용, 확장이든 쌓아 올릴 수 있으며 쉽게 무너지지 않는다. 그렇지 않은가?

⇨5.6 척도화 방법

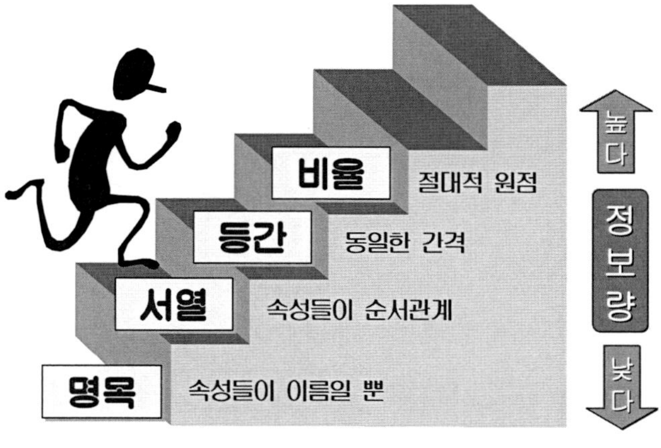

측정수준은 명목척도, 서열척도, 등간척도, 비율척도의 순으로 데이터가 갖고 있는 정보의 수준이 높아지므로 보다 정밀한 분석방법에 적용시킬 수 있도록 하기 위하여 비율척도나 등간척도를 사용하기를 원할 것이다. 그러나 비율척도나 등간척도는 응답자로부터 정확한 응답을 얻기가 어렵거나 불가능한 경우가 많고, 가능하다 하더라도 신뢰성이 높은 척도를 개발하기가 쉽지 않다. 이에 반해 서열척도나 명목척도를 이용한 측정은 설문에 대해 응답자의 협조를 얻기가 쉬운 장점이 있으나 적용할 통계적 분석방법에 한계가 있으므로 분석자는 수집될 자료의 질적인 문제뿐만 아니라 응답자의 협조가능성 등을 고려하여 적절한 척도를 선정해야 한다. 이에 대해 다소 도움이 될 수 있는 몇 가지 척도 평가법을 익히도록 하자.

5.6.1 **평가척도**

평가척도(rating scale)는 어떤 질문에 대해 응답자의 반응정도를 글, 숫자 또는 그림을 이용하여 평가하도록 하는 방법이다. 다음은 평가법을 이용하여 질문하는 보기이다.

(1) 글을 이용한 평가척도

문항 현재 사용하시는 휴대폰의 전체적인 만족도는 어떻습니까? (　　)

① 매우 불만족스럽다.
② 조금 불만족스럽다.
③ 보통이다.
④ 조금 만족스럽다.
⑤ 매우 만족스럽다.

(2) 숫자를 이용한 평가척도

문항 현재 사용하시는 휴대폰의 전체적인 만족도는 어떻습니까? 다음의

5점으로 표시한 척도상에서 적절한 위치에 ☑ 표시해 주십시오.

1-----------2-----------3-----------4-----------5

매우 불만　　조금 불만　　보통　　조금 만족　　매우 만족

(3) 그림을 이용한 평가척도

문항 현재 사용하시는 휴대폰의 전체적인 만족도는 어떻습니까? 다음의 보기 그림 중에서 적절한 위치에 ☑ 표시해 주십시오.

☐----☐----☐----☐----☐----☐----☐

매우 불만　　불만　　조금 불만　　보통　　조금 만족　　만족　　매우 만족

5.6.2 어의차이 척도

어의차이 척도(semantic differential scale)는 척도의 양끝에 서로 상반되는 수식어를 표시하고 7개의 응답범주를 작성하여 응답자의 생각을 7개 척도상에 표시하도록 요구하는 방법이다. 응답자의 진술에 대한 일관성을 위하여 "중립적"인 견해는 '0'을, "약간/다소"에는 '+/-1'을, "중간정도"는 '+/-2'를, "극도로 또는 매우"인 경우는 '+/-3'을 표시하도록 지침을 받게 된다.

문항 제품의 광고에 대하여 어떻게 생각하십니까?

	-3	-2	-1	0	+1	+2	+3	
공격적이다	☐	☐	☐	☐	☐	☐	☐	호감이 간다
자극적이다	☐	☐	☐	☐	☐	☐	☐	자극적이지 않다
나쁘다	☐	☐	☐	☐	☐	☐	☐	좋다
재미없다	☐	☐	☐	☐	☐	☐	☐	재미있다
무익하다	☐	☐	☐	☐	☐	☐	☐	유익하다
무용하다	☐	☐	☐	☐	☐	☐	☐	유용하다

5.6.3 스타펠 척도

스타펠 척도(Stapel scale)는 어의차이 척도의 변형된 형태로 볼 수 있다. 어의차이 척도는 양쪽 끝에 서로 상반되는 수식어를 제시하는 반면 스타펠 척도는 하나의 수식어만을 제시하여 응답자의 평가정도를 측정하는 방법이다. 대개 스타펠 척도는 다음과 같은 수직형으로 제시된다.

문항 귀하가 시음하신 음료에 대한 평가를 다음과 같은 항목에 대해 적절한 점수에 ㅇ를 표시하여 주십시오. +5는 매우 적절한 설명이라 생각하는 경우이고 5는 전혀 적절하지 않은 설명이라 생각하는 경우이다.

+5	+5	+5
+4	+4	+4
+3	+3	+3
+2	+2	+2
+1	+1	+1
상쾌한 맛이다	뒷맛이 좋다	갈증해소에 좋다
-1	-1	-1
-2	-2	-2
-3	-3	-3
-4	-4	-4
-5	-5	-5

5.6.4 리커트 척도

리커트 척도(Likert scale)는 응답자에게 서술형의 질문에 대해 찬성의 정도와 반대의 정도를 표시하도록 하는 방법이다. 보통 20개 내지 30개 서술형 문항을 사용하며, 긍정적인 문항과 부정적인 문항을 포함시킨다.

예 1

문항 조금 전에 보신 신문광고에 대해 귀하의 의견을 듣고 싶습니다.

다음 질문에서 귀하께서 생각한 정도를 해당 번호에 [✔]표 해 주십시오.

	전혀 아니다	보통 이다	매우 그렇다
(보기) 아름답다	①--②--③--④--⑤--⑥--⑦		
1. 즐겁다	①--②--③--④--⑤--⑥--⑦		
2. 보기 좋다	①--②--③--④--⑤--⑥--⑦		
3. 시원스럽다	①--②--③--④--⑤--⑥--⑦		
4. 카피가 잘 읽힌다	①--②--③--④--⑤--⑥--⑦		
5. 심플하다	①--②--③--④--⑤--⑥--⑦		
6. 호감이 간다	①--②--③--④--⑤--⑥--⑦		
7. 과장되어 있다	①--②--③--④--⑤--⑥--⑦		
8. 저속하다	①--②--③--④--⑤--⑥--⑦		
9. 복잡하다	①--②--③--④--⑤--⑥--⑦		
10. 재미있다	①--②--③--④--⑤--⑥--⑦		
11. 유익하다	①--②--③--④--⑤--⑥--⑦		
12. 진실하다	①--②--③--④--⑤--⑥--⑦		
13. 따분하다	①--②--③--④--⑤--⑥--⑦		
14. 만족스럽다	①--②--③--④--⑤--⑥--⑦		

예 2

문항1 귀하께서는 지금 보고 계시는 광고의 모델에 대해서 어떻게 생각하십니까? ( )안에 다음과 같은 척도의 번호를 기입하여 주시기 바랍니다.

① 전혀 그렇지 않다 ② 그렇지 않다 ③ 그저 그렇다 ④ 그렇다 ⑤ 정말 그렇다

광고모델이

1. 믿음이 간다 ( )
2. 신뢰가 간다 ( )
3. 외모가 맘에 든다 ( )
4. 친밀감이 든다 ( )
5. 나와 생각과 경험이 유사해 보인다 ( )
6. 진지해 보인다 ( )
7. 호감이 간다 ( )
8. 정직해 보인다 ( )
9. 지식이 많아 보인다 ( )

문항2 귀하께서는 이 광고에 대해 어떻게 생각하십니까?

10. 모델이 제품의 선호도를 높였다 ( )
11. 흥미 있는 광고이다 ( )
12. 잘되고 좋은 광고이다 ( )
13. 이미지가 좋은 광고이다 ( )
14. 이 모델이 출연한 광고를 본 후 제품을 사고 싶어졌다 ( )

문항3 귀하께서는 이 모델이 본 제품의 광고효과를 높였다고 생각하십니까?

( )

문항4 귀하께서는 이 광고모델의 지속적 기용에 대해 어떻게 생각하십니까?

15. 매우 효과적이다 ( )
16. 매우 바람직하다 ( )
17. 매우 지루하다 ( )
18. 거부감이 생긴다 ( )

Introduction to
Behaviorally Statistical Data Analysis
using SixSigma Tools 2007, Excel 2010 VBA Solution

6

통계적 가설검정

⇒6.1 가설검정의 개요

가설검정이란 모집단에 대해 어떤 가설을 설정한 뒤에 표본관측을 통하여 그 가설의 채택여부를 결정하는 분석방법이다.

일반적으로 가설을 모수에 대하여 설정하는데, 다음과 같은 3가지 사례에 대한 통계적 추론에 대하여 생각해 보기로 한다.

3가지 사례

사례1 1995년도 회사의 신제품의 월평균판매량 3,000개 정도였다. 매년 이 제품의 월평균판매량이 증가하였다고 할 수 있는가?

사례2 서울의 강남지역과 강북지역의 제품 구매량은 같은가?

사례3 새로운 방법으로 제작된 자동차 타이어의 평균수명이 재래식 방법으로 제작된 타이어보다 더 길다고 할 수 있는가?

위와 같은 문제들에 대하여 통계적 결론을 유도하는 과정을 가설검정이라고 하는데 각각의 문제에 대한 접근방법은 다음과 같다.

사례1 의 경우는 "2011년도 신제품의 월평균 판매량이 2010년도 신제품의 월평균 판매량에 비하여 증가하였다고 할 수 있는가?"의 문제로 이를 수리적으로 표현하면 'μ=2011년도 신제품의 월평균 판매량'이라고 할 때,

μ=3000인가? (즉 2010년도 신제품의 월평균 판매량과 같은가?) 또는

μ>3000인가? (즉 2010년도 신제품의 월평균 판매량에 비하여 증가하였는가?)

를 알고자 하는 것이다. 이 문제에 대한 답을 구하기 위하여 2011년도 신제품의 월평균 판매량을 조사하기 위하여 몇 개의 상점을 표본으로 추출하여 월평균 판매량을 조사하여야 한다. 예를 들어 100개의 상점을 무작위로 선발하여 월평균 판매량을 조사한 결과 표본평균 $\overline{X}$와 S^2을 구하였다면 이 두 통계량을 이용하여 2011년도 제품의 월평균 판매량이 2010년도와 같이 3,000개라 할 수 있는지 또는 2010년도보다는 증가하였다고 할 수 있는지를 판단한다.

사례2 의 경우에는 서울의 강남지역과 강북지역의 제품 구매량을 비교하기 위하여 두 지역에서 각각 50개의 대리점을 '무작위로' 추출하여 제품에 대한 고객의 구매량을 조사한 후 구매량을 비교할 수 있다. 이 경우 비교의 초점은 "강남지역과 강북지역의 제품 구매량은 같은가? 또는 다른가?"인데, 이를 수리적으로 표현하면

μ_1 =강남지역에서 제품 구매량의 평균

μ_2 =강북지역에서 제품 구매량의 평균

이라고 할 때, 각 지역에서 표본으로 추출된 대리점의 고객의 제품 구매량에 의하여 $\mu_1=\mu_2$ 인가 또는 $\mu_1 \neq \mu_2$인가를 알고자 하는 것이다.

사례3 의 경우에는 두 제조방법에 의하여 제조된 타이어의 수명을 비교하는 문제로 과거의 재래식 제조방법으로 제조된 타이어 n_1개와 새로운 제조방법

에 의하여 제조된 타이어 n_2개를 '무작위로' 표본으로 추출하여 동일한 차종을 이용하여 타이어의 수명을 조사한다. 이렇게 조사된 표본결과를 이용하여 "새로운 제조방법에 의하여 만들어진 타이어의 수명이 더 긴가? 또는 두 제조방법에 차이가 없는가?"를 결정하게 되는데, 이를 수리적으로 표현하면

μ_1 =재래식 제조방법에 의하여 만들어진 타이어의 평균수명

μ_2 =새로운 제조방법에 의하여 만들어진 타이어의 평균수명

이라고 할 때, 표본관측에 의하여 "$\mu_1 = \mu_2$인가 또는 $\mu_1 < \mu_2$인가"를 결정하는 것이다.

위의 3가지 사례 모두 표본관측을 통하여 모집단의 모수에 대한 어떤 결론을 유도하는 가설검정의 문제인데, 표본추출에서 표본이 '무작위로' 선택되어야 함은 당연하다. 그러나 표본이 무작위로 추출되지 않을 경우 가설검정의 결과는 진실을 왜곡하는 결과를 도출할 수도 있다. 예를 들어 **사례2** 의 경우 실제로는 강남지역의 고객의 제품 구매량이 높다고 가정한다면 조사자의 편의에 따라 조사하거나 또는 우연한 실수로 인해 강남지역에서 제품 구매량이 작은 50개의 대리점을 추출하고 강북지역에서 제품 구매량이 많은 50개의 대리점을 추출하여 구매량을 조사하였다고 하자. 이러한 경우 전반적으로 강남지역 제품 구매량이 많은데도 불구하고 검정결과는 강북지역 제품 구매량이 많은 것으로 잘못 판단하게 된다.

⇨6.2 가설의 설정

가설검정에서 가장 기본적인 사항은 검정하고자 하는 모집단의 모수에 대하여 가설을 설정하는 것이다. 가설(hypothesis)은 항상 귀무가설(null hypothesis;H_0)과 대립가설(alternative hypothesis;H_1)의 2가지로 설정하며 가

설검정이란 표본관찰 또는 실험을 통하여 귀무가설과 대립가설 중에서 하나를 선택하는 과정이라고 할 수 있다. 두 가설 H_0 와 H_1 은 각각의 경우에 따라서 결정되어지는데 모수에 대한 가설 중에서 **'항상 간단하고 구체적인 표현'**을 귀무가설로 설정한다.

사례1 의 경우 "μ=3000인가 또는 μ>3000인가"를 판단하고자 하므로 H_0 와 H_1 은 각각

H_0 : μ = 3000 (2011년도 월평균 판매량이 3000개이다)

H_1 : μ> 3000 (2011년도 월평균 판매량이 3000개보다 많다)

와 같이 설정하며, **사례2** 의 경우 "$\mu_1 = \mu_2$ 인가 또는 $\mu_1 \neq \mu_2$인가"를 판단하고자 하므로 H_0 와 H_1 은 각각

H_0 : $\mu_1 = \mu_2$

(강남지역의 제품 구매량 평균과 강북지역의 제품 구매량 평균이 같다)

H_1 : $\mu_1 \neq \mu_2$

(강남지역의 제품 구매량 평균과 강북지역의 제품 구매량 평균이 같지 않다)

와 같이 설정하며, **사례3** 의 경우 "$\mu_1 = \mu_2$인가 또는 $\mu_1 < \mu_2$인가"를 판단하고자 하므로 H_0 와 H_1 은 각각

H_0 : $\mu_1 = \mu_2$

(재래식 제조 방법과 새로운 제조방법에 의한 타이어의 평균수명이 같다)

H_1 : $\mu_1 < \mu_2$

(새로운 제조방법에 의한 타이어의 평균수명이 재래식 방법에 의한 타이어의 평균수명보다 길다)

와 같이 설정한다.

가설검정이란 두 가설 H_0 와 H_1 중에서 하나를 선택하는 과정이므로 H_0 을 채택(accept)하면 H_1 을 기각(reject)하게 되고 H_0 을 기각하면 H_1 을 채택

하게 된다. 따라서 가설검정이란 '귀무가설 H_0을 채택하든지 또는 기각하는 과정'이라고 이해할 수 있다.

가설의 설정

가설검정에서 가설은 귀무가설(H_0)과 대립가설(H_1)로 설정하는데, 귀무가설은 "모수가 특정한 값이다" 또는 "두 모수의 값이 같다" 과 같이 간단하고 구체적인 경우를 지정하며 대립가설은 "모수가 특정한 값이 아니다" 또는 "한 모수의 값이 다른 모수의 값보다 크다" 또는 "두 모수의 값이 다르다" 등과 같이 모수에 대한 관심의 영역 중에서 귀무가설로 지정되지 않은 모든 경우를 포괄적으로 지정한다.

6.3 검정통계량

가설검정은 모수에 대한 가설을 설정한 후에 표본관측을 통하여 검정에 필요한 통계량을 구한다. 이와 같이 검정에 이용되는 통계량을 검정통계량(test statistic; $T(X)$)이라고 하는데, 검정통계량의 분포는 항상 가설에서 주어지는 모수를 갖는 분포를 따른다. 예를 들어 **사례1** 에서 $(X_1, X_2, \cdots, X_{100})$을 표본으로 추출된 상점들의 월평균 판매량이라고 할 때 표본평균과 표본분산은 각각

$$\overline{X} = \frac{1}{n}\sum_{i=1}^{n} X_i$$

$$S^2 = \frac{1}{n-1}\sum_{i=1}^{n} (X_i - \overline{X})^2, \quad n = 100$$

과 같으며, 여기에서 가설 $H_0 : \mu = 3000$과 $H_1 : \mu > 3000$ 에 대한 검정통계량은 표본평균 $\overline{X}$이다. $\overline{X}$의 분포는 모집단 분포가 $N(\mu, \sigma^2)$이라고 할 때, $\overline{X} \sim$

$N(\mu, \sigma^2/n)$이며, 표준화 공식에 의하여

$$\frac{\overline{X}-\mu}{\sigma/\sqrt{n}} \sim N(0,1)$$

이다. 가설검정이란 귀무가설이 옳다는 전제하에서 검정통계량의 값을 구한 후에 이 값이 나타날 가능성의 크기에 의하여 귀무가설의 채택여부를 결정하는 것이다. 다시 말하면 모평균 μ가 귀무가설에서 주어진 특정값 μ_0이라고 할 때, 검정통계량

$$T(X) = \frac{\overline{X}-\mu_0}{\sigma/\sqrt{n}}$$

의 값이 표준정규분포에서 나타날 가능성의 크기에 의하여 귀무가설의 채택여부를 결정한다.

앞의 문제에서 표본평균과 표본분산이 각각 $\overline{X}=3100$, $S^2=500$ 이라고 할 때, 모분산 σ^2을 알지 못하므로 σ^2을 표본분산 S^2으로 대치하면, 검정통계량은

$$t = \frac{\overline{X}-\mu}{S/\sqrt{n}} \sim \ t_{n-1}, \quad n=100$$

으로 자유도가 $n-1=99$인 t-분포를 따른다. 자유도 99는 30보다 크므로 위의 t-값은 근사적으로 표준정규분포 $N(0,1)$을 따른다(이는 중심극한정리에 의해)고 할 수 있다. 귀무가설에서 $\mu=3000$으로 주어져 있으므로, 귀무가설에서 검정통계량의 값은

$$t = \frac{\overline{X}-\mu_0}{S/\sqrt{n}} = \frac{3100-3000}{\sqrt{500/100}} = \frac{100}{2.2361} = 44.72$$

가 된다. 이 값은 귀무가설이 옳다는 전제하에서 구한 검정통계량의 값인데, 이 t-값은 표준정규분포를 따름을 알고 있다. 표준정규분포에서 위의 t-값 44.72가 나타날 가능성이 거의 0과 같음을 알 수 있는데 이에 근거하여 귀무가설의 채택여부를 다음과 같이 결정한다. “귀무가설이 옳다는 전제하에서,

즉 모평균이 $\mu=3000$이라는 가정 하에서 구한 검정통계량의 분포에 의할 때 표본관측에 의한 값은 나타날 가능성이 거의 없다는 것이다. 즉 실제로 $\mu=3000$이 옳다면 표본관측에 의한 표본평균 $\overline{X}=3100$은 나타날 수 없는 값인데, 실제 관측에서 이 값이 나타났다는 사실은 확률변수 X에 주어진 전제조건(즉 X분포의 평균이 $\mu=3000$이다)이 잘못되었다는 증거이다. 따라서 귀무가설 $H_0:\mu=3000$은 받아들일 수 없다."

즉, 가설검정에서는 귀무가설이 옳다는 전제하에서 표본관측으로부터 구한 검정통계량의 값이 나타날 가능성이 크면 귀무가설을 채택하고 가능성이 작으면 귀무가설을 기각하게 되는데, '가능성이 크다' 또는 '가능성이 작다'의 판단기준이 다음에 설명하는 유의수준이다.

검정통계량

검정통계량(test statistic)이란 가설검정에서 관찰된 표본으로부터 구하는 통계량으로 분포가 가설에서 주어지는 모수에 의존한다. 귀무가설이 옳다는 전제하에서 구한 검정통계량의 값이 나타날 가능성이 크면 귀무가설을 채택하고 나타날 가능성이 작으면 귀무가설을 기각한다.

⇨6.4 유의수준과 기각역

가설검정은 항상 귀무가설이 옳다는 전제하에서 검정통계량의 분포를 구하고, 실제 표본관측으로부터 구한 검정통계량의 값이 나타날 가능성에 의하여 귀무가설의 채택여부를 결정한다. 앞에서 설명한 바와 같이 검정통계량이 나타날 가능성이 큰 경우에는 귀무가설을 채택하고 나타날 가능성이 작은 경우에는 귀무가설을 기각하게 되는데, 여기에서 가능성이 '크다' 또는 '작다'의 판단기준을 **유의수준**(significance level;α)이라고 한다. 유의수준 α는 일반적으로 0.01, 0.05, 0.10을 주로 사용하며 이를 백분비로 1%, 5%, 10%등으로도 표현하기도 한다. 이를테면 한 검정에서 유의수준 α를 5%로 정한다면, 귀무가설 하에서 구한 검정통계량의 값이 나타날 가능성이 5%이하면 귀무가설을 기각하고 5% 이상이면 귀무가설을 채택하게 된다. 다시 말하면 나타날 가능성이 5%이하일 때 '가능성이 작다'라고 판단한다는 것이다. 따라서 **유의수준**이란 귀무가설을 기각하게 되는 확률의 크기로 **'귀무가설이 옳은데도 불구하고 이를 기각하는 확률의 크기'**로 정의한다.

기각역(critical region;C)이란 귀무가설이 옳다는 전제하에서 구한 검정통계량의 분포에서 확률이 유의수준 α인 부분을 말하는데, 검정통계량이 나타날 가능성이 유의수준 α보다 작은 경우에 귀무가설을 기각한다는 것은 곧 검정통계량의 값이 기각역에 속하면 귀무가설을 기각한다는 것과 같은 의미이다. 즉 기각역이란 귀무가설이 옳다는 전제하에서 검정통계량이 기각역에 속할 확률이 유의수준 α인 검정통계량 분포의 일부영역이다.

유의수준과 기각역

유의수준 α란 귀무가설이 옳은데도 불구하고 이를 기각하는 '확률의 크기'를 말하며 검정통계량을 구하는 것과는 무관하게 검정을 실시하는 사람의 판단에 따라 결정한다. 기각역이란 가설검정에서 유의수준 α가 정해졌을 때, 검정통계량의 분포에서 이 유의수준의 크기에 해당하는 영역을 말하는데, 검정통계량의 분포에서 이 영역의 위치는 대립가설의 형태에 따라 다르다. 기각역 C와 유의수준 α의 관계는 다음과 같이 표현할 수 있다.

$$P\{\mathrm{T(X)} \in \mathrm{C} \mid \mathrm{H_0}\} = \alpha$$

⇨6.5 대립가설과 기각역

검정통계량의 분포에서 유의수준 α에 의하여 기각역의 크기가 결정되는데 기각역의 위치는 대립가설 H_1의 형태에 의하여 결정된다. 대립가설의 형태는 가설검정의 목적에 의하여 결정되는데 가설검정은 대립가설의 형태에 따라 양쪽검정과 한쪽검정으로 나누어지고, 한쪽검정은 다시 왼쪽 한쪽검정과 오른쪽 한쪽검정으로 분류된다. 여기에서 양쪽검정이란 귀무가설이 "모수가 특정값이다"라고 할 때, 대립가설이 "모수가 특정값이 아니다"라고 주어지는 경우로

H_0 : $\mu = \mu_0$; μ_0은 고정된 상수

H_1 : $\mu \neq \mu_0$

과 같이 표현할 수 있고, 왼쪽 한쪽검정은 위와 동일한 귀무가설 H_0에 대하여 대립가설 H_1이 "모수가 μ_0보다 작다"로 주어지는 경우로

H_0 : $\mu = \mu_0$

H_1 : $\mu < \mu_0$

과 같이 표현할 수 있고, 오른쪽 한쪽검정은 위와 동일한 귀무가설 H_0에 대

하여 대립가설 H_1이 "모수가 μ_0보다 크다"로 주어지는 경우로

$$H_0 \ : \mu = \mu_0$$

$$H_1 \ : \mu > \mu_0$$

과 같이 표현할 수 있다. 두 모집단의 모평균의 동일성 검정에 있어서도 귀무가설 H_0: $\mu_1 = \mu_2$에 대하여 다음과 같이 세 가지 경우를 정의할 수 있다.

양쪽검정 $H_1 \ : \mu_1 \neq \mu_2$

오른쪽 한쪽검정 $H_1 \ : \mu_1 > \mu_2$

왼쪽 한쪽검정 $H_1 \ : \mu_1 < \mu_2$

앞에서 주어진 **사례1** ~ **사례3** 에 있어서 **사례2** 는 양쪽검정이고, **사례1** 과 **사례3** 은 오른쪽 한쪽검정에 해당된다. 위와 같이 대립가설의 형태에 따라 세 가지 서로 다른 검정을 정의할 수 있는데, 각각의 검정에 있어서 기각역 C는 유의수준 α가 주어졌을 때 검정통계량 $T(X)$의 분포에서 다음과 같이 결정된다.

양쪽검정 : $C = \{ \mathrm{T(X)} \leq -c_1$ 또는 $\mathrm{T(X)} \geq +c_1 \}$

오른쪽 한쪽검정 : $C = \{ \mathrm{T(X)} \geq c_2 \}$

왼쪽 한쪽검정 : $C = \{ \mathrm{T(X)} \leq c_3 \}$

위에 정의된 기각역에서 c_1, c_2, c_3의 값은 귀무가설 하에서 $P\{\mathrm{T(X)} \in \mathrm{C}\} = \alpha$에 의하여 결정된다. 이를테면 유의수준 α=0.05일 때 검정통계량의 분포가 n이 클 때 다음을 만족한다.

$$T(X) = \frac{\overline{\mathrm{X}} - \mu}{S/\sqrt{n}} \sim \ N(0, 1)$$

이라면, 표준정규분포에서

$$P(Z \geq 1.96) \ = P(Z \leq -1.96) \ = 0.025$$

$$P(Z \geq 1.645) = P(Z \leq -1.645) = 0.05$$

에 의하여 기각역은 [그림 6.5]와 같이 표현할 수 있다.

[그림 6.5] 대립가설과 기각역 (α=0.05)

A. 양쪽검정(H_1 : $\mu \neq \mu_0$)

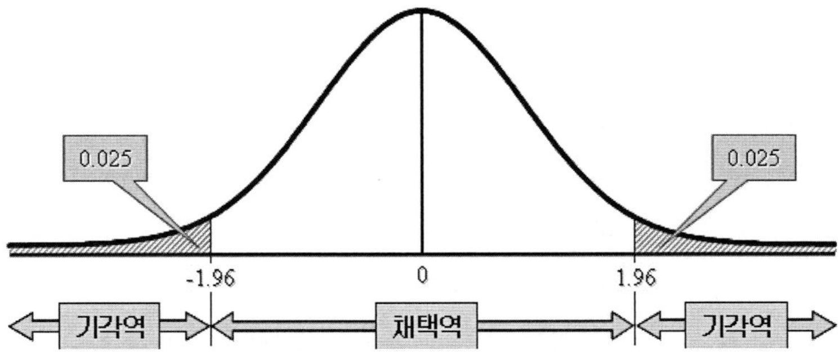

B. 오른쪽 한쪽검정(H_1 : $\mu > \mu_0$)

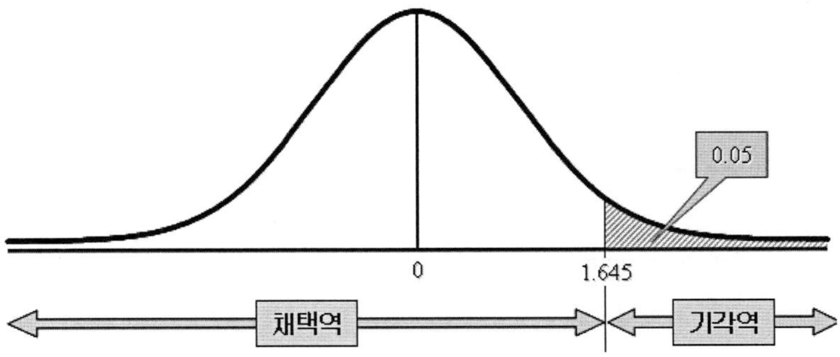

C. 왼쪽 한쪽검정(H_1 : $\mu < \mu_0$)

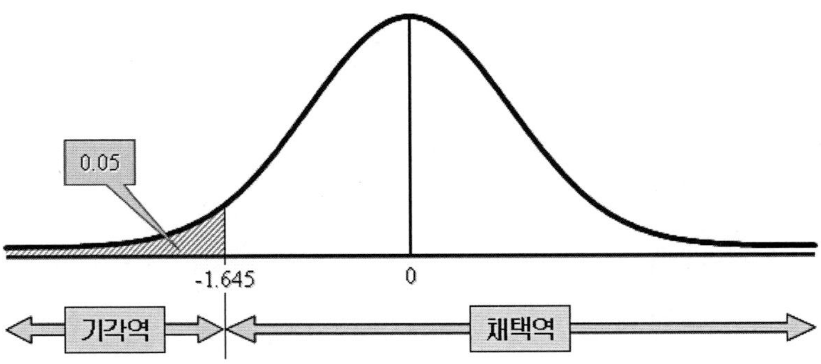

가설검정단계

위에 설명한 가설검정에 대한 과정을 단계적으로 설명하면 다음과 같다.

단계 1. 검정하고자 하는 목적에 따라서 귀무가설과 대립가설을 설정한다.

단계 2. 검정방법을 결정하고 실행(검정통계량을 계산)한다.

단계 3. 유의수준 α를 결정한다.

단계 4. 귀무가설이 옳다는 전제하에서 표본관측에 의한 검정통계량의 값의 꼬리확률인 p-값을 확인한다.

단계 5. 단계 4에서 구한 p-값이 유의수준 α보다 작으면 기각역에 속하므로 귀무가설 H_0을 기각하고 그렇지 않으면 귀무가설 H_0을 채택한다.

6.6 제1종 오류와 제2종 오류

가설검정에서는 두 가지 가설 H_0와 H_1을 설정하며, 표본관찰을 통하여 둘 중 하나를 채택하게 된다. 이와 같은 가설검정과정에서는 다음과 같은 두 가지 오류(error)가 발생될 수 있는데, 첫째는 귀무가설 H_0이 옳은데도 불구하고 H_0을 기각하게 되는 오류이고, 둘째는 귀무가설 H_0이 옳지 않은데도 H_0을 채택하는 오류(즉 대립가설이 옳은데도 귀무가설을 채택하는 오류)이다.

처음 오류의 크기, 즉 H_0이 옳은데도 불구하고 H_0을 기각하는 오류를 제 1 종 오류(type I error)라고 하며, 제 1 종 오류를 일으킬 확률을 α라고 하는데, 이는 앞에서 정의된 유의수준 α와 같으며, 두 번째 오류는 제 2 종 오류(type II error)라고 하며, 제 2 종 오류를 일으킬 확률을 β로 표현한다. 가설검정에서는 두 가지 오류가 모두 작은 경우가 바람직한데, 기각역의 크기를 작게 하면 제 1 종 오류는 작아지나 제 2 종 오류는 커지며, 기각역을 크게 하면 제 2 종 오류는 작아지나 제 1 종 오류가 커진다. 따라서 가설검정에서는 제 1 종 오류확률 α의 크기를 0.1, 0.05, 0.01 등으로 고정시킨 뒤에 제 2 종 오류확률 β가 최소가 되도록 기각역을 설정한다. 가설검정의 판정과 오류와의 관계는 [표 6.6]과 같다.

[표 6.6] 가설검정 결과와 오류

가설검정 결과 / 정확한 사실	H_0를 채택	H_0를 기각
H_0이 사실	옳은 결정($1-\alpha$) 신뢰 수준	제1종 오류(α) 유의수준
H_0이 거짓	제2종 오류(β)	옳은 결정($1-\beta$) 검정력

6.7 유의수준과 p-값

앞 절에서 모수에 대한 가설검정에 대하여 설명하였다. 가설검정이란 기본적으로 귀무가설의 채택여부를 결정하는 것으로 귀무가설 하에서(즉 귀무가설이 옳다는 전제하에서) 구한 검정통계량의 값이 통계적으로 거의 나타날 수 없는 값이라면 이는 귀무가설을 기각할 수 있는 증거가 될 것이다. 즉 가설검정이란 귀무가설 하에서 구한 검정통계량 값의 희귀성에 의하여 귀무가설의 기각 및 채택여부를 결정하는데 이 희귀성이 어느 정도일 때 귀무가설을 기각할 것인가를 판단하는 기준이 유의수준 α이다. 귀무가설 하에서 구한 검정통계량의 값이 나타날 가능성(확률)이 α보다 작으면 귀무가설을 기각하고 α보다 크면 귀무가설을 채택하는데 유의수준 α는 0.1, 0.05, 0.01 등의 값을 많이 사용하고 있으나 어떤 획일적인 규칙에 의하여 결정되는 것이 아니라 그 때 그 때의 상황에 맞게 선택하여 사용한다. 따라서 모든 가설검정에서 귀무가설의 채택여부를 결정하는 경우에는 항상 유의수준이 제시되어야 한다.

다음 예와 같은 가설검정문제를 생각해 보기로 한다.

 [CaseStudy 6.7]

$H_0 : \mu_1 = \mu_2$, $H_1 : \mu_1 \neq \mu_2$의 검정통계량의 값이 $T(X) = 2.05$이며, $T(X) \sim N(0,1)$ 이라고 할 때 귀무가설은 기각될 수 있는가 ?

 정답은 '예'와 '아니오' 모두 맞는다. 이 검정은 양측검정이므로 표준정규분포에 의하여 유의수준 α와 기각역은 다음과 같은 관계가 있다.

$\alpha = 0.05 \Leftrightarrow$ 기각역 : $|T(X)| > 1.96$

$\alpha = 0.01 \Leftrightarrow$ 기각역 : $|T(X)| > 2.57$

또한 이를 그림으로 표현하면 [그림 6.7]과 같다.

[그림 6.7] $N(0,1)$의 확률분포

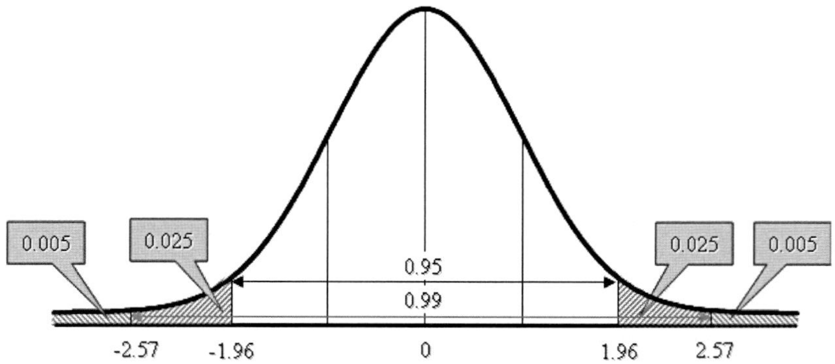

따라서 $\alpha = 0.05$인 경우에는 귀무가설은 기각되지만 $\alpha = 0.01$인 경우에는 귀무가설은 기각되지 않는다.

위의 문제에서와 같이 귀무가설의 기각여부는 유의수준 α와 직접적인 관련이 있으며 동일한 검정통계량의 경우에도 유의수준의 크기에 따라 귀무가설을 기각할 수도 있고 기각하지 않을 수도 있다. 따라서 실제 가설검정을

실시하는 경우에는 귀무가설의 채택여부가 아니라 다음과 같이 정의되는 p-값(p-value)이 주어진다. 즉 p-값이란 귀무가설 하에서 검정통계량의 값이 나타날 가능성을 측정하는 확률로서 귀무가설의 채택여부를 결정하는 기준인 유의수준 α와는 직접적인 관계가 있다. 만약에 검정에서 p-값이 α보다 작으면 귀무가설 하에서 그 검정통계량의 값이 나타날 가능성이 희박하다고 판단되므로 귀무가설은 기각되며, p-값이 α보다 크면 귀무가설 하에서 그 검정통계량의 값이 나타날 가능성이 크다고 판단되므로 귀무가설은 기각되지 않는다. 예를 들어 [CaseStudy 6.7]에서 귀무가설 하에서의 검정통계량의 값이 $t(x) = 2.05$이고 양측검정이므로 표준정규분포를 이용하여 p-값을 계산하면 $P(|T(X)| \geq 2.05) = 0.0404$ 임을 알 수 있다.

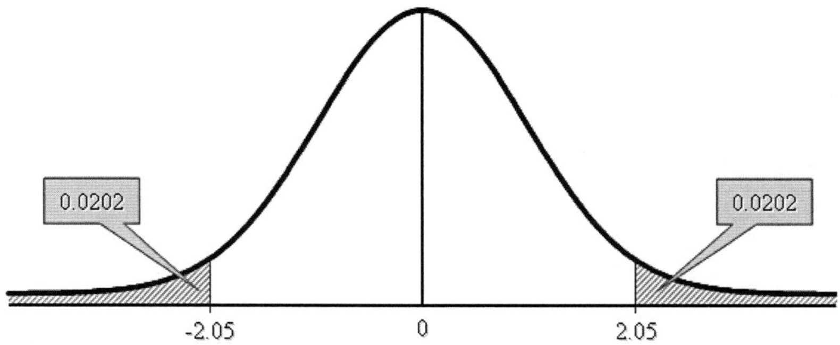

따라서 α =0.05인 경우에는 p-값<α이므로 귀무가설은 기각되고, $\alpha = 0.01$인 경우에는 p-값 $\geq \alpha$이므로 귀무가설은 기각되지 않는다. 유의수준이 달라지면 신뢰수준 $1-\alpha$가 달라진다. α=0.05인 경우에는 95%의 신뢰수준을 가지는 검정이 되며, α=0.01인 경우에는 99%의 신뢰수준을 가지는 검정이 된다.

p-값과 유의수준

가설검정에서 p-값(유의확률)과 유의수준 α와는 다음과 같은 관계가 있다.

p-값< α : 귀무가설 기각

p-값≧ α : 귀무가설 채택

A. 양측검정($H_1 : \mu_1 \neq \mu_2$), $P-$ 값 $= \Pr[|T(x)| \geq t(x)]$

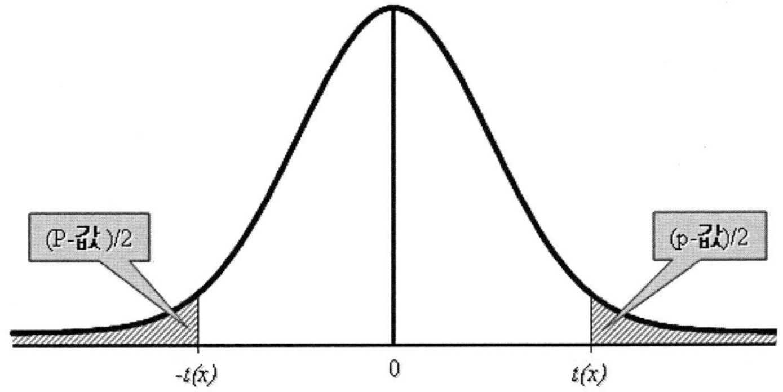

검정통계량 $T(X)$의 분포

B. 좌측검정($H_1 : \mu_1 < \mu_2$), $P-$ 값 $= \Pr[\ T(x) \leq -t(x)\ ]$

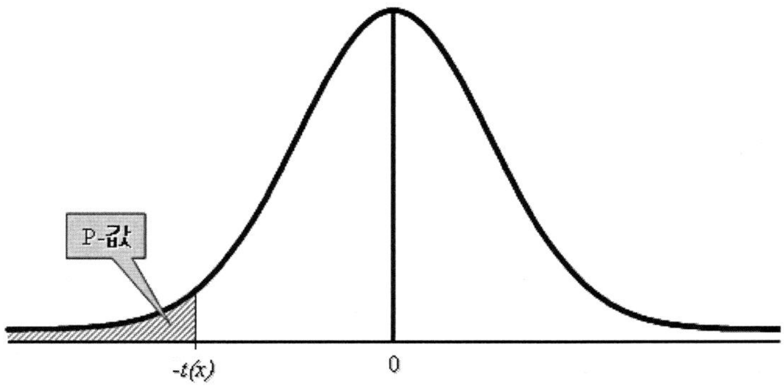

검정통계량 $T(X)$의 분포

C. 우측검정($H_1 : \mu_1 > \mu_2$), $P-$ 값 $= \Pr[\ T(x) \geq t(x)]$

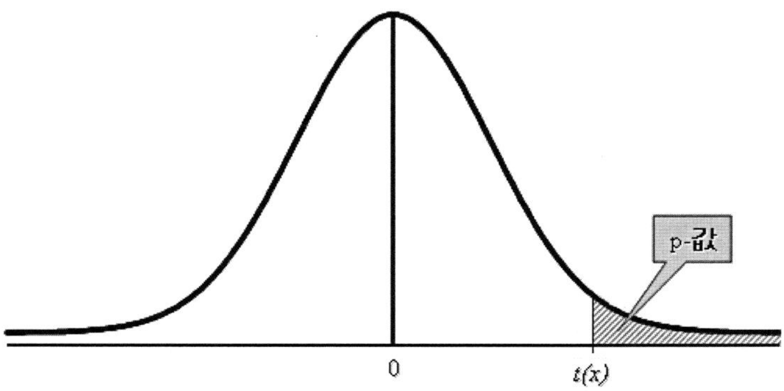

검정통계량 $T(X)$의 분포

⇨6.8 기각값, p-값, 신뢰구간에 의한 판단

앞에서 기각역을 설정한다는 것은 곧 유의수준 α를 설정하는 것과 같다는 것을 알 수 있었다. 반대로 유의수준을 설정하면 기각역을 설정하는 기각값을 찾을 수 있다. 결국 이는 동일한 절차를 X축의 검정통계량 값을 기준으로 하는가 아니면 그 검정통계량의 값을 기준으로 면적을 계산하여 그 확률값을 기준으로 검정할 것인가의 차이다. 그러므로 실전에서는 검정통계량의 값을 기준으로 비교하는 일은 거의 없으며 면적인 확률값을 계산하여 비교하게 된다. 그리고 이 방법이 보다 간편하고 쉽기 때문이다. 그러므로 실제 수많은 통계분석용 프로그램에서는 표본관측값들로부터 계산된 p-값을 출력해 주고 있으므로 아래 [표 6.8]에서와 같이 기각값을 이용하는 경우는 거의 없다. 그리고 간혹 p-값이 계산되어 나타나지 않는 경우는 신뢰구간을 사용하게 된다. 신뢰구간이 95%인 경우는 5% 유의수준에서 검정하는 것과 같으며 99%는 1% 유의수준에서 검정하는 것과 같다. 신뢰구간을 이용하여 검정할 경우의 예를 들어 보겠다.

[표 6.8] 가설검정 판단법

판단법	설명	비고
1. 기각값	유의수준 α에 따라 기각역을 설정하고 검정통계량을 계산하여 기각값과 비교하여 검정통계량이 기각역 있으면 H_0을 기각하고 그렇지 않으면 H_0을 채택하는 방법	분포함수의 X축의 검정통계량 값을 기각역과 비교하는 방법으로 이 책에서 설명은 하지만 실제 검정에서 사용하지는 않는다.
2. p-값	귀무가설이 사실일 때 보다 극단적인 검정통계량의 값이 관측될 확률인 p-값(유의확률)을 계산하여 유의수준과 비교하여 p값<α 라면 H_0을 기각하고 그렇지 않으면 채택하는 방법	실전에서 가장 자주 사용하는 방법으로 분포의 꼬리면적을 이용하는 방법이다. 매우 간단하고 쉽게 활용되는 방법이다. 적극 추천하는 방법이며 거의 모든 가설검정에서 이 방법을 적용하게 된다.
3. 신뢰구간	검정하려는 통계량에 대한 $(1-\alpha)100\%$ 신뢰구간을 계산하고 H_0의 검정값이 신뢰구간에 포함되면 H_0을 채택하고 그렇지 않으면 H_0을 기각한다.	p-값이 계산되어 있지 않은 경우에 사용할 수 있는 방법으로 두 번째로 즐겨 쓰는 방법이다. 예로 두 모수를 비교할 때 한 통계량의 신뢰구간이 다른 통계량의 값을 포함하고 있으면 두 모수는 동일한 것으로 판단하고 그렇지 않으면 서로 다른 것으로 판단한다.

귀무가설이 $H_0 : \mu = \mu_0$인 양쪽검정인 경우 표본평균 $\overline{X}$의 95% 신뢰구간을 계산 한 다음 이 신뢰구간 내에 μ_0가 포함되면 귀무가설 H_0을 채택하고 아니면 H_0을 기각한다. 두 집단평균비교의 문제에서는 귀무가설이 $H_0 : \mu_1 = \mu_2$인 양쪽검정인 경우라면 표본평균 $\overline{X}_1$과 $\overline{X}_2$의 95% 신뢰구간을 각각 계산한 다음 한 집단의 신뢰구간이 다른 집단의 표본평균을 포함하면 귀무가설 H_0을 채택하고 그렇지 않으면 기각한다. 또한 평균차 $(\overline{X}_1 - \overline{X}_2)$에 대한 신뢰구간이 계산된 경우는 '0'이 신뢰구간에 포함되면 H_0을 채택하고 그렇지 않으면 H_0을 기각한다. 한쪽검정의 경우도 이와 유사한 방법으로 실시하면 된다. 이에 대한 설정은 각 장과 절에서 비교하는 방법론을 설명할 때 검정기준을 규명할 것이다.

7

일표본의 모평균에 대한 신뢰구간과 가설검정

이 장에서는 단일표본의 모평균이 특정 상수의 값이 될 것인가? 에 대한 가설검정을 다룬다. 이론 통계학에서는 모집단의 분산인 σ^2가 알려진 경우와 알려지지 않아 추정값으로 대치하여 사용하는 경우가 있다. 각 경우에 따라 서로 다른 확률분포함수를 적용하여 p-값을 계산하기 때문에 이론적 환경에서는 당연하다고 할 것이다. 그러나 이는 현실세계에 적용할 경우는 σ^2를 모르기 때문에 추정치를 사용해야 한다. 설사 알려진 σ^2을 사용한다고 해도 시간의 축을 따라 모든 것이 변한다는 기본 원리를 인정한다면 매번 σ^2을 추정하는 것이 더 현실적임을 잊지 말아야 하겠다. 그리고 일표본 위치문제에 대한 검정도 현실적으로는 거의 응용하지 않는다. 대조집단을 따로 구성하여 두 집단 평균비교의 문제로 실시하는 경우가 더 현실적이기 때문이다. 그러므로 이 장에서는 가설검정의 기본 논리를 이해하고 체험하는 수단으로 활용해야 한다. 너무 심각하게 학습하지 말라. 집중력이 필요한 더 중요하고 현실적으로 응용력이 충분한 분석방법들이 뒤쪽에서 기다리고 있다.

⇨7.1 모표준편차를 알 때 모평균의 신뢰구간

모평균을 추정할 때 표본평균인 $\overline{X}$를 사용한다. 모집단이 정규분포를 따른다면 $\overline{X}$는 항상 정규분포를 따르며 모집단이 정규분포를 따르지 않는 경우 표본의 크기에 따라 달라진다. 즉 표본크기가 충분히 크면(약 30이상) $\overline{X}$는 중심극한정리에 의하여 근사적으로 정규분포에 접근한다.

① $X_1, X_2, \cdots, X_n$ 이 평균이 μ이고 분산이 σ^2인 정규모집단으로부터의 확률표본인 경우 1-α의 확률은 다음과 같이 계산된다.

$$\Rightarrow \overline{X} = \frac{1}{n}\sum_{i=1}^{n} X_i \sim N\left(\mu, \frac{\sigma^2}{n}\right)$$

$$\Rightarrow \frac{\overline{X}-\mu}{\sigma/\sqrt{n}} \sim N(0,1)$$

$$\Rightarrow P\left(-z_{\alpha/2} < \frac{\overline{X}-\mu}{\sigma/\sqrt{n}} < z_{\alpha/2}\right) = 1-\alpha$$

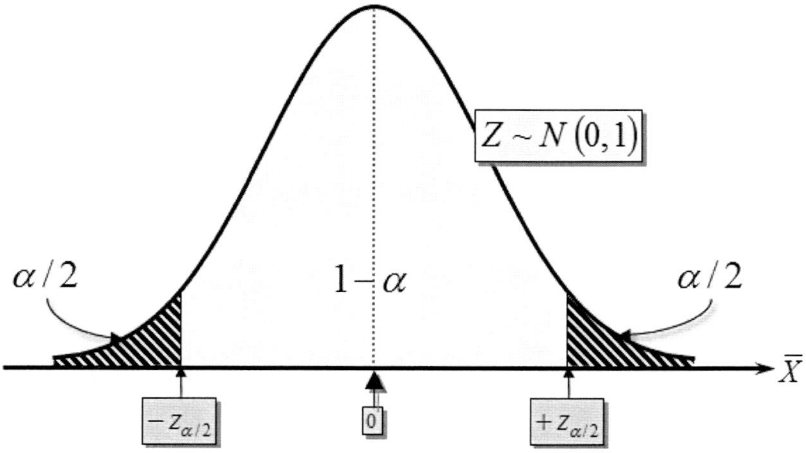

예) $z_{0.05} = 1.645$

$z_{0.025} = 1.96$

$z_{0.005} = 2.576$

$$\Rightarrow P\left(-z_{\alpha/2}\frac{\sigma}{\sqrt{n}} < \overline{X} - \mu < z_{\alpha/2}\frac{\sigma}{\sqrt{n}}\right) = 1 - \alpha$$

$$\Rightarrow P\left(-z_{\alpha/2}\frac{\sigma}{\sqrt{n}} < \mu - \overline{X} < z_{\alpha/2}\frac{\sigma}{\sqrt{n}}\right) = 1 - \alpha$$

$$\Rightarrow P\left(\overline{X} - z_{\alpha/2}\frac{\sigma}{\sqrt{n}} < \mu < \overline{X} + z_{\alpha/2}\frac{\sigma}{\sqrt{n}}\right) = 1 - \alpha$$

따라서 구간

$$\left[\overline{X} - z_{\alpha/2}\frac{\sigma}{\sqrt{n}}\ ,\ \overline{X} + z_{\alpha/2}\frac{\sigma}{\sqrt{n}}\right]$$

를 μ에 대한 100(1-α)% 신뢰구간이라고 한다. 이 신뢰구간은 간략히

$$\overline{X} \pm z_{\alpha/2}\frac{\sigma}{\sqrt{n}}$$

로도 표시하기도 한다.

② $X_1, X_2, \cdots, X_n$ 이 n이 충분히 크고(n≧30) 평균이 μ이고 분산이 σ^2 인 임의의 모집단으로부터의 확률표본(단, σ^2:기지)인 경우

$$\Rightarrow \frac{\overline{X} - \mu}{\sigma/\sqrt{n}} \div N(0,1)$$

(∵ 표본크기가 크면(n≧30) 근사적으로 정규분포에 접근한다.)

$\Rightarrow$ μ에 대한 100(1-α)% 근사 신뢰구간 : $\overline{X} \pm z_{\alpha/2}\frac{\sigma}{\sqrt{n}}$

[CaseStudy 7.1] 서울의 A사의 고객대응팀에서 고객상담으로 인해 발생되는 월평균 핸드폰 요금을 조사하기 위하여 지난달에 50명의 대응팀원의

전화요금을 조사하였더니 다음과 같았다. 단, 팀원별 전화요금은 σ=8,630인 정규분포를 따른다고 한다. 이 지역에서 월 평균 전화요금의 95% 신뢰구간을 구해보자.

18,978	25,967	33,429	11,511	18,209
30,101	37,174	19,930	20,281	36,723
28,253	12,432	56,114	29,976	23,485
37,405	23,386	23,149	19,294	28,253
23,863	21,163	28,064	32,633	16,426
19,989	28,169	34,853	24,222	12,758
21,869	35,023	24,574	34,349	18,896
19,070	32,726	33,179	30,998	14,759
23,655	31,193	31,694	26,804	10,487
14,216	31,298	23,356	16,653	18,590

주!) 이 경우 정규분포를 따른다는 확신을 가지지 못할 경우 정확히 말하면 잘 모를 경우는 소표본이든 대표본이든 T-분포하에서 계산해야 함을 잊지 말라. 표본크기가 커짐에 따라 T-분포는 Z-분포에 근사적으로 접근하기 때문에 모든 경우 실제 통계팩키지는 T-분포하에서 계산하고 있음을 알아야 한다.

분석(Analyze) → 평균비교 → T-검정... > 단일표본 시트

[그림 7.1a] 단일표본 z-분포를 이용한 신뢰구간과 유의성 검정

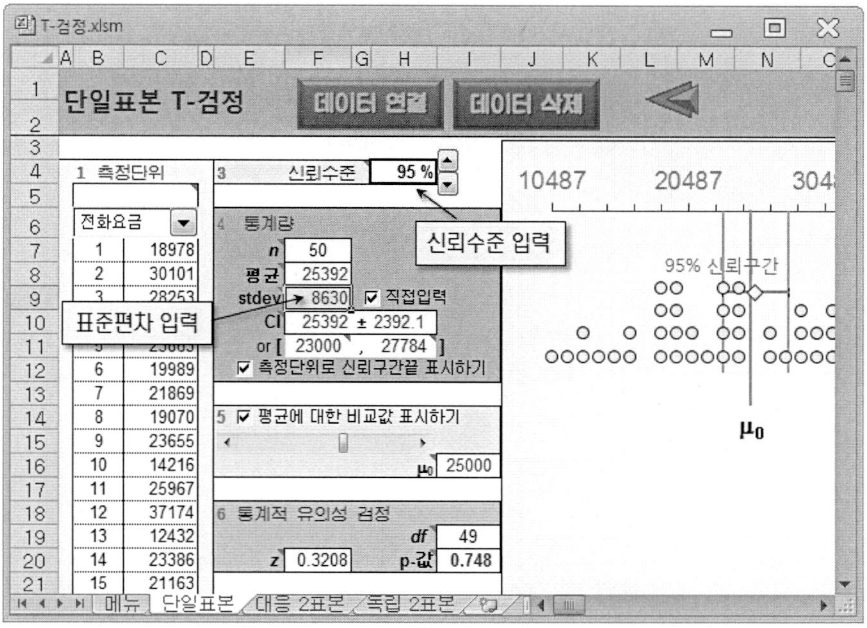

표준편차 σ=8,630으로 알려져 있는 경우는 [그림 7.1a]과 같이 직접 표준편차의 값을 입력한다. 95% 신뢰구간은 [23000, 27784]로 계산되었음을 알 수 있다. 만일 검정값을 25,000이라면 p-값이 0.748로 유의수준 0,05하에서 귀무가설을 채택하게 되어 전화요금의 모평균은 25000원이라고 할 수 있다.

[그림 7.1b]는 95% 신뢰구간에 검정값 25,000(=μ_0)이 포함되어 있음을 보여준다. 그러므로 귀무가설이 채택되어 유의수준 5%하에서 25,000원이라는 결론을 내릴 수 있다. 점도표를 보면 오른쪽에 매우 큰 값이 있음 알 수 있다. 이 값은 56,114으로 확인할 수 있다. 그리고 아래 텍스트로 검정결과를 출력함으로써 초보자도 쉽게 결과를 확인할 수 있다.

[그림 7.1b] 95% 신뢰구간과 검정값

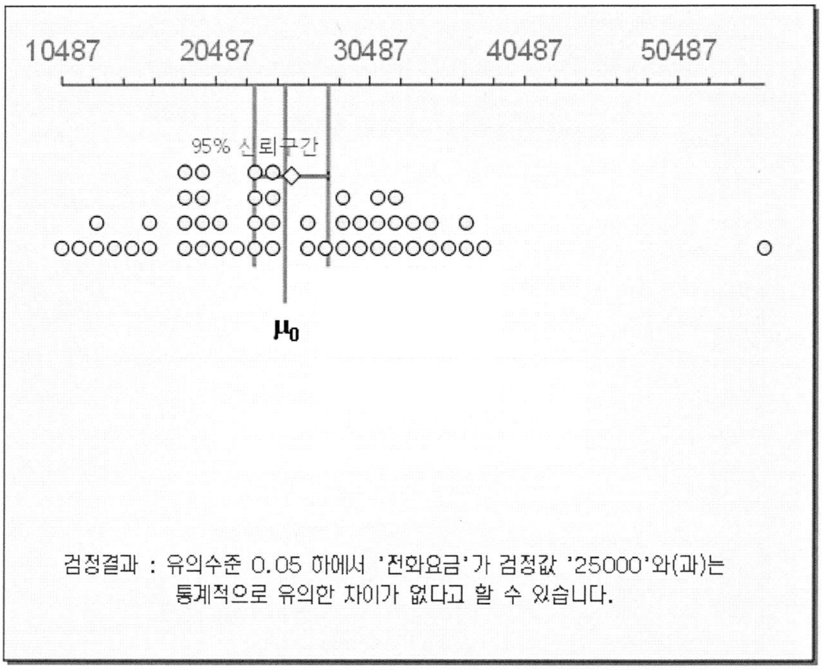

⇨7.2 모표준편차를 알지 못할 때 모평균의 신뢰구간

① $X_1, X_2, \cdots, X_n$가 표본크기 $n<30$인 소표본이고 평균이 μ이고 분산이 σ^2 인 정규모집단으로부터의 확률표본인 경우(단, σ^2:미지) 신뢰구간은 다음과 같이 계산된다.

$$\Rightarrow \frac{\overline{X}-\mu}{S/\sqrt{n}} \sim t(n-1), \quad \text{여기서 } S=\sqrt{\frac{1}{n-1}\sum(X_i-\overline{X})^2} \ : \text{표준편차}$$

$$\Rightarrow \mu\text{에 대한 } 100(1\text{-}\alpha)\% \text{ 신뢰구간 : } \overline{X} \pm t_{\alpha/2}(n-1)\frac{S}{\sqrt{n}}$$

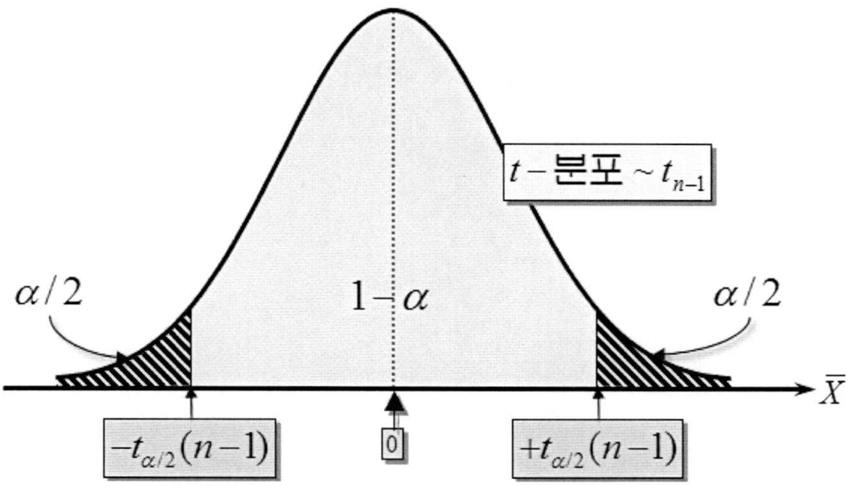

② $X_1, X_2, \cdots, X_n$ 이 표본크기 $n \geqq 30$인 대표본이고 평균이 μ이고 분산이 σ^2인 임의의 모집단으로부터의 확률표본인 경우 (단, σ^2 : 미지) 신뢰구간은 다음과 같이 계산된다.

$\Rightarrow \dfrac{\overline{X}-\mu}{S/\sqrt{n}} \sim N(0,1)$ ∵ 표본크기가 크면(n≧30) 근사적으로 정규분포에 접근한다.

$\Rightarrow$ μ에 대한 100(1-α)% 근사 신뢰구간 : $\overline{X} \pm z_{\alpha/2}\dfrac{S}{\sqrt{n}}$

[CaseStudy 7.1]의 데이터를 사용하여 표준편차를 추정한 값을 사용하여 95% 신뢰구간을 구해보자. 다음 그림에서 확인하면 [22955, 27828]으로 계산되었음을 확인할 수 있으며 검정값 25000이 신뢰구간에 포함됨으로 검정결과 역시 같다.

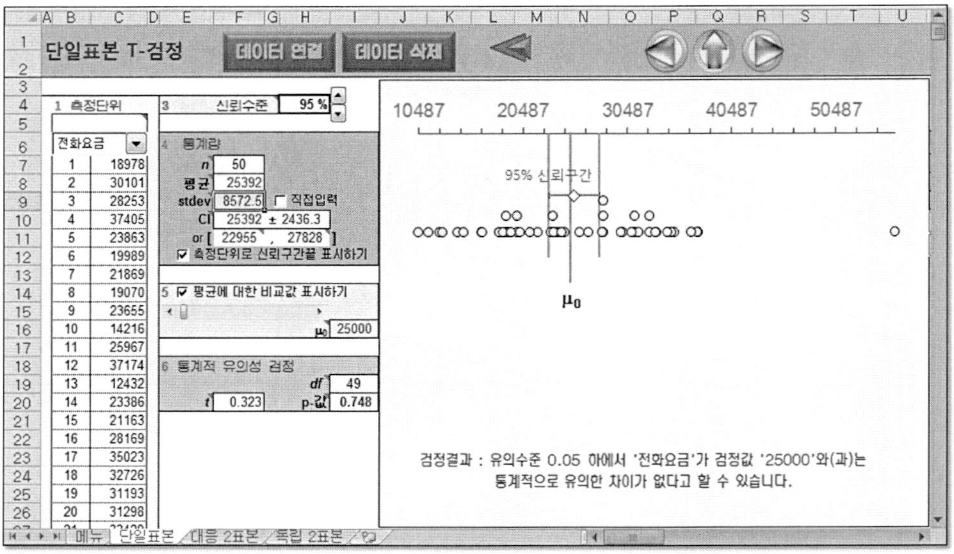

[CaseStudy 7.2] 어떤 신형 자동차의 1리터당 주행거리를 알아보기 위하여 20대를 무작위로 추출하여 실험한 결과 다음의 데이터를 얻었다. 1리터당 평균 주행거리의 95% 신뢰구간을 구하고 16km인지 검정해 보자.

15.2	16.9	17.6	13.9	17.4	15.7	15.8	17.2	16.3	16
15.5	14.9	15.6	16	15.4	14.3	14.8	15.2	15.3	14

분석(Analyze) → 평균비교 → T-검정... > 단일표본 시트

[그림 7.2] 일표본 t-test 시트

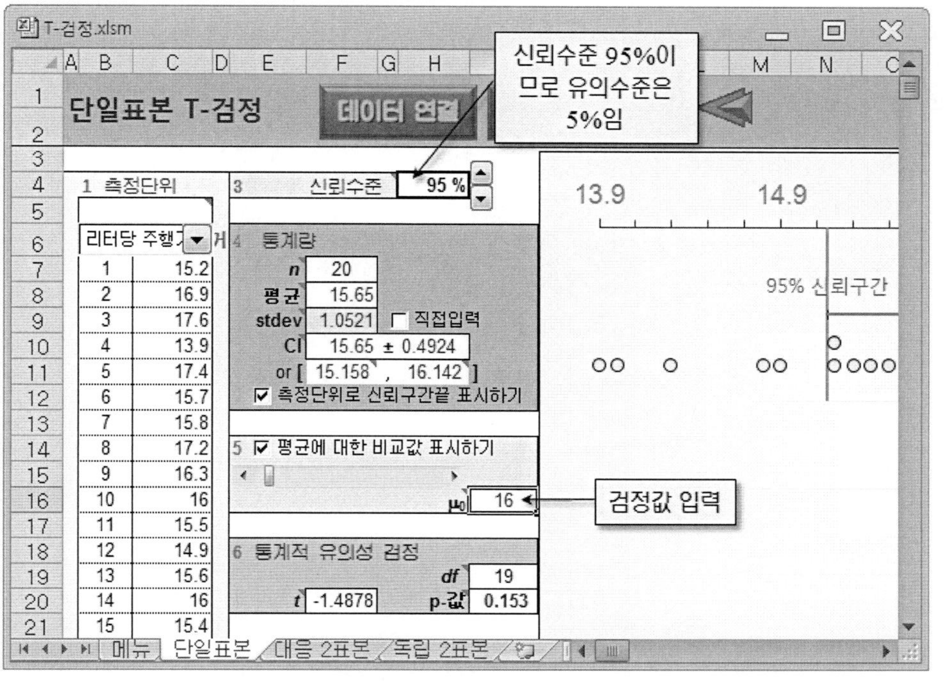

이 문제에서 신형 자동차의 연비가 리터당 16km를 달릴 수 있다고 할 수 있는가? 라는 가설을 검정한다면 이 값은 95% 신뢰구간 안에 포함되어 있기 때문에 유의수준 5%하에서 신형 자동차는 리터당 16km를 달린다고 할 수 있다. 역시 p-값도 0.153으로 유의수준 5%하에서 귀무가설을 채택하게 된다. 만일 리터당 16.5km라고 하다면 유의수준 5%하에서 귀무가설을 기각하게 되며 통계적으로 연비가 16.5km라고는 할 수 없다.

같은 예를 양쪽검정 및 단측검정도 같이 수행해 보기 위하여 SixSigma Tools에서 기술통계 모듈을 사용해 보자.

❶ SixSigma Tools 2007 > 분석(Analyze) > 기술통계...

❷ 데이터입력을 클릭하고 데이터 연결 단추를 클릭한다.

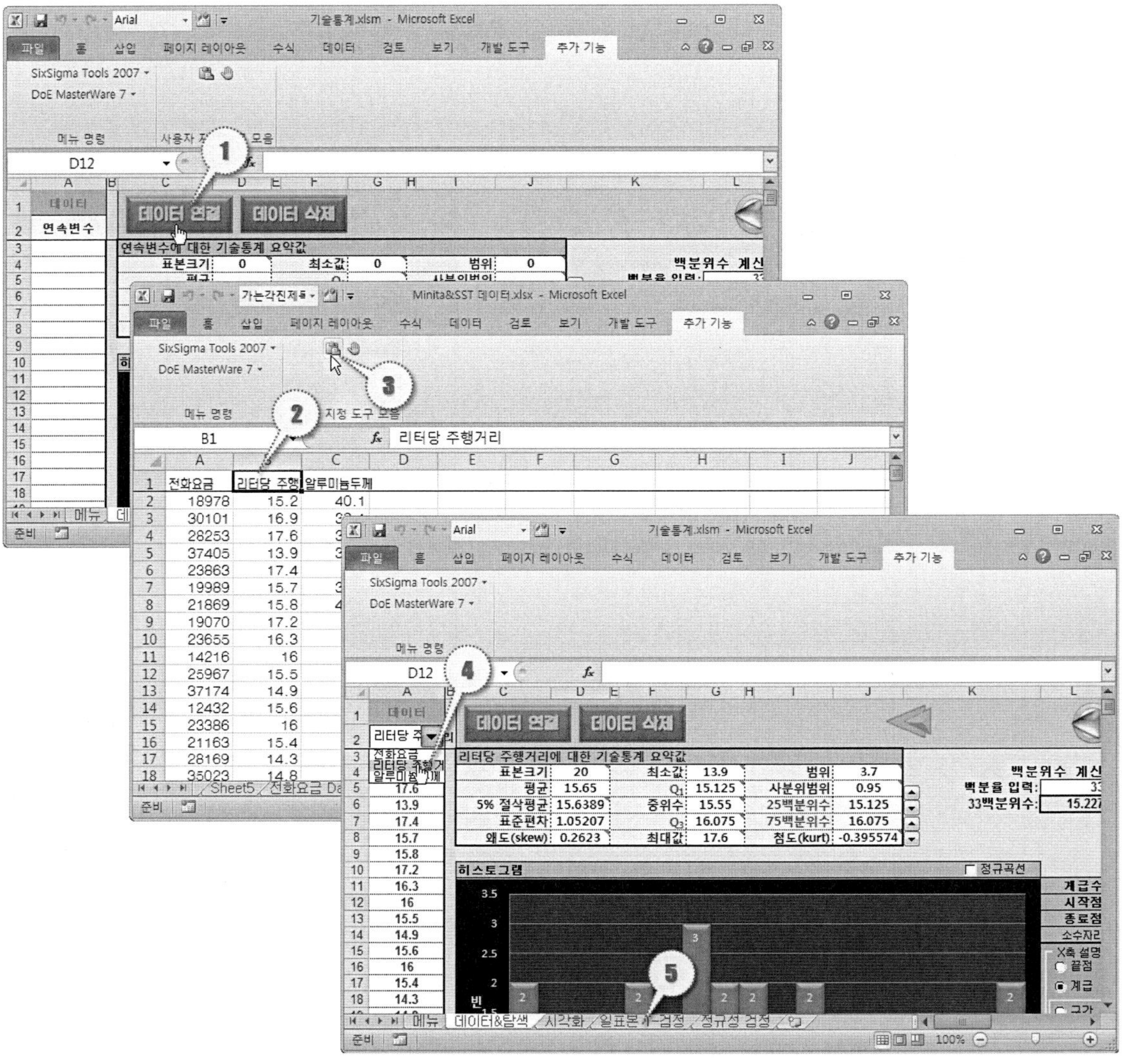

❸ 읽고자하는 데이터 영역을 끌기하여 선택하고 연결도구를 클릭한다.

❹ 일표본 T-검정 시트로 이동...

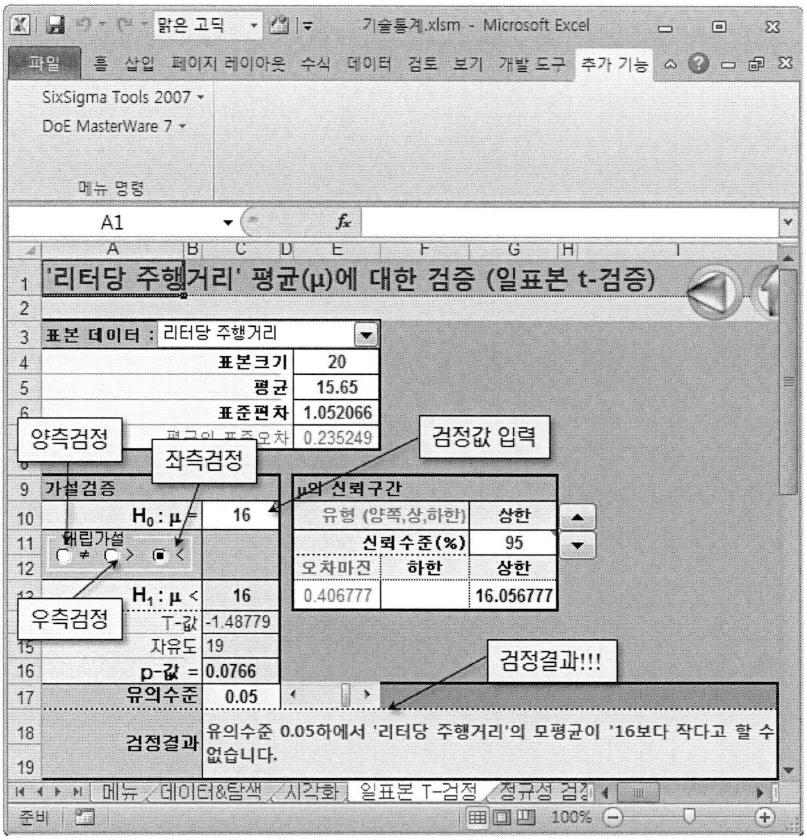

가설검정의 대립가설 상태를 지정하는 옵션상자에서 부등호를 선택하면 통계량이 실시간 변경된다. 그리고 검정결과에 문장으로 판정결과를 출력하도록 하였다. 매우 간편하고 읽기도 쉽다. 잘 활용하시라...

⇨7.3 모표준편차를 알 때 모평균에 대한 가설검정

① $X_1, X_2, \cdots, X_n$ 가 평균이 μ이고 분산이 σ^2인 정규모집단으로부터의 확률표본인 경우 (단, σ^2:기지) 검정통계량은 다음과 같다.

$$Z = \frac{\overline{X} - \mu_0}{\sigma / \sqrt{n}}$$

[표 7.3a] 일표본 모평균 검정

가 설 $H_0 : \mu = \mu_0$	유의수준 α인 기각역	p값에 의한 판단*	100(1-α)% 신뢰구간에 의한 판단
$H_1 : \mu \neq \mu_0$	$\lvert Z \rvert > z_{\alpha/2}$ 이면 H_0기각	p값=$2\Phi(-\lvert Z \rvert)$ $<\alpha$이면 H_0기각	$\left[\overline{X} - z_{\alpha/2}\frac{S}{\sqrt{n}}, \overline{X} + z_{\alpha/2}\frac{S}{\sqrt{n}}\right]$ 구간에 μ_0가 포함되지 않으면 H_0기각
$H_1 : \mu > \mu_0$	$Z > z_\alpha$ 이면 H_0기각	p값=1-$\Phi(Z)$ $<\alpha$이면 H_0기각	$\left[\overline{X} - z_\alpha\frac{S}{\sqrt{n}}, +\infty\right]$ 구간에 μ_0가 포함되지 않으면 H_0기각
$H_1 : \mu < \mu_0$	$Z < -z_\alpha$ 이면 H_0기각	p값=$\Phi(Z)$ $<\alpha$이면 H_0기각	$\left[-\infty, \overline{X} + z_\alpha\frac{S}{\sqrt{n}}\right]$ 구간에 μ_0가 포함되지 않으면 H_0기각

② $X_1, X_2, \cdots, X_n$ 가 n이 충분히 크고 평균이 μ, 분산이 σ^2인 임의의 모집단으로부터 추출된 확률표본인 경우 (단, σ^2:기지) 검정통계량은 다음과 같다.

$$Z \doteq \frac{\overline{X} - \mu_0}{\sigma / \sqrt{n}}$$

검정방법 : ①의 경우와 같다. (단, 유의수준 α는 근사 유의수준)

[CaseStudy 7.3] 알루미늄을 1000분의 40인치 두께로 종이처럼 얇게 펴는 기계가 있다. 이 기계가 제대로 조정된 상태에 있는가를 검사하기 위해 작업자는 주기적으로 이 알루미늄 박지의 두께를 7회 측정한다. 가장 최근에 측정한 결과가 아래와 같다고 할 때 과거의 경험으로부터 알루미늄 박지

의 표준편차가 0.4인 것을 알고 있다고 가정할 때 이 기계가 잘 조정되어 있는지 유의수준 0.05에서 검정해 보기로 한다.

❶ 양측검정

▶ 가설설정 $H_0: \mu = 40$ vs $H_1 : \mu \neq 40$

$\alpha = 0.05$, $n = 7$

▶ data 입력 : 40.1 39.1 39.3 39.8 39 38.7 40.5

▶ SixSigma Tools 2007 > 분석(Analyze) > 기술통계...

[그림 7.3a] 일표본 t-검정 시트

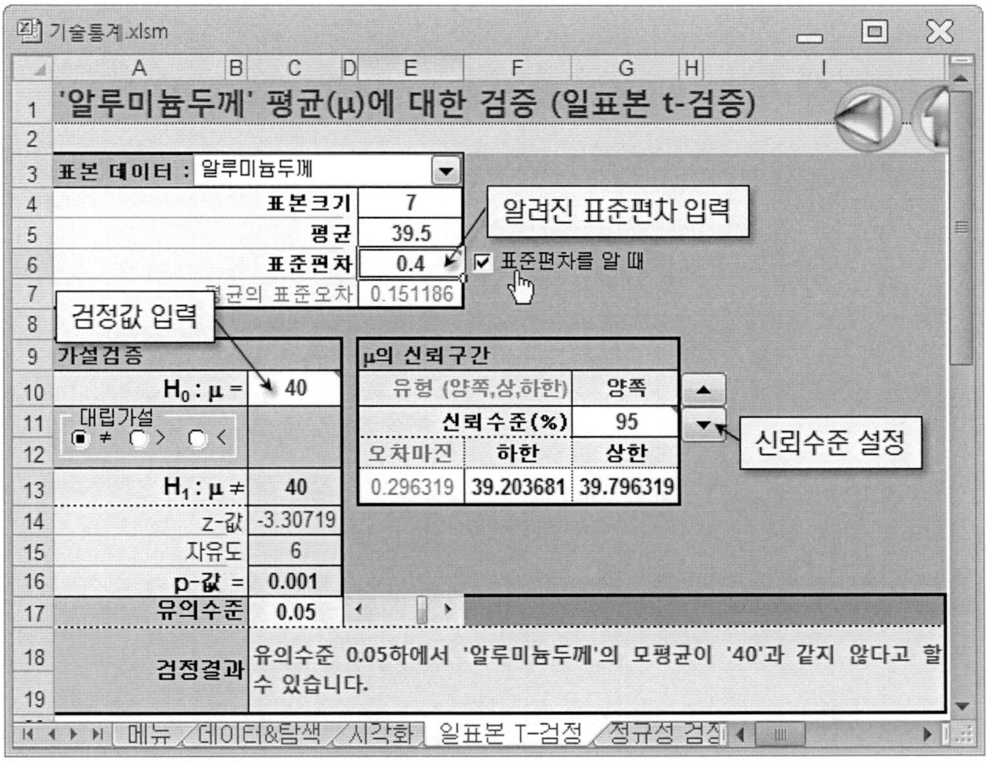

* p-value가 유의수준 α보다 작으면 H_0를 기각한다.

* 위의 output에서 p-value = 0.001의 의미는 관측된 검정 통계량의 값은

-3.3072인데, H_0 : μ = 40이 사실일 경우에

$$P-value = 2\times P\left(\left|\frac{\overline{X}-40}{0.4/\sqrt{7}}\right| > |-3.307|\right) = 2\times 0.0004665 = 0.000933$$

이 된다. 즉, H_0가 사실, 즉 모평균 μ= 40일 때 이를 실수로 기각할 확률이 0.001로 매우 낮으므로 귀무가설을 기각한다고 해도 이 행동이 실수일 가능성이 매우 작다. 그러므로 귀무가설을 기각하게 된다. 이것은 p-값이 0.001로 매우 낮은 확률이므로(유의수준 α = 0.05보다 작으므로) H_0이 옳지 않다고 결론을 내리는 것이다. 그렇다면 모평균 40보다 큰 것일까? 검정해 보자.

❷ 우측검정

H_0 : μ= 40 H_1 : μ> 40 단, 유의수준 α = 0.05

[그림 7.3b] z-test 우측검정

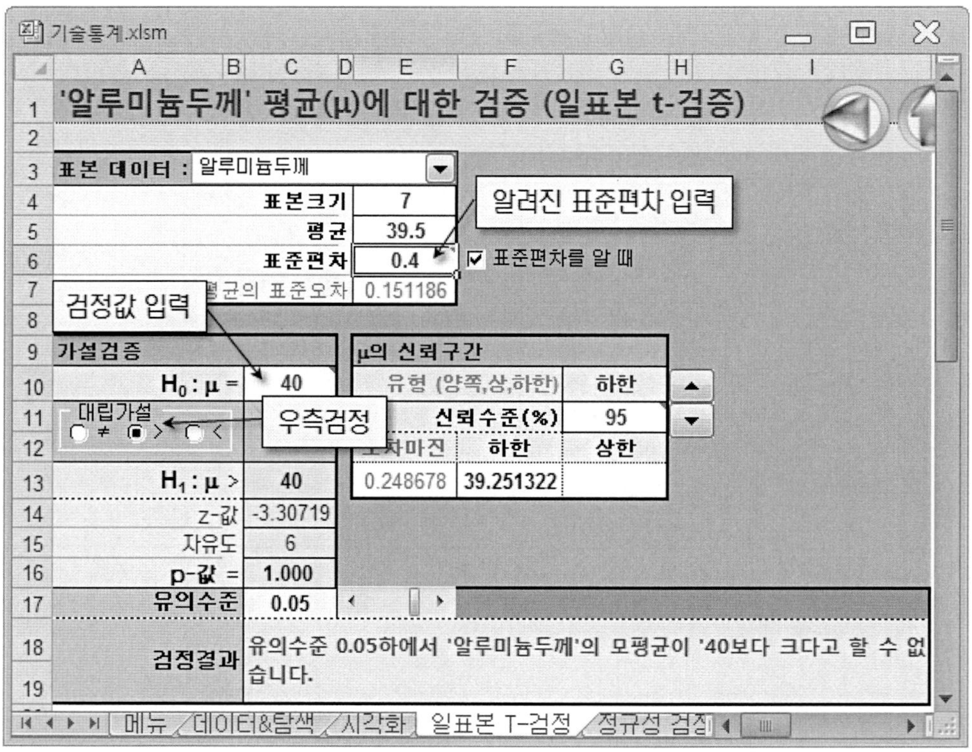

* p-value = 1.000은 만일 μ = 40이 사실이라 할 때

$P-value = P\left(\frac{\overline{X}-40}{0.4/\sqrt{7}} > -3.31\right) = 1.000$ 으로 p-value > 0.05이므로 H_0를 채택하게 된다. 즉, 유의수준 5%하에서 μ>40라고 할 수 없다.

❸ 좌측검정

H_0: $\mu = 40$ H_1: $\mu < 40$, α=0.05

[그림 2.3c] z-test 좌측검정

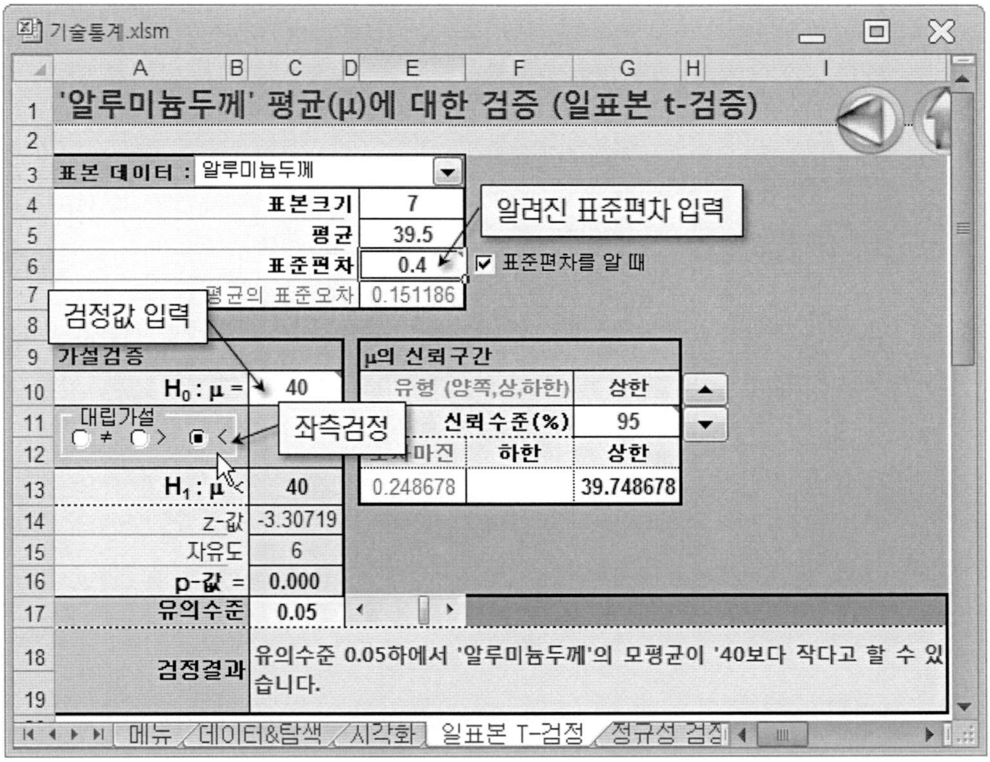

* p-값 = 0.000은 만일 μ=40이 사실이라 할 때

$P-값 = P\left(\frac{\overline{X}-40}{0.4/\sqrt{7}} < -3.31\right) = 0.000$ 으로 p-값 < 0.05이므로 H_0를 기각한다. 즉 유의수준 5%하에서 μ<40라고 할 수 있다.

⇨7.4 표준편차를 알지 못할 때 모평균에 대한 가설검정

① $X_1, X_2, \cdots, X_n$ 이 σ^2가 미지인 정규모집단으로부터의 확률표본일 때 검정 통계량은 다음과 같다.

$$T = \frac{\overline{X} - \mu_0}{S/\sqrt{n}} \sim t_{n-1}$$

각 3가지 가설에 대한 의사결정은 [표 7.4a]에 따른다.

[표 7.4a] 일표본 모평균 검정(소표본인 경우)

가 설 $H_0 : \mu = \mu_0$	유의수준 α인 기각역	p값에 의한 판단*	100(1-α)% 신뢰구간에 의한 판단
$H_1 : \mu \neq \mu_0$	$\vert T\vert > t_{n-1;\alpha/2}$ 이면 H_0기각	p값=$2F_{t_{n-1}}(-\vert T\vert)$ <α이면 H_0기각	$\left[\overline{X} - t_{n-1;\alpha/2}\frac{S}{\sqrt{n}}, \overline{X} + t_{n-1;\alpha/2}\frac{S}{\sqrt{n}}\right]$ 구간에 μ_0가 포함되지 않으면 H_0기각
$H_1 : \mu > \mu_0$	$T > t_{n-1;\alpha}$ 이면 H_0기각	p값=1-$F_{t_{n-1}}(T)$ <α이면 H_0기각	$\left[\overline{X} - t_{n-1;\alpha}\frac{S}{\sqrt{n}}, +\infty\right]$ 구간에 μ_0가 포함되지 않으면 H_0기각
$H_1 : \mu < \mu_0$	$T < -t_{n-1;\alpha}$ 이면 H_0기각	p값=$F_{t_{n-1}}(T)$ <α이면 H_0기각	$\left[-\infty, \overline{X} + t_{n-1;\alpha}\frac{S}{\sqrt{n}}\right]$ 구간에 μ_0가 포함되지 않으면 H_0기각

② $X_1, X_2, \cdots, X_n$ 이 n이 충분히 크고(약 30 이상), σ^2가 미지인 정규모집단으로부터의 확률표본일 때 검정통계량은 다음과 같이 계산된다.

$$Z \doteqdot \frac{\overline{X} - \mu_0}{S/\sqrt{n}}$$

가설에 대한 의사결정은 [표 7.4b]에 따른다.

[표 7.4b] 일표본 모평균 검정(대표본인 경우)

가 설 $H_0 : \mu = \mu_0$	근사유의수준 α인 기각역	p값에 의한 판단*	100(1-α)% 근사신뢰구간에 의한 판단
$H_1 : \mu \neq \mu_0$	$\lvert Z \rvert > z_{\alpha/2}$ 이면 H_0기각	p값=$2\Phi(-\lvert Z \rvert)$ $<\alpha$이면 H_0기각	$\left[\overline{X} - z_{\alpha/2}\frac{S}{\sqrt{n}}, \overline{X} + z_{\alpha/2}\frac{S}{\sqrt{n}}\right]$ 구간에 μ_0가 포함되지 않으면 H_0기각
$H_1 : \mu > \mu_0$	$Z > z_{\alpha}$ 이면 H_0기각	p값=1-$\Phi(Z)$ $<\alpha$이면 H_0기각	$\left[\overline{X} - z_{\alpha}\frac{S}{\sqrt{n}}, +\infty\right]$ 구간에 μ_0가 포함되지 않으면 H_0기각
$H_1 : \mu < \mu_0$	$Z < -z_{\alpha}$ 이면 H_0기각	p값=$\Phi(Z)$ $<\alpha$이면 H_0기각	$\left[-\infty, \overline{X} + z_{\alpha}\frac{S}{\sqrt{n}}\right]$ 구간에 μ_0가 포함되지 않으면 H_0기각

[CaseStudy 7.4] σ^2가 미지인 정규모집단으로부터의 표본이 아래와 같을 때 양측검정을 실시해 보자.

❶ 가설설정 H_0: $\mu = 40$ vs H_1 : $\mu \neq 40$

$\alpha = 0.05$, $n = 7$

❷ data 입력 : 40.1 39.1 39.3 39.8 39 38.7 40.5

❸ **SixSigma Tools 2007 > 분석(Analyze) > 기술통계...**

[그림 7.4a] t-test 양측검정

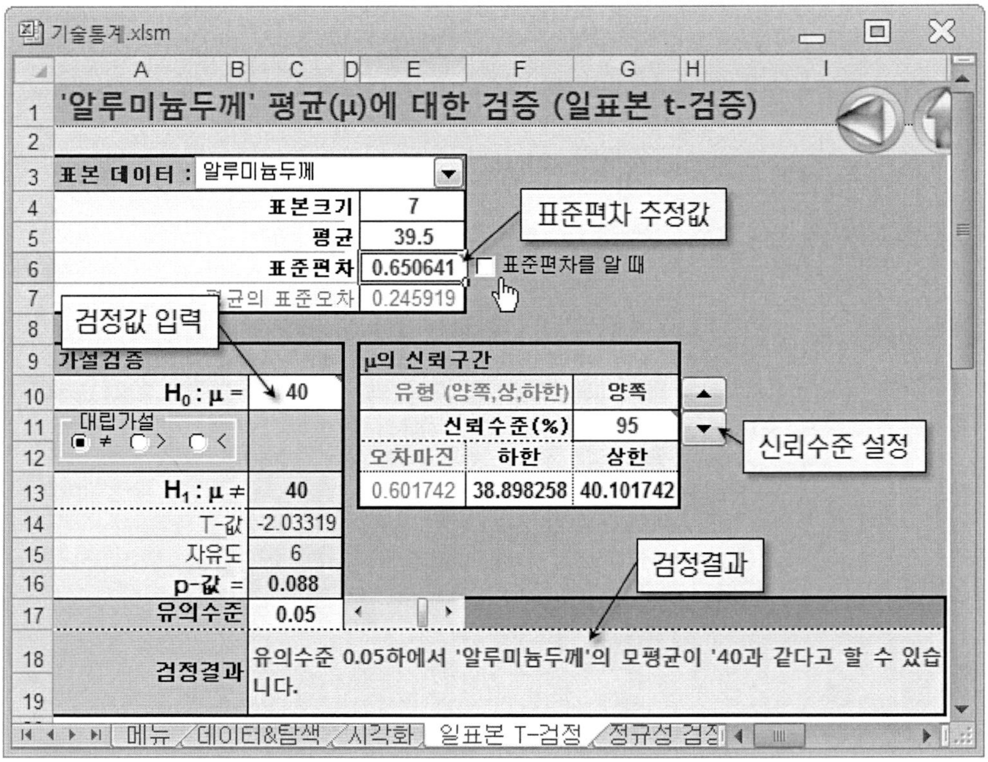

0.05 < p-value < 0.10이므로 α=0.05로 하면 H_0를 채택하고, α= 0.10으로 하면 H_0를 기각한다. 그러므로 유의수준 5%하에서 알루미늄 두께가 40이라고 할 수 있다. 이제 단측검정 결과를 확인해 보자. 역시 동일하게 다음과 같은 절차를 따른다.

① SixSigma Tools 2007 > 분석(Analyze) > 기술통계...

② 데이터입력을 클릭하고 데이터 연결 단추를 클릭한다.

③ 읽고자하는 데이터 영역을 끌기하여 선택하고 연결도구를 클릭한다.

④ 일표본 T-검정 시트로 이동

⑤ 검정값을 '40'으로 입력한다.

⑥ 하단의 검정결과를 읽는다.

[그림 7.4b] 일표본 T-검정 단측검정 및 의사결정

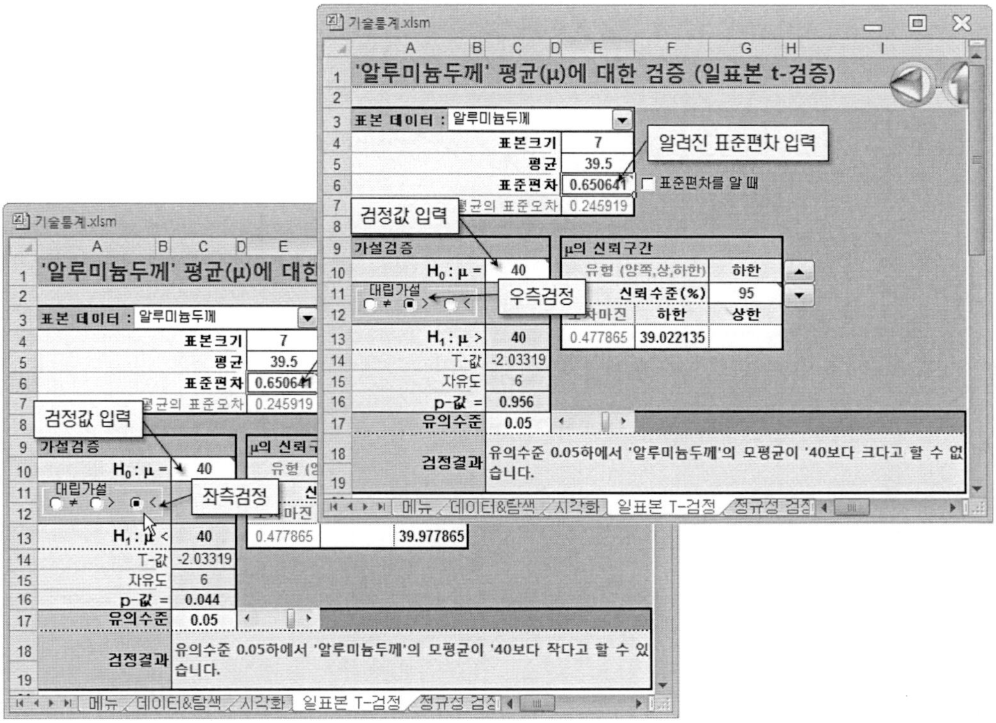

[그림 7.4b]는 단측검정의 결과이다. 대립가설 옵션을 선택하기만 하면 된다. 결국 알루미늄 두께는 유의수준 5%하에서 40보다 작다고 할 수 있다.

기존 통계분석 Tool들은 매번 대화상자에 접근하여 일일이 좌측과 우측을 지정하고 실행하면 이에 대한 결과가 출력창에 나타난다. 그다지 대단하지도 못한 검정을 하는데도..., 간편하게 살펴볼 수 있게 해야 되는데도 '대화상자'라는 인터페이스를 사용할 경우에는 별 도리가 없다. SixSigma Tools은 대화상자라는 인터페이스를 최소로 줄이고 이미 나타나 있는 출력결과물의 변경이 용이하도록 설계하였다. 특히 검정의 결과를 문장으로 출력하도록 하였다. 그리고 가설검정에서 가설을 간단하고 쉽게 양측 및 단측검정을 선택하고 이에 대한 결과를 한 눈에 살펴볼 수 있다.

⇨7.5 모비율에 대한 신뢰구간과 가설검정

$X_1, X_2, \cdots, X_n$이 성공확률이 p인 Bernoulli분포에서의 n이 충분히 큰 확률표본(0 또는 1로 구성됨)일 때 X_i의 합인 Y는

$$\Rightarrow \ Y = \sum_{i=1}^{n} X_i \sim B(n, p)$$

으로 시행횟수가 n, 성공확률이 p인 이항분포(즉 성공회수의 분포)를 따른다. 또한 성공확률 p의 신뢰구간과 가설검정을 위한 검정 통계량은 다음과 같이 정리된다.

⇒ 1) p에 대한 100(1-α)% 근사 신뢰구간($n\hat{p} \geq 5,\ n(1-\hat{p}) \geq 5$) :

$$\hat{p} \pm z_{\alpha/2}\sqrt{\frac{\hat{p}(1-\hat{p})}{n}}$$

여기서 $\hat{p} = \dfrac{Y}{n}$: 표본 성공률

2) p에 대한 가설검정

($n\hat{p} \geq 5,\ n(1-\hat{p}) \geq 5$ 을 만족하는 충분히 큰 n을 취했을 때)

$$Z = \frac{Y - np_0}{\sqrt{n\hat{p}(1-\hat{p})}} = \frac{\hat{p} - p_0}{\sqrt{\dfrac{\hat{p}(1-\hat{p})}{n}}} \ \text{: 검정통계량}$$

가설에 대한 의사결정은 [표 7.5]에 따른다.

[표 7.5] 일표본 모비율 검정

가 설 $H_0 : p = p_0$	근사유의수준 α인 기각역	p값에 의한 판단*	100(1-α)% 신뢰구간에 의한 판단
$H_1 : p \neq p_0$	$\lvert Z \rvert > z_{\alpha/2}$ 이면 H_0기각	p값=$2\Phi(-\lvert Z \rvert)$ $<\alpha$이면 H_0기각	$\left[\hat{p} - z_{\alpha/2}\sqrt{\frac{\hat{p}(1-\hat{p})}{n}},\ \hat{p} + z_{\alpha/2}\sqrt{\frac{\hat{p}(1-\hat{p})}{n}}\right]$ 구간에 p_0가 포함되지 않으면 H_0기각
$H_1 : p > p_0$	$Z > z_\alpha$ 이면 H_0기각	p값=1-$\Phi(Z)$ $<\alpha$이면 H_0기각	$\left[\hat{p} - z_{\alpha}\sqrt{\frac{\hat{p}(1-\hat{p})}{n}},\ 1\right]$ 구간에 p_0가 포함되지 않으면 H_0기각
$H_1 : p < p_0$	$Z < -z_\alpha$ 이면 H_0기각	p값=$\Phi(Z)$ $<\alpha$이면 H_0기각	$\left[0,\ \hat{p} + z_{\alpha}\sqrt{\frac{\hat{p}(1-\hat{p})}{n}}\right]$ 구간에 p_0가 포함되지 않으면 H_0기각

[CaseStudy 7.5] 어느 도시에서 100가구를 무작위로 추출하여 조사하니 외산 자동차를 소유하고 있는 가구수는 23가구였다.

1) 이 도시의 전 가구에 대하여 외산 자동차를 소유한 가구의 실제비율 p의 90% 신뢰구간을 구해 보자.

2) 이 도시의 전 가구에 대하여 외산 자동차를 소유한 가구의 실제비율 p가 30%보다 적다고 할 수 있는지 유의수준 5%에서 검정해 보라.

① SixSigma Tools 2007 > 분석(Analyze) > 빈도분석...

② '검증' 시트로 이동

[그림 7.5a] 모비율 대화상자

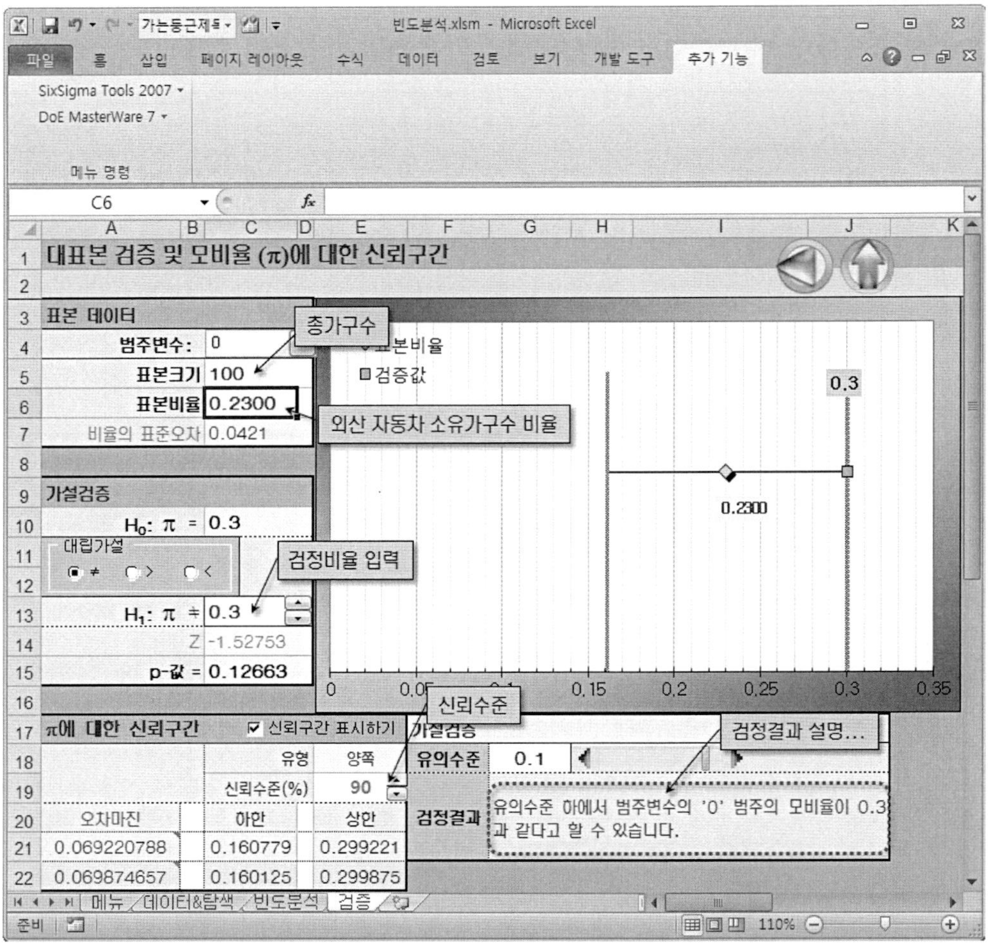

③ [그림 7.5b]와 같이 기본정보를 입력한다.

④ 검정비율을 '0.3'으로 입력한다.

⑤ 하단의 검정결과 설명을 읽는다.

p-값 = 0.12663이므로 α=0.05로 하면 H_0를 채택하고, 유의수준 0.10하에서도 외산 자동차 소유가구비가 30%이라고 할 수 있다.

이제 이 도시의 전 가구에 대하여 외산 자동차를 소유한 가구의 실제비율 p가 30%보다 적다고 할 수 있는지 유의수준 5%에서 검정해 보기로 한다.

[그림 7.5b] 분석 > 빈도분석... -> 검증 시트에서 입력

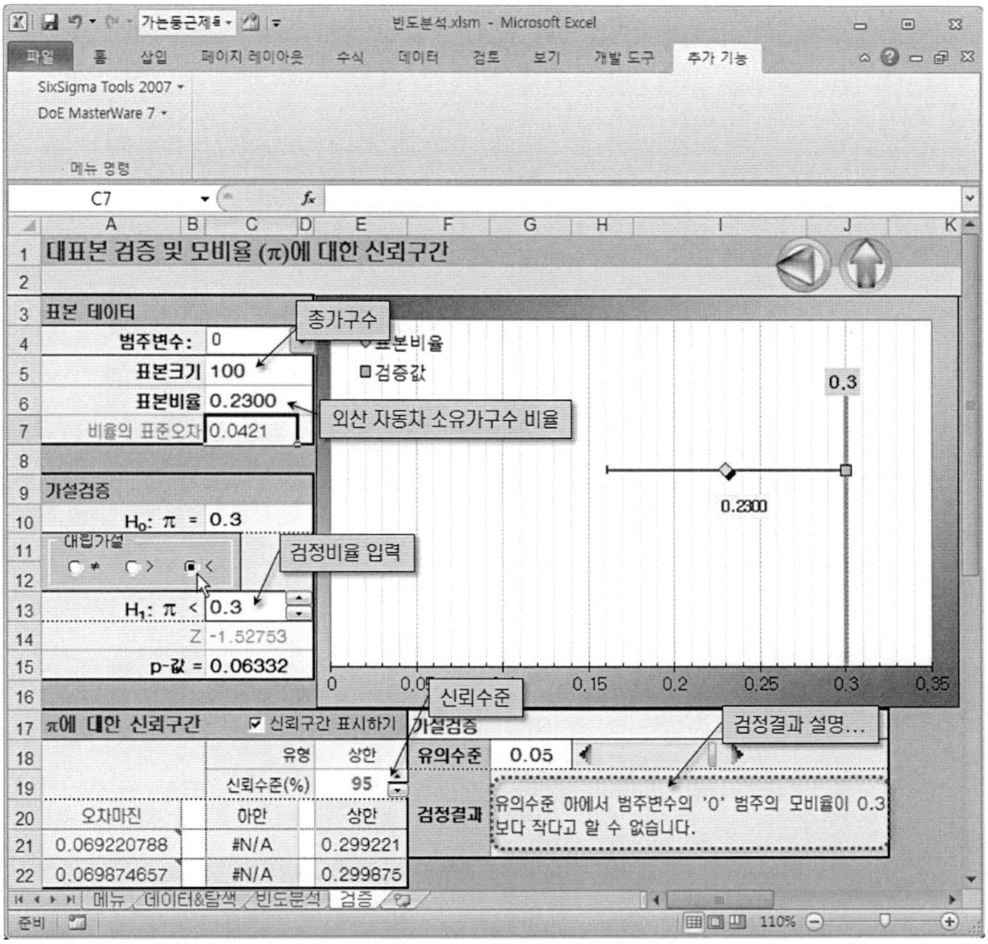

p-값이 0.06332로 0.05 < p-값 < 0.10이므로 α=0.05로 하면 H_0를 채택하고, α= 0.10으로 하면 H_0를 기각한다. 유의수준 0.1하에서는 외산 자동차 소유가구비가 30% 미만이라고 할 수 있다.

⇒7.6 일표본 위치문제에 대하여(필독)...

앞에서 일표본에 대한 여러 가지 검정을 살펴보았다. 다소 기억하기 복잡한 기각역, p-값, 신뢰구간 등의 수리적 설정 등을 나열하였다. 그러나 기억하는가? 문제는 “현실적으로 적용할 가치들이 있는가?”이다. 답은 전혀 가치가 없다. 통계적 가설과 검정의 기본을 이해하는데 약간의 도움은 될 수 있다. 그러나 이론에서 모표준편차가 기지냐 미지냐를 따지고 표본크기가 큰지 작은지를 따져서 Z-분포로 근사하여 p-값을 계산하느냐 아니면 t-분포하에서 p-값을 계산하느냐의 문제를 결정하는 내용이 주류를 이루고 있다. 그런데 실전에서 모표준편차가 기지인 경우가 있겠는가? 생각해 보라. 거의 없을 뿐만 아니라 있다고 해도 데이터에서 추정된 표준편차와 매우 차이가 크다면 이는 기지의 표준편차가 시간상 오래전의 데이터에 근거한 것이거나 측정환경 및 상황(5M1E)이 달라져 비롯된 것일 가능성이 크다. 그러므로 표준편차는 현재 측정된 데이터로부터 추정된 값을 사용하는 것이 일반적인 상식일 것이다. 그래서 이론상 기지의 경우는 현실적으로는 쓸모가 없는 경우가 대부분이다. 그렇다면 통계팩케지들도 다 그런가? 그렇지 않다. 그런데 왜 Minitab은 모표준편차가 기지인 경우의 대화상자들을 여기저기 만들어 놓았을까? 아주 오래 전에 이야기다. 20년 전인가? 그 당시 필자는 Minitab에 대한 이미지가 기초통계교육용으로 알고 있었다. 그래서인지 통계학 개론서를 그대로 프로그램한 것 같은 인상을 주었다. 다른 유명한 통계소프트웨어도 그런가? 그렇지 않다. 특히 SPSS는 모분산 기지인 경우와 미지인 경우를 나누어 입력하고 사용하는 이런 엉뚱한 대화상자 자체가 없으며 모두 미지로 보고 모분산을 원데이터로부터 추정하여 분석결과를 만든다. 고로 이점에서는 Minitab은 그야 말로 현실감각이 떨어지는 통계패키지라고 할 수 있다. 이는 통계학 개론을 보면 모표준편차가 또는 모분산이 기지인 경우와 미지인 경우를 나누어 이론을 정리하고 예제도 다루고 있다. 물론 이론의 역사이기 때문에 이론을 공부하는 통계학도들에게는 당연히 학습해야 될 과정이다. 그러나 현실 문제를 다루는 실용 통계학의 입장에서 보면 기지는 폐기되어야 할 이론이다. 오히려 이를 학습함으로써 더욱 헤 깔리는 일만 많아진다. Minitab은 Six Sigma 경영혁신전략이 부상함에 따라 품질관리 모듈들과 실험계획모듈이 매우 획기적으로 강화되어 유용하기는 하나 앞에서 언급한 부분이나 다변량 해석법에 대한 모듈은 여전히 빈약하기 그지없다. 그런데 SPSS는 실험계획법 부분이 거의 발달하지 못해서 다구찌라는 이름마저 발견할 수 없다. SAS는 모든 모듈이 잘 정비되어 있기는 하지만 그 사용법이 거의 SAS 언어를 잘 다룰 수 있어야 고수의 소리를 들을 수 있어서 초심자들은 매우 사용하는데 많은 시간이 걸린다는 것이 단점이다. 필자는 과거 오래전에는 SAS만을 고집하고 사용하던 시절이 있었는데 SAS언어 사용이 능하면 매우 강력한 분석을 수행할 수 있었다. 패키지의 기능에 파묻혀 따라가기만 하는 사람은 진정 데이터 분석을 고수(高手)답게 할 수 없을 것이다. 어려운 것을 잘하는 자가 고수가 아니다. 고수란 매우 상식적이고 단순한 도구로 현상을 파악하고 성과를 이루어내는 행동지향적 분석을 행하는 자이다.

또한 표본크기도 적당히 크면 정규분포로 계산하고 작으면 t-분포로 계산한다고 되어 있다. 물론 그 표본크기가 얼마나 커야 큰 것으로 간주하느냐의 문제도 있을 수 있다. 거두절미하고 표본크기가 커짐에 따라 t-분포는 정규분포에 가까워진다. 크기가 약 30 정도만 되어도 거의 정규분포의 모양에 접근함을 수치해석적으로도 확인이 가능하다. 그러므로 표본크기에 상관하지 않고 그냥 t-분포로 p-값을 계산하면 된다. 실제로 대부분의 통계팩키지들(SPSS, SAS, S-plus, 기타 등등)에서는 표본크기에 따라 t인지 Z인지를 따지지 않고 t-분포로 p-값을 계산하고 있다. 표본크기에 따라 t인지 Z인지를 따질 필요조차 느끼지 않는다. 간단히 말해 기존의 통계학 교과서가 문제다.

과거 오래 전에는 확률을 계산하기가 쉽지 않았기 때문에 근사분포를 생각할 수밖에 없었다. 그러나 요즘은 개인용 PC 조차 엄청난 성능을 가지고 있는데 그런 근사식을 생각할 필요가 있는가? 아니다. 그저 정확한 값을 계산할 수 있고 그렇게 하면 된다. 아니 그렇게 해야 한다.

일표본 위치 문제의 실효성에 대해 말하겠다. 앞에서 나열한 검정 및 방법들은 분석적 차원에서 그다지 세련된 분석들이 아니며 실전에서는 그러한 분석으로 분석이 매듭지어지는 경우는 거의 없다. 실전은 변수들도 많고 케이스들도 많을 뿐만 아니라 더욱 어려운 점은 데이터가 잘 정리되어 있지도 못한 경우가 대부분이다. 그래서 분석자가 반드시 갖추어야 할 skill은 분석방법에 맞게 데이터 구조를 측정 전부터 설계해야 한다는 것이다. 그렇게 하려면 연구목적부터 분석결과 도출까지 모든 사항을 꿰고 있어야 한다는 점이다. 물론 처음부터 그렇게 될 수 없지만 초보자라도 그 점을 인식하고 학습의 방향과 초점을 맞추어 훈련해야 한다는 점을 인지하는 것이 더 중요한다.

통계학은 순수학문이 아니다. 실용학문이다. 아니 실용학문이어야 한다. 현실적으로 쓸모없거나 효율성 및 성과를 기대할 수 없는 이론은 폐기되어야 한다. 그렇지 아니한가?

2집단 평균비교 : 신뢰구간과 T-검정

⇨8.1 T-검정 개요

T-검정이란 두 모집단의 평균의 차이 유무를 판단하는 통계적 검정방법으로, "두 모집단의 평균 간의 차이는 없다"라는 귀무가설과 "두 모집단의 평균 간에 차이가 있다"라는 대립가설 중에 하나를 선택하는 통계적 검정방법이다.

모든 통계적 검정방법과 마찬가지로, T-검정은 귀무가설이 옳다는 가정하에 두 모집단으로부터 추출된 표본들로부터 계산된 검정통계량에 근거하여 영가설을 부정할 수 있는 상당한 근거를 보이면 귀무가설을 기각하고, 그렇지 않은 경우에는 귀무가설을 받아들이게 된다.

좀 더 통계적인 표현으로 검정 절차를 묘사하면, 귀무가설 하에서 두 모집단의 표본평균(sample mean) 간의 차이는 표본오차(sampling error)에서 기인한 것이라고 간주한다. 즉, 두 표본평균 간의 차이가 표본을 잘못 추출한 데서 비롯된 것이라고 가정한다. 그런 후 T-검정통계량을 계산하여 두 표본평균 간의 차이가 귀무가설 하에 있을 확률, 즉 표본오차로 인해 차이가 발생할 확률(유의확률: P-값)을 계산한다. 만약 계산된 확률이 귀무가설을 기각하기로 설정한 유의수준(통상적으로 5%)과 같거나 작다면 귀무가설을 기각하고 대립가설을 채택하게 된다.

T-검정은 두 모집단의 독립 여부에 따라 "독립 2표본 T-검정"과 "대응 2표본 T-검정"으로 나눌 수 있다.

현실적으로 자주 일어날 수 있는 문제들에 대한 예를 들면 아래와 같다.

- 많은 광고비를 지출하는 회사들이 적은 광고비를 지출하는 회사들보다 판매량이 더 많은가?
- 신제품으로 개발된 접착제가 종전의 접착제보다 접착력이 얼마나 더 강한가?
- 똑 같은 일에 종사하는 여성들이 남성들보다 보수를 적게 받고 있다는 증거가 있는가? 있다면 얼마나 적게 받는가?

8.2 대응표본과 독립표본의 이해

미국 펜실베니아 의료원은 심장병환자의 혈액에 포함된 콜레스테롤 함유량에 대한 자료를 수집했다. 모두 28명의 심장병 환자들의 콜레스테롤 함유량을 심장마비가 일어난 후 2일, 4일, 그리고 14일이 지난 뒤 측정하고 심장병이 없는 30명의 사람을 통제집단(control group)으로 하여 콜레스테롤 함유량을 측정하였다. 이 데이터는 [표 8.2]에 기록되어 있다.

이 데이터는 대응된 변수와 독립된 변수들을 모두 포함하고 있다. 여기서 '2일 후', '4일 후', '14일 후'라고 표시된 열들의 데이터는 서로 짝을 이룬 것인 데 왜냐하면 주어진 같은 행의 두 값은 똑 같은 환자(ID)에 대한 관측값이므로 서로 연관되어 있기 때문이다. 예를 들어 첫 번째 환자의 '2일 후'

[표 8.2] 심장마비 후의 콜레스테롤 함유량

ID	실험집단			통제집단
	2일 후	4일 후	14일 후	
1	270	218	156	196
2	236	234	*	232
3	210	214	242	200
4	142	116	*	242
5	280	200	*	206
6	272	276	256	178
7	160	146	142	184
8	220	182	216	198
9	226	238	248	160
10	242	288	*	182
11	186	190	168	182
12	266	236	236	198
13	206	244	*	238
14	318	258	200	198
15	294	240	264	188
16	282	294	*	188
17	234	220	264	166
18	224	200	*	204
19	276	220	188	182
20	282	186	182	178
21	360	352	294	212
22	310	202	214	164
23	280	218	*	230
24	278	248	198	186
25	288	278	*	162
26	288	248	256	182
27	244	270	280	218
28	236	242	204	170
				200
				176

주) *는 결측값(missing value)이다.

에 대한 값은 270이고 '4일 후'는 218, 14일 후는 156이다. 그러므로 이 관측값들은 각 환자들의 콜레스테롤 함유량이 그 기간 동안 얼마나 변화되었는지를 나타낸다. 그러나 마지막의 통제집단의 30명의 데이터는 전혀 다른 사람들의 콜레스테롤을 측정한 독립적인 데이터로 2일, 4일, 14일 데이터와는 대응되어 있지 않는 데이터이다.

위에서와 같이 대응표본과 독립표본을 구별하는 것은 측정대상인 개체가 동일한가 아닌가에 달렸다. 이와 같이 대응표본이냐 독립표본이냐를 가려야 하는 이유는 통계적인 계산 절차가 달라지기 때문이다.

⇒8.3 대응표본의 차이평균 검정

대응표본의 데이터 구조는 [표 8.3]과 같다.

[표 8.3] 대응표본 구조

대응번호	처리 1	처리 2	차이
1	X_1	Y_1	$D_1 = X_1 - Y_1$
2	X_2	Y_2	$D_2 = X_2 - Y_2$
⋮	⋮	⋮	⋮
n	X_n	Y_n	$D_n = X_n - Y_n$

여기에서 $(X_1, Y_1), (X_2, Y_2), \cdots, (X_n, Y_n)$ 은 서로 독립이며 일반적으로 X_i와 Y_i 는 서로 종속관계에 있다.

$D_1, D_2, \cdots, D_n$ 평균이 μ_d이고 분산이 σ_d^2인 정규모집단에서 추출된 확률표본일 때

$$\overline{D} = \frac{1}{n}\sum_{i=1}^{n} D_i, \qquad S_D^2 = \frac{1}{n-1}\sum_{i=1}^{n}(D_i - \overline{D})^2$$

으로 표현된다.

1) μ_d에 대한 100(1-α)% 신뢰구간

: $\overline{D} \pm t_{\alpha/2}(n-1)\dfrac{S_D}{\sqrt{n}}$

2) μ_d에 대한 가설검정

$$T = \frac{\overline{D} - \mu_0}{S_D / \sqrt{n}} \text{ : 검정 통계량}$$

[표 8.3a] 대응표본의 차이검정

가 설 $H_0 : \mu_d = \mu_0$	유의수준 α인 기각역	p-값에 의한 판단*	100(1-α)% 신뢰구간에 의한 판단
$H_1 : \mu_d \neq \mu_0$	$\|T\| > t_{\alpha/2}(n-1)$ 이면 H_0기각	p값=$2F_{t_{n-1}}(-\|T\|)$ $<\alpha$이면 H_0기각	$\left[\overline{D} \pm t_{\frac{\alpha}{2}}(n-1)\frac{S_D}{\sqrt{n}}\right]$ 구간에 μ_0가 포함되지 않으면 H_0기각
$H_1 : \mu_d > \mu_0$	$T > t_{\alpha}(n-1)$ 이면 H_0기각	p값=1-$F_{t_{n-1}}(T)$ $<\alpha$이면 H_0기각	$\left[\overline{D} - t_{\alpha}(n-1)\frac{S_D}{\sqrt{n}}, +\infty\right]$ 구간에 μ_0가 포함되지 않으면 H_0기각
$H_1 : \mu_d < \mu_0$	$T < -t_{\alpha}(n-1)$ 이면 H_0기각	p값=$F_{t_{n-1}}(T)$ $<\alpha$이면 H_0기각	$\left[-\infty, \overline{D} + t_{\alpha}(n-1)\frac{S_D}{\sqrt{n}}\right]$ 구간에 μ_0가 포함되지 않으면 H_0기각

[CaseStudy 8.3] 심장마비 후의 콜레스테롤 함유량 데이터에서 2일후와 4일후의 함유량에 차가 있는지 알아보려고 한다.

$D_i = X_i - Y_i$(X_i는 2일후 함유량, Y_i는 4일후 함유량으로 관측값들 간의 서로 독립이고 $N(\mu_{d,} \sigma_d^2)$을 따른다고 가정할 때

1) 2일후와 4일후 함유량 차이의 평균 μ_d에 대한 95% 신뢰구간을 구해 본다.

2) 2일후와 4일후 함유량 간의 차이의 평균이 '0'인지 α=0.05로 검정해 보자.(즉, $H_0 : \mu_d = 0$ vs $H_1 : \mu_d \neq 0$)

분석(Analyze) → 평균비교 → T-검정...

[그림 8.3a] 대응표본 t-검정 결과

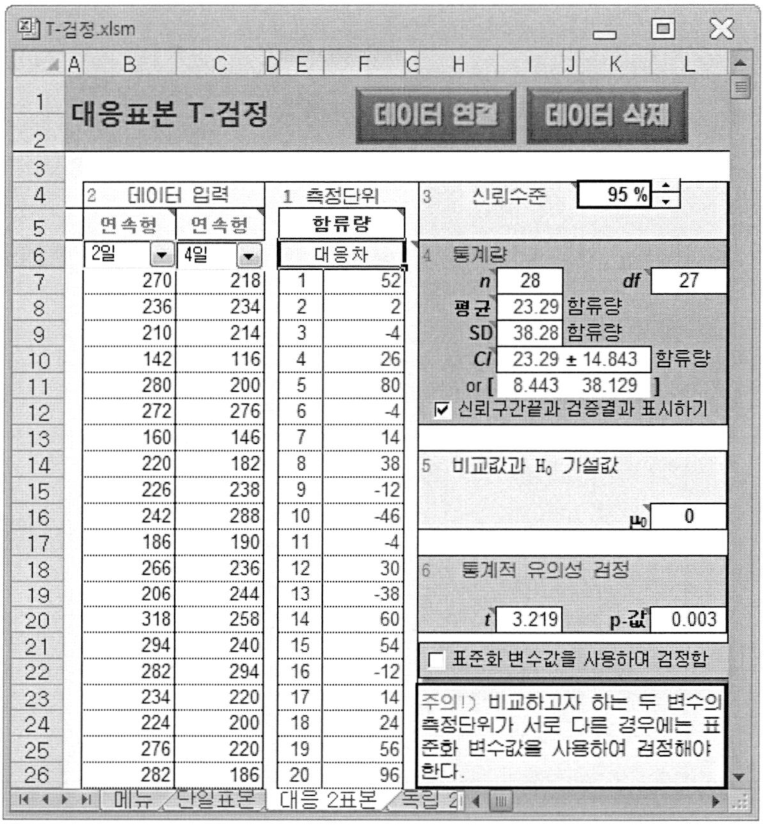

95% 신뢰구간이 [8.44, 38.129]으로 차이 검정값 0.0을 포함하고 있지 않으므로 유의수준 5% 차이가 '0'이 아니라는 결론을 내릴 수 있다. 그러므로 함유량의 차이가 인정된다. 실제 p-값을 보고 검정하면 p-value = 0.003<0.05이므로 H_0를 기각하게 된다. 즉 유의수준 5%하에서 2일후와 4일후의 콜레스테롤 함유량의 차이가 있다고 할 수 있다. 다음 [그림 8.3b]를 보면 신뢰구간에 대응차 평균이 포함되어 있지 않음을 알 수 있다. 그리고 5%하에서 검정결과가 도표 하단에 텍스트로 출력되어 있으므로 초심자라도 검정결과를 쉽게 확인할 수 있다.

[그림 8.3b] 대응ck 모평균과 95%신뢰구간

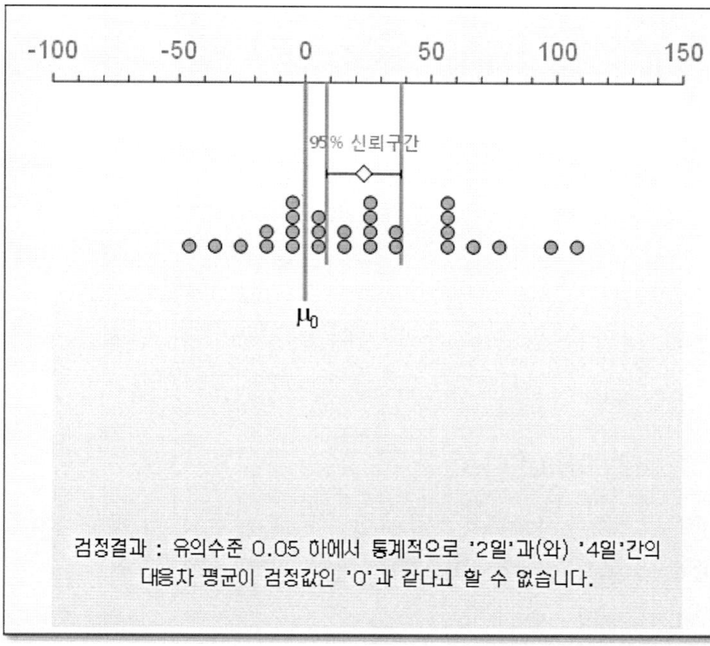

이제 4일후와 14일후 함유량 간의 차이의 평균이 '0'인지 α=0.05로 검정해 보자.

[그림 8.3c] 4일과 14일의 대응표본 t-test

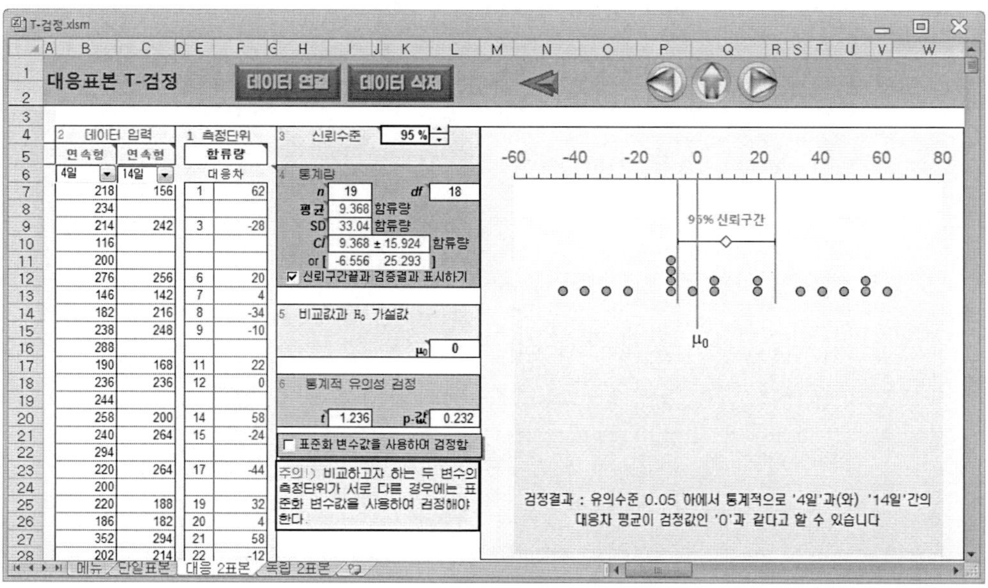

p-value = 0.232>0.05이므로 H_0를 기각할 수 없다. 즉 유의수준 5%하에서 4일후와 14일후의 콜레스테롤 함유량의 차이가 없다고 판단된다. 그리고 [그림 8.3c]는 신뢰구간 안에 검정값(=0)이 들어가 있으므로 이는 귀무가설을 채택하게 된다. 그러므로 4일과 14일의 콜레스테롤 수치가 통계적으로 유의수준 5%하에서 차이가 없다고 할 수 있다.

2일후와 14일후 함유량 간의 차이의 평균이 '0'인지도 α=0.05로 확인해 보자.

[그림 8.3d] 2일과 14일의 대응표본 t-test

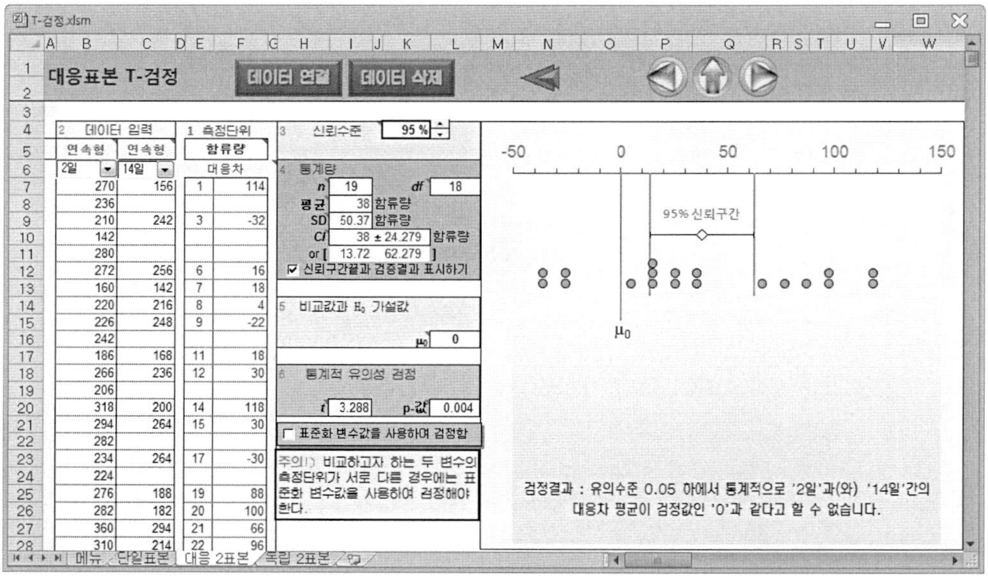

그림에서 신뢰구간 안에 적색선으로 표시된 선(μ_0선)이 들어가 있다면 평균차가 '0'이라는 가설 즉 차이가 없다는 귀무가설을 받아들이게 된다. 그렇지 않고 밖에 있게 되면 '0'이 아니라는 대립가설을 받아들이게 된다. [그림 8.3b]와 [그림 8.3d]는 귀무가설을 기각하여 콜레스테롤 수치의 차이가 존재하며 평균이 23.29와 38로 양수이므로 2일보다 14일이, 2일보다 4일의 콜레스테롤 수치가 크다고 할 수 있다.

역시 p-값을 보면 p-value = 0.004 < 0.05이므로 H_0를 기각하게 하게 되어 유의수준 5%하에서 2일후와 14일후의 콜레스테롤 함유량의 차이가 있다고 판단된다. 그렇다면 2일과 통제집단과의 차이는 있을까? 이 문제는 서로 대응되어 있지 않은 별개의 개체들을 측정한 것이므로 독립표본 t-검정을 실시해야 한다.

⇨8.4 독립표본의 평균차 검정

$X_1, X_2, \cdots, X_{n_1}$이 $N(\mu_1, \sigma_1^2)$의 분포를 갖는 정규모집단으로부터의 확률표본이고 $Y_1, Y_2, \cdots, Y_{n_2}$이 $N(\mu_2, \sigma_2^2)$의 분포를 갖는 정규모집단으로부터의 확률표본이라고 하자.(σ_1^2, σ_2^2 : 미지이고 X_i들과 Y_i들은 서로 독립)

$$\overline{X} = \frac{1}{n_1}\sum_{i=1}^{n_1} X_i, \quad S_1^2 = \frac{1}{n_1 - 1}\sum_{i=1}^{n_1}(X_i - \overline{X})^2$$

$$\overline{Y} = \frac{1}{n_2}\sum_{i=1}^{n_2} Y_i, \quad S_2^2 = \frac{1}{n_2 - 1}\sum_{i=1}^{n_2}(Y_i - \overline{Y})^2$$

① $\sigma_1^2 \neq \sigma_2^2$인 경우

❶ $\mu_1 - \mu_2$에 대한 100(1-α)% 근사 신뢰구간

$$(\overline{X} - \overline{Y}) \pm t_{\frac{\alpha}{2}}(\phi^*)\sqrt{\frac{S_1^2}{n_1} + \frac{S_2^2}{n_2}} \quad ,$$

$$\text{여기서 } \phi^* = \frac{\left(\frac{S_1^2}{n_1} + \frac{S_2^2}{n_2}\right)^2}{\frac{\left(\frac{S_1^2}{n_1}\right)^2}{n_1 - 1} + \frac{\left(\frac{S_2^2}{n_2}\right)^2}{n_2 - 1}}$$:Satterthwaite의 자유도

❷ $\mu_1 - \mu_2$에 대한 가설검정

$$T = \frac{(\overline{X} - \overline{Y})}{\sqrt{\frac{S_1^2}{n_1} + \frac{S_2^2}{n_2}}}$$: 검정 통계량

[표 8.4a] 독립 2표본 T-검정 ($\sigma_1^2 \neq \sigma_2^2$인 경우)

가 설 $H_0 : \mu_1 = \mu_2$	근사유의수준 α인 기각역	p값에 의한 판단*	100(1-α)% 신뢰구간에 의한 판단
$H_1 : \mu_1 \neq \mu_2$	$\lvert T \rvert > t_{\alpha/2}(\phi^*)$ 이면 H_0기각	p값=$2F_{t(\phi^*)}(-\lvert T \rvert)$ <α이면 H_0기각	$\left[(\overline{X} - \overline{Y}) \pm t_{\frac{\alpha}{2}}(\phi^*)\sqrt{\frac{S_1^2}{n_1} + \frac{S_2^2}{n_2}}\right]$ 구간에 '0'이 포함되지 않으면 H_0기각
$H_1 : \mu_1 > \mu_2$	$T > t_\alpha(\phi^*)$ 이면 H_0기각	p값=1-$F_{t(\phi^*)}(T)$ <α이면 H_0기각	$\left[(\overline{X} - \overline{Y}) - t_\alpha(\phi^*)\sqrt{\frac{S_1^2}{n_1} + \frac{S_2^2}{n_2}}, +\infty\right]$ 구간에 '0'이 포함되지 않으면 H_0기각
$H_1 : \mu_1 < \mu_2$	$T < -t_\alpha(\phi^*)$ 이면 H_0기각	p값=$F_{t(\phi^*)}(T)$ <α이면 H_0기각	$\left[-\infty, (\overline{X} - \overline{Y}) + t_\alpha(\phi^*)\sqrt{\frac{S_1^2}{n_1} + \frac{S_2^2}{n_2}}\right]$ 구간에 '0'이 포함되지 않으면 H_0기각

[2] $\sigma_1^2 = \sigma_2^2 = \sigma^2$인 경우

$$S_p^2 = \frac{(n_1 - 1)S_1^2 + (n_2 - 1)S_2^2}{n_1 + n_2 - 2}$$

: 공통인 모분산 σ^2의 합동추정량(pooled estimator)

❶ $\mu_1 - \mu_2$에 대한 100(1-α)% 신뢰구간

$$(\overline{X}-\overline{Y}) \pm t_{\frac{\alpha}{2}}(n_1+n_2-2)S_p\sqrt{\frac{1}{n_1}+\frac{1}{n_2}}$$

❷ $\mu_1-\mu_2$에 대한 가설검정

$$T=\frac{\overline{X}-\overline{Y}}{S_p\sqrt{\frac{1}{n_1}+\frac{1}{n_2}}}$$: 검정통계량

[표 8.4b] 독립 2표본 T-검정 ($\sigma_1^2=\sigma_2^2$인 경우)

가 설 $H_0: \mu_1=\mu_2$	유의수준 α인 기각역	p값에 의한 판단*	100(1-α)% 신뢰구간에 의한 판단
$H_1: \mu_1 \neq \mu_2$	$\lvert T\rvert > t_{\frac{\alpha}{2}}(n_1+n_2-2)$ 이면 H_0기각	2 $F_{t(n_1+n_2-2)}(-\lvert T\rvert)$ <α이면 H_0기각	$\left[(\overline{X}-\overline{Y}) \pm t_{\frac{\alpha}{2}}(n_1+n_2-2)S_p\sqrt{\frac{1}{n_1}+\frac{1}{n_2}}\right]$ 구간에 '0'이 포함되지 않으면 H_0기각
$H_1: \mu_1 > \mu_2$	$T > t_{\alpha}(n_1+n_2-2)$ 이면 H_0기각	1-$F_{t(n_1+n_2-2)}(T)$ <α이면 H_0기각	$\left[(\overline{X}-\overline{Y}) - t_{\alpha}(n_1+n_2-2)S_p\sqrt{\frac{1}{n_1}+\frac{1}{n_2}}, +\infty\right]$ 구간에 '0'이 포함되지 않으면 H_0기각
$H_1: \mu_1 < \mu_2$	$T < -t_{\alpha}(n_1+n_2-2)$ 이면 H_0기각	$F_{t(n_1+n_2-2)}(T)$ <α이면 H_0기각	$\left[-\infty, (\overline{X}-\overline{Y}) + t_{\alpha}(n_1+n_2-2)S_p\sqrt{\frac{1}{n_1}+\frac{1}{n_2}}\right]$ 구간에 '0'이 포함되지 않으면 H_0기각

[CaseStudy 8.4a] 심장마비 후의 콜레스테롤 함유량 데이터에서 2일 후와 통제집단 간의 함유량에 차가 있는지 알아보자.

독립표본 t-검정을 하기에 앞서 먼저 해야 할 검정이 등분산 검정이다. 즉 두 집단간의 모분산이 같은지를 검정하고 나서 2표본 t-검정을 실시해야 한다. 왜냐하면 모분산에 대해 등분산을 가정하는 경우와 아닌 경우의 T-검정통계량의 계산식이 달라지므로 이에 따른 p-값 역시 달라진다. 등분산 검정을 먼저 확인해 보자.

분석(Analyze) → 평균비교 → T-검정...

[그림 8.4a] 등분산 검정 대화상자

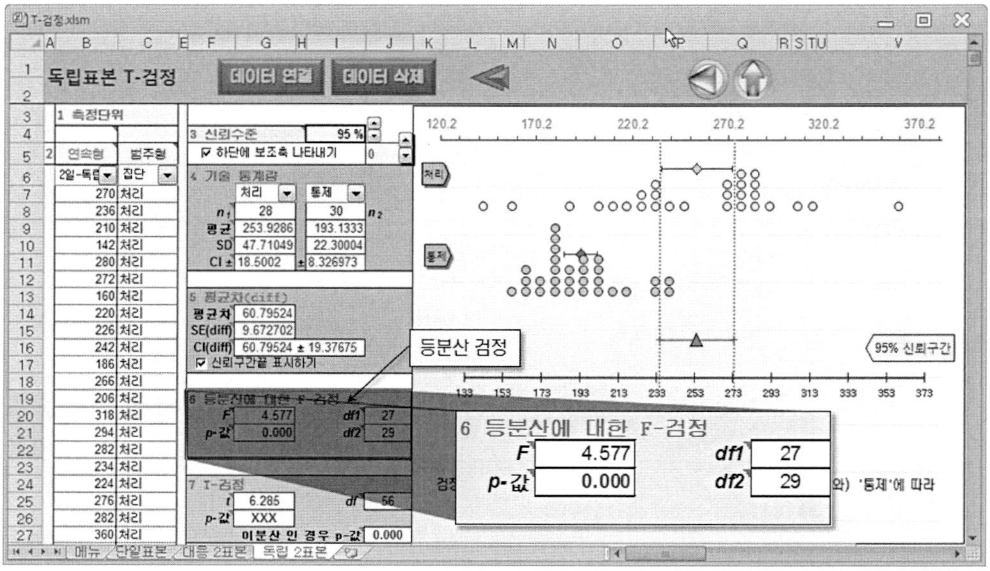

등분산 검정의 F-값은 4.577이며 이 값을 사용하여 계산된 p-값이 0.000이므로 유의수준 1%하에서 등분산이라는 귀무가설을 기각하게 된다. 그러므로 등분산을 가정할 수 없다.

[그림 8.4b] 이분산 독립표본 t-test

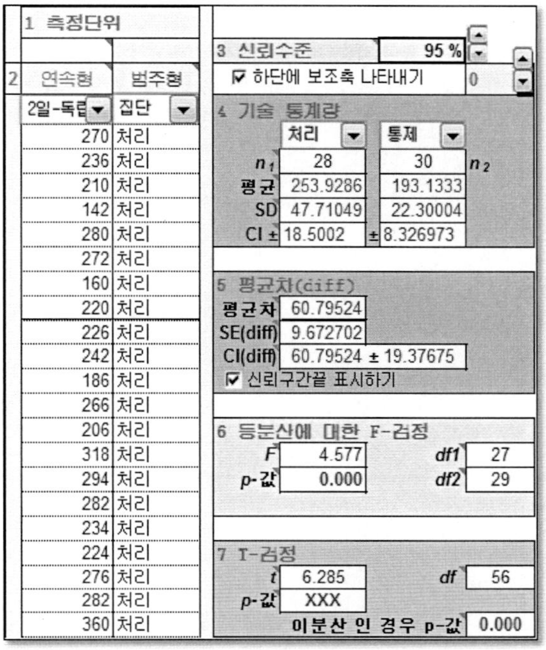

[그림 8.4b]의 하단 7번의 이분산인 경우 독립표본 t-검정의 p-값을 보면 p-value=0.000<0.01이므로 유의수준 1%하에서 유의한 차이가 인정된다. 그러므로 평균의 차가 60.79524로 양수이고 2일-통제집단 이므로 2일후의 콜레스테롤 함유량의 평균이 60.795 정도 더 크게 나타났다. 검정결과 유의수준 1%에서 유의하므로 통제집단이 함유량이 작은 것으로 나타났다. 이에 따른 현실적인 의학적 판단을 내려야 한다. 그러나 이 결과는 이분산($\sigma_1^2 \neq \sigma_2^2$)을 가정하고 진행한 독립표본 t-검정의 결과이다.

[그림 8.4c] 2일의 경우 통제집단과 처리집단간의 95%신뢰구간과 검정결과

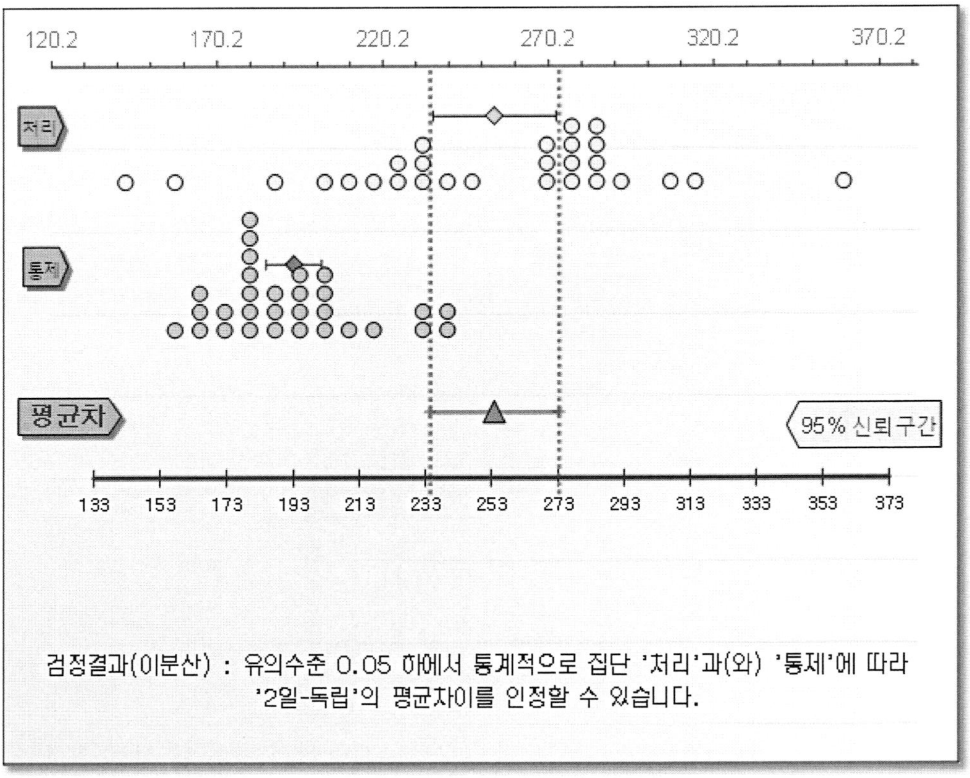

[그림 8.4c]를 보면 각 집단평균과 평균차에 대한 95% 신뢰구간과 집단별 점도표가 나타나 있다. 점도표를 보면 각 집단별 데이터의 분포를 가늠해 볼 수 있는데 두 집단의 데이터 점들이 서로 겹쳐져 있는 것을 볼 수 있다. 이렇게 겹쳐 있으면 집단간의 차이는 없는 것으로 판단할 수 있으며 데이터 점들이 서로 겹쳐있지 않으면 평균간의 차이가 인정될 가능성이 커진다. 그리고 두 집단의 95% 신뢰구간이 서로 겹쳐 있다면 유의수준 5%하에서 평균간의 차이가 인정되지 않지만 겹치지 않아 서로 떨어져 있다면 5%하에 평균 간의 차이가 인정되는 것이다. 또한 평균차에 대한 95% 신뢰구간은 평균차 60.79524의 값을 집단1 즉 처리집단의 평균인 253.9286에 평행이동시키고 신뢰하한과 상한을 오차 막대로 표시하였다. 그러므로 다른 집단인 통계집단의 평균인 193.133이 '0'으로 이해할 수 있으며 이 '0'점이 평균차의 신

뢰구간에 포함되면 두 집단의 평균간의 차이가 인정되지 않지만 포함되지 않는다면 평균간의 차이가 5%하에서 인정된다고 해석한다. 결국 이는 평균차의 신뢰구간이 '0'을 포함하는가 포함하지 않는가와 동일한 논리이다. 또한 아래 이분산일 때 검정결과가 텍스트로 출력되어 있다. 평균차이 검정의 p-값은 '0.000'으로 유의수준 5%하에서 유의하며 이때 평균차가 60.795(처리-통제)로 통제집단보다 처리집단의 콜레스테롤 함유량이 더 큼을 알 수 있다. 즉 [그림 8.4c]는 이 상황을 점도표로 표시하여 신뢰구간으로 나타낸 시각화 도표로 쉽게 확인할 수 있다.

이제 등분산을 가정할 수 있는 경우($\sigma_1^2 = \sigma_2^2 = \sigma^2$)의 예로 아래 [CaseStudy 8.3b] 시리얼 시장조사 데이터를 사용하여 학습해 보기로 한다.

[CaseStudy 8.4b] 시리얼 시장조사 데이터에서 맛에 대한 7점 척도 평가점수에 대해 성별간의 차이가 있는지 검정해 보자.(데이터: 시리얼시장조사.xlsx)

분석(Analyze) → 평균비교 → T-검정...

[그림 8.4d] 등분산 독립표본 T-검정

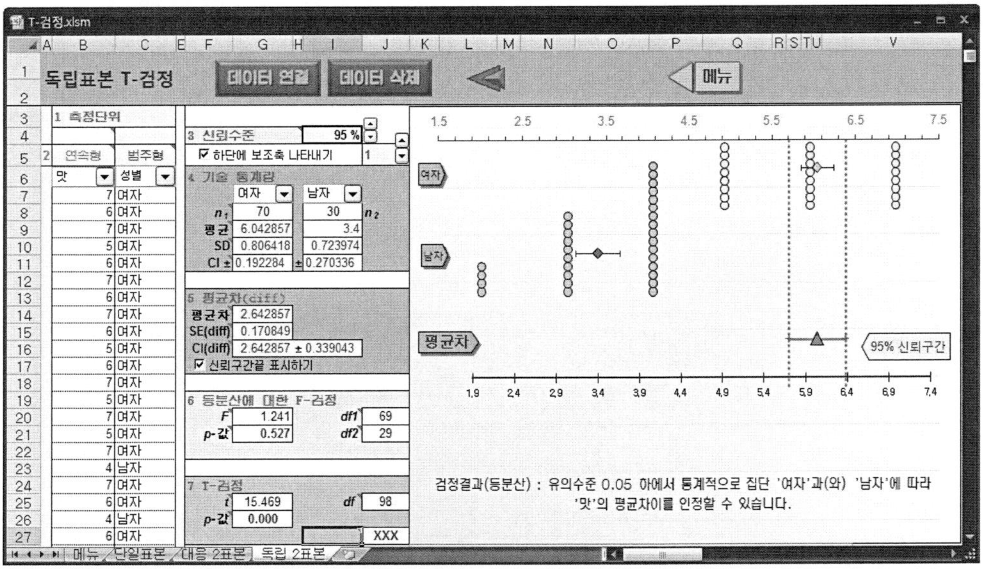

[그림 8.4d]를 보면 등분산 검정의 결과 등분산으로 판단되었음을 알 수 있다. 그리고 이에 따른 평균차이 검정의 p-값은 '0.000'으로 유의수준 5%하에서 유의하며 이때 평균차가 2.642857(여자-남자)로 맛에 대한 평가 점수가 여자가 남자보다 더 큼을 알 수 있다. 그러므로 시리얼에 대한 맛의 평가는 남성보다 여성이 더 긍정적인 평가를 내렸다고 할 수 있다. 이 상황을 점도표로 표시하여 신뢰구간으로 나타낸 시각화 도표를 보면 두 신뢰구간이 상당히 멀리 떨어져 있는 것을 시각적으로 쉽게 확인할 수 있다. 시각화 도표 아래 검정결과를 문장으로 표현한 부분만을 읽어도 판단할 수 있으며 가설검정을 전혀 모르는 초보자라도 데이터 연결만 할 수 있다면 가설에 대한 판단을 쉽게 내릴 수 있다.

⇨8.5 두 모비율의 차이검정

$X_1, X_2, \cdots, X_n$이 성공확률이 p_1인 Bernoulli 분포로부터의 확률표본일 때 X_i들의 합은 다음과 같이 이항분포를 따르게 된다.

$$X = \sum_{i=1}^{n_1} X_i \quad \sim \; B(n_1, p_1)$$

$Y_1, Y_2, \cdots, Y_n$이 성공확률이 p_2인 Bernoulli 분포로부터의 확률표본일 때 역시 합인 Y도 이항분포를 따른다.

$$Y = \sum_{i=1}^{n_2} Y_i \quad \sim \; B(n_2, p_2)$$

① n_1과 n_2가 충분히 클 때

$p_1 - p_2$ 에 대한 $100(1-\alpha)\%$ 근사 신뢰구간

$$\hat{p}_1 - \hat{p}_2 \pm z_{\frac{\alpha}{2}} \sqrt{\frac{\hat{p}_1(1-\hat{p}_1)}{n_1} + \frac{\hat{p}_2(1-\hat{p}_2)}{n_2}}$$

여기서 $\hat{p}_1 = \dfrac{X}{n_1}$, $\hat{p}_2 = \dfrac{Y}{n_2}$ 표본 성공률

② $H_0: p_1 = p_2$ 를 검정하기 위한 검정통계량 (표본크기가 큰 경우)

$$Z = \frac{\hat{p}_1 - \hat{p}_2}{\sqrt{\hat{p}(1-\hat{p})\left(\dfrac{1}{n_1} + \dfrac{1}{n_2}\right)}}$$

(H_0 하에서 근사적으로 $N(0, 1)$를 따름)

여기서 $\hat{p} = \dfrac{X+Y}{n_1 + n_2}$ (모비율의 합동 추정량)

[표 7.5] 두 모비율 차이 검정

가 설 $H_0 : p_1 = p_2$	근사유의수준 α인 기각역	p값에 의한 판단*	100(1-α)% 근사신뢰구간에 의한 판단
$H_1 : p_1 \neq p_2$	$\lvert Z \rvert > z_{\alpha/2}$ 이면 H_0기각	p값=2$\Phi(-\lvert Z \rvert)$ $<\alpha$이면 H_0기각	$\left[\hat{p}_1 - \hat{p}_2 - z_{\frac{\alpha}{2}}\sqrt{\frac{\hat{p}_1(1-\hat{p}_1)}{n_1} + \frac{\hat{p}_2(1-\hat{p}_2)}{n_2}},\right.$ $\left.\hat{p}_1 - \hat{p}_2 + z_{\frac{\alpha}{2}}\sqrt{\frac{\hat{p}_1(1-\hat{p}_1)}{n_1} + \frac{\hat{p}_2(1-\hat{p}_2)}{n_2}}\right]$ 구간에 '0'이 포함되지 않으면 H_0기각
$H_1 : p_1 > p_2$	$Z > z_\alpha$ 이면 H_0기각	p값=1-$\Phi(Z)$ $<\alpha$이면 H_0기각	$\left[\hat{p}_1 - \hat{p}_2 - z_\alpha\sqrt{\frac{\hat{p}_1(1-\hat{p}_1)}{n_1} + \frac{\hat{p}_2(1-\hat{p}_2)}{n_2}}, 1\right]$ 구간에 '0'이 포함되지 않으면 H_0기각
$H_1 : p_1 < p_2$	$Z < -z_\alpha$ 이면 H_0기각	p값=$\Phi(Z)$ $<\alpha$이면 H_0기각	$\left[0, \hat{p}_1 - \hat{p}_2 + z_\alpha\sqrt{\frac{\hat{p}_1(1-\hat{p}_1)}{n_1} + \frac{\hat{p}_2(1-\hat{p}_2)}{n_2}}\right]$ 구간에 '0'이 포함되지 않으면 H_0기각

[CaseStudy 8.5] 영어 교육에 있어서 종전대로 강의실에서 실시하는 방법과 시청각 자료를 충분히 사용하여 실시하는 방법을 비교하고자 하여 470명의 학생으로부터 200명을 랜덤 추출하여 시청각 자료에 의한 수업을 받도록 하였다. 나머지 270명에게는 종전대로 강의실 수업을 받게 하고 학기말에 이들 470명 전부에게 시험을 치른 결과 각 조에서 이 시험에 통과한 학생들의 수가 아래와 같았다.

	시청각자료에 의한 수업자	강의실 수업자
합 격	120	160
불합격	80	110
합 계	200	270

1) 두 방법의 합격율 차이에 대한 95% 신뢰구간을 구하고,

2) 시청각 자료에 의한 수업이 종전대로 강의실 수업 보다 합격률이 높다고

할 수 있는가? 유의수준 5%에서 검정해 보기로 한다.

분석(Analyze) > 평균비교 > 교차분석... → r×2 검증 시트로...

[그림 8.5] 두 모비율의 차이검정

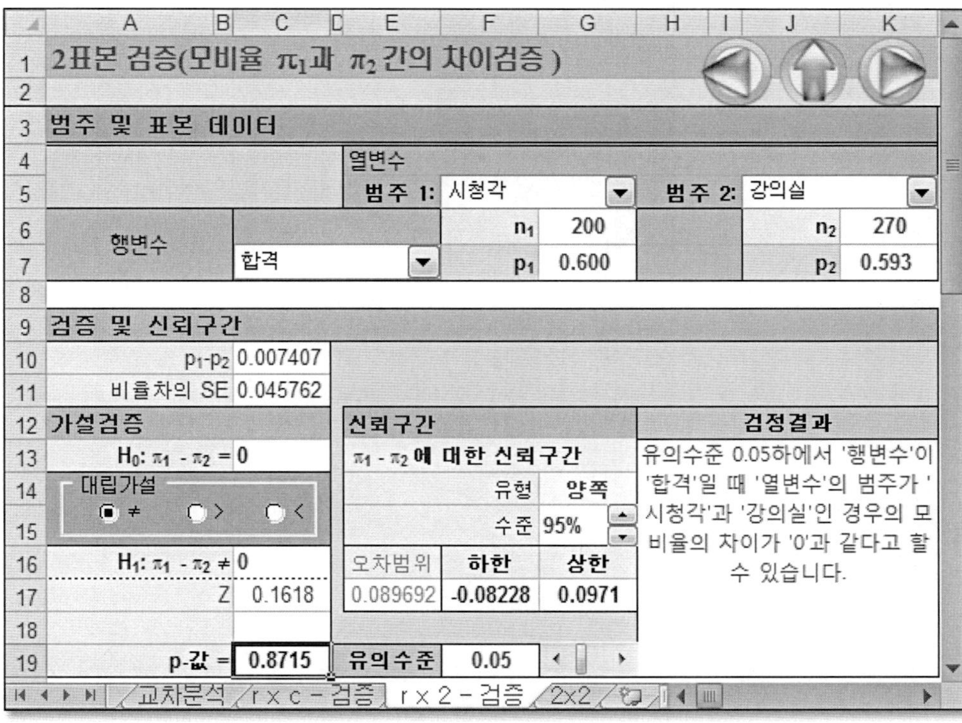

95% 신뢰구간은 [-0.08228, 0.0971]로 검정값인 '0'을 포함하고 있으므로 유의수준 5%하에서 두 모비율은 같다고 할 수 있다. 역시 P-값 = 0.8715 > 0.05 이므로 유의수준 5%하에서 시청각 자료에 의한 수업과 강의실 수업의 합격률의 모비율이 같다고 할 수 있다. 만일 시청각 자료로 수업을 해야 한다고 주장하는 사람들이 있다면 주장에 설득력을 실어 줄 통계적 결과가 엉망이 된 셈이다. 웃어야 될지 울어야 될지... ^_^ vs >_<

다음 그림은 열기준 백분비로 그림을 표현한 것이다. 역시 합격인 경우 각 비율의 95% 신뢰구간이 상대의 표본비율을 포한하고 있으므로 유의수준 5%하에서 두 모비율은 같다고 판단된다.

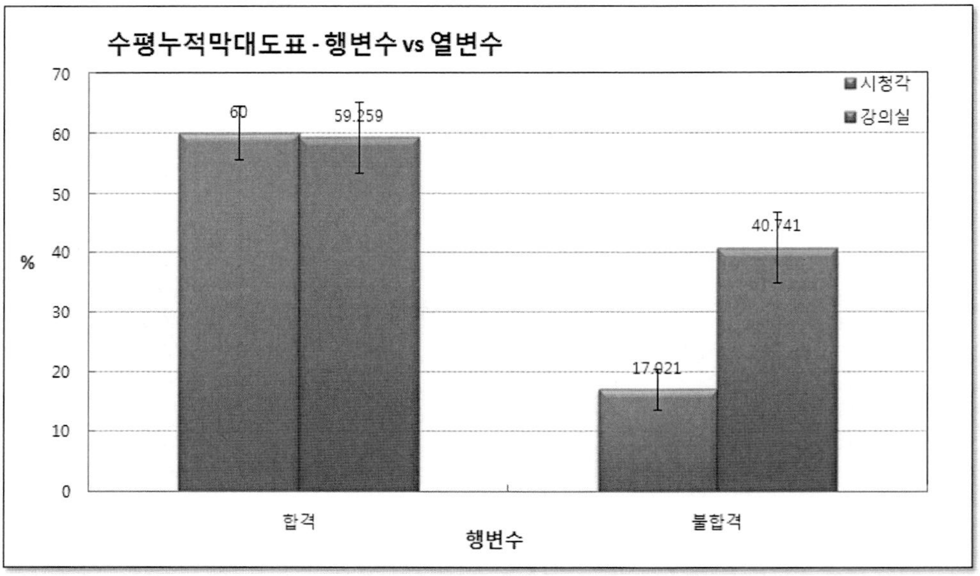

9 카이제곱검정

실험 또는 통계조사의 결과 나타난 관측값들이 어떤 속성(attribute)에 따라 몇 개의 범주로 분류되어 각 범주에 빈도가 주어지는 경우 이러한 데이터를 범주형 데이터(categorical data)라고 한다. 이러한 범주형 변수들을 요약하는 기본적인 방법은 빈도표나 교차표를 작성하는 것이다. 이렇게 작성된 표자체로도 유용한 정보를 보여주나 이러한 정보들이 통계적으로 유의한 정보인지는 모를 일이다. 그러므로 범주형 데이터에 관한 검정법을 소개하려고 한다. 이 장에서 사용하는 검정법은 카이제곱을 이용한 검정법으로 독립성 검정, 적합도 검정, 동일성 검정 등이다.

카이제곱(χ^2) 검정

1. 독립성 검정 : 두 범주형 변수간의 연관관계를 파악하기 위하여 교차표를 작성한 후에 연관성의 유무를 검정하며 연관성이 존재하면 그 정도(strength)를 나타내는 결합도(measures of association)를 확인한다.
2. 동질성 검정 : 두 이상의 다항분포가 동일한지 여부를 검정할 때 사용한다.
3. 적합도 검정 : 측정에서 얻은 데이터가 어떤 특정 분포를 따르는가를 알고자 할 경우에 실시한다.

실전에서는 독립성 검정이 더 유용하며 특히 연관성이 존재할 경우 그 연관성의 정도가 얼마나 되는지 나타내는 결합도를 잘 연습해두기 바란다. 그리고 이 결합도는 다른 용도로도 활용할 수 있으니 더욱 더 중요하다. 저자는 이 결합도를 가중치로 활용하여 변수들의 영향력을 분석하여 행동전략을 입안하는데 활용하기도 한다. 분석은 많은 변수들을 포함하게 되고 이 많은 변수들이 다 중요하지는 않다 그리고 다 하찮은 변수인 것은 아니다. 그러므로 이 많은 변수들 속에서 중요한 역할을 하는 변수를 찾는 것이 분석의 요점이기도 하다. 그럴 경우 결국 변수들의 중요도인 가중치를 계산해야함으로써 문제가 해결되는 경우가 대부분이다. 특히 범주형 변수들이 많은 경우는 이 결합도를 활용하여 문제를 해결한다. 매우 세련되고 기발한 방법이다. 여기에서는 기본 상항만을 연습하기로 한다.

⇨9.1 독립성 검정

독립성 검정(independence test)은 어떤 모집단으로부터 랜덤추출된 표본이 두 가지 속성에 의해 범주로 분류될 경우에 두 범주형 변수 간에 상호 연관성(association)이 있는가의 여부를 검정하는 방법이다. 예를 들어 폐암과 흡연 사이에 상호 관련성이 있는지의 여부, 연령과 정치적 성향 사이에 관계가 있는지, 체중과 혈압과의 관계가 있는지 등을 분석하고자 하는 경우 에 독립성 검정을 적용한다. 표본크기는 n이며 두 가지 범주형 변수 A, B에 의해 각각 r개와 c개의 범주로 분류될 때 랜덤추출된 표본은 어느 한 칸(cell)에 속하게 되며 아래와 같은 $r \times c$분할표($r \times c$ contingency table or crosstable)를 얻게 된다.

[표 9.1] $r \times c$ 교차표

A \ B	1	2	⋯	c	행의 합계
1	O_{11}	O_{12}	⋯	O_{1c}	$n_{1.}$
2	O_{21}	O_{22}	⋯	O_{2c}	$n_{2.}$
⋮	⋮	⋮	⋱	⋮	⋮
r	O_{r1}	O_{r2}	⋯	O_{rc}	$n_{r.}$
열의 합계	$n_{.1}$	$n_{.2}$	⋯	$n_{.c}$	n

9.1.1 가설

H_0 : 두 범주형 변수 A와 B간에 서로 독립이다.

H_1 : 두 범주형 변수 A와 B간에 서로 종속이다.

9.1.2 검정통계량

n이 충분히 클 때

$$\chi^2 = \sum_{i=1}^{r}\sum_{j=1}^{c}\frac{(O_{ij}-E_{ij})^2}{E_{ij}}$$

는 귀무가설 하에서 자유도가 $(r-1)(c-1)$ 인 χ^2분포를 근사적으로 따른다. 여기서 $E_{ij}=\dfrac{n_{i.}\times n_{.j}}{n}$ 이다.

일반적으로 각 범주의 기대빈도가 5이상 되어야 χ^2-검정통계량의 검정력이 신뢰할 만하며 5이하일 때는 검정력이 좋지 않기 때문에 인접한 범주들을 통합하여 조정한 다음 검정을 하거나 이것이 가능하지 않은 경우에는 몬테칼로 시뮬레이션을 활용하는 방법을 추천한다.

9.1.3 기각역

χ^2값이 크면 클수록 귀무가설을 기각하게 된다. 즉, 기각역의 형태는

$$\chi^2_\alpha \geq \chi^2(r-1)(c-1)$$

으로 이를 만족하면 H_0을 기각하게 된다. 여기에서 $\chi^2_\alpha(r-1)(c-1)$ 는 자유도가 $(r-1)(c-1)$ 인 χ^2분포에서 상위 확률값이 α인 점을 나타낸다.

9.1.4 **독립성검정** CaseStudy

어느 TV 프로그램의 반응을 서울과 기타 지역으로 구분하여 시청자들에게 문의한 결과 다음 [표 9.1a]와 같은 데이터를 얻었다. 이 데이터는 "TV 프로그램 반응.xlsx"에 저장되어 있다.

여기에서 우리가 관심이 있는 것은 두 변수 간의 독립 여부를 판단하는 것이다. 즉, 지역 간에 특정 TV 프로그램에 대한 반응이 차이가 있는지를 판단하는 것이다. 또한 두 변수가 독립이 아니라면 즉, 지역 간의 반응에 차이가 있다면, 얼마나 차이가 있는가를 측정하는 데 관심이 있을 것이다.

[표 9.1a] 특정 TV 프로그램의 반응 데이터

응답자	지역	반응
1	서울	나쁘다
2	기타	나쁘다
3	서울	좋 다
4	서울	나쁘다
5	기타	좋 다
6	기타	좋 다
7	서울	나쁘다
8	기타	좋 다
9	기타	나쁘다
⋮	⋮	⋮

카이제곱검정을 수행하려면 주메뉴에서

▶ **분석(Analyze) > 평균비교 > 교차분석... → 데이터 연결 후, r×c 검증 시트로...**

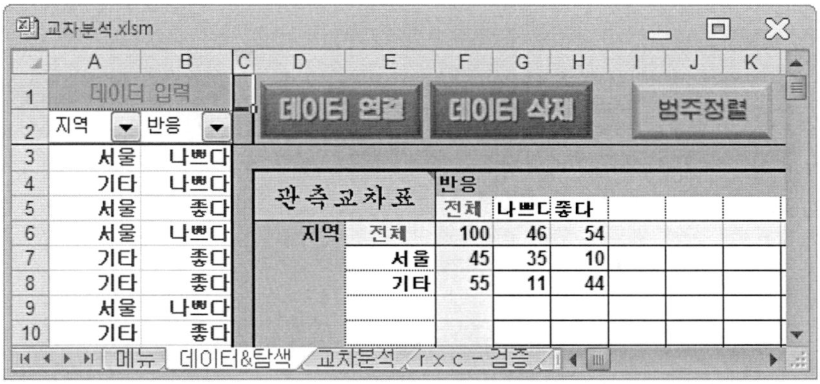

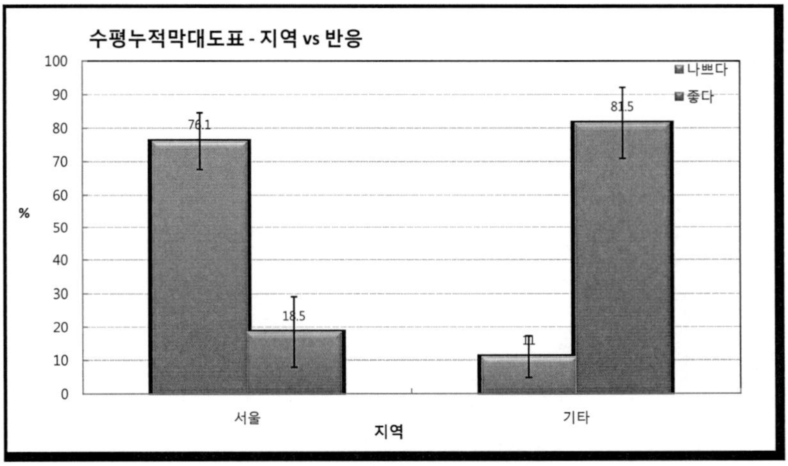

교차표	관측빈도 / 기대빈도	반응		
지역		전체	나쁘다	좋다
	전체	100	46	54
범주정렬	서울	45	35	10
			20.7	24.3
	기타	55	11	44
			25.3	29.7

피어슨(Pearson) 카이제곱 검정
['지역'와(과) '반응'에 대한 독립성 검정]

H_0: 두 범주형 변수는 서로 독립이다. (연관성/상호작용 없음)

H_1: 두 범주형 변수는 서로 종속이다. (연관성/상호작용 있음)

카이제곱	33.26176
DF =	1
p-값 =	0.0000
유의수준	0.05

전체 셀 중에서 기대빈도가 '5' 미만인 셀이 0개로 차지하는 퍼센트는 0 % 입니다.

검정결과: 유의수준 5% 하에서 영가설을 기각합니다. 그러므로 두 범주형 변수 '지역'와(과) '반응' 간에 연관성이 존재한다고 할 수 있습니다.

교차표를 보면 서울 지역에서는 '**나쁘다**'는 의견이 35개 케이스, 기타 지역은 '**좋다**'는 의견이 44개 케이스로 서로 반대 의견을 보이고 있다.

위의 문제를 검정하기 위한 가설은 다음과 같다.

H_0 : 지역 간에 반응은 차이가 없다(영가설, 귀무가설).
(서울 지역의 긍정 비율과 기타 지역의 긍정 비율은 같다)
H_1 : 지역 간에 반응은 차이가 있다(연구가설, 대립가설).
(서울 지역의 긍정 비율과 기타 지역의 긍정 비율은 다르다)

카이제곱 통계량은 기대빈도가 5개 미만인 셀의 수가 전체 셀의 수에서 약 20% 이상 넘으면 검정력이 급격히 떨어져 검정통계량으로서의 역할을 다하지 못한다. 즉, 검정결과를 신뢰할 수 없으므로 먼저 기대빈도가 5개 미만인 셀의 비율이 얼마나 되는지를 확인해야 한다. 기대빈도를 보면 5개 미만인 경우가 하나도 없으므로(0%) 카이제곱 통계량의 유의확률을 보고 검정해도 무방하다.

변수 지역과 변수 반응의 독립성을 검정하기 위한 Pearson 카이제곱 통계량이 χ^2 =33.262이고, 귀무가설 분포는 $\chi^2(1)$이고 **점근유의확률**이 0.000이므로 유의수준 α=0.05 하에서 독립성의 가설인 H_0을 기각할 수 있다. 즉, 지역 간에 특정 TV 프로그램에 대한 반응은 차이가 있다.

9.1.5 결합도

앞의 검정에서 지역 간의 반응이 차이가 있다고 판단하였다. 그러면 우리의 다음 관심사는 지역 간의 반응의 차이가 얼마나 있는가를 측정하는 것이다.

결합도를 측정하는 데는 칼 피어슨의 분할계수 C(contingency coefficient), 크레머의 V, 굿만과 크루스칼의 람다(LAMBDA), 감마(GAMMA), 쏨머스의

D, 켄달의 타우(BTAU, CTAU) 등이 있다. 이중에서 C와 V 등은 행태적 해석(operational interpretation)의 어려움이 있고 타우는 몇 가지 기술적인 문제점으로 근래에는 자주 사용하지 않으며, 다음과 같이

명목 데이터인 경우: 람다(lambda)

서열 데이터인 경우: 감마(gamma), 쏨머스 D

등의 통계량을 많이 사용한다.

일반적으로 결합도(measures of association)는

두 개의 변수가 명목 데이터일 경우

0≤결합도≤1
결합도=0: 두 개의 변수가 통계적으로 독립일 때
결합도=1: 두 개의 변수가 완전 의존적일 때

두 개의 변수가 서열 데이터일 경우

−1≤결합도≤1
결합도= 0: 두 개의 변수가 통계적으로 독립일 때
결합도=+1: 두 개의 변수가 같은 방향으로 완전 의존적일 때
결합도=−1: 두 개의 변수가 반대 방향으로 완전 의존적일 때

이다. 또한 두 변수 간에 시간적 우선이 존재하거나, 인과관계의 방향이 존재하는 경우를 **비대칭적**(asymmetric) 관계라 하고, 시간적 우선이나 인과관계의 방향이 존재하지 않는 경우를 **대칭적**(symmetric) 관계라고 한다.

[그림 9.1a] 굿만과 크루스칼의 람다

결합도(measures of association)		지역 x 반응	
명목척도	람다(Lambda)	대칭적 관계	0.538
		'지역'= 종속변수	0.533
		'반응'= 종속변수	0.543
순서척도	Somers의 D	대칭적 관계	0.577
		'지역'= 종속변수	0.576
		'반응'= 종속변수	0.578
	감마(Gamma)	대칭적 관계	0.867

두 변수 모두 명목 데이터이고, 시간적 우선이 존재하므로(지역이 먼저 정해지고 반응이 나타남) 두 변수는 비대칭적이므로 반응이 종속변수로 취급되어야 하므로 결합도 람다는 0.543478이다. 만일 대칭적 관계로 볼 경우는 비대칭 결합도의 합을 평균한 (0.5333+0.5435)/2=0.5384를 대칭 결합도로 사용한다.

또한 지역인 명목 데이터는 서열적 의미를 강제로 부여하면 서열 데이터로 취급할 수 있으므로 Somers의 D는 +0.578로 양의 결합도를 갖는다. 즉, 서울에서 기타 지역으로 갈수록(↓) 부정적 반응에서 긍정적 반응으로(→) 변하고 있음을 알 수 있다. 양의 결합도는 두 변수가 동일하게 커지면 커지고 작아지면 작아지는 방향으로 해석하면 된다. 이와는 반대로 음의 결합도는 한 변수의 변수값이 커지면 다른 변수는 작아지는 방향으로 해석한다. 그리고 절대값의 크기는 상대적인 비교의 대상이 있을 때 결합의 방향성의 강함 정도로 해석한다. 그리고 Gamma 계수는 대칭적일 때만 사용하므로 여기에서는 데이터의 내용상 적용할 수 없다.

⇒9.2 동질성 검정

동질성검정(homogeneity test)은 r개의 부모집단(subpopulation)으로부터 미리 정하여진 크기의 표본을 랜덤추출한다. 그러므로 아래 표에서 행의 합계 $n_1, n_2, \cdots, n_r$ 는 확률변수가 아닌 고정된 상수가 된다. 한편, 독립성검정에서는 전체 표본크기 n은 미리 정하여져 있고 관측빈도 O_{ij}가 확률변수가 된다는 점에서 동질성검정의 데이터 구조와 다르다.

[표 9.2] 동질성 검정의 데이터 구조

부모집단	범주 1 2 $\cdots$ c	표본크기
1	O_{11} O_{12} $\cdots$ O_{1c}	$n_{1.}$
2	O_{21} O_{22} $\cdots$ O_{2c}	$n_{2.}$
$\vdots$	$\vdots$ $\vdots$ $\ddots$ $\vdots$	$\vdots$
r	O_{r1} O_{r2} $\cdots$ O_{rc}	$n_{r.}$

9.2.1 가설

표본이 j번째 다항분포 모집단으로부터 추출되고 또한 i번째 속성에 소속될 확률을 p_{ij}라고 하자. 그러면 가설은 다음과 같이 설정된다.

H_0 : 각 범주 j에 대해 $p_{1j} = p_{2j} = \cdots = p_{ij}$ $(j = 1, 2, \cdots, c)$

H_1 : H_0가 아니다.

여기서, p_{ij}는 i번째 부모집단에서 범주 j의 모비율이고, $p_{i1} + p_{i2} + \cdots + p_{ic} = 1$ 이다.

9.2.2 검정통계량

검정통계량은 다음과 같으며, n이 충분히 클 때 귀무가설 하에서 자유도가 $(r-1)(c-1)$ 인 χ^2분포를 따른다.

$$\chi^2 = \sum_{i=1}^{r}\sum_{j=1}^{c}\frac{(O_{ij}-E_{ij})^2}{E_{ij}} \sim \chi^2\ \chi^2(r-1)(c-1)$$

여기서

$$E_{ij}=\frac{n_{i.}\times n_{.j}}{n} \quad , i=1,2,\cdots,r \quad , j=1,2,\cdots,c$$

$$n_{i.}=\sum_{j=1}^{c}O_{ij} \quad , i=1,2,\cdots,r$$

$$n_{.j}=\sum_{j=1}^{r}O_{ij} \quad , j=1,2,\cdots,c$$

$$n=\sum_{i=1}^{r}\sum_{j=1}^{c}O_{ij}$$

이다.

9.2.3 기각역

χ^2값이 크면 클수록 귀무가설을 기각하게 된다. 즉, 기각역의 형태는

$\chi^2 \geq \chi^2_{\alpha}(r-1)(c-1)$

이며, 이를 만족하면 H_0을 기각하게 된다. 여기에서 $\chi^2_{\alpha}(r-1)(c-1)$ 는 자유도가 $(r-1)(c-1)$ 인 χ^2분포에서 상위 확률값이 α인 점을 나타낸다.

9.2.4 동질성 검점 CaseStudy

어느 광고회사에서 5종의 광고유형에 대해 성별에 따라 선호도가 다른지를 조사하기 위해 랜덤하게 추출하여 가장 선호하는 광고 유형을 기록하게 하였다. 그 결과 다음 표와 같다.

성별	광고유형					계
	A	B	C	D	E	
남	29	52	26	17	6	130
여	6	75	98	62	9	250

성별에 따라 광고 선호비율이 다르다고 할 수 있는지 유의수준 0.05에서 검정해 보자.

▶ 분석(Analyze) > 평균비교 > 교차분석... → 데이터 입력 후, r×c 검증 시트로...

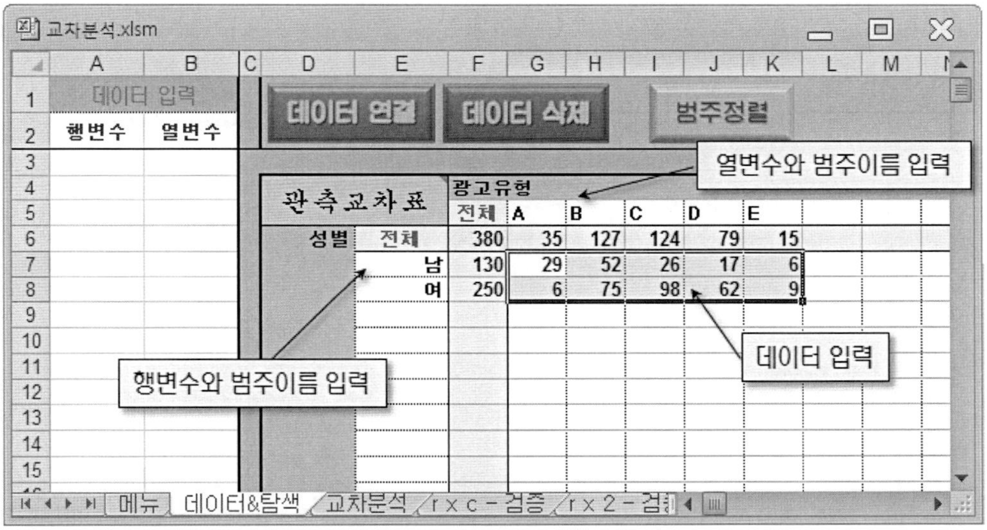

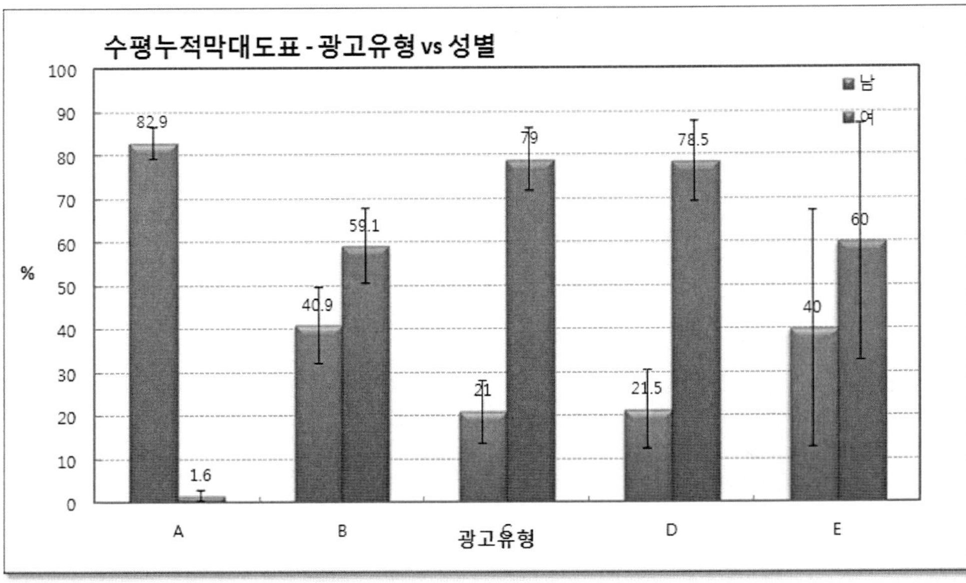

피어슨(Pearson) 카이제곱 검정
['성별'와(과) '광고유형'에 대한 독립성 검정]

H_0: 두 범주형 변수는 서로 독립이다. (연관성/상호작용 없음)

H_1: 두 범주형 변수는 서로 종속이다. (연관성/상호작용 있음)

카이제곱	54.89895	
DF =	4	전체 셀 중에서 기대빈도가 '5' 미만인 셀이 0개로 차지하는 퍼센트는 0 % 입니다.
p-값 =	0.0000	
유의수준	0.05	
검정결과	유의수준 5% 하에서 영가설을 기각합니다. 그러므로 두 범주형 변수 '성별'와(과) '광고유형' 간에 연관성이 존재한다고 할 수 있습니다.	

교차표	관측빈도 / 기대빈도	열변수 전체	A	B	C	D	E
행변수	전체	380	35	127	124	79	15
	남	130	29	52	26	17	6
			11.97368	43.447368	42.421053	27.026316	5.1315789
범주정렬	여	250	6	75	98	62	9
			23.02632	83.552632	81.578947	51.973684	9.8684211

가설은 다음과 같이 설정된다.

H_0 : 성별에 관계없이 광고 선호비율이 동일하다.

H_1 : H_0가 아니다.

각 셀의 3번째 값들을 다 더하면 카이제곱 값이 된다. 즉 카이제곱값은 다음과 같이 계산된다.

$$\chi^2(4) = \frac{(29-11.97)^2}{11.97} + \frac{(52-43.45)^2}{43.45} + \cdots + \frac{(9-9.87)^2}{9.87}$$

$$= 24.211 + 1.684 + \cdots + 0.076$$

$$= 54.899$$

P-값이 0.000으로 유의수준 0.05보다 작으므로 H_0를 기각하게 된다. 즉, 성별에 따라 선호비율이 다르다고 말할 수 있다. 이제 분석을 마무리하기 위하여 각 광고유형별로 비율이 남자가 큰지 여자가 큰지를 결정해 보기 바란다. 그런데 여기에서 귀무가설이 기각되었다고 해서 모든 광고유형에서 성별에 따라 선호비율이 다르다는 것은 아니다. 선호비율이 같은 광고 유형도 있을 것이고 다른 유형도 있을 것이다. 즉 5종류 중에 어느 하나라도 성별에 따라 모비율이 다르다면 귀무가설을 기각하게 된다.

⇨9.3 카이제곱 적합도 검정

관측값들이 몇 개의 범주로 분류되어 관측빈도가 주어졌을 때 그 표본 데이터가 어떤 특정 모형에 잘 적합하는가를 검정하는 것을 피어슨의 카이제곱 적합도 검정(Pearson's χ^2 goodness-of-fit test)이라 한다.

9.3.1 데이터 구조

범　주	$1 \quad 2 \quad \cdots \quad k$	합 계
관측빈도	$O_1 \quad O_2 \quad \cdots \quad O_k$	n

9.3.2 가설

H_0 : 각각의 범주에 속할 확률은 $(p_{10}, \cdots, p_{k0})$ 이다.

즉 $p_1 = p_{10}, \cdots, p_k = p_{k0}$ 로 표현된다.

H_1 : H_0이 사실이 아니다.

여기서 p_{i0}는 i번째 범주에 속할 주어진 확률이다.

9.3.3 검정통계량

$$\chi^2 = \sum_{i=1}^{k} \frac{(O_i - E_i)^2}{E_i} = \sum_{i=1}^{k} \frac{(O_i - np_{i0})^2}{np_{i0}}$$

는 표본의 크기 n이 충분히 클 때 귀무가설 H_0하에서 $k-1$ 인 χ^2분포를 근사적으로 따른다. 여기서 $E_i = np_{i0}$ 는 귀무가설 하에서 i번째 범주의 기대빈도가 된다.

9.3.4 기각역

χ^2값이 크면 클수록 귀무가설을 기각하게 된다. 즉, 기각역의 형태는 $\chi^2 \geq \chi^2_\alpha(k-1)$ 이다. 여기서 $\chi^2_\alpha(k-1)$는 자유도가 $k-1$ 인 χ^2분포 에서 상위 확률값이 α인 점을 나타낸다.

9.3.5 적합도 검정 CaseStudy

TV 프로그램의 반응 데이터에서 반응 변수에 대한 평가의 모비율이 같은지를 검정해 보자. 가설은 다음과 같이 설정된다.

H_0 : 각각의 범주에 속할 확률은 $(0.5, 0.5)$이다. 즉, $p_1 = 0.5, p_k = 0.5$ 이다.

H_1 : H_0이 사실이 아니다.

▶ **분석(Analyze) > 빈도분석... → 데이터 연결 후, r×c 검증 시트로...**

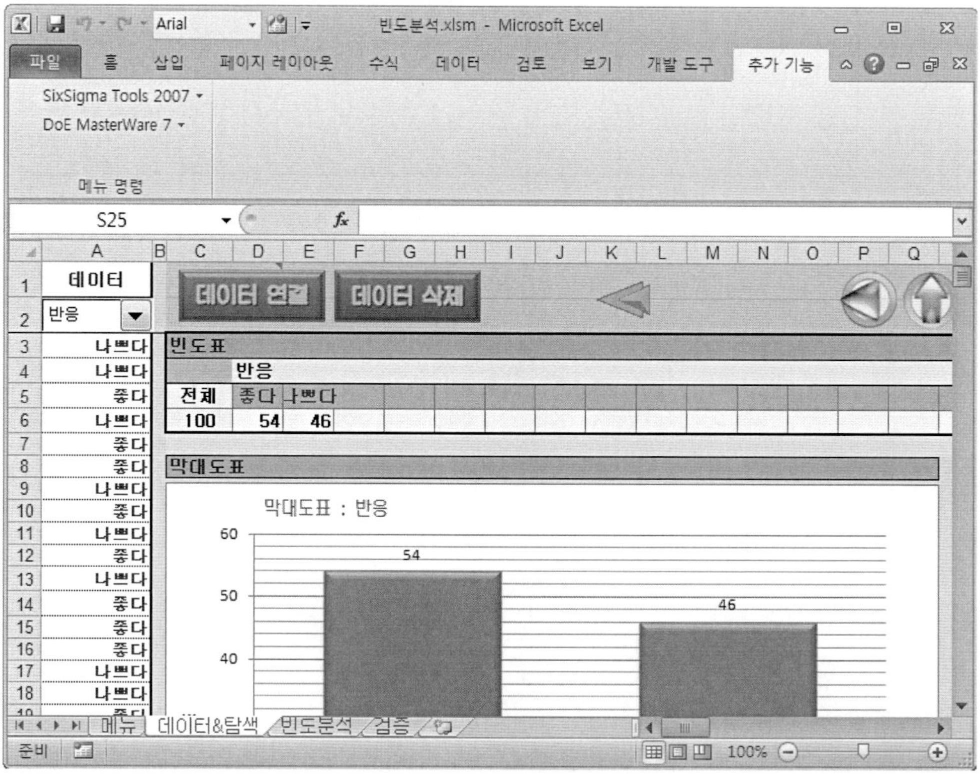

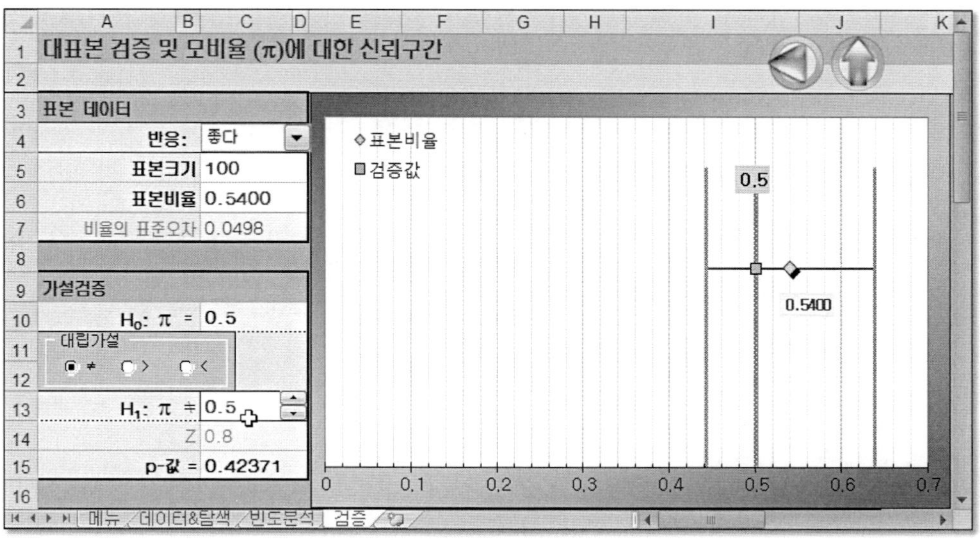

Chi-square Goodness-of-Fit Test			
H0:모든 범주의 모비율이 동일하게 '0.5'와(과) 같다.			
카이제곱	=	0.64	유의수준 0.05하에서 반응의 모든 범주의 모비율이 0.5로 동일하다고 할 수 있습니다.
자유도	=	1	
p-값	=	0.4237	

p-값이 0.424로 유의수준 5%하에서 귀무가설을 채택하게 된다. 그러므로 '좋다', '나쁘다'의 프로그램 평가의 모비율은 '0.5'로 같다고 할 수 있다.

다음 예는 100명의 남성에게 5종의 광고를 보게 한 후에 제일 마음에 드는 광고 하나를 선택하게 했다. 100명의 응답자의 5종의 광고에 대한 응답수가 같은지 유의수준 5%로 검정해 보기로 한다.

광고종류	A	B	C	D	E
응답수	35	20	10	20	15

▶ 분석(Analyze) → 빈도분석... > 데이터 직접 표에 입력 후, r×c 검증 시트로...

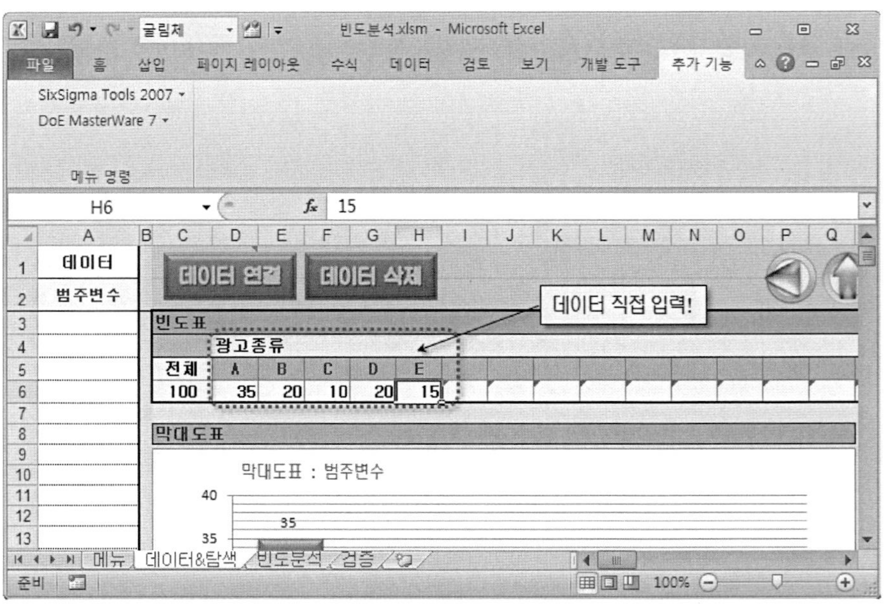

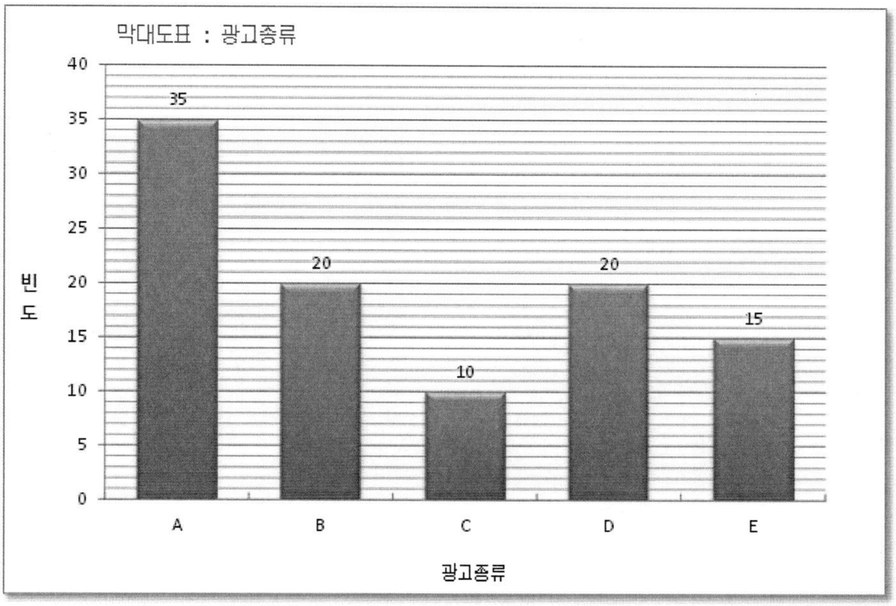

Chi-square Goodness-of-Fit Test			
H0:모든 범주의 모비율이 동일하게 '0.2'와(과) 같다.			
카이제곱	=	17.5	유의수준 0.05하에서 범주변수의 모든 범주의 모비율이 0.2로 동일하지 않다고 할 수 있습니다.
자유도	=	4	
p-값	=	0.0015	

가설은 다음과 같이 설정된다.

H_0 : 각의 5종의 광고를 선택할 모비율이 같다

H_1 : H_0 이 사실이 아니다.

출력결과에서 p-값이 0.0015로 유의수준 5%하에서 귀무가설을 기각하게 된다. 그러므로 각 광고의 선호비율이 0.2로 동일하지는 않다. 그러므로 어느 광고를 더 선호하는 지를 밝혀야 한다. 그래프를 보면 각 기대빈도와 관측빈도를 나타내고 있으며 여기에서 기대빈도를 초과하는 관측빈도는 광고 'A'로 가장 비율이 크므로 'A'를 가장 선호한다고 판단할 수 있다.

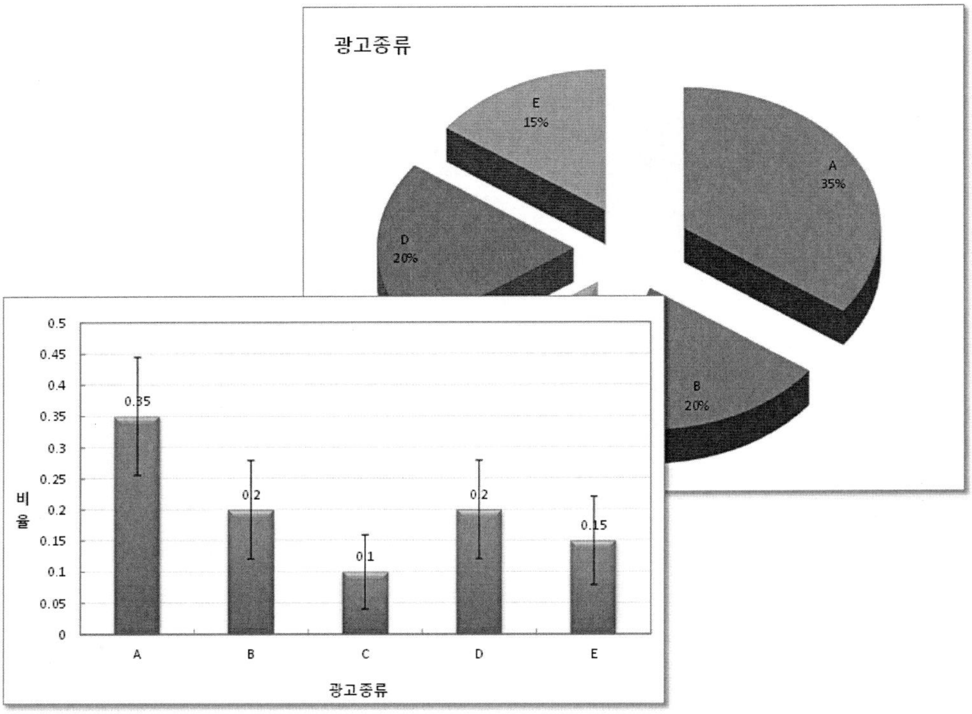
광고종류
E 15%
A 35%
D 20%
B 20%
0.35
0.2
0.1
0.2
0.15
비율
A
B
C
D
E
광고종류

⇨9.4 기타 Training 예제

다음의 Training은 각자 훈련용으로 연습해 보기 바란다.

[Training 9.4a] 어느 제약회사에서 고객들이 어떤 종류의 약을 선호하는지를 알기 위해 설문조사를 실시하여 다음과 같은 결과를 얻었다. 먹는 약의 종류의 선호도와 나이가 독립인지 여부를 유의수준 5%에서 검정해 보시라.

먹는 약의 종류 / 나이	캡 슐 형	정 제 형	계
20세 이상 30세 미만	38	79	117
30세 이상 50세 미만	87	118	205
50세 이상	78	89	167
계	203	286	489

[Training 9.4b] 어느 사회학자가 도시에 따라 발생하는 범죄의 형태가 다른지 여부를 알아 보기위해 조사한 결과 다음과 같은 표를 얻었다. 도시에 따라 발생하는 범죄의 형태가 다른지 유의수준 5%에서 검정해 보시라.

범죄의 종류 / 도시	강도·살인	폭력·절도	기 타	계
서울	87	112	102	301
부산	77	184	98	359
대전	48	131	82	261
계	212	427	282	921

[Training 9.4c] 다음 표는 1979년에 폭포에서 사고로 사망한 월 별 사망자 수이다.

Month	Number of Deaths from Falls
Jan	1150
Feb	1034
Mar	1080
Apr	1126
May	1142
Jun	1100
Jul	1112
Aug	1099
Sep	1114
Oct	1079
Nov	999
Dec	1181
합계	13216

12개월 동안 폭포에서 사고로 사망한 사망자 수가 월별로 동일한가를 카이제곱 적합도 검정을 하라.

[Training 9.4d] 한 자동차 보험 회사에서 자동차사고의 발생시간대에 따라 발생횟수가 달라지는지 알아보기 위해 몇 달 동안의 자료를 모아 다음과 같은 결과를 얻었다.

발생시간	사 고 발 생 횟 수			
	0~10회	11~20회	21~40회	40회 이상
0시 ~ 6시	12	5	3	0
6시 ~ 9시	28	19	17	4
9시 ~ 오후 3시	22	16	10	3
오후3시~오후7시	32	19	11	2
오후7시~오후12시	15	10	6	1

1) 사고발생횟수는 사고발행 시간대와는 무관한지 유의수준을 5%에서 검정해 보라.

2) 두 범주형 변수간의 연관성의 유무를 파악하고 결합도를 계산해 보고 해석해 보라.

10 분산분석 : ANOVA

⇨10.1 서론

비료 종류에 따른 수확량의 비교 또는 약품의 종류에 따른 치료기간의 비교 등에 대해 관심을 가질 수 있다. 비료종류에 따라 수확량이 모두 같다고 판단할 수 있는지 또는 어느 종류의 비료가 제일 많은 수확량을 생산할 수 있는지를 판단하기는 힘들다. 비료종류 뿐만 아니라 농지의 상태 등 복합적인 상황에 따라 수확량이 달라지기 때문이다.

이러한 문제에서는 일반적으로 실험을 계획하고 실험을 실시한 후에 얻은 자료를 기초로 하여 문제를 분석하게 된다. 따라서 실험의 목적을 달성하기 위해서는 실험을 실시하기 전에 철저한 계획을 세워야 한다. 실험계획법(design of experiments: DOE)은 실험을 실시하는데 필요한 제반 계획을 세우는 방법을 연구하는 분야이다. 즉, 어떻게 실험을 실시하고, 자료를 어떻게 얻으며, 이 자료를 어떤 통계적 방법으로 분석하여 최소의 비용으로 최대의 정밀한 정보를 얻을 수 있는가를 연구하는 것, 즉 이는 최소의 실험수로 최대의 정보를 얻는 것과 같은 의미이다.

실험계획법에서 다루는 문제의 예 :

(1) 시멘트를 배합할 때 사용되는 네 가지 방법 중에서 어떤 방법으로 배합한 시멘트가 가장 강도가 높은가를 알고자 할 때, 각각의 방법에 대해 몇 개의 시료를 만들어서 강도를 측정해 보아야 할 것이다.

(2) 5종류의 절단기로 4종류의 금속을 자르도록 한 다음에, 절단속도가 절단기 또는 금속에 따라 다른지를 조사한다.

실험계획법에서 흔히 사용되는 용어의 정의 :

(1) 요인(factor) : 특성치에 영향을 미치는 것으로 생각되는 여러 원인들 가운데 실험에 직접 취급되는 원인

(2) 요인수준(factor level) : 실험을 하기 위한 요인의 조건

(3) 처리(treatment) : 여러 개의 인자에 대한 각 인자수준들의 조합

예를 들어 어떤 실험에서 다음과 같이 세 개의 인자(온도, 촉매량, 원료의 종류)를 고려하는 경우를 생각해 보자.

온도 -> 100℃, 120℃, 140℃ : 3수준

촉매량 -> 2%, 4%, 6%, 8% : 4수준

원료의 종류 -> C1, C2 : 2수준

'온도 100°C, 촉매량 2%, 원료의 종류 C1'이라는 세 인자수준의 조합이 하나의 처리가 된다. 이 경우 가능한 처리의 수는 3×4×2=24가 된다. 인자가 하나인 경우는 그 인자의 수준들이 처리가 된다.

실험계획법의 순서 :

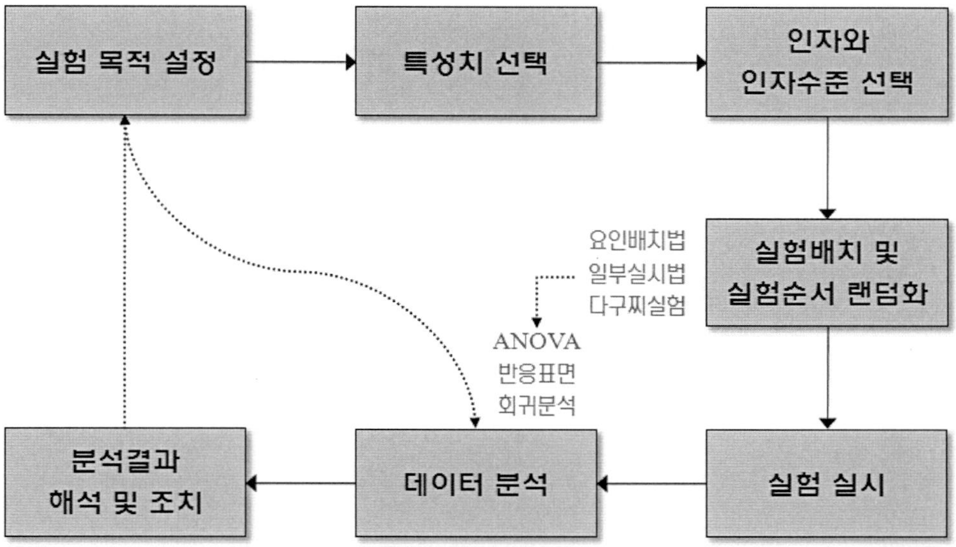

분산분석(analysis of variance : ANOVA) :

실험계획법에서 가장 흔히 사용되는 분석방법으로서 특성값의 분산 또는 산포를 분석하여 각 수준별 조합인 처리(treatments)간의 평균의 차의 유무를 검정하는 방법이다. 즉, 특성값의 산포를 제곱합(sum of squares)으로 나타내고, 이 제곱합을 실험에 관련된 요인별로 분해하여 순수한 오차(error)에 의한 영향보다 큰 영향을 주는 요인이 어떤 것인가를 규명하는 분석방법이다.

⇨10.2 1인자 분산분석 (일원배치법)

인자 : A

인자수준 : $A_1, A_2, \cdots, A_l$ => treatments (처리)

[표 10.2] 일원배치법의 데이터 구조

	A_1	A_2	$\cdots$	A_l	
	x_{11}	x_{21}	$\cdots$	x_{l1}	
	x_{12}	x_{22}	$\cdots$	x_{l2}	
	$\vdots$	$\vdots$	$\ddots$	$\vdots$	
	x_{1n_1}	x_{2n_2}	$\cdots$	x_{ln_l}	
합계	$T_{1\cdot}$	$T_{2\cdot}$	$\cdots$	$T_{l\cdot}$	$T=\sum_{i=1}^{l} T_{i\cdot}$
평균	$\bar{x}_{1\cdot}$	$\bar{x}_{2\cdot}$	$\cdots$	$\bar{x}_{l\cdot}$	$\bar{\bar{x}}= T/n \quad (n=\sum_{i=1}^{l} n_i)$

* A는 모수인자라고 가정

- **모수인자** (fixed factor) : 기술적으로 미리 정하여진 수준이 사용되며 각 수준이 기술적인 의미를 가지고 있는 인자로서 예를 들어 온도, 압력, 작업방법 등을 들 수 있다.
- **변량인자** (random factor) : 수준의 선택이 random으로 이루어지며 각 수준이 기술적인 의미를 가지고 있지 못한 인자로서 예를 들어 실험 날짜를 3일 선택하여 실험했을 경우의 날짜, 여러 로트 중에서 무작위로 선정한 3개 로트 등을 들 수 있다.

데이터 구조식 : $x_{ij} = \mu_i + \epsilon_{ij}$

$$\text{단 } \mu_i = \mu + \alpha_i \quad \left(\sum_{i=1}^{l} \alpha_i = 0\right)$$

$$\epsilon_{ij} \sim^{\text{독립}} N(0, \sigma^2)$$

$$i = 1,2,\cdots,l; \quad j = 1,2,\cdots,n_i$$

$$SS_T = \sum_{i=1}^{l}\sum_{j=1}^{n_i}(x_{ij} - \overline{\overline{x}})^2$$

$$SS_A = \sum_i n_i(\overline{x}_{i\cdot} - \overline{\overline{x}})^2$$

$$SS_E = \sum_i\sum_j(x_{ij} - \overline{x}_{i\cdot})^2$$

$$SS_T = SS_A + SS_E$$

분산분석표

요인	제곱합	자유도	평균제곱	F_0
A	SS_A	$\phi_A = l-1$	$MS_A = SS_A/\phi_A$	$F_0 = MS_A/MS_E$
오차	SS_E	$\phi_E = n-l$	$MS_E = SS_E/\phi_E$	
전체	SS_T	$\phi_T = n-1$		

H_0 : $\mu_1 = \mu_2 = \cdots = \mu_l$ (즉, $\alpha_1 = \alpha_2 = \cdots = \alpha_l = 0$)

H_1 : 모든 μ_i 가 같지는 않다.

$F_0 > F(\phi_A, \phi_E ; \alpha)$ 이면 유의수준 α 에서 H_0를 기각한다.

(H_0가 사실일 때 F_0는 자유도 (ϕ_A, ϕ_E)인 F분포를 따른다.)

[참고] F분포

V_1과 V_2를 각각 자유도 k_1, k_2인 카이제곱분포를 따르는 서로 독립인 확률변수들이라 할 때,

$$F = \frac{V_1/k_1}{V_2/k_2}$$

의 분포를 자유도(k_1, k_2)인 F분포라 하고 $F \sim F(k_1, k_2)$로 나타낸다.

H_0가 기각되는 경우 μ_i에 대한 $100(1-\alpha)\%$ 신뢰구간 :

$$\bar{x}_{i\cdot} \pm t_{\frac{\alpha}{2}}(\phi_E)\sqrt{\frac{MS_E}{n_i}}$$

[CaseStudy 10.2a] 30개의 통나무를 사용해서 각 통나무에 척(chuck)을 물리고 통나무를 돌려서 날카로운 날로 통나무를 가늘게 절단했다. 세 수준의 온도(Temperature)를 사용했는데 10개의 나무는 60℉에서, 10개는 120℉에서, 그리고 10개는 180℉에서 각각 회전력(Torque)을 측정하였다. 온도가 회전력에 얼마나 영향을 미치는지 알아보자.

온도	Torque									
60℉	15.3	17.5	15.3	18.3	16.9	17.3	17.2	16.5	18.5	15.8
120℉	14.5	15.3	13.7	15.8	14.1	16	15.4	13.6	14.7	13.8
180℉	15.9	15.7	18	15.8	17.5	15	16.7	17	16.5	16.5

분석(Analyze) → 평균비교 → 일원분산분석...

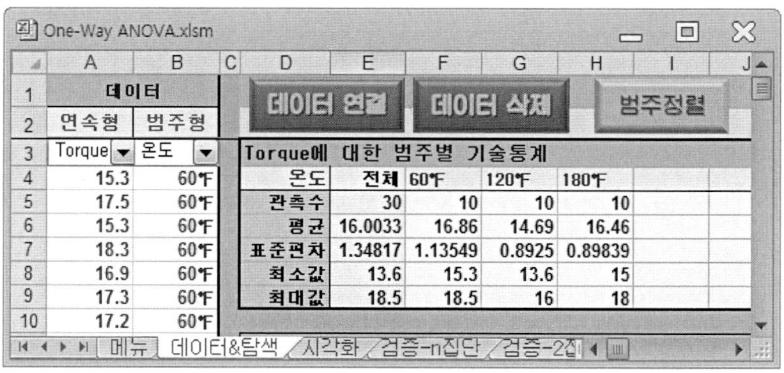

H_0: '온도'의 범주에 따라 'Torque'의 집단별 모평균이 모두 동일하다		
H_1: '온도'의 범주에 따라 'Torque'의 집단별 모평균들이 서로 동일하지 않다		
p-값 =	0.0001	유의수준 0.05하에서 귀무가설(H0) 기각 !

ANOVA 표

원 인	SS	DF	MS	F	P-값
온도	26.6726667	2	13.3363333	13.8295887	0.0001
오 차	26.037	27	0.96433333		
전 체	52.7096667	29			

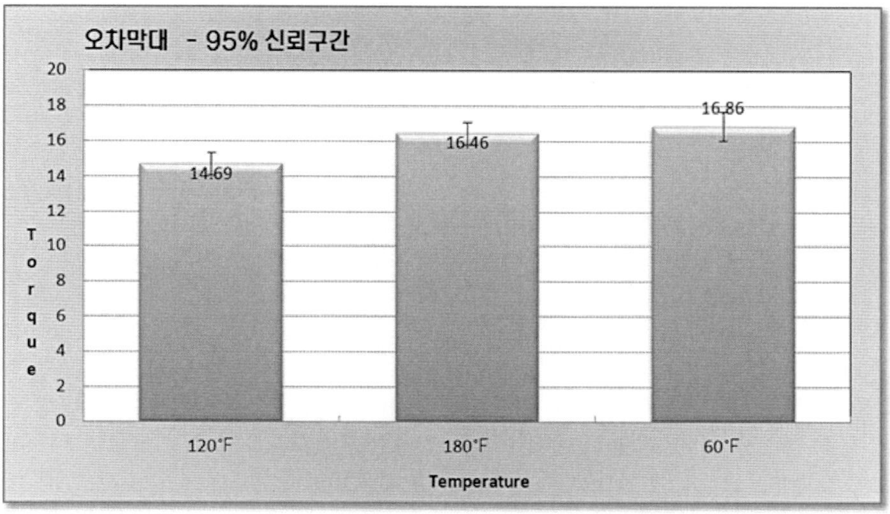

ANOVA 표를 보면 P-값이 0.0001로 유의수준 1%하에서 귀무가설이 기각된다. 그러므로 온도에 따른 토크의 모평균의 차이가 인정된다. 그리고 이러한 결과를 텍스트로 출력해 주고 있다. 그러면 온도가 얼마일 때 토크가 최대라고 할 수 있는가를 분석해야 한다. 이는 오차막대도표를 보고 판단한다. 오차막대도표에서 평균크기순으로 정렬하면 확인하기가 더욱 쉬워진다. 위에서 95% 신뢰구간을 보면 120℉는 왼쪽 끝에 위치하며 다른 온도의 신뢰구간과는 겹쳐 있지 않다. 그러므로 가장 작은 토크이며 60℉과 180℉의 신뢰구간은 서로 다른 온도집단 간의 평균을 포함하고 있다. 그러므로 두 집단은 통계적으로 모평균의 차이가 없으며 평균이 최대라고 할 수 있다. 그런데 이

들 중 하나의 온도를 선택한다면 60℉를 선택하는 것이 좋다. 통계적으로는 같으나 산술적으로 평균과 구간의 위치가 약간 더 위쪽으로 위치함으로 당연 하나의 온도를 선택한다면 60℉를 선택하는 것이 바람직하다.

[Training 10.2b] 어떤 약품의 합성에 있어서 촉매량(A)을 5수준으로 잡아 랜덤하게 실험을 한 결과 다음 표와 같은 수율(%) 데이터를 얻었다. 촉매량에 따라 수율에 차가 있는지 알아보아라.

A_1	A_2	A_3	A_4	A_5
18.3	17.1	17.3	15.1	16.7
18.8	18.3	18.1	15.9	16.9
19.8	19.2	17.2	17.8	16.5
18.3		17.0		17.5

[Training 10.2c] 세 종류의 벼의 단위면적당 수확량이 아래와 같다. 분산분석표를 작성하고, 수확량에 차가 있다고 할 수 있는지를 유의수준 5%에서 검정하여라.

벼1	벼2	벼3
19	16	13
18	11	16
21	13	18
18	14	11
	11	15
		11

⇨10.3 난괴법 (randomized block design)

난괴법은 실험들을 여러 개의 블록(block) 또는 집합으로 분할하고 각각의 블록에는 비교적 유사한 성질을 갖고 있는 실험단위를 포함시킨다. 그리고 각 블록 안에서의 실험단위에 인자의 여러 수준(처리)을 임의로 할당하여 실험을 실시하여 데이터를 수집하는 방법이다.

블록(block) : 실험을 시간적 혹은 공간적으로 분할하여 그 내부에서 실험의 환경이 균일하도록 만들어 놓은 것

1) 세 가지 공정온도(100℃, 200℃, 300℃)의 비교

	A1(100℃)	A2(200℃)	A3(300℃)
1일째	②	①	③
2일째	①	③	②
3일째	①	②	③

* 각 날이 하나의 block이 된다.
* 각 날에서의 실험순서는 random하게 정한다.

2) 네 종류(A_1, A_2, A_3, A_4)의 자동차 타이어의 품질비교

	왼쪽 앞바퀴	오른쪽 앞바퀴	왼쪽 뒷바퀴	오른쪽 뒷바퀴
차1	A_1	A_2	A_4	A_3
차2	A_3	A_2	A_1	A_4
차3	A_2	A_4	A_1	A_3
차4	A_1	A_3	A_4	A_2
차5	A_2	A_1	A_3	A_4

* 각각의 차가 하나의 block이 된다.

* 각 차에서의 타이어 배치는 random하게 정한다.

[표 10.3] 난괴법의 데이터 구조

처리(인자A의 수준) / Block	A_1	A_2	$\cdots$	A_l	합계	평균
B_1	x_{11}	x_{21}	$\cdots$	x_{l1}	$T_{.1}$	$\bar{x}_{.1}$
B_2	x_{12}	x_{22}	$\cdots$	x_{l2}	$T_{.2}$	$\bar{x}_{.2}$
$\vdots$	$\vdots$	$\vdots$	$\ddots$	$\vdots$	$\vdots$	$\vdots$
B_m	x_{1m}	x_{2m}	$\cdots$	x_{lm}	$T_{.m}$	$\bar{x}_{.m}$
합계	$T_{1.}$	$T_{2.}$	$\cdots$	$T_{l.}$	$T=\sum_{i=1}^{l} T_{i.}$	
평균	$\bar{x}_{1.}$	$\bar{x}_{2.}$	$\cdots$	$\bar{x}_{l.}$		$\bar{\bar{x}}=T/lm$

A는 모수인자, B(block인자)는 변량인자

$$SS_T=\sum_{i=1}^{l}\sum_{j=1}^{m}(x_{ij}-\bar{\bar{x}})^2$$

$$SS_A=\sum_i\sum_j(\bar{x}_{i.}-\bar{\bar{x}})^2=m\sum_i(\bar{x}_{i.}-\bar{\bar{x}})^2$$

$$SS_B=\sum_i\sum_j(\bar{x}_{.j}-\bar{\bar{x}})^2=l\sum_j(\bar{x}_{.j}-\bar{\bar{x}})^2$$

$$SS_E=\sum_i\sum_j(x_{ij}-\bar{x}_{i.}-\bar{x}_{.j}+\bar{\bar{x}})^2$$

$$SS_T=SS_A+SS_B+SS_E$$

[분산분석표]

요인	제곱합	자유도	평균제곱	F_0
A	SS_A	$\phi_A=l-1$	$MS_A=SS_A/\phi_A$	$F_A=MS_A/MS_E$
B	SS_B	$\phi_B=m-1$	$MS_B=SS_B/\phi_B$	$F_B=MS_B/MS_E$
오차	SS_E	$\phi_E=(l-1)(m-1)$	$MS_E=SS_E/\phi_E$	
전체	SS_T	$\phi_T=lm-1$		

$F_A > F(\phi_A, \phi_E;\ \alpha)$ 이면 처리들 간에 유의차가 있다.

$F_B > F(\phi_B, \phi_E;\ \alpha)$ 이면 block들 간에 유의차가 있다.

[CaseStudy 10.3a] 알팔파(실같은 콩나물 모야의 채소)의 여섯 종류에 대한 수확량을 비교하는 실험이 4군데 밭(field)에서 수행되었다. 6개의 알팔파의 차이를 비교하여라.

알팔파 종류	field			
	1	2	3	4
A	3.22	3.31	3.26	3.25
B	3.04	2.99	3.27	3.20
C	3.06	3.17	2.93	3.09
D	2.64	2.75	2.59	2.62
E	3.19	3.40	3.11	3.23
F	2.49	2.37	2.38	2.37

분석(Analyze) → 평균비교 → 일원분산분석...

1. ANOVA 표

원인	SS	DF	MS	F	p-값
모형	2.454	8	0.307	33.548	0.0000
알팔파 종류	2.435	5	0.487	53.266	0.0000
field	0.019	3	0.006	0.685	0.5752
오차(Error)	0.137	15	0.009		
전체(Total)	2.591	23			

ANOVA 표에서 블록 효과인 field의 효과는 유의하지 않아 블록에 의한 수확량의 차이는 인정되지 않는다. 그러므로 블록인 field의 차이는 없음 확인되었다. 알팔파 종류의 P-값이 0.000으로 유의수준 5%에서 귀무가설이 기

각된다. 이러한 과정을 한 눈에 확인해 볼 수 있도록 ANOVA 표 밑에 다음과 같이 검정결과는 요약해서 출력하고 있으므로 이를 읽는 것만으로도 통계적 검정결과를 알 수 있다.

2. '수확량' 데이터의 이원분산분석 모형의 타당성 검증	타당함!
H_0: '수확량' 데이터의 이원분산분석 모형이 타당하지 않다.(모든 요인효과=0) H_1: '수확량' 데이터의 이원분산분석 모형이 타당하다.	
p-값 =	0.0000
2. '알팔파 종류 ' 주효과 검증	효과있음!
H_0: '수확량'는 '알팔파 종류 '에 따라 영향을 받지 않는다 H_1: '수확량'는 '알팔파 종류 '에 따라 영향을 받는다	
p-값 =	0.0000
3. 'field' 주효과 검증	효과없음!
H_0: '수확량'는 'field'에 따라 영향을 받지 않는다 H_1: '수확량'는 'field'에 따라 영향을 받는다	
p-값 =	0.5752

결국 밭에서 수확된 알팔파가 종류에 따라 차이가 있다고 할 수 있다. 그렇다면 어떤 종류의 수확량이 가장 큰가를 찾아야 한다. 알팔파 종류만이 유의하므로 일원분산분석 모듈을 사용하여 신뢰구간을 보고 판단한다.

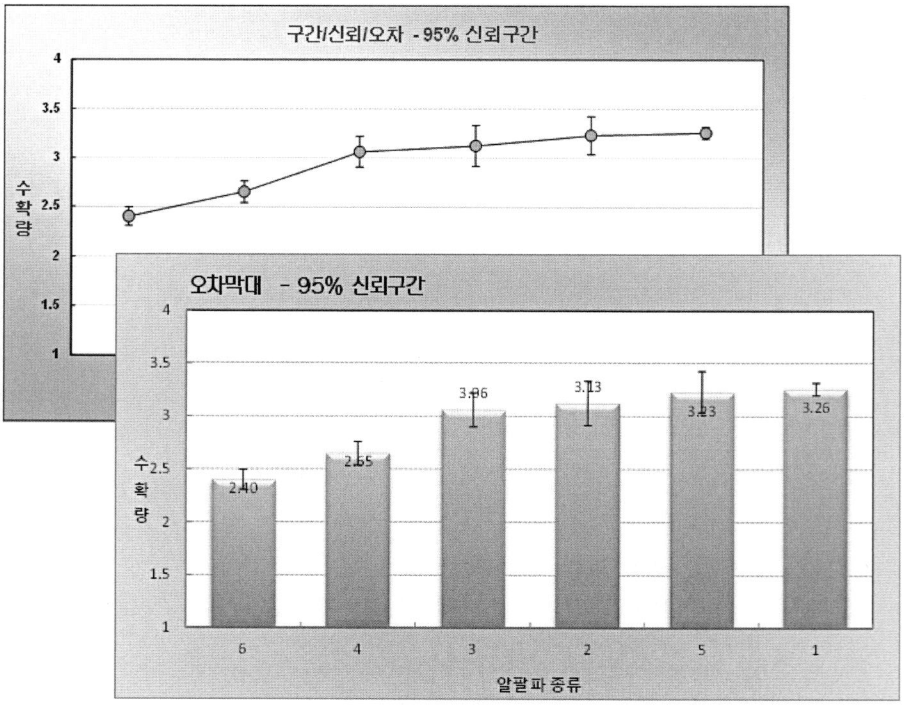

유의수준 5%로 검정하므로 신뢰구간을 95%나타낸 오차막대 도표를 보면 대략적으로는 A가 단연 수확량이 크며 신뢰구간에 E의 평균이 포함되지 않는 것으로 보인다. 그러므로 A를 기준으로는 E와 통계적으로 차이를 보인다. 그러나 두 번째 E를 기준으로 보면 A의 평균이 E의 신뢰구간에 포함되는 것으로 보이며 이는 통계적으로 유의한 차이가 없는 것으로 판단할 수 있다. 이와 같이 어느 집단을 기준으로 평가하느냐에 따라 유의성이 달라질 수 있다. 따라서 가장 평균값이 큰 A를 기준으로 평가한다면 단연 A가 수확량이 크므로 field에 상관없이 A만을 재배하는 것이 수확량을 극대화 할 수 있다. 또한 서로 포함되는 기준을 섞어서 본다면 통계적으로 평균이 같으며 수확량이 큰 집단은 A, E, B, C로 판단된다. 이 중에서 하나를 선택한다면 비교적 평균이 큰 집단인 A를 선택하는 것이 바람직하다.

[Training 10.3b] 페니실린의 제조공정 A, B, C, D에 따른 유효수거량(생산량)을 비교하려고 한다. 원래 항생제의 제조에 관하여는 원재료가 중요한 역할을 한다는 것이 상식화되어 있으므로 원재료에 따라 블록화하였다. 즉 한 블록 내의 실험재료는 모두 같은 종류의 곡물로부터 얻어졌다. 실험결과는 다음과 같다. 제조공정에 따라 유효수거량에 차이가 있는지 검정하여라.

제조공정	원재료				
	1	2	3	4	5
A	89	84	81	87	79
B	88	77	87	92	81
C	97	92	87	89	80
D	94	79	85	84	88

10.4 2요인 분산분석 (이원배치법)

10.4.1 두 인자의 각 수준조합에서 반복이 없는 경우

두 인자가 수준조합에서 반복 실험하지 않은 경우는 ANOVA 모형식에서 상호작용항을 설정할 수 없으므로 이때는 주효과가 서로 독립적으로 작용하고 있음을 가정하고 하는 실험이라고 할 수 있다. 만일 두 인자가 서로 교차하서 종속변수에 영향을 준다고 가정한다면 반드시 수준조합내에서 최소 2회 이상 반복측정해야 한다.

[CaseStudy 10.4a] 어떤 화학공장에서 반응온도(℃)와 원료에 따른 제품의 수율(yield, %)의 결과값이다. 반응온도와 원료에 따라 제품의 수율을 극대화 하기위하여 요인들의 수준을 어떻게 정해야 하는지를 결정하라.

원 료	온 도			
	180	190	200	210
USA	97.6	98.6	99.0	98.0
JPN	97.3	98.2	98.0	97.7
KOR	96.7	96.9	97.9	96.5

분석(Analyze) → 평균비교 → 이원분산분석...

1. ANOVA 표

원인	SS(type I)	DF	MS	F	p-값
모형	5.660	5	1.132	12.129	0.0043
원료	3.440	2	1.720	18.429	0.0027
온도	2.220	3	0.740	7.929	0.0165
오차(Error)	0.560	6	0.093		
전체(Total)	6.220	11			

1) 원료에 대한 검정

P-값이 0.0027으로 0.05보다 작으므로 원료에 따라 제품의 수율이 다르다고 할 수 있다.

2) 온도에 대한 검정

P-값이 0.0165으로 0.05보다 작으므로 온도에 따라 제품의 수율이 다르다고 할 수 있다.

이제 각 인자의 최적수준을 독립적으로 찾아보자.

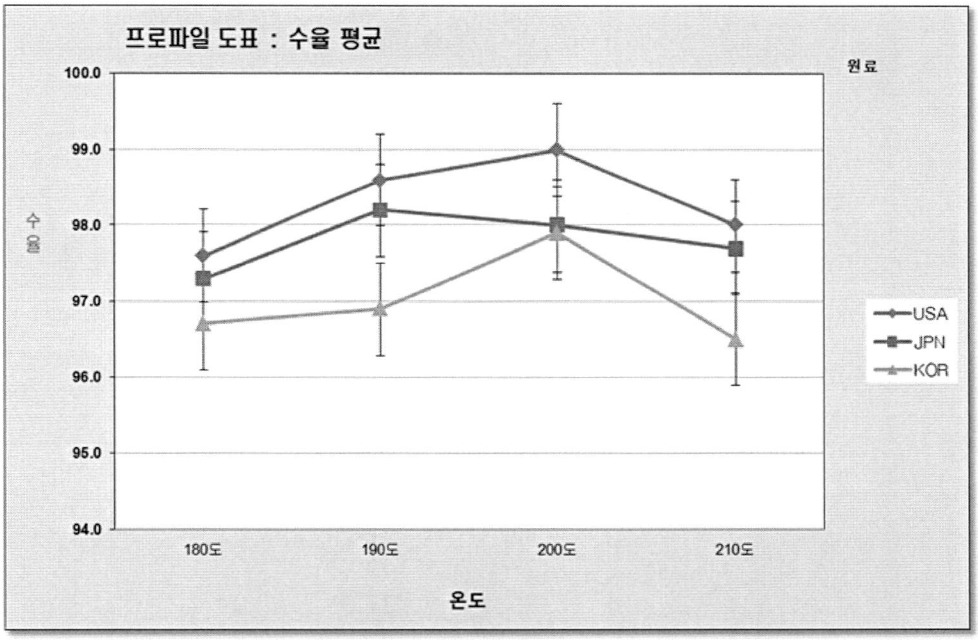

원료는 USA가 JPN과 유의수준 5%하에서 유의한 차이는 인정되지 않지만 평균이 상대적으로 크므로 최적수준은 USA로 결정한다. 그리고 온도 역시 같은 방법으로 200도나 190도를 선정하는 것이 좋다. 그러므로 원료는 USA를 사용하되 온도 200도로 설정하는 것이 수율을 극대화 할 수 있다.

[Training 10.4b] 어떤 반복이 없는 이원배치법의 실험에서 다음의 자료를 얻었다. 인자 A, B의 영향을 조사하여라.

인자B / 인자A	B_1	B_2	B_3
A_1	0.95	0.71	0.69
A_2	0.86	0.85	0.68
A_3	0.71	0.62	0.51
A_4	0.72	0.72	0.73
A_5	0.74	0.64	0.44

[Training 10.4c] 5종류의 절단기로 4종류의 금속을 절단하게 하여, 절단속도를 측정한 결과가 다음과 같다. 절단기에 따라 절단속도가 다른지의 여부와 금속에 따라 절단속도가 다른지의 여부를 검정하라.

금속(A) / 절단기(B)	1	2	3	4
1	12	20	13	11
2	2	14	7	5
3	8	17	13	10
4	1	12	8	3
5	7	17	14	6

10.4.2 두 인자의 각 수준조합에서 반복이 있는 경우

두 인자가 수준조합에서 최소 2회 이상 반복 실험하는 경우는 ANOVA 모형식에서 상호작용 항을 설정할 수 있다. 이때는 두 인자가 서로 교차하서 종속변수에 영향을 준다고 가정하므로 상호작용 효과부터 검정해야 하며 상호작용효과가 유의하지 않으면 비로소 각 인자의 독립적인 효과를 논할 수 있게 된다. 그리고 최적 수준은 각 인자별 최적 수준을 찾아 두 인자의 최적 수준 조합으로 결정하면 된다. 그러나 상호작용효과가 존재하면 두 인자의 수준조합인 처리간 모평균을 추정하고 이 추정치의 최적집단에서 수준조합을 결정하면 된다. 2인자 이상의 ANOVA 모형에서는 반복측정한 경우 상호작용효과 분석이 매우 중요한 핵심이므로 상호작용항을 읽고 해석하고 판단하는 과정에 집중해서 학습하기 바란다.

[표 10.4] 반복이 있는 이원배치법의 자료구조

	A_1	A_2	$\cdots$	A_l	합계 평균
B_1	x_{111} $\vdots$ x_{11r}	x_{211} $\vdots$ x_{21r}	$\cdots$	x_{l11} $\vdots$ x_{l1r}	$T_{.1.}$ $\overline{x}_{.1.}$
B_2	x_{121} $\vdots$ x_{12r}	x_{221} $\vdots$ x_{22r}	$\cdots$	x_{l21} $\vdots$ x_{l2r}	$T_{.2.}$ $\overline{x}_{.2.}$
$\vdots$	$\vdots$	$\vdots$		$\vdots$	$\vdots$ $\vdots$
B_m	x_{1m1} $\vdots$ x_{1mr}	x_{2m1} $\vdots$ x_{2mr}	$\cdots$	x_{lm1} $\vdots$ x_{lmr}	$T_{\cdot m\cdot}$ $\overline{x}_{\cdot m\cdot}$
합계 평균	$T_{1..}$ $\overline{x}_{1..}$	$T_{2..}$ $\overline{x}_{2..}$	$\cdots$ $\cdots$	$T_{l..}$ $\overline{x}_{l..}$	T $\overline{\overline{x}}$

$$SS_T = \sum_{i=1}^{l}\sum_{j=1}^{m}\sum_{k=1}^{r}(x_{ijk} - \overline{\overline{x}})^2$$

$$SS_A = \sum_i\sum_j\sum_k(\overline{x}_{i..} - \overline{\overline{x}})^2 = mr\sum_i(\overline{x}_{i..} - \overline{\overline{x}})^2$$

$$SS_B = \sum_i\sum_j\sum_k(\overline{x}_{\cdot j\cdot} - \overline{\overline{x}})^2 = lr\sum_j(\overline{x}_{\cdot j\cdot} - \overline{\overline{x}})^2$$

$$SS_{A\times B} = \sum_i\sum_j\sum_k(\overline{x}_{ij\cdot} - \overline{x}_{i..} - \overline{x}_{\cdot j\cdot} + \overline{\overline{x}})^2$$

$$= r\sum_i\sum_j(\overline{x}_{ij\cdot} - \overline{x}_{i..} - \overline{x}_{\cdot j\cdot} + \overline{\overline{x}})^2$$

$$SS_E = \sum_i \sum_j \sum_k (x_{ijk} - \overline{x}_{ij\cdot})^2$$

$$SS_T = SS_A + SS_B + SS_{A\times B} + SS_E$$

[분산분석표]

원인	제곱합	자유도	평균제곱	F
A	SS_A	$\phi_A = l-1$	$MS_A = SS_A/\phi_A$	F_A
B	SS_B	$\phi_B = m-1$	$MS_B = SS_B/\phi_B$	$F_B = \frac{MS_B}{MS_E}$
$A\times B$	SS_{AB}	$\phi_{AB} = (l-1)(m-1)$	$MS_{AB} = SS_{AB}/\phi_{AB}$	$F_{AB} = \frac{MS_{AB}}{MS_E}$
오차	SS_E	$\phi_E = lm(r-1)$	$MS_E = SS_E/\phi_E$	
총계	SS_T	$\phi_T = lmr-1$		

A와 B가 모수인자인 경우

$F_A = MS_A \,/\, MS_E$, $F_B = MS_B \,/\, MS_E$, $F_{A\times B} = MS_{A\times B} \,/\, MS_E$

$F_{A\times B} > F(\phi_{A\times B}, \phi_{E\,;}\alpha)$ 이면 A와 B의 상호작용이 유의

$F_A > F(\phi_A, \phi_E;\ \alpha)$ 이면 A인자가 유의

$F_B > F(\phi_B, \phi_E;\ \alpha)$ 이면 B인자가 유의

A는 모수인자, B는 변량인자인 경우

$F_A = MS_A \,/\, MS_{A\times B}$, $F_B = MS_B \,/\, MS_E$, $F_{A\times B} = MS_{A\times B} \,/\, MS_E$

$F_{A\times B} > F(\phi_{A\times B}, \phi_{E\,;}\alpha)$ 이면 A와 B의 상호작용이 유의

$F_A > F(\phi_A, \phi_{A\times B};\ \alpha)$ 이면 A인자가 유의

$F_B > F(\phi_B, \phi_E;\ \alpha)$ 이면 B인자가 유의

상호작용(interaction)

2인자 이상의 특정한 인자수준의 조합에서 일어나는 효과를 교호작용 또는 상호작용이라고 한다. 예를 들어 인자 A의 효과가 인자 B의 수준의 변화에 따라 변화하는 경우에 "A, B인자 간에 상호작용 $A \times B$가 존재한다."라고 말한다. 상호작용 $A \times B$가 유의한 경우에는 일반적으로 인자 A, B의 각 수준의 모평균을 추정하는 것은 의미가 없으며, 두 요인의 수준조합 (A_i, B_j)에서 모평균을 추정하는 것이 실제로 의미가 크며 통계적으로도 타당하다. 특히 해석상 쉽게 우를 범하는 사례가 종종 있는데 상호작용이 존재할 경우에 각 주효과의 p-값을 보고 유의성을 판단하는 경우이다. 각 주효과에 대한 유의성은 각 요인의 독립적인 효과를 의미한다. 그러나 상호작용이 존재하는 경우는 각 요인들이 독립적으로 작용하고 있지 못하므로 독립적인 효과가 있는 양 해석해서는 안 된다. 그리고 상호작용을 검정할 경우 고차항부터 저차항의 순으로 검정하고 유의하지 않은 항은 에러항으로 포함시키는 pooling 하는 과정을 검토해야 한다. 물론 여기에서 상호작용의 존재여부가 중요한 실험에서는 비록 유의하지 않다고 해도 반드시 풀링할 필요는 없으나 풀링하는 경우는 모형이 단순해진다는 장점도 있으니 고려해 볼만하다. 일반적으로 p-값이 0.05보다 크면 풀링을 하되 0.05~0.10 사이라면 실험의 내용을 고려하여 풀링할 것인지 아닌지를 판단한다.

[CaseStudy 10.4d] 팬케익을 우유의 양과 첨가물(Supplement)의 사용에 따라 세 개씩 구워내었다. 구워낸 팬케익마다 등급을 매겼고 등급이 높을수록 팬케익은 더 좋은 것이다. 우유의 양과 첨가물의 사용여부에 따라 팬케익의 질에 유의한 차이가 있는지 검정하고 최적조건을 찾아라.

첨가물	우유의 양			
	0%	10%	20%	30%
미사용	4.4	4.6	4.5	4.6
	4.5	4.5	4.8	4.7
	4.3	4.8	4.8	5.1
사용	3.3	3.8	5.0	5.4
	3.2	3.7	5.3	5.6
	3.1	3.6	4.8	5.3

▶ **분석(Analyze) → 평균비교 → 이원분산분석...**

▶ **예제 데이터 → ANOVA 데이터.xlsx**

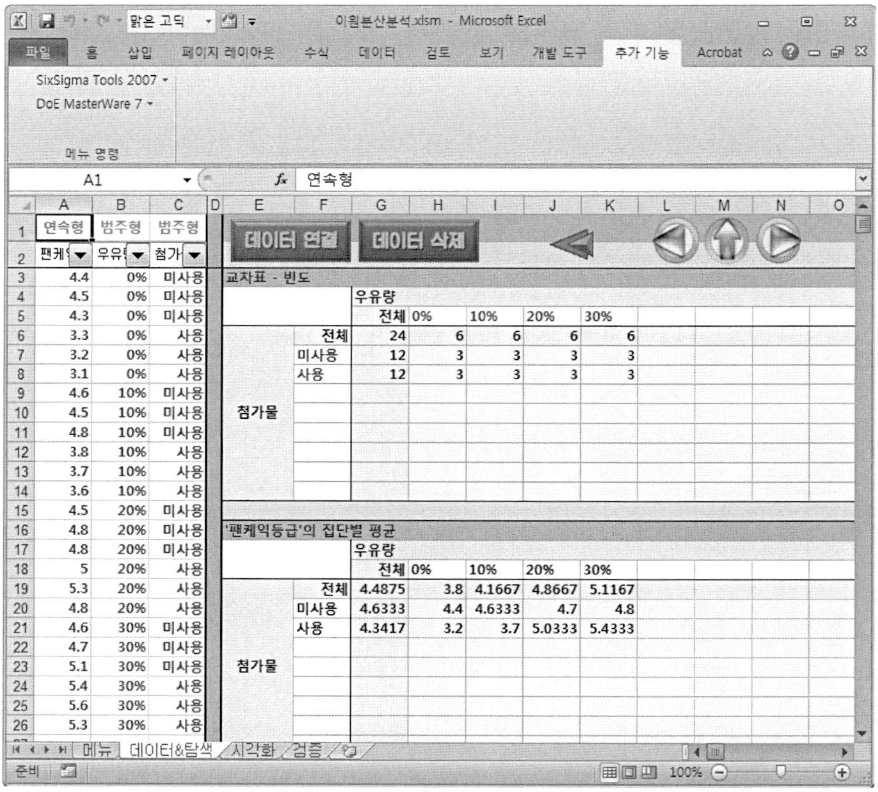

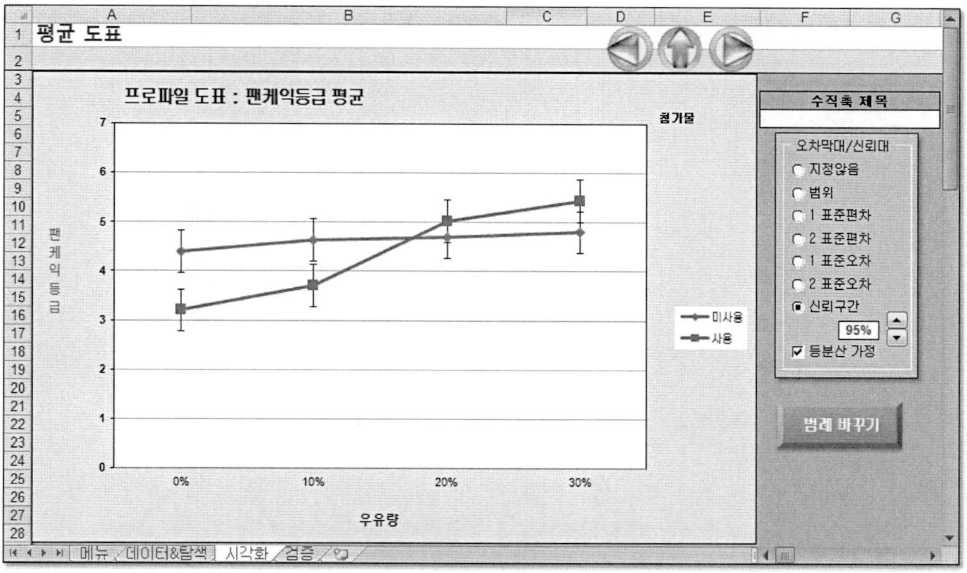

위 프로파일 도표를 보면 첨가물 사용과 우유량 요인의 각 수준별 팬케익 등급의 평균을 선으로 연결한 도표로 나타낸다. 즉 두 평균 연결선이 서로 교차함을 알 수 있다. 이는 간접적으로도 두 요인의 상호작용이 존재할 가능성이 커진다. 각 우유량의 수준에 따라 첨가물 사용 및 미사용의 평균을 중심으로 95% 신뢰구간이 표시되어 있다. 이 신뢰구간이 서로 겹쳐있으면 유의수준 5%하에서 유의한 차이가 인정되지 않는 것으로 판단하며 겹쳐있지 않고 떨어져 있다면 유의수준 5%하에서 모평균의 유의한 차이가 인정된다. 여기에서는 우유량이 0%, 10%에서는 유의한 차이가 인정된다. 즉 우유량이 0%, 10%에서는 첨가물을 사용하지 않는 경우가 팬케익의 등급이 더 커짐을 알 수 있다. 이와 같은 결론은 다음 그림에서도 확인할 수 있다.

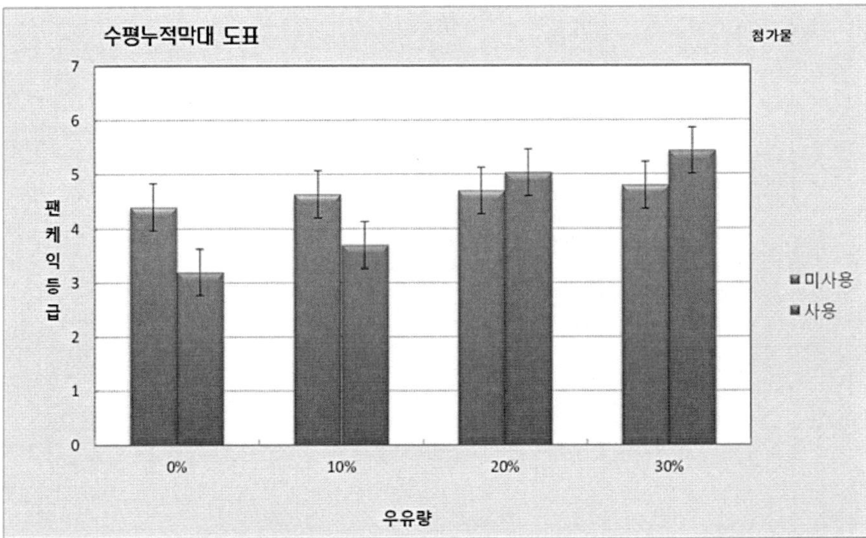

1. ANOVA 표					
원인	SS(type I)	DF	MS	F	p-값
모형	10.926	7	1.561	52.030	0.0000
우유량	6.691	3	2.230	74.347	0.0000
첨가물	0.510	1	0.510	17.014	0.0008
우유량*첨가물	3.725	3	1.242	41.384	0.0000
오차(Error)	0.480	16	0.030		
전체(Total)	11.406	23			

2. '팬케익등급' 데이터의 이원분산분석 모형의 타당성 검증 타당함!

H_0: '팬케익등급' 데이터의 이원분산분석 모형이 타당하지 않다.(모든 요인효과=0)

H_1: '팬케익등급' 데이터의 이원분산분석 모형이 타당하다.

p-값 = 0.0000

3. '우유량'과 '첨가물'의 상호작용효과 검증 효과있음!

H_0: '팬케익등급'에 대한 '우유량'과 '첨가물'의 상호작용효과가 없다.

H_1: '팬케익등급'에 대한 '우유량'과 '첨가물'의 상호작용효과가 있다.

p-값 = 0.0000

4. '우유량' 주효과 검증 효과있음!

H_0: '우유량'에 따라 '팬케익등급'의 평균의 차이가 없다.

H_1: '우[illegible]량'에 [illegible]라 '팬케익등급'의 평균의 차이가 있다.

p-값 = [illegible]

해석하지 않는다.

5. '첨가물' 주효과 [illegible] 효과있음!

H_0: [illegible] '팬케익등급'의 평균의 차이가 없다.

H_1: '첨가물'에 따라 '팬케익등급'의 평균의 차이가 있다.

p-값 = 0.0008

여기에서 가장 먼저 검정해야 하는 효과는 모형이다. 이 모형의 귀무가설은 [모든 효과가 '0'이다]이며 유의수준 0.05하에서 p-값이 0.0000으로 작으므로 귀무가설을 기각하게 된다. 그러므로 2원배치 모형은 타당성이 있다. 그 다음으로 검정해야 하는 항은 상호작용효과이다. 이 상호작용이 존재하지 않을 때 비로소 각 주효과를 해석할 수 있다. 그러나 여기에서는 상호작용의 p-값이 0.0000으로 매우 유의하다. 즉 상호작용효과가 존재한다. 그러므로 첨가물효과나 우유량효과를 언급해서는 안 된다.

이제 최적조건을 찾기 위하여 상호작용효과 자체를 분석해 보기로 한다. 상호작용효과가 존재한다는 것은 두 요인의 수준조합인 처리간의 평균의 차가 인정된다는 말이다. 그러므로 8개 처리간 모평균의 차이 검정을 실시하면 최적조건을 찾을 수 있다.

일단 8개 처리집단 변수를 만들자. 엑셀에서 "=CONCATENATE(O2,"-",P2)"를 다음과 같이 입력하여 Filldown하여 집단변수를 만들고 이를 일원분산분석에서 분석해 보자.

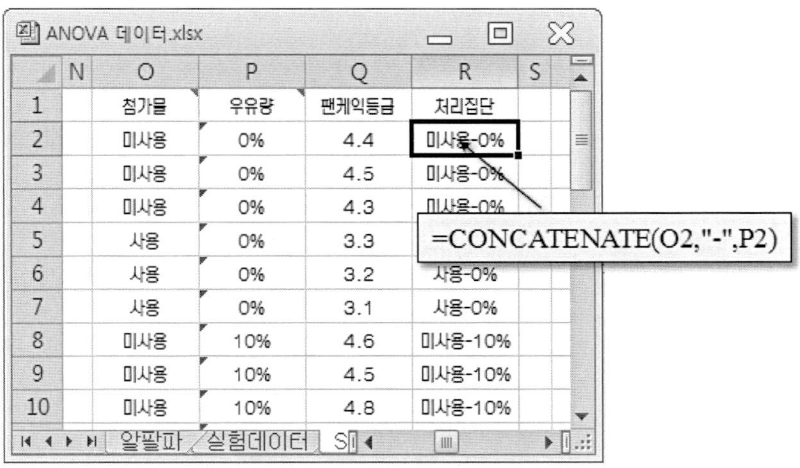

▶ **분석(Analyze) → 평균비교 → 일원분산분석...**

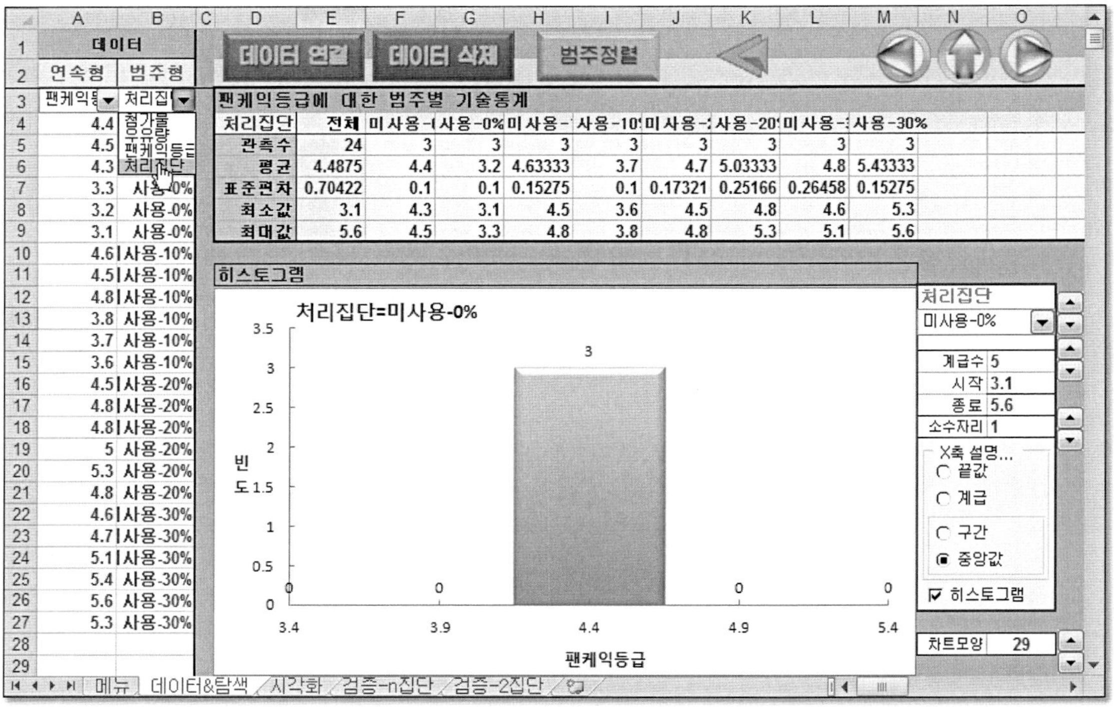
데이터
연속형
범주형
데이터 연결
데이터 삭제
범주정렬
팬케익등급에 대한 범주별 기술통계
처리집단
전체
관측수
평균
표준편차
최소값
최대값
히스토그램
처리집단=미사용-0%
빈도
팬케익등급
처리집단
미사용-0%
계급수 5
시작 3.1
종료 5.6
소수자리 1
X축 설명...
끝값
계급
구간
중앙값
히스토그램
차트모양 29
메뉴
데이터&탐색
시각화
검증-n집단
검증-2집단

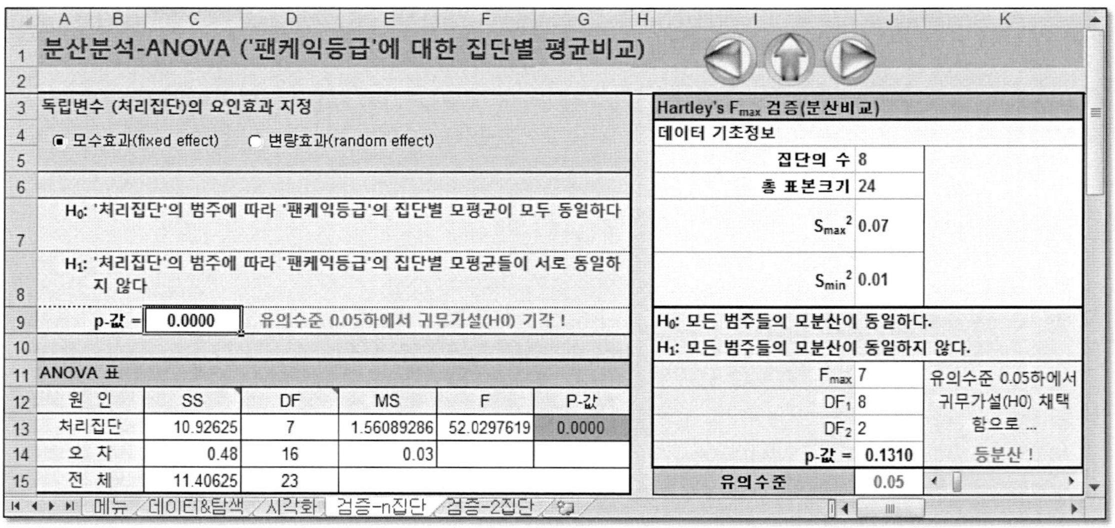
분산분석-ANOVA ('팬케익등급'에 대한 집단별 평균비교)
독립변수 (처리집단)의 요인효과 지정
모수효과(fixed effect)
변량효과(random effect)
H0: '처리집단'의 범주에 따라 '팬케익등급'의 집단별 모평균이 모두 동일하다
H1: '처리집단'의 범주에 따라 '팬케익등급'의 집단별 모평균들이 서로 동일하지 않다
p-값 = 0.0000
유의수준 0.05하에서 귀무가설(H0) 기각 !
ANOVA 표
원 인
SS
DF
MS
F
P-값
처리집단
10.92625
7
1.56089286
52.0297619
0.0000
오 차
0.48
16
0.03
전 체
11.40625
23
Hartley's Fmax 검증(분산비교)
데이터 기초정보
집단의 수 8
총 표본크기 24
Smax2 0.07
Smin2 0.01
H0: 모든 범주들의 모분산이 동일하다.
H1: 모든 범주들의 모분산이 동일하지 않다.
Fmax 7
DF1 8
DF2 2
p-값 = 0.1310
유의수준 0.05하에서 귀무가설(H0) 채택 함으로 ...
등분산 !
유의수준 0.05
메뉴
데이터&탐색
시각화
검증-n집단
검증-2집단

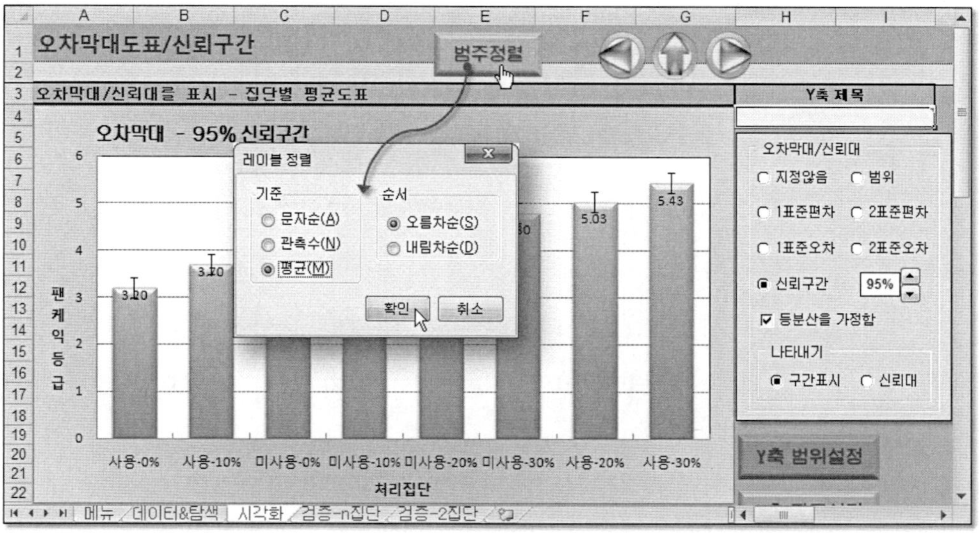

등급점수가 가장 큰 최적조건은 "사용-30%"로 나타났다. 평균이 두 번째로 큰 처리집단 "사용-20%"과는 유의수준 5%에서 유의한 차이가 인정되지 않지만 세 번째 처리집단인 "미사용-30%"과는 차이가 인정된다. 그러므로 우유량이 20%, 30%인 경우 첨가물을 사용할 경우가 팬케익의 등급이 최대가 된다는 결론을 내릴 수 있다. 단연 최대로 큰 집단이다. 아래 신뢰대 도표를 봐도 알 수 있다.

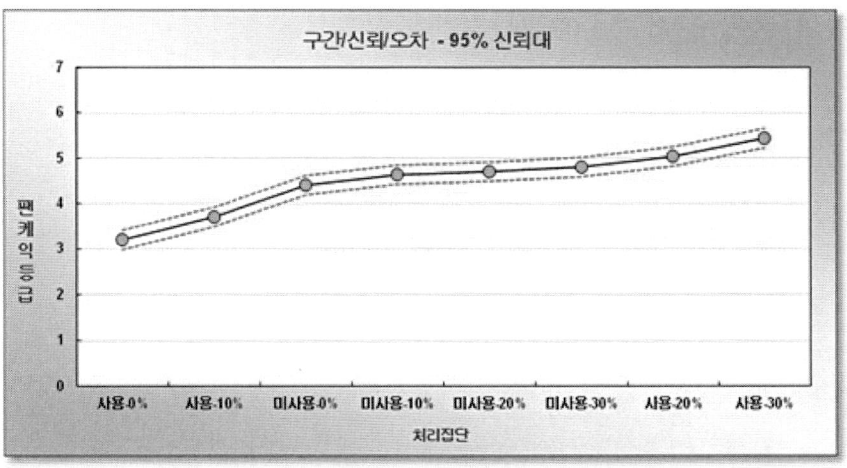

이제 변량인자가 있는 경우 CaseStudy를 다루어 보기로 한다.

[CaseStudy 10.4e] 어떤 중간원료로부터 제품이 되는 공정에 있어서, 제품의 생성률에 관한 영향을 조사할 목적으로, 원료로트(B)중에서 랜덤하게 3로트 택하고, 가열온도 A를 A_1= 70℃, A_2= 80℃, A_3= 90℃ 의 3수준으로 변화시켜, 반복 2회의 3×3×2=18회의 실험전체를 랜덤하게 실험하여 다음과 같은 데이터를 얻었다. 여기서 인자 B는 집단인자로서 변량인자이다.

단위(생성률: %)

	70℃	80℃	90℃
로트1	61.0 60.2	64.1 63.2	65.2 66.1
로트2	63.3 62.7	66.2 65.4	66.6 67.2
로트3	61.3 61.9	63.2 64.2	66.0 66.4

▶ **분석(Analyze) → 평균비교 → 이원분산분석...**

▶ **예제 데이터 → ANOVA 데이터.xlsx**

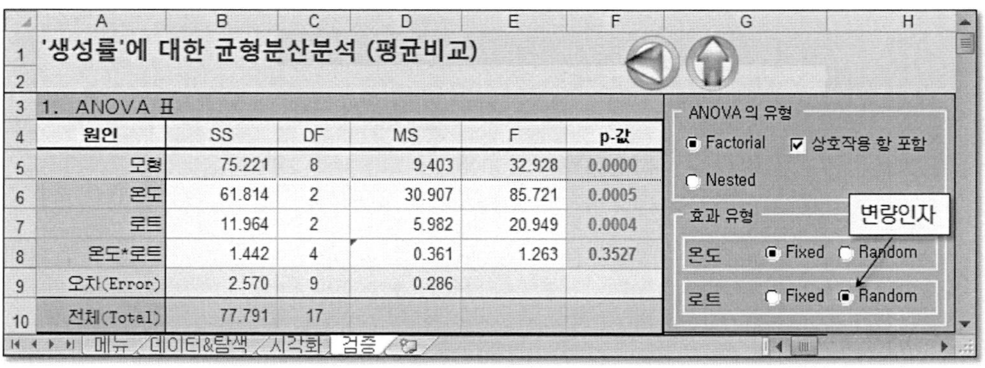
'생성률'에 대한 균형분산분석 (평균비교)

1. ANOVA 표

원인	SS	DF	MS	F	p-값
모형	75.221	8	9.403	32.928	0.0000
온도	61.814	2	30.907	85.721	0.0005
로트	11.964	2	5.982	20.949	0.0004
온도*로트	1.442	4	0.361	1.263	0.3527
오차(Error)	2.570	9	0.286		
전체(Total)	77.791	17			

위 결과에서 유의수준 5%하에서 모형의 타당성은 있으며 다음으로 상호작

용효과는 없는 것으로 판단된다. 그러므로 특별히 상호작용항을 모형에 남겨둘 이유가 없으므로 에러항에 풀링시켜 다시 모형을 적합해 보기로 한다.

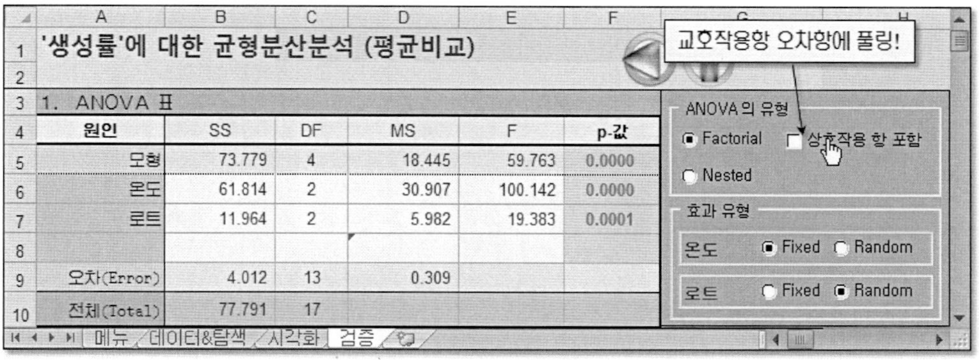

P-값이 0.000으로 가열온도 효과에 대해 유의한 차이가 있다고 할 수 있다. 즉, 가열온도에 따라 제품의 생성률이 다르다고 할 수 있다. 또한 원료 로트에 따라서도 제품의 생성률이 다르다고 할 수 있다. 그러므로 이제 각 인자를 독립적으로 최적 생성률은 어느 수준인지 확인해 보자. 이를 확인하기 위하여 다음과 같은 도표를 일원분산분석 모듈에서 작성한다.

▶ **분석(Analyze) → 평균비교 → 이원분산분석...**

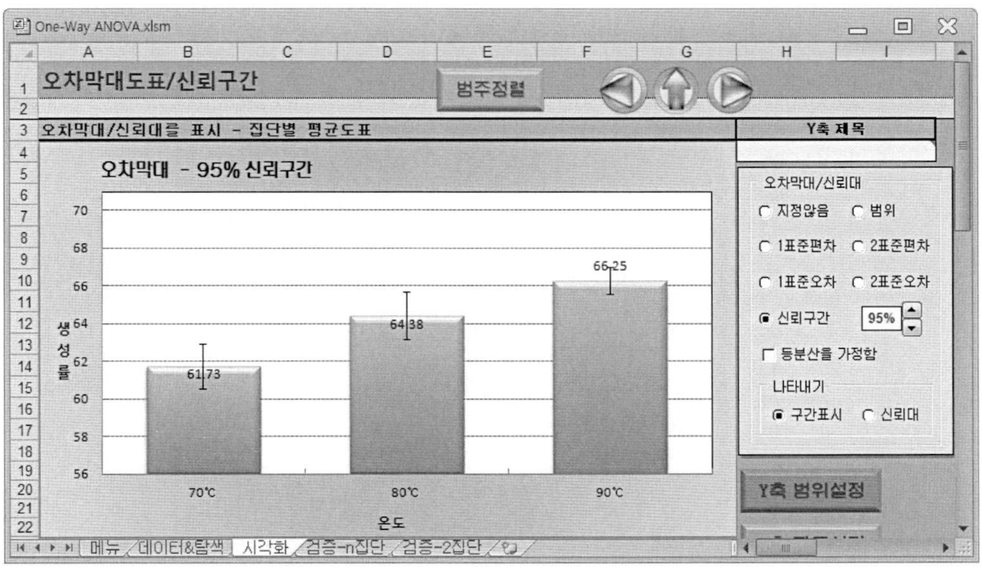

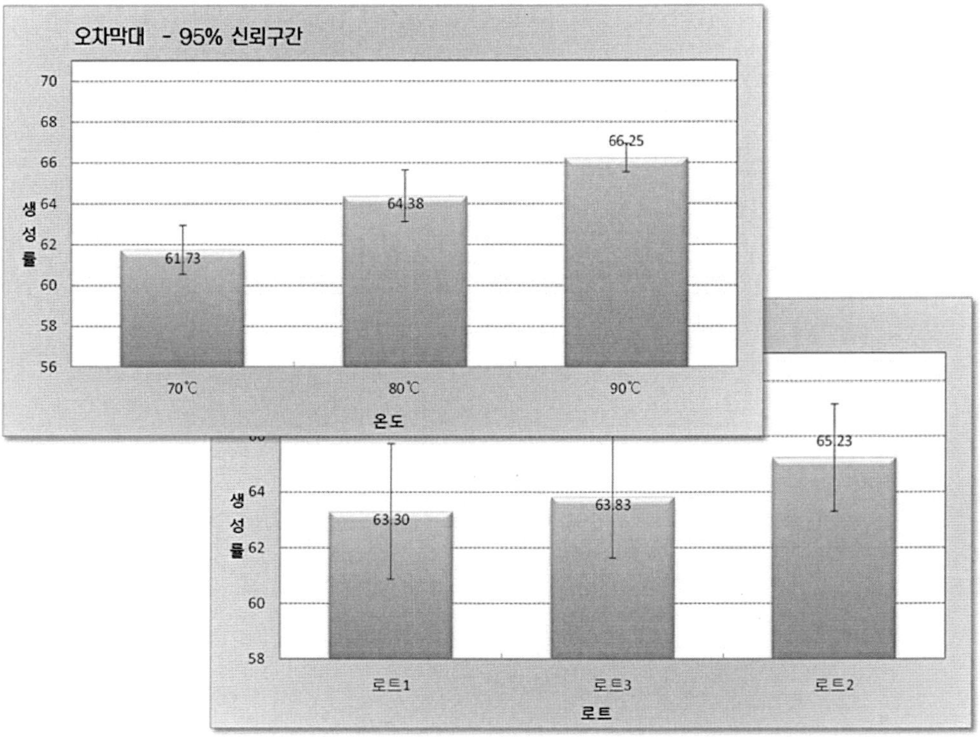

위 그림은 각 변수를 따로 작성한 도표이다. 신뢰구간에 다른 집단의 평균점이 포함되지 않으면 5%하에서 유의한 차이를 보이는 것으로 판단한다. 변량요인인 로트로 인한 변동성은 없는 것으로 판단된다. 다음의 로트에 대한 일변량 분산분석의 결과를 봐도 알 수 있다. 온도는 각 신뢰구간에 이웃 집단의 평균점이 포함되지 않으므로 유의수준 5%하에서 모든 모평균이 차이를 보이고 있다. 그러므로 온도는 90℃가 단연코 생성률이 가장 크다.

독립변수 (로트)의 요인효과 지정

○ 모수효과(fixed effect) ◉ 변량효과(random effect)

H_0: '로트'에 따라 생성률 내의 변동성(variability)이 없다.

H_1: '로트'에 따라 생성률 내의 변동성(variability)이 있다.

p-값 =	0.2858	유의수준 0.05하에서 귀무가설(H0) 채택 !

ANOVA 표

원 인	SS	DF	MS	F	P-값
로트	11.9644444	2	5.98222222	1.36317602	0.2858
오 차	65.8266667	15	4.38844444		
전 체	77.7911111	17			

[Training 10.4f] 감자에 부패를 유발시키는 박테리아를 주입시키고 여러 가지 다른 조건에서 저장시켰다. 5일이 지난 후 감자의 부패된 부분의 지름을 측정하여 부패정도에 대한 자료를 얻었다. 온도와 산소의 양에 따라 감자의 썩는 정도에 차이가 있는지를 검정하라.

	산 소		
	2%	6%	10%
온도(10℃)	13 11 3	10 4 7	15 2 7
온도(16℃)	26 19 24	15 22 18	20 24 8

[Training 10.4g] 신체조건이 비슷한 60마리의 실험쥐를 영양분과 환경조건에 따라 5마리씩 임의로 배치하여 폐활량을 조사하였다. 영양상태와 환경조건에 의해 폐활량에 유의한 차이가 있는가를 검정하라. 폐활량이 큰 집단과 작은 집단을 찾아라.

		영 양 분			
		A	B	C	D
환경조건	1	4.31	4.68	4.17	5.75
		4.89	6.18	3.77	5.70
		4.05	4.48	5.20	5.53
		4.44	4.23	5.28	5.97
		4.59	5.92	4.44	5.52
	2	4.13	3.41	3.89	4.58
		4.61	3.64	3.64	5.21
		3.91	3.32	4.18	5.50
		4.52	3.51	4.48	5.18
		4.43	3.75	4.17	4.15
	3	3.79	4.63	5.81	6.89
		4.17	4.59	5.20	6.18
		4.47	4.90	5.34	6.21
		4.35	5.31	5.94	7.56
		3.59	4.81	5.56	6.73

[Training 10.4h] 합금의 강도를 내용물의 혼합비율의 두 수준과 주조시간의 세 수준에서 2회씩 관측하여 다음의 자료를 얻었다. 주조시간과 혼합비율에 따라 합금의 강도에 차이가 있는지를 검정하라.

주조시간 B / 비율 A	B_1	B_2	B_3
A_1	81 70	103 110	118 138
A_2	123 131	142 143	180 189

⇨10.5 다인자 분산분석(다원배치법)

어떤 선택된 특성치에 대하여 취급하고 싶은 인자가 3개 이상 있을 경우, 그들의 모든 인자의 수준조합에서 실험하는 실험계획법을 다원배치법이라 한다. 취급되는 인자가 3개인 경우는 삼원배치법, 4개인 경우는 사원배치법이라 부른다.

여기서는 삼원배치법의 분석방법에 관하여 알아보기로 한다. 이 방법은 인자가 4개 이상인 경우로 그대로 확장될 수 있다.

10.5.1 반복이 없는 삼원배치법

[표 10.5a] 반복이 없는 삼원배치법의 자료구조

		A_1	A_2	$\cdots$	A_l
B_1	C_1	x_{111}	x_{211}	$\cdots$	x_{l11}
	C_2	x_{112}	x_{212}	$\cdots$	x_{l12}
	$\vdots$	$\vdots$	$\vdots$	$\ddots$	$\vdots$
	C_n	x_{11n}	x_{21n}	$\cdots$	x_{l1n}
B_2	C_1	x_{121}	x_{221}	$\cdots$	x_{l21}
	C_2	x_{122}	x_{222}	$\cdots$	x_{l22}
	$\vdots$	$\vdots$	$\vdots$	$\ddots$	$\vdots$
	C_n	x_{12n}	x_{22n}	$\cdots$	x_{l2n}
$\vdots$	$\vdots$		$\vdots$		
B_m	C_1	x_{1m1}	x_{2m1}	$\cdots$	x_{lm1}
	C_2	x_{1m2}	x_{2m2}	$\cdots$	x_{lm2}
	$\vdots$	$\vdots$	$\vdots$	$\ddots$	$\vdots$
	C_n	x_{1mn}	x_{2mn}	$\cdots$	x_{lmn}

[표 10.5b] 반복이 없는 삼원배치법의 이원표들

	A_1	A_2	$\cdots$	A_l	계
B_1	$T_{11\cdot}$	$T_{21\cdot}$	$\cdots$	$T_{l1\cdot}$	$T_{\cdot1\cdot}$
B_2	$T_{12\cdot}$	$T_{22\cdot}$	$\cdots$	$T_{l2\cdot}$	$T_{\cdot2\cdot}$
$\vdots$	$\vdots$	$\vdots$	$\ddots$	$\vdots$	$\vdots$
B_m	$T_{1m\cdot}$	$T_{2m\cdot}$	$\cdots$	$T_{lm\cdot}$	$T_{\cdot m\cdot}$
계	$T_{1\cdot\cdot}$	$T_{2\cdot\cdot}$	$\cdots$	$T_{l\cdot\cdot}$	T

	A_1	A_2	$\cdots$	A_l	계
C_1	$T_{1\cdot1}$	$T_{2\cdot1}$	$\cdots$	$T_{l\cdot1}$	$T_{\cdot\cdot1}$
C_2	$T_{1\cdot2}$	$T_{2\cdot2}$	$\cdots$	$T_{l\cdot2}$	$T_{\cdot\cdot2}$
$\vdots$	$\vdots$	$\vdots$	$\ddots$	$\vdots$	$\vdots$
C_n	$T_{1\cdot n}$	$T_{2\cdot n}$	$\cdots$	$T_{l\cdot n}$	$T_{\cdot\cdot n}$
계	$T_{1\cdot\cdot}$	$T_{2\cdot\cdot}$	$\cdots$	$T_{l\cdot\cdot}$	T

	B_1	B_2	$\cdots$	B_m	계
C_1	$T_{\cdot11}$	$T_{\cdot21}$	$\cdots$	$T_{\cdot m1}$	$T_{\cdot\cdot1}$
C_2	$T_{\cdot12}$	$T_{\cdot22}$	$\cdots$	$T_{\cdot m2}$	$T_{\cdot\cdot2}$
$\vdots$	$\vdots$	$\vdots$	$\ddots$	$\vdots$	$\vdots$
C_n	$T_{\cdot1n}$	$T_{\cdot2n}$	$\cdots$	$T_{\cdot mn}$	$T_{\cdot\cdot n}$
계	$T_{\cdot1\cdot}$	$T_{\cdot2\cdot}$	$\cdots$	$T_{\cdot m\cdot}$	T

$$SS_T = \sum_{i=1}^{l}\sum_{j=1}^{m}\sum_{k=1}^{n}(x_{ijk} - \overline{\overline{x}})^2$$

$$SS_A = \sum_{i=1}^{l}\sum_{j=1}^{m}\sum_{k=1}^{n}(\overline{x}_{i\cdot\cdot} - \overline{\overline{x}})^2 = mn\sum_{i=1}^{l}(\overline{x}_{i\cdot\cdot} - \overline{\overline{x}})^2$$

$$SS_B = \sum_{i=1}^{l}\sum_{j=1}^{m}\sum_{k=1}^{n}(\overline{x}_{\cdot j\cdot} - \overline{\overline{x}})^2 = ln\sum_{j=1}^{m}(\overline{x}_{\cdot j\cdot} - \overline{\overline{x}})^2$$

$$SS_C = \sum_{i=1}^{l}\sum_{j=1}^{m}\sum_{k=1}^{n}(\overline{x}_{\cdot\cdot k} - \overline{\overline{x}})^2 = lm\sum_{k=1}^{n}(\overline{x}_{\cdot\cdot k} - \overline{\overline{x}})^2$$

$$SS_{A\times B}=\sum_{i=1}^{l}\sum_{j=1}^{m}\sum_{k=1}^{n}(\overline{x}_{ij\cdot}-\overline{x}_{i\cdot\cdot}-\overline{x}_{\cdot j\cdot}+\overline{\overline{x}})^2$$

$$=n\sum_{i=1}^{l}\sum_{j=1}^{m}(\overline{x}_{ij\cdot}-\overline{x}_{i\cdot\cdot}-\overline{x}_{\cdot j\cdot}+\overline{\overline{x}})^2$$

$$SS_{A\times C}=\sum_{i=1}^{l}\sum_{j=1}^{m}\sum_{k=1}^{n}(\overline{x}_{i\cdot k}-\overline{x}_{i\cdot\cdot}-\overline{x}_{\cdot\cdot k}+\overline{\overline{x}})^2$$

$$=m\sum_{i=1}^{l}\sum_{k=1}^{n}(\overline{x}_{i\cdot k}-\overline{x}_{i\cdot\cdot}-\overline{x}_{\cdot\cdot k}+\overline{\overline{x}})^2$$

$$SS_{B\times C}=\sum_{i=1}^{l}\sum_{j=1}^{m}\sum_{k=1}^{n}(\overline{x}_{\cdot jk}-\overline{x}_{\cdot j\cdot}-\overline{x}_{\cdot\cdot k}+\overline{\overline{x}})^2$$

$$=l\sum_{j=1}^{m}\sum_{k=1}^{n}(\overline{x}_{\cdot jk}-\overline{x}_{\cdot j\cdot}-\overline{x}_{\cdot\cdot k}+\overline{\overline{x}})^2$$

$$SS_E=\sum_{i=1}^{l}\sum_{j=1}^{m}\sum_{k=1}^{n}(x_{ijk}-\overline{x}_{ij\cdot}-\overline{x}_{i\cdot k}-\overline{x}_{\cdot jk}+\overline{x}_{i\cdot\cdot}+\overline{x}_{\cdot j\cdot}+\overline{x}_{\cdot\cdot k}-\overline{\overline{x}})^2$$

$$SS_T=SS_A+SS_B+SS_C+SS_{A\times B}+SS_{A\times C}+SS_{B\times C}+SS_E$$

[분산분석표]

원인	제곱합	자유도	평균제곱	F
A	SS_A	$\phi_A=l-1$	$MS_A=SS_A/\phi_A$	F_A
B	SS_B	$\phi_B=m-1$	$MS_B=SS_B/\phi_B$	F_B
C	SS_C	$\phi_C=n-1$	$MS_C=SS_C/\phi_C$	F_C
$A\times B$	SS_{AB}	$\phi_{AB}=(l-1)(m-1)$	$MS_{AB}=\frac{SS_{AB}}{\phi_{AB}}$	$F_{AB}=\frac{MS_{AB}}{MS_E}$
$A\times C$	SS_{AC}	$\phi_{AC}=(l-1)(n-1)$	$MS_{AC}=\frac{SS_{AC}}{\phi_{AC}}$	$F_{AC}=\frac{MS_{AC}}{MS_E}$
$B\times C$	SS_{BC}	$\phi_{BC}=(m-1)(n-1)$	$MS_{BC}=\frac{SS_{BC}}{\phi_{BC}}$	$F_{BC}=\frac{MS_{BC}}{MS_E}$
오차	SS_E	$\phi_E=(l-1)(m-1)(n-1)$	$MS_E=\frac{SS_E}{\phi_E}$	
총계	SS_T	$\phi_T=lmn-1$		

A, B, C가 모두 모수인자인 경우

$F_A = MS_A / MS_E$, $F_B = MS_B / MS_E$, $F_C = MS_C / MS_E$

$F_A > F(\phi_A, \phi_E ; \alpha)$ 이면 A 인자가 유의

$F_B > F(\phi_B, \phi_E ; \alpha)$ 이면 B인자가 유의

$F_C > F(\phi_C, \phi_E ; \alpha)$ 이면 C인자가 유의

$F_{A \times B} > F(\phi_{A \times B}, \phi_E ; \alpha)$ 이면 A와 B의 상호작용이 유의

$F_{A \times C} > F(\phi_{A \times C}, \phi_E ; \alpha)$ 이면 A와 C의 상호작용이 유의

$F_{B \times C} > F(\phi_{B \times C}, \phi_E ; \alpha)$ 이면 B와 C의 상호작용이 유의

A와 B는 모수인자, C는 변량인자인 경우

$F_A = MS_A / MS_{A \times C}$, $F_B = MS_B / MS_{B \times C}$, $F_C = MS_C / MS_E$

$F_A > F(\phi_A, \phi_{A \times C} ; \alpha)$ 이면 A 인자가 유의

$F_B > F(\phi_B, \phi_{B \times C} ; \alpha)$ 이면 B인자가 유의

$F_C > F(\phi_C, \phi_E ; \alpha)$ 이면 C인자가 유의

$F_{A \times B} > F(\phi_{A \times B}, \phi_E ; \alpha)$ 이면 A와 B의 상호작용이 유의

$F_{A \times C} > F(\phi_{A \times C}, \phi_E ; \alpha)$ 이면 A와 C의 상호작용이 유의

$F_{B \times C} > F(\phi_{B \times C}, \phi_E ; \alpha)$ 이면 B와 C의 상호작용이 유의

다원배치는 DoE MasterWare 7을 사용하여 분석해 본다.

[CaseStudy 10.5a] 어떤 화학제품의 합성반응 공정에서 합성률(%)을 향상시킬 수 있는가를 검토하기 위하여 합성반응의 중요한 인자라고 생각되는 다음의 세가지 인자를 각각 3수준씩 선택하였다.

✓ 반응압력 (kg/㎠) : $A_1 = 8$ $A_2 = 10$ $A_3 = 12$

✓ 반응시간 (hr) : $B_1 = 1.5$ $B_2 = 2.0$ $B_3 = 2.5$

✓ 반응온도 (℃) : $C_1 = 140$ $C_2 = 150$ $C_3 = 160$

[표 10.5a] 화학제품 합성률(단위 :%)

		A_1	A_2	A_3
B_1	C_1	74	61	50
	C_2	86	78	70
	C_3	76	71	60
B_2	C_1	72	62	49
	C_2	91	81	68
	C_3	87	77	64
B_3	C_1	48	55	52
	C_2	65	72	69
	C_3	56	63	60

데이터는 워크시트에 다음과 같이 입력한다.

순서1 DoE MasterWare 7 → 사용자 실험설계 → 계획행렬 만들기...

요인수가 3이고 각 수준이 3개이므로 실험수를 27(=3×3×3)로 지정한다.

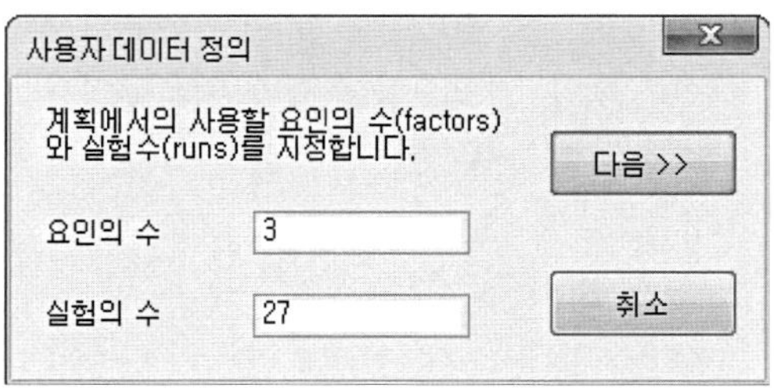

실험계획 시트가 작성되면 각 요인의 수준을 1, 2, 3으로 입력한다.

순서2 DoE MasterWare 7 → 사용자 실험설계 → 상호작용/반응 정의...

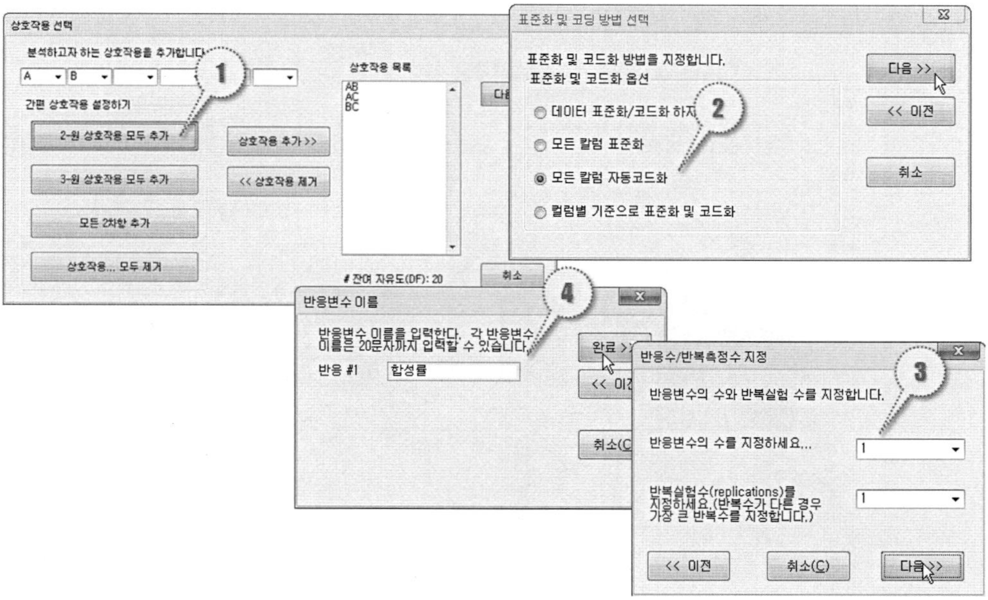

각 요인 수준조합에 따른 합성률의 반응값을 입력한다. 그리고 합성률은 최대가 될수록 좋으므로 품질특성치를 '망대'로 지정한다. SN 비가 망대인 경우로 계산됨을 볼 수 있다. 물론 이는 다구찌 실험계획에서 사용하는 반응값이므로 여기에서는 설명하지 않겠다.

순서3 **DoE MasterWare 7 → 설계변경하기 → 요인이름/고/저수준 변경하기...**

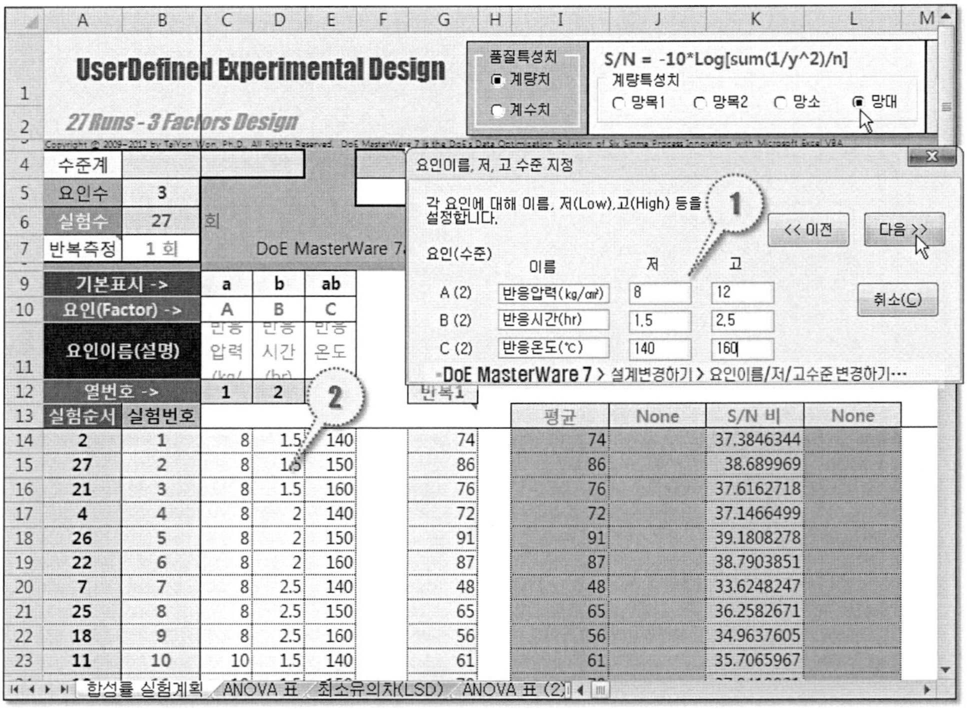

순서4 DoE MasterWare 7 → 수준별 분석 → ANOVA & LSD검정...

순서5 DoE MasterWare 7 → 수준별 분석 → 다중 상호작용도표...

반응별 ANOVA 검정

DoE MasterWare 7a

ANOVA 표 : 합성률						
원인	SS	df	MS	F-값	P-값	기여도(%)
반응압력(kg/㎠)	743.6	2	371.8	164.574	0.000	20.58%
반응시간(hr)	753.4	2	376.7	166.738	0.000	20.85%
반응온도(℃)	1381.0	2	690.5	305.623	0.000	38.22%
AB	651.9	4	163.0	72.139	0.000	18.04%
AC	9.0370	4	2.2593	1.000	0.461	0.25%
BC	56.6	4	14.1	6.262	0.014	1.57%
오차	18.074	8	2.259			0.50%
전체	3613.630	26				

상호작용 '반응압력*반응온도(AC)'의 P-값이 '0.461'로 유의하지 않으므로 오차항에 풀링시킨 모형을 만들어 재적합할 필요가 있음을 알 수 있다. 오차항에 풀링하는 것은 매우 간단하다. 대화상자의 모형설정에서 해당 항을 삭제하고 실행하면 삭제된 항은 오차항에 풀링되어 모형적합 결과가 나타난다. 여기에서는 유의하지 않은 상호작용항이 하나이므로 그 항만을 삭제하고 실행하면 되지만 만일 여러 개의 상호작용항이 유의하지 않다면 원칙적으로 가장 유의하지 않은 즉 p-값이 가장 큰 항부터 제거하고 다시 실행한다. 그리고 또 유의하지 않은 상호작용항이 있으면 또 제거하고 실행한다. 즉 유의하지 않은 상호작용항들을 한 번에 제거하지 않고 순차적으로 제거해야 한다. 왜냐하면 가장 유의하지 않은 상호작용 항을 제거하고 실행하면 기존에

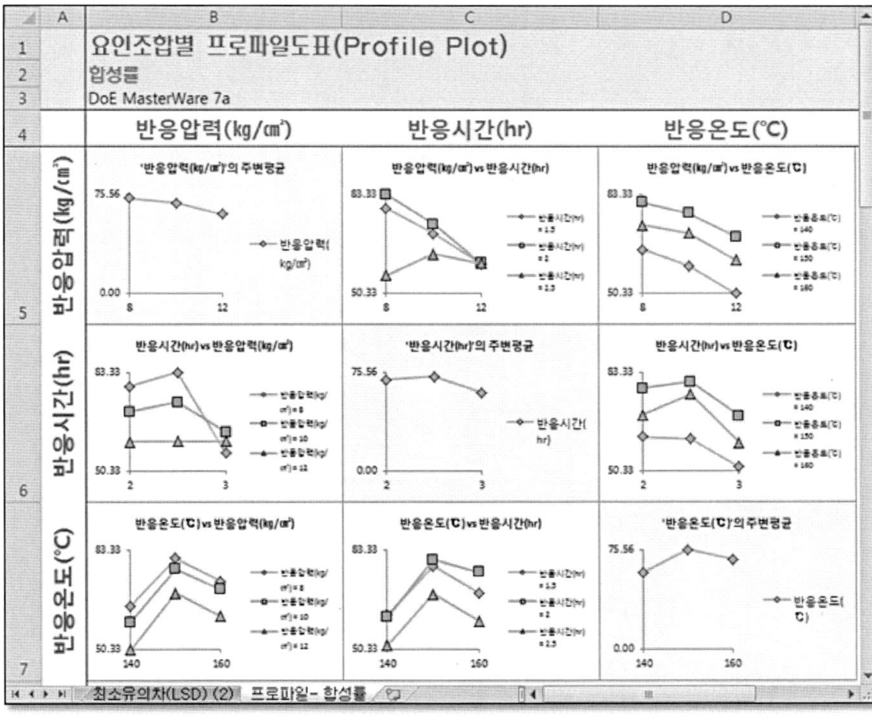

남아 있는 항들에 다소간에 영향을 주게 되어 유의성이 달라진다. 그러므로 5%를 기준으로 한다면 p-값이 0.056으로 약간 상회하는 정도로 유의하지 않다면 보다 더 유의하지 않은 항을 제거함으로써 영향을 받아 유의한 항으로

남게 될 수도 있기 때문이다.

오차항에 풀링

순서6 DoE MasterWare 7 → 설계변경하기 → 상호작용 변경하기...

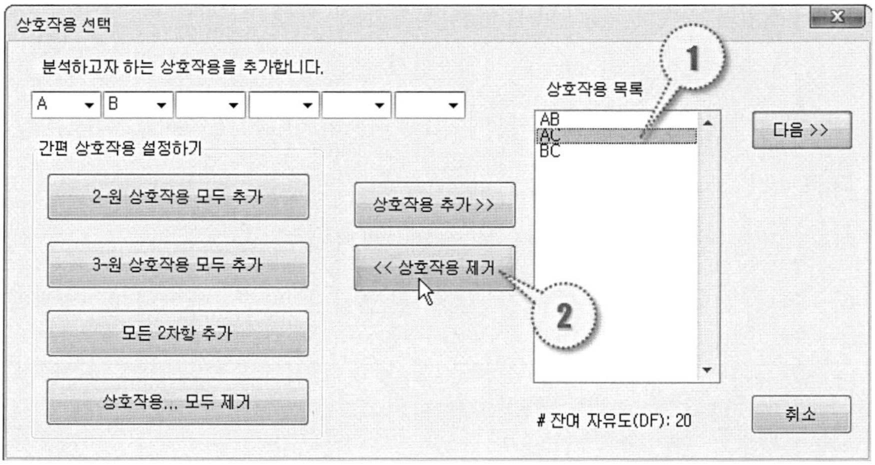

순서7 DoE MasterWare 7 → 수준별 분석 → ANOVA & LSD검정...

ANOVA 표 : 합성률						
원인	SS	df	MS	F-값	P-값	기여도(%)
반응압력(kg/㎠)	743.6	2	371.8	164.574	0.000	20.58%
반응시간(hr)	753.4	2	376.7	166.738	0.000	20.85%
반응온도(℃)	1381.0	2	690.5	305.623	0.000	38.22%
AB	651.9	4	163.0	72.139	0.000	18.04%
BC	56.6	4	14.1	6.262	0.006	1.57%
오차	27.111	12	2.259			0.75%
전체	3613.630	26				

위 결과는 유의하지 않은 상호작용을 오차항에 풀링시켜서 다시 검정한 것이다. 여기에서 해석할 때 주의해야 할 사항은 반드시 고차의 상호작용부터 검정해야 한다. '반응압력*반응시간(AB)', '반응시간*반응온도(BC)'인 2원 상호작용이 유의하다는 의미는 두 요인의 수준조합인 처리간의 평균차가 인정된다는 의미이므로 앞의 각 주효과를 따로 떼어서 유의하다고 해서는 안 된다. 앞의 3가지 주효과는 각 요인이 독립적으로 작용하는 효과가 유의함을 의미

한다. 그런데 상호작용이 유의하다면 서로 교차된 효과가 있으므로 두 요인을 독립적으로 표현해서는 논리에 맞지 않는다. 간혹 다른 서적들을 보면 다음과 같이 표현된 것을 볼 수가 있다. 참고해 보자.

> **"반응압력, 반응시간, 반응온도 모두 합성률에 영향을 크게 미치고 있고 상호작용 '반응압력*반응시간(AB)', '반응시간*반응온도(BC)' 도 상당히 큼을 알 수 있다."**

이런 표현은 상호작용 효과가 통계적으로 유의하게 존재하는데도 불구하고 각 주효과를 독립적인 양 해석하고 있다. **"반응압력, 반응시간, 반응온도 모두 합성률에 영향을 크게 미치고 있고"** 라는 표현은 상호작용효과가 없을 때만 성립된다. 이렇게 표현한다는 것은 상호작용이 무엇인지 그 의미를 모르는 것으로 밖에 판단할 수 없다. 상기의 결과는 시간을 기준으로 압력과 온도의 상호작용이 존재하므로 각 주효과의 효과 따로 독립적으로 해석해서는 안 된다. 이럴 경우는 상호작용의 처리(수준조합)간의 차이를 검정해서 최적수준 조합을 찾아야 한다. 결국 어떤 수준 조합에서 합성률(%)이 최대가 되는가를 찾는 것이 분석의 목적이기 때문이다.

최적수준 찾기

이제 최적수준을 찾아보자. 메뉴에서 다음과 같이 접근한다.

순서8 DoE MasterWare 7 → 최적화 → 상호작용/반응표면/등고선 도표...

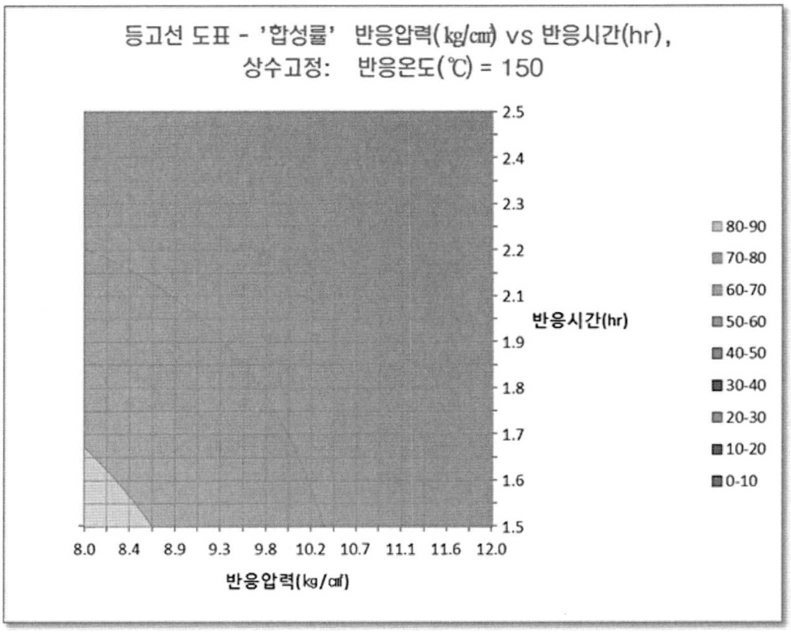

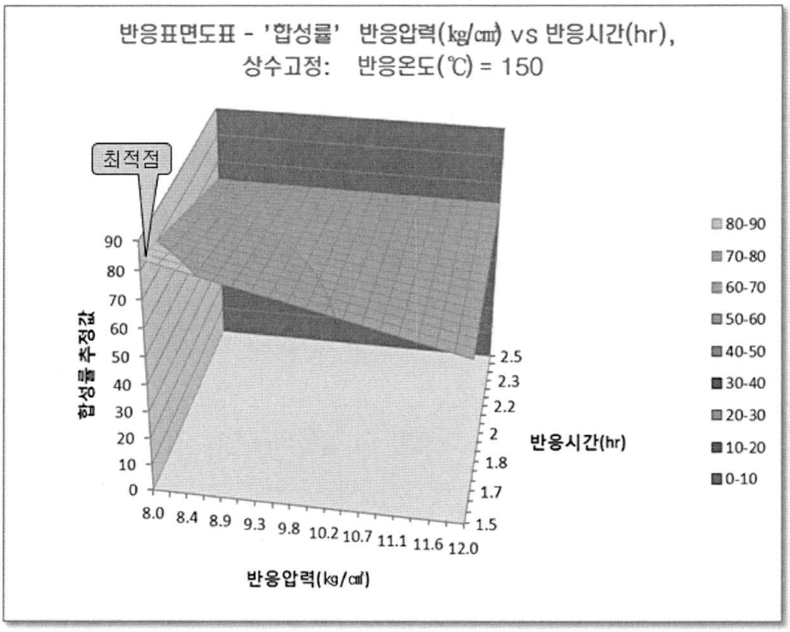

다음 최적화 단계로 가기 위해 다음과 같이 메뉴를 선택한다.

순서9 **DoE MasterWare 7 → 최적화 → 반응최적화...**

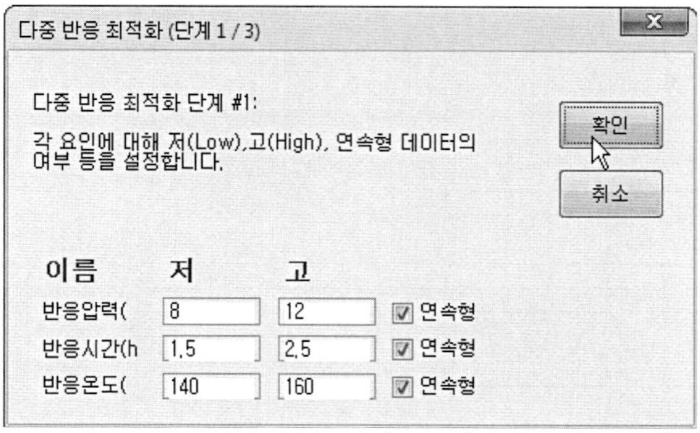

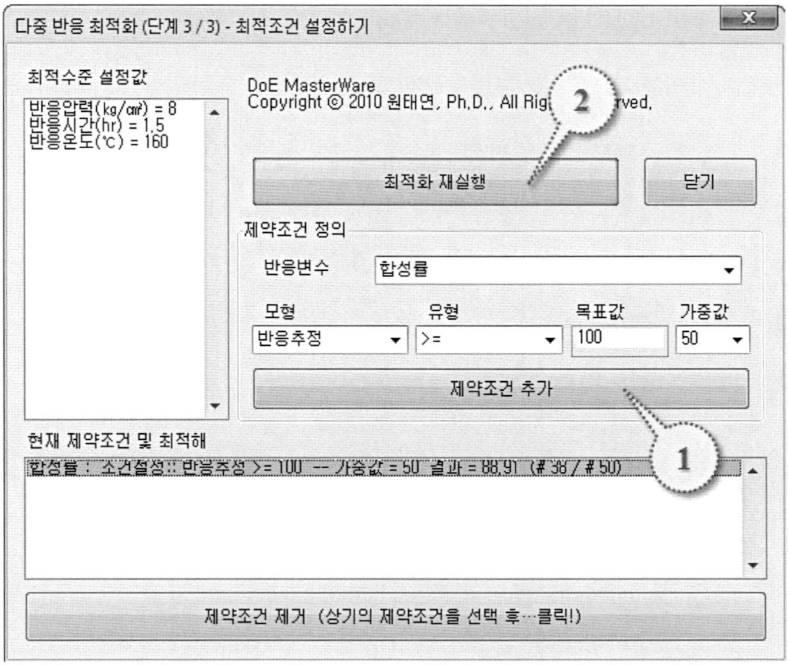

최적의 수준조합은 합성률을 최대로 할 경우 압력, 시간, 온도는 8㎏/㎠, 1.5hr, 160℃의 조합이 최적의 합성률을 나타내며 그 추정값은 88.91%로 나타났다. 이러한 결과는 다음과 같은 [회귀모형적합] 시트에 기록된다.

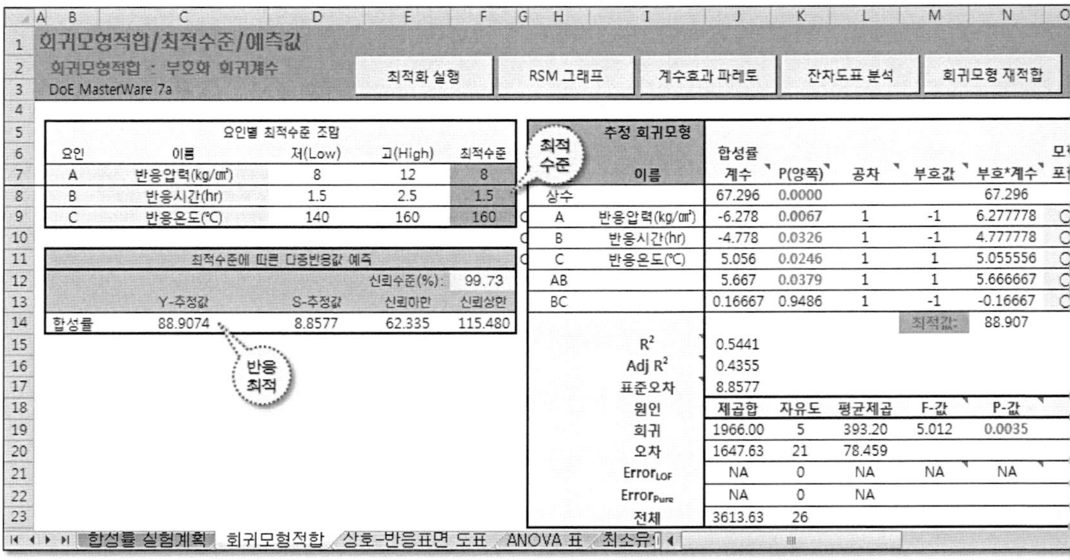

[CaseStudy 10.5b] 코우크스(cokes)의 강도에 영향을 미치는 배합탄의 입도 A와 배합비 B의 영향을 조사하기 위하여, 다음에 나타나는 수준들을 택하여 배합탄을 코우크스화하고 그 강도(드럼 15㎜지수)를 측정하였다. 이때 4×3=12회의 실험을 랜덤하게 1회 행하고, 다음으로 다시 12회의 실험을 반복(반복인자 R)하여 위와 같은 결과를 얻었다. 분산분석을 행하고 각 요인의 영향을 검토하라.

✓ 배합탄입도(3㎜이하의 %) : $A_1 = 75$, $A_2 = 80$, $A_3 = 85$, $A_4 = 90$

✓ 배합탄의 배합비 : $B_1 = 10$, $B_2 = 20$, $B_3 = 30$

[표 10.5b] 코우크스(cokes)의 강도 (단위:드럼지수)

	R_1				R_2			
	A_1	A_2	A_3	A_4	A_1	A_2	A_3	A_4
B_1	89.5	89.6	90.0	89.2	88.8	90.2	90.8	89.9
B_2	90.0	91.5	91.3	91.0	90.9	90.9	91.8	90.4
B_3	91.7	92.2	92.6	91.7	91.2	92.8	93.2	92.3

주) 반복을 요인으로 고려하지 않으면 반복있는 2원 배치법으로 분석할 수 있음.

순서1 **DoE MasterWare 7 → 사용자 실험설계 → 계획행렬 만들기...**

요인수가 3이고 각 수준이 4, 3, 2개이므로 실험수를 24(=4×3×2)로 지정한다.

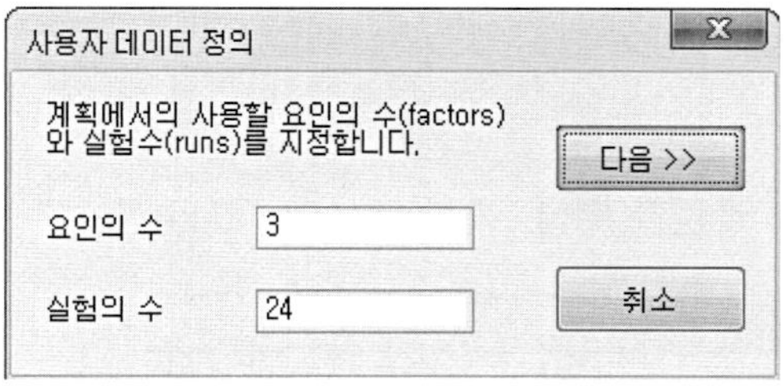

실험계획 시트가 작성되면 각 요인의 수준을 입력한다.

순서2 **DoE MasterWare 7 → 사용자 실험설계 → 상호작용/반응 정의...**

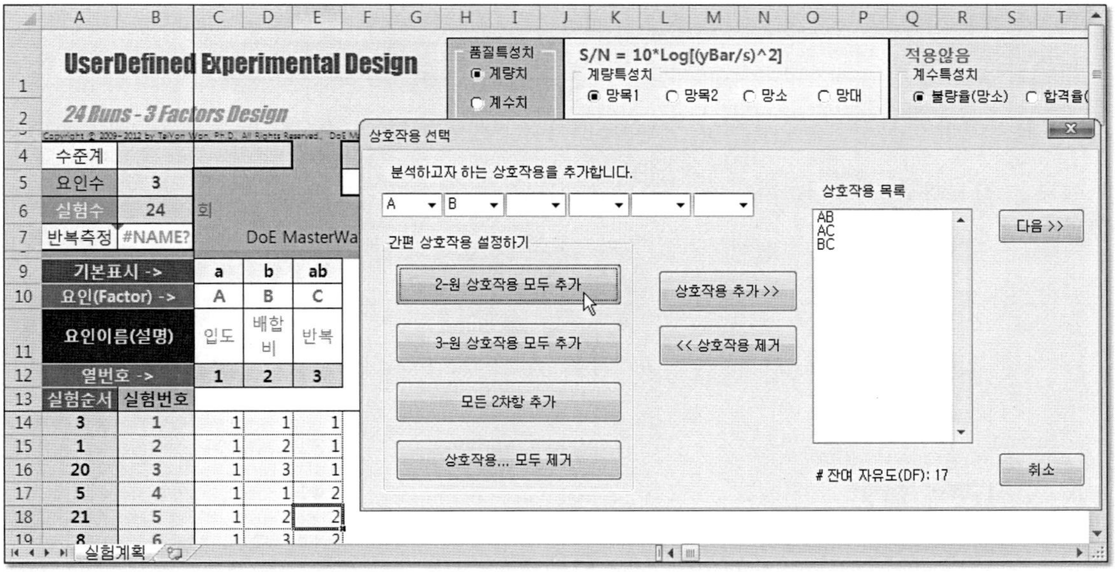

순서3 DoE MasterWare 7 → 설계변경하기 → 요인이름/고/저수준 변경하기...

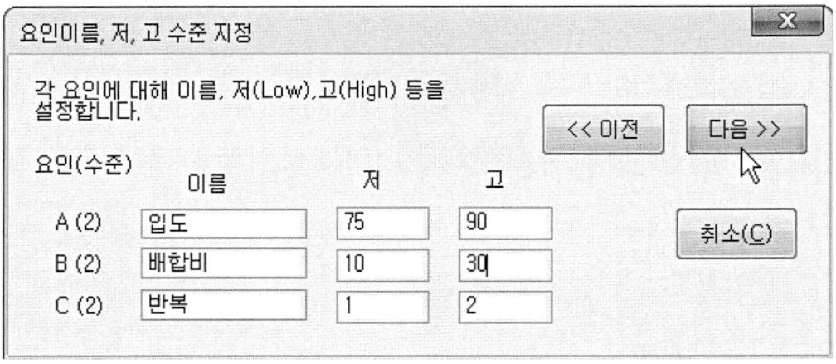

순서4 DoE MasterWare 7 → 수준별 분석 → ANOVA & LSD검정...

ANOVA 표 : 강도						
원인	SS	df	MS	F-값	P-값	기여도(%)
입도	5.4212	3	1.8071	6.470	0.026	16.77%
배합비	24.3	2	12.1	43.422	0.000	75.05%
반복	0.3504	1	0.3504	1.255	0.305	1.08%
AB	0.0975	6	0.0163	0.058	0.998	0.30%
AC	0.4079	3	0.1360	0.487	0.704	1.26%
BC	0.1108	2	0.0554	0.198	0.825	0.34%
오차	1.676	6	0.279			5.19%
전체	32.320	23				

상호작용 '입도*배합비', '배합비*반복', '입도*반복'의 P-값이 각각 0.998, 0.704, 0.825로 매우 유의하지 않으므로 오차항에 풀링할 때 순차적으로 해야 하나 이런 경우는 한 번에 유의하지 않은 상호작용항들 모두를 제거하는 것이 더 낫다. 즉 이렇게 p-값이 큰 경우는 순차적으로 제거해도 유의하지 않은 항이 유의한 항으로 될 가능성은 거의 없다는 것을 경험적으로도 알게 된다.

오차항에 풀링

순서5 DoE MasterWare 7 → 설계변경하기 → 상호작용 변경하기...

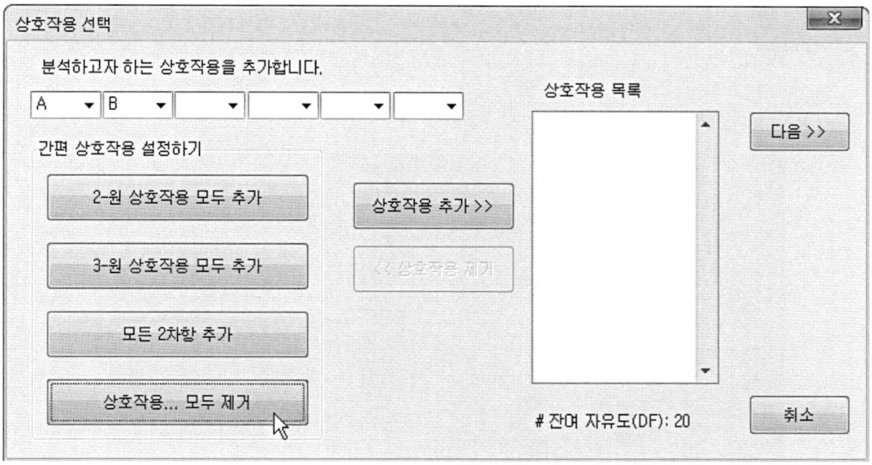

순서6 DoE MasterWare 7 → 수준별 분석 → ANOVA & LSD검정...

ANOVA 표 : 강도						
원인	SS	df	MS	F-값	P-값	기여도(%)
입도	5.4212	3	1.8071	13.403	0.000	16.77%
배합비	24.3	2	12.1	89.951	0.000	75.05%
반복	0.3504	1	0.3504	2.599	0.125	1.08%
오차	2.292	17	0.135			7.09%
전체	32.320	23				

앞에서 상호작용 '입도*배합비', '배합비*반복', '입도*반복'의 P-값이 각각 0.998, 0.704, 0.825로 유의하지 않으므로 오차항에 풀링시켜서 다시 검정한 결과 배합탄의 입도와 배합비가 코우크스의 강도에 영향을 미치는 것을 알 수 있다. 반복요인은 유의한 효과가 인정되지 않았다. 이제 반응표면을 살펴보기로 하자. 메뉴에서 다음과 같이 접근한다.

순서7 DoE MasterWare 7 → 최적화 → 상호작용/반응표면/등고선 도표...

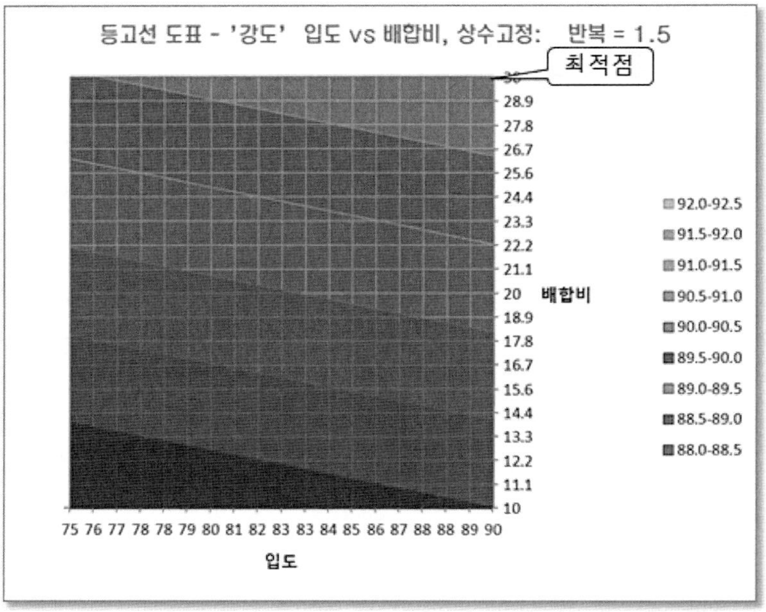

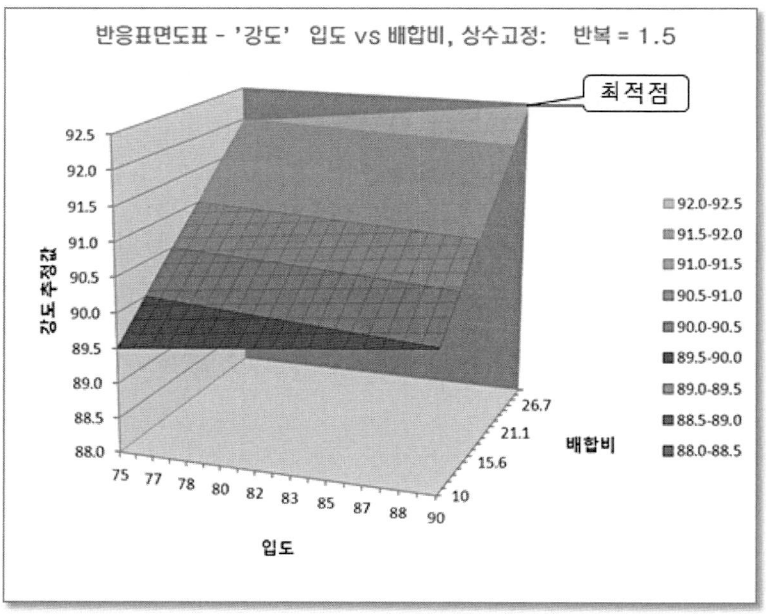

반응표면을 보면 코우크스 강도가 최대가 되는 최적점을 한눈에 확인할 수 있다. 배합비가 30정도이고 입도는 90임을 알 수 있다.

다음 최적화 단계로 가기 위해 다음과 같이 메뉴를 선택한다.

순서8 DoE MasterWare 7 → 최적화 → 반응최적화...

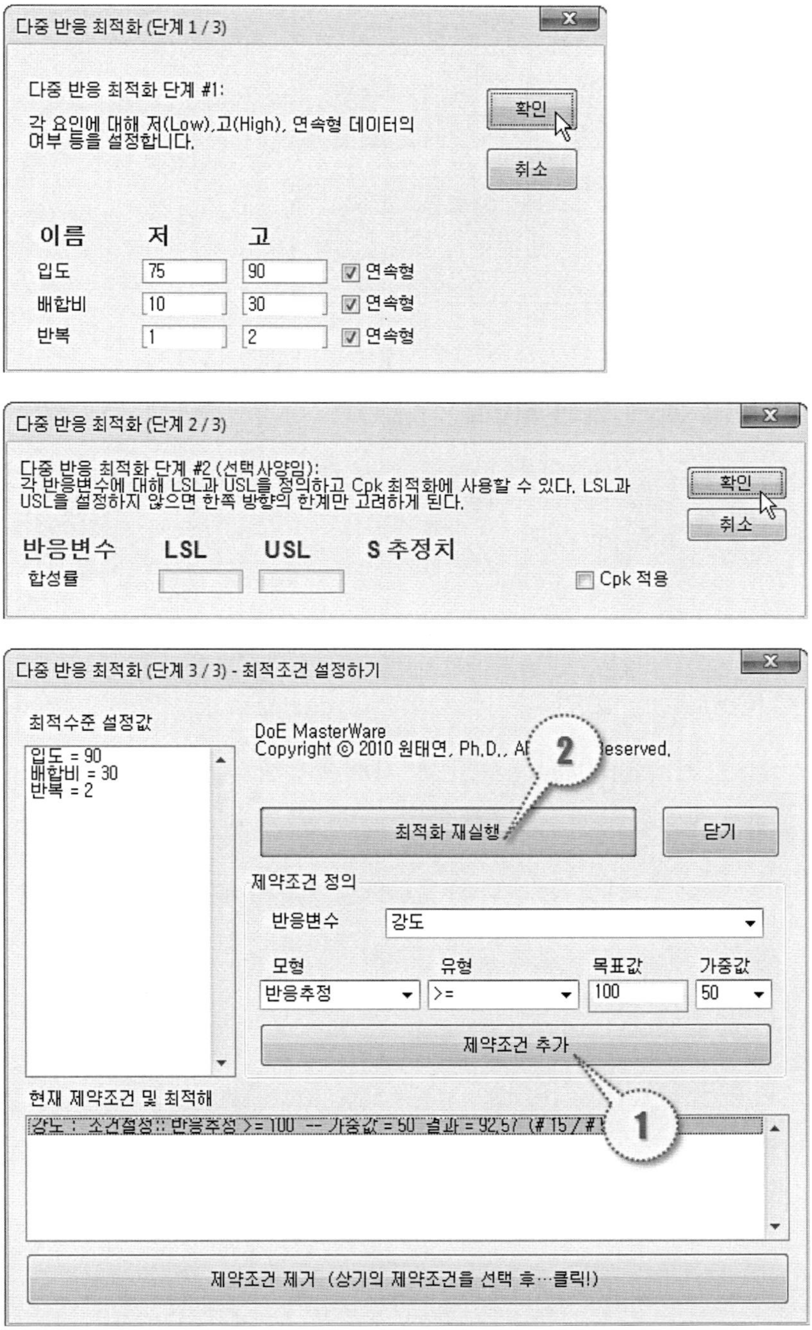

결과를 보면 최적수준은 입도 90, 배합비 30으로 결정되었다. 이때 최적강도는 92.57로 나타난다.

요인별 최적수준 조합				
요인	이름	저(Low)	고(High)	최적수준
A	입도	75	90	90
B	배합비	10	30	30
C	반복	1	2	2

최적수준에 따른 다중반응값 예측				
			신뢰수준(%):	99.73
	Y-추정값	S-추정값	신뢰하한	신뢰상한
강도	92.5738	0.5886	90.808	94.340

10.5.2 반복이 있는 삼원배치법

반복이 있는 삼원배치법의 경우에는 3인자 상호작용 $A \times B \times C$를 오차항과 분리하여 구할 수 있다.

[CaseStudy 10.7] 사이클로헥산(cyclohexane)을 압력을 가하여 산화시켜 사이클로헥사놀(cyclohexanol)과 사이클로헥사논(cyclohexanone)을 만드는 제조공정에서 수율을 올리기 위한 조건을 찾기 위하여 다음의 조건으로 3×3×3×2=54회의 실험을 랜덤한 순서로 행하여 다음의 결과를 얻었다.

반응압력(atm) : $A_1 = 8$, $A_2 = 10$, $A_3 = 12$

반응시간(hr) : $B_1 = 1.5$, $B_2 = 3$, $B_3 = 4.5$

반응온도(℃) : $C_1 = 130$, $C_2 = 150$, $C_3 = 170$

반복 2회 측정

		반응압력					
시간	온도	A1		A2		A3	
B1	C1	73	65	60	58	49	51
	C2	85	79	77	81	69	66
	C3	75	72	70	77	59	68
B2	C1	71	70	61	64	48	45
	C2	90	80	80	77	67	75
	C3	86	82	76	72	63	74
B3	C1	47	49	54	52	51	60
	C2	64	66	71	68	68	61
	C3	55	49	62	65	59	56

순서1 DoE MasterWare 7 > 사용자 실험설계 > 사용자 계획행렬 만들기...

각 요인의 수준을 코드값을 입력한다.

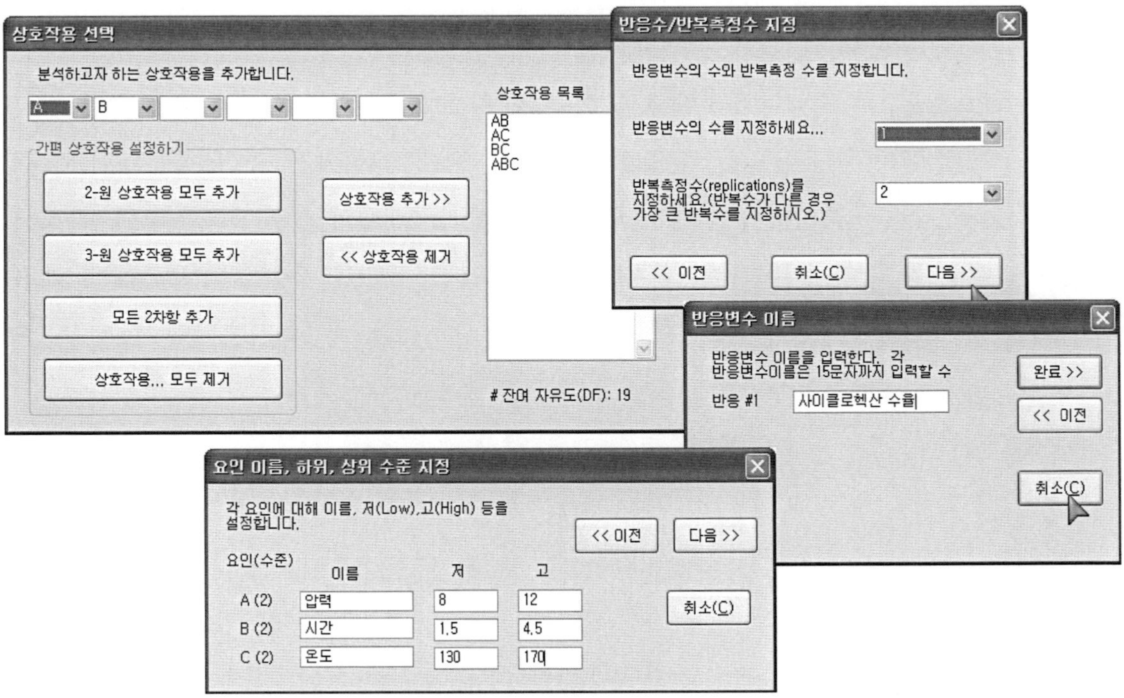

순서2 **DoE MasterWare 7 → 설계변경하기 → 요인이름/고/저수준 변경하기...**

완전모형을 지정하기 위하여 다음과 같이 모형을 지정한다.

'압력' '시간' '온도' '압력'*'시간' '시간'*'온도' '압력'*'온도' '압력'*'시간'*'온도'

순서3 **DoE MasterWare 7 → 수준별 분석 → ANOVA & LSD검정...**

ANOVA 표 : 사이클로헥산 수율						
원인	SS	df	MS	F-값	P-값	기여도(%)
압력	891.6	2	445.8	29.286	0.000	13.48%
시간	1550.3	2	775.1	50.921	0.000	23.44%
온도	2505.5	2	1252.7	82.297	0.000	37.88%
AB	878.3	4	219.6	14.425	0.000	13.28%
AC	51.1	4	12.8	0.839	0.513	0.77%
BC	157.4	4	39.4	2.585	**0.060**	2.38%
ABC	169.7	8	21.2	1.394	0.244	2.57%
오차	411.000	27	15.222			6.21%
전체	6614.815	53				

검정을 할 때 가장 먼저 검토해야 하는 것은 고차의 상호작용부터 검정해야 한다. 그러므로 3차 상호작용 '압력×시간×온도(ABC)'를 보면 유의하지 않고 '압력×온도(AC)'와 '시간×온도(BC)'도 유의수준 5%하에서 유의하지 않다. 그러나 '압력×시간은 유의하기 때문에 '압력'과 '시간'의 상호작용(AB)이 인정되므로 이 두 인자를 따로 독립적으로 해석할 수 없다. '압력×시간(AB)'과 수율에 영향을 미치며 온도의 주효과의 p-값이 0.000으로 유의하므로 '온도'는 독립적으로 수율에 영향을 미친다고 할 수 있다.

오차항에 풀링하기 전에 주변평균 도표와 상호작용도표를 그려보자.

순서4 DoE MasterWare 7 → 수준별 분석 → 주변평균도표...

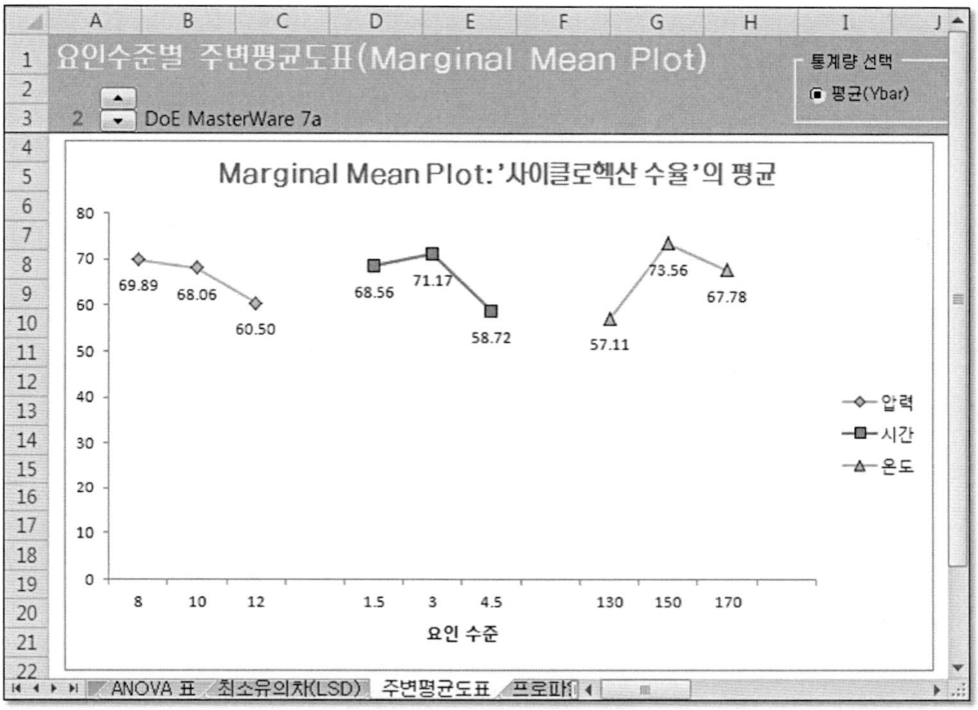

위의 도표는 주변평균도표이다. 각 주효과의 최적수율을 감 잡을 수는 있다. 아직은 검정을 마치지 않았으므로 대략적인 추측정도만 가능하다. 3번째 온도는 수율의 변동폭이 가장 크다. 그리고 150도에서 수율의 평균이 가장 큼(73.56)을 알 수 있다. 그리고 압력과 시간은 상호작용이 유의하므로 판단하기는 이르지만 압력은 8, 시간은 3 정도가 수율이 클 것으로 기대되나 이는 각 인자를 독립적으로 본 결과이므로 판단이 잘못될 수 있음을 명심해야 한다.

순서5 DoE MasterWare 7 → 수준별 분석 → 다중 상호작용도표...

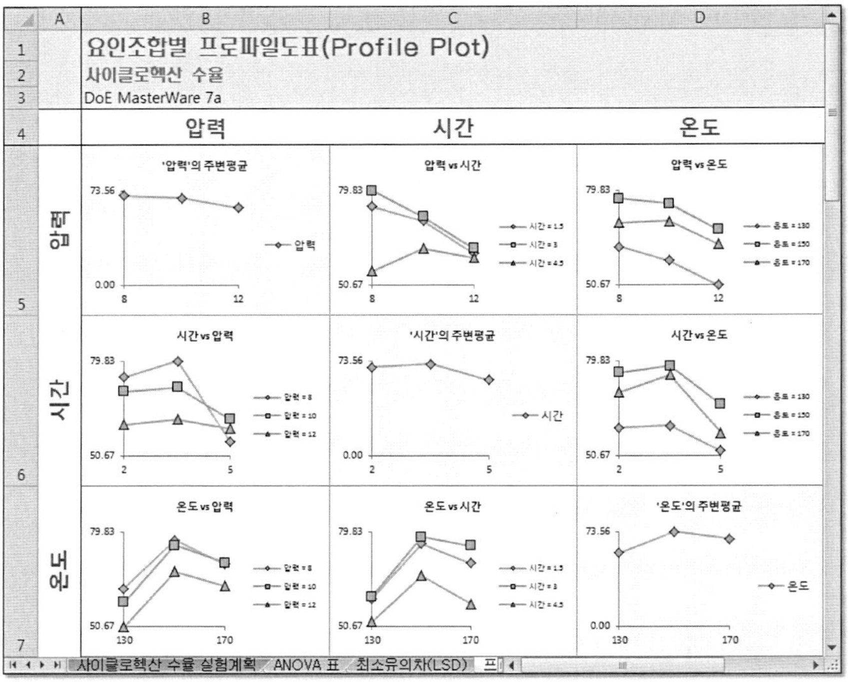

위의 도표는 각 인자들의 상호작용의 여부를 판단할 수 있는 도표이다. 선 도표의 선들이 서로 평해하면 상호작용이 없는 것으로 판단하면 교차된 정도가 심할수록 상호작용효과가 강한 것으로 판단한다. 여기에서는 압력과 시간의 교차정도가 뚜렷하므로 상호작용효과가 존재함을 감지할 수 있다. 그러나 앞의 ANOVA 표에서 검정하는 것이 핵심이므로 도표상에 상호작용의 유무가 판단된다고 하더라도 결국은 ANOVA 표에서 p-값을 기준으로 판단하게 된다.

이제 풀링할 교호항들을 모형에서 제거하고 최적수준조합을 찾아보자.

순서6 DoE MasterWare 7 → 설계변경하기 → 상호작용 변경하기...

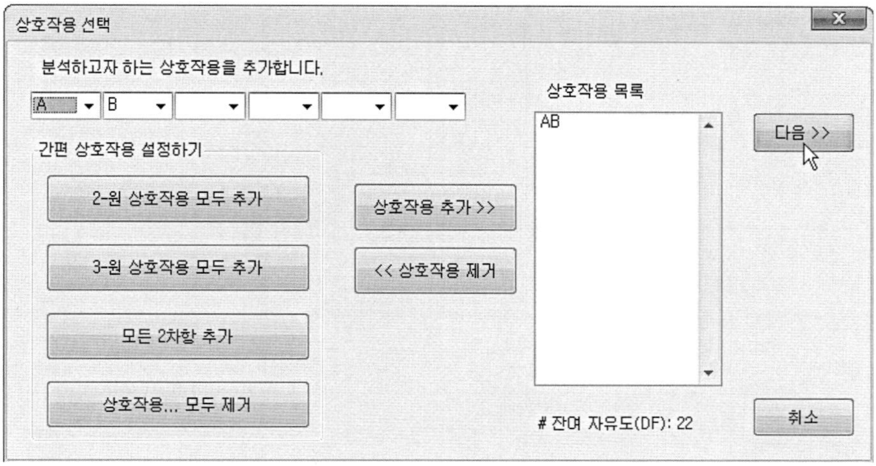

ANOVA 표 : 사이클로헥산 수율						
원인	SS	df	MS	F-값	P-값	기여도(%)
압력	891.6	2	445.8	24.290	0.000	13.48%
시간	1550.3	2	775.1	42.234	0.000	23.44%
온도	2505.5	2	1252.7	68.258	0.000	37.88%
AB	878.3	4	219.6	11.964	0.000	13.28%
오차	789.185	43	18.353			11.93%
전체	6614.815	53				

순서7 DoE MasterWare 7 → 최적화 → 상호작용/반응표면/등고선 도표...

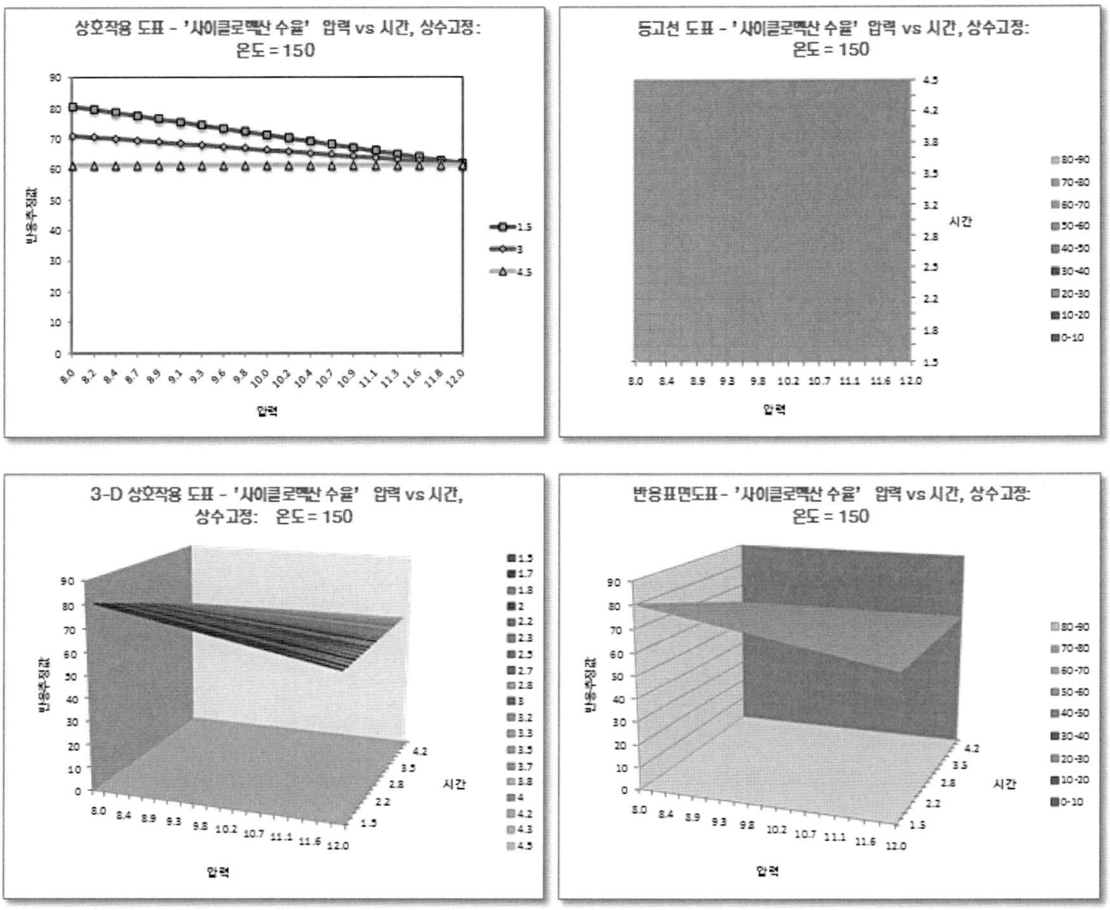

순서8 DoE MasterWare 7 → 다중반응회귀모형 → 다중반응회귀모형...

반응	추정 회귀모형	사이클로헥산 수율					
요인	이름	계수	P(양쪽)	공차	부호값	부호*계수	모형 포함
상수		106.12	0.0000			106.12	
A	압력	-7.014	0.0004	0.1429	10	-70.13889	○
B	시간	-18.833	0.0019	0.0260	3	-56.5	○
C	온도	0.26667	0.0004	1	150	40	○
AB		1.556	0.0085	0.0225	30	46.666667	○
					최적값:	66.15	
	R^2	0.4853					
	Adj R^2	0.4433					
	표준오차	8.3355					
	원인	제곱합	자유도	평균제곱	F-값	P-값	
	회귀	3210.28	4	802.57	11.55	0.0000	
	오차	3404.54	49	69.480			
	$Error_{LOF}$	2993.54	22	136.07	8.939	0.0000	
	$Error_{Pure}$	411.00	27	15.222			
	전체	6614.81	53				

순서9 DoE MasterWare 7 → 다중반응회귀모형 → 회귀계수 파레토...

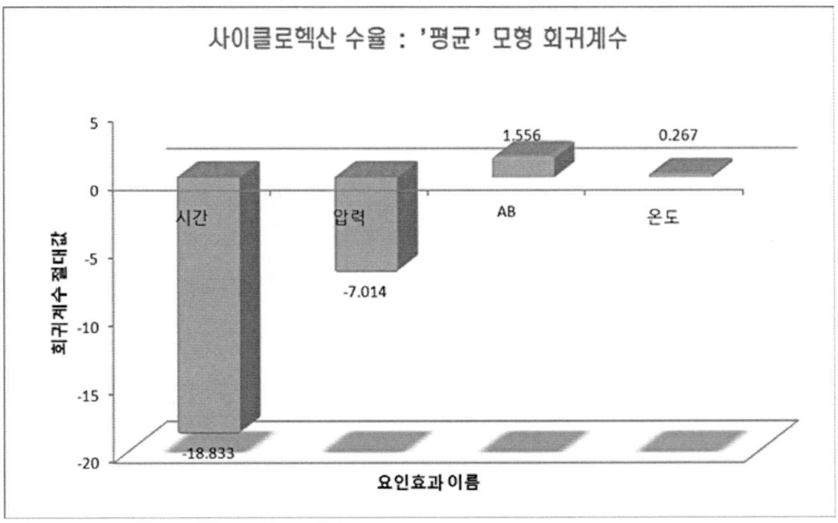

이제 준비가 되었으니 최적화 모듈을 실행해서 최적조건을 찾아보자.

순서10 **DoE MasterWare 7 → 최적화 → 반응최적화...**

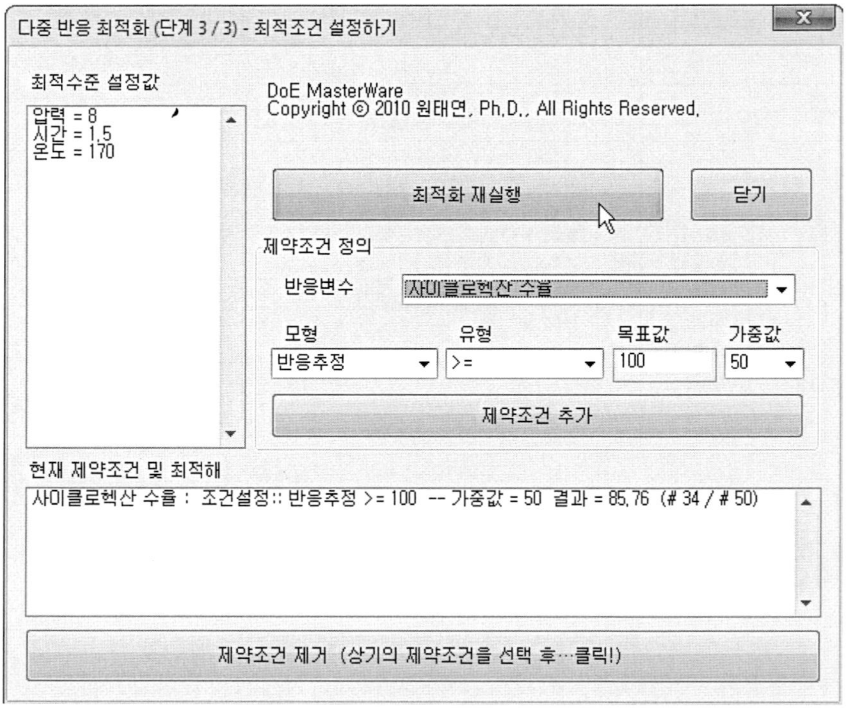

요인별 최적수준 조합				
요인	이름	저(Low)	고(High)	최적수준
A	압력	8	12	8
B	시간	1.5	4.5	1.5
C	온도	130	170	170

최적 수준해

최적수준에 따른 다중반응값 예측				
			99% 신뢰구간	
	Y-추정값	S-추정값	신뢰하한	신뢰상한
사이클로헥산 수율	85.7593	4.5307	72.167	99.351

반응 요인	추정 회귀모형 이름	사이클로헥산 수율 계수	P(양쪽)	공차	부호값	부호*계수	모형 포함
상수		66.148	0.000			66.148	
A	압력	-4.694	0.001	1	-1	4.6944444	○
B	시간	-4.917	0.001	1	-1	4.9166667	○
C	온도	5.333	0.000	1	1	5.3333333	○
AB		4.667	0.008	1	1	4.6666667	○
					최적값:	85.759	
	R^2	0.4853					
	Adj R^2	0.4433					
	표준오차	8.3355					

최적값

원인	제곱합	자유도	평균제곱	F-값	P-값
회귀	3210.3	4	802.6	11.55	0.000
오차	3404.5	49	69.5		
$Error_{Pure}$	411.0	27	15.2		
$Error_{LOF}$	2993.5	22	136.1	8.939	0.000
전체	6614.8	53			

최적의 수준조합은 수율을 최대로 할 경우 압력, 시간, 온도 순으로 코드는 8, 1.5, 170으로 나타났다. 이는 8atm, 1.5hr, 170℃의 조합이 최적의 수율을 나타내며 그 최적수율은 85.759%로 나타났다.

Introduction to
Behaviorally Statistical Data Analysis
using SixSigma Tools 2007, Excel 2010 VBA Solution

11

상관분석

실전 분석에서 주로 관심을 가지는 문제들 중의 하나는 여러 변수들 사이의 관계를 연구하는 것이다. 변수들 사이의 관계를 연구하는 기본적인 분석 방법으로 상관분석과 회귀분석이 있는데, 이 장에서는 상관분석에 관하여 알아보기로 한다. 상관분석(correlation analysis)이란 두 변수 간에 상관관계가 존재하는지를 파악하고, 상관관계의 정도를 측정하는 것이다. 이 장에서는 변수들 간에 다양한 형태의 상관계수를 살펴보고, 이러한 상관계수를 통계적으로 어떻게 측정하는지를 살펴볼 것이다.

⇒11.1 상관계수의 정의

통계학 측면에서 상관계수(correlation coefficient)란 선형관계를 나타내는 측도(measures)를 말하는 것으로 여기에서 선형관계, 즉 선형성(linearity)이라는 말은 2차원에서는 직선으로 표현되지만 3차원에서는 평평한 면으로 표현된다. 두 변수의 변수값이 산점도 상의 선형(직선)을 중심으로 분포되어 있는 정도를 나타낸다. 즉, 상관계수의 절대값이 '1'이면 모든 관측값이 정확하게 직선상에 나타나며 '0'에 가까울수록 직선상에서 이탈하여 원형의 형태로 퍼지게 된다.

상관분석에서 핵심적인 역할을 하는 것은 두 연속형 변수 간의 선형성을 측정해주는 상관계수로서 일반적으로 r로 나타낸다.

데이터의 구조가 다음과 같다고 할 때

i	y	x
1	y_1	x_1
2	y_2	x_2
⋮	⋮	⋮
n	y_n	x_n

x와 y사이의 상관계수는 다음과 같이 계산된다.

$$r = \frac{Cov(x,y)}{\sqrt{Var(x)}\sqrt{Var(y)}}$$

$$= \frac{\sum_{i=1}^{n}(x_i - \bar{x})(y_i - \bar{y})}{\sqrt{\sum_{i=1}^{n}(x_i - \bar{x})^2}\sqrt{\sum_{i=1}^{n}(y_i - \bar{y})^2}} \quad , \text{ 단, } \bar{x} = \frac{1}{n}\sum_{i=1}^{n}x_i,\ \bar{y} = \frac{1}{n}\sum_{i=1}^{n}y_i$$

이렇게 계산된 상관계수의 범위는 $-1 \leqq r \leqq 1$ 이 된다.

가설은 다음과 같다.

귀무가설	대립가설
$H_0 : \rho = 0$	① $H_1 : \rho \neq 0$
$H_0 : \rho = 0$	② $H_1 : \rho > 0$
$H_0 : \rho = 0$	③ $H_1 : \rho < 0$

검정통계량은 다음과 같이 설정한다.

$$T_\rho = \frac{r}{\sqrt{\frac{1-r^2}{n-2}}} \quad \text{단, } r\text{은 표본상관계수}$$

검정통계량 T_ρ는 귀무가설이 사실일 때($\rho=0$) 근사적으로 $t(n-2)$분포를 따르게 되어 유의수준 α인 검정의 근사적 기각역과 유의확률은 다음과 같이 설정한다.

대립가설	기각역	유의확률(p-값)
$H_1 : \rho \neq 0$	$\{\lvert T_\rho \rvert > t(\alpha/2,\ n-2)\}$	$2[1-F_{t_{n-2}}(\lvert T_\rho \rvert)] < \alpha$이면 H_0기각
$H_1 : \rho > 0$	$\{T_\rho > t(\alpha,\ n-2)\}$	$1-F_{t_{n-2}}(T_\rho) < \alpha$이면 H_0기각
$H_1 : \rho < 0$	$\{T_\rho < -t(\alpha,\ n-2)\}$	$F_{t_{n-2}}(T_\rho) < \alpha$이면 H_0기각

⇨11.2 상관계수의 성질

만약 x가 증가함에 따라 y가 증가하는 경향이 있으면 상관계수는 양의 값을 갖는다. 반대로, x가 증가함에 따라 y가 감소하는 경향이 있으면 상관계수는 음의 값을 갖는다. 만약 점들이 정확하게 직선 위에 있고 직선의 기울기가 양수이면 r은 +1이며, 점들이 정확하게 직선 위에 있고 직선의 기울기가 음수이면 r 은 -1이다. 점들이 직선에 가까운 형태를 이룰수록 r은 +1 또는 -1에 가까워지며 x와 y의 상관관계는 강해진다.

만약 x와 y 사이에 상관성이 거의 없으면 r은 0에 가까울 것이다. 그러나 역은 사실이 아니다. 즉 r 이 0에 가까운 경우라도 x와 y 사이에는 밀접한 상관이 있을 수 있다. 다음의 [그림 11.2]는 상관계수 $r=0$ 인 두 가지 예를 보여준다. ① 도표는 거의 선형성이 없는 상태로 상관계수가 거의 0임을 보여주고, ② 도표는 강한 연관이 있으나 선형이 아님을 보여준다. 즉 점들이 직선상에 있지 않고 곡선상에 놓여있다. 상관계수는 점들이 얼마나 선형적인 연관성을 가지고 있는가를 측정해 주는 수치인 것이다. 그러므로 상관계수는 단지 선형의 정도를 나타낼 뿐 비선형의 정도를 표현하지는 못한다. 단지 상관계수의 절대값이 크다고 해서 연관성이 강하다고만 표현하면 오해의 소지가 있음을 알아야 한다. 이는 단지 선형관계가 강하다고 표현해야지 단순히 연관관계가 강하다는 표현을 해서 듣는 사람으로 하여금 오해를 유발할 소지를 남겨서는 안 된다. 아래의 [그림 11.2]는 상관계수만을 가지고 연

[그림 11.2] 상관계수가 '0'인 두 가지 산점도

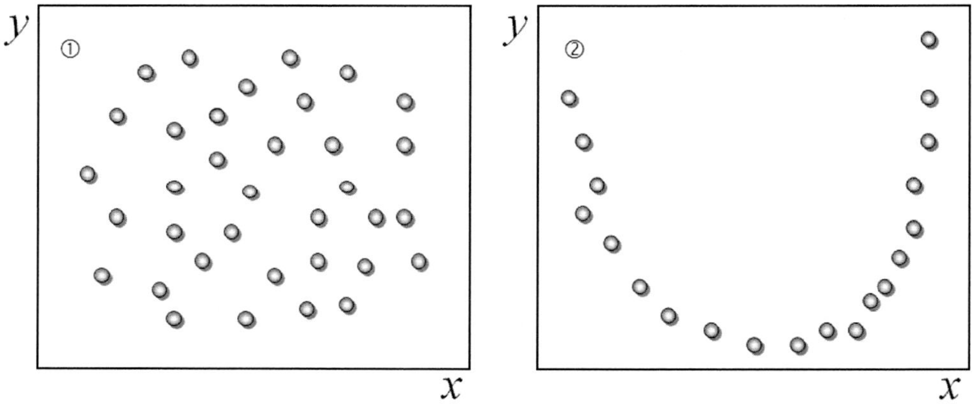

관성을 분석할 경우 잘못된 판단을 할 수도 있다는 것을 보여주고 있다. 또 한 가지 주지해야 할 사항은 상관계수를 인과관계를 나타내는 양 표현하는 것이다. 상관계수는 결과 원인과 결과의 관계를 나타내는 측도가 아니다. 단지 선형에 얼마나 가까운 가만을 나타내는 측도임을 잊지 말기 바란다. 인과관계의 의미를 부여하게 되면 이는 상관분석이 아니라 회귀분석의 개념으로 이해해야 한다. 즉 x가 얼마나 커질 때 y가 얼마나 변화될지의 문제를 다루는 것은 회귀분석의 문제이다.

⇨11.3 광고비와 매출액 간의 선형관계

일반적으로 광고를 많이 하면 이에 따른 매출이 증가하는 것으로 알려져 있다. 이러한 현상을 상관계수로 설명하면 양의 상관관계를 가진다고 한다. 그러나 상관계수는 단지 광고비가 커지면 판매가 증가하는 경향이 있다는 정도만을 설명한다. 그것도 선형적으로 증가할 것이라는 의미이다. 그런데 여기에서 광고비를 얼마나 증가시키면 매출액이 얼마나 증가할 것인가에 관심을 가진다면 이 문제는 회귀모형으로 풀어야 한다. 연속형 변수들에 대해 분석할 경우 가장 먼저 해야 될 일이 산점도를 작성하는 것이다. 산점도 상의 산점들의 형태에서 선형인지 아니면 곡선형인지 아님 어떤 경향이 있는지 없는지를 판단할 수 있게 된다. 산점도는 그 활용도면에서 매우 중요한 도구이므로 소홀함이 없어야 하겠다.

[CaseStudy 11.3a] A사업부는 신규 TV 출시 후 광고투자와 매출액을 분석해 보니 아래와 같은 결과를 얻었다. A사업부의 광고비와 매출액의 산점도를 작성하고 상관계수를 구해보기로 하자.

관측번호	1	2	3	4	5	6	7	8	9	10
광고비(x)	1.70	1.77	1.65	1.38	1.80	1.69	1.88	1.66	1.82	1.72
매출액(y)	67	72	53	48	75	74	94	68	91	87

관측번호	11	12	13	14	15	16	17	18	19	20
광고비(x)	1.80	1.53	1.63	1.68	1.43	1.72	1.66	1.86	1.82	1.50
매출액(y)	77	59	63	62	50	64	71	88	80	58

분석(Analyze) → 상관분석 및 회귀분석 → 상관분석...

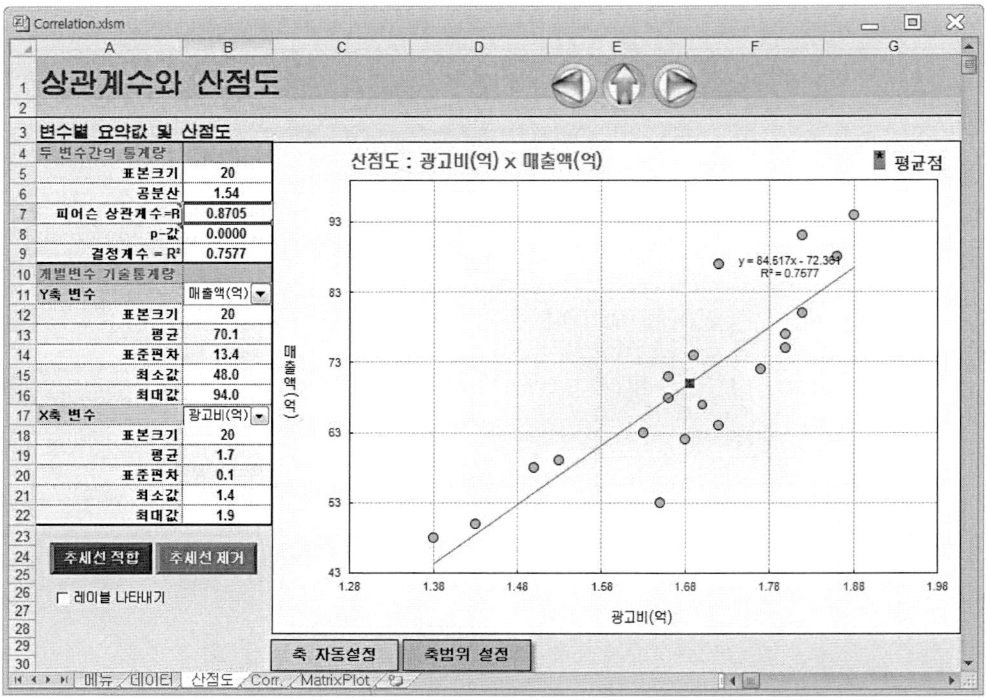

산점의 형태를 보면 선형성이 있으며 양의 상관성을 가짐을 짐작해 볼 수 있다. 그렇다면 이 정도의 경향(trend)을 가질 때 상관계수는 얼마 인지 확인해 보자.

두 변수간의 통계량	
표본크기	**20**
공분산	**1.54**
피어슨 상관계수=R	**0.8705**
p-값	**0.0000**
결정계수 = R^2	**0.7577**

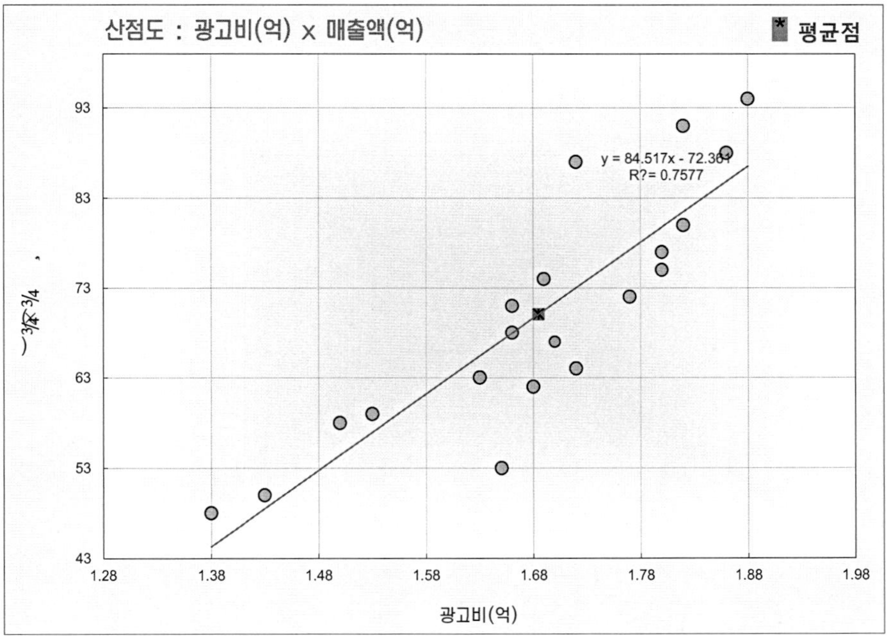

상관계수는 0.8705로 매우 큰 양의 상관으로 나타났다. 아래 p-값은 모집단 상관계수 ρ에 관한 가설

$$H_0 : \rho = 0 \quad \text{vs} \quad H_1 : \rho \neq 0$$

으로 p-값이 유의수준보다 작으면 H_0은 기각된다. 따라서 광고비와 매출액 간의 상관관계가 유의수준 1%에서 유의하다. 이는 모상관계수가 '0'이 아니므로 표본상관계수가 모상관계수의 추정치로 사용할 만 하다는 의미이다.

Introduction to
Behaviorally Statistical Data Analysis
using SixSigma Tools 2007, Excel 2010 VBA Solution

12 단순회귀분석

⇒12.1 회귀분석의 개념

자연이나 사회현상의 규명에 있어서 관련된 변수들간의 상호관련성을 수학적인 함수의 형태로서 찾으려고 시도할 경우가 많다. 예를 들어 사업을 하는 사람이면 누구나 "어떻게 하면 판매량을 늘일 수 있는가?"에 대해 지대한 관심을 가지고 있을 것이다. 따라서 판매량을 증가시키기 위하여 인터넷 광고나 TV광고도 하고 신문에 광고를 싣기도 하며, 스티커나 입간판을 설치하기도 한다. 그러나 이러한 광고활동이 얼마나 판매량에 영향을 미치는가를 파악하기란 그리 쉽지가 않다. 그러므로 어떠한 요인이 제품의 판매를 결정짓는가를 알아내기 위하여 많은 노력을 기울이게 된다. 또한 자사가 제공하는 제품/서비스에 대한 고객의 이미지를 향상시키기 위하여 자사의 제품/서비스에 대해 고객들의 평가와 만족도를 측정하고 이에 대한 개선책을 마련하기도 한다. 이때 제품/서비스의 각 요소들에 대한 고객들의 평가와 종합적인 평가 사이에 어떠한 관계가 있는가를 먼저 파악해야 할 것이다.

또 다른 예로 어떤 플라스틱 제품의 강도가 그 제품을 만드는 공정상의 공정온도와 어떤 관련성을 가지고 있는가를 알고 싶은 경우이다. 이와 같이 변수들의 관련성을 그 변수들의 자료를 통하여 찾아낼 수 있다면, 한 변수의 변화로부터 다른 변수의 변화를 예측할 수도 있으며, 또한 관심있는 변수의 최적값은 이 변수에 영향을 주는 다른 변수가 어떤 값을 취할 때 얻어질 것인가를 결정하는 데 도움을 줄 것이다.

회귀분석(regression analysis)이란 변수들 간의 함수적인 관련성을 규명하기 위하여 어떤 수학적 모형을 가정하고, 이 모형을 측정된 변수들의 자료로부터 추정하는 통계적 분석방법을 말한다. 위에서 언급한 예에서 판매량이나 강도 등의 변수는 다른 변수의 영향을 받는 변수로서 종속변수(dependent variable) 또는 반응변수(response variable)라고 부르고, 이와 달리 광고나 공정온도 등은 다른 변수에 영향을 주는 변수로서 독립변수(independent variable) 또는 설명변수(explanatory variable)라고 부른다. 회귀분석이란 독립변수와 종속변수간의 함수관계를 통계적으로 찾아보는 분석방법이다.

일반적으로 회귀분석은 한 개의 독립변수와 한 개의 종속변수간의 관계뿐 아니라 여러 개의 변수들 간의 함수관계를 규명하는 데에도 많이 쓰이고 있으며 종속변수가 하나이고 독립변수가 하나인 경우는 단순회귀분석, 독립변수가 여러 개 있는 경우는 다중회귀분석이라 하면 종속변수가 여러 개인 경우는 다변량 회귀분석이라고 한다. 우선 가장 간단한 경우인 한 개의 독립변수와 한 개의 종속변수간의 선형관계(linear relation)에 관한 분석인 단순회귀분석(simple regression analysis)을 다루기로 하겠다.

⇨12.2 단순회귀식의 적합

데이터의 구조가 다음과 같다고 할 때

i	y	x
1	y_1	x_1
2	y_2	x_2
⋮	⋮	⋮
n	y_n	x_n

독립변수 x의 정해진 값 $x_1, \cdots, x_n$에서 측정되는 종속변수 y의 값 $y_1, \cdots, y_n$에 대하여 다음의 관계식이 성립한다고 가정하자.

단순회귀모형 : $y_i = \beta_0 + \beta_1 x_i + \epsilon_i, \quad \epsilon_i \overset{독립}{\sim} N(0, \sigma^2)$

(β_0, β_1, σ^2 은 미지의 모수) $(i = 1, 2, \cdots, n)$

오차항 ϵ_i는 정규분포 평균이 '0'이고 분산이 σ^2인 정규분포를 따른다고 가정하고 있으며, 분산에 i첨자가 없는 것은 모든 오차가 동일한 분산 σ^2을 가진다는 것을 의미한다. 이는 다중회귀에서도 동일하게 적용된다. 오차항은 실제 측정한 값이 아니며 오차는 모수이다. 그러므로 이를 추정하여 오차항의 가정들을 간접적으로 확인하는 과정이 필요하게 된다. 여기에서 오차를 추정한 값을 잔차(residuals)라고 한다.

최소제곱법 (method of least squares) :

미지의 모수 β_0와 β_1를 추정할 때, 잔차의 제곱합(sum of squares)을 최소로 하도록 추정하는 방법이다.

최소제곱법에 의한 회귀계수 β_1의 추정량 :

$$b_1 = \frac{\sum_{i=1}^{n}(x_i - \overline{x})(y_i - \overline{y})}{\sum_{i=1}^{n}(x_i - \overline{x})^2} \quad , \quad \left(\text{단, } \overline{x} = \frac{1}{n}\sum_{i=1}^{n}x_i, \ \overline{y} = \frac{1}{n}\sum_{i=1}^{n}y_i\right)$$

최소제곱법에 의한 β_0의 추정량 : $b_0 = \overline{y} - b_1\overline{x}$

추정된 회귀직선의 방정식 : $\hat{y} = b_0 + b_1 x$

잔차(residual) : $e_i = y_i - \hat{y_i} = y_i - (b_0 + b_1 x_i)$

➾12.3 단순회귀의 분산분석표

회귀모형에서 분산분석표는 모든 모회귀계수가 '0'이라는 귀무가설을 검정하기 위한 표이다. 그러므로 분산분석표의 F-검정의 결과 귀무가설을 채택하게 된다면 이는 회귀모형의 타당성이 없는 것으로 분석하려는 데이터가 회구모형을 적합하기에 적절하지 않음을 나타낸다. 그래서 모형의 타당성을 상실하여 더 이상 회귀모형을 언급할 수 없게 된다. 분산분석표에서의 F-값은 모형의 타당성을 검정하는 것으로 귀무가설을 기각하게 되면 모형의 타당성이 있는 것으로 다음으로 해야 할 일은 각 추정된 회귀계수의 유의성을 검정해야 한다. 그리고 각 계수의 유의성에 문제가 없다면 모형의 오차항에 대한 기본 가정 사항을 검토하기 위하여 오차의 추정치인 잔차들에 대한 검토를 시작한다. 이에 대해서는 차후에 설명하기로 하고 우선 분산분석표를 작성하는 과정을 알아보자.

제곱합은 다음과 같이 계산한다.

- 총제곱합 : $SST = \sum_{i=1}^{n}(y_i - \bar{y})^2$

- 회귀제곱합 : $SSR = \sum_{i=1}^{n}(\hat{y_i} - \bar{y})^2$

- 잔차제곱합 : $SSE = \sum_{i=1}^{n}(y_i - \hat{y_i})^2$

$$SST = SSR + SSE$$

분산분석표

요인	제곱합	자유도	평균제곱	F_0
회귀	SSR	1	MSR=SSR	F_0=MSR/MSE
잔차	SSE	n-2	MSE=SSE/(n-2)	
전체	SST	n-1		

$H_0 : \beta_1 = 0$

$H_1 : \beta_1 \neq 0$

$F_0 = \frac{MSR}{MSE} > F(1, n-2\,;\alpha)$이면, 유의수준 α에서 H_0를 기각한다.

* **결정계수**(coefficient of determination)

$$r^2 = \frac{SSR}{SST}\ ,\ 0 \leq r^2 \leq 1$$

이는 적합된 회귀식의 설명력을 나타내는 측도로 사용되며 r^2 이 '1'에 가까울수록 회귀직선은 설명력이 좋아지며 이는 잔차들이 매우 작아지게 되어 예측의 정확도가 향상된다. 단순회귀모형에서의 결정계수는 독립변수와 종속변수의 단순상관계수의 제곱이다. 그러나 다중회귀에서는 성립되지 않는다. 또한 MSE는 잔차평균제곱이라 불리며 오차항의 분산 σ^2의 불편추정량으로 쓰인다. 이 값은 작을수록 예측의 정확도도 좋아 진다.

⇨12.4 오차항에 대한 4가지 가정

일반적으로 관측된 데이터를 설명하는 것보다 회귀분석 자체에 더 많은 노력을 기울이는 경향이 있다. 회귀분석의 목적은 모집단에서의 변수들간의 관계를 추출된 표본을 이용하여 추정하고자 하는 것이다. 예를 들어 상점들의 광고비가 매출액에 미치는 영향을 분석한다고 할 때 표본에 포함된 상점들이 아니라 모집단 전체 상점들에 대한 매출액과 광고비는 어떤 관계가 있을까? 에 관심이 있는 것이다. 표본에 대한 결과를 토대로 모집단에 대한 추론을 하려면 다음의 가정들이 필요하다.

1. 정규성과 등분산성 : 독립변수 x의 고정된 어떤 값에 대해 종속변수 y의 분포는 평균이 $\mu_{y/x}$(x가 주어졌을 때 y의 평균)이고, 분산이 σ^2인 정규분포이어야 한다([그림 12.4] 참고). 이 가정은 초기임금이 같은 모든 종업원의 현재임금이 같지는 않지만 초기임금에 대해 현재임금이 정규분포를 따른다는 것이다. 그리고 분포의 평균은 다르더라도 분산은 같아야 한다.
2. 독립성 : y는 통계적으로 서로 독립이어야 한다. 즉, 관측값을 동일한 실험대상에서 반복적으로 얻었다면 독립이 아닐 것이다. 또 4가족에 대하여 각각 3개의 관측값을 얻었다면 이 12개의 관측값들도 독립이라 할 수 없다.
3. 선형성 : 평균값 $\mu_{y/x}$는 모두 모집단의 회귀선(모회귀선) 위에 있어야 한다. 모회귀선은 [그림 12.4]에 나타나 있다. 이 가정을 달리 표현하면 선형모형이 옳다고 할 수 있다.

독립변수가 하나일 때는 다음과 같이 모형을 설정할 수 있다.

$$y_i = \beta_0 + \beta_1 x_i + \epsilon_i$$

기울기와 절편에 대한 모수가 각각 β_1과 β_0로 나타나 있다. ϵ_i는 y_i의 관측값과 x_i에서의 모평균의 차이로 오차항(error term)이라고 한다. ϵ_i는 서로 독립이며, 평균이 '0'이고, 분산이 σ^2인 정규분포를 따른다고 가정한다([그림 12.4] 참고).

[그림 12.4] 회귀모형의 기하적 의미와 오차항

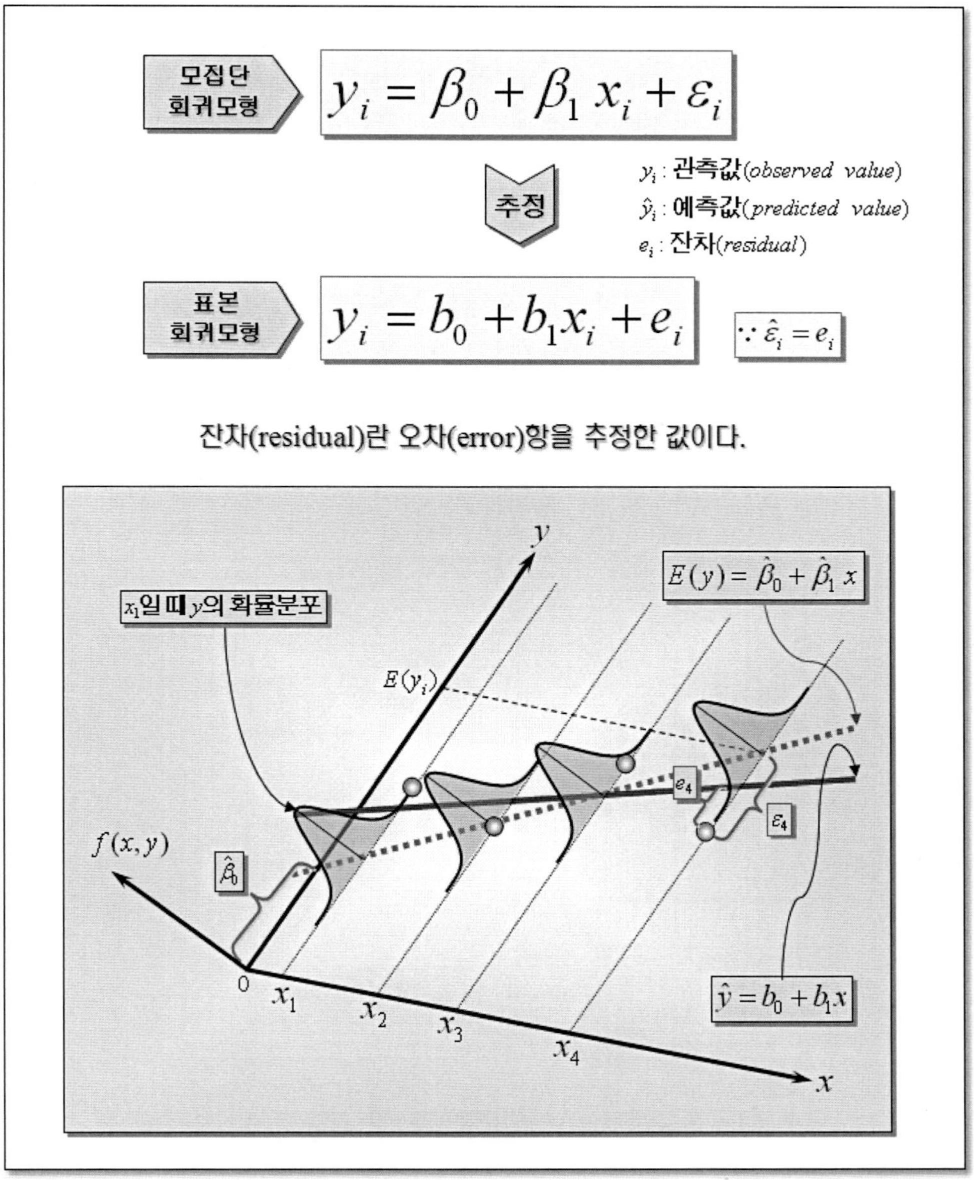

⇨12.5 오차항의 4가정 확인방법

오차항에 대한 가정은 1) 정규성, 2) 독립성, 3) 등분산성, 4) 선형성으로 요약된다. 이를 검토하기 위하여 오차항의 추정치인 잔차를 대신 사용하게 된다. 즉 잔차들이 이 4가지 가정 사항을 만족하게 되면 모수인 오차항도 이 4가지를 만족하는 것으로 추론하게 되는 것이다. 어떤 책을 보니 "오차(error)는 다른 말로 잔차(residual)라고도 한다."로 표현된 것을 본 적이 있다. 이 책을 쓴 저자가 이렇게 표현했다는 것은 통계적 마인드의 기본 개념조차 이해하지 못하고 있다는 것을 만 천하에 알리는 것과 같다. 정말 어처구니없는 일임을 알아야 한다. 오차(errors)는 모수이고 이를 추정한 값이 잔차(residuals)이다. 그러므로 잔차는 모수인 오차의 추정치이다. 오차와 잔차 둘은 동의어가 아니다. 개념적인 문제는 정확하게 구분해야 한다. 그래야만 부실한 앎을 보다 명확하게 할 수 있으며 이는 마음에 강력한 힘을 선사하게

[그림 12.5a] 오차항의 가정 확인 방법

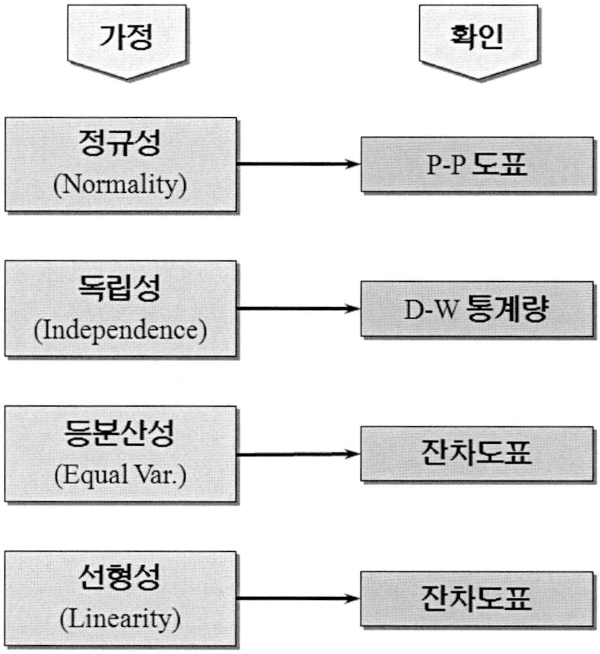

된다. 오차에 대한 4가지 가정을 확인하는 방법은 다음 [그림 12.5a]와 같이 요약된다. 여기에서 P-P 도표 정규확률도표이며 D-W 통계량은 Durbin-Watson 통계량을 말한다.

모형의 설정에서 잔차(residuals)는 모형으로 완전하게 적합되지 않는 부분으로 관측값과 모형에 의한 예측값의 차이로 구할 수 있으며, 이는 다음의 식

$$e_i = y_i - b_0 - b_1 x_i = y_i - \hat{y}_i$$

에서와 같이 관측값(y)과 예측값($\hat{y}$)의 차이이다. 회귀분석에서 실제 오차 ϵ_i는 서로 독립이며, 평균이 '0'이고, 분산이 σ^2인 정규분포를 따른다고 가정한다. 설정한 모형이 그 데이터들을 잘 설명하고 있다면 오차 ϵ_i의 추정량인 잔차 e_i는 오차와 비슷한 특성을 가져야 한다.

절편이 있는 회귀식에서는 잔차의 합은 항상 '0'이므로 오차의 평균에 대한 아무런 정보도 갖고 있지 않다. 잔차의 합이 항상 '0'이라는 것은 엄격히 말해 '독립'이라고 할 수는 없다. 그러나 독립변수의 개수에 비해 잔차의 개수가 충분히 크면(즉 표본크기가 크면) 잔차들 사이의 종속성은 무시될 수 있다.

잔차의 상대적인 크기는 그 잔차들의 표준편차의 추정치로 나누면 판단하기가 더 쉬워진다. 이를 표준화 잔차(standardized residual)라고 한다. 예를 들어 잔차가 -26607.97이면 매우 작은 수치를 갖고 있으며, 이의 표준화 잔차가 -3.28이라면 관측값이 예측값보다 작으며, 그 잔차는 일반적인 다른 잔차들보다 절대값이 더 크다는 것을 알 수 있다.

잔차는 주로 다음의 두 가지 중의 하나로 수정된다. i번째 케이스에서의 표준화 잔차(standardized residual)는 그 잔차들의 표본표준편차로 나눈 값으로 이 표준화 잔차는 평균이 '0'이고 표준편차가 '1'이다. 스튜던트화 잔차

(studentized residual)는 독립변수의 평균과 관련하여 점들마다 변하는 표준편차의 추정값으로 나눈 값이다. 항상 그렇지는 않지만 두 값은 주로 비슷하다. 스튜던트화 잔차가 각 점들에서 실제 오차분산에서의 차이를 좀 더 반영한다.

12.5.1 **선형성**(Linearity)

두 개의 변수만을 고려할 경우에 산점도는 직선이 데이터를 얼마나 잘 적합하고 있는가를 판단하는데 좋은 수단이 된다. 또 다른 편리한 방법으로 예측값에 대한 잔차들의 도표를 그려보는 것이다. 선형성(linearity)과 등분산성의 가정을 만족한다면, 예측값과 잔차 간에는 아무런 관련이 없어야 한다. 어떤 경향이 발견되면 위의 가정을 의심해 보아야 한다.

예를 들어 [그림 12.5b]는 일반적인 잔차도표를 보는 4가지 기준을 보여주고 있으며, 1, 2는 선형성을 만족하는 그림이다. 즉 선형성은 수평선 '0'을 중심으로 잔차점들이 상하 대칭적인 형태를 가지면 선형성을 만족한다고 할 수 있다. 보다 간단히 말해 잔차점들의 형태가 휘어져 곡선의 형태를 가지면 선형이 아니라는 것이다. 데이터에 직선이 적합하지 않을 경우에 잔차도표에서 경향을 발견할 수 있다. 예측값과 잔차 사이에 대칭적인 경향이 존재한다면 선형이라는 가정을 만족시켜 주지 못할 가능성이 높다. 만일 가정이 만족되면 [그림 12.5b]의 1번 그림처럼 잔차들이 '0'을 중심으로 수평선에 무작위로 나타나야 한다.

각각의 독립변수에 대하여도 잔차들을 그릴 수 있다. 이때 선형이라는 가정이 만족되면, 잔차들은 '0' 주위의 수평선에 고르게 분포되어 있을 것이다. 회귀식에 포함되지 않은 독립변수들에 대해서도 잔차들과의 그림을 그려보아야 한다. 만일 잔차들이 무작위로 분포하지 않는다 하더라도 다중회귀모

[그림 12.5b] 잔차도표에서 등분산성, 선형성 확인방법

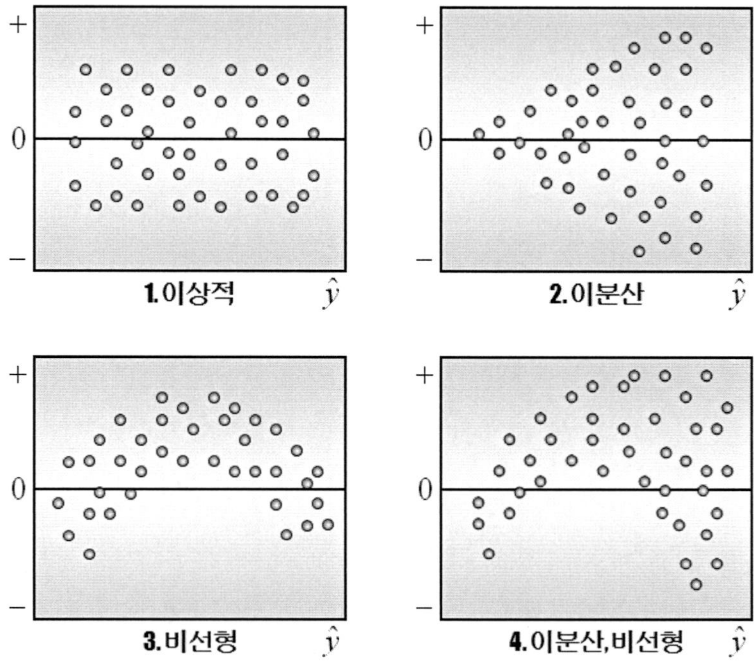

형에 그 변수를 포함하고 싶을 때가 있을 것이다.

12.5.2 **등분산성**

등분산(equality of variance)의 가정을 만족하는지를 알아보기 위하여 앞에서 설명한 잔차도표를 사용할 수 있다. 잔차의 분포가 독립변수의 값이나 예측값에 따라 증가하거나 감소하면 X의 모든 값에 대한 Y의 분산이 같다는 등분산의 가정을 의심해 보아야 한다.

[그림 12.5b]에서 잔차의 띠모양의 폭이 동일하면 이는 등분산성을 가정할 수 있다.

12.5.3 **독립성**(Independence of Error)

데이터를 수집할 때마다 차례대로 기록하고 그 순서대로 잔차도표를 그려

보자. 비록 모형에서 시간에 대한 변수를 고려하지 않았다고 하더라도 잔차에는 영향을 미칠 수 있다.

인접한 오차항의 시간적 상관관계의 검정을 위한 Durbin-Watson 통계량은 다음과 같이 정의된다.

$$D = \frac{\sum_{t=2}^{n}(e_t - e_{t-1})^2}{\sum_{t=1}^{n} e_t^2}$$

오차항이 양의 상관관계를 가지면 인접한 잔차간의 차이는 작아지는 경향이 있고, 음의 상관관계를 가지면 인접한 잔차간의 차이는 커지는 경향이 있다. D의 값이 작으면 양의 상관관계를 나타내며, D의 값이 크면 음의 상관관계를 나타낸다고 할 수 있다. 이러한 한계를 토대로 유의성 검정을 위한 D-통계량에 대한 표를 참고하기 바란다. 그러나 이렇게 항상 표를 참고하기가 쉽지 않기 때문에 정확한 검정은 아니라고 해도 대략적으로 독립성에 대한 판단을 내릴 수도 있다. 물론 수리적으로 정확성이 떨어짐을 잊지 말라.

Durbin-Watson 통계량을 표본크기가 커짐에 따라서 다음과 같은 간편식에 수렴하게 된다.

$$D = 2(1 - r)$$

여기에서 r은 1차 자기상관계수(first order autocorrelation coefficients)로 이 값의 절대값이 크면 자기상관이 존재하는 것으로 판단하여 오차항에 대한 독립성을 가정하기 힘들어 진다. 1차 자기상관이 ‘0’에 가까우면 바로 이웃하는 오차에 대한 영향이 거의 없으므로 오차항에 대해 독립을 가정해도 무방하다고 할 수 있다. 그러므로 여기에서 $r=0$을 대입하면 DW 통계량은 2가 되고 r이 +1 또는 -1이 되는 경우에는 DW 통계량이 0 또는 4가 된다. 그런데 보통 상관계수가 0.5 정도만 되어도 큰 값으로 보지 않기 때문에(산점도에서 거의 원형에 가까운 모양임) r=±0.5를 대입하면 1과 3이 되므로 DW

의 값 1~3 사이면 독립으로 가정해도 무방하다고 판단된다. 좀 더 철저한 기준을 적용하려면 1.5~2.5 사이의 값일 경우에만 독립성을 가정하는 것이다. 대충이긴 해도 빠르게 감을 잡는데 매우 유용하게 사용할 수 있다.

12.5.4 **정규성**(Normality)

모형지정오류, 등분산성 가정의 위배, 작은 잔차의 수 등 실제 비정규성과는 다른 이유 때문에 잔차의 분포가 정규분포가 아닐 수 있다. 따라서 몇 가지 조사를 병행해야 한다. 가장 간단한 방법은 잔차의 히스토그램을 그려보는 것이다. 히스토그램에는 각 구간별로 관측된 잔차의 개수와 같은 평균과 표준편차를 가지는 정규분포에서 잔차의 빈도가 출력된다. 처음과 끝 구간 쪽으로 평균으로부터 표준편차가 ±3이상 떨어진 잔차들은 재조사해 볼 필요가 있다. 기대빈도의 히스토그램이 관측빈도의 히스토그램에 겹쳐서 곡선으로 출력된다. 그러나 관측된 잔차가 정확히 정규분포를 따른다고 기대하는 것은 옳지 못하다. 표본의 변동으로 인하여 편차가 있을 것이라고 예상되기 때문이다. 모집단에서 오차가 정규분포를 따른다 해도 표본에서 추정된 잔차는 근사적으로 정규분포를 따를 뿐이다.

정규성 가정하에서 기대되는 분포와 잔차의 관측분포를 비교하는 다른 방법으로 두 분포의 누적분포(P-P plot)를 그려보는 방법도 있다. 두 분포가 동일하다면 직선이 될 것이다. 기대되는 대각선 주위의 점들이 어떻게 산포되어 있는가를 관찰함으로써 두 분포를 비교할 수 있다.

[그림 12.5c] 정규확률도표 판정

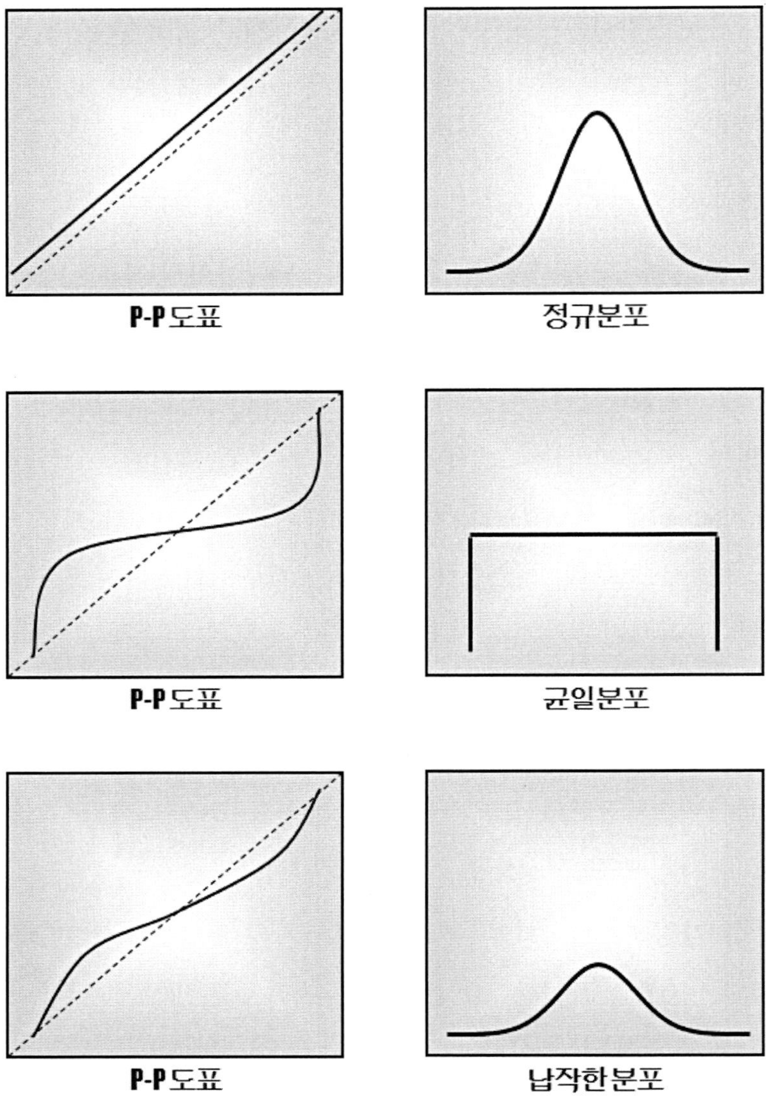

[그림 12.5c] 정규확률도표 판정 (계속...)

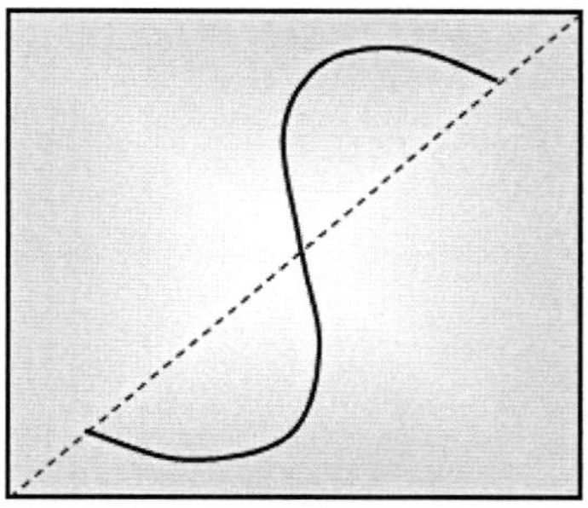

P-P 도표

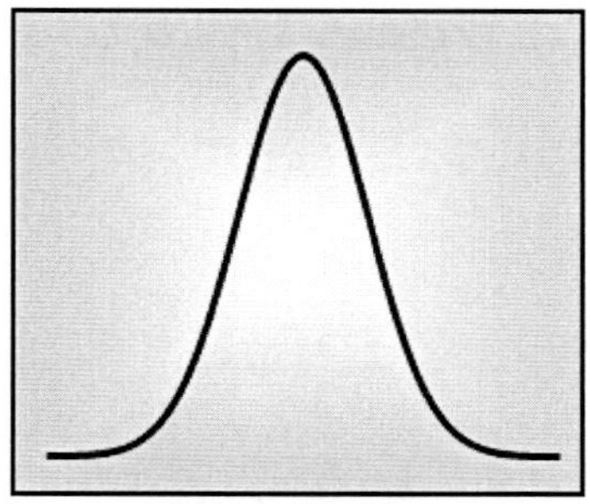

뾰족한 분포

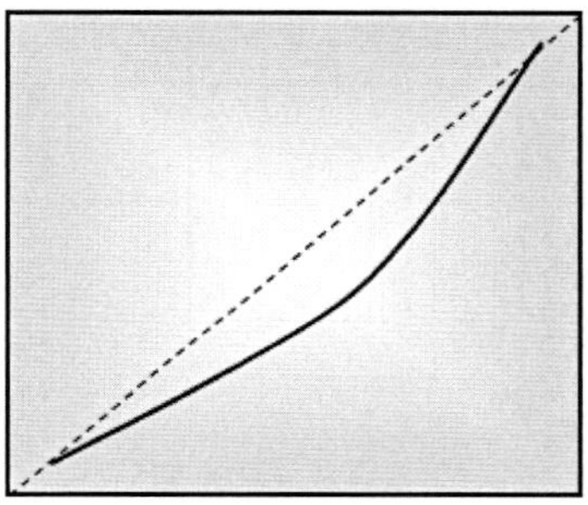

P-P 도표

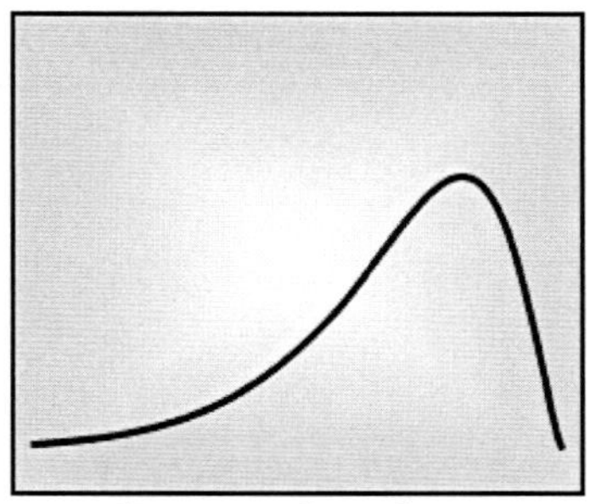

왼쪽으로 긴 꼬리 분포

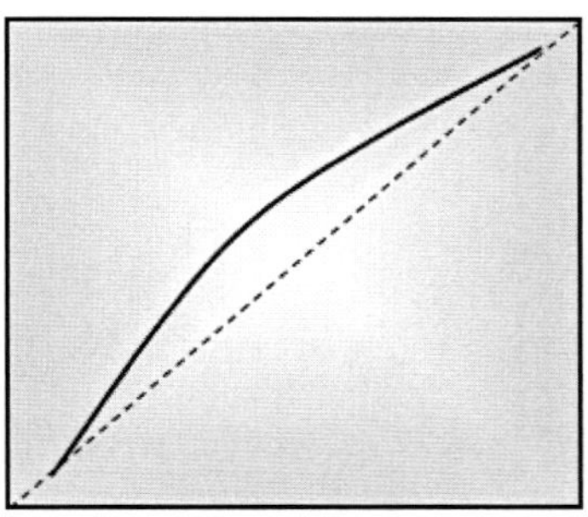

P-P 도표

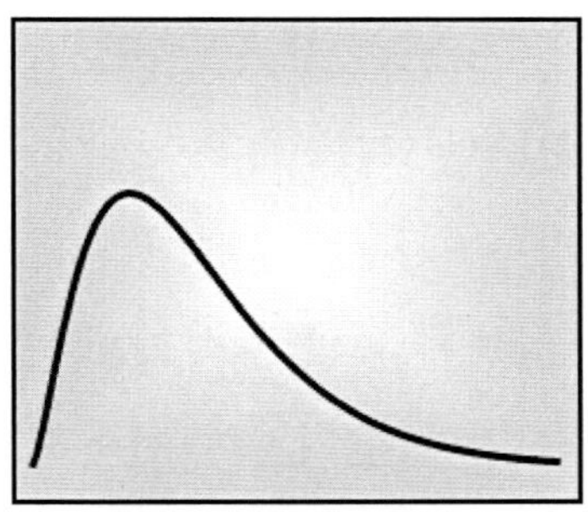

오른쪽으로 긴 꼬리 분포

[CaseStudy 12.6] 어떤 공장에서 동일한 기계들의 정비기록에 관한 표본을 취하였다. 이는 기계의 사용개월수와 정비비용 간에 어떤 관계가 있는가를 밝혀내기 위한 것이다. 그 데이터는 다음과 같다. (표본크기 n=20) 단순회귀분석을 실시하라.

번호	사용개월	정비비용(만원)	번호	사용개월	정비비용(만원)
1	24	59	11	26	57
2	11	21	12	25	60
3	29	66	13	24	59
4	26	56	14	17	39
5	33	72	15	19	47
6	12	28	16	23	46
7	19	43	17	21	45
8	26	54	18	3	28
9	21	51	19	9	31
10	19	43	20	27	57

① 분석(Analyze) → 상관분석 및 회귀분석 → 단순회귀분석...

② 데이터입력을 클릭하고 데이터연결 단추를 클릭한다.

③ "분석예제 데이터 시트.xlsx"의 데이터 시트에서 데이터의 범위를 변수이름과 같이 끌기하여 선택하고 선택(Ctrl+* 또는 Ctrl+Shift+*8),

④ 도구에서 연결 단추를 클릭하고 나타나는 대화상자에서 구분(ID)변수를 지정(선택사항임)하고 '확인'을 클릭한다.

⑤ 각 시트를 차례대로 넘기면서 여러 가지 통계량 및 도표를 분석한다.

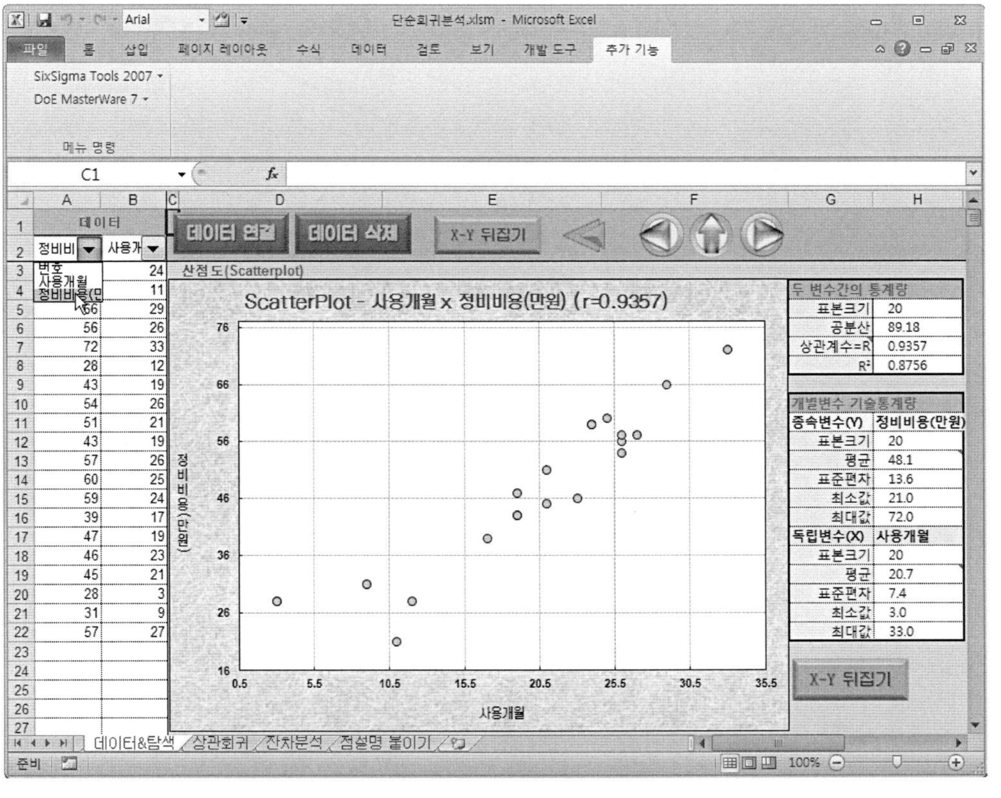

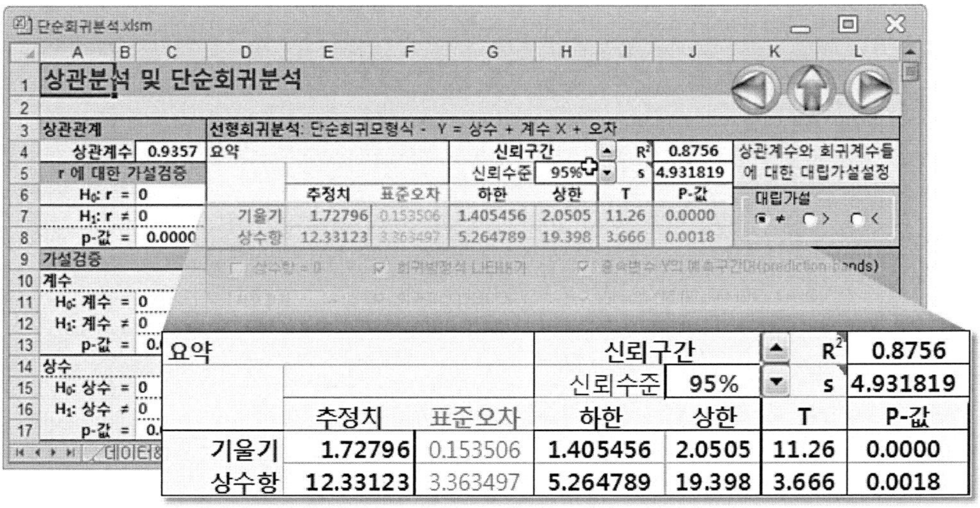

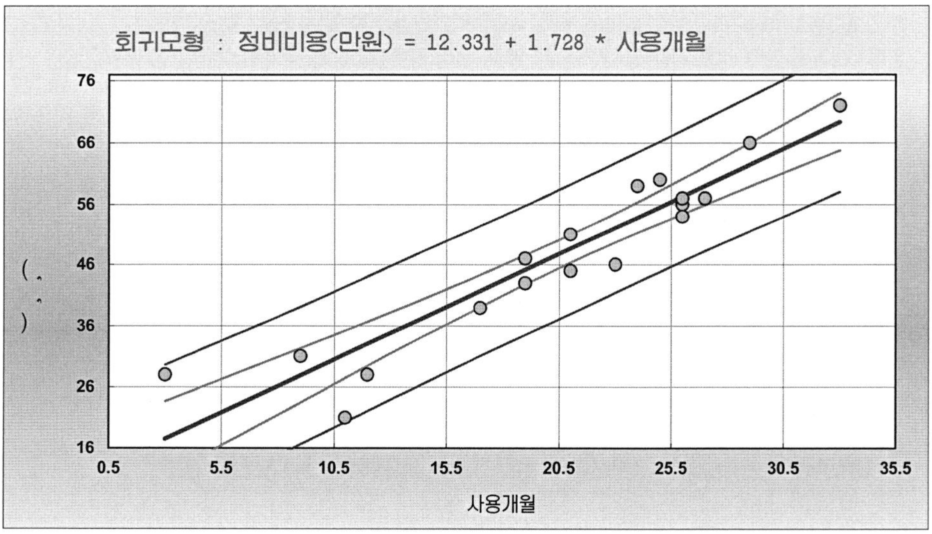

❶ 적합된 회귀직선의 방정식 : $\widehat{\text{정비비용}} = 12.331 + 1.728 \cdot \text{사용개월}$

❷ 상수항과 회귀계수가 모두 0.000, 0.0018로서 0.05보다 작으므로 위의 회귀방정식은 유의하다.

❸ 결정계수 r^2=87.56%.

❹ 2번째와 18번째의 관측값(사용개월수가 11개월과 3개월인 관측값)의 잔차가

크므로 이 관측값을 좀 더 살펴볼 필요가 있다.

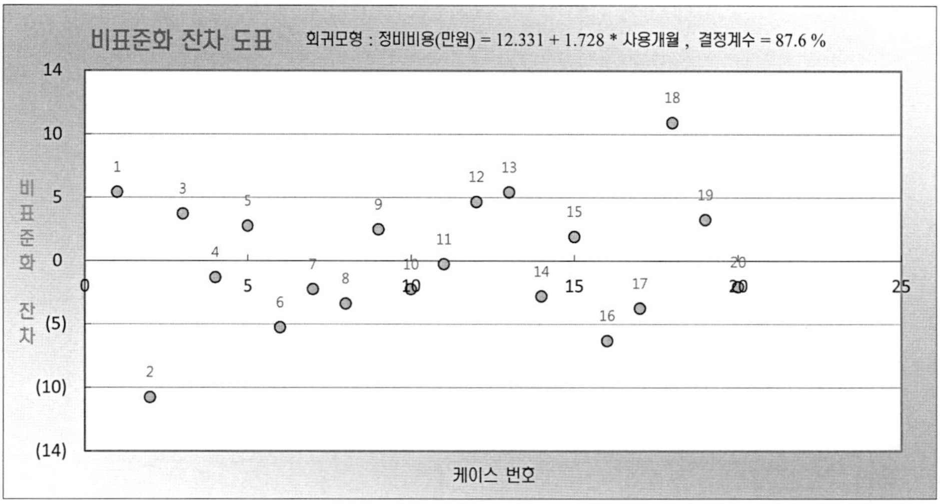

❺ 사용개월이 9개월인 기계의 새로운 관측값을 얻을 때 정비비용에 대한 95% 예측구간은 (16.62, 39.15)이다.

예측 및 역 예측

예측		정비비용(만원)에 대한 예측구간	
설명변수	반응변수	수준	95%
사용개월	정비비용(만원	하한	상한
9	27.8829	16.6151	39.15068

역 예측			사용개월에 대한 신뢰구간	
(조정)			수준	95%
정비비용(만원)	정비비용(만원)-평균	사용개월	하한	상한
50	52.33333333	23.15	19.43	27.05
45				
62				

❻ 정비비용이 50,45,62인 경우 사용개월의 역 예측값은 23.15이며, 이에 대한 95% 신뢰구간은 (19.43, 27.05)이다.

잔차도표를 판단하는 기준으로 잔차도표를 읽는 방법을 생각해 보자. [그림 12.6a]에서 1번 그림이 선형성과 등분산성을 만족하는 상태이다. 즉 0위치의 수평선을 중심으로 산점의 상하 폭이 고르게 되어 있다고 판단되면 이는 등분산을 만족한다고 할 수 있다. 그리고 산점의 형태가 수평선을 중심으로 상하 대칭이면 선형성을 만족한다고 판단할 수 있다. 즉, 산점의 형태가 직선이 아니고 곡선의 형태로 휘어져 있으면 선형성을 만족하지 않는 것으로 판단한다. 2는 산점의 형태가 상하 폭이 갈수록 넓어지는 메가폰의 형태이므로 등분산은 만족하지 못하나 상하 대칭이므로 선형성은 만족한다. 3은 상하 폭은 동일하고 휘어져 있으므로 등분산이고 비선형이다. 4는 상하 폭과 상하 대칭 둘 다 만족하지 않으므로 이분산이고 비선형이다.

[그림 12.6a] 표준화된 잔차도표의 기본 형태

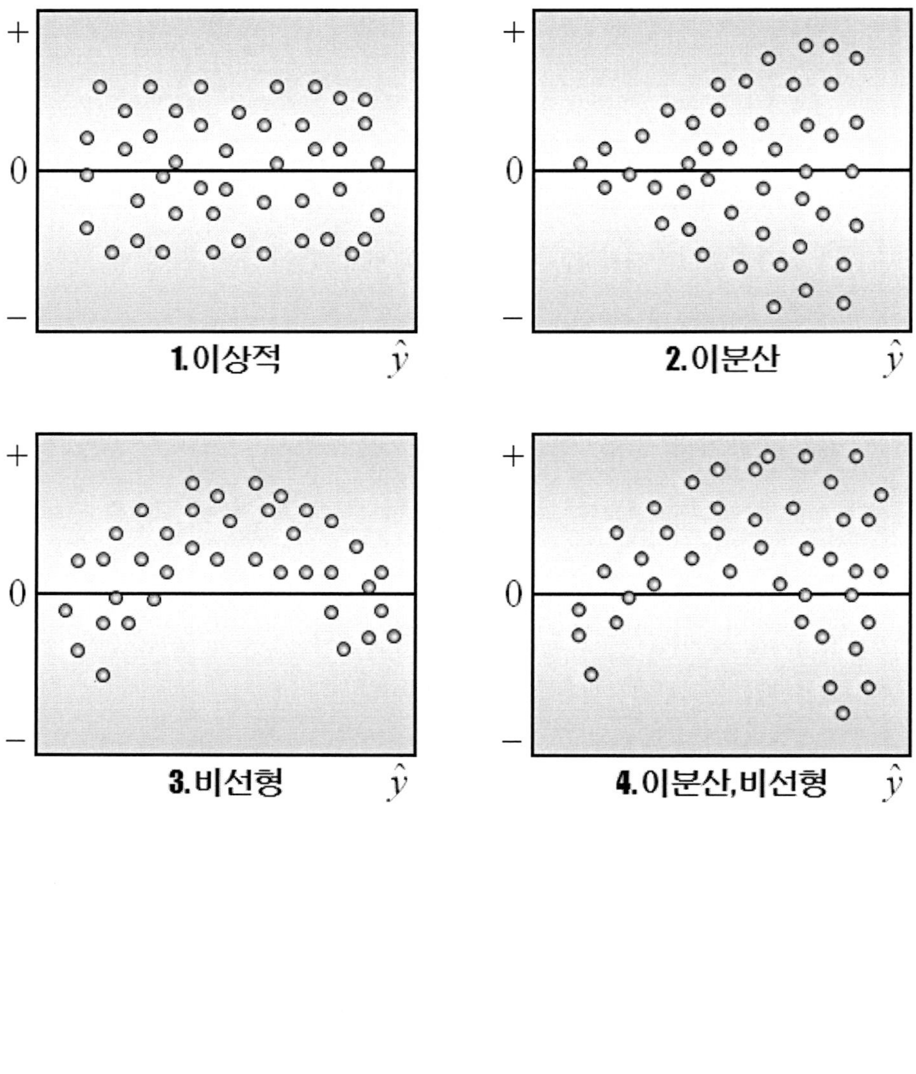

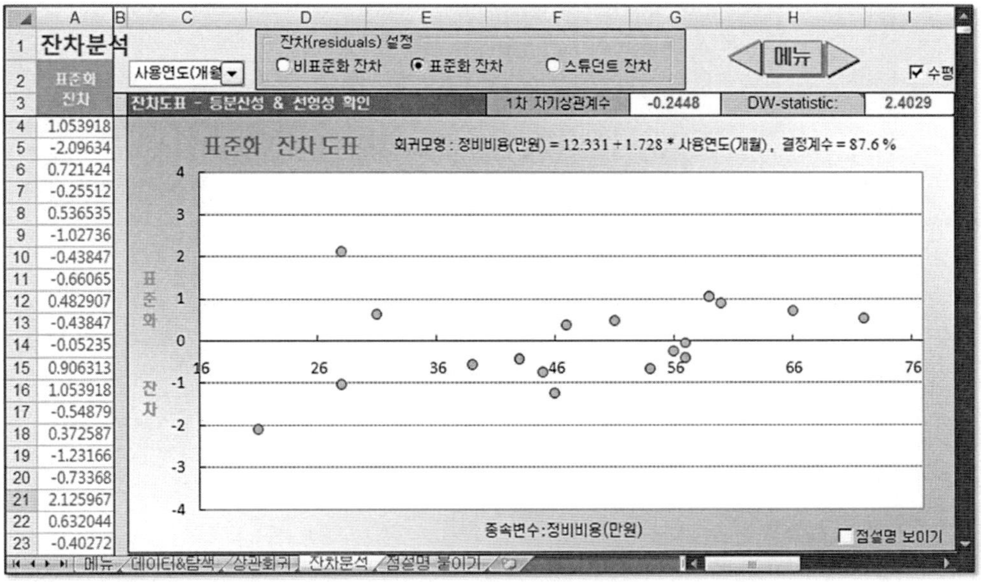
잔차분석
잔차(residuals) 설정
비표준화 잔차
표준화 잔차
스튜던트 잔차
메뉴
잔차도표 - 등분산성 & 선형성 확인
1차 자기상관계수
-0.2448
DW-statistic:
2.4029
표준화 잔차 도표
회귀모형 : 정비비용(만원) = 12.331 + 1.728 * 사용연도(개월), 결정계수 = 87.6 %
종속변수:정비비용(만원)
점설명 보이기

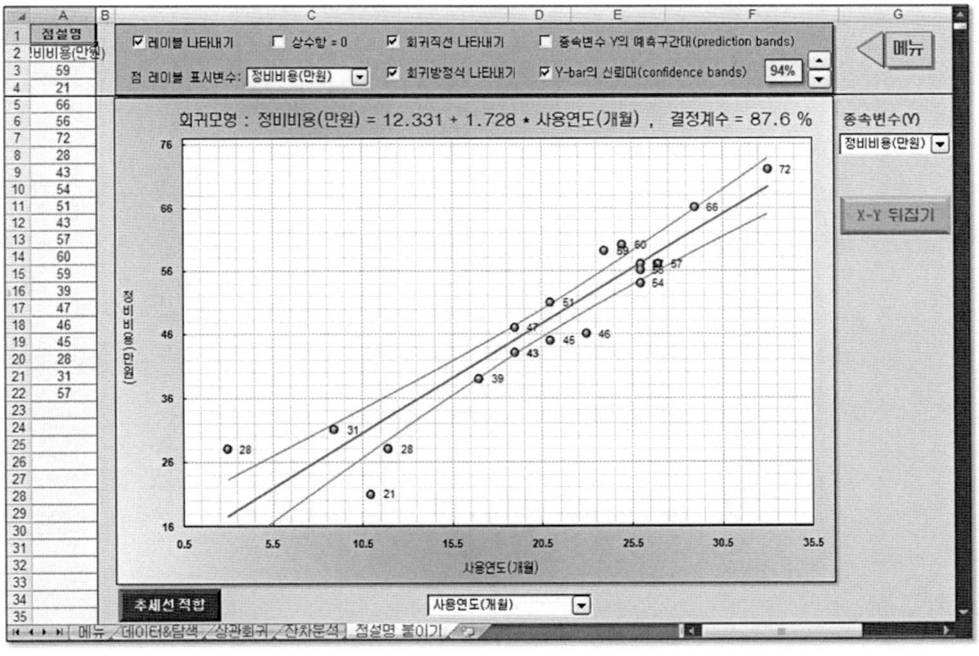
레이블 나타내기
상수항 = 0
회귀직선 나타내기
종속변수 Y의 예측구간대(prediction bands)
점 레이블 표시변수:
회귀방정식 나타내기
Y-bar의 신뢰대(confidence bands)
94%
메뉴
회귀모형 : 정비비용(만원) = 12.331 + 1.728 * 사용연도(개월) , 결정계수 = 87.6 %
종속변수(Y)
X-Y 뒤집기
사용연도(개월)
추세선 적합

13 다중회귀분석

⇨13.1 서 론

대부분의 자연적, 사회적인 현상을 설명하는데 있어서 종속변수 y의 변화는 두 개 이상의 독립변수에 의하여 좌우되는 경우가 대부분이다. 설명력 있는 적절한 독립변수를 여러 개 선택하여 이들의 함수로서 종속변수를 나타낼 경우, 우리는 좀 더 정도(precision) 좋은 예측을 할 수 있을 것이다. 종속변수의 변화를 설명하기 위하여 두 개 이상의 독립변수가 사용되는 선형회귀모형을 다중선형회귀모형(multiple linear regression model)이라 하며, 선형이라는 말을 빼고 간단히 다중회귀모형이라고 하기도 한다. 다중회귀분석의 기본개념은 단순회귀분석과 같으며, 차이점은 한 개의 독립변수 대신에 두 개 이상을 사용한다는 점만 다르다.

⇨13.2 다중회귀모형의 적합

13.2.1 데이터 구조와 회귀계수 및 잔차 추정

종속변수는 y, 독립변수는 $x_1\ \ x_2 \cdots\ x_k$ 로 표현하기로 하자. 이때 표본 데이터의 구조는 다음과 같이 표현된다.

관측번호 i	종속변수 y	독립변수 $x_1\ \ x_2 \cdots\ x_k$
1	y_1	$x_{11}\ \ x_{21}\ \cdots\ \ x_{kn}$
2	y_2	$x_{12}\ \ x_{22}\ \cdots\ \ x_{kn}$
$\vdots$	$\vdots$	$\vdots\ \ \vdots\ \ \ddots\ \ \vdots$
n	y_n	$x_{1n}\ \ x_{2n}\ \cdots\ \ x_{kn}$

이때 다중회귀모형은 다음과 같다.

다중회귀모형 : $y_i = \beta_0 + \beta_1 x_{1i} + \beta_2 x_{2i} + \cdots + \beta_k x_{ki} + \epsilon_i$

$$\epsilon_i \overset{iid}{\sim} N(0, \sigma^2) \quad ,(i = 1,\ 2, \cdots, n)$$

(β_0, β_1, σ^2은 미지의 모수)

여기에서 iid는 identically independent distribution의 약자이다. 그러므로 오차항인 ϵ_i는 서로 독립적이며 동일하게 평균이 '0'이고 분산이 σ^2인 정규분포를 따름을 가정하고 있다. 결국 오차항에 대한 가정사항은 독립성, 정규성, 등분산성을 만족해야 하고 선형성도 만족해야 한다. 이는 오차항의 가정사항에서 설명하기로 한다.

회귀계수를 추정하는 방법에는 최소제곱법(least squares method)이 주로 사용된다. 추정된 회귀계수를 b_0, b_1, $\cdots$, b_k 라 하면 즉,

$$\widehat{\beta_0} = b_0,\ \widehat{\beta_1} = b_1,\ \cdots\ ,\ \widehat{\beta_k} = b_k$$

관측된 독립변수들의 값에 따라 종속변수의 예측값(predicted value)을 계산

할 수 있다. 종속변수의 관측값과 예측값의 차를 잔차(residual)라 한다. 관측된 독립변수의 값에 따른 종속변수의 관측값, 예측값과 잔차는 다음과 같이 표현된다.

관측값 (y)	예측값 $(\hat{y})$	잔차 $(\hat{\epsilon}=y-\hat{y})$
y_1	$\widehat{y_1}=b_0+b_1x_{11}+b_2x_{21}+\cdots+b_kx_{k1}$	$e_1=y_1-\widehat{y_1}$
y_2	$\widehat{y_2}=b_0+b_1x_{12}+b_2x_{22}+\cdots+b_kx_{k2}$	$e_2=y_2-\widehat{y_2}$
$\vdots$	$\vdots$	$\vdots$
y_n	$\widehat{y_n}=b_0+b_1x_{1n}+b_2x_{2n}+\cdots+b_kx_{kn}$	$e_n=y_n-\widehat{y_n}$

회귀모형의 추정은 예측값 $\hat{y}$이 실제 관측값 y에 가깝도록 추정해야 한다. 따라서 만일 회귀식이 잘 추정된 식이라면 잔차는 '0'에 가까운 값을 가지게 된다. 이 때문에 추정된 회귀계수 $b_0, b_1, \cdots, b_k$는 잔차들의 제곱합, 즉 잔차제곱합

$$\sum_{i=1}^{n} e_i^2 = \sum_{i=1}^{n}(y_i-\widehat{y_i})^2$$

을 최소화하도록 추정하게 되고 이러한 추정방법을 최소제곱법(least squares method)이라 한다. 최소제곱법에 의해 추정된 회귀계수들의 벡터는 다음과 같이 추정된다.

$$\underline{b}=\begin{bmatrix} b_0 \\ b_1 \\ b_2 \\ \vdots \\ b_k \end{bmatrix}=(\boldsymbol{X}'\boldsymbol{X})^{-1}\boldsymbol{X}'\underline{\boldsymbol{y}} \quad \text{단,} \quad \boldsymbol{X}=\begin{pmatrix} 1 & x_{11} & x_{21} & \cdots & x_{k1} \\ 1 & x_{12} & x_{22} & \cdots & x_{k2} \\ \vdots & \vdots & \vdots & \ddots & \vdots \\ 1 & x_{1n} & x_{2n} & \cdots & x_{kn} \end{pmatrix}, \quad \underline{\boldsymbol{y}}=\begin{bmatrix} y_1 \\ y_2 \\ \vdots \\ y_n \end{bmatrix}$$

이때 추정된 회귀방정식은 다음과 같이 표현된다.

$$\hat{y}=b_0+b_1x_1+b_2x_2+\cdots+b_kx_k$$

이에 대한 추정된 오차인 잔차는 다음과 같다.

$$e_i = y_i - \hat{y_i}$$
$$= y_i - (b_0 + b_1 x_{1i} + b_2 x_{2i} + \cdots + b_k x_{ki})$$

13.2.2 다중회귀의 분산분석표

관측값 $y_1, y_2, \cdots, y_n$이 있을 때 이 값들이 모두 다 같지 않은 상태를 변동이라 한다. 변동의 크기는 관측값들이 서로 다른 정도에 따라 측정되어 다음과 같이 계산한다.

$$[\text{변동}] = \sum_{i=1}^{n}(y_i - \bar{y})^2$$

즉, 변동은 각 관측값과 표본평균의 차를 제곱하여 이 제곱항들을 모두 합한 것으로 표현되고 이를 제곱합(sum of squares)이라고 한다.

회귀분석에서 관측한 종속변수의 값들($y_1, y_2, \cdots, y_n$)은 서로 다른 독립변수들의 값($x_1, x_2, \cdots, x_k$)에 따라 관측되었기 때문에 서로 다르고 또한 같은 독립변수의 값에 대해서도 관측할 때 발생하는 오차 때문에 종속변수의 값이 서로 다르게 된다. 이와 같이 회귀식의 추정에서는 총제곱합(sum of squares for total ; SST)이 회귀식에 의한 제곱합(회귀제곱합, sum of squares for regression ; SSR)과 오차에 의한 제곱합(오차제곱합, sum of squares for error ; SSE)으로 구분된다.

$$SST = SSR + SSE$$

$$\sum_{i=1}^{n}(y_i - \bar{y})^2 = \sum_{i=1}^{n}(\hat{y_i} - \bar{y})^2 + \sum_{i=1}^{n}(y_i - \hat{y_i})^2$$

각 제곱합에 대한 자유도는 다음 관계식을 만족한다.

(총자유도) = (회귀자유도) + (오차자유도)

$$(n-1) \quad = \quad (k) \quad + \quad (n-k-1)$$

그러므로 각 제곱합은 다음과 같이 계산된다.

총제곱합 : $SST = \sum_{i=1}^{n}(y_i - \overline{y})^2 = \underline{y}'\underline{y} - n(\overline{y})^2$

회귀제곱합 : $SSR = \sum_{i=1}^{n}(\hat{y_i} - \overline{y})^2 = \underline{b}'X'\underline{y} - n(\overline{y})^2$

잔차제곱합 : $SSE = \sum_{i=1}^{n}(y_i - \hat{y_i})^2 = \underline{y}'\underline{y} - \underline{b}'X'\underline{y}$

이제 제곱합들을 사용하여 다음의 분산분석표를 작성할 수 있다.

분산분석표

요인	제곱합	자유도	평균제곱	F
회귀	SSR	k	MSR=SSR/k	F_0=MSR/MSE
잔차	SSE	$n-k-1$	MSE=SSE/$(n-k-1)$	
전체	SST	$n-1$		

회귀모형에 대한 가설은 다음과 같이 설정된다.

$H_0 : \beta_1 = \beta_2 = \cdots = \beta_k = 0$

$H_1 : \beta_1, \beta_2, \cdots, \beta_k$ 중 적어도 하나는 '0' 이 아니다.(회귀관계가 존재)

기각역에 의한 의사결정	p-값에 의한 의사결정
$F_0 = \dfrac{MSR}{MSE} > F(k, n-k-1;\alpha)$ 이 면 유의수준 α에서 H_0를 기각한다.(즉, 회귀방정식이 유의하다.)	$p-$값 $= \Pr[F(k,\ n-k-1) > F_0] < \alpha$ 이면 H_0를 기각한다. (즉, 회귀방정식이 유의하다.)

* 다중회귀분석의 결정계수

추정된 회귀식이 좋은 추정식이 되기 위해서는 총제곱합에서 회귀제곱합이 차지하는 부분이 커야 한다. 회귀제곱합의 총제곱합에 대한 비율을 결정계수(coefficient of determination ; R^2)이라 하고 다음과 같이 정의한다.

$$R^2 = \frac{SSR}{SST} \ , \ 0 \leq R^2 \leq 1$$

결정계수의 값이 클수록 회귀식에 의해 설명되는 제곱합이 오차에 의한 제곱합보다 상대적으로 커져 회귀식의 설명력이 좋은 것으로 판단된다. 결정계수의 값은 설명변수가 회귀모형에 추가되면 추가된 변수의 설명력에 관계없이 커지는 단점이 있다. 이 때문에 결정계수를 크게 하기 위해서는 모형에 과도하게 많은 설명변수를 포함하는 경향이 있다. 이러한 문제를 방지하기 위해 결정계수를 해당 자유도로 수정한 것을 수정결정계수(adjusted coefficient of determination ; R^2_{adj})라 하고 다음과 같이 정의한다.

$$\begin{aligned} R^2_{adj} &= 1 - \frac{\left(\dfrac{SSE}{n-k-1}\right)}{\left(\dfrac{SST}{n-1}\right)} \\ &= 1 - \frac{n-1}{n-k-1}(1-R^2) \end{aligned}$$

수정결정계수는 자유도에 의해 수정된 값으로서 설명변수가 모형에 추가되어도 항상 커지지는 않는다. 그러나 R^2의 단점이 완전히 해결된 것은 아니므로 R^2와 함께 참조용으로만 사용하기를 권한다.

* 잔차평균제곱 MSE는 오차항의 분산 σ^2_ϵ의 불편추정량이다.

➾13.3 회귀모형의 분석 절차

회귀모형을 적합시키는 절차는 다음 [그림 13.3a]와 같은 절차를 따른다.

[그림 13.3a] 회귀분석 절차

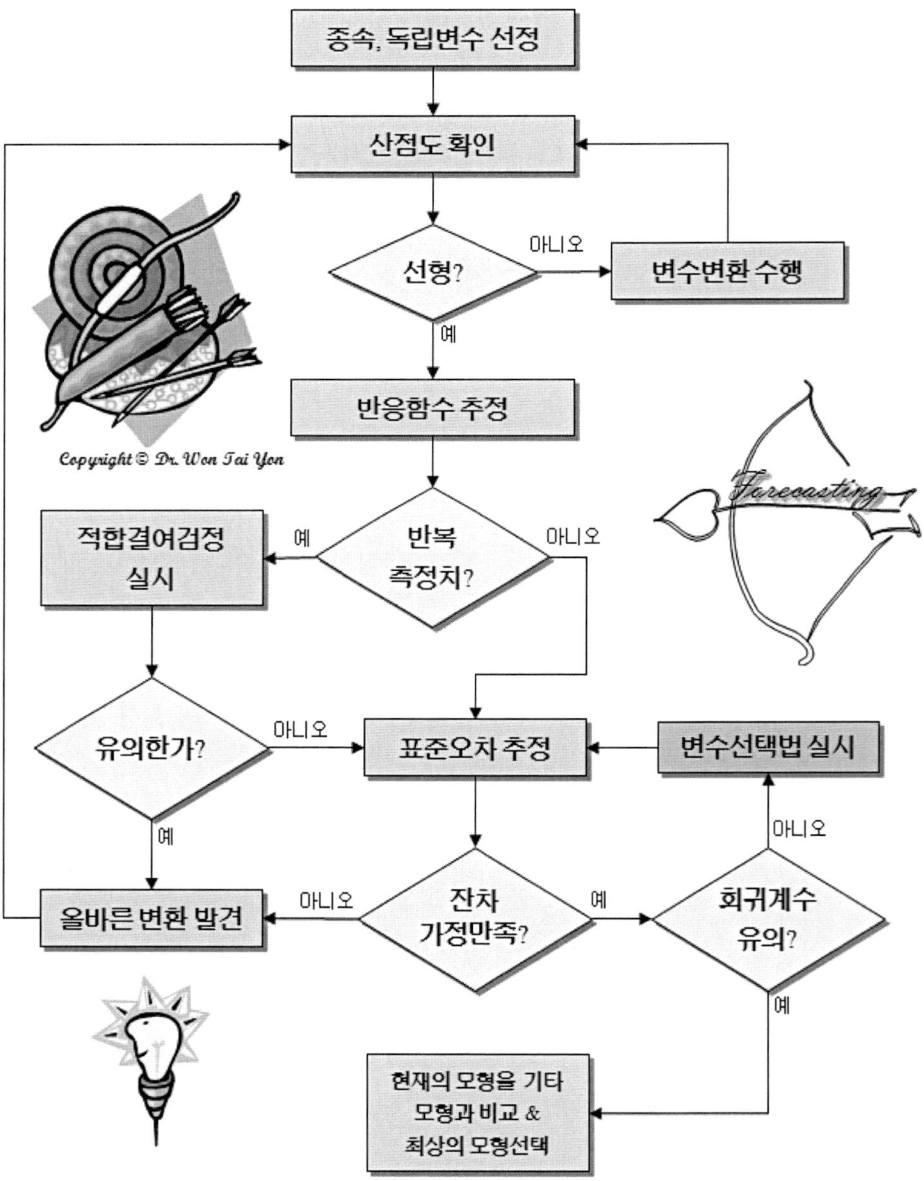

[CaseStudy 13.3] 여러 가지 소품, 액세서리, 화장품 등을 판매하는 소규모 창업 상점들에 대하여 연간 광고비와 상점의 크기가 연간 총매출액에 미치는 영향을 알아보기 위하여 25개 상점을 무작위로 뽑아 조사한 결과 다음의 데이터를 측정할 수 있었다.

상점번호	광고비(만)	상점크기(평)	총매출액(만)
S1	120	14	2910
S2	70	10	1820
S3	140	14	3300
S4	120	16	3400
S5	160	12	3440
S6	70	14	2650
S7	90	15	3010
S8	110	20	4370
S9	110	12	2530
S10	90	16	3210
S11	120	19	4170
S12	130	14	3100
S13	120	11	2490
S14	90	17	3470
S15	100	12	2360
S16	100	14	2970
S17	100	19	3820
S18	70	14	2400
S19	80	14	2460
S20	120	18	3950
S21	90	9	1880
S22	130	14	3310
S23	60	11	1980
S24	100	17	3490
S25	90	11	2170

회귀모형의 분석 절차는 다음과 같이 진행한다.

① 최소제곱법에 의한 회귀방정식을 도출한다.

② 분산분석표를 보고 적합된 회귀모형의 타당성을 검정한다.

③ 오차항에 대한 4가지 가정을 검토한다.

④ 가정사항이 만족되면 각 회귀계수들의 유의성을 확인한다.

⑤ 설명력인 결정계수도 검토한다.

⑥ 모형식을 결정하고 설명변수들의 효과(회귀계수)를 설명한다.

⑦ 적합된 회귀모형식을 예측에 활용한다. 예를 들어 광고비를 80만원 쓰고 상점의 크기가 12평인 상점의 총매출액의 기대값을 추정해 본다.

회귀모형을 적합하기에 앞서 가장 먼저 해야 될 일이 산점도를 작성하는 것이다. 그러나 여기에서는 앞 장에서 상관계수와 산점도를 설명하였으므로 생략하기로 하고 곧장 회귀분석을 실시하기로 한다.

▶ 분석(Analyze) → 상관분석 및 회귀분석 → 다중회귀분석...

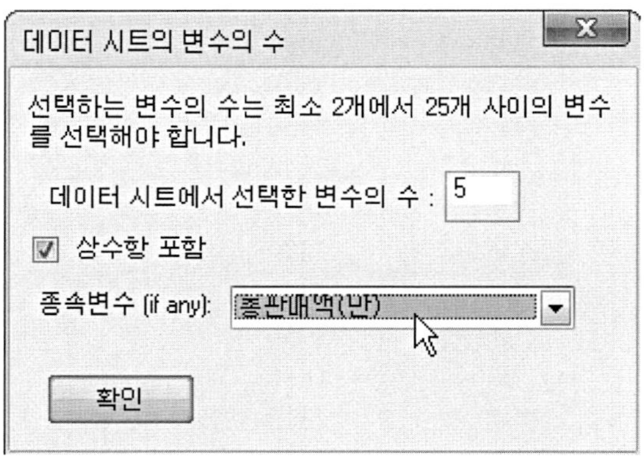

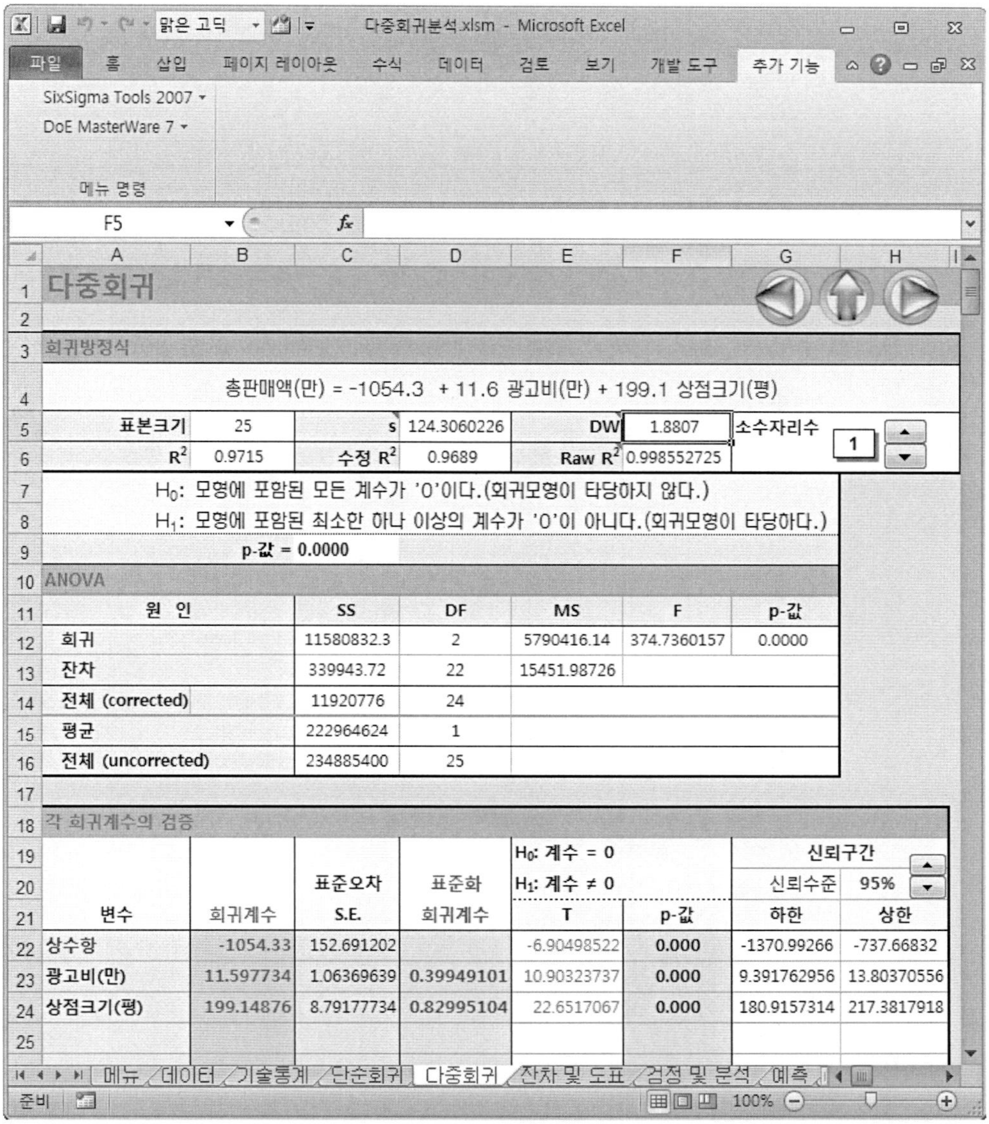

다중회귀

회귀방정식

총판매액(만) = -1054.3 + 11.6 광고비(만) + 199.1 상점크기(평)

표본크기	25	s	124.3060226	DW	1.8807	소수자리수	1
R^2	0.9715	수정 R^2	0.9689	Raw R^2	0.998552725		

H_0: 모형에 포함된 모든 계수가 '0'이다.(회귀모형이 타당하지 않다.)

H_1: 모형에 포함된 최소한 하나 이상의 계수가 '0'이 아니다.(회귀모형이 타당하다.)

p-값 = 0.0000

ANOVA

원 인	SS	DF	MS	F	p-값
회귀	11580832.3	2	5790416.14	374.7360157	0.0000
잔차	339943.72	22	15451.98726		
전체 (corrected)	11920776	24			
평균	222964624	1			
전체 (uncorrected)	234885400	25			

각 회귀계수의 검증

변수	회귀계수	표준오차 S.E.	표준화 회귀계수	H_0: 계수 = 0, H_1: 계수 ≠ 0 T	p-값	신뢰구간 (신뢰수준 95%) 하한	상한
상수항	-1054.33	152.691202		-6.90498522	0.000	-1370.99266	-737.66832
광고비(만)	11.597734	1.06369639	0.39949101	10.90323737	0.000	9.391762956	13.80370556
상점크기(평)	199.14876	8.79177734	0.82995104	22.6517067	0.000	180.9157314	217.3817918

분산분석표에서 F-검정의 F-값은 374.74로 이에 대한 P-값이 0.000이므로 위의 회귀모형의 타당성은 인정된다. 이는 "두 회귀계수가 동시에 '0'이다"는 귀무가설을 검정하는 것으로 유의수준 1%하에서 기각할 수 있다. 그러므로 유의수준 1%하에서 회구모형은 타당하다고 인정된다. 이제 각 회귀계수에 대한 검정을 시도해 보자.

각 회귀계수들은 모두 p-값 0.000으로 매우 유의하며 상수항도 유의하다. 그러므로 적합된 회귀식은 다음과 같다.

$$\widehat{총판매액} = -1054.3 + 11.6 \times 광고비 + 199.1 \times 상점크기$$

$$R^2 = 97.15\%$$

그리고 이 회귀식이 설명력을 의미하는 결정계수는 97.15%로 매우 높은 설명력을 나타내고 있으나 이는 아직 회귀모형의 오차항에 대한 가정 사항을 검토하지 않았으므로 참조만 해 둔다. 오차항에 대한 가정 사항이 모두 타당하다면 비로소 적합된 회귀모형을 결정하고 예측에 사용하면 된다.

모형의 설정에서 잔차(residuals)는 모형으로 완전하게 적합되지 않는 부분으로 관측값과 모형에 의한 예측값의 차이로 구할 수 있으며, 이는 다음의 식

$$e_i = Y_i - \hat{Y}_i$$

에서와 같이 관측값(Y)과 예측값($\hat{Y}$)의 차이이다. 회귀분석에서 실제 오차 ϵ_i는 서로 독립이며, 평균이 '0'이고, 분산이 σ^2인 정규분포를 따른다고 가정한다. 설정한 모형이 그 데이터들을 잘 설명하고 있다면 오차 ϵ_i의 추정량인 잔차 e_i는 오차와 비슷한 특성을 가져야 한다.

절편이 있는 회귀식에서는 잔차의 합은 항상 '0'이므로 오차의 평균에 대한 아무런 정보도 갖고 있지 않다. 잔차의 합이 항상 '0'이라는 것은 엄격히 말해 '독립'이라고 할 수는 없다. 그러나 독립변수의 개수에 비해 잔차의 개수가 충분히 크면(즉 표본크기가 크면) 잔차들 사이의 종속성은 무시될 수 있다.

잔차의 독립성은 인접한 잔차가 서로 영향을 주지 않는 상태를 의미한다. 인접한 오차항의 순서적 상관관계의 검정을 위한 Durbin-Watson 통계량은 다음과 같이 정의된다.

$$DW = \frac{\sum_{t=2}^{n}(e_t - e_{t-1})^2}{\sum_{t=1}^{n} e_t^2}$$

오차항이 양의 상관관계를 가지면 인접한 잔차간의 차이는 작아지는 경향이 있고, 음의 상관관계를 가지면 인접한 잔차간의 차이는 커지는 경향이 있다. DW의 값이 작으면 양의 상관관계를 나타내며, DW의 값이 크면 음의 상관관계를 나타낸다고 할 수 있다. 이러한 한계를 토대로 유의성 검정을 위한 DW-통계량에 대한 표를 참고하기 바란다. DW 통계량을 보다 간편하게 판단하기 위해서는 다음 식을 사용한다.

$DW = 2(1-r)$, r은 1차 자기상관계수(first order autocorrelation)

여기에서 1차 자기상관은 어떤 잔차가 바로 다음 잔차에 영향을 미치는 경우 1차 자기상관이 존재한다고 말한다. 만일 바로 다음 잔차뿐만 아니라 그 다음 잔차에도 영향을 미친다면 2차 자기상관이 존재한다고 말한다. 그런데 상식적으로는 1차 자기상관이 존재하지 않는 경우는 2차 및 그이상의 자기상관은 가정할 수 없는 것으로 보아 1차 자기상관이 없다면 잔차들는 독립이라고 가정할 수 있게 된다. 그러므로 간편식에서 1차 자기상관계수가 ‘0’이라면 DW는 ‘2’로 잔차들이 독립일 것으로 가정할 수 있게 되며, ‘-1’이면 DW는 ‘4’, ‘+1’이라면 DW는 ‘0’이 된다. 만일 자기상관계수의 절대값이 0.5 미만이라면 상관성이 매우 약해 선형적 관계가 없는 것으로 판단하여 잔차들이 서로 독립이라고 판단한다. 이때 DW는 1.5~2.5 사이의 값이 될 것이다. 이 예제에서는 DW 통계량이 1.8807로 계산되었다. 이는 잔차들이 독립성을 만족하려면 DW 통계량이 매우 엄격하게 적용해도 1.5~2.5 사이의 값을 가질 경우 독립으로 판단한다. 그러므로 잔차가 독립성을 만족한다고 판단하고 이에 따라 모수인 오차도 독립성을 만족하리라 판단한다.

[그림 13.3b] 잔차검토를 위한 잔차도표와 잔차 정규확률도표

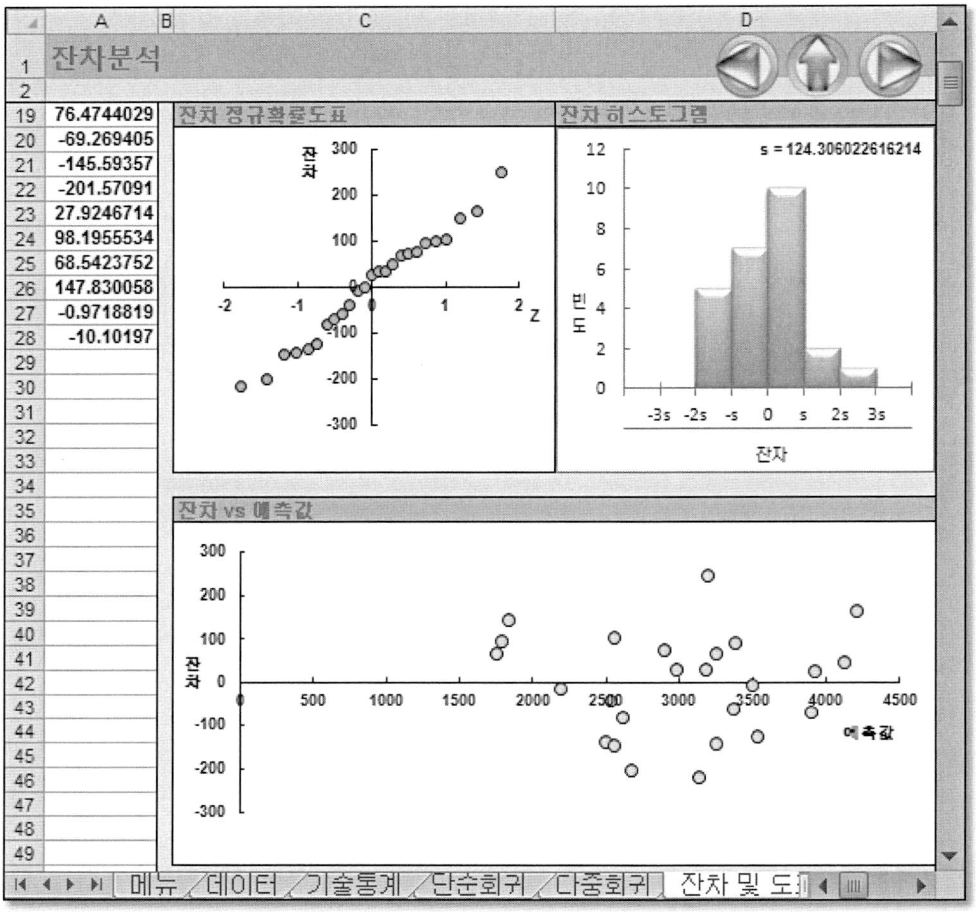

[그림 13.3b]의 정규확률도표를 보면 그다지 크게 대각선을 벗어나지 않은 것으로 판단된다. 그러므로 잔차에 대해 정규성을 가정하는데 크게 무리가 없다. 잔차가 정규성을 따르면 오차도 정규성을 따를 것이라고 가정할 수 있게 된다. 다음으로 표준화 잔차도표를 보면 0인 수평선을 중심으로 대부분의 잔차들이 2*표준편차 내에 있으며 5번째 잔차만이 2*표준편차 밖에 나타난다. 그러나 3*표준편차 이내이므로 크게 문제될 것은 없다. 대략 띠의 두께가 고른 편이며 전체적으로 상하대칭에서 크게 벗어나지 않는다. 그러므로 등분산성과 선형성도 나쁘지 않다. 오차항에 대한 4가지 가정도 무사히 통과된 셈이다. 이제 적합된 회귀식을 사용하기로 결정하고 예측(forecasting)

에 활용하기로 하자.

이제 적합된 회귀식을 사용하여 광고비를 80만원이고 상점크기가 12평인 상점의 총매출액을 예측해 보기로 하자. 아래와 같이 '예측'시트로 이동하여 상수항을 고려할 경우는 '1'을 그렇지 않으면 '0'을 입력하고 독립변수의 값을 '80'과 '12'를 입력하면 예측값과 95% PI와 CI가 자동 계산된다.

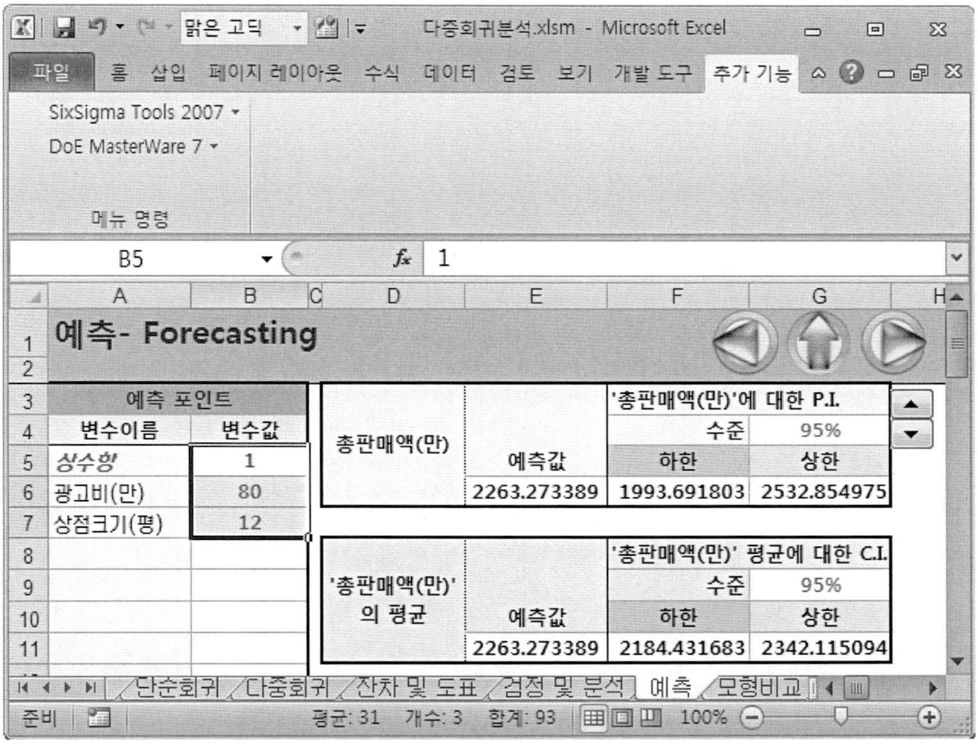

광고비를 80만원 쓰고 상점의 크기가 12평인 상점의 총판매액의 기대값에 대한 점추정값은 2,263만원이며, 이 값에 대한 95% 신뢰구간(CI)은 [2184.4, 2342.1]이며 95% 예측구간(PI)은 [1993.7, 2532.9]으로 나타났다.

여러 개의 설명변수값들에 대한 예측값은 다음과 같이 표로 정리한다.

광고비	상점크기	예측값	C.I.		P.I.	
			하한	상한	하한	상한
80	12	2263.3	2184.4	2342.1	1993.7	2532.9
100	15	3092.7	3038.7	3146.7	2829.3	3356.1
90	20	3972.4	3847.9	4097.0	3686.1	4258.7

⇨13.4 변수선택법

이론적인 배경이나 사전 경험이 있는 경우에는 모형 안에 포함될 설명변수들의 선택이 비교적 용이하다. 그러나 일반적으로, 특히 사회과학 분야에서는 반응변수를 설명해 주는 모든 가능한 설명변수들을, 비록 개개의 변수들의 설명력이 강하더라도 사전에 파악하고 모형 안에 포함시켜 분석하는 것은 매우 어려울 뿐만 아니라 불필요한 작업이다.

왜냐하면 이러한 모형은 변수의 값을 측정하고 유지하는데 많은 시간과 돈이 들어가고 또한 대부분의 변수들 사이에서는 정보가 중복되어 나타나기 때문에 불필요한 변수가 포함되면 계수의 의미를 해석하는데 어려움을 더해 주기 때문이다. 그리고 일반적으로 많은 사람들은 복잡한 모형보다는 간편한 모형을 선호한다. 이러한 이유로 대부분의 경우 반응변수에 영향을 미치리라고 예상되는 많은 설명변수 중에서 모형에 포함시킬 변수를 결정하는 문제가 대두된다. 이러한 문제는 변수선택법(variable selection method)으로 해결할 수 있다.

반응변수 y에 영향을 미칠 수 있는 k개의 설명변수 $x_1, x_2, \cdots, x_k$ 중에서 일부를 선택하는 다음의 네 가지 방법의 개념을 알아보기로 한다. 이러한 방법들을 통하여 선택된 모형은 일치하는 경우도 있으나 서로 다른 모형일 수도 있다.

(1) **모든 가능한 회귀**(all possible regressions)

이 방법은 모든 가능한 변수들의 조합에 대해 회귀분석을 수행해 보는 것이다. k개의 설명변수가 있는 경우 이 중에서 하나도 포함하지 않는 모형에서부터 k개 모두를 포함하는 모형까지 2^k가지의 모든 가능한 경우를 생각하는 방법이다.

(2) **전진선택법**(forward selection method)

반응변수에 영향을 줄 수 있는 k개의 설명변수들 중에서 가장 크게 영향을 주는 것으로 판단되는 변수부터 하나씩 선택하면서 더 이상 중요한 변수가 없다고 판단될 때 변수의 선택을 중단하는 방법이다. 독립변수를 선택할 때는 부분F통계량의 유의성이 일정수준 이상일 때만 선택하게 된다. 이때는 부분F통계량의 p값이 미리 설정된 선택 p값(p-value for entry)보다 작은 경우에만 선택하게 된다. 선택 p값은 0.05을 주로 사용한다.

먼저 회귀모형에 한 독립변수만을 포함시켰을 때 부분 F통계량의 값이 가장 큰 변수를 찾아 회귀모형에 포함시킨다. 만일 이 변수의 p값이 선택p값보다 크면 종속변수를 설명할 수 있는 독립변수가 없다고 결론을 내린다. 한 변수가 회귀모형에 이미 포함된 상태에서는 나머지 변수들 중 하나만이 추가되었을 때 추가된 변수의 부분 F통계량 값이 가장 큰 변수를 찾고 이 변수의 p값이 선택p값보다 작으면 회귀모형에 포함시킨다. 회귀모형에 포함되지 않은 나머지 변수들에 대해 이 과정과 동일한 요령으로 반복하여 독립변수를 하나씩 회귀모형에 추가시킨다. 이 과정을 반복하는 중에 선택된 변수의 p값이 선택p값보다 크면 과정을 중지하고 여태까지 포함된 변수들로 최종 회귀모형을 설정한다. 진입 p값은 일반적으로 0.05에서 0.2의 값을 많이 사용한다.

(3) **후진제거법**(backward elimination method)

설명변수를 하나씩 선택하는 전진선택법과는 반대로, 후진제거법은 k개의 설명변수들 중에서 가장 작게 영향을 주리라고 여겨지는 변수부터 하나씩 제거하여 나가면서 더 이상 제거할 변수가 없다고 판단될 때 변수의 제거를 중단하는 방법이다. 제거할 때는 부분F통계량의 p값이 미리 설정된 제거p값(p-value for removal)보다 큰 경우에만 제거하게 된다. 제거p값은 0.10을 주로 사용한다. 먼저 모든 변수들을 회귀모형에 포함시킨 다음 부분F통계량값이 가장 작은 변수를 찾아 이 변수의 p값이 제거p값보다 크면 회귀모형에서 제거한다. 한 변수가 제거된 뒤 나머지 변수들로 구성된 회귀모형에서 부분F통계량 값이 가장 작은 변수를 찾은 다음 이 변수의 p값이 제거p값보다 크면 회귀모형에서 제거한다. 회귀모형에 남아있는 나머지 변수들에 대해 이 과정과 동일한 요령으로 반복하여 독립변수를 하나씩 회귀모형에서 제거해 나간다. 이 과정을 반복하는 중에 제거할 변수의 p값이 제거p값보다 작으면 과정을 중지하고 남아 있는 변수들로 최종 회귀모형을 설정한다. 제거p값은 일반적으로 0.10 또는 0.15를 많이 사용하나 보통의 통계용 소프트웨어들은 0.10을 디폴트로 채택하고 있다.

(4) **단계선택법**(stepwise selection method)

전진선택법이나 후진제거법에 의하여 구한 최종모형이 반드시 최적모형일 수는 없다. 왜냐하면, 전진선택법에서 일단 선택된 설명변수는 새로운 설명변수가 포함되면서 그 중요도가 상실되더라도 제거될 수 없기 때문이다. 이를 개선하기 위하여 전진선택법에 후진제거법을 가미한 방법으로 매 단계마다 선택과 제거를 병행하는 방법이다. 먼저 전진선택법에 의해 첫 번째 독립변수를 모형에 포함시킨다. 그 다음은 역시 전진선택법에 의해 두 번째 변수를 모형에 포함시킨 다음, 이미 선택된 첫 번째 변수를 제거할 것인가를 후진제거법에 의해 판단한다. 회귀모형에 포함되지 않은 변수들에 대해서는 전진선택법을 적용하여 독립변수를 하나 선택하여 회귀모형에 포함시키고, 이미 포함된 변수들에 대해서는 후진제거법을 적용하여 제거할 변수가 있으면 모형에서 제외시킨다. 이와 같은 과정을 반복하는 중에 현재까지 모형에 포함되지 않은 변수의 p값은 모두 선택p값(=0.05)보다 크고, 현재까지 모형에 포함된 변수의 p값은 모두 제거p값(=0.10)보다 작으면 과정을 중지하고 최종 회귀모형을 설정한다.

부분F통계량은 분자의 자유도가 항상 '1'이 되고 분모의 자유도는 오차의 자유도와 동일하다. 일반적으로 관측값의 수가 크면 오차의 자유도는 커지게 되고 이때 F분포의 분위수는 분모의 자유도와는 관계없이 유사한 값을 가지게 된다. 따라서 부분F통계량의 유의확률을 기준으로 선택과 제거를 결정하는 방법이나 부분F통계량의 값 자체를 기준으로 하는 방법이나 유사한 결과를 나타내게 된다.

13.4.1 **회귀모형 변수선택법 예제**

이제 예제 데이터를 사용하여 변수를 선택하는 방법을 실행해 보기로 한다.

[CaseStudy 13.4a] 아래의 표는 1952년부터 1986년에 걸친 소고기 가격 데이터로 "소가격.xlsx"에 저장되어 있다. 소가격을 종속변수로 하여 변수선택법에 의하여 최적 회귀방정식을 선택해 보기로 하자.

년도	소가격	소생산량	돼지닭	가처분	물가지수
1952	33.28	13.65	19.94	1503	79.20
1953	21.69	18.48	17.66	1585	79.90
1954	23.63	18.85	17.19	1570	80.50

1955	22.78	19.55	17.86	1645	80.50
1956	20.27	20.74	19.58	1730	80.90
1957	22.60	19.70	19.54	1804	86.60
1958	28.25	18.17	19.89	1804	83.90
1959	29.02	18.52	22.47	1909	87.00
1960	26.97	19.45	22.20	1937	88.60
1961	23.50	20.64	23.48	1965	89.30
1962	25.79	19.99	23.50	2054	90.50
1963	22.63	21.24	23.64	2109	91.40
1964	20.80	24.05	23.88	2267	92.80
1965	25.69	22.56	22.27	2373	94.30
1966	26.04	24.37	23.31	2574	96.90
1967	24.70	25.70	25.15	2728	99.40
1968	26.40	25.30	25.49	2930	103.50
1969	32.19	24.76	26.17	3074	109.10
1970	30.24	25.99	28.47	3353	115.70
1971	32.54	26.23	30.77	3579	120.80
1972	36.04	26.52	29.63	3764	124.70
1973	45.84	23.83	27.79	4210	131.50
1974	39.98	26.35	29.76	4549	145.40
1975	48.03	25.89	25.61	5056	159.50
1976	41.42	28.19	25.37	5372	169.20
1977	40.77	27.97	27.01	5836	180.60
1978	55.06	26.67	27.90	6438	193.30
1979	72.51	22.55	31.38	7117	214.10
1980	64.65	23.06	34.02	7835	245.00
1981	66.68	23.61	32.61	8634	269.00
1982	70.48	23.56	31.72	9456	287.30
1983	67.04	24.15	33.21	9833	296.90
1984	66.01	25.10	32.86	10804	309.70
1985	57.66	25.26	33.61	11891	321.20
1986	54.52	26.43	33.69	12347	326.50

1 분석(Analyze) → 상관분석 및 회귀분석 → 다중회귀분석...

[그림 13.4a] 회귀분석의 종속변수 지정

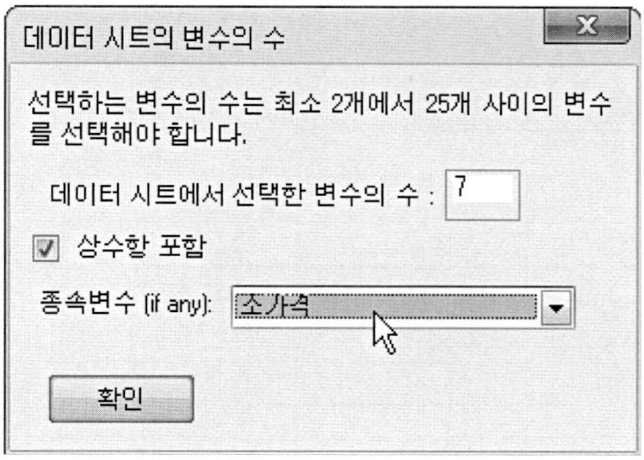

② '년도'는 분석할 설명변수가 아니므로 다음과 같이 지정하여 제거한다.

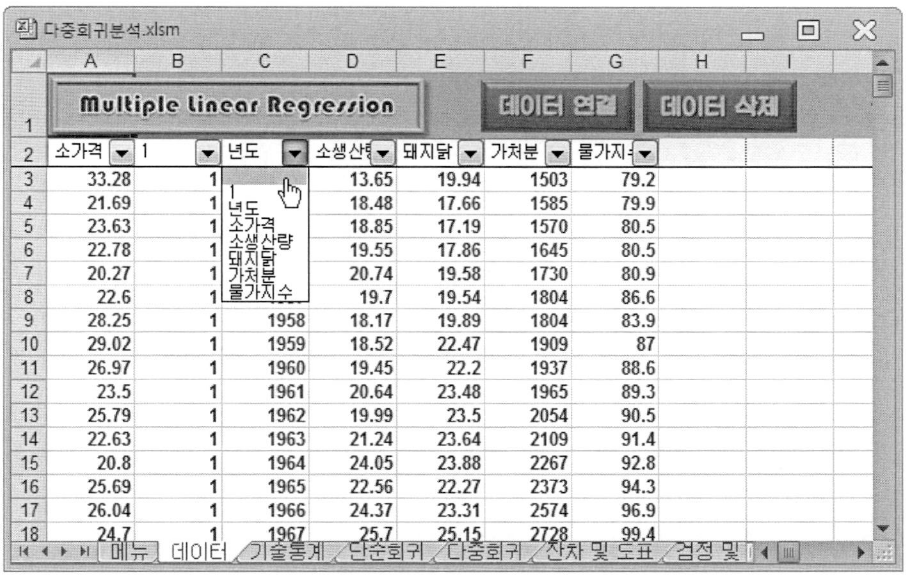

	A	B	C	D	E	F	G
2	소가격	1	년도	소생산	돼지닭	가처분	물가지
3	33.28	1		13.65	19.94	1503	79.2
4	21.69	1		18.48	17.66	1585	79.9
5	23.63	1		18.85	17.19	1570	80.5
6	22.78	1		19.55	17.86	1645	80.5
7	20.27	1		20.74	19.58	1730	80.9
8	22.6	1		19.7	19.54	1804	86.6
9	28.25	1	1958	18.17	19.89	1804	83.9
10	29.02	1	1959	18.52	22.47	1909	87
11	26.97	1	1960	19.45	22.2	1937	88.6
12	23.5	1	1961	20.64	23.48	1965	89.3
13	25.79	1	1962	19.99	23.5	2054	90.5
14	22.63	1	1963	21.24	23.64	2109	91.4
15	20.8	1	1964	24.05	23.88	2267	92.8
16	25.69	1	1965	22.56	22.27	2373	94.3
17	26.04	1	1966	24.37	23.31	2574	96.9
18	24.7	1	1967	25.7	25.15	2728	99.4

③ 변수선택을 하기위하여 '모형비교'시트로 이동한다.

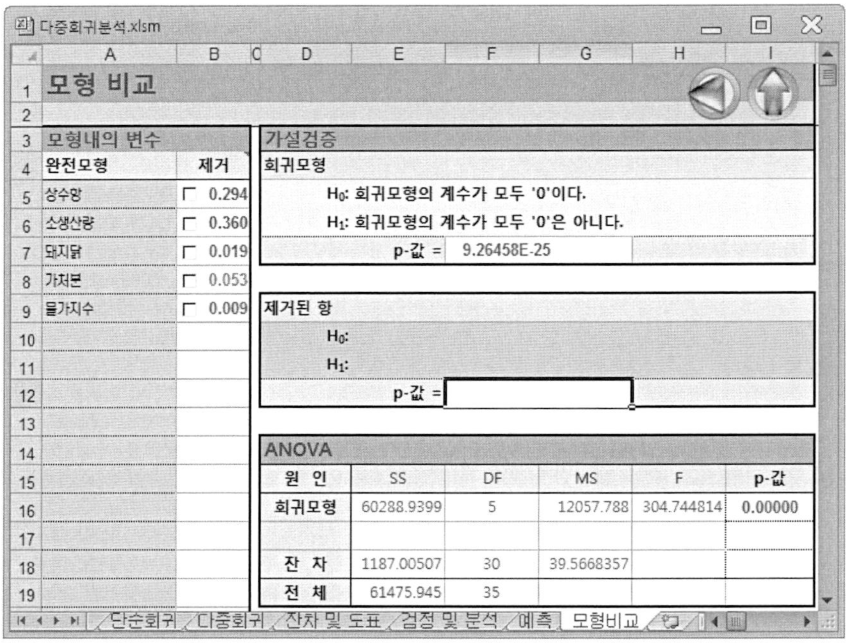

④ 모형비교 시트에서 상수항은 변수가 아니므로 제외하고 독립변수들 중에서 가장 p-값이 큰 것부터 하나씩 제거하면 제일 먼저 0.360으로 '소생산량'이 제거한다. 제거 후에 다른 변수들의 회귀계수의 p-값들이 모두 0.05보다 작은 값으로 5%에서 유의하게 나타난다.

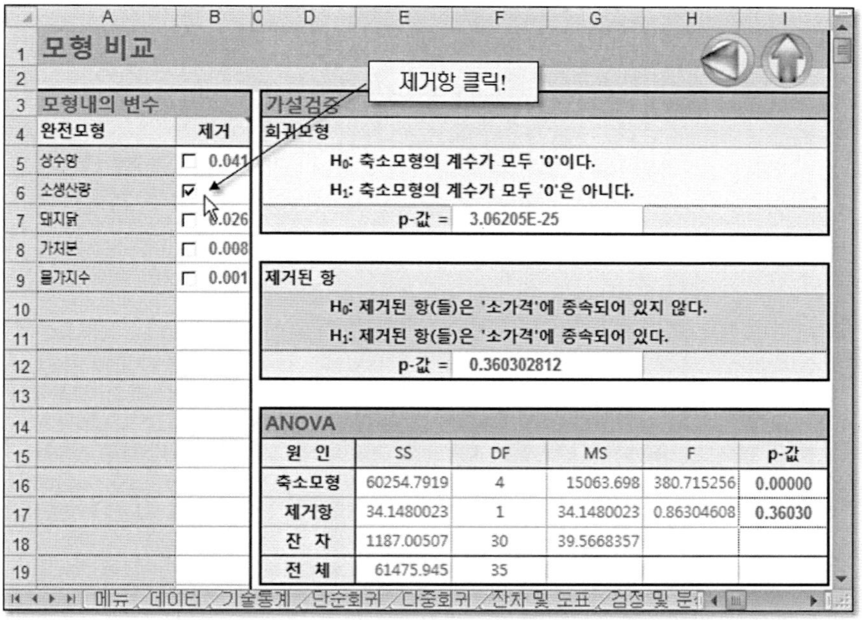

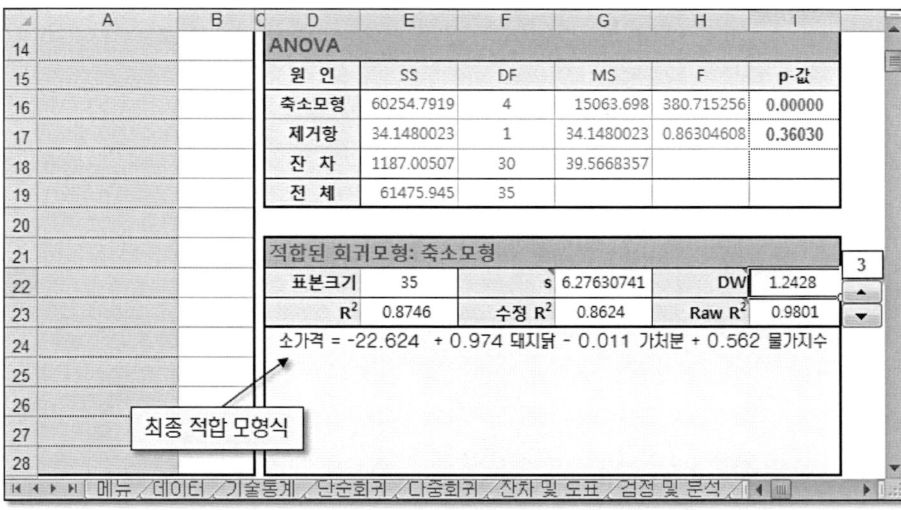

⑤ 다음으로 두 번째 제거해야 할 독립변수를 선택하면 제거할 항의 p-값이 0.10보다 큰 항이 없으므로 변수제거를 종료하게 된다. 여기에서 제거기준 0.10보다 작다는 것은 그 변수가 종속변수에 선형적으로 좋은 영향을 주고 있다는 것을 의미함으로 제거해서는 안 된다. 실제 다른 변수들 중에서 제거하면 ANOVA 표에서 제거항의 p-값이 감소하게 됨으로 더 이

상 제거할 독립변수는 없는 것으로 판단된다. 그러므로 '소생산량'만 제거되어 최종 회귀모형식은 다음과 같다.

$$\widehat{소가격} = -22.624 + \underset{(0.026)}{0.974} \times 돼지닭 - \underset{(0.008)}{0.011} \times 가처분 + \underset{(0.001)}{0.562} \times 물가지수$$

결정계수 : $R^2 = 0.8746\ (87.46\%)$

결과적으로 후진제거법을 사용한 결과 설명변수 '소고기생산량/1인'을 제거할 것을 제안하고 있다. 그러나 '소고기생산량'은 **소가격**을 결정하는 중요한 변수임을 누구라도 인정할 수 있을 것이다. 그럼에도 불구하고 회귀모형에서 제거된 이유는 무엇일까? '소고기생산량'이 선형 회귀식을 접합하는 데 중요하지 않은 변수로 판정되었다는 사실은 선형을 적합하는데 문제의 심각성을 나타낸다. 이는 선형식의 적합이 적절하지 않아 설명변수에서 제외된 것이다. 그렇다면 '소고기생산량'은 곡선 회귀모형이나 시계열 모형으로 적

[그림 13.4b] 소고기 생산량과 소가격 산점도

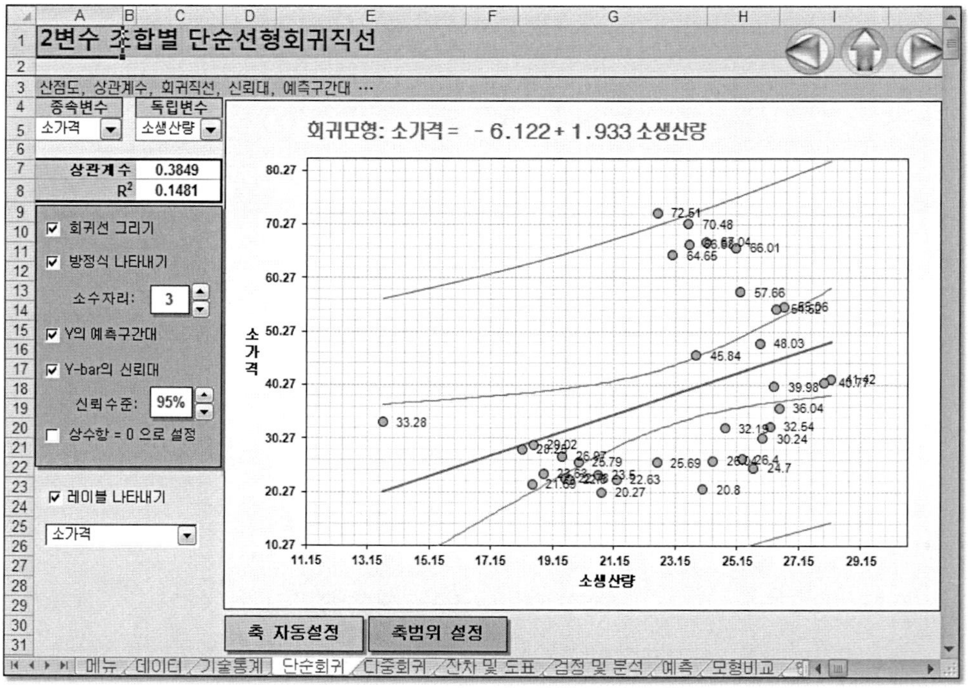

합시켜야 할 것이다. [그림 13.4b]의 산점도를 보면 직선식의 적합이 전체 회귀식에 악영향을 미치는 것을 짐작할 수 있으며, 산점들을 보면 곡선 적합의 필요성을 느끼게 한다. 이러한 경우 '소고기생산량' 변수를 변환하여 직선 적합에 유리하도록 하여 다시 회귀분석을 시도하는 것도 좋은 방법이라 할 수 있으나 변수를 변환하는 일반적인 규칙은 없다. 변환은 로그변환, 제곱근, 역수, 제곱 등 여러 가지 변환을 생각할 수 있으며, 이렇게 변환된 변수에 대해 산점도를 그려 보고 회귀모형에 적합해 보면 보다 개선된 해법을 찾을 수 있을 것이다.

[Training 13.4b] 다음은 교통사고의 원인을 알아보기 위하여 1973년 미국 미네소타주의 도로 39개구간에서 자동차 주행거리 100만 마일당 사고의 횟수를 반응변수로 하고 사고의 원인이 될 수 있을 것으로 예상되는 10개의 설명변수를 얻은 데이터이다.

y : 100만 마일의 자동차 주행거리당 사고의 횟수

x_1 : 구간의 길이 (miles)

x_2 : 하루 평균 통과 자동차 수(천대)

x_3 : 트럭의 비율

x_4 : 제한속도(mile/hour)

x_5 : 차선의 폭(feet)

x_6 : 갓길의 폭(feet)

x_7 : 1마일당 고속도로 진입로의 수

x_8 : 1마일당 신호등이 있는 교차로의 수

x_9 : 1마일당 진입로의 수

x_{10} : 차선의 수

y	x_1	x_2	x_3	x_4	x_5	x_6	x_7	x_8	x_9	x_{10}
4.58	4.99	69	8	55	12	10	1.20	0	4.60	8
2.86	16.11	73	8	60	12	10	1.43	0	4.40	4
3.02	9.75	49	10	60	12	10	1.54	0	4.70	4
2.29	10.65	61	13	65	12	10	0.94	0	3.80	6
1.61	20.01	28	12	70	12	10	0.65	0	2.20	4
6.87	5.97	30	6	55	12	10	0.34	1.84	24.80	4
3.85	8.57	46	8	55	12	8	0.47	0.70	11.00	4
6.12	5.24	25	9	55	12	10	0.38	0.38	18.50	4
3.29	15.79	43	12	50	12	4	0.95	1.39	7.50	4
5.88	8.26	23	7	50	12	5	0.12	1.21	8.20	4
4.20	7.03	23	6	60	12	10	0.29	1.85	5.40	4
4.61	13.28	20	9	50	12	2	0.15	1.21	11.20	4
4.80	5.40	18	14	50	12	8	0	0.56	15.20	2
3.85	2.96	21	8	60	12	10	0.34	0	5.40	4
2.69	11.75	27	7	55	12	10	0.26	0.60	7.90	4
1.99	8.86	22	9	60	12	10	0.68	0	3.20	4
2.01	9.78	19	9	60	12	10	0.20	0.10	11.00	4
4.22	5.49	9	11	50	12	6	0.18	0.18	8.90	2
2.76	8.63	12	8	55	12	6	0.14	0	12.40	2
2.55	20.31	12	7	60	12	10	0.05	0.99	7.80	4

후진선택법을 이용하여 최적모형을 구해보라.

모든 변수들을 다 사용하여 회귀모형을 적합해 보면 문제가 생길 것이다. 이는 어떤 변수의 변수값이 모두 동일한 값으로 입력된 '차선의 폭(x_5)' 변수 때문이다. 이 변수를 제외하고 실행해야 된다.

Introduction to
Behaviorally Statistical Data Analysis
using SixSigma Tools 2007, Excel 2010 VBA Solution

14

비모수 검정

⇨14.1 서 론

사카린과 담배는 일반적으로 암을 유발시킨다고 알려져 있는 반면에 살구씨, 복숭아씨 또는 인터페론 같은 것들은 암을 치료하는 데 효과가 있다고 한다. 근래에 커피와 당근도 각각 암을 유발하고 치료하는 데 영향을 미치는 것으로 보고되었다. 이러한 것들은 모두 실험적인 것이고 또 매우 복잡한 요인들이 작용한다. 이러한 증거는 주로 동물 실험이나 환자의 병력을 토대로 한 것으로 사실 많은 문제가 있다. 동물에 어떤 시약을 투여한 결과 또는 오랜 기간 동안 조금씩 사용한 결과를 근거로 어떤 사실을 사람에 대하여 예측한다는 것은 사실 많은 문제가 있다.

사람들의 생활 습관을 구성하는 요소들을 따로따로 분리하여 각 요소별로 어떤 영향을 주는가를 밝히는 것은 매우 어려운 일이다. 예를 들어 비만, 운동 부족, 커피, 음주, 흡연, 도시 생활 등과 카페인의 영향을 어떻게 밝힐 것인가?

음식물의 섭취 또한 암의 유발과 발전 과정에 밀접한 관련이 있다고 한다. 예를 들어 지방의 섭취와 유방암 및 결장암은 서로 양의 상관관계를 가진다.

또 근래에 다이어트와 종양의 상관관계가 조사되었다. 같은 나이, 같은 종, 같은 물리적 조건 하에서 세 그룹의 동물들에 종양 세포를 이식하였다. 그리고 세 그룹의 동물들에 각각 포화 지방, 불포화 지방, 저지방을 먹여 그 관계를 조사하였다. 포화 지방을 먹인 동물에 있어서 종양 세포가 활성화되는 시간이 서로 다르다는 가설을 검정하려 한다. 만약 이 두 그룹의 시간이 각각 정규분포를 따른다면 T-검정을 이용하여 두 모평균이 같다는 가설을 검정할 수 있을 것이다. 그러나 걸린 시간의 분포가 정규분포가 아니고 또 표본의 크기가 작으면 분포에 대한 기본 가정을 필요로 하지 않는 통계적 기법을 이용해야 한다.

두 가설검정을 요약하면 모수적 방법(parametric method)은 관측값이 어느 특정한 확률분포(이를테면 정규분포, 이항분포 등)를 따른다고 전제한 후 그 분포의 모수(parameter)에 대한 검정을 실시하는 방법이며, 비모수적 방법(nonparametric method)은 관측값이 어느 특정한 확률분포를 따른다고 전제할 수 없는 경우에 실시하는 검정방법으로 모수에 대한 언급이 없으며 분포무관방법(distribution free method)이라고 하기도 한다. 비모수적 방법의 특징은 다음과 같다.

비모수적 방법의 특징

① 최소한의 가정을 전제로 하므로 가정이 만족하지 않음으로써 발생하는 오류를 줄일 수 있다는 점이며,
② 대부분의 경우 관측값보다는 상대적 순위를 이용하여 검정통계량을 유도하므로 서열척도로 관측된 데이터의 검정에 유용하다는 점이며,
③ 계산과정이 단순하고 통계적 의미를 이해할 수 있으므로 통계에 대한 깊은 지식을 필요로 하지 않는다는 점을 들 수 있다.

이상에서 설명한 비모수 방법이 적절한 경우를 요약해 보면 다음과 같다.

비모수 방법이 적절한 경우

1. 모집단이 정규분포를 하지 않는 경우
2. 표본크기가 작아서 그러한 주장을 입증하기 곤란한 경우
3. 모집단의 모수 수치에 관해 언급하지 않은 가설을 검정할 때
4. 모집단의 함수 형태가 알려져 있지 않을 때(일반적으로 모수적 방법에 비해 분포의 가정이 완화되거나 또는 가정이 없이 사용된다.)
5. 이상점(outliers)이 존재하는 경우
6. 데이터의 측정수준이 서열척도일 경우

- 대부분의 비모수적 방법은 실제의 양적 관측값에 의존하지 않고 이들의 상대적 평가에 의존한다.
- 많은 경우에 정규분포하의 방법과 비교했을 때 주어진 표본이 정규분포를 따를 때에도 검정력에 큰 손실이 없으며, 정규분포와 판이한 분포일 경우에는 이의 검정력은 정규분포에 의한 방법보다 크다.

[표 14.1] 비모수적 검정의 분류와 모수검정과의 비교

데이터구조	명목척도	서열척도	정규분포가정하에서의 모수검정
단일표본	χ2 RUNS (연의 검정)	Kolmogorov-Smirnov	일표본 T-검정
두 개의 연관된 분포	McNemar	Sign Wilcoxen	대응표본 T-검정
K개의 연관된 분포	Cochran's Q	Friedman Kendall	완전난괴설계 (2요인 분산분석)
두 개의 독립표본		Median Mann-Witney Kolmogorov-Smirnov Wald-Wolforwitz Moses	독립표본 T-검정
K 개의 독립표본		Median Kruskal-Wallis	1요인 분산분석

[표 14.1]을 참고하여 모수검정법과 비모수 검정법을 비교해 보면 어떤 경

우에 어떤 비모수검정법을 사용해야 할지를 판단할 수 있다.

⇛14.2 2표본 검정

14.2.1 대응표본에 대한 부호검정법(sign test)

비모수적 검정법에서 가장 전통적인 방법으로 사용하기에 간편하며 이항분포를 사용하여 검정하게 된다. 정규분포에 대한 가정을 할 수 없으며, 가지고 있는 데이터가 서열척도 이상의 측정수준일 때에 활용할 수 있고, 평균보다는 중위수에 중점을 두는 검정법이다.

부호검정(sign test)은 위치모수에 대한 비모수적 검정 중에서 가장 기본적인 개념인 부호를 사용하는 검정법으로서 위치모수의 값 θ_0보다 큰 관측값의 개수만을 이용하여 검정하는 것이 그 특징이다. 부호검정은 대응표본에 대한 평균 간의 차이를 검정하는 절차로서 대응표본 T-검정에 대한 비모수적 검정방법으로 사용된다.

1. **부호검정통계량** $B=\sum_{i=1}^{n}\psi_i$

$$\psi=\begin{cases}1,\ X_i>\theta_0\text{일 때}\\0,\ X_i\leq\theta_0\text{일 때}\end{cases}$$

B는 θ_0보다 큰 관측값의 개수를 나타낸다.

2. **검정법**

H_1 : $\theta\neq\theta_0$ 일 때

$$B \geq b_{\frac{\alpha}{2}}\left(n, \frac{1}{2}\right) \quad \text{또는} \quad B \leq b_{1-\frac{\alpha}{2}}\left(n, \frac{1}{2}\right) \text{이면} \quad H_0 \text{를 기각}$$

3. 동률처리

표본 중에서 θ_0와 같은 관측값이 있는 경우에는 그 관측값을 표본에서 제외시키고 크기를 그 개수만큼 줄인 후에 부호검정을 실시한다. 관측값 중에서 동률이 있는 경우, 그 값이 θ_0와 같지만 않으면 이러한 값들은 검정 절차에 아무런 영향도 주지 않는다.

[CaseStudy 14.2a]

두 생산라인 'Line**1**', 'Line**2**'에서 생산된 전구를 10일 동안 관측한 결과 각 생산라인의 일별 불량품의 수가 [표 14.2a]와 같이 관측되었다.

[표 14.2a] 두 생산라인에서 생산된 전구 중 불량품의 수

일 자	생 산 라 인	
	Line1	Line2
1	170	201
2	179	164
3	140	159
4	184	195
5	174	177
6	142	170
7	191	183
8	169	179
9	161	170
10	200	212

두 생산라인의 일별 생산량이 동일하다고 할 때 위의 자료를 이용하여 두

생산라인에서 생산된 제품 중에서 불량품 수의 분포가 동일한가를 검정하기 위하여 다음과 같은 가설을 설정한다.

H_0: 두 생산라인의 일별 생산량 중에서 불량품 수의 분포는 동일하다.

H_a: 두 생산라인의 일별 생산량 중에서 불량품 수의 분포는 동일하지 않다.

엑셀에서 대응표본에 대한 부호검정을 수행하려면 [Sign Test]를 이용하여 두 대응표본을 지정하면 된다. 또한 다른 방법으로 두 대응표본의 차이값을 계산한 다음 이 차이값을 가지고 일표본 부호검정을 실시하도 동일한 결과를 얻을 수 있다.

① 분석(Analyze) > 집단비교 > 비모수검정... → Sign Test 시트로...

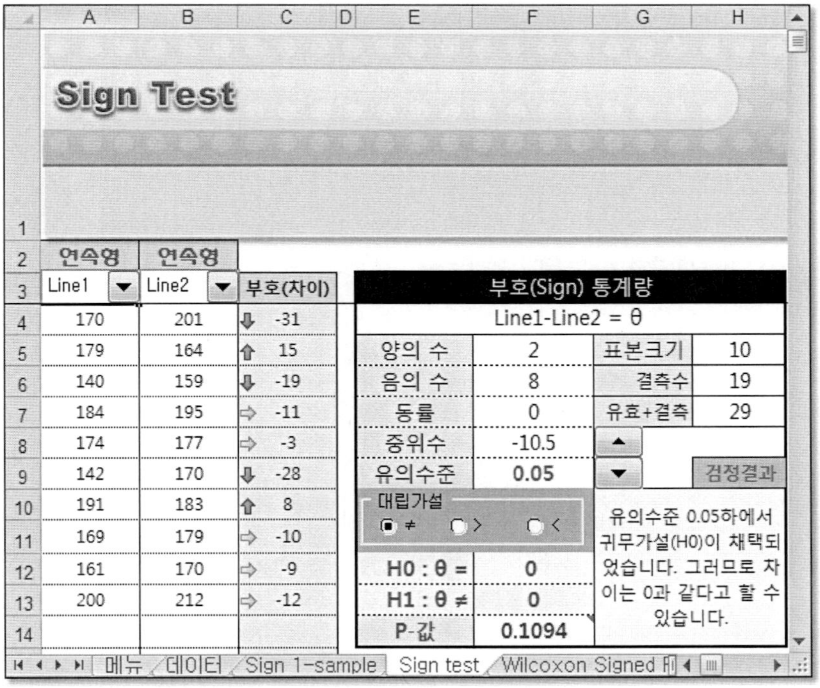

② 분석(Analyze) > 집단비교 > 비모수검정... → 1-sample Sign 시트로...

을 선택한 후 다음과 같이 차이(=Line1-Line2)를 계산하여 지정하면 **'대응 2-표본 부호검정'**을 수행할 수 있다. 여기에서 검정 중위수값을 '0'으로 지정해야 한다.

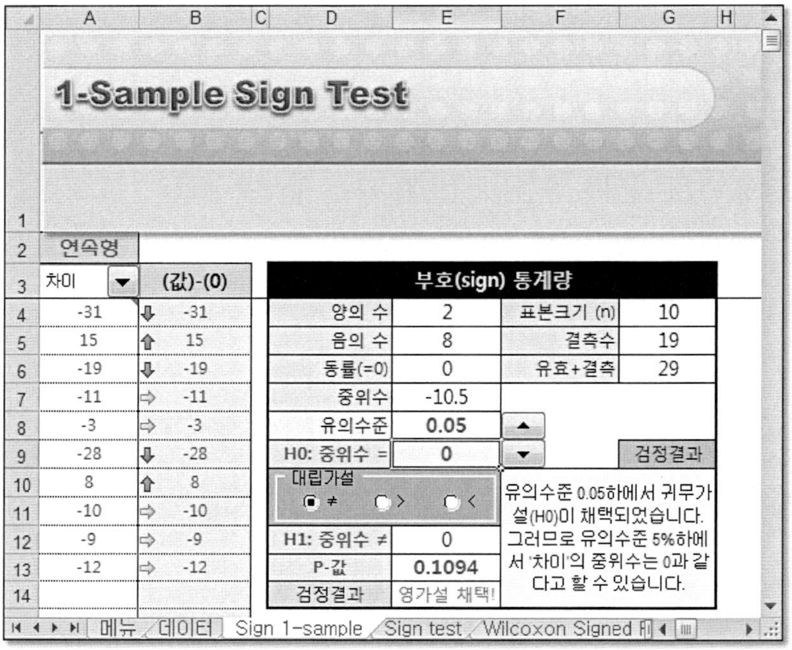

'Line**1**'에서의 불량품의 수에서 'Line**2**'의 불량품의 수를 빼서 양의 수(+), 음의 수(−), 동률(=0)등이 계산되어 있다. 즉, +부호가 2개이고 −부호가 8개, 그리고 동률은 0으로 없는 것으로 나타났다. 검정통계량은 +부호(양수 차)의 개수이므로 검정통계량의 귀무가설 분포는 이항분포(Binomial)인 B(10, 1/2)를 따른다. 그러나 여기에서는 가설이 양쪽검정이므로 P-값은 0.1094로 유의수준 0.05보다 크므로 귀무가설을 기각할 만한 충분한 증거를 제시하지 못한다. 즉, 두 생산라인의 일별 생산량 중에서 불량품의 수의 분포는 동일하다는 결론을 내릴 수 있다.

14.2.4 대응 2표본의 윌콕슨 부호순위검정

윌콕슨 부호순위 검정(Wilcoxen Signed-Ranks Test)은 관측값이 θ_0보다 크고 작음뿐만 아니라 관측값의 상대적인 크기도 고려하여 검정을 실시하는 방법이다.

윌콕슨 대응표본 비교는 두개의 추정치 값의 차이의 방향과 정도를 동시에 고려하는 방법이다. 따라서 윌콕슨 대응 비교는 대응되어 있는 두 측정치 중에서 어느 것이 더 크며 여러 가지 대응 중에서 어느 것이 더 큰 차이를 보이는 가를 알아야 한다.

(1) 분석방법

윌콕슨 대응비교도 역시 대응 비교하는 두 측정치간의 차이가 '0'인지를 검정하는 것이며 그 방법으로 차이의 정도와 그 방향을 사용한다. 따라서 귀무가설은 "Ho:쌍을 이루는 측정치간의 차이는 없다" 혹은 "차이의 Median값이 '0'이다"라고 할 수 있다.

구체적인 방법을 알아보면 쌍을 이루고 있는 차이의 절대값에 따라 순위를 매기고 그 순위의 차이의 영향을 나타내는 부호 (+,-)를 붙이는 것이다. 또한 만약 차이가 없으면 분석에서 제외시키며 차이가 동일하면 동일한 서열의 중간값을 택한다.

(2) 검정통계량

부호순위검정을 위한 통계량은 부호순위에서 양과 음의 순위합의 최소값을 사용하며 이를 다음과 같이

$$T = \min(T^+, T^-)$$

로 나타낸다. 여기에서 T^+는 양의 순위합, T^-는 음의 순위합이다. 이때 T의 평균은 $n(n+1)/4$이고, 분산은 $n(n+1)(2n+1)/24$가 된다. 만일 표본수가 커서 25개 이상이면 통계치 T는 정규분포를 이루게 된다. 따라서 Z-검정을

이용할 수 있다. 이때

$$Z = \frac{T - n(n+1)/4}{\sqrt{\frac{n(n+1)(2n+1)}{24}}} \sim N(0,1)$$

이 된다.

[CaseStudy 14.2b]

두 생산라인 'Line**1**', 'Line**2**'에서 생산된 전구를 10일 동안 관측한 결과 각 생산라인의 일별 불량품의 수를 기록한 [표 14.2a]의 데이터를 사용해 보자.

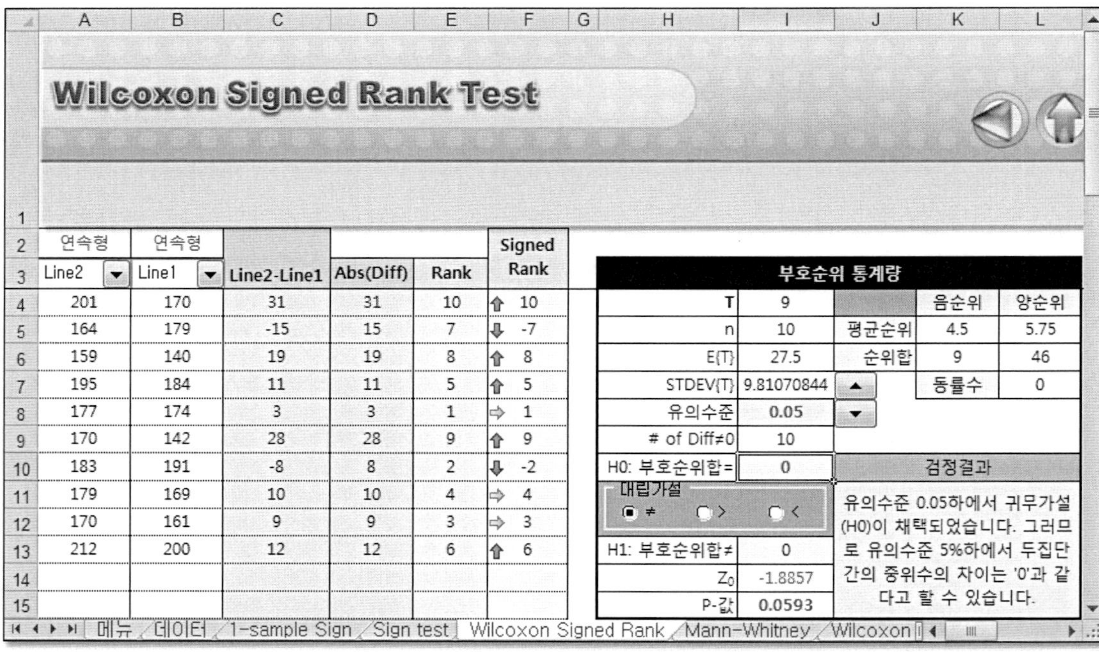

Wilcoxon Signed Rank Test

연속형 Line2	연속형 Line1	Line2-Line1	Abs(Diff)	Rank	Signed Rank
201	170	31	31	10	10
164	179	-15	15	7	-7
159	140	19	19	8	8
195	184	11	11	5	5
177	174	3	3	1	1
170	142	28	28	9	9
183	191	-8	8	2	-2
179	169	10	10	4	4
170	161	9	9	3	3
212	200	12	12	6	6

부호순위 통계량

			음순위	양순위
T	9			
n	10	평균순위	4.5	5.75
E(T)	27.5	순위합	9	46
STDEV(T)	9.81070844		동률수	0
유의수준	0.05			
# of Diff≠0	10			
H0: 부호순위합=	0	검정결과		
대립가설	≠ / > / <			
H1: 부호순위합≠	0			
Z_0	-1.8857			
P-값	0.0593			

검정결과: 유의수준 0.05하에서 귀무가설(H0)이 채택되었습니다. 그러므로 유의수준 5%하에서 두집단간의 중위수의 차이는 '0'과 같다고 할 수 있습니다.

여기에서는 가설이 양쪽검정이므로 P-값은 0.0593으로 유의수준 0.05보다 크므로 귀무가설을 기각할 만한 충분한 증거를 제시하지 못한다. 결국 두 생산라인의 일별 생산량 중에서 불량품의 수의 분포는 동일하다는 결론을 내릴 수 있다.

14.2.5 **독립 2표본의** Mann-Whitney **검정법**

앞에서 설명한 중위수 검정법은 그 두 표본의 관측변수가 서열척도로 측정되었으나 그러한 정보를 최대한으로 활용하지는 못한다. 즉 관찰된 수치를 단순히 중위수에 비교하여 큰지 작은지 만을 살펴보기 때문에 그 규모에 대해서는 많은 정보를 낭비하는 셈이다. 원하는 가설을 검정하는데 있어 자료에 있는 정보를 더 많이 이용할 수 있는 방법이 있다면 이를 활용하는 것이 좋다. 이러한 경우 중위수 검정법을 대신하여 사용할 수 있는 방법이 Mann-Whitney 검정법이다. 이 검정법은 Wilcoxon의 순위합 검정이라고도 하며, 관측값의 순위를 기초로 하고 있으므로 중위수 검정법보다 더 많은 정보를 활용하게 되는 방법이다.

1. **검정통계량**

$$U = mn + \frac{m(m+1)}{2} - W$$

W: 두 개의 표본을 혼합한 순위 중 순위합이 작은 집단의 순위합

n: 두 개의 표본을 혼합한 순위 중 순위합이 작은 쪽의 표본의 개수

2. **기타 고려사항**

표본의 수가 20개가 넘어가면 통계량 U는 정규분포를 이루게 되어 Z-test를 해도 무방하다. 즉

$$Z_0 = \frac{U - \frac{mn}{2}}{\sqrt{\frac{mn(m+n+1)}{12}}} \sim N(0, 1)$$

를 이용하면 된다. 이 방법은 상당히 검정력이 뛰어나다고 알려져 있다.

[CaseStudy 14.2c]

흡연이 운전기술에 미치는 영향을 평가하기 위하여 경력 5년 이상의 모범 운전자를 무작위로 추출하여 이들의 운전 습관, 주의력, 속도감 등을 점수화한 결과가 다음과 같다. 두 집단 사이의 운전기술에 차이가 있는지 검정하시오.

[표 14.2c] 흡연자와 비흡연자의 운전기술 점수

흡연자	28	53	39	27	41	68	27	28	45	48	65	78		
비흡연자	32	35	61	43	82	44	78	38	85	63	46	30	47	57

① 가설

H_0 : 흡연여부에 따른 운전기술점수의 차이가 없다.

H_1 : 흡연여부에 따른 운전기술점수의 차이가 있다.

▶ **분석(Analyze) > 집단비교 > 비모수검정... → Mann-Whitney...**

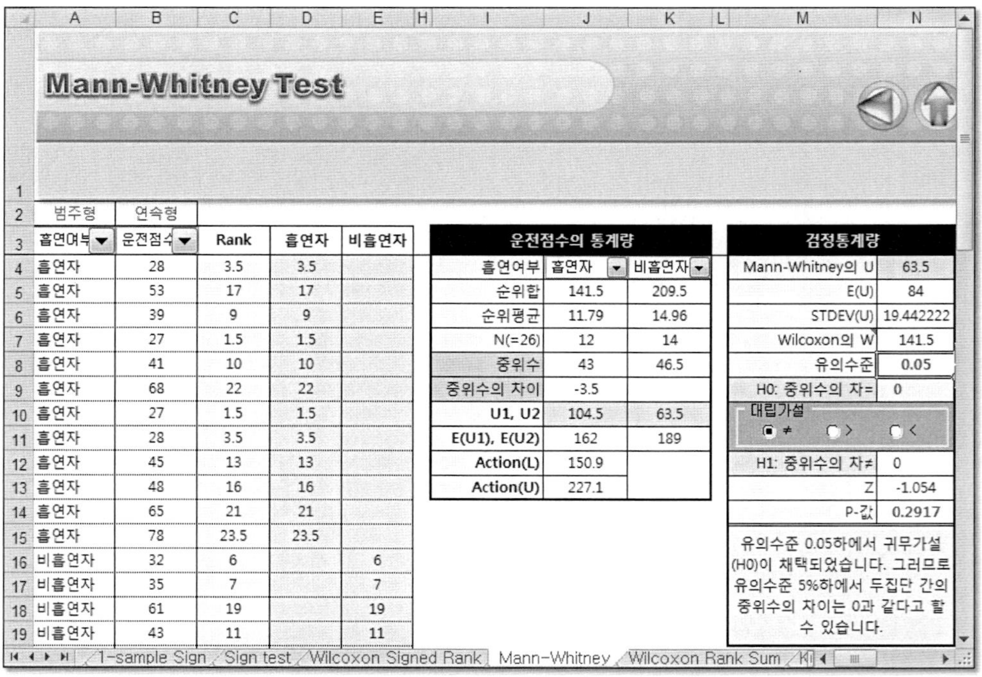

② 검정통계량

Mann-Whitney U 통계량은

$$U = mn + \frac{m(m+1)}{2} - W$$

이므로 흡연자 집단을 U_1, 비흡연자 집단을 U_2라고 하면 각각 다음과 같이 계산된다.

$$U_1 = (14)(12) + \frac{(14)(14+1)}{2} - (141.5) = 104.5$$

$$U_2 = (12)(14) + \frac{(12)(12+1)}{2} - (209.5) = 63.5$$

여기에서 Mann-Whitney U는 U_1과 U_2 값 중 작은 값을 사용한다. 그러므로 다음과 같이 계산된다.

$$U = \min(U_1, U_2) = \min(104.5,\ 63.5) = 63.5$$

③ 결과를 보면 흡연자 집단은 12개 케이스의 중위수는 43으로 나타났고, 비흡연자 집단의 14개 케이스의 중위수는 46.5로 나타났다. 즉, 이 두 집단의 중위수가 서로 비슷한 값이면 H_0이 채택되기가 쉬우며, 서로 차이가 크면 H_0은 기각되기가 쉬울 것이다. Mann-Whitney의 U 통계량은 63.5로 계산되었으며, W=141.5는 Wilcoxon의 순위합(rank sum)인 W 통계량의 값으로서 관측값의 수가 적은 집단의 순위합을 나타낸다. 정확한 유의확률의 P값 0.2917은 동률(ties)에 의해 수정되지 않은 값으로 유의수준 0.05보다 크므로 H_0을 기각할 수 없다. 그러므로 "흡연자와 비흡연자 집단 사이의 운전기술의 차이가 없다"고 판단한다.

⇨14.3 독립된 K개의 표본 비교분석

14.3.1 순위에 의한 Kruskal-Wallis 일원분산분석

크루스칼-윌리스 일원배치분산분석은 k개의 독립된 표본이 서로 다른 모집단에서 나왔는가를 추정하는데 사용된 방법이며 맨-휘트니 U 분석을 다변량 분석으로 확장시킨 것이라고 볼 수 있다.

비모수적 방법으로서 가장 널리 사용되는 방법이 크루스칼-왈리스 검정이다. 이 검정법에서는 혼합표본에서 X_{ij}의 순위인 R_{ij}를 사용하는 것이 특징이다. R_{ij}는 N개의 혼합표본에서 X_{ij}의 순위이다.

1. **가설**

$H_0 : \tau_1 = \tau_2 = ... = \tau_k$ vs $H_1 : \tau$들이 모두 같지는 않다.

2. **크루스칼-왈리스 검정통계량**

$$H = \frac{12}{N(N+1)} \sum_{j=0}^{k} n_j (\overline{R}_j - \overline{R})^2$$

$$\overline{R}_j = \sum_{i=1}^{n_j} R_{ij}, \quad j = 1, 2, \cdots, k$$

[CaseStudy 14.3a]

네 종류의 사료를 사용하여 실험용 쥐를 사육하고 있다. 이 네 종류 사료에 따라서 성장에 차이가 있는지를 검정하기 위하여 네 종류의 사료를 사용하여 12주 동안 사육한 후 체중을 측정하였다. 그 결과 [표 14.3a]와 같다.

[표 14.3a] 사료 종류에 따른 쥐의 체중(사료.xlsx)

사료의 종류			
1	2	3	4
257	201	248	202
205	237	265	276
206	197	187	207
164	185	220	204
190		212	230
214		215	227
228		281	
203			

① 가설

H_0 : 그 모집단들의 분포는 모두 동일하다.

H_1 : 적어도 하나의 모집단은 적어도 하나의 다른 모집단보다 큰 값을 가지고 있다.

▶ **분석(Analyze) > 집단비교 > 비모수검정... → Kruskal Wallis...**

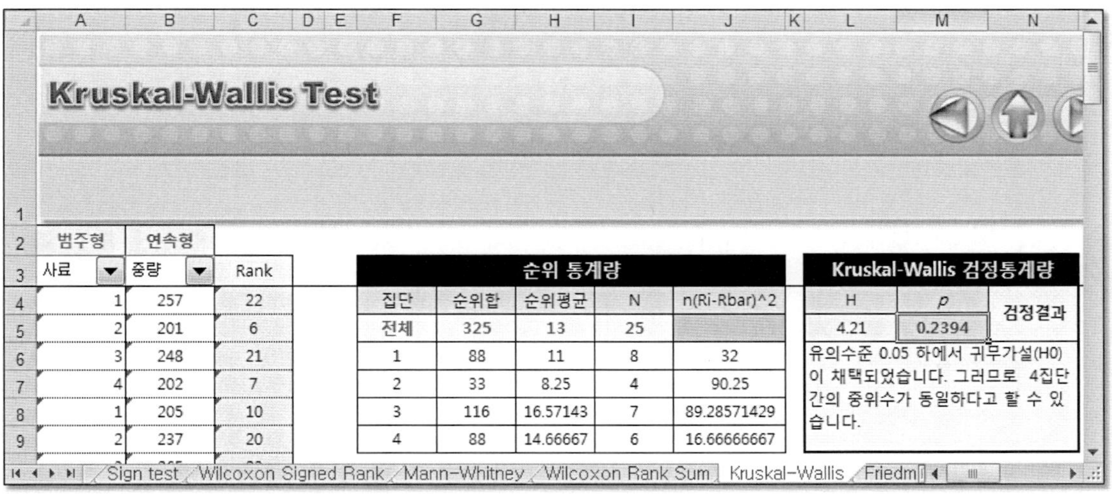

② 검정통계량

$$H=\frac{12}{N(N+1)}\sum_{j=0}^{k}n_j\left(\overline{R}_j-\overline{R}\right)^2$$

$$H=\frac{12}{25(25+1)}\left[8(11-13)^2+\cdots+6(14.7-13)^2\right]=4.21$$

③ 결론 : p-값이 0.239로 유의수준 5%하에서 4개의 모집단간의 쥐의 체중에 유의한 차이가 없다는 결론 내린다. 그러므로 사료의 종류에 따라 쥐의 체중의 차이가 인정되지 않으므로 사료효과는 없다.

Kruskal-Wallis 검정통계량		
H	*p*	검정결과
4.21	0.2394	
유의수준 0.05 하에서 귀무가설(H0)이 채택되었습니다. 그러므로 4집단간의 중위수가 동일하다고 할 수 있습니다.		

14.3.2 Friedman 이원분산분석

프리드만 Two-way ANOVA는 서열척도인 서로 관련된 표본들을 측정하여 동일한 모집단에서 나왔는가를 측정하는 것이다. 즉 N개의 표본에게 서로 다른 상황에서 응답을 측정하여 상황에 따라서 측정치가 다른 조사를 하는 것이다.

크루스칼-왈리스 검정을 적용하기 위해서는 모든 실험단위들이 동질적(homogeneous)이어야 하나 현실적으로 이와 같은 실험을 계획하기가 곤란할 경우에는 동질적인 실험단위들을 같은 블록(block)으로 묶어서 k개의 처리를 실험할 수 있다. 이와 같은 실험계획을 난괴법(randomized complete block design)이라고 하며 이원분산분석(two-way ANOVA)을 통하여 처리효과간의 차이를 효율적으로 분석할 수 있다. 프리드만 검정은 난괴법에 의해 얻어진 데이터를 분석할 수 있는 비모수적 방법 중의 하나이다.

[CaseStudy 14.3b]

화장품 판매량에 대한 시장조사 데이터로서 12군에의 화장품 대리점에서 4종류 브랜드의 유사한 화장품에 대한 일평균 판매량을 나타낸 표이다. 여기서 화장품 '대리점'은 블록(block)으로 취급할 수 있으며 4종류 '브랜드'는 처리(treatment)로 볼 수 있으므로 난괴법에 의한 실험데이터와 같이 취급한다.

[표 14.3b] 화장품 브랜드 판매량(화장품브랜드.xlsx)

대리점	화장품 브랜드							
	A	순위	B	순위	C	순위	D	순위
1	12	4	10	3	7	2	5	1
2	3	4	1	2	2	3	0	1
3	22	3	16	1.5	16	1.5	35	4
4	5	3	1	1	3	2	6	4
5	13	4	9	2	7	1	10	3
6	37	2	37	2	37	2	58	4
7	6	1	8	3	7	2	10	4
8	9	2	13	4	6	1	11	3
9	23	3.5	15	1	17	2	23	3.5
10	10	4	0	1	5	3	3	2
11	9	4	5	2	7	3	2	1
12	16	3.5	9	2	12	1	16	3.5
R.j		38		23.5		24.5		34

① 가설

H_0 : 세 가지 브랜드의 판매량에는 차이가 없다.

H_1 : 적어도 한가지 브랜드의 판매량이 다른 브랜드의 것보다 많다.

▶ **분석(Analyze) > 집단비교 > 비모수검정... → Friedman...**

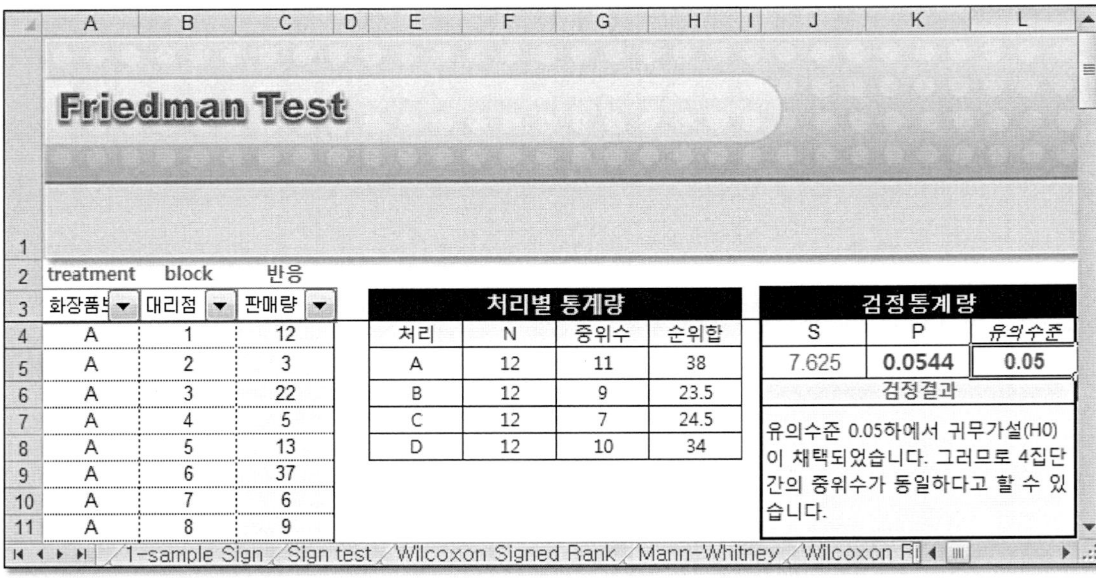
Friedman Test

treatment	block	반응
화장품브	대리점	판매량
A	1	12
A	2	3
A	3	22
A	4	5
A	5	13
A	6	37
A	7	6
A	8	9

처리별 통계량			
처리	N	중위수	순위합
A	12	11	38
B	12	9	23.5
C	12	7	24.5
D	12	10	34

검정통계량		
S	P	유의수준
7.625	0.0544	0.05
검정결과		

유의수준 0.05하에서 귀무가설(H0)이 채택되었습니다. 그러므로 4집단간의 중위수가 동일하다고 할 수 있습니다.

1-sample Sign / Sign test / Wilcoxon Signed Rank / Mann-Whitney / Wilcoxon Ri

② 검정 통계량

$$S = \frac{12}{nk(n+1)} \sum_{j=1}^{k} \left(\sum R_j\right)^2 - 3n(k+1)$$

$$S = \frac{12}{(12)(4)(4+1)} \left[(38)^2 + (23.5)^2 + (24.5)^2 + (34)^2\right] - 3(12)(4+1) = 7.625$$

③ p-값이 0.0544로 0.05로 유의수준 5%하에서 유의한 차이가 인정되지 않는다. 그러나 유의수준 10%에서는 유의하므로 이때는 어느 브랜드의 판매량이 가장 큰 지를 확인해야 한다. 이 경우에는 중위수와 순위합이 가장 큰 브랜드의 판매량이 가장 크다고 할 수 있을 것이다.

⇨14.4 기타 Training 예제

[Training 14.4a] 가전제품의 구매 결정에 있어서 남편과 아내의 영향력을 알아보기 위해 가전제품의 구매 결정에 영향을 미치는 정도를 17쌍의 부부에게 7점 척도로 평가하게 하였다. 유의수준 5% 하에서 남편과 아내는 가전제품의 구매 결정에 있어서 동일한 영향력을 발휘하는지를 검정하시오.

부부 일련번호	남편의 구매 영향력	아내의 구매 영향력
1	5	3
2	4	3
3	6	4
4	6	5
5	3	3
6	2	3
7	5	2
8	3	3
9	1	2
10	4	3
11	5	2
12	4	2
13	4	5
14	7	2
15	5	5
16	5	3
17	5	1

[Training 14.4b] 일련의 훈련 과정에 있어서 엄격한 통과 기준이 있을 때는 통과 기준이 없을 때와 그 결과가 달라질 것으로 예상된다. 한 산업 훈련 기관의 교관이 훈련 과정에 입소한 18명의 훈련원생들을 9명씩 두 집단으로 나누어 한 집단(실험 집단)은 전체의 20% 이내에 든 사람에게만 수료증을 교부한다고 하였으며 다른 집단(통제 집단)에게는 그런 기준을 제시하지

않았다. 일주일 동안의 훈련 기간 동안 매일 저녁 각 훈련원생의 그 날의 성적을 알림판에 공고하였으며, 최종적으로 3일간의 성적을 평균한 성적은 다음과 같다. 유의수준 5%하에서 두 집단의 성적이 동일한지를 검정하시오.

실험 집단	25	15	17	19	12	17	15	12	8
통제 집단	12	16	6	13	13	3	10	10	11

[Training 14.4c] 알코올 섭취가 자동차의 운전 능력에 얼마나 영향을 주는지 살펴보고자 12명의 운전자들을 대상으로 각각 50ml, 100ml, 150ml 등의 알코올을 차례로 섭취하도록 한 후 운전 능력을 측정하여, 20개의 장애물 중에 쓰러뜨린 장애물의 개수가 다음과 같다. 유의수준 5% 하에서 알코올 섭취가 운전 능력에 영향을 주는지를 검정하시오.

운전자	50ml	100ml	150ml
1	6	11	13
2	6	7	12
3	7	9	11
4	15	11	10
5	14	16	18
6	11	19	19
7	8	7	15
8	5	11	16
9	4	12	16
10	2	13	17
11	8	7	14
12	4	12	19

[Training 14.4d] 실험실의 쥐는 음식차단 시간에 따라 음식 섭취량에

심각한 차이가 있는지를 조사하기 위하여, 0, 24, 48시간 동안 음식을 차단한 쥐가 섭취한 음식의 양(단위:g)을 조사하여 다음과 같은 데이터를 얻었다. 음식 차단 시간의 세 수준에서 음식물 섭취량이 다르다고 할 수 있는가? 프리드만 검정을 시행하라.

번호(블록)	음식차단시간		
	0	24	48
1	3.5	5.9	13.9
2	3.7	8.1	12.6
3	1.6	8.1	8.1
4	2.5	8.6	6.8
5	2.8	8.1	14.3
6	2.0	5.9	4.2
7	5.9	9.5	14.5
8	2.5	7.9	7.9

[Training 14.4e] 네 종류의 벼의 수확량을 조사하기 위하여 조건이 다른 6개의 블록에서 다음의 데이터를 얻었다. 벼의 종류에 따라 수확량에 심각한 차이가 있는가? 프리드만 검정을 시행하라.

블록 \ 벼의종류	A	B	C	D
1	30.4	28.8	33.0	31.8
2	33.9	25.5	32.7	33.5
3	32.7	27.3	34.5	34.5
4	34.9	29.3	36.0	33.8
5	31.9	27.5	36.5	34.5
6	35.4	28.3	34.2	36.0

IV

통계적 공정관리
Statistical Process Control

품질혁신은 갈수록 더욱 더 중요한 요소가 되어가고 있다. 그 핵심이 고객 욕구의 정점에 있기 때문이다. 고객니즈의 3요소는 가격, 품질, 적시배송이다. 그런데 품질향상을 도모하다 보면 결함이 감소하고 사이클 타임이 줄게 되어 비용과 시간이 절감되는 효과가 있음을 모든 제조 및 서비스, 공공 분야에서 속속 확인되고 있다. 그러므로 품질 문제는 기업의 핵심전략임에 틀림이 없다. 친절운동 이전에 품질을 향상시켜야 함이 먼저다. 품질은 제조품질도 있으나 서비스 품질도 있다. 통계적 공정관리, 즉 SPC(statistical process control)는 품질을 모니터하고 지속적으로 관리하는 데 중점을 두는 필수적인 도구이다. 품질을 향상하고 개선하는 핵심 도구가 실험계획법(DoE)이라면 지속적인 품질을 유지 관리하기 위한 도구는 SPC라고 할 수 있다. 또한 제품/서비스 어느 분야든지 SPC를 활용가능하다. 그리고 매우 쉽고 효과적임이 보고되고 있다. 그리고 매우 상식적인 개념을 포함하고 있어서 자세한 이론을 배울 필요조차 없다. 물론 통계학자들은 알아야 한다고들 하지만 학습노력 대비 실익이 없거나 아주 미비하기 때문에 전혀 고려할 필요가 없다. 툴을 잘 활용하는 방법만 알면 된다. 진정 그렇다.

QC 7가지 도구

공정에서 생산된 제품의 품질을 개선하고 유지하기 위해서는 제조공정이 안정되고 반복적일 수 있어야 한다. 이를 위해서는 공정에 관련된 모든 인원들이 공정능력을 개선하고 품질특성치의 변동을 줄이려는 지속적인 노력이 절대적으로 필요하다. 온라인 관리활동은 이 목적을 위한 주된 수단이며 관리도는 온라인 관리활동의 대표적 기법이라 할 수 있다.

기본적으로 공정관리는 어떤 공정에서도 적용될 수 있으며 7가지 도구로 다음을 들 수 있다.

① 히스토그램(Histogram)

② 체크시트(Check Sheet)

③ 파레토 도표(Pareto Chart)

④ 특성요인도(Cause and Effect Diagram)

⑤ 결점집중도(Defect Concentration Diagram)

⑥ 산점도(Scatter Diagram)

⑦ 관리도(Control Chart)

이상의 7가지 도구는 흔히 'QC 7가지 도구'라고 하며 하나의 도구를 독립적으로도 사용할 수 있으나 서로 연결되고 결합하여 사용하는 것이 더욱 더 바람직하다.

⇨15.1 히스토그램

히스토그램(histogram)은 연속형인 데이터의 구간 값에 해당하는 상대빈도를 막대의 높이로 나타낸 그림으로서 범주형 데이터를 범주별 빈도/비율로 나타내는 막대도표(bar chart)와는 구별된다. 연속형 자료의 경우에는 데이터가 취하는 값의 범위를 일정한 크기의 구간으로 나눈 다음 구간의 대표값에 대한 상대빈도를 나타낸다. 상대빈도 대신에 필요에 따라 비율이나 퍼센트 나타내는 경우도 있으나 일반적으로 상대빈도를 주로 나타내는 것이 일반적인 형태이다.

히스토그램은 데이터 전체에 대한 이상원인 유무 파악하고 단일변수의 분포의 모양을 한 눈에 파악할 수 있다. 또한 분포의 중심과 그 중심경향으로부터 퍼짐정도를 시각적으로 가늠해 볼 수 있는 유용한 도구이다. 히스토그램의 여러 형태에 따른 특성을 판단한 예를 [표 15.1]에 수록하였다. 이 표의 해설은 절대적인 의미는 결코 아니다. 단지 그럴 수 있는 가능성만을 받아들여야 하며 여러 해설의 본질은 데이터가 동질적이지 않은 원인을 찾아 해결하도록 해야 한다는 것이다.

[표 15.1] 여러 가지 히스토그램에 대한 해설

히스토그램 형태	해설
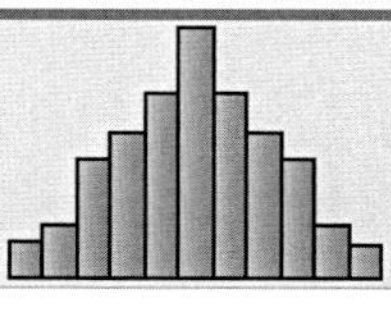	✔ 정상형 : 분포의 중앙이 높고, 좌우 대칭으로 자락을 끌고 있다. 안정된 공정에서 얻어진 Data는 보통 이런 형태의 분포를 나타낸다.

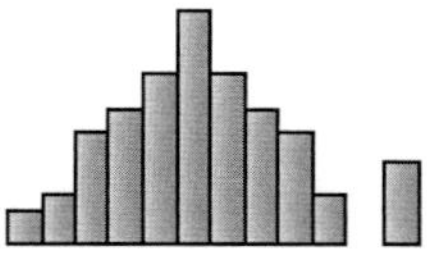	✔ 이상점형 : 분포의 나머지로부터 이탈된 데이터를 포함. 만약 이탈된 막대가 있다는 사실을 잊고 보면, 정규곡선을 닮은 곡선을 볼 수 있음. 이상점이 발생한 원인을 추적하여 제거함. 또는 질이 다른 것이 근소하게 포함되어 있는 경우에 나타나는데, 아침에 가공을 시작한 직후의 부품의 치수가 정상에 비해 큰 경우, 측정기의 조정이 불충분하여 때때로 이상치를 가리키는 경우.
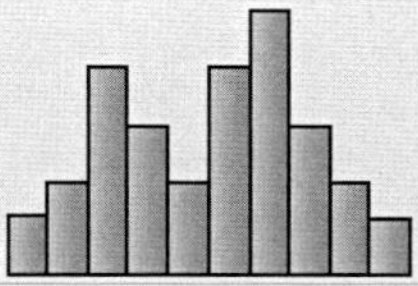	✔ 쌍봉형 : 두 개의 정점을 가지고 있는 분포. <Quick Action>. 이 같은 분포는 Sub Grouping이 제대로 되지 않은 경우임. 만약 자세히 보면, 이 모양이 나란히 놓인 두개의 정규분포를 닮은 것임을 볼 수 있음. 2개의 집단으로 층별하여 다시 볼 필요가 있음.
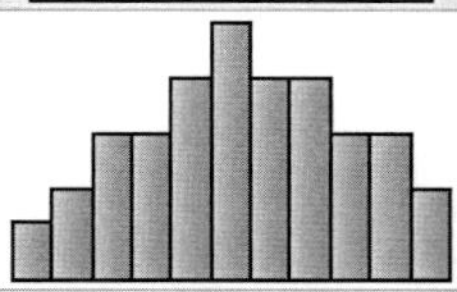	✔ Flat : 한 개의 정점을 갖고 중심으로부터 멀어질수록 계속해서 줄어들지 않기 때문에 Flat으로 불림. 평균이 근소하게 다른 몇 개의 분포가 서로 섞였을 때 나타남. 이것은 데이터를 제대로 층별시키지 못했거나 과도한 산포가 있음을 나타냄.
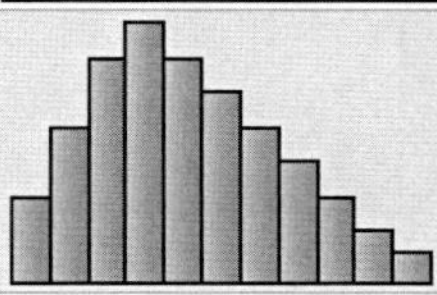	✔ 치우침 형 : 한 개의 정점을 가지고 양쪽으로 계속해서 감소하나 모양이 대칭이 아님. 가파른 쪽에 제약조건이 있을 경우에 나타나기도 함. 부품의 지름, 두께 등이 규격하한보다 작아지면 재생 불능 시 나타남. 이 분포는 한쪽에 비정규 산포가 존재함을 나타냄.
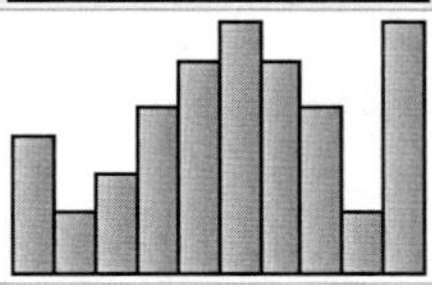	✔ Bunched at Extremes : 중심에 정점을 가지고 양쪽 끝 또는 한쪽에도 정점을 가짐. 이러한 이상한 모양은 주로 데이터 기록 실수를 나타냄
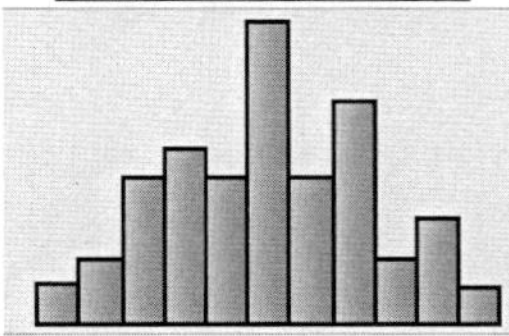	✔ 이 빠짐 형 : 히스토그램의 계급 폭을 측정단위의 정수배로 잡지 않거나, 측정자의 눈금을 보는 방법에 개인적인 경향이 있을 때. 또는 측정기 최소 눈금이 1이 아니고 2나 5거나 하면 나타날 수 있음.
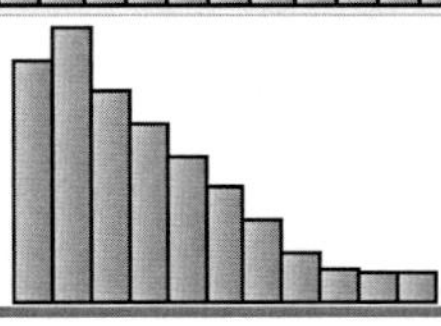	✔ 낭떠러지 형 : 불량을 선별 납입하거나, 규격 이하의 데이터를 제외하고 기록한 경우. 원인을 규명하여 공정을 개선할 필요가 있음.

[그림 15.1]은 히스토그램을 이용하여 공정의 능력을 시각적으로 평가하고 그림과 함께 공정능력을 평가할 수 있는 다양한 통계량들을 제공하고 있다. 이 결과는 DoE MasterWare 7에 의해 출력한 그림이다.

[그림 15.1] 히스토그램에 의한 공정능력 평가

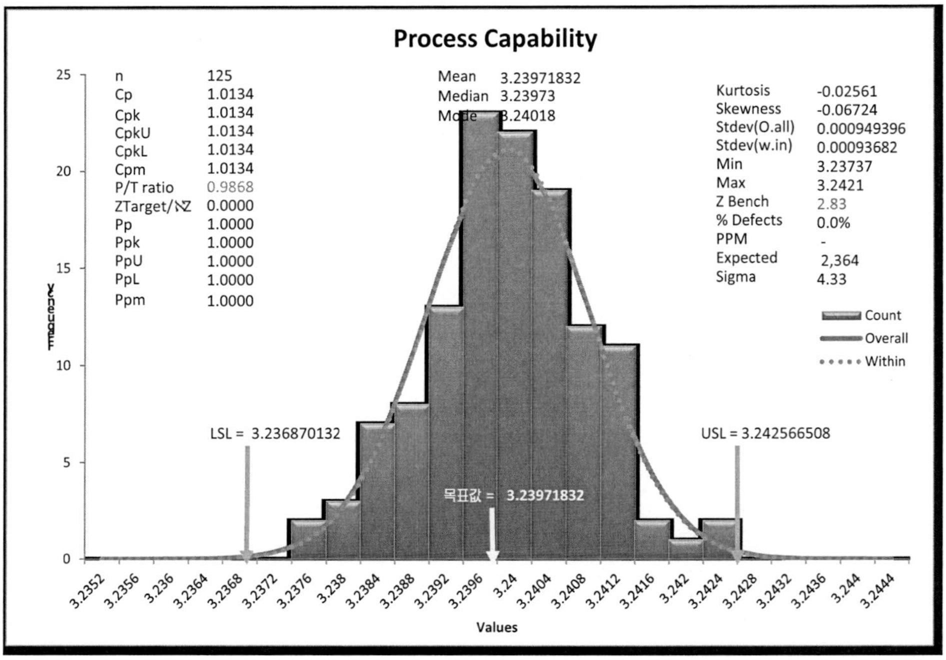

➩15.2 체크시트

통계적 공정관리를 수행하는 데에 있어서 초기단계에는 현재 조사하고 있는 공정에 관한 과거와 현재의 데이터를 수집하는 것이 종종 필요하다. 체크시트는 이와 같은 데이터 수집활동에 크게 도움을 주는 도구이다. 체크시트를 작성할 때에는 일정시간 간격으로(예: 매주 또는 매달) 가능한 한 많은 종류의 결점을 식별하여 과거의 결점데이터를 기록하여야 한다. 이와 병행하여 수집된 데이터의 종류, 부서 또는 작업번호, 일자, 분석자 및 기타 정보를 분명히 명시하여야 한다. 체크시트는 시간이 흐름에 따라 기록함으로써 결점의 형태에서 어떤 경향(trend)이나 의미있는 변화형태를 발견하는데 유용하게 사용된다.

[표 15.2a]는 반도체 칩 생산공정에서 10일 동안 IC(Integrated Circuit:직접회로)의 제조과정 중에 발생하는 불량품의 일반적인 원인을 날짜별로 기록한 체크시트이다.

[표 15.2a] 체크시트

	1	2	3	4	5	6	7	8	9	10	계
부식(Corrosion)	.	1	2	1	.	.	.	1	2	.	7
오염(Contamination)	1	3	6	4	6	2	3	2	2	2	31
산화물결함(Oxide defect)	3	5	3	1	2	1	.	2	.	1	18
금속화(Metalization)	.	.	1	.	.	.	1	1	.	.	3
도핑(Doping)	1	1	.	1	.	1	.	.	.	.	4
실리콘결함(Silicon Defect)	.	.	.	.	.	.	.	.	1	.	1
기타(Miscellaneous)	.	.	1	.	.	.	.	.	.	1	2
계	5	10	13	7	8	4	4	6	5	4	66

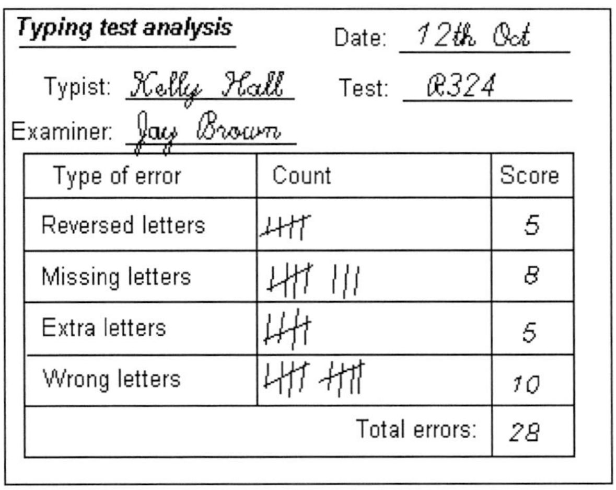
Typing test analysis Date: 12th Oct

Typist: Kelly Hall Test: R324

Examiner: Jay Brown

Type of error	Count	Score
Reversed letters	𝍸	5
Missing letters	𝍸 |||	8
Extra letters	𝍸	5
Wrong letters	𝍸 𝍸	10
	Total errors:	28

위 체크시트로부터 일정시간의 경과 후에는 전체 결점수가 감소하는 경향을 알 수 있고 또한 결점내용은 오염과 산화물 결함이 주된 것임을 알 수 있다. 체크시트의 요인별 합계 값은 파레토 도표로 작성하여 결과를 시각적으로 보여 줄 필요가 있다. 그렇게 함으로써 오염과 산화물 결함이 결함의 대

부분을 차지 함을 시각적으로 쉽게 파악할 수 있으며 이 결함을 유발하는 요인을 발견하여 제거하도록 노력해야 할 것이다.

⇒15.3 파레토 도표

얻어진 데이터들이 어떤 범주에 속하는가를 나타내는 질적 데이터일 때 각 범주에 대한 빈도를 막대의 높이로 나타낸 그림이다. 따라서 기본적으로 파레토 도표는 질적 데이터에 대한 히스토그램이라고 할 수 있다. 19세기 이탈리아의 경제학자 Vilfredo Pareto는 국가 전체 대부분인 80%의 부가 전 인구의 소수인 20%에 의해 소유된다는 Pareto 법칙을 발견하였으며 이에 관련된 분포는 Pareto분포라 명명되었다. 이는 "80:20 법칙"으로도 알려져 있으며 전체 불량의 80%는 전체 원인의 20%에 의해 발생된다는 원리로 적용되고 있다. 품질관리에서 발견되는 결점들도 Pareto의 법칙에 따라 소수 치명적인 결점특성에 의하여 발생된다는 것이 알려져 있으며 '사소한 다수(trivial many)'의 원인보다 '중요한 소수(vital few)'의 원인을 개선함으로써 문제의 대부분의 해결할 수 있다.

[그림 15.3] 치명인자와 사소한 인자

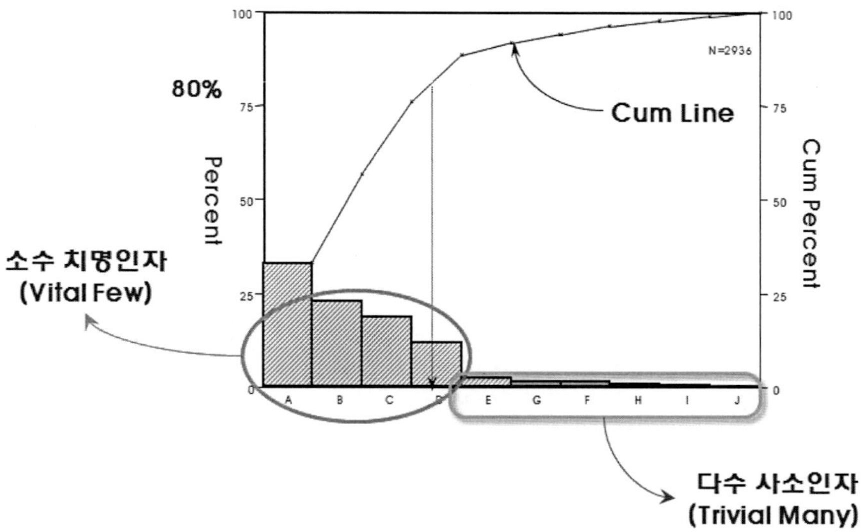

특히 파레토 도표의 적용시 유의사항은 다음과 같다.

- 최대의 효과를 얻기 위해 소수의 중대한 문제를 해결한다.
- 한 가지 문제에 집중한다. 여러 문제에 에너지를 분산시키지 않는다.
- 한 가지 문제가 여러 가지 세부문제들로 구성되어 있다는 것을 보는 법을 알아야 한다. 예를 들어, 납기지연이 하나의 문제라고 하자. 그것은 설비고장, 자재부족, 품질저하, 결근, capa의 부족 등의 많은 세부문제들에 의해 일어날 수 있다.
- 시스템이 안정될 때 파레토 도표를 사용한다. 일반적인 파레토 차트의 오용사례는 파레토 차트를 불안정한 시스템에 사용하는 것이다.
- 파레토 도표의 활용은 "그날의 문제"에만 관심을 가지게 만든다.
- 발생빈도가 높은 문제일수록 문제를 이해하고, 문제가 해결되었음을 증명하는데 적은 수의 샘플이 필요하기 때문에 발생빈도가 높은 문제가 통계적으로 해결하기 쉽다. 적은 빈도의 문제는 문제를 이해하고, 해결을 증명하는데 더 많은 데이터가 필요하게 된다. 때로는 발생빈도가 아닌, 비용이 많이 드는 문제를 선정하고자 할 것이다. 문제를 선정할 때 비용

대비 발생빈도와의 균형을 맞출 수 있도록 해야 한다.

다음 표는 ABC주식회사의 의류불량에 의한 손실 금액을 집계한 것이다.

불량종류	손실금액
구 멍	80
얼 룩	250
실 밥	95
색 깔	120
기 타	15
합 계	560

1. 자료를 순서대로 정리하여 누적수와 누적 비율을 계산한다.

불량종류	손실금액	누계	점유비율	누적비율
얼 룩	250	250	45	45
색 상	120	370	21	66
실 밥	95	465	17	83
구 멍	80	545	14	97
기 타	15	560	3	100
합 계	560	560	100	100

2. 항목별 막대그래프를 그리고, 누적곡선을 기입한 후 우측 세로줄에 누적 백분율을 기입한다.

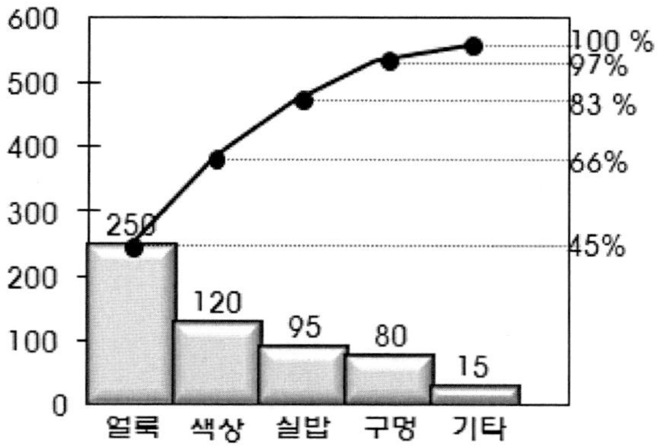

불량항목 중 가장 문제인 것은 얼룩으로 이것은 전체 불량의 약 45%를 차

지하고 있으며 불량 항목의 2위는 색상불량으로 1,2위 전체 불량의 제거로 66%의 감소 효과가 기대 된다. 전체 불량의 80%에 해당하는 중요 불량은 얼룩, 색상, 실밥불량임을 알 수 있다.

파레토 도표는 SixSigma Tools에서 '파레토 분석'에 의해 작성할 수 있다. [표 15.1]의 데이터를 이용하여 파레토 그림을 그리는 프로그램은 [프로그램 15.1]이다.

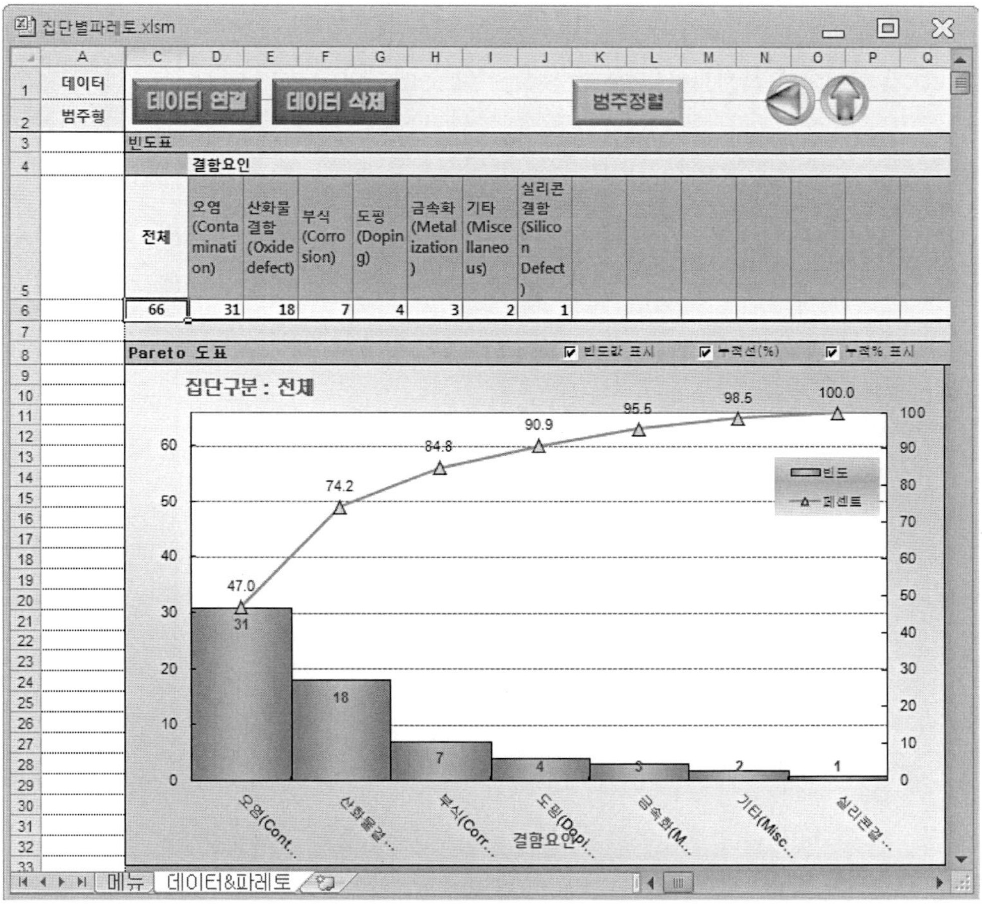

위 파레토 그림에서 오염과 산화물 결함의 백분비가 74.2%로 누적선이 증가하다가 변곡되는 위치로 보인다. 보통 파레토 도표에서 변곡되는 위치까

지의 결점을 해결하는 것이 보통이지만 여기에서는 부식까지의 전체결점의 84.8%를 차지함으로 대략 80% 선을 상회하는 위치까지의 결점을 집중적으로 제거하는 것도 좋을 것이다. 예를 들어 위 IC공정의 결함을 줄이기 위해 발산용광로(diffusion furnace)내에 있는 튜브(tube)를 청소하였으며 청소전과 청소후의 데이터를 이용하여 파레토 도표를 작성하여 청소전과 후의 두 파레토 도표를 동시에 나타내면 결함원인제거로 인한 효과를 판단할 수 있다.

⇒15.4 특성요인도(Cause & Effect Diagram)

제조공정에서 발견되는 결점, 오류 또는 문제점과 같은 특성은 확인과 분리의 절차를 거치게 된다. 이 때 이러한 바람직하지 못한 영향을 주는 특성의 원인이 되는 잠재적 원인을 분석할 필요가 있다. 때때로 이러한 요인들이 분명하지 못한 경우가 있고 이럴 때에 잠재적 요인을 밝혀내는데 유용하게 사용될 수 있는 도구가 특성요인도이다.

특성요인도는 이의 창시자인 Ishikawa의 이름을 따서 Ishikawa 그림(diagram) 또는 모양이 물고기의 뼈와 닮았다고 하여 Fishbone Diagram라고도 한다. 특성요인도를 작성할 때의 기본요령은 다음과 같다.

❶. 분석하고자 하는 문제 또는 효과(effect)(예: 구멍의 둥근 정도)를 정의한다.

❷. 효과에 영향을 주는 원인(cause) (예: 자재, 작업자, 환경, 기계)을 지정한다.

❸. 주원인을 사각형에 표시하여 중심선에 줄기로 연결한다.

❹. 주원인에 속하는 부원인(예 : 작업자 → 계측기술, Setup방법, 운반기술)을 확인하여 사각형과 중심선을 연결하는 줄기에 속한 작은 줄기로 표시한다. 필요하면 새로운 주원인(예 : 주원인3)을 지정한다.

❺. 다시 부원인에 속하는 원인(예 : 부부원인1)이 있으면 새로운 작은 줄기에 나타낸다.

❻. 문제에 가장 영향을 주는 원인을 확인하기 위해 지정된 원인을 영향력에 따라 순위를 부여한다.

❼. 수정작업을 수행한다.

특성요인도는 'SixSigma Tools > 6P 다이어그램'을 선택하고 "예" 단추를 클릭하면 Cause & Effect 양식이 나타나며 [그림 15.4a]와 같이 이 시트에 원인과 부원인 등을 입력하고 상단에 Fishbone Diagram을 클릭하면 다음 [그림 15.4b]와 같은 Fishbone Diagram을 작성할 수 있다.

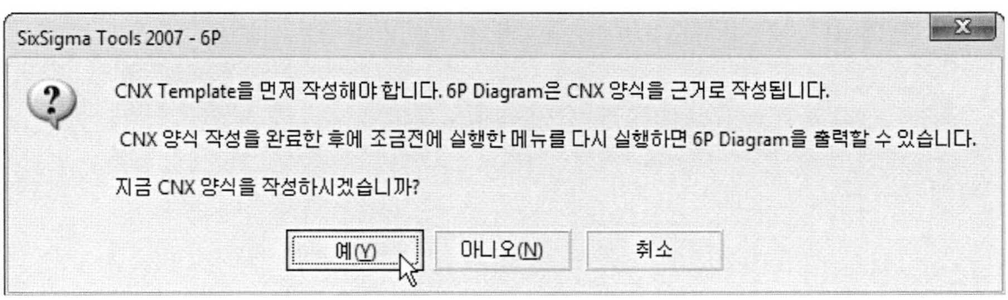

[그림 15.4a] 특성요인도의 주원인 및 부원인 입력

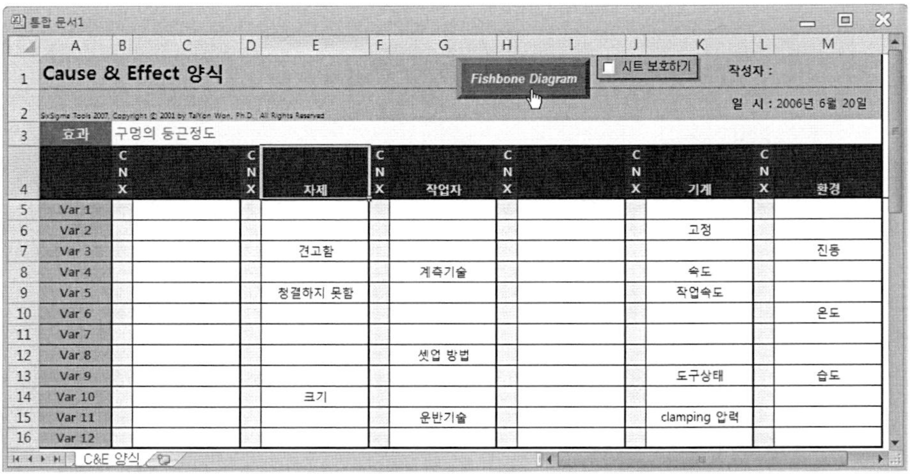

[그림 15.4b] 특성요인도의 예

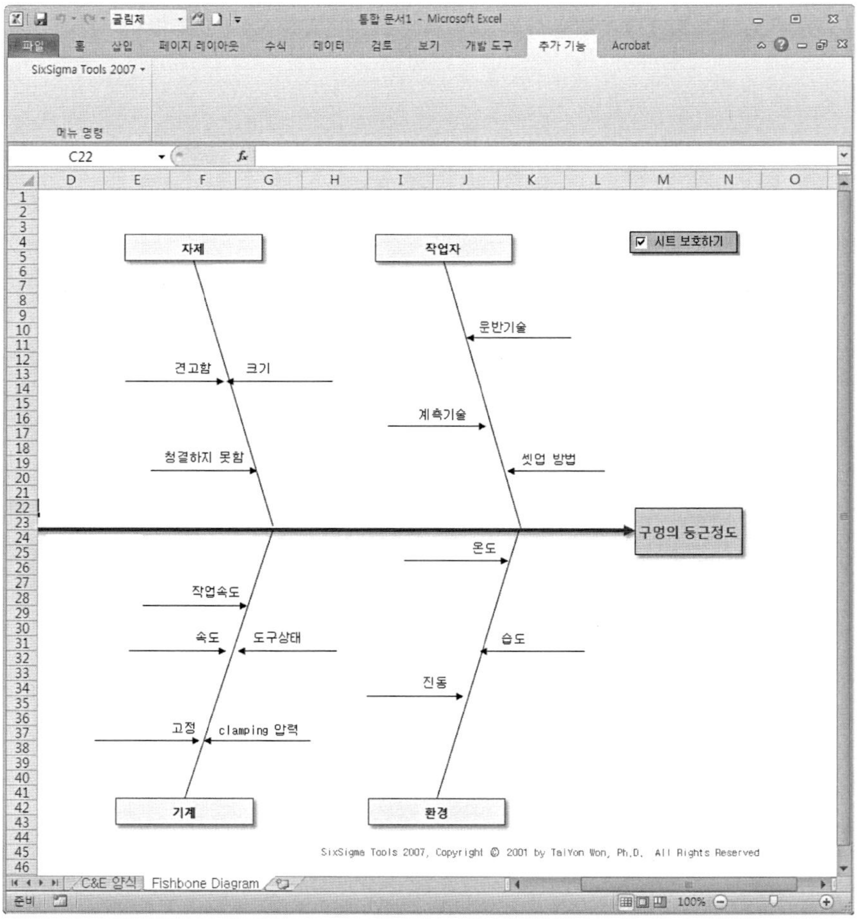

전부 6개의 가지(branch)를 만들 수 있으며 가지의 주원인 제목을 공백으로 두면 가지는 출력되지 않는다. 일반적으로 분석적이고 핵심요소를 정확하게 분석한 경우는 매우 단순하고 간략한 특성요인도를 작성하게 되나 부득이 하게 이보다 복합한 fishbone diagram을 작성할 경우는 파워포인트에서 일일이 작업해서 원하는 특성요인도를 작성할 수도 있을 것이다. 그리고 전체를 하나의 간략한 특성요인도로 작성하고 각 가지를 기준으로 층화시켜 층별로 특성요인도를 따로따로 작성하는 것도 좋은 방법이다.

⇒15.5 결점집중도

결점집중도는 제품의 외형을 모든 방향에서 볼 수 있도록 그린 그림으로써 여러 형태의 결점을 그림 상에 표시한 것이다. 결점집중도에 제품결점의 위치를 표시하면 그 결점의 원인에 대한 정보를 얻을 수 있어 결점의 분석에 도움을 주게 된다. [그림 15.5]는 자동차 도어, 셔츠, 샤프트에 대한 생산과정에서 얻은 결점집중도를 나타내고 있다. 그림에 나타난 것처럼 생산과정에서 나타난 여러 가지 결점의 형태를 외관상에 표시한 결과이며 이러한 결전집중도 역시 체크시트와 파레토 도표와 함께 표현하는 것이 좋다.

[그림 15.5] 여러 가지 결점집중도

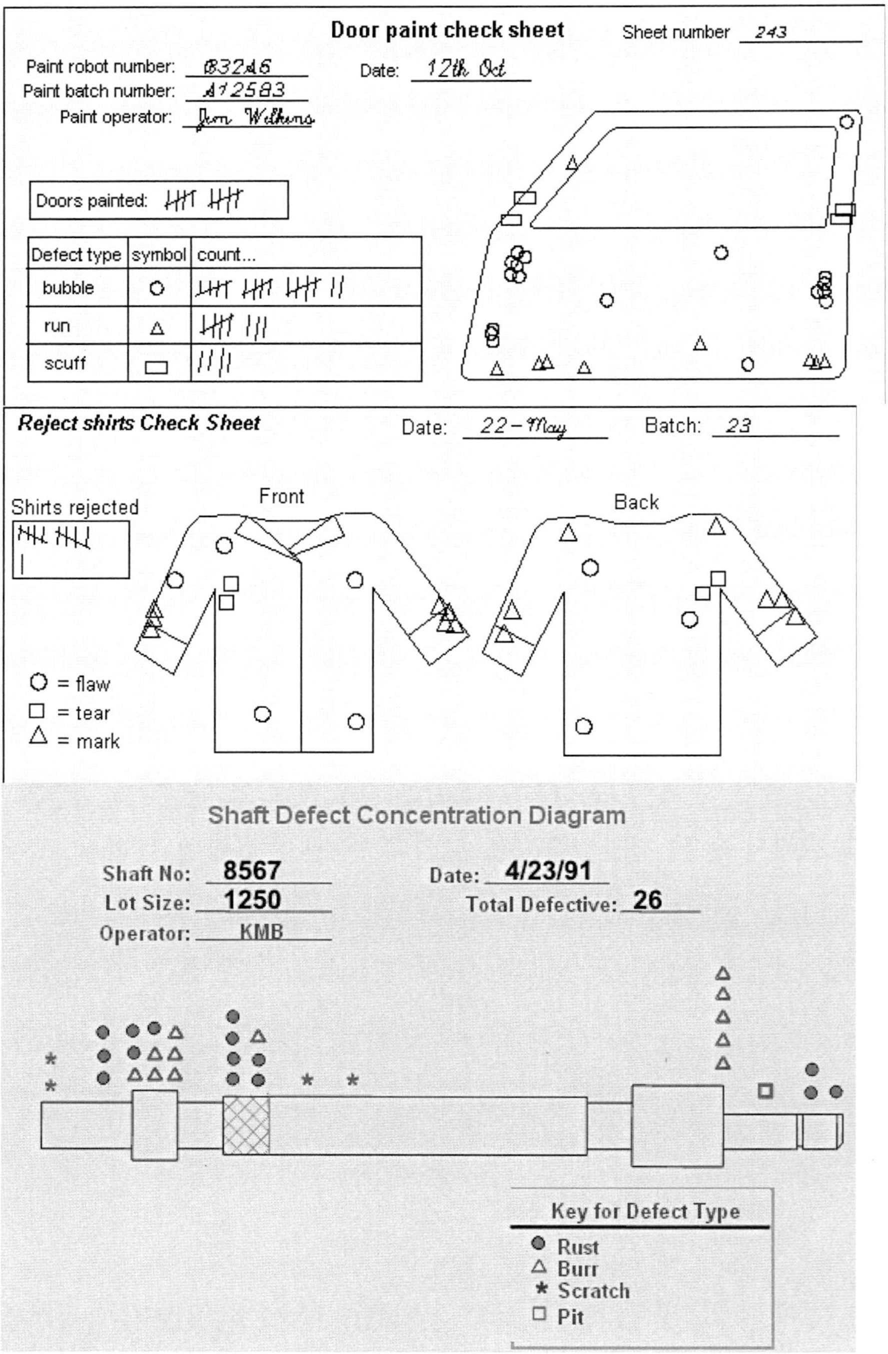

결점표시는 필요에 따라서는 결점의 종류에 따라 다른 기호를 사용할 수 있고 또는 다른 색깔로 표현하면 결점의 종류를 식별하는데 도움이 된다.

⇨15.6 산점도(scatter plot)

어떤 모집단에서 얻은 자료가 대응표본 $(X_i,\ Y_i)$, $i=1,\cdots,n$으로 나타날 때 산점도는 평면상에 각 변수의 좌표값은 점으로 표시한 그림이다. 산점도는 두 변수사이의 선형/비선형 관계를 나타내는데 유용하게 사용되며 이를 이용하여 문제를 해결 방법 및 방향을 예측할 수 있다.

[그림 15.6] 재무지표 산점도와 기업생존의 관계

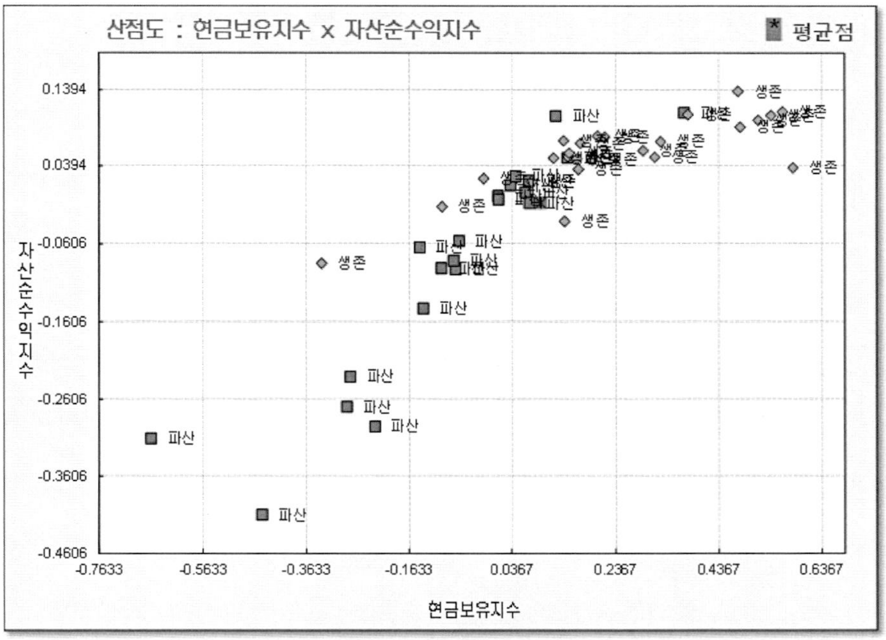

⇨15.7 관리도

통계적 공정 관리도는 1924년 미국의 벨 연구소에 근무하던 Dr. Walter Shewhart에 의해 처음으로 소개 되었다. 그는 그의 상사에게 간단하게 요약된 보고서를 제출하였는데 이 보고서에 제조부품의 품질변동을 그림으로 표현한 최초의 관리도가 수록되어 있었다. 그는 허용품질 범위 밖에 나타나는 점을 결함(defects)으로 표시하였다. 관리도(control chart)는 Shewhart에 의해 처음으로 소개된 이후 많은 학자들에 의해 연구되고 발전되었으며, 최근에는 생산 프로세스 및 품질특성을 향상시키고 관리하는 도구로써 중요한 역할을 담당하고 있다. 관리도는 Shewhart 관리도 이외에도 Page(1954)[1)]가 제안한 누적합 관리도(CUSUM Chart), Roberts(1959)[2)]가 제안한 지수가중이동평균 관리도(EWMA Chart)등이 대표적인 관리도의 종류이다.

일반적인 관리도의 형태는 [그림 15.7a]와 같으며 SixSigma Tools에서 출력한 평균관리도의 예는 [그림 15.7b]와 같다.

1) Page, E. S. (1954). *Continuous Inspection Schemes*, Biometrika, Vol. 41, pp. 100-115.
2) Roberts, S. W. (1959). *Control Chart Tests based on Geometric Moving Average*, Technometrics, Vol. 1, pp. 239-250.

[그림 15.7a] Shewhart 관리도의 기본모형

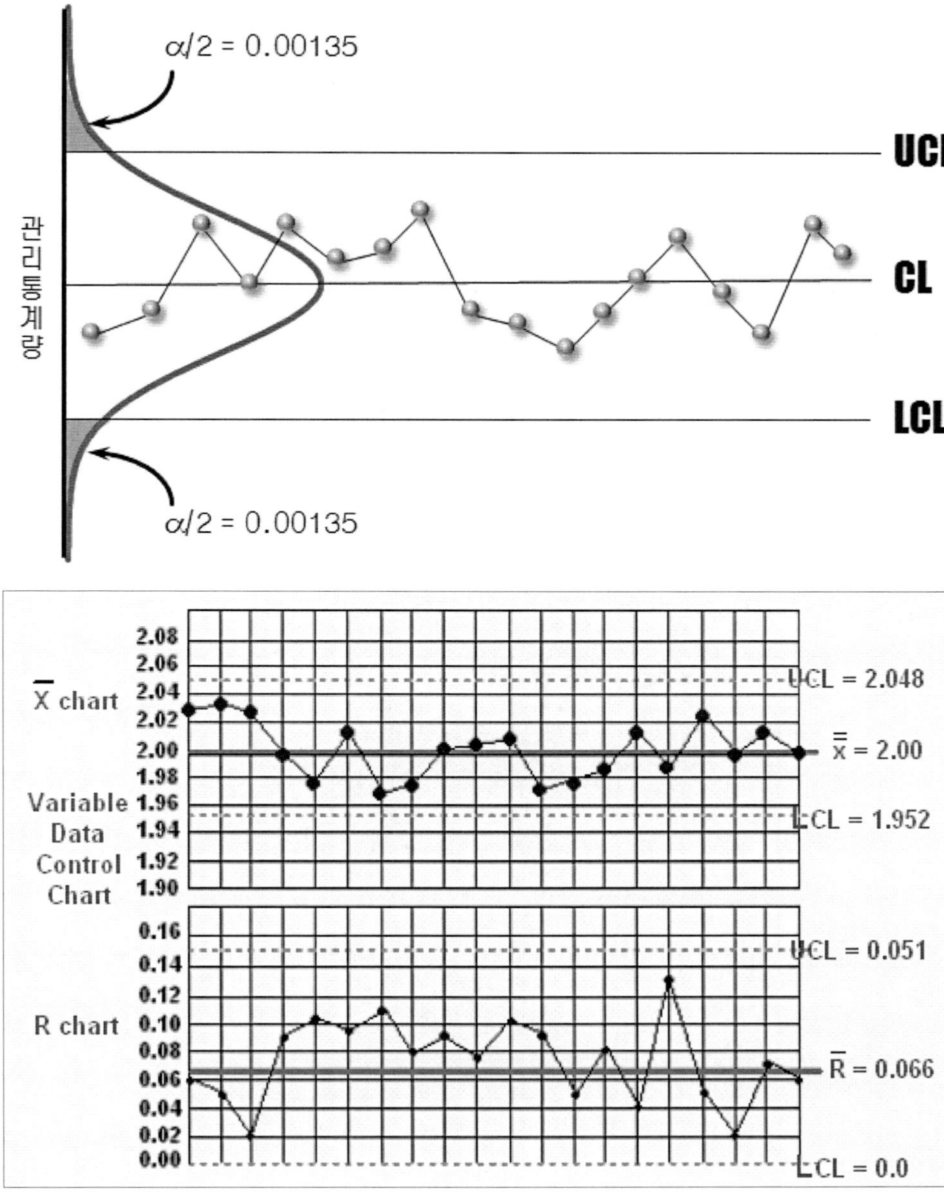

[그림 15.7b] 평균관리도

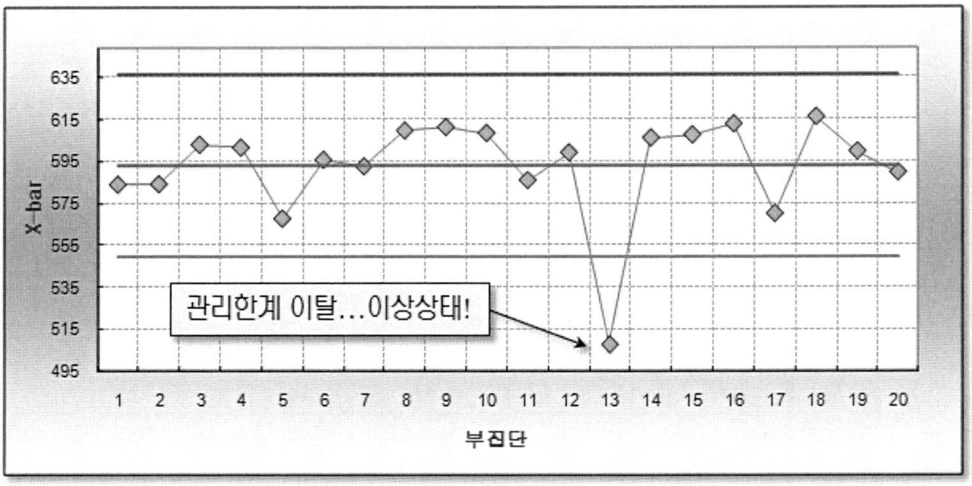

실제 공정관리를 위해서 QC 7 Tools에서 소개한 도구들만을 사용할 필요는 없다. 이외에도 상황에 따라 매우 적절히 활용될 수 있는 도구들이 많으며 이들 도구들에 쓰임새에 대한 학습이 필수적이다. 도구를 사용할 줄 안다는 것은 주어진 일을 효율적으로 해결하는데 매우 효과적으로 대응 할 수 있으며 심지어 도구를 모를 경우 실제 현장에서는 전혀 엄두조차 내지 못하는 상황도 쉽게 접하게 된다. 그리고 이러한 문제해결도구들에 쓰임새를 잘 이해한다면 기본적인 도구들을 결합하거나 계량을 통해 전혀 새로운 도구를 창출하고 매우 효과적으로 문제를 해결하는 기적과 같은 일이 발생하기도 한다.

관리도(Control Chart)

⇒16.1 관리도

관리도는 1924년 미국 Bell 전화연구소의 W.A.Shewhart에 의해 최초로 제안되었다. 연속적인 산업생산공정에서는 생산 제품의 품질이 일정 수준을 유지하여야 한다. 따라서 품질에 변화가 생겨 그 수준을 벗어날 때, 이를 재빨리 탐지할 수 있는 통계적 절차를 필요로 하는데 이것을 관리도(control chart)라고 한다. 즉 관리도는 연속적인 생산공정에서 제품의 품질의 변화를 신속히 탐지하는 통계적 절차라 할 수 있다.

관리도는 Shewhart의 제안 이후 많은 연구와 발전을 거듭하여 오늘날에는 제조공정에서 품질관리를 위해 빼놓을 수 없는 중요한 도구로 사용되고 있다. 관리도의 종류는 Shewhart 관리도 이외에 Page(1954)[3]가 제안한 누적합 관리도, Roberts(1959)[4]에 의해 시작된 EWMA 관리도를 대표적인 관리도의 형태로 들 수 있다.

생산공정에서 항상 균일한 제품을 생산할 수 있다면 가장 바람직하다고

3) Page, E. S. (1954). *Continuous Inspection Schemes*, Biometrika, Vol. 41, pp. 100-115.
4) Roberts, S. W. (1959). *Control Chart Tests based on Geometric Moving Average*, Technometrics, Vol. 1, pp. 239-250.

할 수 있으나 실제로는 어떤 공정에서도 제품품질에는 변동이 있게 마련이다. 이러한 변동의 원인은 크게 우연원인(random cause)과 이상원인(assignable cause)으로 나누어 볼 수 있다.

어떤 종류의 생산공정에서도, 그 공정이 아무리 잘 설계되고 세심히 운영되더라도, 품질특성치에 영향을 주는 요인은 자연적으로 내재하고 있다. 이러한 변동은 일반적으로 그 양이 작지만 피할 수 없는 요인에 기인한다. 이와 같이 관리자가 통제 또는 조정할 수 없는 원인을 우연원인(random cause 또는 chance cause, common cause)이라 하고 그 예로써 원자재 및 생산설비의 차이, 작업환경의 차이, 작업자의 숙련도 차이 등을 들 수 있다.

공정에는 우연원인 이외에도 품질특성치에 영향을 주는 요인이 종종 발생한다. 이러한 요인에 의한 변동은 우연원인에 의한 변동보다 커서 제품의 품질이 기각될 정도로 심각한 영향을 주게 된다. 이와 같이 우연원인이 아닌 변동의 원인을 이상원인(assignable cause 또는 special cause)이라 하며 그 원인은 주로 잘못 조정된 기계, 작업자의 오류 및 원자재의 결함 때문에 발생한 것으로 판단한다.

이상원인 없이 우연원인만 내재하는 공정의 상태를 '통계적으로 관리상태(statistically in-control)'라 하고, 이와 반대로 우연원인과 함께 이상원인이 같이 존재하는 공정의 상태를 '통계적으로 이상상태(statistically out-of-control)'라 한다.

일반적으로 주의 깊게 운영되는 생산공정은 일정기간은 통계적으로 안정된 상태를 유지하지만 시간이 흐름에 따라 이상원인이 발생하여 이상상태로 바뀌어 진다. 이때 이상원인은 랜덤하게 발생하며 품질특성치가 달라져 생산량의 상당한 부분이 규격을 만족하지 못하게 된다. 품질특성치가 달라진다는 것은 통계적으로 다음과 같은 예를 들 수 있다. 어떤 공정에서 생산하는 면섬유의 인장강도가 품질특성을 결정할 때 인장강도의 평균이 일정값보다 작아진다거나, 평균은 일정값을 유지하나 분산이 너무 커져서 규격에서 벗어나는 제품의 생산량이 증가하는 것 등이다.

이와 같이 제품의 품질을 나타내는 모수 중 관리하고자 하는 모수를 관리모수라 하며, θ로 나타낸다. 이때 관리모수는 평균, 분산, 불량율 등이 있으며, 이 모수가 어느 수준 즉 θ_0를 만족하면 그 공정이 관리(in-control)상태 또는 정상상태에 있다고 하며, 이때의 θ_0값을 관리값(control value 또는 target value)이라 한다. 이 때 모수 θ와 θ_0는 경우에 따라서 벡터로 표현될 수 있다. θ가 θ_0가 아닌 경우는 그 공정이 이상(out-of-control)상태에 있다고 한다. 일반적으로 θ가 θ_0로부터 조금 벗어난 경우에는 공정에 변화가 생겼다고 보기 어려우므로 모수 θ의 값이 일정수준 이상의 값 θ_1으로 변화되었을 때는 반드시 공정의 변화를 탐지하고자 하는데 이 때 θ_1을 기각품질수준(rejectable quality level)이라 한다.

관리도는 생산공정에서 널리 이용되고 있으나 일반적으로는 시간이 흐름에 따라 상황이 변할 수 있는 어떠한 경우에도 사용할 수 있다. 그 예로서 일정수의 사원을 고용하는 회사에서 타사로 이직하는 사원수를 분기별로 기록한다고 하자. 분기별 이직 사원의 수는 평균이 5.5인 포아송분포를 따른다고 가정할 수 있었다. 만일 어떤 분기에 찾아온 사원의 수가 5.5보다 커서 27명이 이직하였다면 회사의 근무환경에 어떤 변화가 있었다고 생각할 수 있다. 이와 같은 경우에는 경영자는 사원의 이탈 방지위하여 FGI(focus group interview)와 사원만족조사를 통하여 그 원인을 파악하고 근무환경의 개선을 할 수 있을 것이다.

⇨16.2 관리도의 통계적 개념

어떤 공정에서 관리도를 적용하여 품질유지 및 향상을 도모할 때 기본적으로 다음과 같은 통계적 개념을 바탕으로 하고 있다. 먼저 공정에서의 품질문제를 통계적인 문제로 전환시키는 과정이다. 즉, 품질특성치를 확률변수로 간주하여 이 변수의 모수(예로 평균, 분산, 불량율)를 관리값과 비교하게 된다. 통계적 추론과 같이 확률변수의 모수를 어떤 관리값과 비교검정하기 위해서 확률표본을 추출하게 된다. 이 때 추출하는 확률표본은 공정의 특성을 잘 대변할 수 있도록 세심한 주의를 필요로 하고 있다. 여기서는 연속적인 생산공정을 고려하므로 일정 시간 간격으로 일정 크기의 표본을 추출하는 것이 일반적이다. 그 다음 추출한 표본으로부터 공정모수를 추측할 수 있는 통계량을 선정한다. 예를 들면 모수가 평균일 때에는 표본평균, 분산이면 표본분산 또는 표본범위, 비율이면 표본비율 등이 있다. 이 선정된 통계량을 이용하여 공정이 관리상태인지 아니면 이상상태인지를 판단하는 기준을 마련한다. 즉, 이 통계량이 너무 작거나, 큰 값을 가지면 공정에 이상이 발생한 것으로 판단하여 공정을 중지시켜 그 원인을 찾고 그렇지 않으면 관리상태로 판단하여 공정을 계속시킨다. 이때 사용되는 통계량은 매 시점마다 얻은 값만을 사용할 수도 있고 과거와 현재의 통계량을 같이 사용할 수도 있다. 이것은 관리도의 형태에 따라 결정이 된다.

이와 같이 관리도에 적용되는 통계적 개념은 적절한 통계량을 선정하여 판단을 하는 점에서 통계적 가설검정과 유사하다고 할 수 있으나 가설검정에서처럼 한 번의 채택 또는 기각의 결정에 그치지 않고 연속적으로 시행되는 점이 다르며 각 결정에 따라 이에 상응하는 후속 조치를 취하게 된다.

⇨16.3 관리도의 효율

관리도는 연속생산공정에서 일정 시간 간격으로 일정 크기의 표본을 추출하여 공정이 정상상태인지 또는 이상상태에 있는가를 판단하는데 사용되는 통계적 절차를 나타낸다. 이 때 정상상태로 판단되면 계속 표본을 추출하고, 이상상태로 판단되면 이상신호를 주게 된다. 이상적인 관리도는 공정이 정상상태일 때는 아무런 조치도 취하지 않고 공정이 이상상태일 때에 즉시 이상신호를 줄 수 있어야 한다. 그러나 실제로 이와 같은 이상적인 관리도는 존재할 수가 없다.

가설검정에서와 마찬가지로 관리도에서도 두 종류의 오류를 범하게 되는데, 첫째는 공정이 관리상태일 때 이상신호를 주는 경우이고, 둘째는 공정이 이상인데도 이상신호를 주지 못하는 경우이다. 여기서 첫 번째 오류를 「제1종 오류」, 두 번째 오류를 「제2종 오류」라고 한다. 가설검정에서와 마찬가지로 관리도에서의 제1, 2종 오류의 확률을 편의상 α와 β로 표시한다. 일반적으로 관리도에서는 가설검정에서와 유사하게 제1종 오류를 줄이면 제2종 오류가 커지고 제2종 오류를 줄이면 제1종 오류가 커지는 경향이 있다. 따라서 효율적 관리도는 공정이 관리상태일 때는 가능한 한 이상신호를 줄 확률을 줄여 불필요한 공정의 중지를 줄이고, 반면에 공정이 이상상태일 때는 가능한 한 빨리 이상신호를 줄 수 있도록 하여 불량품 생산을 줄일 수 있도록 설계되어야 한다.

⇒16.4 평균런길이

관리도에서 이상원인이 발생한 후부터 이상신호를 줄 때까지 추출한 표본의 수를 런길이(run length)라고 한다. 런길이는 추출된 표본에 영향을 받으므로 확률변수로서 확률분포를 갖게 되어 효율적인 관리도를 정의하기가 어려운 점이 있다. 따라서 관리도의 효율에서는 런길이 대신 평균런길이(Average Run Length: ARL)를 사용한다. 즉 효율적인 관리도는 공정이 관리상태일 때 평균런길이가 크고 이상상태일 때는 평균런길이가 작은 관리도를 말한다. 관리도의 특성은 런길이에 의해 결정되므로 평균런길이는 이것을 결정짓는 중요한 요인으로 사용되고 있다.

관리도에서 런길이의 분포와 평균런길이 등의 특성을 계산하는데 있어서 일반적으로 다음 조건을 가정한다. $\underline{X}_i (i=1,2,\cdots)$ 를 i번째 시점에 관측된 표본(부그룹)이라 할 때 다음과 같이 가정한다.

[가정]

(1) $\underline{X}_1, \underline{X}_2, \cdots$ 는 서로 독립이다.

(2) 공정에 이상원인이 발생하기 직전의 관측시점을 m이라 하면, $(\underline{X}_1, \underline{X}_2, \cdots, \underline{X}_m)$ 과 $(\underline{X}_{m+1}, \underline{X}_{m+2}, \cdots)$ 은 각각 동일한 분포를 따른다.

(3) 부그룹의 크기와 추출시간간격은 항상 일정하다.

이와 같은 가정하에서 평균런길이를 계산하여 관리도의 효율을 비교한다.

모수 θ의 변화를 탐지하는 관리절차가 있을 때 런길이를 N, 평균런길이를 $E_\theta N$이라고 하고 θ_0를 관리값 θ_1을 기각품질수준이라 하자. 앞에서 언급한 바와 같이 효율적인 관리도는 $E_{\theta_0}N$은 크게 $E_{\theta_1}N$은 작게 할 수 있는 관리도를 말한다. 따라서 효율적인 관리도는 상수 A_0에 대해

주어진 $E_{\theta_0}N = A_0$에 대해 $E_{\theta_1}N$을 최소화

하는 관리도를 나타낸다. 여기서 상수 A_0의 의미는 다음과 같이 설명될 수 있다. 공정이 관리상태일 때 평균적으로 A_0시간마다 이상신호를 주게 되므로 A_0값은 어느 정도 큰 값이어야 하며(예를 들어 $300 \leqq A_0 \leqq 500$), 공정에서 이 정도의 오류는 허용될 수 있는 것으로 인정한다.

가정 (1)은 실제 생산공정에서는 각 부그룹이 서로 독립일 경우가 드물기 때문에 인정하기 어려운 점이 있다. 이 경우에는 각 부그룹 데이터 간의 상관성을 고려하여 관리도의 특성을 연구할 수 있다. 가정 (2)에서는 시점 m 직후에 관측값의 분포가 갑자기 달라지는 것을 나타내고 있다. 그러나 생산 기자재의 마모(tool wear)에서 오는 변화는 서서히 일어나는 것으로 알려져 있으므로 이 경우에는 적절한 관리도의 선택을 필요로 한다. 일반적으로 가정 (1), (2)를 사용하여 선택된 효율적인 관리도는 이러한 가정이 어느 정도 위배되는 경우에도 그 효율성을 유지할 수 있다고 알려져 있다. 가정 (3)은 공정의 특성에 따라 쉽게 인정할 수 있는 경우도 있으나 그렇지 않은 경우에는 부그룹의 크기와 추출 시간 간격을 상황에 따라 어떻게 설정할 것인가를 연구할 필요가 있다.

⇒16.5 관리도의 종류

관리도의 종류는 관리도 형태와 사용하는 통계량(관리통계량)에 따라 구분된다. 관리도의 형태는 Shewhart, CuSum, EWMA를 들 수 있고 사용 통계량은 표본평균, 표본범위, 표본표준편차, 표본불량율, 표본불량개수, 표본결점수 등이 있다.

관리도의 형태는 효율과 적용의 단순성에 따라 관리도의 특성에 맞춰 결

정된다. Shewhart 관리도는 효율이 좀 떨어지나 실제 적용이 단순하여 사용하기 쉬운 점이 있다. 이에 반해 CuSum관리도는 효율은 Shewhart 관리도에 비해 증가하지만 실제 적용이 용이하지 않아 사용에 어려운 점이 있다. EWMA 관리도의 특성은 Shewhart 관리도와 CuSum관리도의 중간 위치에 있으나 그 특성이 CuSum관리도에 더 가깝다고 할 수 있다.

주어진 형태의 관리도에서는 관리모수에 따라 관리통계량이 달라진다. 즉 관리모수가 평균이면 관리통계량은 표본평균이, 관리모수가 분산이면 표본표준편차 또는 표본범위 등이 사용될 수 있다. 이와 같이 관리통계량이 계량형인 경우에는 계량형 관리도라 한다. 만약 관리모수가 불량율 또는 불량개수이면 사용 통계량은 표본불량율 또는 표본불량개수가 될 수 있으며, 이와 같이 관리통계량이 계수형인 관리도를 계수형 관리도라 한다.

⇨16.6 공정분포

관리도의 특성을 결정하는 데에는 일반적으로 공정분포가 정규분포를 따른다고 많이 가정하고 있다. 그러나 실제로 어떤 공정도 정확하게 정규분포를 따른다고 할 수 없을 뿐만 아니라 관리도의 정확한 특성도 알아낼 수가 없다. 그럼에도 불구하고 정규분포를 가정하는 것은, 예를 들어 크기가 4 또는 5인 표본평균을 사용할 때 공정분포가 어느 정도 대칭이고 종모양(bell shape)이면 표본평균의 분포가 정규분포와 크게 다르지는 않다는 사실 때문이다. 이것은 중심극한정리 때문이다. 만약 공정분포가 지나치게 비대칭이면 표본평균의 분포도 역시 비대칭이 되어 정규분포를 가정할 수가 없다. 이때에는 관측값을 변환하여 변환된 관측값의 분포가 근사적으로 정규분포에 가깝도록 하는 것이 일반적인 방법이다. 관측값의 변환은 로그, 제곱근, 역수변환 등 여러 가지 방법을 사용할 수 있다.

17

Shewhart 관리도

⇨ 17.1 관리도의 기본개념

이 장에서는 계량형 변수에 대한 Shewhart 관리도를 소개하고 전개하는 방법을 설명한다. 품질특성치(예를 들어 반도체 칩의 두께에 대한 표본평균 $\bar{x}$ 또는 생산라인으로부터 산출되는 불량품의 비율 p)를 w라 하자. μ_w는 w의 평균이며, σ_w는 w의 표준편차라고 한다면, 이 때 품질특성 w의 Shewhart 관리도의 관리한계와 관리값인 중심선은 다음과 같이 표현된다.

관리상한 $= UCL = \mu_w + L\sigma_w$

관리값 $= CL = \mu_w$

관리하한 $= LCL = \mu_w - L\sigma_w$

L은 관리한계(즉, w의 표준편차의 배수)로부터 떨어진 거리이며, 관리상한과 하한은 일반적으로 관리값을 중심으로 L=3을 사용하여

관리값 $\pm$ 3·(관리통계량의 표준편차)

로 설정하며, 관리값을 중심으로 3배의 표준편차만큼 크게 또는 작게 하므로 이것을 '3σ 한계(3σ limit)'라 한다. w가 관리한계 밖에 떨어지면 공정에 이상신호를 주게 되며, 공정이 이상상태에 있다고 판단한다. 관리도는 다음

의 가설을 연속적으로 실시하는 것과 같다.

H_0 : 공정은 정상상태(in-control)이다.

H_a : 공정은 이상상태(out-of-control)이다.

또한 실제 공정이 정상상태인데도 불구하고 공정을 이상상태로 판단할 경우, 제 1 종 오류(type I error)가 발생한다. 이는 가설검정에서 귀무가설이 사실일 때 귀무가설을 기각하는 오류와 동일하다. 그리고 제 1 종 오류를 일으킬 확률은 α(알파)로 표시한다.

$\bar{x}$를 관리하는 관리도를 생각해 보자. $L=3$이라 놓으면 제 1 종 오류를 일으킬 확률은 근사적으로 0.0027이 된다. 즉 $\alpha=0.0027$인 것이다. 이는 중심극

[그림 17.1] Shewhart 관리도의 기본모형

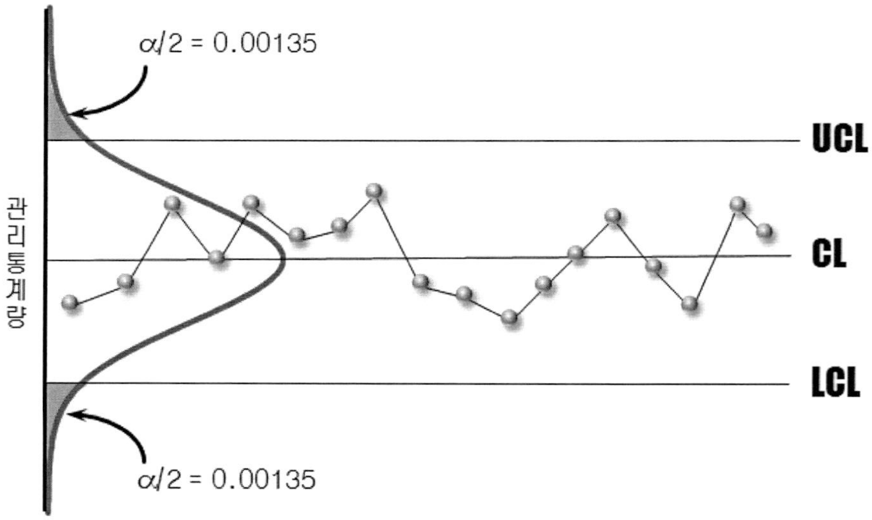

한정리(central limit theorem)나 경험적 관례(empirical rule)에 그 기본을 두고 있다. Shewhart 관리도의 기본모형은 [그림 17.1]과 같다.

대부분의 관리도는 이와 같이 동일한 방법에 의해 작성된다. 중심선을 중심으로 위와 아래에 관리상한(upper control limit)과 관리하한(lower control limit)인 수평선을 작성한다. 그리고 제품단위 n개의 표본을 추출하여 각 단

위제품의 품질특성을 측정한 다음 통계량 w를 계산하여 관리도에 표시한다. 일정한 시간이 경과된 후에 이 절차를 반복하여 새로운 점을 표시해 나간다. 보통 이러한 표시점들은 직선으로 연결하여 주기(cycle), 추세(trend) 등을 쉽게 파악할 수 있도록 한다.

모수의 양의 변화와 음의 변화를 동시에 관리하고자 하는 Shewhart 관리도의 양쪽관리절차는 다음과 같다.

양쪽관리절차: $w_i \geq UCL$

또는 $w_i \leq LCL$을 만족하는 시점 i에서 이상신호

품질의 양의 변화 또는 음의 변화 중 어느 한쪽만을 관리하고자 하는 경우에는 관리상한 또는 관리하한 중 하나만을 사용하여 관리절차를 수행한다. 모수 Θ의 값이 커지는 것을 관리하고자 하는 경우에는 관리상한 UCL만을 사용한다. 이때의 관리절차는 다음과 같다.

한쪽관리절차 : $w_i \geq UCL$를 만족하는 시점 i에서 이상신호

이 경우의 관리절차는 한쪽가설 $H_0: w = w_0 \; vs \; H_1: w > w_0$ 을 검정하기 위한 검정을 이용하여 설명할 수 있으며, 그 관계는 양쪽관리절차와 양쪽검정 간의 관계에 설명된 것과 동일하다. 모수의 값이 작아지는 것을 관리하고자 하는 경우에는 관리하한 LCL만을 사용하여 위의 절차와 유사하게 적용될 수 있다.

관리도의 효율은 관리상태의 평균런길이가 주어졌을 때 이상상태의 평균런길이가 작을수록 증가한다. 따라서 가장 효율적인 Shewhart관리도는 검정력을 크게 하는 통계량 w를 선정함으로써 구할 수 있다. 그 예로서 공정분포가 정규분포일 때 관리모수가 평균이면 관리통계량은 표본평균을, 관리모수가 분산이면 관리통계량은 표본분산을 사용하는 관리도를 들 수 있다.

Shewhart 관리도는 사용 통계량 w에 따라 여러 종류가 있으며 이 장에서는 $\overline{X}$, R, S, $\overline{X}-R$, $\overline{X}-S$, $X-MR$, p, np, c, u -관리도 등을 다루기로 한다.

⇨17.2 $\overline{X}$-관리도

$\overline{X}$-관리도는 공정평균 μ를 관리하고자 하는 관리도이며 사용되는 통계량은 부그룹 평균 $\overline{X}_i$가 된다. 양쪽관리절차의 관리한계는

$$\mu_0 \pm 3\,\sigma_{\bar{x}}$$

이며, 여기에서 $\sigma_{\bar{x}}$는 부그룹평균의 표준편차로써 $\sigma_{\bar{x}} = \sigma_x / \sqrt{n}$ 가 되며, σ_x는 공정표준편차이다. 일반적으로 관리한계를 설정하는 단계에서는 관리값 μ_0와 공정분산 σ_x^2은 알려져 있지 않은 경우가 많다. 이러한 경우의 관리한계는 추정량을 사용하여

$$\overline{\overline{X}} \pm 3\hat{\sigma}_{\bar{x}}$$

로 설정한다. 이 때 $\overline{\overline{X}}$는 부그룹의 총평균, $\hat{\sigma}_{\bar{x}}$은 부그룹평균의 표준편차의 추정값이며 $\hat{\sigma}_{\bar{x}} = \hat{\sigma}_x / \sqrt{n}$이다. $\overline{\mathrm{X}}$-관리도에서 $\hat{\sigma}_x$을 구하는 일반적인 방법은 부그룹의 범위(range) R을 사용하여

$$\hat{\sigma}_x = \frac{\overline{R}}{d_2}$$

로 구한다. 따라서 관리한계는

$$\overline{\overline{X}} \pm 3\,\frac{(\overline{R}/d_2)}{\sqrt{n}} = \overline{\overline{X}} \pm A_2\overline{R}$$

가 된다. 상수 d_2와 A_2는 관리도의 계수표 [표 17.2b]에 수록되어 있다. 그러나 이는 어떤 프로그램이든지 사용자가 찾아 입력하는 것이 아니라 프로그램에서 자동으로 찾아 계산하므로 참조만 하도록 한다. 또한 계수표에 나타난 값들은 표기의 편리상 소수점 이하 자리수가 길어야 3자리나 4자리까지 표기하였으나 실제 계산을 할 때는 유효자리수를 최대로 하여 계산해야 한다. 최소한 소수자리수 6자리 이상의 유효수를 사용하여 계산해야 한다. 그

래야 계산값의 정확도를 어느 정도 보장할 수 있기 때문이다.

아래 [표 17.2a]에서 표준편차의 추정치인 $\overline{R}/d_2$을 계산할 경우의 예를 들어 보겠다. 우선 n=5인 경우 d_2의 값은 '2.325929'이다. $\overline{R}$=28.4이므로 표준편차의 추정치는

$$\hat{\sigma}_x = \frac{\overline{R}}{d_2} = \frac{28.4}{2.325929} = 12.210175$$

이며, d_2의 값을 소수자리 3자리까지 사용하면 반올림되어 '2.326'으로 계산하면 다음과 같이 계산된다.

$$\hat{\sigma}_x = \frac{\overline{R}}{d_2} = \frac{28.4}{2.326} = 12.2098022$$

즉, 두 값의 차이가 발생된다. 이 차이로 인해 관리한계선의 차이가 생기게 됨은 당연한 결과이다. 즉 유효숫자의 차이로 인한 계산상의 부정확함을 알 수 있으며 실제로 관리한계를 계산할 경우 유효숫자를 3자리까지만 사용하면 관리한계선의 값이 다소 차이가 발생하게 된다. 그리고 c_4의 값을 적용할 경우는 더욱 그 차이가 커진다. 그리고 이와 같은 연산을 여러 번 반복하여 계산한 다음 누적하면 그 값은 전혀 다른 값이 될 수도 있다. 그러므로 실제 계산에서는 유효숫자의 길이를 최대로 하여 계산하는 것이 상식이며 프로그래밍의 원칙이다. 이 원칙을 어기는 행동 자체는 그야말로 기본 소양조차 갖추지 못한 것으로 간주해도 된다.

[표 17.2a] 샤프트 바깥 지름 측정 (C형 샤프트 바깥지름.xlsx) (단위: 1/1000 mm)

부그룹	X1	X2	X3	X4	X5	평균	표준편차	범위
1	11	16	35	39	25	25.2	11.97	28
2	31	27	21	26	49	30.8	10.78	28
3	23	38	29	13	32	27.0	9.51	25
4	28	39	37	34	11	29.8	11.30	28
5	13	31	14	47	19	24.8	14.32	34
6	11	26	22	38	27	24.8	9.73	27
7	18	32	26	20	35	26.2	7.36	17
8	44	38	19	23	28	30.4	10.41	25
9	46	17	21	25	23	26.4	11.35	29
10	41	31	24	43	49	37.6	9.99	25
11	46	10	14	27	44	28.2	16.59	36
12	35	40	30	11	24	28.0	11.20	29
13	27	10	11	37	45	26.0	15.52	35
14	37	48	48	45	28	41.2	8.64	20
15	35	28	42	19	12	27.2	12.03	30
16	12	49	46	35	18	32.0	16.51	37
17	21	49	24	37	29	32.0	11.27	28
18	27	45	31	39	22	32.8	9.23	23
19	28	23	18	23	38	26.0	7.58	20
20	25	10	46	37	24	28.4	13.72	36
21	16	41	39	26	26	29.6	10.36	25
22	28	26	47	11	48	32.0	15.60	37
23	32	40	15	45	17	29.8	13.44	30
24	18	22	17	19	49	25.0	13.55	32
25	19	21	45	45	21	30.2	13.54	26
평균($\overline{\overline{X}}$, $\overline{S}$, $\overline{R}$)						29.256	11.82	28.4

이제 $\overline{X}$-관리도를 작성하고 이를 판정하는 학습을 하기로 한다.

C형 샤프트의 제조공정에서 바깥지름을 특성치로 하여 크기가 5인 25개의 부그룹의 데이터를 측정하였다. 이렇게 관측한 데이터는 [표 17.2a]와 같다. $\overline{X}$-관리도를 작성해 보기로 한다. 관리한계는

$$UCL = 29.256 + 0.57681932 \times 28.4$$
$$= 45.63767$$
$$LCL = 29.256 - 0.57681932 \times 28.4$$
$$= 12.8743313$$

임을 쉽게 알 수 있고 부그룹 평균 $\overline{X}$를 사용하여 $\overline{X}$-관리도를 작성할 수 있다. $\overline{X}$-관리도를 작성하기 위해 “SixSigma Tools 2007 > 관리(Control) > Shewhart 관리도...”를 선택하고 데이터를 입력한다. 데이터를 입력할 때는 원데이터는 다른 시트에 입력하여 저장하고 그 데이터의 영역을 복사하고 슈하트관리도 데이터 시트의 C3 셀을 활성셀로 선택한 다음에 [그림 17.2a]와 같이 ‘선택하여 붙여넣기’에서 ‘값’만을 지정하고 ‘확인’을 클릭한다. Excel 2010에서는 [123] 아이콘을 클릭하면 값만 붙여넣기 된다. 앞으로 모든 데이터는 이와 같은 방식으로 데이터를 ‘붙여넣기’함을 가정하기로 하겠다.

[그림 17.2a] 선택하여 붙여넣기

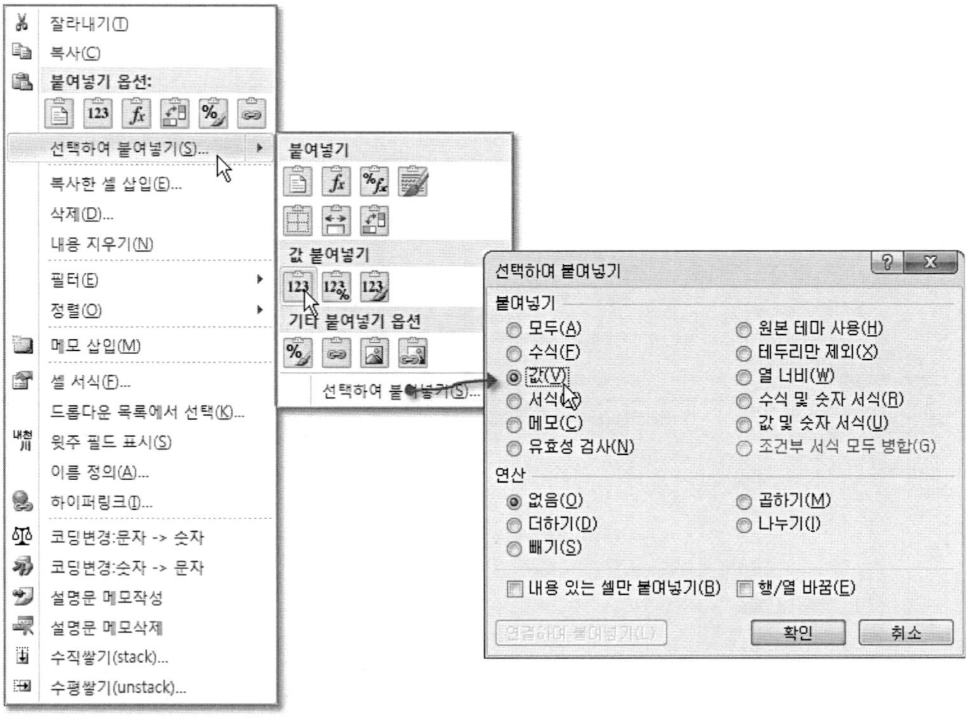

제거	부집단	관측1	관측2	관측3	관측4	관측5
	1	11	16	35	39	25
	2	31	27	21	26	49
	3	23	38	29	13	32
	4	28	39	37	34	11
	5	13	31	14	47	19
	6	11	26	22	38	27
	7	18	32	26	20	35
	8	44	38	19	23	28
	9	46	17	21	25	23
	10	41	31	24	43	49
	11	46	10	14	27	44
	12	35	40	30	11	24
	13	27	10	11	37	45
	14	37	48	48	45	28
	15	35	28	42	19	12
	16	12	49	46	35	18
	17	21	49	24	37	29
	18	27	45	31	39	22
	19	28	23	18	23	38
	20	25	10	46	37	24
	21	16	41	39	26	26
	22	28	26	47	11	48
	23	32	40	15	45	17
	24	18	22	17	19	49
	25	19	21	45	45	21

[그림 17.2b] $\overline{X}$-관리도 (R-사용)

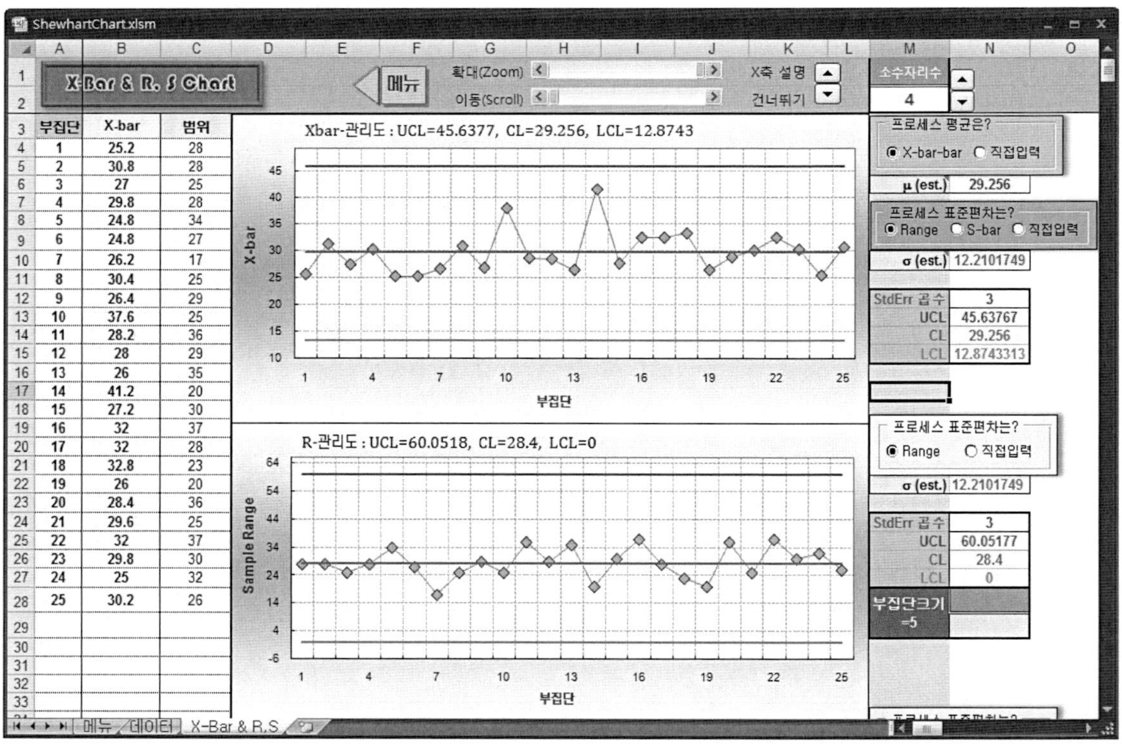

부집단	X-bar	범위
1	25.2	28
2	30.8	28
3	27	25
4	29.8	28
5	24.8	34
6	24.8	27
7	26.2	17
8	30.4	25
9	26.4	29
10	37.6	25
11	28.2	36
12	28	29
13	26	35
14	41.2	20
15	27.2	30
16	32	37
17	32	28
18	32.8	23
19	26	20
20	28.4	36
21	29.6	25
22	32	37
23	29.8	30
24	25	32
25	30.2	26

σ_x의 추정값을 구할 때, 표본표준편차 S 대신 범위 R을 이용하는 특별한 이유는 없다. 오히려 S를 사용하는 것이 R보다 더 효율적이지만 R이 S보다 계산이 간편하다는 장점이 있다. 만약 공정분산을 관리하고자 할 때 R-관리도 대신 S-관리도를 사용하면 R 대신 S를 사용하여 σ_x를 추정하는 것이 더 타당성이 있다고 할 수 있다. S를 사용할 경우의 관리한계는

$$\overline{\overline{X}} \pm 3\frac{(\overline{S}/c_4)}{\sqrt{n}} = \overline{\overline{X}} \pm A_3\overline{S}$$

이며, 상수 c_4와 A_3는 관리도 계수표인 [표 17.2b]에 나타나 있다.

[표 17.2b] 관리도의 계수표

관리도의 계수(k=3인 경우)															k = 3		
표본크기	평균(Xbar) 관리도			표준편차(S) 관리도						범위(R) 관리도							중위수 관리도
	관리한계 결정 계수			중심선 결정 계수		관리한계 결정 계수				중심선 결정 계수		관리한계 결정 계수					
n	A	A2	A3	c4	1/c4	B3	B4	B5	B6	d2	1/d2	d3	D1	D2	D3	D4	m3
2	2.1213	1.88	2.6587	0.7979	1.2533	0	3.2665	0	2.6063	1.1284	0.8862	0.8525	0	3.6859	0	3.2665	1
3	1.7321	1.0233	1.9544	0.8862	1.1284	0	2.5682	0	2.276	1.6926	0.5908	0.8884	0	4.3577	0	2.5746	1.1602
4	1.5	0.7286	1.6281	0.9213	1.0854	0	2.266	0	2.0877	2.0588	0.4857	0.8798	0	4.6982	0	2.2821	1.0922
5	1.3416	0.5768	1.4273	0.94	1.0638	0	2.089	0	1.9636	2.3259	0.4299	0.8641	0	4.9182	0	2.1145	1.1976
6	1.2247	0.4832	1.2871	0.9515	1.0509	0.0304	1.9696	0.0289	1.8742	2.5344	0.3946	0.848	0	5.0785	0	2.0038	1.1351
7	1.1339	0.4193	1.1819	0.9594	1.0424	0.1177	1.8823	0.1129	1.8058	2.7044	0.3698	0.8332	0.2047	5.204	0.0757	1.9243	1.2137
8	1.0607	0.3725	1.0991	0.965	1.0362	0.1851	1.8149	0.1786	1.7514	2.8472	0.3512	0.8198	0.3877	5.3067	0.1362	1.8638	1.1599
9	1	0.3367	1.0317	0.9693	1.0317	0.2391	1.7609	0.2318	1.7068	2.97	0.3367	0.8078	0.5465	5.3935	0.184	1.816	1.2227
10	0.9487	0.3083	0.9754	0.9727	1.0281	0.2837	1.7163	0.2759	1.6694	3.0775	0.3249	0.7971	0.6864	5.4687	0.223	1.777	1.1761
11	0.9045	0.2851	0.9274	0.9754	1.0253	0.3213	1.6787	0.3134	1.6373	3.1729	0.3152	0.7873	0.8109	5.5348	0.2556	1.7444	1.2283
12	0.866	0.2658	0.8859	0.9776	1.023	0.3535	1.6465	0.3456	1.6095	3.2585	0.3069	0.7785	0.923	5.5939	0.2833	1.7167	1.1875
13	0.8321	0.2494	0.8495	0.9794	1.021	0.3816	1.6184	0.3737	1.5851	3.336	0.2998	0.7704	1.0247	5.6472	0.3072	1.6928	1.2322
14	0.8018	0.2354	0.8173	0.981	1.0194	0.4062	1.5938	0.3985	1.5634	3.4068	0.2935	0.763	1.1177	5.6958	0.3281	1.6719	1.196
15	0.7746	0.2231	0.7885	0.9823	1.018	0.4282	1.5718	0.4206	1.544	3.4718	0.288	0.7562	1.2032	5.7405	0.3466	1.6534	1.2351
16	0.75	0.2123	0.7626	0.9835	1.0168	0.4479	1.5521	0.4405	1.5265	3.532	0.2831	0.7499	1.2823	5.7817	0.363	1.637	1.2025
17	0.7276	0.2028	0.7391	0.9845	1.0157	0.4657	1.5343	0.4585	1.5106	3.5879	0.2787	0.7441	1.3557	5.82	0.3779	1.6221	1.2373
18	0.7071	0.1943	0.7176	0.9854	1.0148	0.4818	1.5182	0.4748	1.496	3.6401	0.2747	0.7386	1.4243	5.8558	0.3913	1.6087	1.2077
19	0.6882	0.1866	0.6979	0.9862	1.014	0.4966	1.5034	0.4898	1.4826	3.689	0.2711	0.7335	1.4885	5.8894	0.4035	1.5965	1.239
20	0.6708	0.1796	0.6797	0.9869	1.0132	0.5102	1.4898	0.5036	1.4703	3.735	0.2677	0.7287	1.5489	5.921	0.4147	1.5853	1.2119
21	0.6547	0.1733	0.6629	0.9876	1.0126	0.5228	1.4772	0.5163	1.4589	3.7783	0.2647	0.7242	1.6058	5.9509	0.425	1.575	1.2403
22	0.6396	0.1675	0.6473	0.9882	1.012	0.5344	1.4656	0.5281	1.4483	3.8194	0.2618	0.7199	1.6596	5.9791	0.4345	1.5655	1.2154
23	0.6255	0.1621	0.6327	0.9887	1.0114	0.5452	1.4548	0.5391	1.4383	3.8583	0.2592	0.7159	1.7107	6.006	0.4434	1.5566	1.2415
24	0.6124	0.1572	0.6191	0.9892	1.0109	0.5553	1.4447	0.5493	1.4291	3.8953	0.2567	0.7121	1.7591	6.0316	0.4516	1.5484	1.2184
25	0.6	0.1526	0.6063	0.9896	1.0105	0.5648	1.4352	0.5589	1.4203	3.9306	0.2544	0.7084	1.8053	6.056	0.4593	1.5407	1.2424

[표 17.2a]의 데이터를 사용한 관리한계는

$$UCL = 29.256 + 1.42729929 \times 11.82$$
$$= 46.12732$$
$$LCL = 29.256 - 1.42729929 \times 11.82$$
$$= 12.3846795$$

이며, σ_x를 추정할 때 S를 사용하려면 "프로세스 표준편차는?"에서 "S-bar"를 선택하면 값들이 실시간 계산되어 연결된 모든 결과가 갱신된다.

[그림 17.2c] $\overline{X}$-관리도 (S-bar-사용)

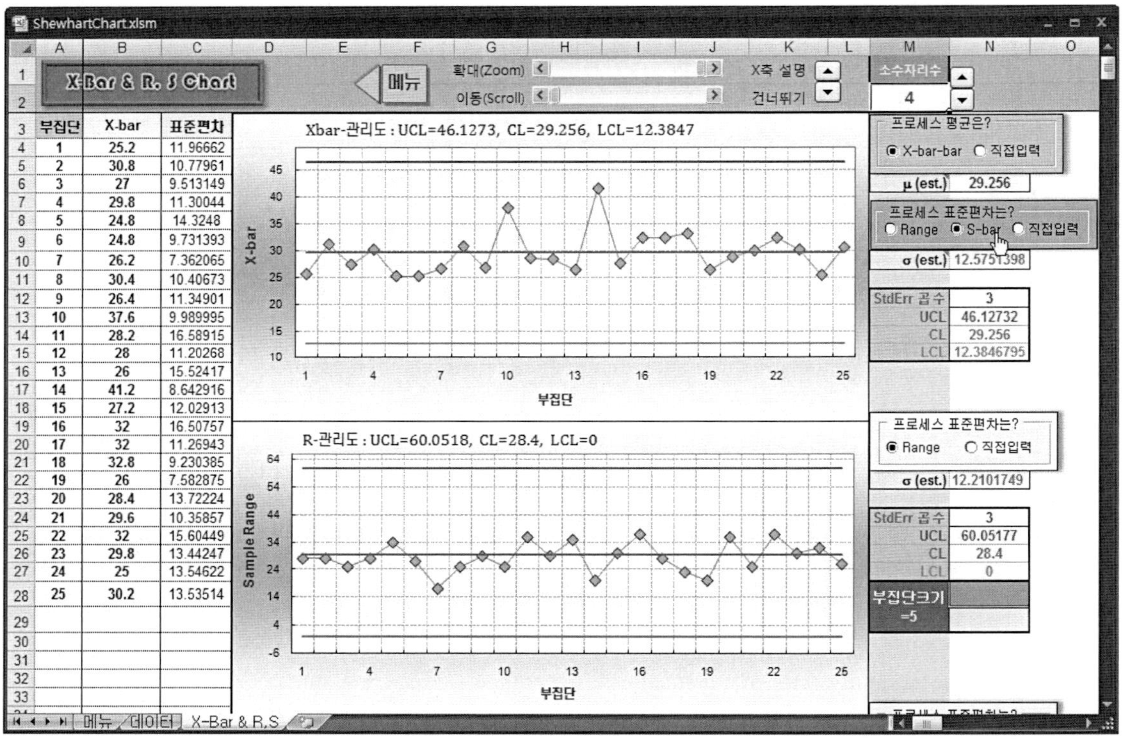

[그림 17.2b]와 [그림 17.2c]에 의하면 모든 부그룹의 평균이 관리한계선 안쪽에 있으므로 공정이 관리상태에 있다는 것을 알 수 있다.

다음은 모든 부그룹의 평균이 관리한계선 내에 있지 않는 경우의 예를 들어보자. [표 17.2c]의 데이터를 이용하여 $\overline{X}$-관리도를 작성하여 보자.

[표 17.2c] 부그룹 데이터

부그룹	품질특성치				평균	표준편차(S)	범위(R)
	X1	X2	X3	X4			
1	64.52	58.9	74.02	57.82	63.82	7.41	16.2
2	61.78	66.5	76.97	62.71	66.99	6.96	15.19
3	61.4	58.22	69.91	70.87	65.10	6.26	12.65
4	57.03	59.52	62.35	55.02	58.48	3.17	7.33
5	79.53	71.45	66.07	64.61	70.42	6.75	14.92
6	70.79	52.47	74.92	61.93	65.03	9.97	22.45
7	67.71	61.13	75.64	52.58	64.27	9.79	23.06
8	75.66	50.88	79.68	60.26	66.62	13.42	28.8
9	61.51	54.02	51.89	54.91	55.58	4.15	9.62
10	73.78	78.18	70.97	55.19	69.53	10.01	22.99
11	50.67	78.32	58.69	56.63	61.08	11.99	27.65
12	71.68	53.7	51.06	76.58	63.26	12.76	25.52
13	71.31	55.34	61.83	50.8	59.82	8.90	20.51
14	57.6	53.66	64.85	76.92	63.26	10.22	23.26
15	70.15	60.15	70.21	75.88	69.10	6.54	15.73
16	53.57	64.55	77.27	52.47	61.97	11.57	24.8
17	98.78	97.98	95.04	78.65	92.61	9.45	20.13
18	73.34	56.73	60.42	64.52	63.75	7.14	16.61
19	60.21	50.99	72.65	67.49	62.84	9.40	21.66
20	76.66	54.66	64.69	68.63	66.16	9.14	22
평균($\overline{\overline{X}}$, $\overline{S}$, $\overline{R}$)					65.48	8.75	19.55

[그림 17.2d] $\overline{X}$-관리도 (R-사용)

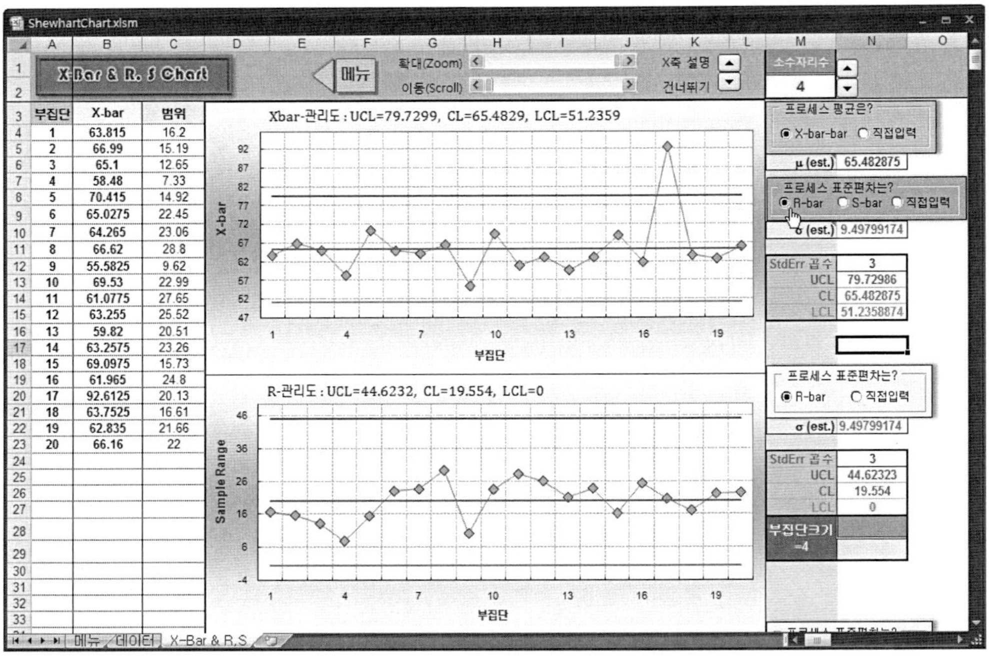

[그림 17.2d]에서는 17번째 부그룹의 평균($\overline{X}_{17} = 92.61$)이 관리하한보다 바깥쪽에 있으므로 이때는 공정이 관리상태에 있지 않다는 것을 보여주고 있다.

공정이 정규분포를 따르고 평균과 분산이 관리도에서 추정한 값과 일치한다고 가정하면 공정이 관리상태일 때 적어도 하나의 부그룹 평균이 관리한계 바깥에 있을 확률은

$$1 - [-3 < N(0,1) < 3]^{20}$$

$$\fallingdotseq 0.0526$$

이 확률값은 지극히 작은 값이라고 할 수 없으므로, 비록 하나의 값이 관리한계 바깥에 있다하더라도 그 때의 공정이 관리상태에 있었을 가능성을 전혀 배재할 수 없다. 이와 같은 경우에는 데이터의 세심한 분석을 필요로 한다.

만약 공정평균이 $\overline{\overline{X}}$=65.48, 표준편차 σ_x= 9.498 일 때($UCL - \overline{\overline{X}} = 3\sigma_x / \sqrt{4}$

=7972986 - 65.483=14.247 따라서 $\sigma_x = 9.498$) 부그룹 평균이 $\overline{X}_{17} = 92.61$보다 크거나 같을 확률은

$$P(\overline{X} \geq 92.61) = P\left(\frac{\overline{X} - 65.48}{9.498/\sqrt{4}} \geq \frac{92.61 - 65.48}{9.498/\sqrt{4}}\right)$$

$$= 1 - \Phi\left(\frac{92.61 - 65.48}{9.498/\sqrt{4}}\right)$$

$$= 1 - \Phi(5.713)$$

$$\fallingdotseq 0.0000$$

이다. 따라서 이와 같은 값이 발생하는 것은 실질적으로 불가능하다는 것을 알 수 있다. 만약 17번째 부그룹의 관측값들이 잘못 입력된 것이라면 정확한 값을 이용하여 관리도를 새로 작성하여야 하지만 만일 두 관측값의 정확한 값을 알 수 없다면 17번째 부그룹을 제외한 19개의 부그룹 데이터를 이용하여 관리도를 다시 작성하여야 한다.

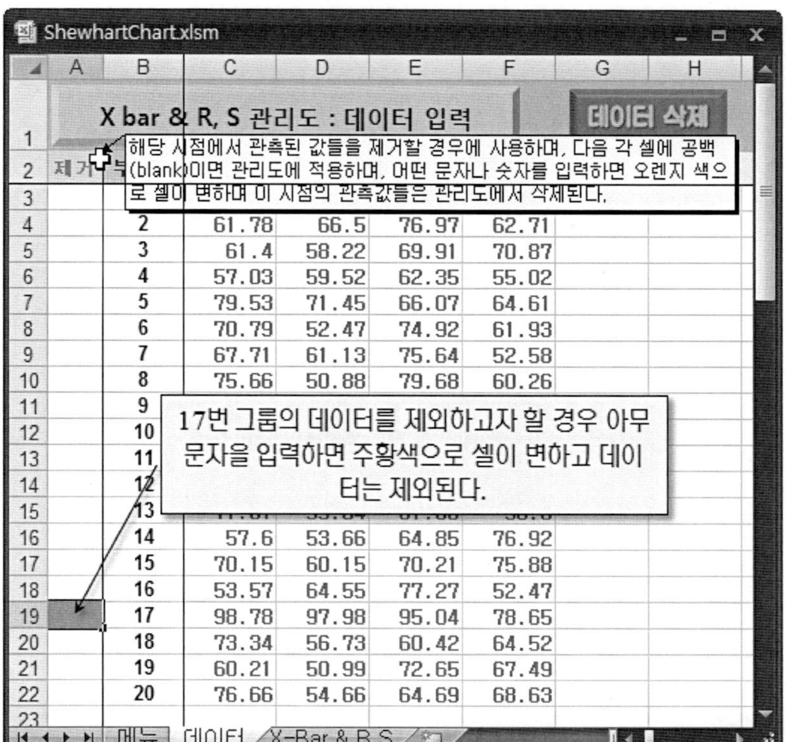

[그림 17.2e] 17번 부그룹을 제외한 $\overline{X}$-관리도 (R-사용)

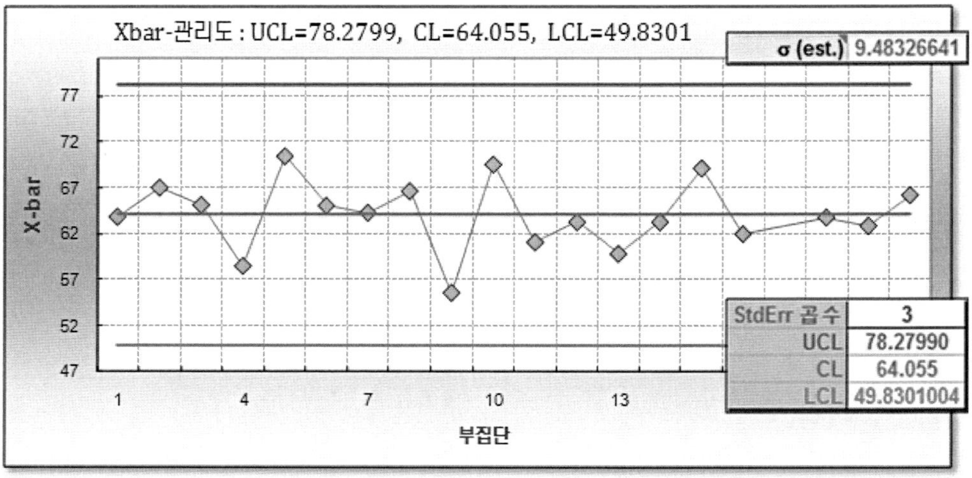

이와 같이 일단 관리한계가 설정되면 얼마 동안 이 값을 사용할 것인지를 결정해야 된다. 여기에는 어떤 공통된 규칙은 없다. 일반적으로 공정이 계속되면 공정분산이 줄어드는 경향이 있다. 이것은 이상원인이 제거되기 때문만 아니라 작업자의 숙련에 따른 품질향상에 기인한다. 따라서 공정분산이 감소한 명확한 증거가 있을 때에는 새로운 관리한계를 앞에서와 동일한 요령으로 작성하게 된다.

관리도의 관리한계는 일반적으로 3σ한계를 많이 사용하고 있다. 때에 따라서는 관리한계를 3σ한계보다 더 넓게 또는 더 좁게 설정할 필요가 있다. 이때에는 공정이 관리상태일 때 이상신호를 줄 확률에 따라 관리한계를 설정하게 된다. 3σ 한계를 사용할 경우, 공정이 관리상태일 때 이상신호를 줄 가능성은 다음과 같이 계산된다.

$$
\begin{aligned}
&P(\overline{X} < LCL \text{ 또는 } \overline{X} > UCL \mid \mu = CL) \\
&= P(\overline{X} < LCL \mid \mu = CL) + P(\overline{X} > UCL \mid \mu = CL) \\
&= P\left(\frac{\overline{X}-\mu}{\sigma/\sqrt{n}} < \frac{LCL-\mu}{\sigma/\sqrt{n}}\right) + P\left(\frac{\overline{X}-\mu}{\sigma/\sqrt{n}} > \frac{UCL-\mu}{\sigma/\sqrt{n}}\right) \\
&= \Phi(Z < -3) + \Phi(Z > 3) \\
&= 0.0027
\end{aligned}
$$

그러나 관리통계량의 분포가 정규분포를 따르지 않는 경우에는 비록 3σ한계를 사용하더라도 관리상태일 때 이상신호를 줄 확률이 0.0027과 다르게 된다. 따라서 관리한계(±3)를 설정하는 대신에, 정상상태 공정에 대해 이상신호를 줄 확률로서 설정하는 경우도 있으며 이때의 관리한계를 L이라 하면 L보다 커질 확률에 2를 곱하면 다음과 같이 표현할 수 있다.

$$2P(Z > L) = p$$

여기에서 p는 관리상태 공정에 대해 이상신호를 줄 확률이다. 이 때 L의 값에 의해 설정된 한계를 확률한계(probability limits)라고 한다. 이와 같이 관리한계를 바로 결정하는 대신 확률에 따라 설정하는 관리도를 '확률한계를 사용한 관리도'라 한다.

한편 부그룹 크기가 다를 때 여기에서도 σ_x를 추정하는데 S를 사용한다.

[그림 17.2f] 부그룹의 크기가 다를 때 $\overline{X}$-관리도(S 사용)

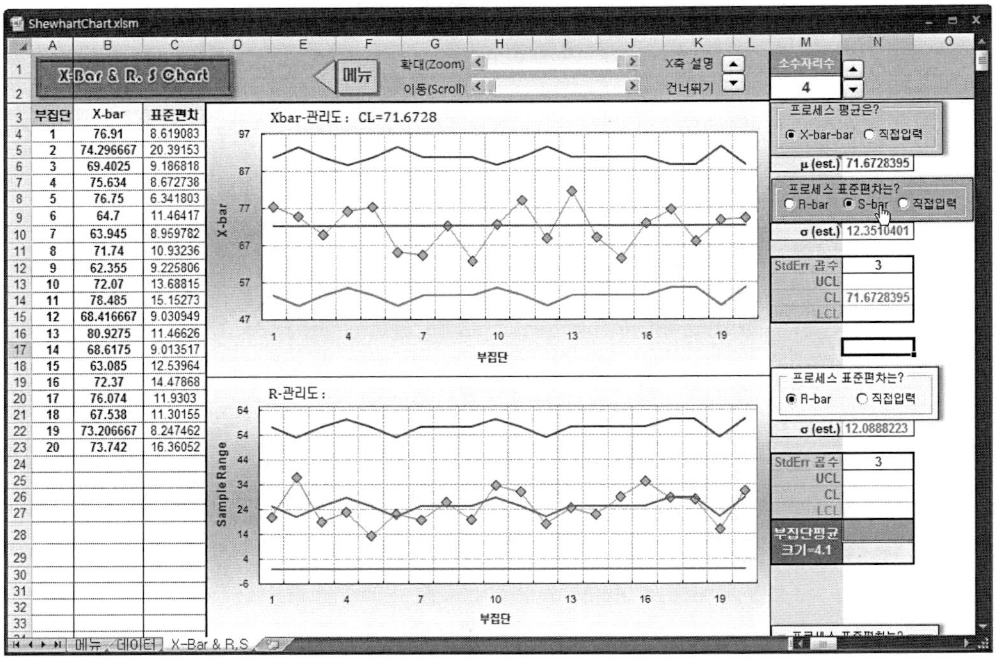

⇨17.3 R-관리도

R-관리도는 공정분산 σ^2을 관리하고자 하는 관리도이며 관리통계량은 부그룹범위 R_i가 된다. 양쪽관리절차의 관리한계는 3σ한계를 사용하면

$$R_0 \pm 3\sigma_R$$

이며, 관리값 R_0와 범위의 표준편차 σ_R이 알려져 있지 않은 경우, 관리한계는 추정량을 사용하여 다음과 같이 설정한다.

$$\overline{R} \pm 3\hat{\sigma}_R$$

이 관리한계는 [표 17.2b]의 관리도의 계수표에서 상수 D_4와 D_3를 사용하면

$$UCL = D_4\overline{R}$$

$$LCL = D_3\overline{R}$$

으로 설정되며, 부그룹의 크기가 7 이하는 $D_3 = 0$이므로 관리하한은 항상 '0'이 된다.

[표 17.2a]의 데이터를 사용하면 관리한계는

$$UCL = 2.1144991 \times 28.4$$
$$= 60.05177$$
$$LCL = 0 \times 28.4$$
$$= 0$$

이며, $\overline{X}$-R 관리도에서 아래 R-관리도는 다음과 같다.

[그림 17.3a] $\overline{X}$-R 관리도

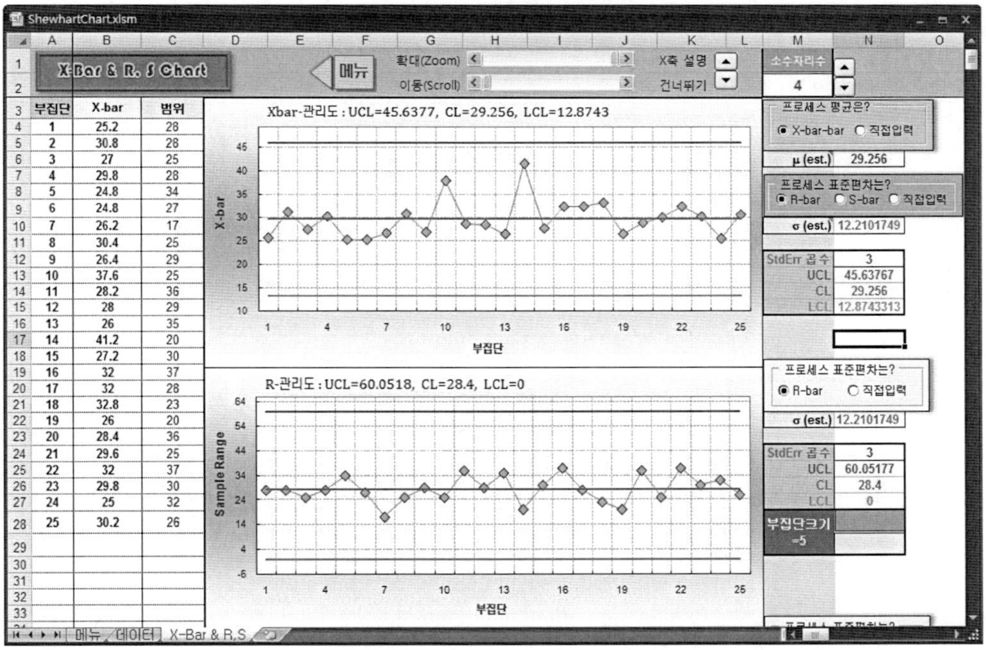

R-관리도에서는 3σ 한계를 사용하더라도 $\overline{X}$-관리도처럼 공정이 관리상태일 때, 부그룹 범위가 관리한계선 밖에 나타날 확률이 0.0027이 되지는 않는다. 따라서 통계적으로 더 적절한 방법은 확률한계를 가진 R-관리도를 사용하는 것이다. 즉, 범위의 분포를 이용하여 관리한계를 구할 때 백분위수를

사용하는 것이다. 예를 들어, 공정이 관리상태일 때 범위가 관리상한과 하한 바깥으로 나갈 확률이 각각 0.001이 되게 하기 위해서 관리한계는 다음과 같이 설정한다.

$$UCL = D_{.999}(\overline{R}/d_2)$$

$$LCL = D_{.001}(\overline{R}/d_2)$$

D_α값은 [표 17.3]에 나타나 있다. [표 17.2a]의 데이터를 사용하면 관리한계는

$$UCL = 5.48 \times (28.4/2.3259)$$
$$= 66.9126$$
$$LCL = 0.37 \times (28.4/2.3259)$$
$$= 4.5178$$

으로 계산되며, 이 관리한계는 3σ한계와 많이 다르다는 것을 알 수 있다. 특히 3σ한계보다 항상 크다는 것을 알 수 있고 또한 관리하한이 항상 '0'보다 크다. 잘 사용되지는 않지만 확률한계에 대한 내용도 참조하길 바란다.

[표 17.3] 범위 R의 표준편차를 추정하기 위한 계수

n	α			
	0.001	0.005	0.995	0.999
2	0.00	0.01	3.97	4.65
3	0.06	0.13	4.42	5.06
4	0.20	0.34	4.69	5.31
5	0.37	0.55	4.89	5.48
6	0.54	0.75	5.03	5.62
7	0.69	0.92	5.15	5.73
8	0.83	1.08	5.26	5.82
9	0.96	1.21	5.34	5.90
10	1.08	1.33	5.42	5.97

⇒17.4 S-관리도

S-관리도는 R-관리도와 마찬가지로 공정분산 σ^2을 관리하고자 하는 관리도이다. 이때의 관리통계량은 부그룹 표준편차 S_i가 된다. 양쪽 관리절차의 관리한계는 3σ 한계를 사용하면

$$S_0 \pm 3\sigma_s$$

이며, 관리값 S_0와 σ_s가 알려져 있지 않은 경우, 관리한계는 추정량을 사용하여 다음과 같이 설정한다.

$$\overline{S} \pm 3\widehat{\sigma_s}$$

[표 17.2b]의 관리도의 계수표에서 상수 B_3와 B_4를 사용하면

$$UCL = B_4\overline{S}$$

$$LCL = B_3\overline{S}$$

이 되며, 부그룹의 크기가 6보다 작으면 관리하한은 항상 '0'이 된다. [표 17.2a]의 데이터를 사용하면 관리한계는

$$UCL = 2.088998 \times 11.8205$$

$$= 24.6929$$

$$LCL = 0 \times 11.8205$$

$$= 0$$

이며, S-관리도는 다음 [그림17.4]와 같다.

[그림 17.4] S 관리도

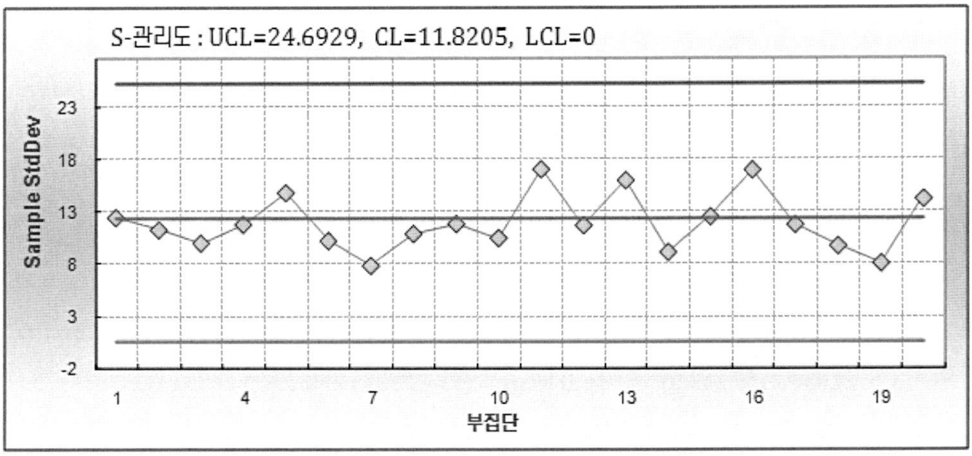

S-관리도에서도 R-관리도와 마찬가지로 공정이 관리상태일 때 부그룹 표준편차가 관리한계선 밖에 나타날 확률이 0.0027이 되지 않는다. 이것은 표준편차의 분포 역시 정규분포를 따르지 않기 때문이다. 확률한계를 가진 S-관리도의 관리한계는 χ^2분포를 이용하여 결정할 수 있다.

확률변수 X가 $N(\mu,\sigma^2)$을 따를 때,

$$\frac{(n-1)S^2}{\sigma^2} \sim \chi^2_{(n-1)}$$

을 따른다. 따라서

$$P\left(\chi^2_{(n-1,0.001)} < \frac{(n-1)S^2}{\sigma^2} < \chi^2_{(n-1,0.999)}\right) = 0.998$$

$$\Rightarrow P\left(\frac{\sigma^2}{n-1}\chi^2_{(n-1,0.001)} < S^2 < \frac{\sigma^2}{n-1}\chi^2_{(n-1,0.999)}\right) = 0.998$$

$$\Rightarrow P\left(\sigma\sqrt{\frac{\chi^2_{(n-1,0.001)}}{n-1}} < S < \sigma\sqrt{\frac{\chi^2_{(n-1,0.999)}}{n-1}}\right) = 0.998$$

과 같이 계산된다. χ^2의 백분위수는 엑셀시트함수 "=CHIINV(1-확률,자유도)"로 지정하면 쉽게 계산할 수 있다. 예를 들어 $\chi^2_{(5-1,0.999)}$인 값은 '18.4668270'으로 셀함수 "=CHIINV(1-0.999,4)"으로 지정하면 얻을 수 있다.

또한 $\chi^2_{(5-1,0.001)}$=0.0908040으로 계산된다. 공정분산이 σ^2에서 관리상태일 때, 부그룹 표준편차가 관리한계 바깥에 나타날 확률이 α=0.002가 되도록 하는 관리한계는

$$UCL = \sigma\sqrt{\frac{\chi^2_{(n-1,0.999)}}{n-1}}$$

$$LCL = \sigma\sqrt{\frac{\chi^2_{(n-1,0.001)}}{n-1}}$$

이며, 공정표준편차 σ가 알려지지 않은 경우에는 σ의 추정량 $\overline{S}/c_4$를 사용하여 다음과 같이 설정한다.

$$UCL = \frac{\overline{S}}{c_4}\sqrt{\frac{\chi^2_{(n-1,0.999)}}{n-1}}$$

$$LCL = \frac{\overline{S}}{c_4}\sqrt{\frac{\chi^2_{(n-1,0.001)}}{n-1}}$$

[표 17.2a]의 데이터를 사용하면 관리한계는 다음과 같이 계산된다.

$$UCL = 12.57514\sqrt{\frac{\chi^2_{(n-1,0.999)}}{5-1}}$$

$$LCL = 12.57514\sqrt{\frac{\chi^2_{(n-1,0.001)}}{5-1}}$$

n>10일 때, 표준편차를 추정하기 위해 부그룹 범위를 사용하면 부그룹 표준편차를 사용하는 것보다 비효율적이다. 따라서 이와 같은 경우에는 S-관리도를 사용하는 것이 바람직하다.

⇨17.5 $\overline{X}$-R 관리도와 $\overline{X}$-S 관리도

공정의 품질은 평균뿐만 아니라 분산에 의해 영향을 받는 경우가 일반적이다. 따라서 공정의 평균과 분산을 동시에 관리하고자 할 필요성을 느끼게 된다. 이 경우에는 $\overline{X}$-관리도를 R-관리도와 병행하여 사용하면 된다. 이러한 관리도를 $\overline{X}-R$ 관리도라 한다. $\overline{X}-R$ 관리도의 관리한계는 $\overline{X}$-관리도와 R-관리도를 개별적으로 사용할 때와 동일하다. 다만 $\overline{X}$-관리도 나 R-관리도 중 어느 한쪽에서라도 관리한계선 밖에 나타나는 관측값이 있을 경우에 공정이 이상상태에 있다는 판단을 내리게 된다.

[그림 17.5a] $\overline{X}$-R 관리도

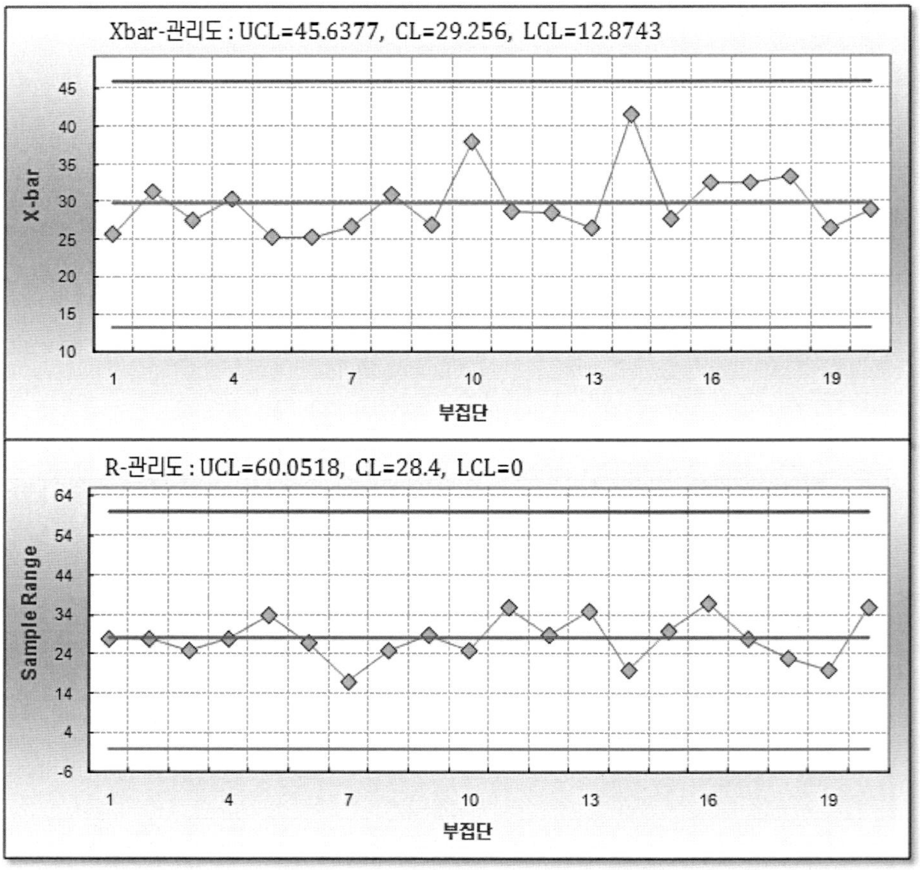

[표 17.2a]의 데이터를 이용한 $\overline{X}-R$ 관리도는 [그림 17.5a]에 나타나 있다.

공정분산을 관리할 때 S-관리도를 사용하면, 평균과 분산을 동시에 관리하고자 할 때도 $\overline{X}-S$ 관리도를 사용한다. $\overline{X}-S$ 관리도는 [그림 17.5b]에 나타나 있다.

[그림 17.5b] $\overline{X}$-S 관리도

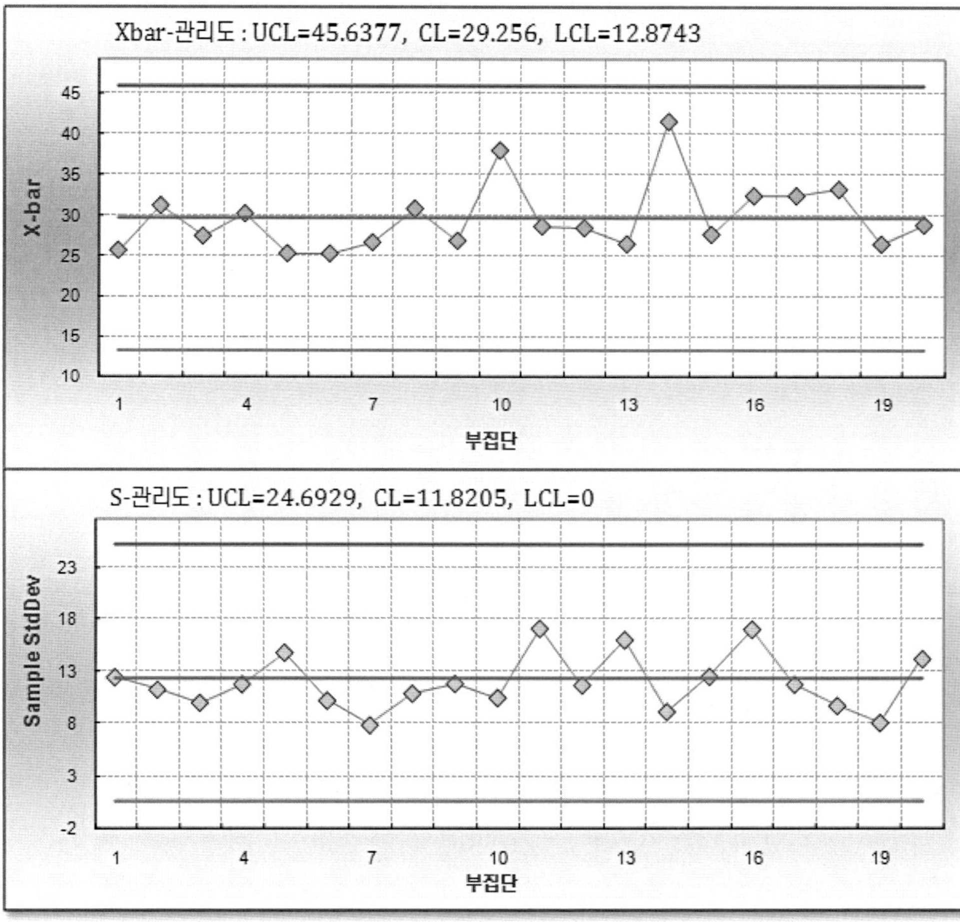

$\overline{X}-R$ 관리도와 $\overline{X}-S$ 관리도에서도 확률한계를 사용할 수 있으며, 이 경우에는 개개의 관리도에서 확률한계를 사용하는 것과 동일하다.

⇨17.6 $\widetilde{X}$-관리도와 $\widetilde{X}$-R관리도

$\widetilde{X}$-관리도는 $\overline{X}$-관리도와 마찬가지로 공정평균 μ를 관리하고자 하는 관리도로서 관리통계량은 부그룹의 중위수(median) $\widetilde{X}_i$가 된다. 양쪽관리절차의 관리한계는

$$\mu_0 \pm 3\sigma_{\widetilde{X}}$$

이며, 여기서 $\sigma_{\widetilde{X}}$는 부그룹 중위수의 표준편차를 나타내며,

$$\sigma_{\widetilde{X}} = m_3 \frac{\sigma}{\sqrt{n}}$$

로 표현할 수 있다. 상수 m_3는 [표 17.2b]의 관리도의 계수표에서 찾는다. μ_0와 $\sigma_{\widetilde{X}}$가 알려지지 않은 경우에는 추정량을 사용하여 관리한계를 다음과 같이 표현한다.

$$\overline{\widetilde{X}} \pm 3m_3 \frac{\hat{\sigma}}{\sqrt{n}} = \overline{\widetilde{X}} \pm 3\frac{m_3}{\sqrt{n}}\frac{\overline{R}}{d_2}$$

$$= \overline{\widetilde{X}} \pm m_3 A_2 \overline{R}$$

여기에서 $\overline{\widetilde{X}}$는 부그룹 중앙값의 평균을 나타내며 이것은 $\overline{X}$관리도에서 사용하는 $\overline{\overline{X}}$에 해당되는 통계량이다.

$\widetilde{X}$-관리도는 $\overline{X}$-관리도와 비교할 때 큰 차이점을 보이지 않으나 이론적으로는 이상치(outlier)에 예민하지 않은 장점을 가지고 있으며, 실질적으로는 표본평균보다는 표본중위수의 계산이 훨씬 간편하다는 점도 있다 (특히 부그룹의 크기가 홀수일 때).

공정평균과 분산을 동시에 관리하는 관리도로서 $\overline{X}-R$관리도 대신 $\widetilde{X}-R$관리도를 사용할 수 있다. $\widetilde{X}$-R관리도는 $\overline{X}$-R관리도와 마찬가지로 $\widetilde{X}$-관리도와 R-관리도를 병행 사용하는 것을 의미한다.

보통의 경우에는 평균인 $\overline{X}$를 주로 사용함으로 여기에서는 소개만 하고

실행은 하지 않겠다.

⇨17.7 np-관리도와 p-관리도

np-관리도는 공정에서 생산되는 제품의 불량율을 관리하고자 할 때 사용하는 관리도로서 불량개수 관리도라 한다. 매 관측시점마다 얻은 부그룹의 크기가 같을 때는 불량품의 수만으로 공정을 관리할 수 있기 때문이다. 따라서 np-관리도는 부그룹의 크기가 같을 때만 사용할 수 있으며 관리통계량은 불량개수 npi가 된다. 양쪽 관리절차의 관리한계는 3σ한계를 사용한 경우 관리값 np_0를 중심으로

$$np_0 \pm 3\sqrt{np_0(1-p_0)}$$

으로 정의되며, 불량율의 관리값 p_0가 알려져 있지 않은 경우, 관리한계는 추정량을 사용하여 다음과 같이 설정한다.

$$n\bar{p} \pm 3\sqrt{n\bar{p}(1-\bar{p})}$$

다음의 [표 17.7a]는 오렌지 주스를 담는 캔은 직사각형의 금속판을 원형으로 접합한 후에 밑면은 금속판으로 접합한다. 캔을 조사한 결과 옆면과 밑면 접합부분에 누출되는 경우가 있었다. 이와 같은 캔의 누출현상을 관리하기 위하여 30분 간격으로 50개의 캔을 추출하여 불량수를 조사하였다. 표본수는 30이다. 이 데이터를 이용하여 np-관리도를 작성해 보자.

[표 17.7a] 불량개수 데이터

표본번호	표본크기	캔의 불량수(np)	불량률($\hat{p}_i$)
1	50	12	0.24
2	50	15	0.30
3	50	8	0.16
4	50	10	0.20

5	50	4	0.08
6	50	7	0.14
7	50	16	0.32
8	50	9	0.18
9	50	14	0.28
10	50	10	0.20
11	50	5	0.10
12	50	6	0.12
13	50	17	0.34
14	50	12	0.24
15	50	22	0.44
16	50	8	0.16
17	50	10	0.20
18	50	5	0.10
19	50	13	0.26
20	50	11	0.22
21	50	20	0.40
22	50	18	0.36
23	50	24	0.48
24	50	15	0.30
25	50	9	0.18
26	50	12	0.24
27	50	7	0.14
28	50	13	0.26
29	50	9	0.18
30	50	6	0.12
	합/평균	347	0.2313

[표 17.7a]의 데이터를 사용하면 관리한계는

$$CL = n\bar{p} = \sum \frac{D_i}{m} = \frac{347}{30} = 11.5667$$

$$UCL = 50 \times 0.2313 + 3\sqrt{50 \times 0.2313(1 - 0.2313)}$$

$$= 20.5120$$

$$LCL = 50 \times 0.2313 - 3\sqrt{50 \times 0.2313(1 - 0.2313)}$$

$$= 2.62138$$

으로 계산되며, 중심극한정리에 의하면 $np_i(=D_i)$는 점근적으로 정규분포에 따르게 되어 있고, 따라서 np_i가 관리한계선 밖으로 나갈 확률은 공정이 관리상태일 때 '0.0027'에 가까운 값을 가질 것으로 예상할 수 있다. 그러나 불량율 p는 '0'에 아주 가까울 때에만(일반적으로 p<0.1) 관리상태에 있다고 볼 수 있으므로 n이 어느 정도 큰 값에서도 np_i가 정규분포에 잘 근사되지 않는다. 실제로 n=100, p=0.1 이면 3σ관리한계는 $100(0.1)\pm3\sqrt{100(0.1)(0.9)}$ $=10\pm3(3)$이다.

[그림 17.7a] np-관리도

StdErr 곱수	3
UCL	20.5119559
CL	11.5666667
LCL	2.6213774

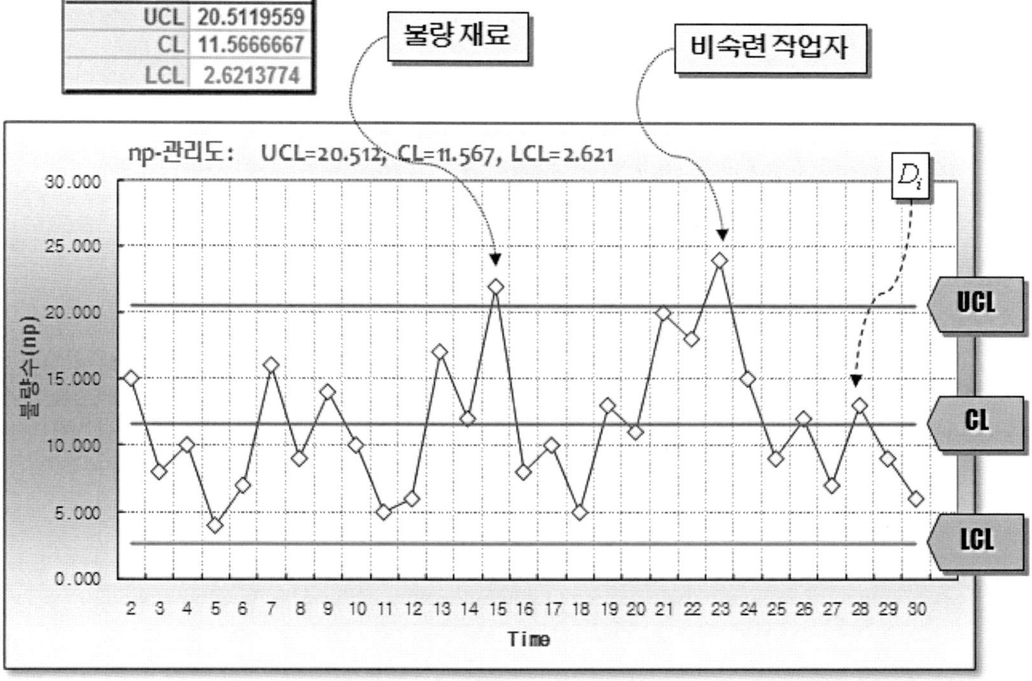

따라서 np_i가 관리한계선 밖으로 나갈 확률은 다음과 같이 계산된다.

$$P(np_i \geqq 19)+P(np_i \leqq 1)$$

$$=0.0049$$

이 값은 '0.0027'과 많이 다르다는 것을 알 수 있다. 또 다른 문제는 관리하한이 종종 '0'보다 작을 수 있다는 점이다.

$$LCL = np - 3\sqrt{np(1-p)} \le 0$$

$$\Leftrightarrow p \le \frac{9}{9+n} \text{ 또는 } n \le \frac{9(1-p)}{p}$$

따라서 p 또는 n을 조정하여 관리하한을 '0'보다 크게 할 수 있으며, 일반적으로 p보다 n을 바꾸는 것이 더 쉽기 때문에

$$n > 9(1-p)/p$$

를 만족하도록 선택하는 것이 좋은 방법이 될 것이다.

위에서 나타난 문제점들을 해결할 수 있는 쉬운 방법은 변수변환 방법을 사용하는 것이다. 변수변환을 통해 이항분포를 따르는 변수를 근사적으로 정규분포를 따르도록 하자는 의도이며, 이 때 사용되는 변수변환은 Arcsin 변환을 들 수 있다. 즉 X~B(n, p)일 때,

$$Y = \arcsin\sqrt{(X+\frac{3}{8})/(n+\frac{3}{4})} \;\dot{\sim}\; N(\arcsin\sqrt{\mathrm{p}}, \frac{1}{4\mathrm{n}})$$

를 따른다(Johnson and Kotz, 1969)[5]. 따라서 Arcsin 변환을 이용하여 구한 관리한계는

$$\arcsin\sqrt{p} \pm 3\sqrt{\frac{1}{4n}}$$

이며, [표 17.7a]의 데이터를 사용하면 p=0.01일 때 관리한계는

$$UCL = \arcsin\sqrt{0.01} + 3\sqrt{\frac{1}{4(50)}}$$

$$= 0.2221$$

$$LCL = \arcsin\sqrt{0.01} - 3\sqrt{\frac{1}{4(50)}}$$

$$= -0.2021$$

으로 계산된다. Arcsin 변환을 사용하여 np-관리도를 작성하는 것은 결국 $\overline{X}$-관리도를 사용하게 된다. 단 이때의 공정분산은 $\frac{1}{4n}$로 알려진 경우이다.

5) Johnson, N.L. and Kotz, S. (1969), *Discrete Distributions*, New York: John Wiley & Sons, Inc.

p-관리도는 np-관리도와 마찬가지로 공정의 불량율을 관리하고자 할 때 사용하며 불량률 관리도라 한다. 공정에서 표본을 추출하는 과정에서 매 시점마다 동일한 크기의 부그룹을 취하지 못할 경우에는 np-관리도 대신 p-관리도를 사용하는 것이 바람직하다. 예를 들어 각 부그룹이 한 시간 동안 생산되는 제품을 나타낸다면 매 시간 생산되는 제품의 수가 항상 일정하지는 않아 부그룹의 크기가 동일하지 않는 경우가 생긴다. 또한 공정이 계속되는 동안 매번 동일 개수의 제품을 추출하는 것이 너무 많다거나 또는 너무 적다는 판단을 할 경우가 있다. 이와 같이 공정의 진행 중 부그룹의 크기가 동일하지 않을 때에는 p-관리도를 사용하게 된다. p-관리도에서 사용되는 관리통계량은 부그룹의 불량율 p_i가 된다. 양쪽관리절차에서 i번째 시점의 관리한계는 3σ 한계를 사용한 경우,

$$p_0 \pm 3\sqrt{\frac{p_0(1-p_0)}{n_i}}$$

으로 설정되며, 여기에서 n_i는 i번째 시점의 부그룹의 크기를 나타낸다.

관리값 p_0가 알려져 있지 않을 경우, 관리한계는 추정량을 사용하여 다음과 같이 설정한다.

$$\bar{p} \pm 3\sqrt{\frac{\bar{p}(1-\bar{p})}{n_i}}$$

위 관리한계에서 알 수 있듯이 p-관리도에서는 부그룹의 크기가 다를 때마다 관리한계를 구해야 하는 번거로움이 있으나 컴퓨터가 해결할 문제이다. 사용자가 직접 계산기를 사용하여 일일이 계산하지 않을 것이고 프로그램이 알아서 계산함으로 출력된 결과를 해석하는 데만 집중하면 된다.

[표 17.7b]의 데이터를 사용하면 변량표본크기 p-관리도의 관리한계는

$$CL = \bar{p} = \frac{\sum_{i=1}^{25} D_i}{\sum_{i=1}^{25} n_i} = \frac{234}{2450} = 0.09551$$

$$UCL = 0.09551 + 3\sqrt{\frac{0.09551(1-0.09551)}{n_i}}$$

$$LCL = 0.09551 - 3\sqrt{\frac{0.09551(1-0.09551)}{n_i}}$$

[표 17.7b] 부그룹 크기가 다른 불량개수 데이터

$$\hat{\sigma}_{\hat{p}} = \sqrt{\frac{0.0955(1-0.0955)}{n_i}}$$

$$Z_i = \frac{\hat{p}_i - \bar{p}}{\sqrt{\frac{0.0955(1-0.0955)}{n_i}}}$$

표본번호	표본크기 (n_I)	캔의 불량수 Di	불량률 (pi_hat)	표준편차	LCL	UCL	표준화 값 (Z_i)
1	100	12	0.120	0.029	0.007	0.184	0.83
2	80	8	0.100	0.033	0.000	0.194	0.14
3	80	6	0.075	0.033	0.000	0.194	-0.62
4	100	9	0.090	0.029	0.007	0.184	-0.19
5	110	10	0.091	0.028	0.011	0.180	-0.16
6	110	12	0.109	0.028	0.011	0.180	0.48
7	100	11	0.110	0.029	0.007	0.184	0.49
8	100	16	0.160	0.029	0.007	0.184	2.19
9	90	10	0.111	0.031	0.003	0.188	0.50
10	90	6	0.067	0.031	0.003	0.188	-0.93
11	110	20	0.182	0.028	0.011	0.180	3.08
12	120	15	0.125	0.027	0.015	0.176	1.10
13	120	9	0.075	0.027	0.015	0.176	-0.76
14	120	8	0.067	0.027	0.015	0.176	-1.08
15	110	6	0.055	0.028	0.011	0.180	-1.46
16	80	8	0.100	0.033	0.000	0.194	0.14
17	80	10	0.125	0.033	0.000	0.194	0.90
18	80	7	0.088	0.033	0.000	0.194	-0.24
19	90	5	0.056	0.031	0.003	0.188	-1.29
20	100	8	0.080	0.029	0.007	0.184	-0.53
21	100	5	0.050	0.029	0.007	0.184	-1.55
22	100	8	0.080	0.029	0.007	0.184	-0.53
23	100	10	0.100	0.029	0.007	0.184	0.15
24	90	6	0.067	0.031	0.003	0.188	-0.93
25	90	9	0.100	0.031	0.003	0.188	0.14
합계	2450	234	0.0955				

[그림 17.7b] p-관리도

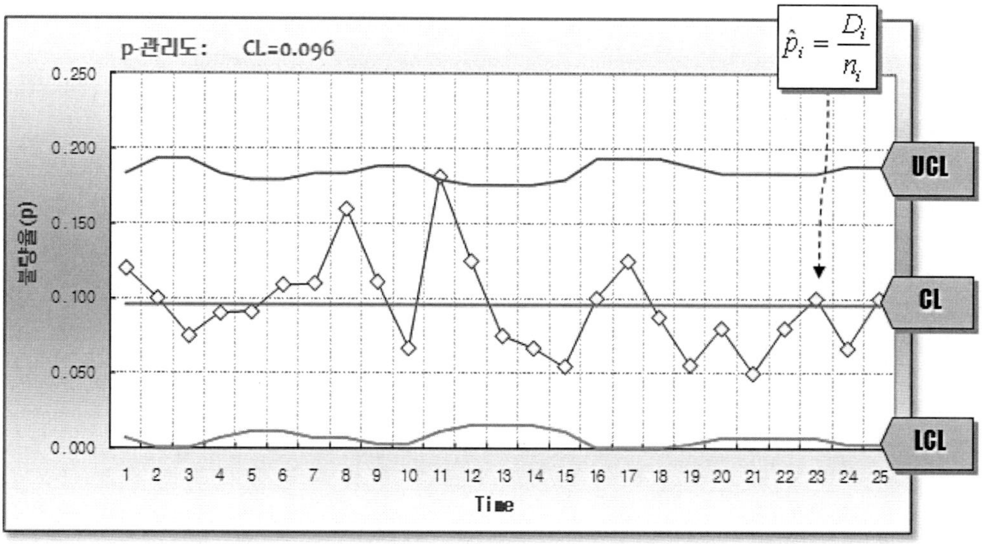

11번째 표본의 관리통계량의 값 관리상한 밖에 표시되었으므로 이 두 점에 대해 이상원인이 있었는지를 조사해야 한다. 11째 표본은 30분 동안에 일부 새로운 캔 재료가 생산에 투여되었음을 알 수 있었으며, 23번째 표본은 30분 사이에 경험이 부족한 새로운 작업자가 캔 제조기계를 동작시켰음을 알 수 있었다. 그러므로 관리한계선은 이 두 시점의 데이터를 제거하고 다시 계산해야 한다.

[그림 17.7c] p-관리도의 수정

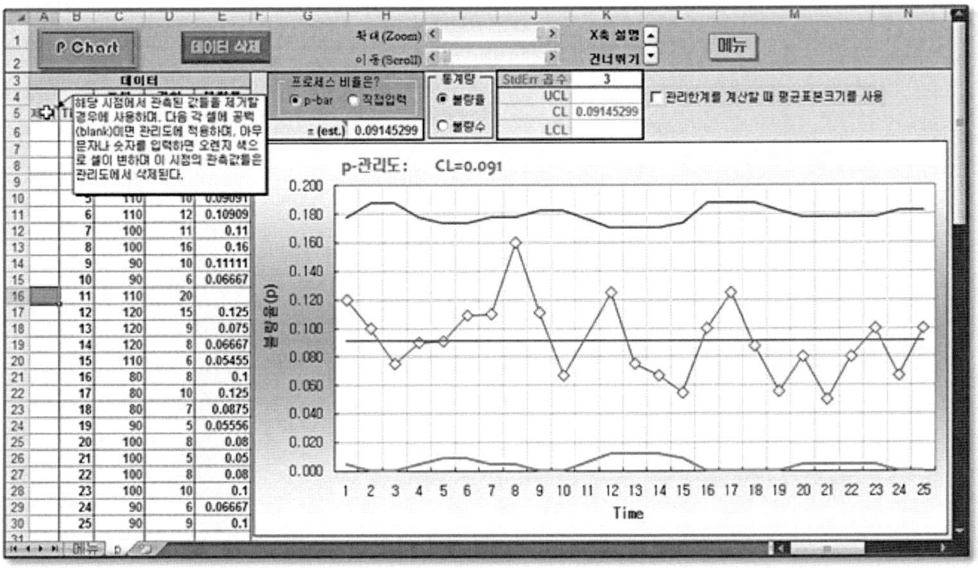

p-관리도에서도 np-관리도와 마찬가지로 3σ관리한계를 사용하여도 관리상태일 때 관리한계 밖으로 나갈 확률이 0.0027과 같지 않다. 따라서 p-관리도에서도 arcsin과 같은 변수변환을 이용할 수 있다. Arcsin 변환을 이용한 경우의 관리한계는

$$\arcsin\sqrt{p} \pm 3\sqrt{\frac{1}{4n_i}}$$

으로 설정할 수 있다.

일반적으로 변수변환을 사용할 경우에는 변환된 데이터의 단위를 원래의 단위와 연관시켜 해석하기가 어려운 단점을 가지고 있다. p-관리도와 np-관리도에서 공통적으로 이와 같은 문제점을 피하고자 하는 경우에는 원래의 데이터를 이용한 관리도를 작성하되 3σ한계 대신 확률한계를 사용하는 것이 바람직하다.

⇒17.8 c-관리도와 u-관리도

c-관리도는 생산공정에서 검사 단위당 결점수를 관리하고자 할 때 사용되는 관리도이며, '결점수 관리도'라 한다. 이 때 검사단위는 항상 일정하여야 하며 한 검사단위는 하나 이상의 단위가 포함될 수 있다. 예를 들면 검사단위는 하나의 나사못 또는 한 상자의 나사못 등이 될 수 있다. 각 단위에는 여러 종류의 결점이 있을 수 있는데 c-관리도는 결점의 종류를 구분하지 않고 관리하고자 할 때에도 사용될 수 있다. c-관리도에서 사용되는 관리통계량은 부그룹의 결점수 c_i가 되며, 양쪽관리절차의 관리한계는 관리값 c_0가 알려진 경우 3σ 한계를 사용하면

$$c_0 \pm 3\sqrt{c_0}$$

으로 표현된다. 결점수의 분포는 포아송분포에 의해 잘 근사되어진다고 알려져 있다. 따라서 관리상태일 때 c_i의 평균과 분산은 다같이 c_0임을 알 수 있다.

다음 [표 17.8a]는 100개의 회로판을 일정간격으로 26회 조사하여 결점수를 조사하였다. 관리도를 작성하고 추가데이터를 이용하여 최종 관리도를 작성한다.

[표 17.8a] 회로기판 결점수 데이터

표본번호	결점수	표본번호	결점수
1	21	14	19
2	24	15	10
3	16	16	17
4	12	17	13
5	15	18	22
6	5	19	18
7	28	20	39
8	20	21	30

9	31	22	24
10	25	23	16
11	20	24	19
12	24	25	17
13	16	26	15

관리값 c_0가 알려지지 않은 경우에는 추정량 $\bar{c}$를 사용하여 관리한계는 다음과 같이 설정한다.

$$\bar{c} \pm 3\sqrt{\bar{c}}$$

[표 17.8a]의 데이터를 사용하면

$$CL = \bar{c} = \frac{516}{26} = 19.8462$$

$$UCL = 19.8462 + 3\sqrt{19.8462}$$

$$= 33.2109$$

$$LCL = \max(0,\ 19.8462 - 3\sqrt{19.8462}\ )$$

$$= \max(0, 6.48145)$$

$$= 6.48145$$

으로 계산되며, c-관리도는 [그림 17.8a]와 같다.

[그림 17.8a] 결점수에 대한 c-관리도

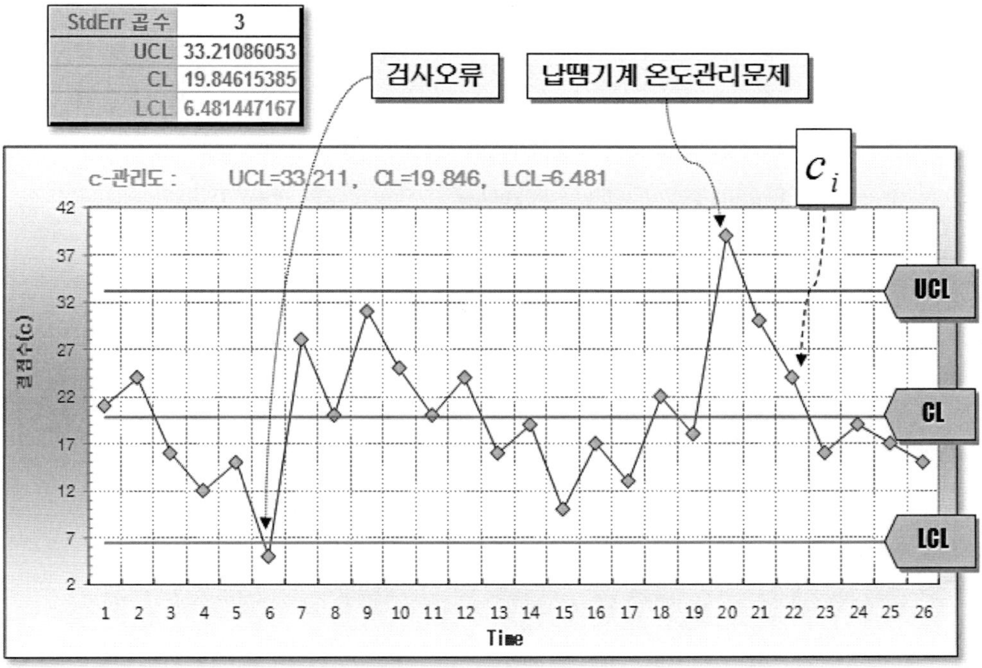

6번째와 20번째 표본은 관리한계선 밖에 나타났으므로 이상신호를 나타낸다. 이를 확인해 본 결과, 이상원인은 검사자의 실수와 납땜 온도의 불량으로 나타났다. 이를 제외하고 다시 관리한계를 계산해야 한다.

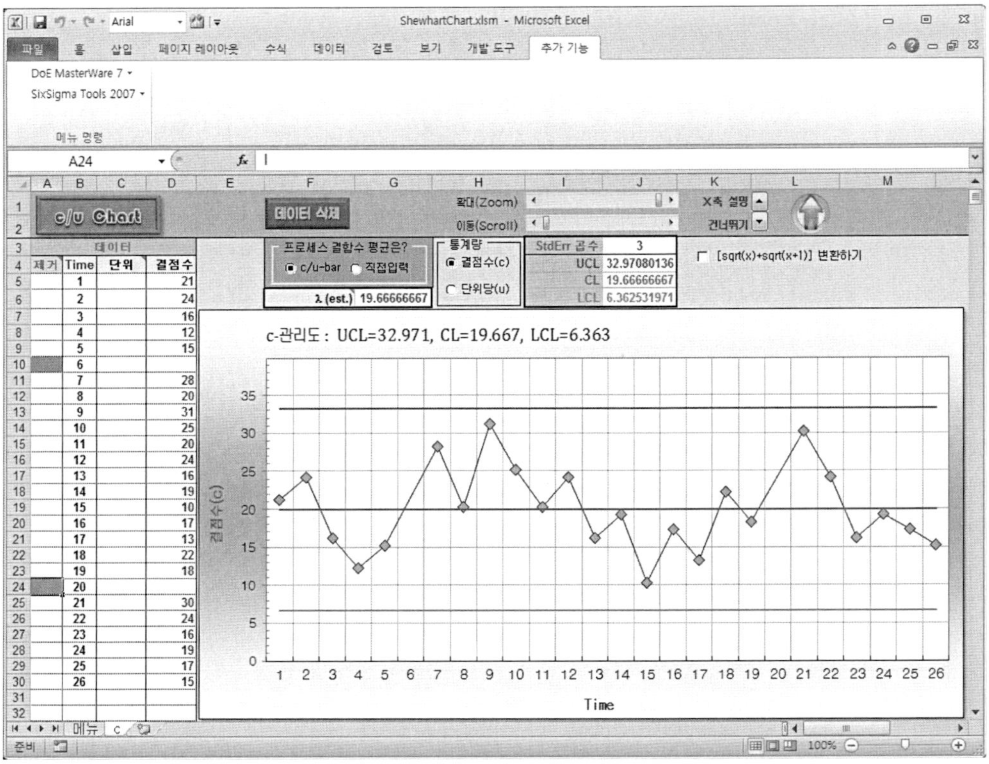

공정이 관리상태일 때에는 c_i의 값이 작은 경우가 일반적이며 이 경우에는 정규분포가 잘 근사되지 않는다. 따라서 np-관리도에서와 마찬가지로 변수 변환을 이용하여 이와 같은 문제를 해결할 수 있다.

$X \sim Poisson(\lambda)$일 때,

$$Y = \sqrt{x} + \sqrt{x+1} \quad \sim N(\sqrt{\lambda} + \sqrt{\lambda+1}\ ,\ 1)$$

이며, 따라서 위 변환을 사용한 관리한계는

$$(\sqrt{\lambda} + \sqrt{\lambda+1}\,) \pm 3$$

이며, λ가 알려지지 않은 경우에는

$$\overline{Y} \pm 3$$

으로 설정할 수 있다.

[표 17.8b] 회로기판 결점수와 변환 데이터

표본번호	결점수 Di	결점수 변환값	표본번호	결점수 Di	결점수 변환값
1	21	9.27299	14	19	8.83103
2	24	9.89898	15	10	6.47890
3	16	8.12311	16	17	8.36575
4	12	7.06965	17	13	7.34721
5	15	7.87298	18	22	9.48625
6	5	4.68556	19	18	8.60154
7	28	10.67667	20	39	12.56955
8	20	9.05471	21	30	11.04499
9	31	11.22462	22	24	9.89898
10	25	10.09902	23	16	8.12311
11	20	9.05471	24	19	8.83103
12	24	9.89898	25	17	8.36575
13	16	8.12311	26	15	7.87298

[표 17.8b]의 데이터를 사용하면

$$UCL = 8.8797 + 3$$
$$= 11.8797$$
$$LCL = 8.8797 - 3$$
$$= 5.8797$$

으로 계산되며, $\sqrt{x} + \sqrt{x+1}$ 변환을 사용한 c-관리도는 $\overline{X}$-관리도를 사용하여 작성할 수 있다. 단, 이 때 공정분산은 '1'로 알려진 경우이다.

변수변환을 사용한 c-관리도는 [그림 17.8b]에 나타나 있다.

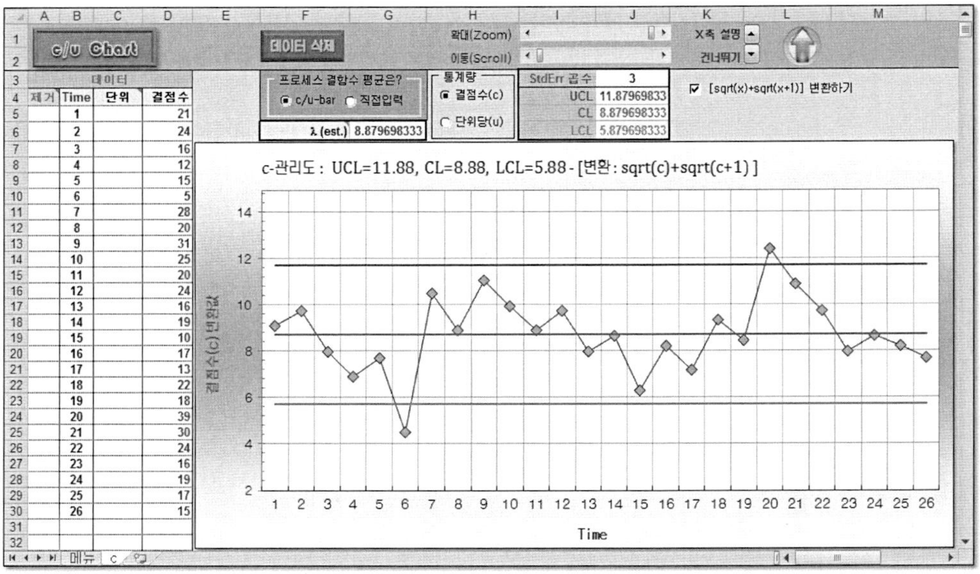

[그림 17.8b] 변수변환을 사용한 c-관리도

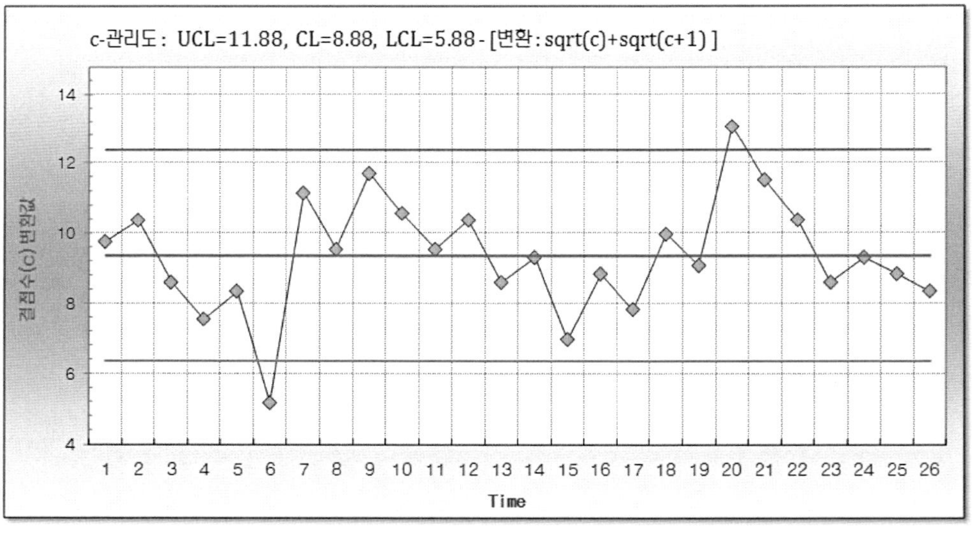

생산공정에서 결점수를 관리하고자 할 때, 검사단위가 일정치 않은 경우가 있다. 이때에 사용하는 관리도를 u-관리도라 하며 '단위당 결점수 관리도'라 한다. 이와 같이 검사단위가 일정치 않은 경우에는 c-관리도 대신 u-관리도를 사용하여야 한다. u-관리도에서 사용되는 관리통계량은 부그룹 단위당 결점수 $u_i = c_i / n_i$가 된다. 양쪽관리절차의 관리한계는 단위당 결점수의 관리값 u_0가 알려진 경우 3σ 한계를 사용하면

$$u_0 \pm 3\sqrt{\frac{u_0}{n_i}}$$

이며, 관리값 u_0가 알려지지 않은 경우에는 추정량 $\bar{u}$를 사용하여

$$\bar{u} \pm 3\sqrt{\frac{\bar{u}}{n_i}}$$

으로 설정된다. 위 관리한계에 나타난 바와 같이 부그룹의 크기가 다를 경우에는 관리한계가 달라짐을 알 수 있다.

다음의 [표 17.8b]는 의류용 천을 제조하는 회사에서 염색된 천의 결함발생을 조사하였다. 25개의 롤에 대한 결점수는 다음과 같으며 단위를 통일하기 위하여 검사면적을 50평방미터 당 평균 결점수를 계산하여 관리도를 작성해 보기로 한다.

[표 17.8b] 의류용 천의 결점수

롤 번호	검사면적(평방미터)	총 결점수	롤의 검사 단위수, n_i
1	500	15	10.0
2	525	16	10.5
3	600	19	12.0
4	390	5	7.8
5	600	10	12.0
6	300	8	6.0
7	400	12	8.0
8	600	11	12.0
9	500	11	10.0
10	650	20	13.0
11	500	14	10.0

12	640	21	12.8
13	450	11	9.0
14	625	23	12.5
15	500	10	10.0
16	380	11	7.6
17	700	15	14.0
18	700	12	14.0
19	550	19	11.0
20	600	21	12.0
21	670	12	13.4
22	730	21	14.6
23	700	15	14.0
24	400	9	8.0
25	475	7	9.5
합계		348	273.7

[표 17.8b]의 데이터를 사용하면 3σ관리한계는($\overline{u} = 384/273.7 = 1.2715$)

$$UCL = 1.2715 + 3\sqrt{\frac{1.2715}{n_i}}$$

$$LCL = \max\left(0,\ 1.2715 - 3\sqrt{\frac{1.2715}{n_i}}\right)$$

으로 계산되며, u-관리도는 [그림 17.8c]와 같다.

[그림 17.8c] 단위당 결점수 옵션지정

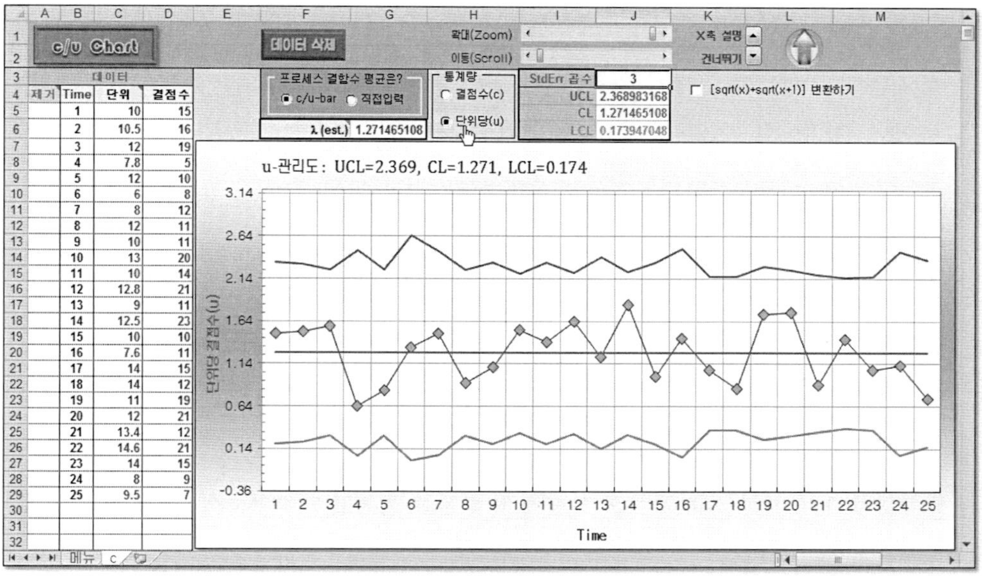

[그림 17.8d] u-관리도

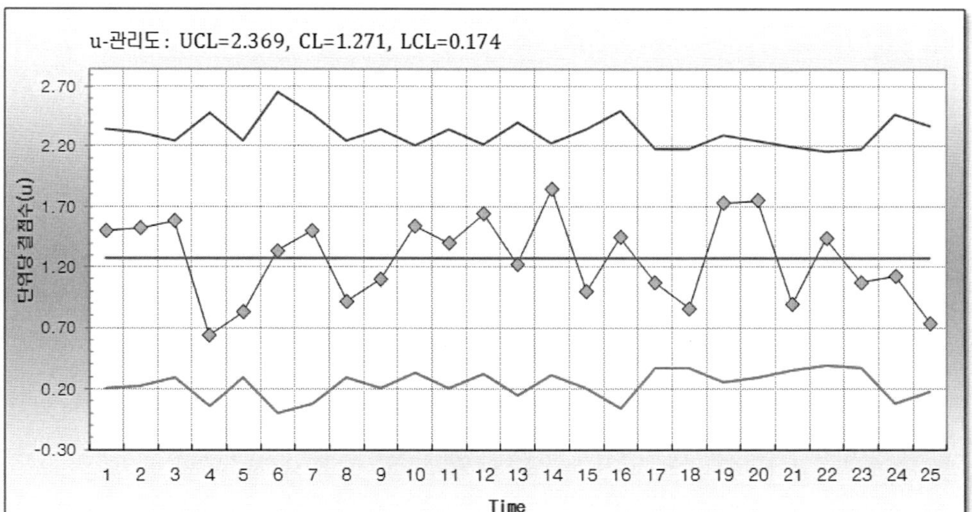

u-관리도에서도 c-관리도에서와 마찬가지로 변수변환을 사용하여 관리도를 작성할 수 있다. 변환이 $Y = \sqrt{X} + \sqrt{X+1}$ 이면

$$\frac{Y_i}{n_i} \dot{\sim} N\left(\frac{\sqrt{\lambda} + \sqrt{\lambda+1}}{n_i}, \frac{1}{n_i^2}\right)$$

을 따른다. 따라서 관리한계는

$$\frac{\sqrt{\lambda}+\sqrt{\lambda+1}}{n_i} \pm \frac{3}{n_i}$$

이 되며, λ가 알려지지 않은 경우에는 Y_i / n_i의 추정량을 사용하여

$$\overline{\overline{Y}} \pm \frac{3}{n_i}$$

으로 설정할 수 있으며, 이 때,

$$\overline{\overline{Y}} = \frac{\sum Y_i}{\sum n_i} = \frac{\sum n_i \overline{Y}_i}{\sum n_i}$$

이다. 즉, 부그룹평균 $\overline{Y}_i$의 가중평균을 나타낸다.

[그림 17.8e] 변수변환된 u-관리도

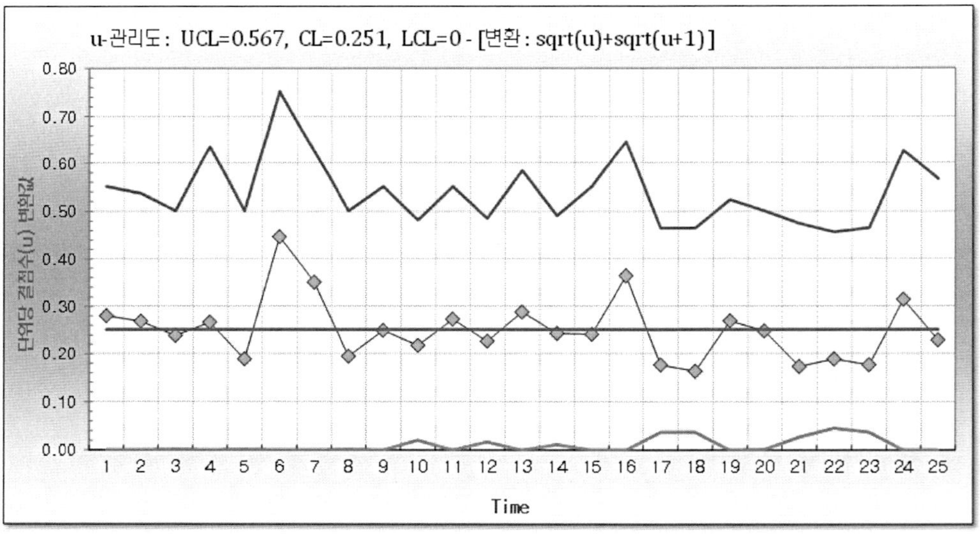

⇨17.9 X-MR 관리도

어떤 공정에서 하나의 제품을 생산하는데 시간이 많이 소요되는 경우에는 크기가 4 또는 5인 부그룹을 형성할 때까지 기다릴 수 없다. 예를 들어, 각 제품이 생산되는데 30분이 소요되면 크기 5인 한 부그룹의 데이터를 얻기까지는 2시간 30분이 필요하여 그 사이 공정이 이미 이상상태로 바뀔 가능성이 많다. 또는 한 제품으로부터의 데이터는 짧은 시간 내에는 거의 변동이 없는 경우가 있다. 예를 들면, 온도와 압력이 같은 데이터는 짧은 시간 동안에는 거의 변동이 없어 4 또는 5개의 데이터를 얻어도 하나의 데이터를 얻는 경우와 실질적으로 다를 바가 없다. 이와 같이 부그룹의 데이터를 형성하기가 곤란하거나 불필요한 경우에는 부그룹 대신 개개의 데이터를 사용하여 관리도를 작성한다.

X-관리도는 개개의 데이터를 이용하여 공정평균 μ를 관리하고자 할 때 사용하는 관리도이다. 이때의 관리통계량은 X_i이며 3σ 한계를 사용한 양쪽관리절차의 관리한계는

$$\mu_0 \pm 3\hat{\sigma}$$

이며, 관리값 μ_0가 알려지지 않은 경우에는 관측값의 평균 $\overline{X}$를 추정값으로 사용하며, 적어도 50개 이상의 관측값으로부터 얻어야 한다. 공정표준편차 σ는 이동범위(moving range)를 사용하여 추정한다.

i번째 이동범위 MRi는 다음과 같이 계산한다.

$$MR_i = |X_{i+1} - X_i|, \quad i = 1, 2, \cdots$$

이 때 MR_i를 크기(span) 2의 이동범위라 한다. 추정값을 사용한 X-관리도의 관리한계는 이동범위 평균을 사용하여

$$\overline{X} \pm 3\frac{\overline{MR}}{d_2}$$

으로 설정된다.

공정분산을 관리하고자 할 때, X-관리도의 경우와 동일한 이유로 부그룹을 형성하기 어려울 때에 MR-관리도(Moving Range Chart)를 작성한다. MR-관리도에서 사용하는 관리통계량은 이동범위 MR_i로써 양쪽관리를 위한 MR-관리도의 3σ한계는 다음과 같다.

$$UCL = D_4 \overline{MR}$$

$$LCL = D_3 \overline{MR}$$

[표 17.9]의 데이터를 사용하여 X-관리도를 작성하는 것 또한 동일하게 데이터 입력부분에 입력하면 자동으로 인지하여 X-관리도를 작성한다.

[표 17.9] 피스톤링 지름 데이터

번호	측정값(yi)	MR	번호	측정값(yi)	MR
1	71.5		21	71.2	5.7
2	65.1	6.4	22	69.5	1.7
3	69.3	4.2	23	67.4	2.1
4	66.5	2.8	24	66.7	0.7
5	69.4	2.9	25	67.2	0.5
6	68.9	0.5	26	70	2.8
7	71.3	2.4	27	70.2	0.2
8	68.6	2.7	28	70.4	0.2
9	67.1	1.5	29	69.4	1
10	69.4	2.3	30	72	2.6
11	71.5	2.1	31	69.4	2.6
12	65.9	5.6	32	70.6	1.2
13	67.7	1.8	33	67.6	3
14	68.8	1.1	34	70	2.4
15	66	2.8	35	68.8	1.2
16	66.9	0.9	36	68	0.8
17	71.8	4.9	37	72.3	4.3
18	70.5	1.3	38	70.7	1.6
19	68.6	1.9	39	68.3	2.4
20	65.5	3.1	40	69.6	1.3

[그림 17.9a] 피스톤링 지름 데이터연결 후 자동으로 작성된 상태

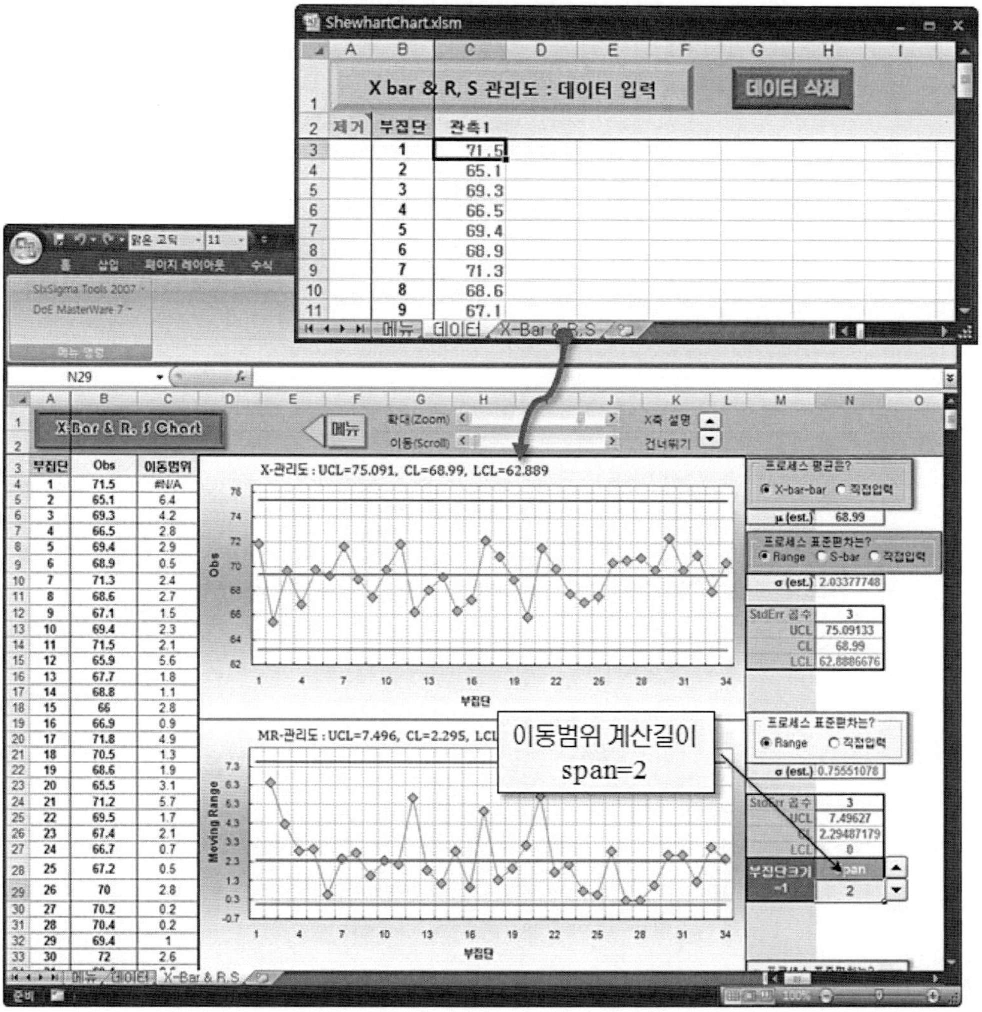

[그림 17.9b] X-MR 관리한계 계산절차

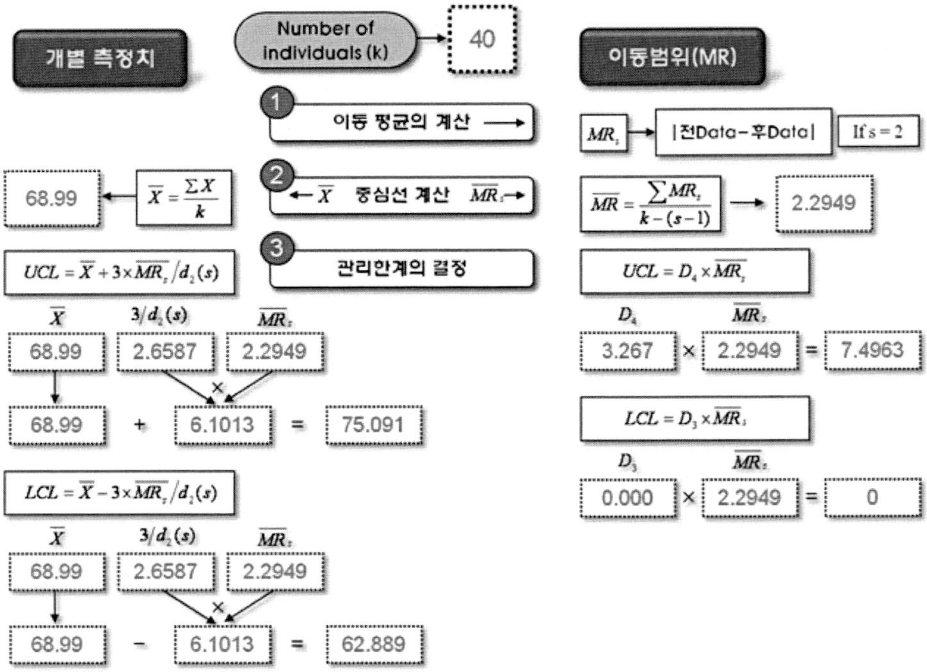

[그림 17.10c] X-MR 관리도

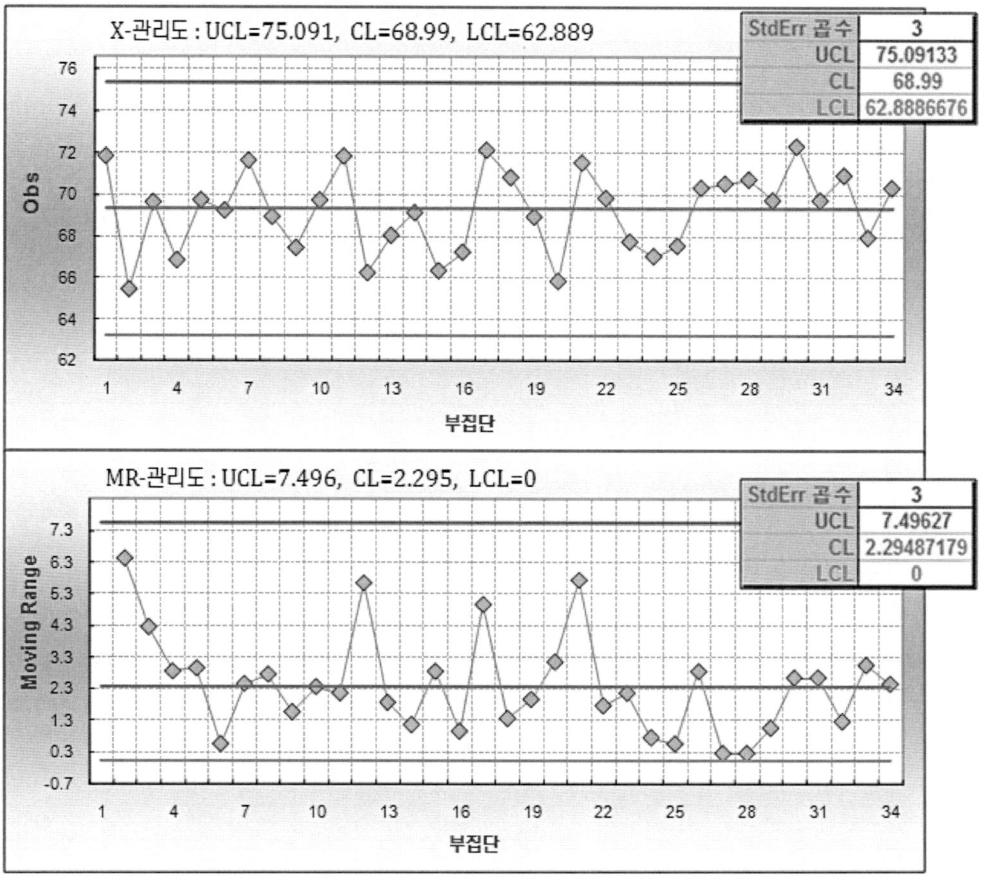

18

누적합 관리도

⇨18.1 누적합관리도

누적합관리도는 Page(1954)[6]가 제안한 이후 현재까지 많은 연구가 되어왔다. Shewhart 관리도는 이해하기 쉽고 적용이 간편한 장점을 가지고 있으나 현재의 관측값만을 사용하여 공정의 상태를 판단하기 때문에 공정의 작은 변화나 서서히 일어나는 변화에는 비교적 비효율적인 면을 가지고 있다. 경고선(warning lines)을 가진 Shewhart 관리도처럼 보조적인 수단을 사용하여 효율을 증가시키는 방법도 제안되었으나 과거의 정보를 충분히 사용하는 다른 관리도법의 필요성이 있게 되었다. 이와 같이 과거의 관측값을 공정의 상태판단에 사용하는 관리도법의 하나로서 누적합(cumulative sum)관리도가 있다. 누적합관리도는 처음부터 현재까지의 통계량의 누적합을 사용하는 방법으로서 공정에 작은 변화가 발생하여도 그 효과가 누적되어 관리통계량에 나타나므로 작은 변화에도 민감한 관리도를 얻을 수 있다. Shewhart 관리도와 누적합관리도의 민감도의 차는 [표 18.1]의 데이터를 이용하여 설명할 수 있다.

6) Page, E. S. (1954). *Continuous Inspection Schemes*, Biometrika, Vol. 41, pp. 100-115.

[표 18.1]에서 21번째부터는 공정평균이 +0.7 만큼 커진 것을 나타낸다. 이때 $\overline{X}$-관리도에서 사용하는 관리통계량은 X_i이라 하고, 누적합관리도에서의 관리통계량은 $Z_i = (X_i - 68.5)$의 누적합, 즉 ΣZ_i라 하자. [그림 18.1b]에서처럼 누적합통계량은 29번째 이후부터는 두드러지게 커지는 현상을 쉽게 알 수 있으나 Z_i는 큰 변화가 없는 것처럼 보인다. 따라서 이와 같은 작은 변화에 대해서 Shewhart 관리도는 민감도가 떨어지나(즉, 이상상태일 때 런의 길이가 길다) 누적합관리도는 민감하다는 것을 알 수 있다.

[표 18.1] 개별관측값과 누적합(목표값=68.5)

부집단	Individual	누적합	부집단	Individual	누적합
1	71.5	3	21	71.2	3
2	65.1	-0.4	22	69.5	4
3	69.3	0.4	23	67.4	2.9
4	66.5	-1.6	24	66.7	1.1
5	69.4	-0.7	25	67.2	-0.2
6	68.9	-0.3	26	70	1.3
7	71.3	2.5	27	70.2	3
8	68.6	2.6	28	70.4	4.9
9	67.1	1.2	29	69.4	5.8
10	69.4	2.1	30	72	9.3
11	71.5	5.1	31	69.4	10.2
12	65.9	2.5	32	70.6	12.3
13	67.7	1.7	33	67.6	11.4
14	68.8	2	34	70	12.9
15	66	-0.5	35	68.8	13.2
16	66.9	-2.1	36	68	12.7
17	71.8	1.2	37	72.3	16.5
18	70.5	3.2	38	70.7	18.7
19	68.6	3.3	39	68.3	18.5
20	65.5	0.3	40	69.6	19.6

[그림 18.1a] 개별관측값 관리도(관리상태)

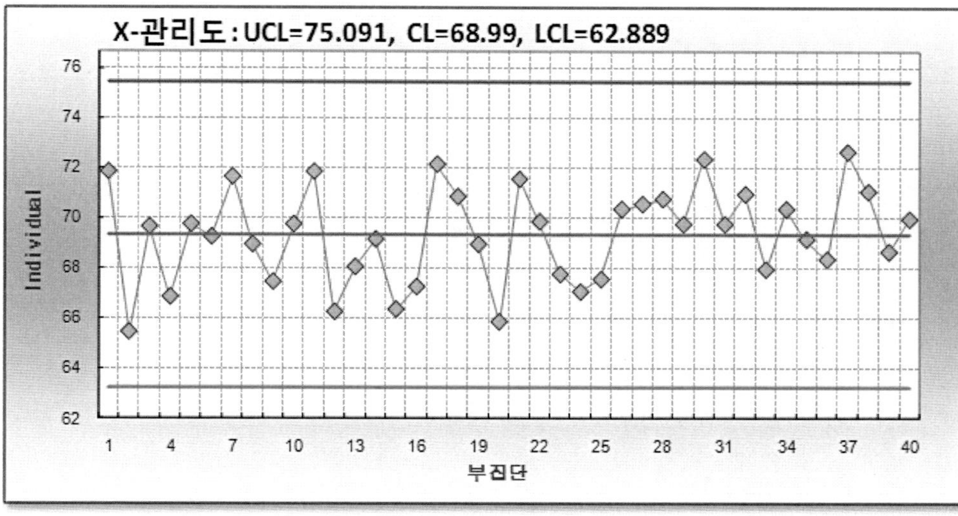

[그림 18.1b] 개별관측값과 누적합 플랏점

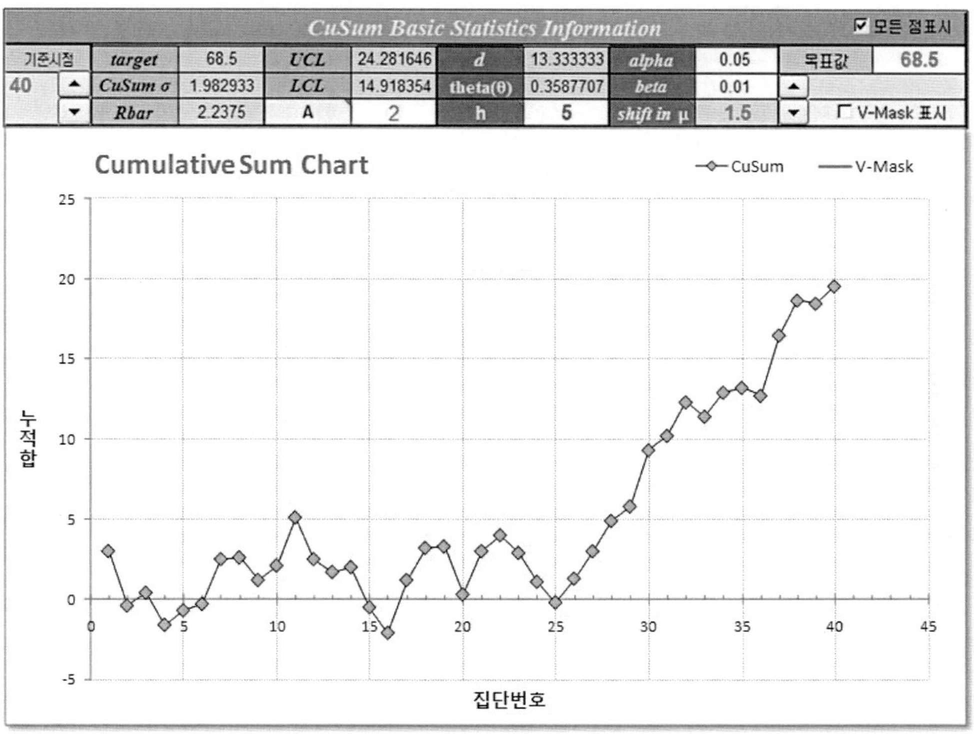

⇨18.2 누적합관리도의 절차

연속생산공정에서 i번째 시점에 관측된 값을 $\underline{X}_i = (X_{i1}, \cdots, X_{in})$, $i = 1,2,\cdots$ 라 하고 관리모수 θ_0, 기각품질수준을 θ_1이라 하자. 누적합관리도는 먼저 관리모수에 따라 적절한 통계량 S를 선정하고 i 번째 통계량을

$$S_i = S(\underline{X}_i ; \theta_0), \quad i = 1,2,\cdots$$

로 나타낸다. 이 때 통계량 S는 θ에 따라 단순증가하는 경향을 가진다고 가정한다. 관리모수 θ의 양의 변화를 검색하는 누적합관리도의 관리절차는 다음과 같다.

한쪽관리절차 : $Y_j^* \geq h$ 를 최초로 만족하는 관측시점 j에서 공정을 중지

단, $Y_j^* = Y_j - \min_{0 \leq l \leq j-1} Y_l$, $Y_j = \sum_{i=1}^{j}(S_i - k)$, $Y_0 = 0$

k와 h는 미리 정해진 상수로써 k는 참고값(reference value), h는 결정구간(decision interval)이라 한다. 한쪽관리절차에서 Y_j^*는 관리통계량, 결정구간 h는 관리한계의 역할을 하게 된다.

위 절차는 다음과 같이 다른 방법으로도 설명될 수 있다. 즉

$$Y_j^* = \max\{0, Y_{j-1}^*\} + (S_j - k) \ ,n = 1,2,\cdots$$

$$Y_0^* = 0$$

로 표현할 수 있다. 따라서 $Y_j^* \geq h$ 를 최초로 만족하는 시점 j에서 공정을 중지하게 된다. 위 등식은 다음과 같이 증명된다.

$$Y_j^* = Y_j - \min_{0 \le i \le j-1} Y_i$$

$$= Y_{j-1} + (S_j - k) - \min\left\{ Y_{j-1}, \min_{0 \le i \le j-2} Y_i \right\}$$

$$= (S_j - k) - \min\left\{ Y_{j-1} - Y_{j-1}, \min_{0 \le i \le j-2} Y_i - Y_{j-1} \right\}$$

$$= -\min\left\{ 0, -\left(Y_{j-1} - \min_{0 \le i \le j-2} Y_i \right) \right\} + (S_j - k)$$

$$= -\min\{0, -Y_{j-1}^*\} + (S_j - k)$$

$$= \max\{0, \ Y_{j-1}^*\} + (S_j - k)$$

누적합관리도의 관리절차는 다음과 같이 다시 설명될 수 있다. 통계량 $S_i - k$의 누적합 $\sum_{i=1}^{j}(S_i - k)$를 매 시점마다 0과 결정구간 h와 비교하여 0보다 작거나 같으면 그 시점부터 새로운 누적합을 계산하는 과정을 되풀이한다.

누적합관리도의 절차도 Shewhart 관리도에서처럼 가설검정의 반복 적용으로 설명할 수 있다. 가설 $H_0 : \theta = \theta_0$, $H_1 : \theta = \theta_1 (> \theta_0)$을 검정하기 위해 동일 독립분포를 따르는 관측값 $\{S_i, \ \text{i} \ge 1\}$를 축차적으로 관측한다고 하자.

이때 축차검정은 통계량 $T(S_i)$를 사용하여 다음과 같이 표현된다. 상수 $a < b$와 $j = 1, 2, \cdots$에 대해

(1) $\sum_{i=1}^{j} T(S_i) \ge b$ 이면 H_0를 기각

(2) $\sum_{i=1}^{j} T(S_i) \le a$ 이면 H_0를 채택

(3) $a < \sum_{i=1}^{j} T(S_i) < b$ 이면 다음 관측값 S_{j+1}을 얻는다.

축차검정에서 $a = 0, \ b = h, \ T(S_i) = S_i - k$ 로 놓으면 누적합관리도의 절차는 누적합검정에서 H_0를 채택하면 다시 시작하고 H_0를 기각하면 공정을 중지

하며, H_0를 채택 또는 기각하지 못하면 다음 공정 관측값을 얻는 것과 동일함을 알 수 있다.

음의 변화를 검색하는 누적합관리도의 관리절차는 다음과 같다.

한쪽관리절차 : $Z_j^* \geq h$를 최초로 만족하는 관측시점 j에서 공정을 중지

$$\text{단, } Z_j^* = \max_{0 \leq i \leq j-1} Z_i - Z_j, \quad Z_j = \sum_{i=1}^{j} (S_i + k), \ Z_0 = 0$$

S_i에 대한 음의 변화는 $-S_i$에 대한 양의 변화와 같다. 따라서 $-S_i$에 대한 양의 변화를 검색하는 누적합관리절차는 S_i에 대한 음의 변화를 검색하는 절차와 동일함을 알 수 있다.

관리모수 θ의 양과 음의 변화를 동시에 검색하는 누적합관리도의 관리절차는 양의 변화를 검색하는 절차와 음의 변화를 검색하는 절차를 동시에 사용하여 어느 한 절차에서 누적합통계량이 결정구간보다 크면 공정을 중지한다. 즉

양쪽관리절차 : $Y_j^* \geq h$ 또는 $Z_j^* \geq h$ 를 최초로 만족하는 시점 j에서 공정을 중지

➾18.3 관리통계량 S_i의 선정

누적합관리도에서 사용하는 관리통계량 S_i는 모수 θ에 따라 달라진다. 선정된 통계량 S_i는 θ의 변화에 민감한 통계량으로서 모수 θ에 대응하는 표본통계량이 일반적으로 사용된다. 예를 들면 θ가 모분산이면 부그룹분산을 관리통계량으로 선정한다. 또한 선정된 통계량은 표준화한 다음 사용하는 것이 일반적이다. 이것은 표준화된 통계량이 표준정규분포에 근사한 분포를 따르도록 하기 위해서이다. 또한 k와 h의 단위를 부그룹평균의 표준편차와 일치하도록 할 수 있기 때문이다. 표준화되지 않은 통계량을 사용할 경우의

참고값과 결정구간을 k'과 h'이라 하면 $k' = k\sigma/\sqrt{n}$, $h' = h\sigma/\sqrt{n}$ 로 사용한다.

관리모수가 평균일 때에는 관리통계량은

$$S_i = \frac{\overline{X_i} - \theta_0}{\sigma/\sqrt{n}}$$

로 선정한다. 이 때 S_i의 평균과 분산은 각각 $\frac{\theta - \theta_0}{\sigma/\sqrt{n}}$과 1이며 공정이 관리상태이면 S_i의 평균은 0이 된다. 관리값 θ_0 또는 공정표준편차 σ가 알려지지 않은 경우에는 $\overline{\overline{X}}$와 $\hat{\sigma}_{\overline{X}}$을 대체하여 사용한다. 이 때 $\hat{\sigma}_{\overline{X}} = \hat{\sigma}/\sqrt{n}$이며 공정표준편차 σ는 부그룹표준편차를 이용하여 다음과 같이 추정한다.

$$\hat{\sigma} = \overline{S}/c_4$$

부그룹 크기 n=1 인 경우에는 공정표준편차는

$$\hat{\sigma} = \sqrt{\frac{1}{2(g-1)}\sum_{i=1}^{g-1}(X_{i+1} - X_i)^2}$$

으로 추정한다. 이 때 g는 관측된 부그룹의 수를 나타낸다.

⇒18.4 참고값(k)과 결정구간(h)의 설정

누적합관리도에서 표준화되지 않은 통계량 $S_i = \overline{X}_i$를 사용할 때 참고값 k는 다음과 같이 설정한다.

$$k = \frac{\theta_0 + \theta_1}{2}$$

이 때 θ_1은 기각품질수준을 나타낸다. 즉, 누적합통계량은

$$Y_j = \sum_{i=1}^{j}\left(\overline{X}_i - \frac{\theta_0+\theta_1}{2}\right)$$

$$= (\sigma/\sqrt{n})\sum_{i=1}^{j}\left(\frac{\overline{X}_i-\theta_0}{\sigma/\sqrt{n}} - \frac{\theta_1-\theta_0}{2\sigma/\sqrt{n}}\right)$$

이 된다. 따라서 표준화된 통계량 $S_i = (\overline{X}_i - \theta_0)/(\sigma/\sqrt{n})$를 사용하면 k는 다음과 같이 설정한다.

$$k = \frac{\theta_1-\theta_0}{2\sigma/\sqrt{n}}$$

결정구간 h는 공정이 정상상태일 때의 평균런길이에 따라 설정한다. 누적합 관리도의 런길이를 N이라 하고 공정이 정상상태일 때의 평균런길이는 $E_{\theta_0}N$라 하자. 참고값 k가 설정되면 $E_{\theta_0}N$은 결정구간 h에 따라 달라진다. 따라서 주어진 상수값 A_0에 대해 $E_{\theta_0}N = A_0$를 만족하도록 하는 결정구간 h를 선택해야 한다. 이와 같이 설정된 (k,h)는 주어진 $E_{\theta_0}N = A_0$에 대해 $E_{\theta_1}N$을 최소화한다는 것이 근사적으로 또는 경험적으로 알려져 있어 효율적인 관리도를 작성할 수 있다. 그러나 결정구간을 설정하기 위해서는 평균런길이의 계산이 필요하나 누적합관리도에서는 그 계산이 용이하지 못한 단점을 가지고 있다. 따라서 실제로는

k=0.5, h=4 또는 5

를 흔히 사용하고 있다. k=0.5를 사용한다는 것은 평균의 변화가 부그룹평균의 표준편차만큼(즉, $\theta_1 = \theta_0 + \sigma/\sqrt{n}$) 생겼을 때 가장 효율적인 관리도가 되도록 하는 것을 의미한다. [표 18.4]에서는 Shewhart $\overline{X}$-관리도와 누적합관리도의 효율을 평균런길이를 사용하여 비교하였다.

[표 18.4] $\overline{X}$-관리도와 누적합관리도의 평균런길이

평균변화 (단위 :$\sigma/\sqrt{n}$)	평균런길이	
	$\overline{X}$-관리도 (α = 1/465.44)	누적합관리도 (k=0.5, h=5)
0	465.44	465.44
0.25	349.59	139.49
0.50	189.38	38.00
0.75	97.40	17.05
1.00	51.81	10.38
1.50	17.14	5.75
2.00	7.02	4.01
2.50	3.51	3.11
3.00	2.12	2.57
4.00	1.21	2.01
5.00	1.03	1.69

두 관리도의 공정한 비교를 위해 공정평균변화가 '0'일 때(즉, 공정이 정상상태일 때) 평균런길이는 다 같이 465.44가 되도록 하였다. 누적합관리도에서는 k=0.5, h=5를 사용하였고, $\overline{X}$-관리도에서는 확률한계를 사용하여 α= 1/465.44로 하였다. 두 관리도의 평균런길이를 비교해 볼 때 평균변화가 0.25~2.50 사이일 때는 누적합의 평균런길이가 $\overline{X}$-관리도보다 작고 3.0 이상일 때에는 $\overline{X}$-관리도의 평균런길이가 누적합관리도보다 작음을 알 수 있다. 즉 평균변화가 비교적 작은 경우에는 누적합관리도가 비교적 큰 경우에는 $\overline{X}$-관리도가 더 효율적임을 알 수 있다. 특히 평균변화가 '1'인 경우에는 $\overline{X}$-관리도의 평균런길이는 51.81인 반면 누적합관리도는 '10.38'로써 누적합관리도가 아주 효율적임을 알 수 있다.

⇨18.5 V-마스크(mask)를 사용한 양쪽관리절차

누적합관리도에서 사용하는 부등식은 다음과 같이 설명될 수 있다.

$$\begin{aligned} Y_j^* &= \sum_{i=1}^{j}(S_i-k) - \min_{0 \leqq l \leqq j-1} \sum_{i=1}^{l}(S_i-k) \\ &= \max_{0 \leqq l \leqq j-1}\left\{\sum_{i=1}^{j}(S_i-k) - \sum_{i=1}^{l}(S_i-k)\right\} \\ &= \max_{0 \leqq l \leqq j-1}\left\{\sum_{i=l+1}^{j}(S_i-k)\right\} \\ &= \max_{1 \leqq r \leqq j}\left\{\sum_{i=j-r+1}^{j}(S_i-k)\right\} \end{aligned}$$

따라서 부등식 $Y_j^* \geqq h$ 이 성립하는 것은 j개의 부등식

$$\sum_{i=j-r+1}^{j}(S_i-k) \geqq h \ , \quad r=1,2,\cdots,j$$

중 어느 하나라도 성립하는 것과 동일하다. 유사한 과정을 통해

$$\begin{aligned} Z_j^* &= \max_{0 \leqq l \leqq j-1} \sum_{i=1}^{l}(S_i+k) - \sum_{i=1}^{j}(S_i+k) \\ &= \max_{1 \leqq r \leqq j}\left\{\sum_{i=j-r+1}^{j}(S_i+k)\right\} \end{aligned}$$

따라서 부등식 $Z_j^* \geqq h$이 성립하는 것은 j개의 부등식

$$\sum_{i=j-r+1}^{j}(S_i+k) \geqq h \ , \quad r=1,2,\cdots,j$$

중 어느 하나라도 성립하는 것과 동일하다. 이와 같은 특성 때문에 누적합관리도의 양쪽관리절차는 V-마스크를 사용하여 시행할 수 있다. V-마스크란 V자 형태를 가진 마스크를 통계량의 누적합에 적용하여 공정의 이상유무를 판단하는 것으로 다음과 같이 사용한다.

먼저 각 시점 i와 관리통계량의 누적합 $\sum_{i=1}^{j} S_i$를 [그림 18.5]와 같이 표

시한다. 그 다음 가장 최근의 점 $\left(m, \sum_{i=1}^{m} S_i\right)$에 V-마스크의 원점(origin) P를 위치시켜(직선 OP가 j축과 평행하도록) 모든 점이 직선 OU(위사선, upper arm)와 직선 OL(아래사선, lower arm) 안쪽에 위치하는가를 점검한다. 이 때 어느 한 점이라도 직선 OU 윗 쪽에 있으면 공정모수에 음의 변화가 생긴 것으로 판단하고, 직선 OL 아래쪽에 있으면 양의 변화가 생긴 것으로 판단한다.

V-마스크는 [그림 18.5]에서처럼 선분 OP의 길이 d와 직선 OP와 OU의 각 θ에 의해 결정된다. V-마스크를 사용하는 절차는 d와 θ를 다음과 같이 설정하면 [그림 18.5]에서의 양쪽관리절차와 동일한 절차가 될 수 있다.

$$d = A \cdot h/k$$

$$\theta = \tan^{-1}(k/A)$$

이때 A는 (가로축의 한 눈금 / 세로축의 한 눈금)을 나타낸다.

[그림 18.5] V-마스크

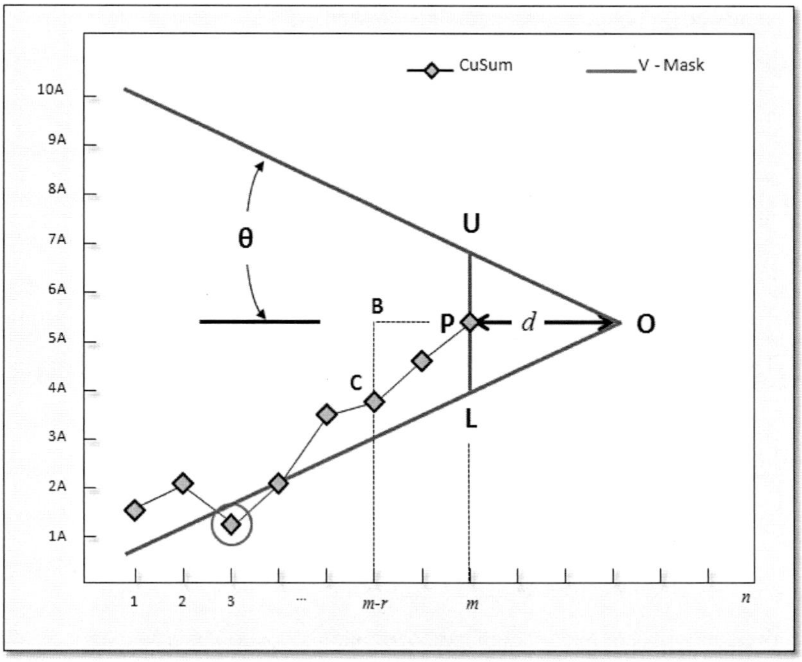

[그림 18.5]에서

$$BC = \sum_{i=m-r+1}^{m} S_i$$

$$BP = r \cdot A$$

만약 $BC \geqq BO \cdot \tan\theta$이면 점 C는 직선 OU보다 윗쪽에 있게 된다. 즉

$$\sum_{i=m-r+1}^{m} S_i \geqq (rA+d)\tan\theta$$

$$\Leftrightarrow \quad \sum_{i=m-r+1}^{m} (S_i - A\tan\theta) \geqq d\tan\theta$$

따라서 양의 변화에 대한 한쪽관리절차와 비교하면

$$k = A\tan\theta$$

$$h = d\tan\theta$$

즉,

$$d = A \cdot h / k$$

$$\theta = \tan^{-1}\left(\frac{k}{A}\right)$$

임을 알 수 있다. 음의 변화에 대한 한쪽관리절차도 유사한 과정을 통해 위 식이 성립함을 알 수 있다.

⇨18.6 평균런길이의 계산

누적합관리도의 런길이 N은 양의 정수값을 취하는 이산확률변수이다. 일반적으로 런길이는 그 확률함수의 정확한 표현이 알려지지 않고 있으며 따라서 평균런길이도 정확한 값이 알려지지 않고 있다. 그러나 관리도의 효율을 검토하기 위해서는 평균런길이의 계산이 필요하여 현재까지 많은 학자들

에 의해 근사적으로 또는 수치해석적 방법으로 평균런길이를 계산하였다. Goel과 Wu(1971)[7]는 한쪽관리절차에 대해 수치해석적 방법으로 평균런길이를 계산하였으며 이 값은 실제값에 가장 가까운 것으로 알려져 있다. 양쪽관리절차의 평균런길이는 다음 식에 의해 계산될 수 있다.

$$\frac{1}{E_\theta N} = \frac{1}{E_\theta N_+} + \frac{1}{E_\theta N_-}$$

단 N : 양쪽관리절차의 런길이

N_+ : 양의 변화에 대한 한쪽관리절차의 런길이

N_- : 음의 변화에 대한 한쪽관리절차의 런길이

EXCEL VBA 프로그램인 SixSigma Tools를 실행한 후에 셀에 다음과 같이 평균런길이를 계산하는 함수를 지정한다.

=CUSUMARL(type, delta, h, k)

단, type : 한쪽관리절차이면 'ONESIDED' 또는 'O'

양쪽관리절차이면 'TWOSIDED' 또는 'T'

delta : 공정평균 - 평균의 관리값 ($\sigma/\sqrt{n}$의 배수)

h : 결정구간의 값 ($\sigma/\sqrt{n}$의 배수)

k : 참고값 ($\sigma/\sqrt{n}$의 배수)

이 때 한쪽관리절차에서 k > 0 이면 양의 변화에 대한 관리절차를 나타내고 k < 0 이면 음의 변화에 대한 관리절차를 나타낸다.

7) Goel, A. L. and Wu, S. M. (1971). *Determination of ARL and a Contour Nomogram for Cusum Charts to Control Normal Means*, Technometrics, Vol. 13.

⇨18.7 누적합관리도의 작성

누적합관리도는 통계량 Y_n^* (또는 Z_n^*) 을 관측시점 j에 따라 표시해 나가는 통계적 절차이며 SixSigma Tools에서는 "관리(Control) > CuSum/EWMA 관리도"를 실행하면 CuSum 관리도를 작성할 수 있다.

[표 18.7]은 B형 샤프트의 제조공정에 관해서 바깥지름을 특성치로 하여 크기가 4인 30개의 부그룹들의 자료를 측정하였다. 목표값은 10이다. 이 데이터를 이용하여 누적합관리도의 양쪽관리절차를 작성해 보자.

[표 18.7] B형 샤프트 바깥지름 측정 데이터(단위 : 1/1000mm)

부그룹	X1	X2	X3	X4	평균	표준편차	범위	CuSum
1	9.6	9.9	10.3	10.8	10.15	0.52	1.2	0.15
2	12.2	10.9	10.1	9.8	10.75	1.07	2.4	0.90
3	11.4	12.3	5.1	12.6	10.35	3.54	7.5	1.25
4	9.4	7.7	9.1	12.8	9.75	2.16	5.1	1.00
5	14.4	11.4	9	11.2	11.5	2.22	5.4	2.50
6	6.4	15.3	11	14.6	11.825	4.08	8.9	4.33
7	11.4	12.4	8.4	12.6	11.2	1.94	4.2	5.53
8	9.5	15	11.1	11.8	11.85	2.31	5.5	7.38
9	9.8	7.6	9.6	10.1	9.275	1.14	2.5	6.65
10	8.7	11.6	8.5	14.4	10.8	2.79	5.9	7.45
11	11	12.7	8.7	14.6	11.75	2.51	5.9	9.20
12	10.1	12.9	14.2	11	12.05	1.85	4.1	11.25
13	7.2	8	10.5	12.7	9.6	2.50	5.5	10.85
14	9.1	13.3	12.1	12.5	11.75	1.84	4.2	12.60
15	11.4	12.2	11.8	13.8	12.3	1.05	2.4	14.90
16	11.8	11.6	12.5	11.7	11.9	0.41	0.9	16.80
17	10.2	9.1	14.2	13.6	11.775	2.51	5.1	18.58
18	9	13.1	10.6	10.8	10.875	1.69	4.1	19.45
19	14	12.2	13.3	9.5	12.25	1.98	4.5	21.70
20	12.1	12.8	11.2	9.7	11.45	1.34	3.1	23.15

21	12.7	10.1	13.3	14.4	12.625	1.82	4.3	25.78
22	8.4	10.7	17.3	11.5	11.975	3.79	8.9	27.75
23	6.4	9.3	8.2	13.2	9.275	2.88	6.8	27.03
24	12.4	11.2	10.1	12.6	11.575	1.16	2.5	28.60
25	12.9	12.3	10.9	12.6	12.175	0.88	2	30.78
26	12.3	11.5	11.9	6.3	10.5	2.82	6	31.28
27	9.7	11.9	9.5	12.6	10.925	1.56	3.1	32.20
28	12.2	8.7	9.7	10.7	10.325	1.49	3.5	32.53
29	9.9	9	13.8	13	11.425	2.33	4.8	33.95
30	9.9	13.6	14.7	8.5	11.675	2.95	6.2	35.63
					11.19	2.04	4.55	

이 데이터는 “AB형 샤프트 바깥지름.xlsx”에 저장되어 있으므로 복사하여 값만 붙여넣기 한다. 이렇게 데이터를 연결하면 시트에 관리도가 실시간 작성되어 있음을 확인할 수 있으면 상단에 X-bar 관리도가 작성되어 있음을 볼 수 있다. $\overline{X}$-관리도는 누적합관리도와 $\overline{X}$-관리도의 비교를 위해 시트에 같이 출력한 것이다. 항상 비교하여 보고 평균변화를 얼마나 잘 감지하는 지를 느끼기 바란다. $\overline{X}$-관리도에서는 모든 30개의 부그룹평균이 관리한계내에 있어 공정평균의 변화를 탐지하지 못함을 알 수 있다. 이와 같이 $\overline{X}$-관리도는 평균의 작은 변화에는 민감하지 못함을 보여주고 있으며, 이때에는 누적합관리도를 사용하는 것이 바람직하다.

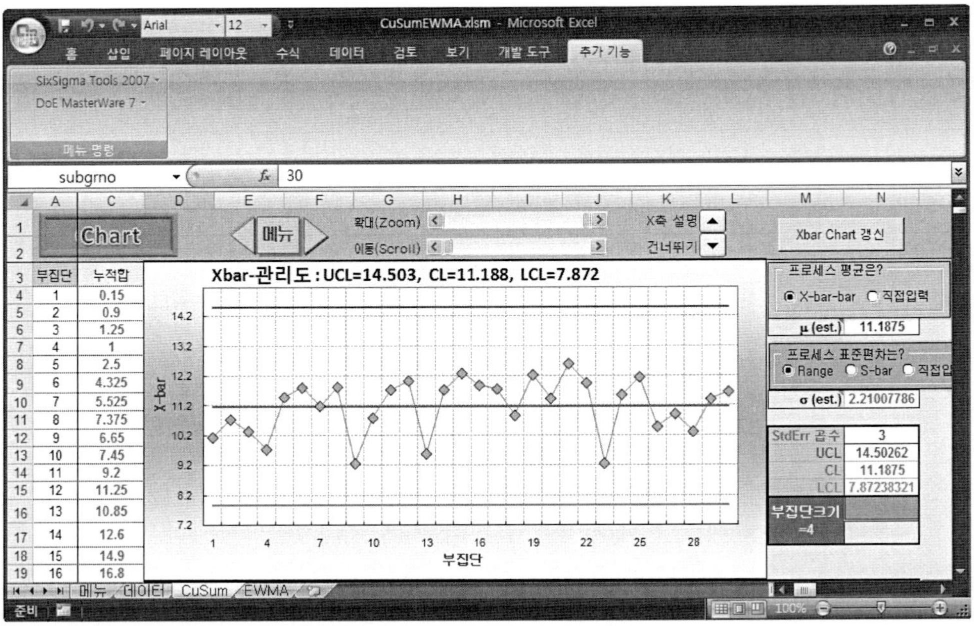

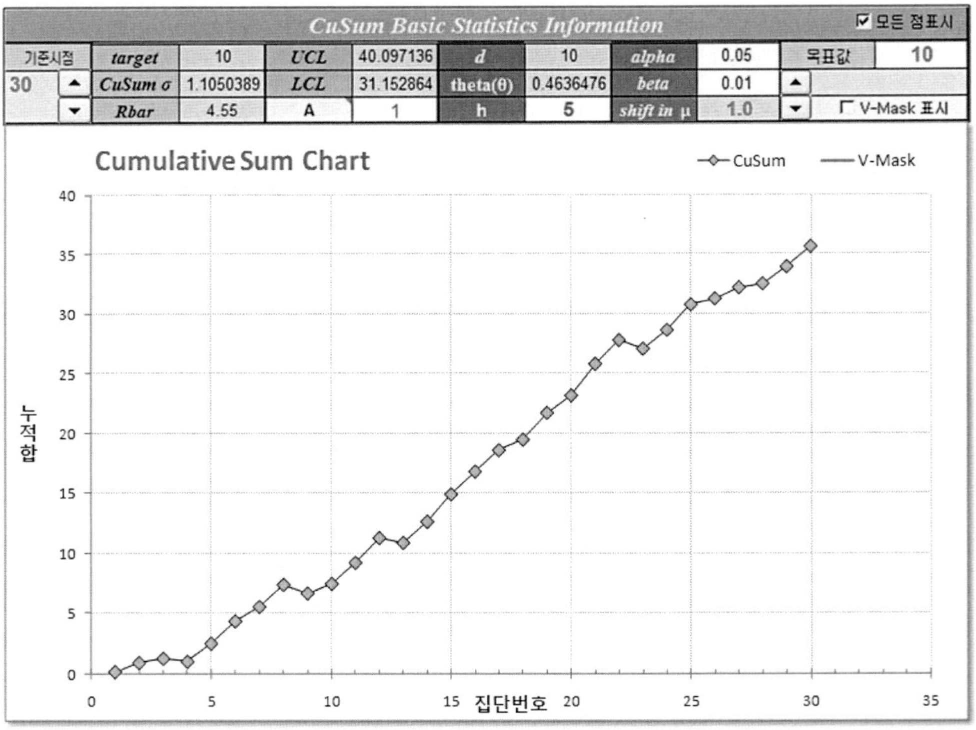

[그림 18.7a] 11번째 관측점에서 V-mask 표시

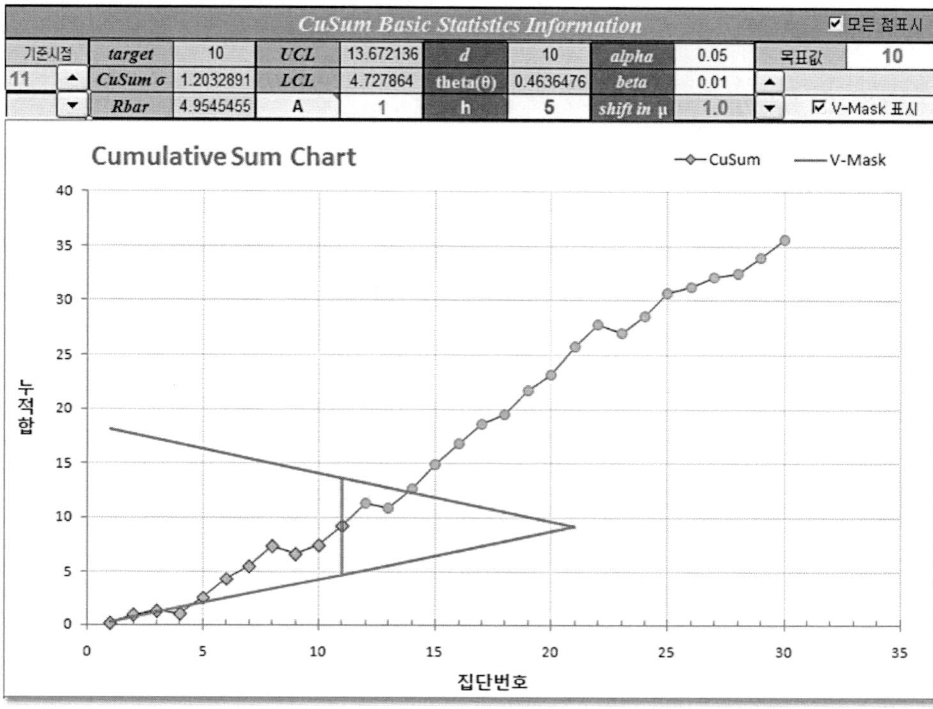

[그림 18.7b] 마지막 관측점에 V-mask 표시

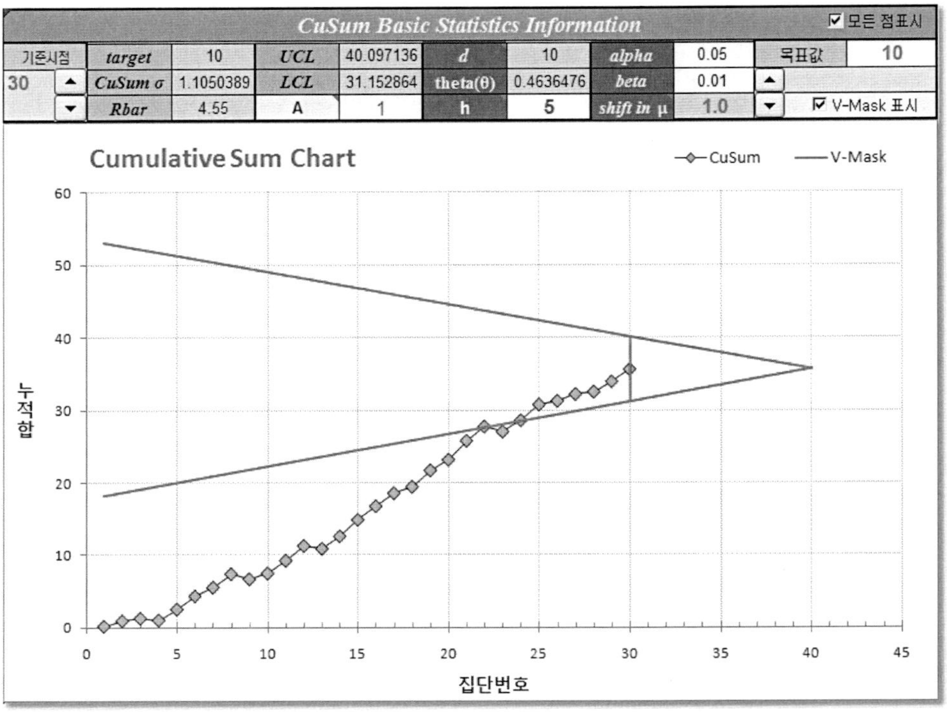

[그림 18.7a]에는 V-마스크가 나타나 있다. 이 경우에는 V-마스크의 원점을 11번째 관측점에 일치시켰으며 [그림 18.7b]는 V-마스크의 원점을 가장 마지막 점(30번째)에서 첫 번째부터 23번째까지 점이 아래사선보다 아래쪽에 있으므로 평균에 대한 양의 변화가 일어났음을 알 수 있다. 그러나 이것은 30번째 시점에서 볼 때 그 이전에 양의 변화가 일어났다는 것을 나타낼 뿐이며 24번째 시점에서 양의 변화를 탐지할 수 있다는 것을 의미하지는 않는다.

지수가중이동평균 관리도

지수가중 이동평균관리도는 Robert(1959)[8]에 의해 최초로 제안된 관리형태로서 누적합관리도와 마찬가지로 공정평균의 작은 변화를 잘 검색하도록 고안된 관리도이다. 이 관리도의 특성은 누적합관리도와 유사하나 관리도의 설정과 운영이 누적합관리도보다 좀 더 용이하다고 할 수 있다.

⇒ 19.1 지수가중이동평균 관리도

지수가중 이동평균관리도의 절차는 연속적으로 관측된 부그룹 평균의 지수가중 이동평균을 구하여 관리한계선과 비교하는 방법이다. 관측시점 i에서의 부그룹 평균을 $\overline{X}_i$ $(i = 1, 2, \cdots)$라 할 때 지수가중 이동평균 Z_i는 다음과 같다.

$$Z_i = r\overline{X}_i + (1 - r)\ Z_{i-1}, \quad i = 1, 2, \cdots$$

$$Z_0 = \mu_0$$

이 때 r은 가중치(weight)를 나타내며 $0 < r \leqq 1$이다. Z_0는 지수가중 이동평

8) Roberts, S. W. (1959). *Control Chart Tests based on Geometric Moving Average*, Technometrics, Vol. 1, pp. 239-250.

균의 시작값으로서 평균의 관리값 μ_0 를 사용한다. Z_i를 현 시점 i까지의 부그룹 평균 $\overline{X}_1$, $\overline{X}_2$, …, $\overline{X}_i$ 를 사용하여 표현하면 다음과 같다.

$$
\begin{aligned}
Z_1 &= r\overline{X}_1 + (1-r)Z_0 \\
Z_2 &= r\overline{X}_2 + (1-r)[r\overline{X}_1 + (1-r)Z_0] \\
&= r\overline{X}_2 + r(1-r)\overline{X}_1 + (1-r)^2 Z_0 \\
Z_3 &= r\overline{X}_3 + (1-r)[r\overline{X}_2 + r(1-r)\overline{X}_1 + (1-r)^2 Z_0] \\
&= r\overline{X}_3 + r(1-r)\overline{X}_2 + r(1-r)^2\overline{X}_1 + (1-r)^3 Z_0 \\
&\vdots
\end{aligned}
$$

이 과정을 반복하면

$$Z_i = \sum_{j=0}^{i-1} r(1-r)^j \overline{X}_{i-j} + (1-r)^i Z_0 \quad ,i \geq 1$$

로 표현된다. 각 부그룹 평균에 주어진 가중치 $r(1-r)^j$는 j가 커짐에 따라 기하적으로 줄어듦을 알 수 있고 모든 가중치의 합은

$$
\begin{aligned}
(1-r)^i + \sum_{j=0}^{i-1} r(1-r)^j &= (1-r)^i + r\left[\frac{1-(1-r)^i}{1-(1-r)}\right] \\
&= 1
\end{aligned}
$$

따라서 Z_i는 과거와 현재의 부그룹평균 μ_0, $\overline{X}_1, \cdots, \overline{X}_i$ 의 지수가중평균이 되며 이것을 기하이동평균(geometric moving average)라고도 한다. 또한 지수가중 이동평균관리도를 기하이동평균관리도라고도 한다.

지수가중 이동평균관리도의 양쪽관리 절차는 다음과 같다.

양쪽관리절차: $Z_i \geq UCL$ **또는** $Z_i \leq LCL$**을 최초로 만족하는 시점** i**에서 공정을 중지**

가중치가 $r=1$인 경우에는 $Z_i = \overline{X}_i$가 되어 현재의 부그룹평균 $\overline{X}_i$만을 사용하는 $\overline{X}$-관리도와 동일하다.

관리도에서 지수가중이동평균을 사용하는 기본적인 의도는 현재와 과거의

모든 데이터를 사용하여 평균의 변화를 검색하되 현재에서 과거로 멀어질수록 비중을 작게 두자는 것이다.

공정이 관리상태에 있을 때($\mu = \mu_0$) Z_i의 평균과 분산은 다음과 같다.

$$E_0(Z_i) = \sum_{j=0}^{i-1} r(1-r)^j E(\overline{X}_{i-j}) + (1-r)^i \mu_0$$

$$= \mu_0$$

$$Var_0(Z_i) = \sum_{j=0}^{i-1} r^2 (1-r)^{2j}\, Var(\overline{X}_{i-j})$$

$$= \frac{\sigma^2}{n} \sum_{j=0}^{i-1} r^2 (1-r)^{2j}$$

$$= \frac{\sigma^2}{n} r^2 \frac{1-(1-r)^{2i}}{1-(1-r)^2}$$

$$= \frac{\sigma^2}{n} \left(\frac{r}{2-r} \right) [1-(1-r)^{2i}]$$

단, n은 부그룹의 크기

Z_i의 평균과 분산을 이용하여 지수가중 이동평균관리도의 관리한계선은 다음과 같이 설정한다.

$$UCL = \mu_0 + k\frac{\sigma}{\sqrt{n}} \sqrt{\left(\frac{r}{2-r} \right) [1-(1-r)^{2i}]}$$

$$LCL = \mu_0 - k\frac{\sigma}{\sqrt{n}} \sqrt{\left(\frac{r}{2-r} \right) [1-(1-r)^{2i}]}$$

단, k는 양의 상수로써 일반적으로 3을 사용한다(즉, 3σ한계). 이때의 관리한계선은 현시점 i에 따라 달라지며 i가 커질수록 관리한계도 점점 벌어진다. 공정의 관리값이 알려지지 않은 경우에는 μ_0 대신 $\overline{\overline{X}}$를 사용하며 공정표준편차가 알려지지 않은 경우에는 σ대신 $\hat{\sigma}$을 사용한다. 공정표준편차의 추정량 $\hat{\sigma}$은

$\hat{\sigma} = \overline{R}/d_2$ 또는 $\hat{\sigma} = \overline{S}/c_4$

를 사용한다. 부그룹의 크기 n=1인 경우에 공정표준편차는

$$\hat{\sigma}=\sqrt{\frac{1}{2(g-1)}\sum_{i=1}^{g-1}(X_{i+1}-X_i)^2}$$

으로 추정한다. 이 때 g는 관측된 부그룹의 수를 나타낸다. 그리고 Span을 '2'로 지정한 것과 같으며 이 또한 Span이 '2'인 이동범위를 사용하여 공정표준편차를 추정하여 사용하기도 한다.

지수가중 이동평균의 분산은 i가 증가함에 따라 급격히 상수값으로 수렴한다. 즉,

$$\lim_{i\to\infty}\left\{\frac{\sigma^2}{n}\left(\frac{r}{2-r}\right)[1-(1-r)^{2i}]\right\}=\frac{\sigma^2}{n}\left(\frac{r}{2-r}\right)$$

따라서 i가 아주 작은 값일 때를 제외하고 관리한계를 근사적으로 다음과 같이 설정한다.

$$UCL=\mu_0+k\frac{\sigma}{\sqrt{n}}\sqrt{\left(\frac{r}{2-r}\right)}$$

$$LCL=\mu_0-k\frac{\sigma}{\sqrt{n}}\sqrt{\left(\frac{r}{2-r}\right)}$$

⇒19.2 가중치 r과 관리한계 k의 설정

지수가중 이동평균관리도에서 가중치 r은 기각품질 수준에 따라 다르게 설정되며 $0.05 \leqq r \leqq 0.25$사이에 있을 때에 효율적임이 알려져 있다(예를 들어 r= 0.08, 0.10, 0.15). 관리한계는 k값에 의해 결정되며 일반적으로 3σ한계인 k=3을 사용하고 있다. 가중치 r은 기각품질수준이 관리값에 가까울수록 0에 가까운 값으로 설정하면 관리도의 효율을 높일 수 있다.

Lucas와 Saccucci(1990)[9]는 가중치 r과 관리한계 k의 최적설정에 대한 연구를 하였으며 그 결과는 [표 19.2]와 같다. [표 19.2]에서는 관리상태의 평균런길이와 기각품질수준(단위 :$\frac{\mu-\mu_0}{\sigma/\sqrt{n}}$)이 주어졌을 때 기각품질수준의 평균런길이를 가장 작게 할 수 있는 가중치 r과 관리한계 k를 보여주고 있다. 또한 지정된 r과 k를 사용할 때의 기각품질수준에서의 평균런길이도 나타내고 있다. 예를 들면 관리상태의 평균런길이가 1000, 기각품질수준이 1.0이면 최적모수는 $0.1 \leqq r \leqq 0.13$, $3.059 \leqq k \leqq 3.113$이 되며, 기각픔질수준에서의 평균런길이는 11.7이 된다. 관리상태의 평균런길이가 작을수록 r과 k의 최적값은 작아지며, 또한 기각품질수준이 작아질 때에도 r과 k의 최적값은 작아짐을 나타내고 있다. 가중치와 관리한계의 설정은 [그림 19.2]를 사용하면 [표 19.2]보다 더 넓은 범위의 기각품질수준과 관리상태의 평균런길이에 대한 최적값을 설정할 수 있다.

예를 들어 [그림 19.2]에서 관리상태의 평균런길이가 500, 기각품질수준이 2일 때의 최적모수를 찾아보자. 먼저 그림에서 ARL_0=500과 δ=2인 곡선의 교차점을 찾은 다음 그 점에서 λ축에 수직으로 만나는 값과 k축에 수평으로 만나는 값을 찾으면 최적 r과 최적 k값을 결정할 수 있다. 따라서 이 경우의 최적 r과 k는 다음과 같이 결정된다.

---

9) Lucas, J. M. and Saccucci, M. S. (1990). *Exponentially Weighted Moving Average Control Schemes : Properties and Enhancements*, Technometrics, Vol. 32, No. 1, pp. 1-29.

$r = 0.37$

$k = 3.05$

[표 19.2]에서 얻은 결과는 다음과 같으며 이것은 [그림 19.2]의 결과와 동일함을 알 수 있다.

$0.36 \leqq r \leqq 0.37$

$3.044 \leqq k \leqq 3.047$

[표 19.2] EWMA 관리도의 최적모수(r, k)

		관리상태의 평균런길이					
기각품질수준		100	300	500	1000	2000	5000
0.5	r	.07~.06	.06~.05	0.05	0.04	.04~.03	0.03
	k	2.015 ~1.954	2.462 ~2.399	2.616	2.817	3.069 ~2.989	3.299
	ARL	17.3	24.9	28.7	34.3	40.1	47.7
1	r	.19~.16	.15~.14	.15~.12	.13~.10	.12~.10	0.09
	k	2.346 ~2.298	2.723 ~2.707	2.907 ~2.858	3.113 ~3.059	3.317 ~3.283	3.538
	ARL	6.97	9.14	10.2	11.7	13.2	15.2
2	r	.52~.47	.42~.38	.37~.36	.35~.31	.32~.28	.29~.26
	k	2.538 ~2.526	2.895 ~2.885	3.047 ~3.044	3.253 ~3.241	3.445 ~3.433	3.686 ~3.677
	ARL	2.62	3.23	3.51	3.9	4.29	4.81
3	r	.81~.77	.74~.71	.70~.66	.66~.59	.61~.53	.53~.47
	k	2.572 ~2.569	2.932 ~2.930	3.086 ~3.084	3.286 ~3.283	3.477 ~3.473	3.714 ~3.711
	ARL	1.45	1.72	1.86	2.06	2.26	2.51
4	r	1.00~.85	.97~.84	.95~.82	.91~.80	.91~.75	.84~.72
	k	2.576 ~2.573	2.935 ~2.934	3.090 ~3.089	3.290 ~3.289	3.480 ~3.480	3.719 ~3.718
	ARL	1.08	1.16	1.21	1.29	1.39	1.53

[그림 19.2] EWMA 관리도의 최적모수와 관리한계

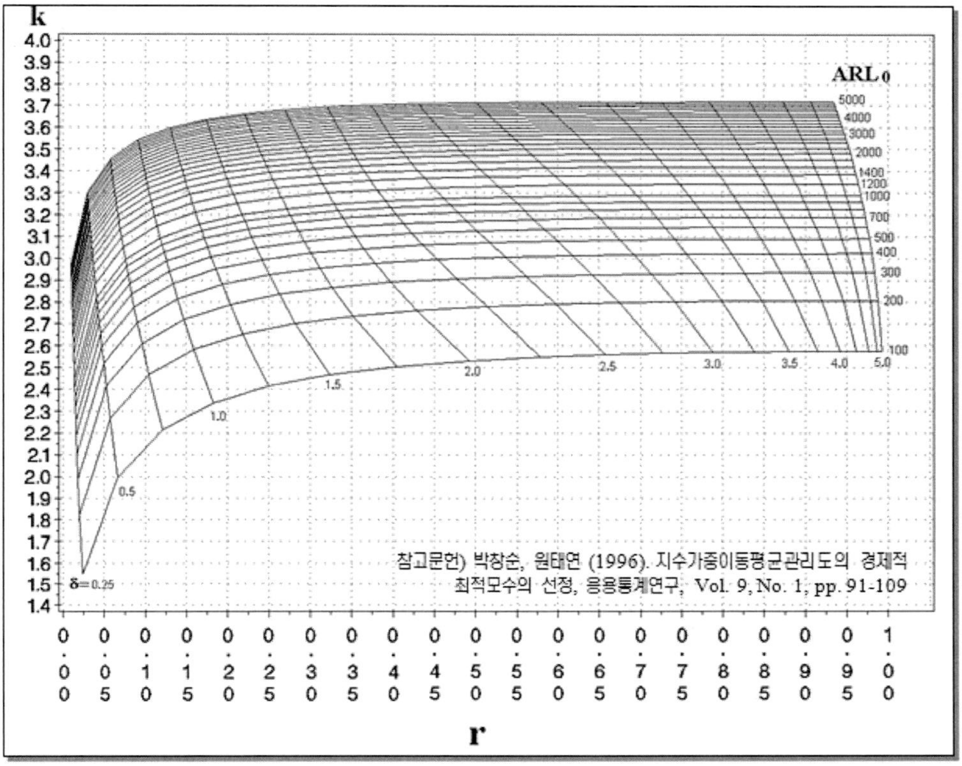

⇒19.3 평균런길이의 계산

지수가중이동평균 관리도의 런길이 N은 양의 정수값을 취하는 이산확률변수이다. 일반적으로 런길이는 누적합관리도에서와 마찬가지로 그 확률함수의 정확한 표현이 알려지지 않고 있으며 따라서 평균런길이도 정확한 값이 알려지지 않고 있다. Crowder(1987)[10]는 수치해석적인 방법으로 참값에 가까운 평균런길이를 계산하였으며 이 방법은 가장 널리 사용되고 있다. SixSigma Tools에서 평균런길이를 계산하는 함수로서 EWMAARL이 있으며

10) Crowder, S. V. (1987). "*Average Run Lengths of Exponentially Weighted Moving Average Control Charts*". JQT 19, pp. 161-164

각 셀에 함수를 다음과 같이 지정한다.

=EWMAARL(delta,r,k)

단, delta=$(\mu - \mu_0)/[\sigma/\sqrt{n}]$

r : 가중치, $0 < r \leqq 1$

k : 관리한계 (3σ 한계인 경우 k=3)

[표 19.3]에서는 효율의 비교를 위한 지수가중이동평균 관리도의 평균런길이와 함께 Shewhart $\overline{X}$-관리도, 누적합관리도의 평균런길이도 같이 계산하였으며 정상상태의 평균런길이는 다같이 500이 되도록 조정하였다.

[표 19.3] 평균변화에 대한 평균런길이

평균변화	Shewhart $\overline{X}$ ($\alpha = 0.002$)	누적합 (k=0.5, h=5.0707)	지수가중 이동평균 (r=0.25324, k=3)
0	500.00	500.00	500.00
0.25	374.17	145.53	171.60
0.50	201.58	38.87	48.75
0.75	103.12	17.32	20.26
1.00	54.59	10.52	11.18
1.50	17.89	5.82	5.47
2.00	7.26	4.06	3.61
2.50	3.60	3.15	2.74
3.00	2.16	2.60	2.25
4.00	1.22	2.03	1.72
5.00	1.03	1.72	1.31

[표 19.3]에서 세 관리도의 정상상태의 평균런길이는 다 같이 500이며 평균의 변화(부그룹 평균의 표준편차의 배수)가 커짐에 따라 평균런길이는 다 같이 작아짐을 알 수 있다. 지수가중 이동평균관리도는 누적합관리도와 비교할 때 평균런길이는 0.25≦평균변화≦1일 때는 더 크고 1.5≦평균변화≦5일

때는 더 작다. 따라서 1.0 보다 작거나 같은 변화에 대해서는 지수가중 이동평균관리도가 누적합관리도 보다 비효율적이며 1.0 보다 큰 변화에는 더 효율적임을 알 수 있으나 평균런길이의 차가 크지 않기 때문에 누적합관리도와는 비슷한 특성을 가진다고 할 수 있다. 변화가 큰(평균변화≧3)경우에는 $\overline{X}$-관리도가 가장 효율적이며 지수가중 이동평균관리도는 누적합관리도보다 효율이 약간 증가함을 알 수 있다.

엑셀에서 함수 EWMAARL[11])을 사용하여 지수가중 이동평균관리도의 평균런길이를 계산하는 예는 다음과 같으며 그 결과는 [표 19.3]의 지수가중 이동평균관리도에 대한 평균런길이와 같다.

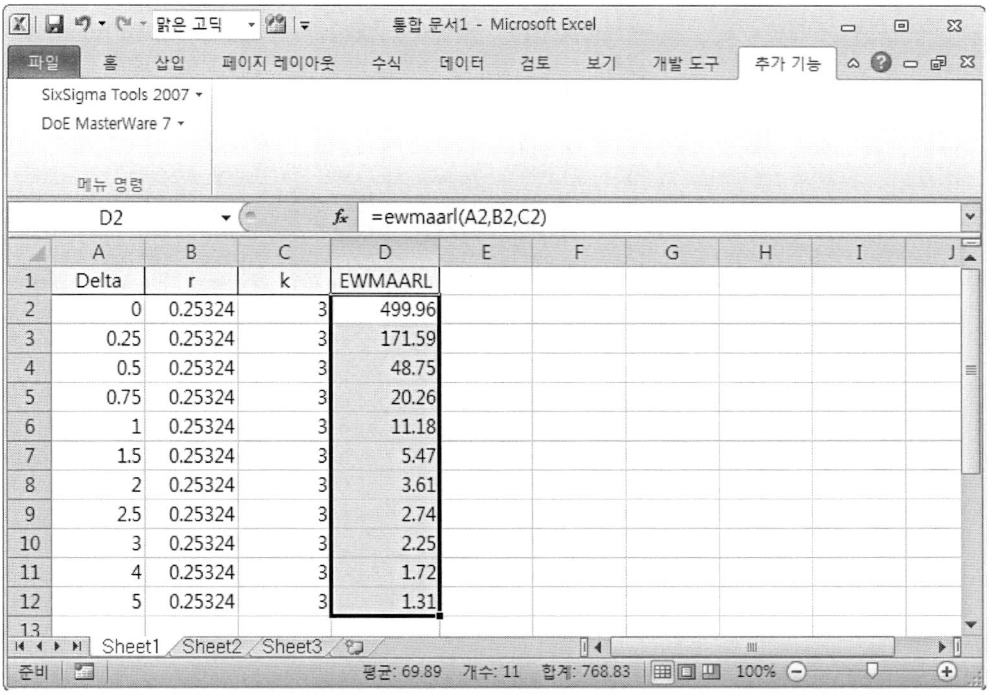

D2: =ewmaarl(A2,B2,C2)

	A	B	C	D
1	Delta	r	k	EWMAARL
2	0	0.25324	3	499.96
3	0.25	0.25324	3	171.59
4	0.5	0.25324	3	48.75
5	0.75	0.25324	3	20.26
6	1	0.25324	3	11.18
7	1.5	0.25324	3	5.47
8	2	0.25324	3	3.61
9	2.5	0.25324	3	2.74
10	3	0.25324	3	2.25
11	4	0.25324	3	1.72
12	5	0.25324	3	1.31

11) EWMAARL(delta,r,k) 함수는 SixSigma Tools를 설치한 경우에만 사용할 수 있다.

⇨19.4 지수가중 이동평균관리도의 작성

지수가중 이동평균관리도는 통계량 Z_i를 관측시점 i에 따라 표시해 나가는 통계적 절차이며 **SixSigma Tools에서는 "관리(Control) > CuSum/EWMA 관리도"**에서 작성할 수 있다. [표 19.4]의 데이터를 이용하여 지수가중 이동평균관리도의 양쪽관리절차를 작성해 보자.

[표 19.4] 피스톤 링의 지름 측정 데이터

표본	obs1	obs2	obs3	obs4	obs5	Xbar	R	S	EWMA
1	74.030	74.002	74.019	73.992	74.008	74.010	0.038	0.015	74.00525
2	73.995	73.992	74.001	74.011	74.004	74.001	0.019	0.008	74.00409
3	73.988	74.024	74.021	74.005	74.002	74.008	0.036	0.015	74.00507
4	74.002	73.996	73.993	74.015	74.009	74.003	0.022	0.009	74.00455
5	73.992	74.007	74.015	73.989	74.014	74.003	0.026	0.012	74.00426
6	74.009	73.994	73.997	73.985	73.993	73.996	0.024	0.009	74.00210
7	73.995	74.006	73.994	74.000	74.005	74.000	0.012	0.006	74.00157
8	73.985	74.003	73.993	74.015	73.988	73.997	0.030	0.012	74.00038
9	74.008	73.995	74.009	74.005	74.004	74.004	0.014	0.006	74.00133
10	73.998	74.000	73.990	74.007	73.995	73.998	0.017	0.006	74.00050
11	73.994	73.998	73.994	73.995	73.990	73.994	0.008	0.003	73.99893
12	74.004	74.000	74.007	74.000	73.996	74.001	0.011	0.004	73.99954
13	73.983	74.002	73.998	73.997	74.012	73.998	0.029	0.010	73.99926
14	74.006	73.967	73.994	74.000	73.984	73.990	0.039	0.015	73.99699
15	74.012	74.014	73.998	73.999	74.007	74.006	0.016	0.007	73.99925
16	74.000	73.984	74.005	73.998	73.996	73.997	0.021	0.008	73.99858
17	73.994	74.012	73.986	74.005	74.007	74.001	0.026	0.011	73.99914
18	74.006	74.010	74.018	74.003	74.000	74.007	0.018	0.007	74.00120
19	73.984	74.002	74.003	74.005	73.997	73.998	0.021	0.008	74.00045
20	74.000	74.010	74.013	74.020	74.003	74.009	0.020	0.008	74.00264
21	73.988	74.001	74.009	74.005	73.996	74.000	0.021	0.008	74.00193
22	74.004	73.999	73.990	74.006	74.009	74.002	0.019	0.007	74.00185
23	74.010	73.989	73.990	74.009	74.014	74.002	0.025	0.012	74.00199
24	74.015	74.008	73.993	74.000	74.010	74.005	0.022	0.009	74.00279
25	73.982	73.984	73.995	74.017	74.013	73.998	0.035	0.016	74.00164
26	74.012	74.015	74.030	73.986	74.000	74.009	0.044	0.017	74.00338
27	73.995	74.010	73.990	74.015	74.001	74.002	0.025	0.010	74.00309
28	73.987	73.999	73.985	74.000	73.990	73.992	0.015	0.007	74.00036
29	74.008	74.010	74.003	73.991	74.006	74.004	0.019	0.008	74.00117
30	74.003	74.000	74.001	73.986	73.997	73.997	0.017	0.007	74.00023
31	73.994	74.003	74.015	74.020	74.004	74.007	0.026	0.010	74.00197
32	74.008	74.002	74.018	73.995	74.005	74.006	0.023	0.008	74.00288
33	74.001	74.004	73.990	73.996	73.998	73.998	0.014	0.005	74.00161
34	74.015	74.000	74.016	74.025	74.000	74.011	0.025	0.011	74.00401
35	74.030	74.005	74.000	74.016	74.012	74.013	0.030	0.012	74.00616
36	74.001	73.990	73.995	74.010	74.024	74.004	0.034	0.013	74.00562
37	74.015	74.020	74.024	74.005	74.019	74.017	0.019	0.007	74.00836

38	74.035	74.010	74.012	74.015	74.026	74.020	0.025	0.011	74.01117
39	74.017	74.013	74.036	74.025	74.026	74.023	0.023	0.009	74.01423
40	74.010	74.005	74.029	74.000	74.020	74.013	0.029	0.012	74.01387

[그림 19.4]에서 37번째 지수가중 이동평균의 관리상한보다 더 크므로 공정 평
균에 양의 변화가 일어났음을 알 수 있다.

[그림 19.4] 지수가중 이동평균관리도

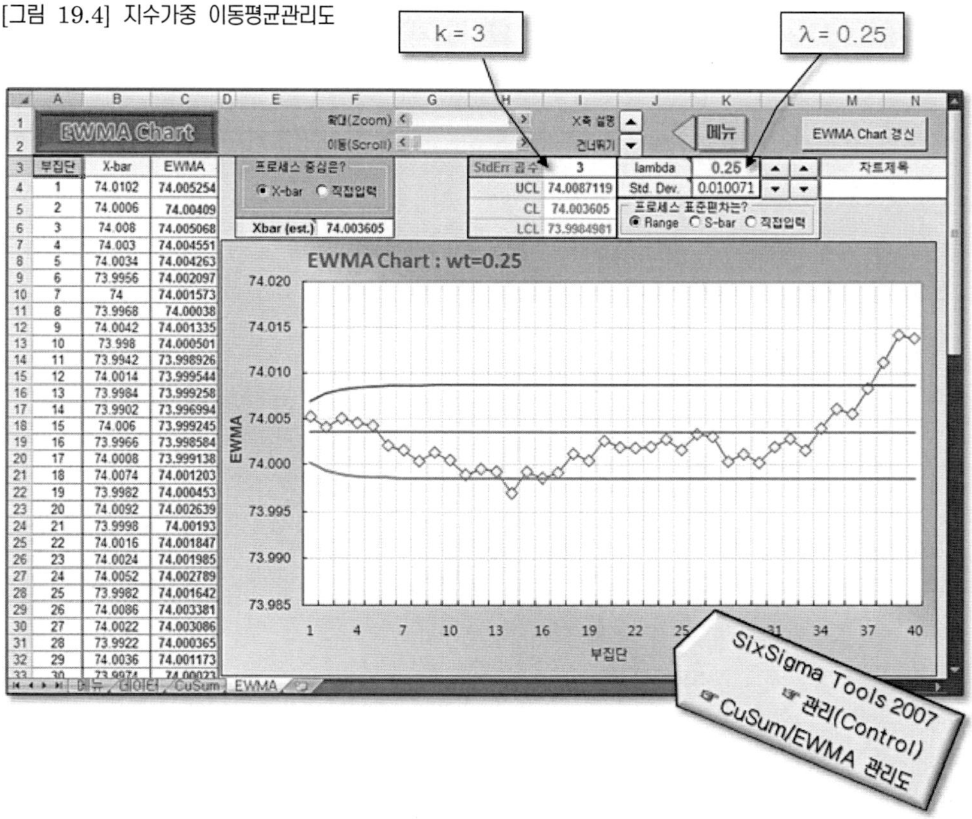

20 품질수준 평가와 공정능력분석

이 장에서는 제품의 품질 수준을 평가하는 방법과 공정능력이란 무엇이며, 공정능력을 조사하는 목적과 조사 절차를 알아보기로 한다. 또한 여러 가지 형태의 규격에 대한 공정능력지수 산출 방법과 단기 및 장기공정능력의 차이점을 설명하기로 한다.

⇒20.1 품질수준의 평가

20.1.1 단위당 결함수

단위당 결함수(DPU : Defects Per Unit)는 제품의 결함 수를 양적으로 나타낸 것으로 다음과 같다. 아래 [그림 20.1.1]은 하나의 PCB 회로판에 각각 5개의 모듈로 구성된 4개의 회로판을 보여 주고 있다. 여기서 부품인 각 PCB 회로판을 단위(unit)라고 하며 5개의 모듈을 기회(opportunities)라고 한다. 이 5개의 기회 중에서 검은색으로 표시된 모듈은 정상적으로 동작하지 않아서 결함(defect)으로 판정된 것을 의미한다. 즉, 첫 번째 부품은 5개 모듈 중에서 2개의 모듈이 결함으로 판정되어 불량품이다. 두 번째 회로판은 3개의 모듈이 결함이고 세 번째 회로판은 양품이며, 네 번째 부품은 1개의 모듈이 결함으로 불량품이다. 과거의 불량 개념으로 보면 불량률은 4개의 부품 중에서 3개이므로 75%이다.

[그림 20.1.1] PCB 단위, 기회, 결함

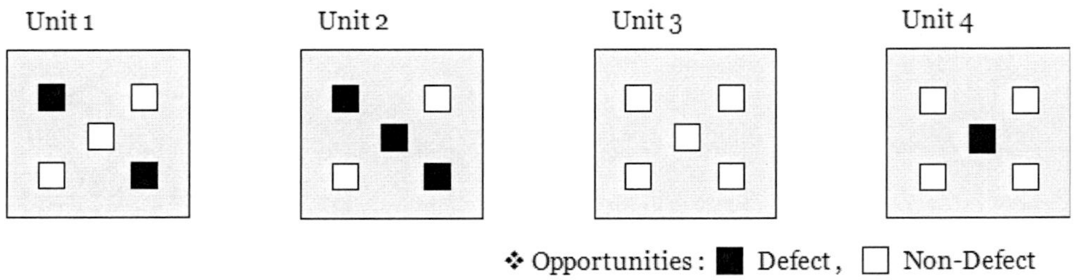

그러나 6시그마에서는 어느 정도의 결함을 가진 불량인가를 고려하게 된다. 단위당 결함수(DPU)는 다음과 같다.

$$DPU = \frac{\text{총결함수}}{\text{총생산단위}}$$

위 그림에서 DPU = (2+3+0+1)/4 = 1.5로, 이것은 하나의 단위당 평균 1.5개의 결함이 있다는 것을 의미한다. DPU는 프로세스의 중점관리항목 선정의 중요 척도이다. 하나의 제품이 출하되기까지 중간에 여러 프로세스를 거치게 되는데, 각 프로세스 별로 DPU를 계산하여 DPU가 가장 큰 프로세스를 중점관리항목으로 택하게 된다.

20.1.2 백만 기회당 결함수

DPU는 단위 부품당 평균적으로 나타나는 결함의 수를 나타내고 있으나, 전체 기회수를 기준으로 몇 개의 기회(모듈)에서 발생된 결함의 수인지는 말하여 주고 있지 않다. 이러한 점을 고려하여 백만 기회당 결함수(DPMO : Defects Per Million Opportunities)라는 척도를 생각하게 된다. DPMO는 이러한 점을 고려하여 만들어진 것으로 다음과 같다.

$$DPMO = \frac{\text{결함수}}{\text{전체 기회수}} \times 1{,}000{,}000$$

$$= DPO \times 1{,}000{,}000$$

여기에서 기회당 결함수(DPO: defects per opportunity)는 기회당 결함수로 결함수(defects)를 전체 기회수(TOP: total opportunities)로 나눈 값이다. 따라서 [그림 20.1.1]에서는 DPMO = (6/20)×1,000,000 = 300,000이 된다.

보통 6시그마 품질수준을 말할 때 불량률이 3.4 PPM이라고 하는 것은 3.4 DPMO라고 말할 수도 있으며, PPM은 DPMO의 한 특수한 경우로 생각할 수 있다. 백만 기회당 결함수는 기회의 수가 서로 다른 프로세스나 제품을 비교하는데 매우 적절하고도 유용하게 활용할 수 있다.

20.1.3 여러 가지 수율

여러 개의 프로세스가 연결되어 있을 때 투입된 원료의 양에 비하여 산출된 양의 비율을 백분비로 표현한 것을 수율(yield)이라고 한다. 수율은 그 계산방식에 따라 초기수율(First Time Yield: Y_{FT}), 누적수율(Rolled Throughput Yield : Y_{RT}), 평균수율(Normalized Yield: Y_{NA})으로 나누어 볼 수 있다. Y_{FT}는 재작업하지 않은 수율로 개별적 프로세스나 프로세스 단계의 품질수준을 결정하는 데 사용된다. Y_{RT}는 다단계 프로세스의 초기수율을 누적한 수율로 통계적으로 독립적인 프로세스 단계들을 가지고 다단계 연속적인 프로세스의 누적된 품질수준을 평가하는 데 사용된다. 또한 Y_{NA}는 연속적 프로세스/제품의 평균수율로서 전체 프로세스의 평균품질수준을 평가하는데 사용된다.

[그림 20.1.3]에서 프로세스 A 단계에서 100개 원료를 투입하여 95개의 양품을 생산하였다면 초기수율 Y_{FT}는 0.95가 된다. 이 그림에서 각 프로세스의 단계별 초기수율은 0.95, 0.97, 0.98, 0.99 임을 예시하고 있다.

누적수율 Y_{RT}은 여러 개의 프로세스가 연결되어 있을 때 초기에 투입된 생산 원료의 양에 비하여 모든 프로세스가 끝나는 최종 단계에서의 양품의 양이 차지하는 수율을 말한다. 예를 들어 1개의 제품이 4개의 프로세스 A, B, C, D로 이루어진 작업에서 각 프로세스의 수율이 [그림 20.1.3]과 같으면, 누적수율은 초기수율의 곱으로서 0.95×0.97×0.98×0.99=0.894로 89.4%가 된다. 즉, 초기에 1000개의 제품을 생산할 수 있는 원료가 투입된 경우에 재작업(rework)이 고려되지 않았다면 마지막으로 생산되는 제품의 수는 894개 정도이다. 또한 누적수율은 단위당 결함수(DPU)를 사용하여 포아송 근사식을 이용하면 다음과 같이 계산할 수도 있다.

$$Y_{RT} = e^{-DPU}$$

결국 누적수율이란 하나의 제품이 전 공정을 단 한 개의 불량도 없이 합격될 확률을 의미한다.

[그림 20.1.3] 4개 프로세스의 수율

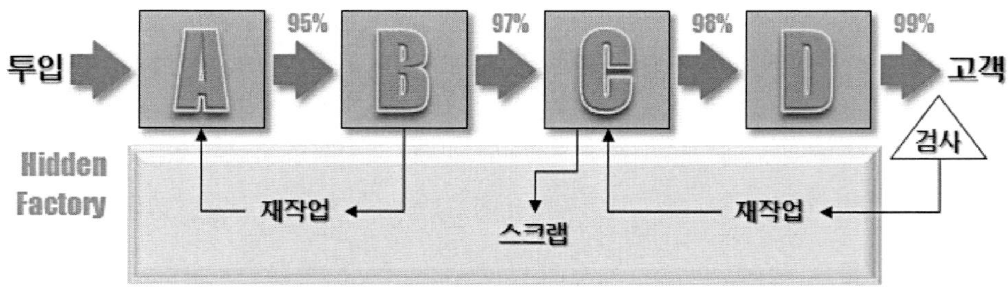

이때 평균수율 Y_{NA}는 누적수율 Y_{RT}을 프로세스의 수 4의 제곱근을 취하여 계산한다. 즉 $Y_{NA}=\sqrt[4]{Y_{RT}}$로 계산한다.

$$\begin{aligned} Y_{NA} &= \sqrt[4]{Y_{RT}} \\ &= \sqrt[4]{0.894} \\ &= 0.9724 \end{aligned}$$

그러므로 연속적인 프로세스의 단계 당 평균수율(yield per step)은 97.24%가

된다. 각각의 단계들은 서로서로 독립적이라는 가정에 근거를 둔다. DPMO와 비슷한 평균수율은 복잡도가 서로 다른 프로세스들 간의 비교를 용이하게 하며, 시그마수준을 계산하는데도 활용할 수 있다.

20.1.4 여러 품질특성치의 통합 품질수준

품질특성치가 여러 개인 경우의 품질 수준은 다음과 같다. 다음 표는 한 제품의 주요 품질특성치가 3개인 경우에 결함수, 단위수, 단위당 기회수, 결함 발생 총기회수(TOP : Total Opportunities), 단위당 결함수(DPU), 기회당 결함수(DPO), DPMO, 시그마 수준을 나타낸 것이다.

[표 20.1.4a] 통합 품질 수준의 계산

SixSigma Tools 2007 > 측정(Measure) > Six Sigma Scorecards...

No	품질특성	결함수	단위수	기회수	TOP	DPU	DPO	DPMO	Sigma Level
1	유형1	81	83	95	7,885	0.976	0.0103	10,273	3.817
2	유형2	67	584	20	11,680	0.115	0.0057	5,736	4.028
3	유형3	19	225	38	8,550	0.084	0.0022	2,222	4.345
4	유형4	33	884	57	50,388	0.037	0.0007	655	4.714
5	유형5	67	774	37	28,638	0.087	0.0023	2,340	4.329
전 체		267			107,141		0.00249	2,492	4.308

이 예에서 품질특성 중 유형1의 총 결함수는 81이고, 검사한 단위 제품수는 83이다. 단위당 기회수는 95이므로, 결함 발생 총기회수는 83×95 = 7,885이다. 단위당 결함수 DPU는 81/83 = 0.976이고, 기회당 결함수 DPO는 81/95 = 0.0103이다. 이 값은 반올림된 값이므로 0.010273임을 알 수 있다. 따라서 DPMO는 0.010273×1,000,000 = 10,273이다. 그리고 시그마 수준은 3.817이다. 이 값은 +1.5 이동됨을 가정한 값이다.

결국 5가지 품질유형 전체 결함수와 결함 발생 총 기회수를 고려한 이 제품의 전체 TOP는 107,141이고, 전체 DPMO는 2,492이며, 시그마 수준은

4.308이 된다. 이는 [표 20.1.4b]을 참조하면 업계평균 수준을 상회하는 수준이며 매출액의 약 15%~20% 정도가 나쁜 품질로 인해 발생하는 비용으로 판단된다.

[표 20.1.4b] 시그마 수준에 따른 현위치

Sigma 수준	PPM	Cost of Poor Quality	Remarks
6σ	3.4	< 10% of sales	World class
5σ	233	10~15% of sales	
4σ	6.210	15~20% of sales	Industry average
3σ	66.807	20~30% of sales	
2σ	308.537	30~40% of sales	Noncompetitive
1σ	697.870	> 40% of sales	

⇨20.2 공정능력이란?

어떤 종류의 제조공정에서도 품질특성이 완전히 일치하는 제품을 동일하게 반복해서 생산할 수는 없다. 제조공정에서 생산되는 제품의 품질에 영향을 미치는 원인은 수없이 많으나, 이를 정리하면 다음과 같이 5M1E이다.

[그림 20.2a] 5M1E Fishbone Diagram

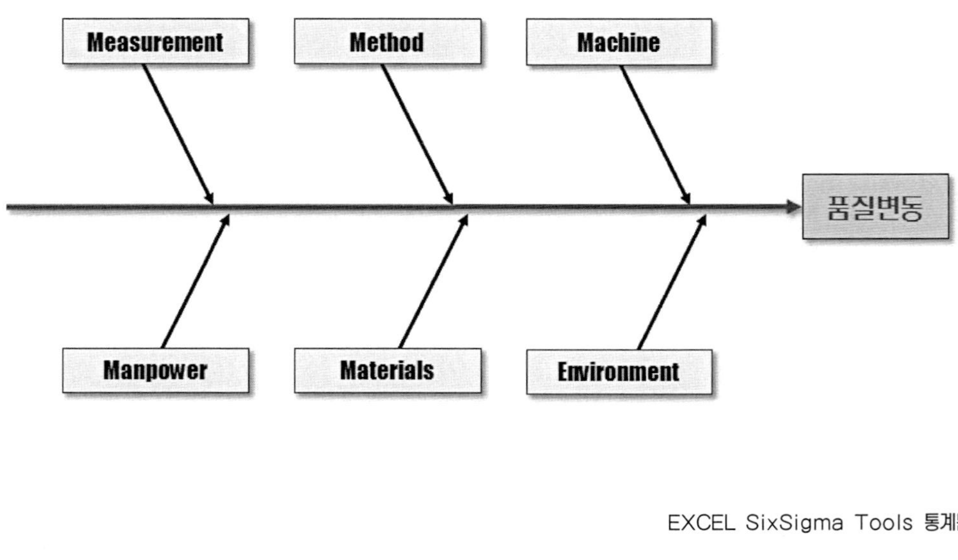

제품의 품질변동은 위 [그림 20.2a]처럼 여러 요인에 의해 영향을 받는다. 이 때 각각의 품질특성은 어떤 범위 안에서 분포하게 된다. 즉, 품질특성은 산포를 가지고 있는 확률변수이며 어떤 확률분포를 따르게 된다. 모든 제품에는 만족해야 할 규격(specification)이 있으며, 공정에 내재하는 변동은 이 규격과 비교되어 분석된다. 공정의 품질변동이 커서 규격내에 있는 제품의 비율이 작으면 공정능력이 나쁘고, 반대로 공정의 변동이 작아서 규격내의 제품의 비율이 크면 공정능력이 좋다고 판단한다. 즉, 공정능력은 공정의 균일성이라 할 수 있다. 이 때 공정의 변동은 제품의 균일성에 대한 측도가 된다. 공정분석능력이란 공정능력을 추정하는 공학적 연구라 정의한다.

공정능력의 측도로서 품질특성치 분포의 6σ가 일반적으로 사용되고 있다. 이 때 자연공차한계(natural tolerance limits: NTL)는 평균 μ를 중심으로 $\pm 3\sigma$로 설정된다. 즉, 자연공차 상한(UNTL)과 하한(LNTL)은 다음과 같이 설정된다.

$$UNTL = \mu + 3\sigma$$

$$LNTL = \mu - 3\sigma$$

품질특성치의 분포가 $N(\mu, \sigma^2)$일 때에는 [그림 20.2b]와 같이 자연공차한계 내에 생산되는 제품의 비는 99.73%가 되며, 0.27%만이 자연공차한계를 벗어나게 된다. 이 때 0.27%는 아주 작은 비율로 생각할 수 있으나 백만개의 제품을 생산한다면 2,700개는 규격한계를 벗어나는 불량품으로 결코 작은 수는 아님을 알 수 있다. 또한 공정분포가 정규분포가 아닌 경우에는 자연공차한계를 벗어나는 제품의 비가 0.27%와 상당히 다를 수도 있다.

[그림 20.2b] 자연공차한계와 확률

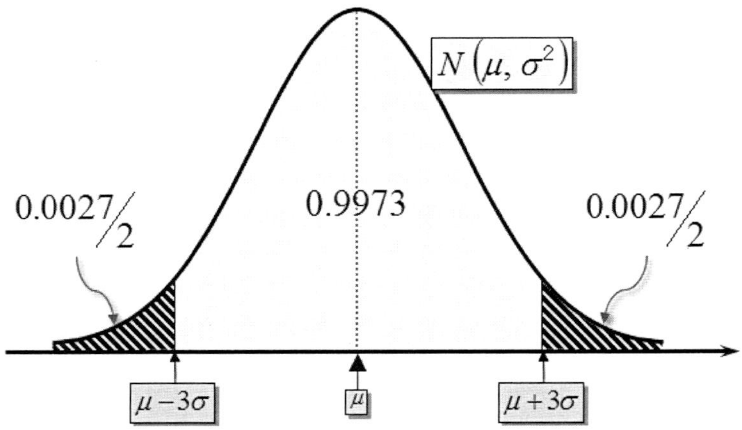

20.2.1 공정능력조사의 목적

소비자가 만족하는 품질의 제품을 기획, 설계, 생산, 판매하기 위해서는 품질특성치의 공정능력이 충분하지 않으면 안 된다. 따라서 공정이 소비자 요구를 만족시킬 수 있는 품질의 제품을 생산하는 능력이 결여되는 경우에는 그에 대한 공정능력 개선을 추진하여야 한다. 만일 만족할 만한 수준인 경우에는 이것을 유지해 가는 것이 필요하다. 공정능력을 조사하는 구체적인 목적은 다음과 같다.

(1) 설계 관계

도면 규격을 정하거나 개선하기 위한 기초 자료

(2) 생산 기술 관계

공정설계, 장치, 치공구설계, 가공조건의 설정 및 변경 등의 자료

(3) 생산 관계

QC공정도, 작업요령서, 작업지도서 등을 작성하거나 변경할 때의 자료

(4) 품질 관계

공정상태 파악, 품질특성치의 산포 파악, 불량률 예측 등의 자료

(5) 검사, 구매, 판매 관계

검사방식의 설정, 구입선의 지도, 거래처에서의 요망 자료

20.2.2 공정능력 조사 순서

공정능력을 조사하기 위해서는 조사범위 및 기간, 샘플링 방법, 측정법, 샘플링 수 등 조사계획을 먼저 수립하여야 한다. 수립 된 계획에 따라 작업을 실시하고 데이터를 수집한다. 관리도와 히스토그램을 바탕으로 공정의 안정상태를 파악하여야 한다. 만일 공정이 안정되지 못하였을 경우에는 그 원인을 파악하여 제거하여야 한다.

공정이 안정된 상태 하에서 공정능력지수를 산출하여 공정능력이 기업에서 원하는 수준에 합당한가를 판단하여야 한다. 충분할 경우에는 공정을 관리 유지하고, 부족한 경우에는 그 대책을 수립하여 공정능력을 향상시키도록 하여야 한다.

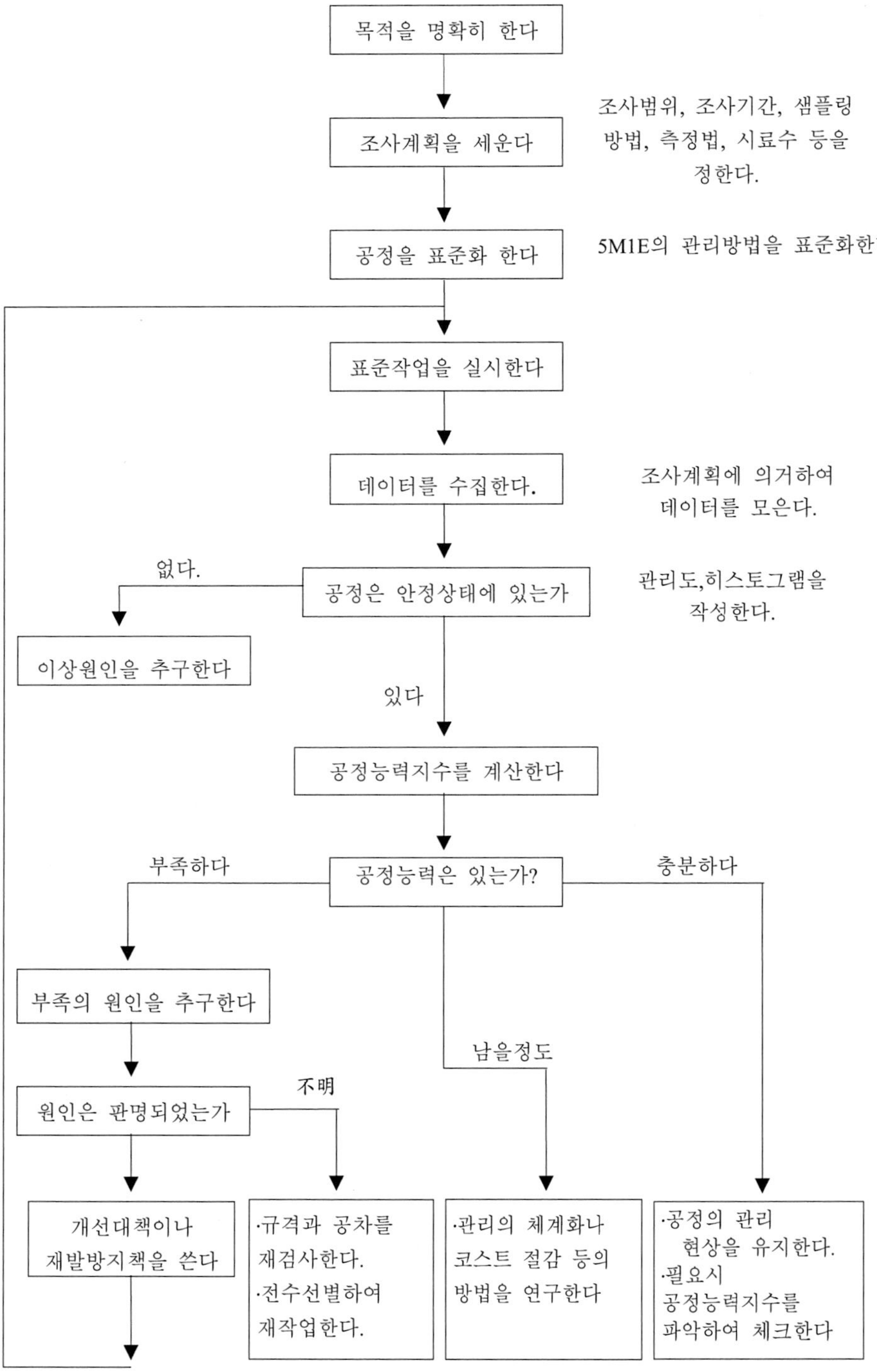

[그림 20.2.2] 공정능력조사순서

20.2.2 단기/장기 공정능력지수

공정이 안정상태에 있을 때, 규격에 대하여 어느 정도 만족하는 제품을 생산하는 지의 여부를 평가하는 척도로서, Cp(공정능력지수) 또는 Cpk(치우침이 있는 경우의 공정능력지수)로 나타낸다. 공정능력은 목적에 따라 단기공정능력(short term process capability)와 장기공정능력(long term process capability)로 구분하여 조사된다. 단기공정능력의 목적은 공정이 관리상태에 있을 때 공정에서 생산되는 제품의 품질변동이 규격에 어느 정도 부합되는가를 조사하는 것이고, 장기공정능력의 목적은 장기간에 걸쳐서 이상원인이 될 수 있는 요인들이 생산되는 제품의 품질변동에 어느 정도 영향을 주는가를 조사하여 이상원인을 규명하여 이에 따른 공정을 평가하는 것이다. 단기공정능력은 짧으면 2-3시간 길어야 1주일 정도의 데이터를 사용하여 산출하고, 장기공정능력은 1주일 이상에서 1년 동안의 데이터를 수집하여 활용한다.

20.2.3 장기공정능력의 조사

단기공정능력조사는 일반적으로 단기간에 걸쳐 공정이 어느 정도 품질의 제품을 생산하는가를 알아보는 것이다. 여기에 비하여 장기공정능력의 조사는 장기간에 걸쳐 공정의 품질변동 범위가 어느 정도이며, 어떠한 원인들이 공정의 성능에 영향을 주는가? 등을 조사하는 것이다. 장기공정능력을 일명 공정성능(process performance)이라고 하며, 이 조사의 목적은 시간이 지남에 따라서 발생되는 작업자의 교체, 공구교체, 장비의 수리, 사용되는 원료의 변경 등에 따라서 공정능력이 어느 정도 영향을 받는가를 조사하여 적절한 조치를 취해 주기 위해서이다.

[그림 20.2.3a]를 보면 로트의 시간이 경과됨에 따른 변동의 상태를 가상으로 나타낸 것이다. 그리고 일전 시간 가격을 두고 부집단 크기만큼의 품질특

성인 CTQ Y에 대해 측정을 하게 된다. 여기에서 부집단의 변동영역을 상자로 표시하였으며 이 상자 내의 변동은 집단내 변동이라고 하며 각 집단의 중심인 평균들 간의 변동은 집단간 변동이라고 한다.

[그림 20.2.3a] 프로세스의 변동

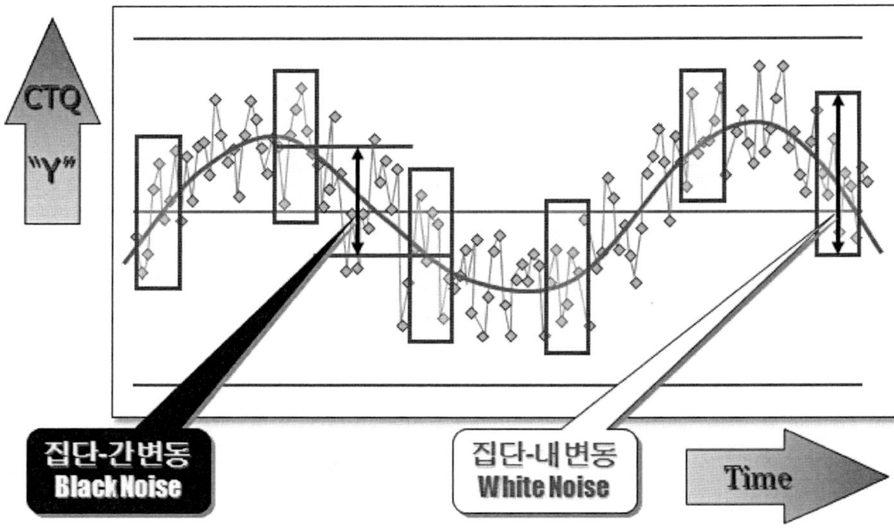

그리고 이 2가지 변동의 합을 총변동이라고 한다. 즉 총변동은 집단의 구분없이 측정된 모든 데이터를 가지고 변동을 계산하는 것이다. 다음 [그림 20.2,3b]을 참조하면 총변동과 집단간 변동, 집단내 변동을 이해할 수 있다.

[그림 20.2.3b] 변동의 시각적 이해

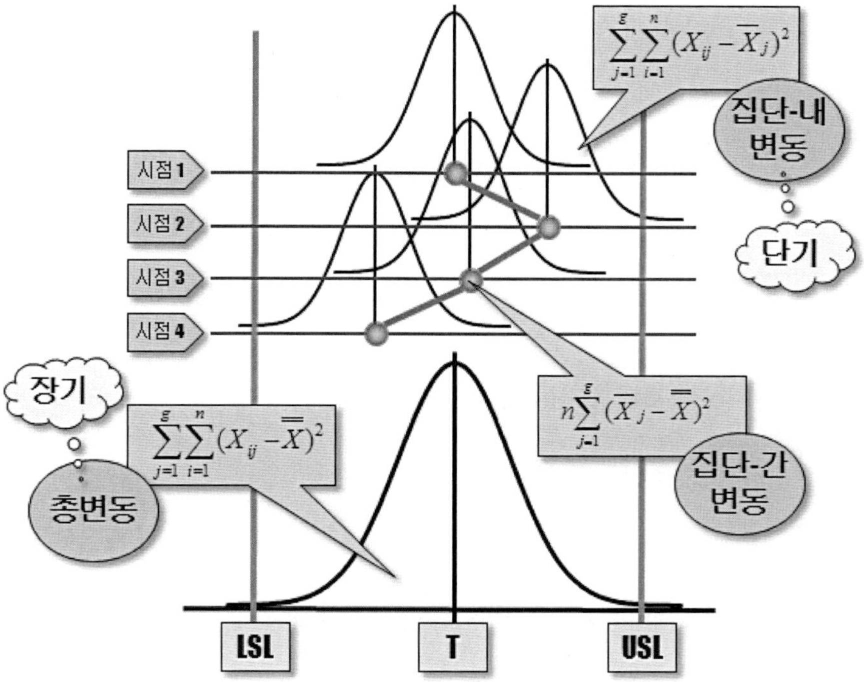

결국 집단내 변동은 매우 단기간내의 나타나는 변동을 측정하는 것이며 총변동은 상대적으로 장기에 걸쳐 나타나는 변동을 의미하게 된다. 그리고 집단간 변동은 장기변동과 단기변동의 차이로 이해할 수 있다. 이를 요약하면 다음과 같다.

- 총변동(Total Sum of Square : SST) : 전체 데이터가 가지고 있는 산포를 계산할 경우에 사용하며, 각 관측값과 총평균의 차의 제곱합이다. 이는 장기능력(long-term capability)을 계산할 때 사용된다.
- 집단-간 변동(Between Group Sum of Square : SSB) : 집단-간 산포를 계산할 경우에 사용하며, 각 집단의 평균과 총평균의 차의 제곱합이다. 이는 평균의 변화(shift)를 추정할 때 사용된다.

① 이상원인에 의한 변동으로 외부에 의한 영향으로 통제가 가능한 변동

② 일반적으로 프로세스의 평균에 영향을 미침

③ **실제적으로 시간의 경과에 따른 프로세스 능력을 나타냄**

④ **프로세스에서 치명적인 소수요인(vital few)에 의하여 영향을 받음**

- 집단-내 변동(Within Group Sum of Square : SSW) : 집단-내 데이터가 가지고 있는 산포를 계산할 경우에 사용하며, 각 집단-내 관측값과 집단-내 평균의 차의 제곱합이다. 이는 단기능력(short-term capability)을 계산할 때 사용된다.

① **우연원인에 의한 변동으로 일상업무로서는 통제가 불가능한 변동**

② **일반적으로 프로세스의 산포에 영향을 미침**

③ **주로 기술적인 요인에 의해 발생됨**

④ **프로세스의 사소한 다수요인(trivial many)에 의하여 영향을 받음**

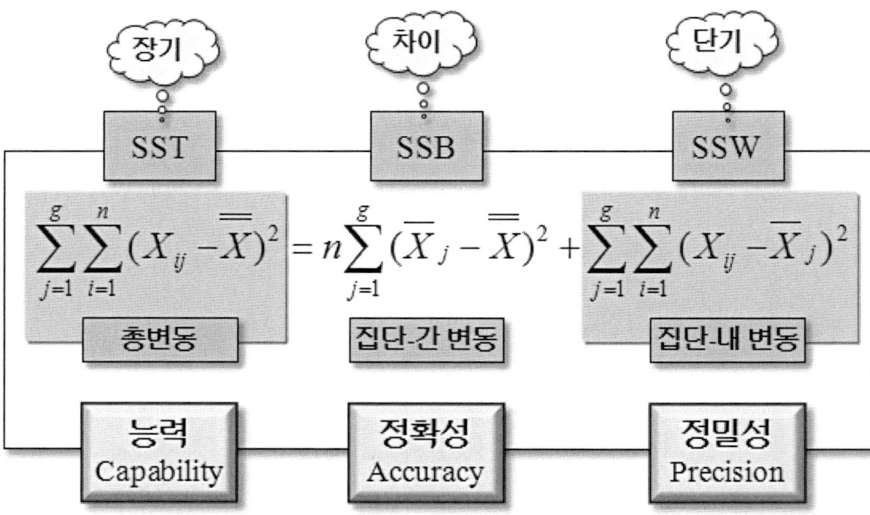

장기공정능력은 두 가지 형태 즉, 집단내 변동(within subgroup)과 집단간 변동(between subgroup)이 합해서 나타나는 통계량이다. 따라서 장기공정능력의 평가는 정상적인 작업상태 하에서 비교적 장기간에 걸쳐 공정을 분석함으로서 얻어지며, 작업자들 간의 영향, 공구 교환 및 조정, 로트가 다른 자

재, 시간이 경과하면서 발생하는 변동들이 복합적으로 나타난다. 단기공정능력조사와 장기공정성능조사의 차이점을 비교하면 다음 [표 20.2.3]과 같다.

[표 20.2.3] 공정능력조사와 공정성능조사의 차이점

항 목	공정능력 조사	공정성능 조사
목 적	공정이 관리상태에 있을 때,(즉 우연원인 만에 의하여 품질산포가 생길 때), 공정에서 생산되는 제품의 품질변동이 규격에 어느 정도 부합되는가를 조사.	장기간에 걸쳐서 이상원인이 될 수 있는 요인들(작업자의 교체, 공구의 교체, 설비의 수리, 원료로트의 변경 등)이 어느 정도 생산되는 제품의 품질변동에 영향을 주는가를 조사. 이상원인을 규명하여 이에 따른 공정성능을 평가.
준비사항	이상원인이 개입되지 않도록 조사기간 중에는 동일한 작업자, 공구, 원료, 작업조건 등을 유지할 수 있도록 하여야 한다.	공장의 생산관리상 필요한 각종의 교체사항이 계획적으로 이루어질 수 있도록 하며, 설비관리, 계측기관리 등이 협조적으로 이루어질 수 있도록 한다.
기 간	짧으면 2~3시간에서 길어야 일주일 정도의 기간 내에 이루어진다.	짧으면 5일 정도에서 길면 반년, 1년까지도 갈 수 있다.
데이터 수집계획	부분군(subgroup)의 수는 10~30 정도로 하고, 한 부분군 내의 시료의 수는 3~6개 정도가 적절하다. 총 50개 이상의 데이터가 있어야 한다. 총데이터 수는, k조의 부분군에 각각 n개의 시료가 있으면, kn이 된다.	두 가지 방법이 사용된다. (1) 공정능력을 조사한 kn개의 데이터 집합(set)을 장기간에 걸쳐 여러 개 또는수십 개 합쳐서 분석 (2) 장기간에 걸쳐 랜덤하게 부분군의 수를 20~40개 정도로 추출하고, 한 부분군 내의 시료의 수를 3~6개 정도로 하여 총 100개 이상의 데이터를 수집한다.
주로 사용되는 통계수법	k조의 부분군을 사용하여 $\overline{X}$-R 관리도를 작성하고, 여기서 표준편차의 추정값 $S=\dfrac{\overline{R}}{d_2}$ 또는 $\dfrac{\overline{S}}{c_4}$ 을 구한 후에 공정능력지수를 산출하여 평가한다.	(1) 공정능력조사의 결과를 여러 개 정리하여 시계열(time series)의 측면에서 분석한다. (2) $\overline{X}$-R 관리도를 작성하여 성능을 조사하고, 표준편차의 추정값을 전체 데이터 N개 사용하여 $S=\dfrac{\sqrt{\sum_i (x_i-\overline{\overline{x}})^2}}{N-1}$ 를 구하여 공정성능지수를 평가한다.

⇒20.3 공정능력지수(process capability index)

20.3.1 여러 종류의 공정능력지수

공정능력을 나타내는 양적 방법으로 공정능력지수를 사용한다. 공정능력지수는 공정능력비(process capability ratio)라고도 한다. 제품의 규격상한(upper specification limit : USL)과 규격하한(lower specification limit : LSL)이 주어졌을 때 공정능력지수는 다음과 같이 정의한다.

$$C_p = \frac{USL - LSL}{6\sigma}$$

일반적으로 공정표준편차 σ는 알려져 있지 않으며, 이때에는 공정능력지수의 추정은 표준편차 σ의 추정값 $\hat{\sigma}$을 사용하여 다음과 같이 구한다.

$$\hat{C_p} = \frac{USL - LSL}{6\hat{\sigma}}$$

$\hat{\sigma}$은 표본표준편차 S를 사용하거나, 관리도를 사용할 경우에는 $\overline{R}/d_2$ 또는 $\overline{S}/c_4$를 사용한다.

규격상한 또는 규격하한만 있는 경우에는 추정값 $\hat{\mu}$과 $\hat{\sigma}$을 사용하며 다음과 같이 구한다.

$$\hat{C_p} = \frac{USL - \hat{\mu}}{3\hat{\sigma}}$$

$$\hat{C_p} = \frac{\hat{\mu} - LSL}{3\hat{\sigma}}$$

앞에서도 언급한 바와 같이 자연공차한계는

$$\mu \pm 3\sigma$$

로 설정되어 이 한계를 벗어나는 제품은 불량품으로 취급되어 사용하지 않는다. 이 때 공정능력지수의 역수는

$$\frac{1}{C_p} = \frac{6\sigma}{USL - LSL} = \frac{UNTL - LNTL}{USL - LSL}$$

가 되며 이 값은 공정에서 사용하는 규격한계구간에 대한 자연공차한계구간의 비율을 나타낸다.

공정능력지수 C_p는 공정평균에 관계없이 단순히 6σ에 대한 규격한계의 범위의 비율을 나타내고 있다. 이러한 공정능력지수는 공정평균을 고려하지 않음으로써 공정능력을 잘못 판단할 가능성이 있다. 즉 공정평균이 규격한계의 중간에 있지 않을 경우에는 C_p값이 같은 경우에도 실제 공정능력은 작을 수 있다. [그림 20.3.1a]에서 (a)와 (b)는 C_p값이 다같이 1.6667인 경우이나 (b)의 경우는 공정능력이 작음을 알 수 있다.

[그림 20.3.1a] 같은 Cp=1.6667인 두 공정분포

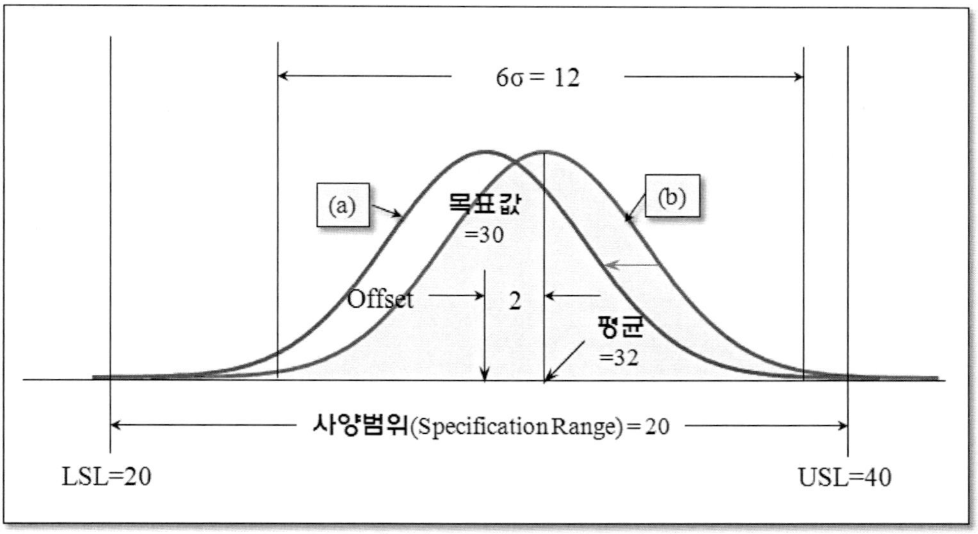

이와 같은 C_p의 단점을 보완하기 위해 새로운 공정능력지수 C_{pk}에 대해 설명하기로 한다. 규격상한과 규격하한에 대한 공정능력지수는 다음과 같다.

$$C_{pu} = \frac{USL - \mu}{3\sigma}, \quad C_{pl} = \frac{\mu - LSL}{3\sigma}$$

공정평균 $\mu = \mu_0$ (공정이 목표치에 있음)이면 $C_p = C_{pu} = C_{pl}$ 이다. 그러나 만일 공정평균이 $\mu > \mu_0$이면 $C_{pu} < C_p < C_{pl}$ 이 된다. 또한 공정평균이 $\mu < \mu_0$

이면 $C_{pl} < C_p < C_{pu}$ 가 된다. 공정능력지수 C_{pk}를 다음

$$C_{pk} = \min(C_{pu},\ C_{pl})$$
$$= \min\left(\frac{USL-\mu}{3\sigma}, \frac{\mu - LSL}{3\sigma}\right)$$

과 같이 정의한다. 이때 공정이 중심인 목표치 ($\mu = \mu_0$)에 있으면, 두 공정능력지수 $C_p = C_{pk}$이 된다. 그러나 공정이 중심인 목표치에 있지 않다면 ($\mu \neq \mu_0$) $C_p > C_{pk}$가 된다. 게다가 만일 데이터로부터 관측한 경우 $C_{pk} < C_p < 1.33$ 이라면 공정변동은 관리상태에 있다고 하더라도 공정평균은 관리상태에 있지 않음을 표시한다.

C_{pk}에서도 μ와 σ가 알려지지 않은 경우에는 $\hat{\mu}$과 $\hat{\sigma}$을 사용한다. 일반적으로 공정평균이 규격한계의 중앙에 있으면 $C_p = C_{pk}$이고 그렇지 않으면 $C_{pk} < C_p$임을 알 수 있다.

[그림 20.3.1a] (b)에서 C_{pk}=1.3333이지만 공정평균을 (USL+LSL)/2로 조정할 수 있다면 C_p=1.6667이 된다. 따라서 C_p는 잠정적 공정능력을 나타내고 C_{pk}는 실제 공정능력을 나타내는 것으로 해석할 수 있다.

C_{pk}는 공정평균이 규격한계의 중앙이 아닐 때를 위해 제안되었으나 이것만으로도 공정능력을 충분히 나타내지 못할 경우가 있다. [그림 20.3.1b]에서 두 분포곡선은 다같이 $C_{pk} = 1$인 경우를 보여주고 있으나 분포 B의 경우는 그 평균이 규격한계의 중앙과 많이 다름을 알 수 있다. 따라서 이와 같은 경우에는 C_{pk}를 C_p와 비교하여 공정의 중앙 위치를 특정지을 필요가 있다.

이와 같이 공정의 중앙 위치를 지적하는 방법으로 다음과 같은 공정능력지수를 사용한다.

$$K = \frac{2|m-\mu|}{USL-LSL}$$

단, m은 규격한계의 중심을 나타낸다.$(m = (USL+LSL)/2)$ 공정평균 μ가

알려지지 않은 경우에는 $\hat{\mu}$으로 사용한다.

[그림 20.3.1b]에서 두 분포곡선의 K값은 다음과 같다.

A의 경우,

$$K = \frac{2|20-20|}{24-16} = 0$$

B의 경우,

$$K = \frac{2|20-18|}{24-16} = \frac{4}{8} = 0.5$$

이것은 그림에서처럼 A분포의 중심은 규격한계의 중심과 일치하고, B의 분포의 중심은 규격한계의 중심에서 떨어져 있다는 것을 나타낸다. K의 표현에서 절대값을 사용하지 않을 수도 종종 있으며 이때에는 K값이 양일 때는 분포의 중심이 m보다 왼쪽에, 음일 때는 분포의 중심이 m보다 오른쪽에 위치함을 알 수 있다.

C_p, C_{pk}와 K의 관계는 다음 식으로 설명된다.

$$\frac{C_{pk}}{C_p} = 1 - K$$

공정능력지수를 규격한계를 만족하는 정도뿐만 아니라 목표값(target value)에 가까운 값을 어느 정도 생산할 수 있느냐 하는 관점에서 볼 때, 앞에서 열거한 공정능력지수들은 이러한 관점에 합당하지 않다고 할 수 있다. 예를 들어 C_{pk}는 σ가 작을수록 커지는 경향이 있어 중심의 위치에 대한 측도로는 사용할 수 없다. 즉 C_{pk}는 규격한계 내에 있는 평균의 위치에 대해서는 아무런 설명을 할 수 없다. 이러한 점을 개선하기 위해 공정능력을 중심위치에 대한 측도로서 나타낸 것이 C_{pm}이다.

$$C_{pm} = \frac{\min\left\{\frac{T-LSL}{3\sigma}, \frac{USL-T}{3\sigma}\right\}}{\sqrt{1+\left(\frac{\mu-T}{\sigma}\right)^2}},\quad \text{단, T는 목표값}$$

[그림 20.3.1b]에서 T=55인 경우 두 분포곡선의 C_{pm}값은 다음과 같다.

A의 경우,

$$C_{pm} = \frac{\min\left\{\frac{20-16}{3(1.333)}, \frac{24-20}{3(1.333)}\right\}}{\sqrt{1+\left(\frac{20-20}{1.333}\right)^2}} = \frac{\min\{1.00, 1.00\}}{1} = 1.00$$

B의 경우,

$$C_{pm} = \frac{\min\left\{\frac{18-16}{3(0.667)}, \frac{24-18}{3(0.667)}\right\}}{\sqrt{1+\left(\frac{18-20}{0.667}\right)^2}} = \frac{\min\{0.999995, 2.99985\}}{3.162} = 0.3162$$

[그림 20.3.1b] $C_{pk}=1$인 두 공정분포

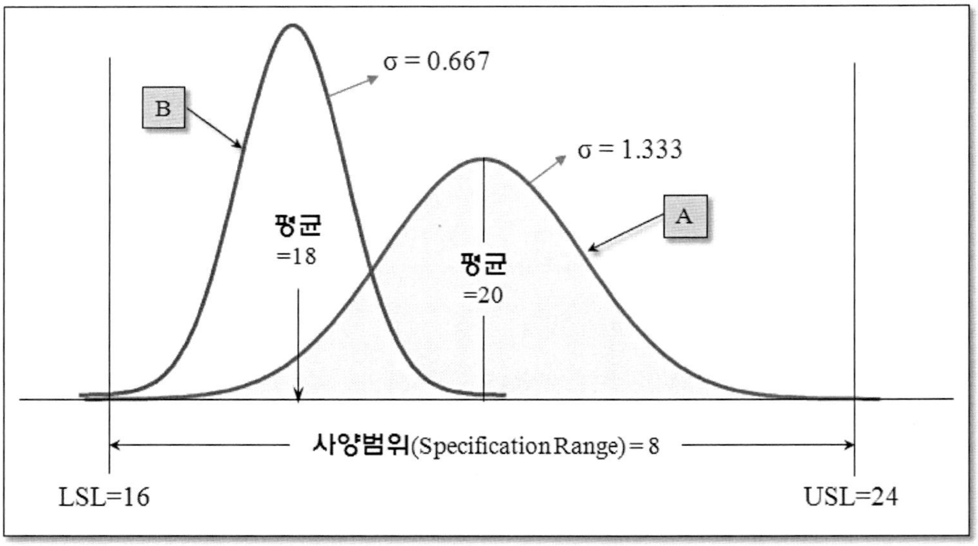

공정능력지수는 **SixSigma Tools 2007 > 측정(Measure) > Six Sigma Scorecards...**를 사용하여 구할 수 있다. [표 20.3.1a]는 공정변수 X에 대한 100개의 자료를 나타내고 있다. 이 데이터는 "AB형 샤프트 바깥지름.xlsx"의 두 번째 시트에 수록되어 있다. 이 표로부터 공정능력지수를 구해 보기로 한

다.

[표 20.3.1a] 개별관측값(t=50, lsl=30, usl=80)

51.05	56.18	45.71	64.55	54.12	57.25	45.89
55.13	52.35	66.02	67.1	59.03	53.05	50.93
54.69	56.14	72.85	75.07	54.04	38.38	58.02
48.3	56.87	44.3	59.74	77.5	49.02	62.31
54.91	49.51	41.26	51.98	58.45	47.74	62.23
45.19	46.37	50.35	56.66	61.17	60.29	61.59
45.67	50.38	52.45	51.23	45.43	48.91	55.41
50.86	49.99	51.52	59.69	39.77	42.42	50.9
63.5	48.53	65.42	29.55	58.35	57.03	45.16
49.6	53.18	48.88	43.75	56.26	56.97	66.46
52.85	70.17	56.72	57.96	57.74	73.55	
66.04	62.54	56.56	53.26	51.22	59.23	
71.48	51.96	54.02	65.45	68.6	71.9	
59.16	69.62	58.09	39.92	57.07	57.01	
55.54	54.4	47.76	65.79	49.84	75.11	

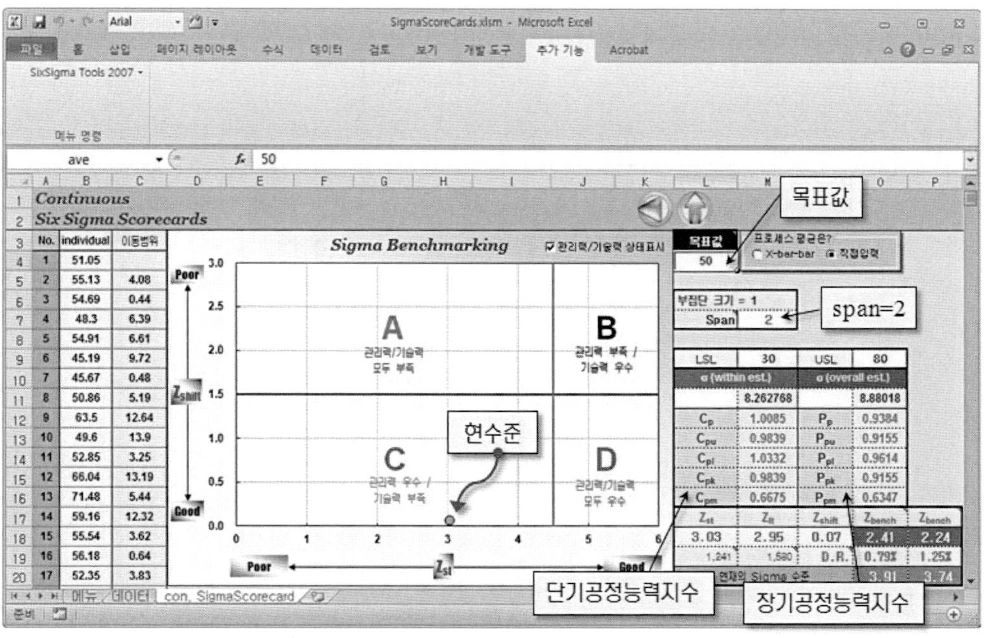

표준편차의 추정량으로 $\overline{R}/d_2$(=8.2627681)를 사용하며 여기에서 d_2는 Span=2인 $d_2(2)$=1.128379를 사용한다. 물론 Span의 값을 크게 하면 그에 따라 값은 달라지나 보통 ‘2’를 사용하는 것이 데이터의 손실을 줄일 수 있다는 장점이

있다.

LSL	30	USL	80
σ (within est.)		σ (overall est.)	
	8.2627681		8.880185
C_p	1.0085	P_p	0.9384
C_{pu}	0.9839	P_{pu}	0.9155
C_{pl}	1.0332	P_{pl}	0.9614
C_{pk}	0.9839	P_{pk}	0.9155
C_{pm}	0.6675	P_{pm}	0.6347

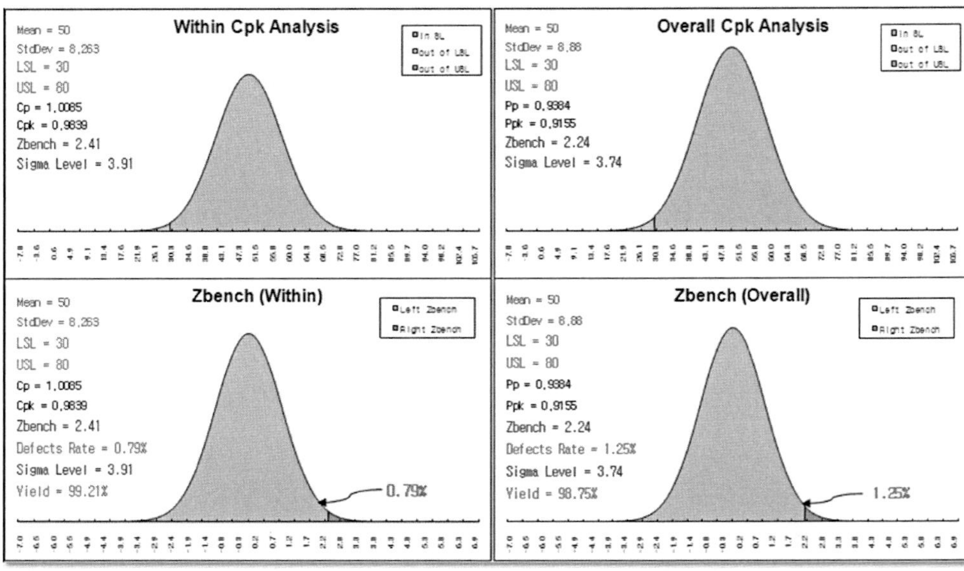

20.3.2 관리도에서 공정능력

관리도를 사용하는 경우 공정능력지수 C_p는 다음과 같이 계산한다.

$$\hat{C_p} = \frac{USL - LSL}{6(\overline{R}/d_2)}$$

또는

$$\hat{C_p} = \frac{USL - LSL}{6(\overline{S}/c_4)}$$

표준편차의 추정량으로 $\overline{R}/d_2$ 또는 $\overline{S}/c_4$를 사용하는 것은 관리도에서 어느 것을 사용하느냐에 따라 결정된다. “C형 샤프트 바깥지름.xlsx” 데이터를 사용하여 공정능력지수를 구해보자. 목표값은 30, LSL=10, USL=50으로 설정한다.

▶ **SixSigma Tools 2007 > 측정(Measure) > Six Sigma Scorecards...**

▶ 다음과 같이 데이터를 복사하여 붙여넣기한다.

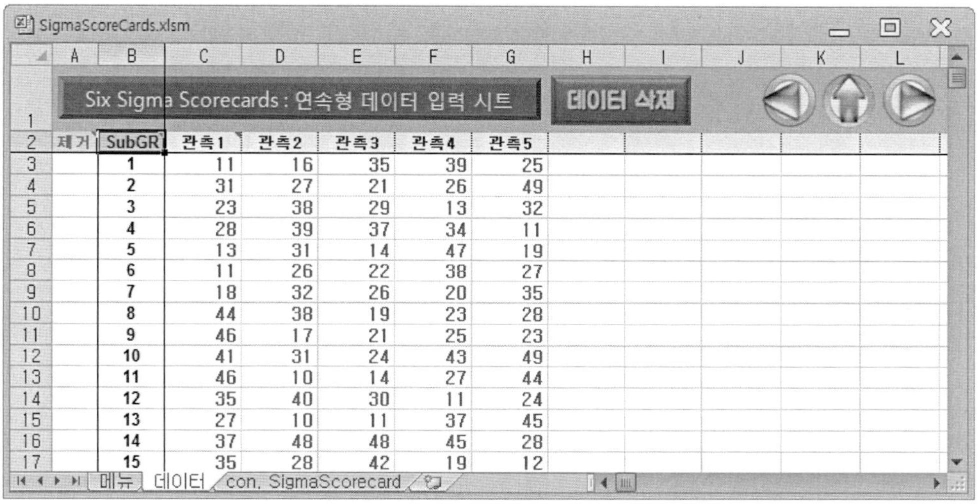

제거	SubGR	관측1	관측2	관측3	관측4	관측5
	1	11	16	35	39	25
	2	31	27	21	26	49
	3	23	38	29	13	32
	4	28	39	37	34	11
	5	13	31	14	47	19
	6	11	26	22	38	27
	7	18	32	26	20	35
	8	44	38	19	23	28
	9	46	17	21	25	23
	10	41	31	24	43	49
	11	46	10	14	27	44
	12	35	40	30	11	24
	13	27	10	11	37	45
	14	37	48	48	45	28
	15	35	28	42	19	12

[그림 20.3.2a]에서 $C_p = 0.5460$ $C_{pk} = 0.5257$로 나타났다. 이것은 다음과 같이 계산된 것이다.

$$\hat{C}_p = \frac{USL - LSL}{6(\overline{R}/d_2)}$$

$$= \frac{50 - 10}{6(28.4/2.058751)}$$

$$= 0.5460$$

$$\widehat{C_{pk}} = \min\left\{\frac{USL-\overline{\overline{X}}}{3(\overline{R}/d_2)}, \frac{\overline{\overline{X}}-LSL}{3(\overline{R}/d_2)}\right\}$$

$$= \min\left\{\frac{50-29.256}{3(28.4/2.058751)}, \frac{29.256-10}{3(28.4/2.058751)}\right\}$$

$$= \min\{0.5257, 0.5663\}$$

$$= 0.5257$$

[그림 20.3.2a] 공정능력 평가와 여러 능력지수

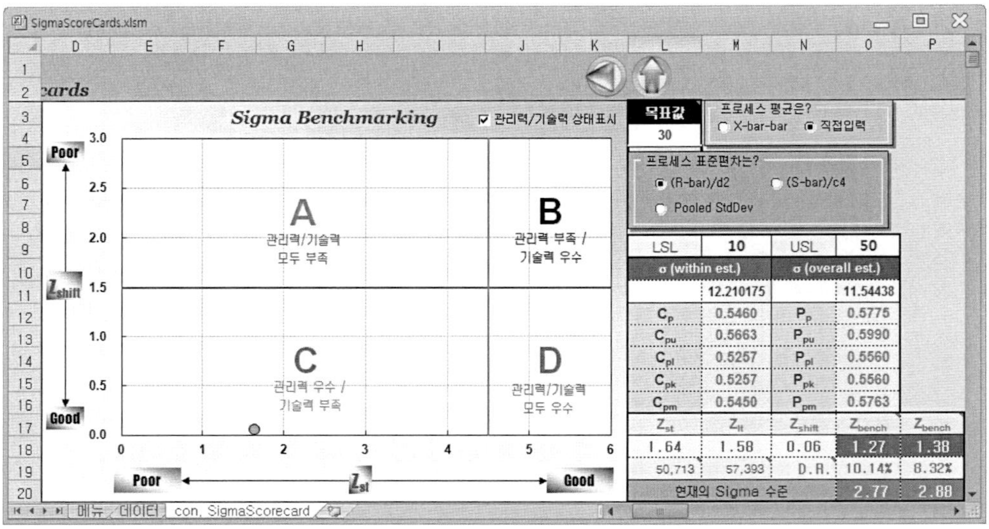

앞에서는 표준편차의 추정치를 $\hat{\sigma}=\overline{R}/d_2$를 사용하였다. $\hat{\sigma}=\overline{S}/c_4$를 사용하려면 아래와 같이 표준편차의 추정을 $\overline{S}/c_4$으로 하면 C_p=0.5301, C_{pk}=0.5104로 달라진다.

$$\widehat{C_p} = \frac{USL-LSL}{6(\overline{S}/c_4)}$$

$$= \frac{50-10}{6(11.82/0.9399856)}$$

$$= 0.5301$$

$$\widehat{C_{pk}} = \min\left\{\frac{USL - \overline{\overline{X}}}{3(\overline{S}/c_4)}, \frac{\overline{\overline{X}} - LSL}{3(\overline{S}/c_4)}\right\}$$

$$= \min\left\{\frac{50 - 29.256}{3(11.82/0.9399856)}, \frac{29.256 - 10}{3(11.82/0.9399856)}\right\}$$

$$= \min\{0.5104, 0.5499\}$$

$$= 0.5104$$

와 동일함을 알 수 있다. ○Pooled StdDev는 통합표준편차로 표준편차의 추정치를 계산할 때 각 부집단의 제곱합(sum of square)을 계산하여 총합을 구하고 자유도(df=데이터수-집단수)로 나누어 준 값이다. 그리고 옆의 P_p나 P_{pk}는 장기공정능력지수로 공정성능지수(process performance index)라고 한다. 이 공정성능지수는 부집단을 구분하지 않고 전체 데이터를 기준으로 표준편차를 계산한 값을 모표준편차의 추정치(overall est.)로 사용하여 계산된 값이다. 모표준편차 추정치(overall est.)는 11.54438로 계산되었음을 알 수 있다.

LSL	10	USL	50
σ (within est.)		σ (overall est.)	
	12.57514		11.54438
C_p	0.5301	P_p	0.5775
C_{pu}	0.5499	P_{pu}	0.5990
C_{pl}	0.5104	P_{pl}	0.5560
C_{pk}	0.5104	P_{pk}	0.5560
C_{pm}	0.5292	P_{pm}	0.5763

다음 Sigma Benchmarking(4 block diagram)의 점표시가 3사분면 하단에 위치한 것을 확인할 수 있으며 이는 관리력은 우수하나 기술력은 떨어지는 것

으로 판정할 수 있다.

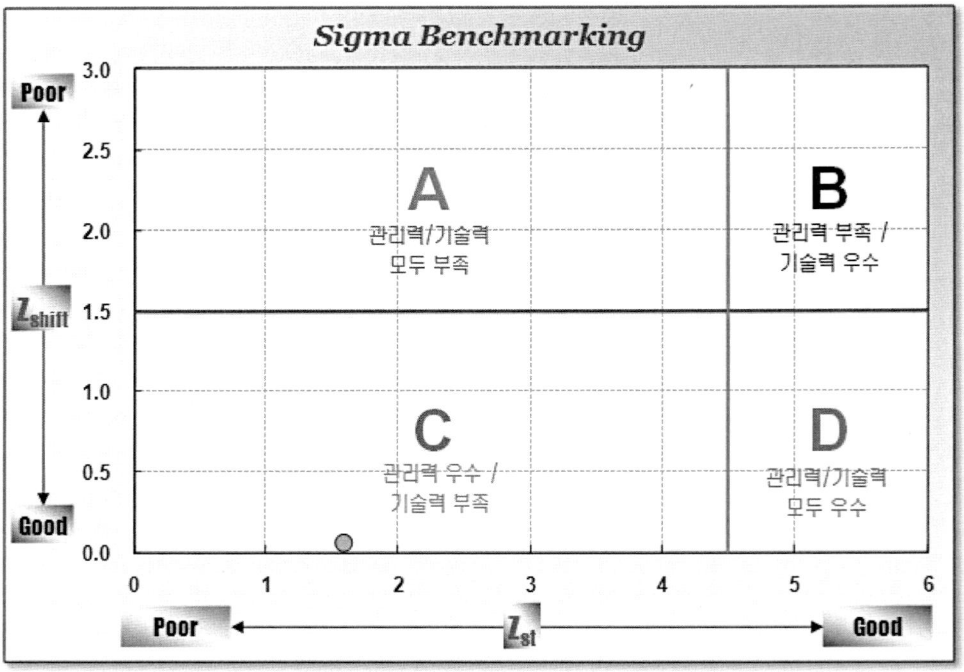

전체적으로 단기공정능력을 보면 11.17%가 결함률(defect rate)로 혁신적인 개선이 필요한 것으로 판단된다. 그리고 장기공정능력상 수율은 91.68%, 결함률 또는 부적합률은 8.32%로 나타났다.

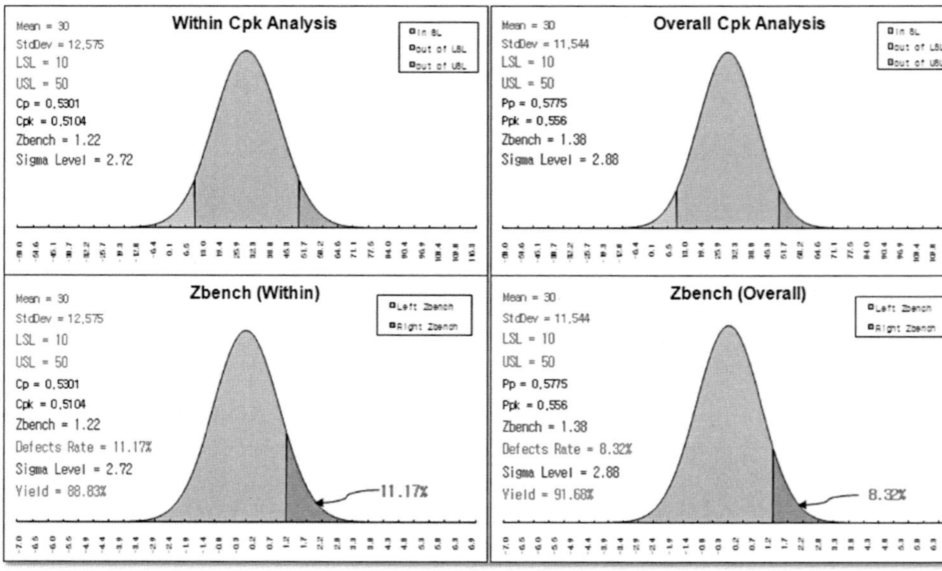

20.3.3 공정능력지수와 Sigma Level의 관계

양쪽 규격이고 치우침이 없는 경우의 C_p 값은 '1'이다. 이때 중심 m으로부터 규격한계까지의 거리는 3σ로 6시그마에서의 품질수준은 3.0σ가 된다. 이와 같은 경우에 시그마 수준과 C_p간에는 다음과 같은 식이 성립된다.

$$Sigma\ Level = 3 \times C_p$$

장기적으로는 공정의 평균이 1.5σ 좌우로 흔들려서 이러한 경우에 C_{pk} 값이 '1'이면, 시그마 수준은 3σ + 1.5σ = 4.5σ 수준이다. 따라서 장기적으로 공정평균이 1.5σ 이동할 때 C_{pk}와 시그마 수준과의 관계는 다음과 같다.

$$Sigma\ Level = 3(C_{pk} + 0.5)$$

이에 따라 C_p와 장기적인 C_{pk} 사이에는 C_{pk} = C_p - 0.5 의 관계가 성립한다. 결론적으로 단기적인 경우 공정능력지수가 C_p값이 2이어야 '6σ'가 되고, 장기적인 측면에서 C_{pk}값이 1.5인 경우에 시그마 수준은 '6σ'가 된다.

[표 20.3.3] 시그마 품질수준과 불량률/공정능력지수

Sigma Level	Centered Process		1.5 σ-Shifted Process	
	C_p	ppm	C_{pk}	ppm
3	1	2,700	0.5	66,803
4	1.33	63	0.833	6,200
5	1.67	0.57	1.167	233
6	2	0.002	1.5	3.4

20.3.4 공정능력비의 추정

공정능력지수 C_p에 대한 추정은 공정표준편차의 추정량을 사용한다. 먼저 C_p의 점추정량 $\hat{C}_p$은 σ대신 $\hat{\sigma}$을 사용하여 다음과 같이 정의한다.

$$\hat{C}_p = \frac{USL - LSL}{6\hat{\sigma}}$$

$\hat{\sigma}$으로 표준편차 S를 사용한 경우 C_p의 구간추정은 다음과 같이 구한다.

정규분포에서 $(n-1)S^2/\sigma^2$은 $\chi^2(n-1)$을 따른다. 따라서

$$1-\alpha = P\left[\chi^2\left(\frac{\alpha}{2}, n-1\right) < \frac{(n-1)S^2}{\sigma^2} < \chi^2\left(1-\frac{\alpha}{2}, n-1\right)\right]$$

$$= P\left[\sqrt{\chi^2\left(\frac{\alpha}{2}, n-1\right)} < \frac{\sqrt{n-1}\,S}{\sigma} < \sqrt{\chi^2\left(1-\frac{\alpha}{2}, n-1\right)}\right]$$

$$= P\left[\frac{(USL-LSL)}{6S}\sqrt{\frac{\chi^2(\alpha/2, n-1)}{n-1}} < \frac{USL-LSL}{6\sigma} < \frac{(USL-LSL)}{6S}\sqrt{\frac{\chi^2(1-\alpha/2, n-1)}{n-1}}\right]$$

위 식으로부터 C_p의 $100(1-\alpha)\%$ 신뢰구간은 다음과 같이 구한다.

$$\left[\frac{(USL-LSL)}{6S}\sqrt{\frac{\chi^2(\alpha/2, n-1)}{n-1}},\ \frac{(USL-LSL)}{6S}\sqrt{\frac{\chi^2(1-\alpha/2, n-1)}{n-1}}\right]$$

또는

$$\left[\hat{C}_p\sqrt{\frac{\chi^2(\alpha/2, n-1)}{n-1}},\ \hat{C}_p\sqrt{\frac{\chi^2(1-\alpha/2, n-1)}{n-1}}\right]$$

20.3.5 공정능력비의 검정

다음은 C_p에 대한 검정문제를 생각해 보자. C_p에 대한 검정은 일반적으로 C_p가 어떤 값 C_{p_0}보다 큰가(즉, 공정능력이 어느 정도 이상인가)를 알고자 할 때 사용하는 것이 일반적이므로 가설은 다음과 같이 설정한다.

$$H_0:\ C_p \leqq C_{p_0} \quad vs \quad H_1:\ C_p > C_{p_0}$$

위 가설의 검정을 위해 먼저 다음 종류의 공정능력지수를 먼저 정의한다.

C_p(high)={확률 $1-\alpha$로써 채택하고자 하는 공정능력지수}

C_p(low)={확률 $1-\beta$로써 기각하고자 하는 공정능력지수}

이 검정에서 사용하는 검정통계량은 공정능력지수의 추정량

$$\widehat{C}_p$$

이며 그 기각역은

$$\{x : x > c\}$$

이다. 즉, $\widehat{C}_p$가 기각값 c보다 크면 귀무가설을 기각한다. 이 때 기각값 c는 확률 α, β에 따라 결정하며 [표 20.3.5]를 사용하여 구한다.

[표 20.3.5] 공정능력지수의 검정을 위한 표본의 크기와 기각값

표본 크기	$\alpha=\beta=0.10$		$\alpha=\beta=0.05$	
	$\frac{C_p(high)}{C_p(low)}$	$\frac{c}{C_p(low)}$	$\frac{C_p(high)}{C_p(low)}$	$\frac{c}{C_p(low)}$
10	1.88	1.27	2.26	1.37
20	1.53	1.20	1.73	1.26
30	1.41	1.16	1.55	1.21
40	1.34	1.14	1.46	1.18
50	1.30	1.13	1.40	1.16
60	1.27	1.11	1.36	1.15
70	1.25	1.10	1.33	1.14
80	1.23	1.10	1.30	1.13
90	1.21	1.10	1.28	1.12
100	1.20	1.09	1.26	1.11

공정능력지수의 검정에 대한 예를 들어 [표 20.3.5]를 이용한 검정방법을 알아보자. 품질특성치는 공정능력지수가 적어도 1.33은 만족하여야 한다고 하자. 또한, 만일 공정능력지수가 1.33보다 작으면 0.9의 확률로써 이를 탐지하고(이 공정을 기각), 1.66보다 크면 역시 0.9의 확률로써 이를 알고자(이 공정을 채택) 한다.

먼저 이 경우에 해당하는 가설은

$$H_0:\ C_p \leqq 1.33 \quad vs \quad H_1:\ C_p > 1.33$$

이 되며

$$1-\alpha = 1-\beta = 0.9 \ (\alpha = \beta = 0.1)$$

$$C_p(high) = 1.66, \quad C_p(low) = 1.33$$

이 된다. 따라서

$$\frac{C_p(high)}{C_p(low)} = \frac{1.66}{1.33} = 1.25$$

[표 20.3.5]로 부터 $\alpha = \beta = 0.1$일 때 다음을 얻는다.

$$n = 70$$

$$\frac{c}{C_p(low)} = 1.10$$

즉, 기각값은

$$c = C_p(low)(1.10)$$
$$= (1.33)(1.10)$$
$$= 1.46$$

결론적으로 이 공정의 공정능력검정을 위해서 표본의 크기는 70이 되어야 하며 표본공정능력지수 $\widehat{C}_p$이 1.46보다 크면 귀무가설을 기각하여 공정능력이 1.33보다 크다는 판단을 한다.

공정능력지수에 대한 통계적 추론은 그 기본가정이 공정의 분포가 정규분포를 따른다는 것이다. 만일 공정분포가 정규분포가 아닌 경우에는 공정능력에 대한 평가는 오류를 범하게 된다. 따라서 공정능력분석은 공정분포의 판단에서 부터 시작한다고 할 수 있으며 이는 히스토그램 및 확률지 사용을 통해 할 수 있다.

20.3.6 일반화 공정능력지수(generalized process capability index)

앞에서 소개한 여러 종류의 공정능력지수들은 모두 공정분포가 정규분포를 따른다는 가정을 하고 있다. 정규분포의 가정 하에 정의된 공정능력지수를 표준공정능력지수(standard process capability index)라고 한다. 공정분포가 정규분포를 따르지 않을 때에는 먼저 데이터의 변환을 생각할 수 있다. 변수변환을 통해 정규분포로 변환시킬 수 있는 경우에는 변환된 데이터를 이용하여 공정능력지수를 계산할 수 있다. 이러한 변환은 여러 가지가 있을 수 있으나 흔히 Box-Cox 변환을 사용한다.

공정분포가 정규분포를 따르지 않을 경우의 대안으로 다음과 같은 일반화된 공정능력지수를 사용할 수 있다. 먼저 공정분포의 α분위수를 q_α라 한다. 즉 공정분포가 q_α보다 작거나 같을 확률은 α이다.

$$C_{pl} = \frac{q_{0.5} - LSL}{q_{0.5} - q_{0.00135}}$$

$$C_{pu} = \frac{USL - LSL}{q_{0.99865} - q_{0.5}}$$

$$C_p = \frac{USL - LSL}{q_{0.99865} - q_{0.00135}}$$

$$C_{pk} = \min\{Cpl, Cpu\}$$

$$K = \frac{2\,|\,m - q_{0.5}\,|}{USL - LSL}$$

$$C_{pm} = \frac{\min\{\dfrac{T - LSL}{q_{0.5} - q_{0.00135}},\ \dfrac{USL - T}{q_{0.99865} - q_{0.5}}\}}{\sqrt{1 + (\dfrac{\mu - T}{\sigma})^2}}$$ 단, $m = (USL + LSL)/2$, T는 목표값

일반화된 공정능력지수의 정의에서는 3σ대신 $q_{0.5} - q_{0.00135}$ 또는 $q_{0.99865} - q_{0.5}$를 사용하고 μ 대신 $q_{0.5}$를 사용하고 있다. 이것은 정규분포에서 적용되는 내용을 일반적인 분포에서도 사용할 수 있도록 분위수를 사용하여

일반화한 것이다. 따라서 공정의 분포가 정규분포이면 일반화된 공정능력지수들은 표준공정능력지수들과 동일하다. 일반화된 공정능력지수를 구하기 위해서는 먼저 공정분포를 알아야 한다.

공정의 분포는 정규분포, 감마분포, 와이블분포 등등 여러 분포에 속할 수 있으나, 경우에 따라서는 우리가 알고 있는 어떤 특정한 형태의 분포를 따르지 않을 수도 있다. 따라서 특정한 분포에 대한 적합도 검정(goodness of fit test)을 먼저 실시한 다음, 그 분포를 따른다는 판단이 서면 일반화된 공정능력지수를 계산하게 된다.

Introduction to
Behaviorally Statistical Data Analysis
using SixSigma Tools 2007, Excel 2010 VBA Solution

21

측정시스템분석

공정관리를 위한 여러 가지 기법들은 측정을 통하여 수집된 데이터를 기본으로 분석되고 있다. 그러나 측정을 위한 계측기 자체에 오차가 존재한다면 아무리 효율적인 관리기법이라 하더라도 그 효율을 기대하기 힘들 것이다. 즉, 측정 시스템은 측정오차로 인한 변동을 최소로 유지해야 하고, 계측기(gage)의 측정능력이 적절한 수준이어야 할 것이다.

⇒21.1 측정시스템 평가방법과 절차

미국 자동차 산업에서 널리 사용되는 측정시스템의 평가 방법인 반복성(repeatability), 재현성(reproducibility), 편의(bias), 선형성(linearity), 안정성(stability)에 대하여 알아보자. 일반적으로 이러한 평가 절차는 반복성과 재현성을 위주로 평가하기 때문에 'R&R 연구'라고도 한다. 이 평가 절차는 생산환경에서 사용하기에 쉽게 되어 있고, 통계를 다루고 있기는 하지만, 기본적인 통계를 아는 사람이면 누구든지 사용할 수 있도록 되어 있다.

측정시스템을 평가하는데 있어서 다음의 3가지 기본 사항이 먼저 검토되어야 한다.

❶ 측정시스템이 제품의 품질특성치를 적절하게 구분할 수 있는가?

❷ 측정시스템이 시간의 경과에 따라 통계적으로 안정되어 있는가?

❸ 예상되는 범위 내에서 통계적으로 균일하고, 공정을 분석하고 관리하는 데 합당한가?

만일 이러한 기본 쟁점이 선행되지 않는다면 제조 공정에 대한 평가는 별 의미가 없으며 지속적으로 공정을 개선시키는 것은 매우 어렵다.

21.1.1 측정시스템 변동의 종류

측정시스템을 분석하는 목적은 제조공정에서 생산된 결과를 측정하였을 때 그 측정치에 영향을 미칠 수 있는 변동의 근본원인을 이해하기 쉽도록 하는 것이며 그럼으로써 측정시스템의 한계를 정량화 할 수 있고 나아가서 측정시스템을 개선하는데 도움이 된다. 측정시스템의 변동은 다음과 같이 5가지 즉 반복성, 재현성, 편의, 선형성, 안정성으로 다음과 같이 구분될 수 있다.

1) 퍼짐(dispersion)

- 반복성, 재현성

2) 위치(location)

- 정확성(편의), 선형성, 안정성

측정시스템을 연구하는 가장 중요한 목적 중의 하나는 측정오차의 크기와 종류를 파악하는 것이다.

(1) **반복성**(Repeatability)

반복성은 동일한 측정자가 동일한 측정기로 동일한 제품을 반복하여 측정하였을 때 파생되는 측정치의 변동이다. 즉 산포가 작으면 반복성이 좋은 것이다. 반복성은 흔히 정밀도(precision)라고도 한다. 이에 대한 것을 그림으로 나타내면 [그림 21.1.1a]와 같다.

[그림 21.1.1a] 반복성 - 정밀도

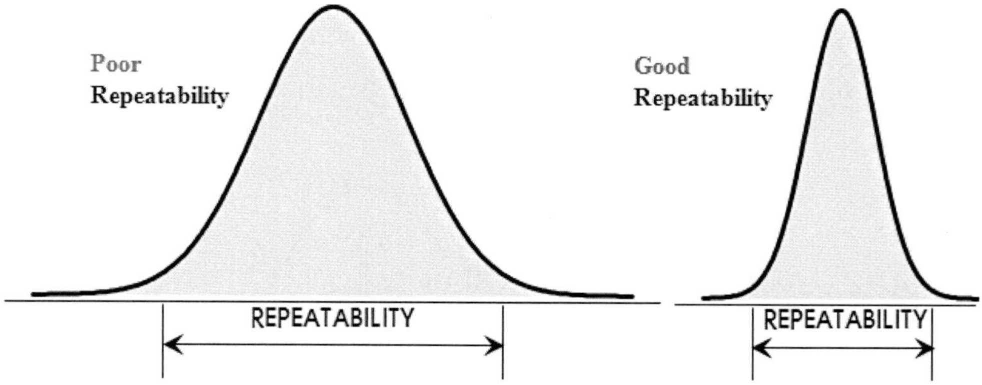

(2) **재현성**(Reproducibility)

재현성은 측정자간의 차이를 말한다. 동일한 계측기로 동일한 제품을 측정하였을 때에 측정자간에 나타나는 측정데이터의 평균들의 최대값에서 최소값을 뺀 범위를 말하며, 이 범위가 크면 재현성이 떨어진다고 말한다.

[그림 21.1.1b] 재현성

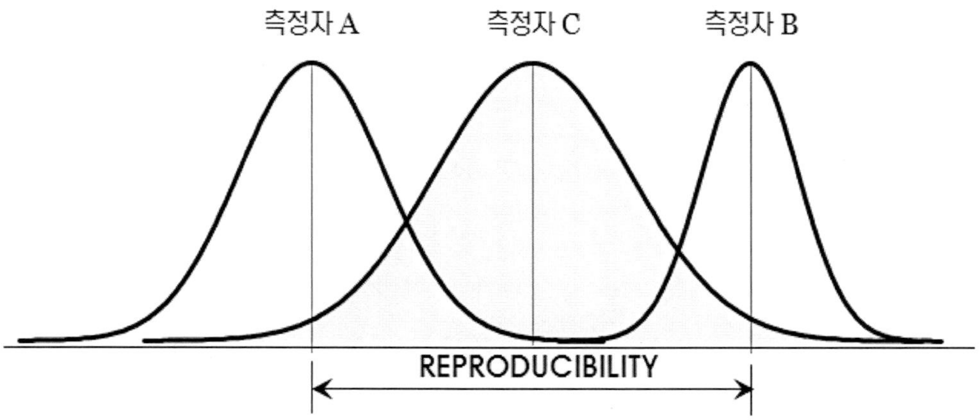

(3) **편의**(Bias)

편의는 어떤 계측기로 동일 제품을 측정했을 때 얻어지는 품질특정치의 평균과 이 특성치의 참조값(reference value; 기준값)과의 차이를 말하며, 정확성(accuracy)이라고도 한다. 이때 참조값의 설정은 가장 정확한 계측기를 사용하여 측정한 값으로 한다. 편의(bias)가 작으면 작을수록 좋으며 이에 대한 것을 그림으로 나타내면 [그림 21.1.1c]와 같다.

[그림 21.1.1c] 편의(bias)-정확성

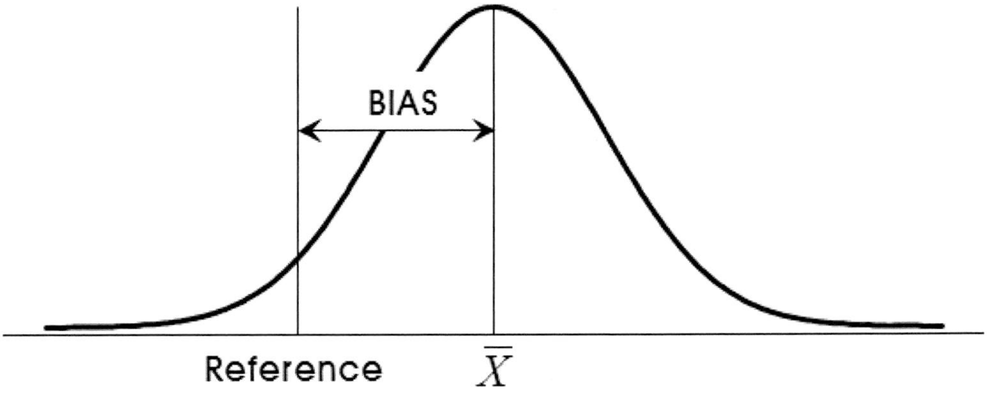

(4) **선형성**(Linearity)

측정공정의 선형성은 근본적으로 계측기의 능력에 초점을 맞춘다. 선형성은 기대되는 작동범위에 대한 엄밀성의 유무이다. 상당수의 계측기가 측정범위의 중간범위에서는 정확하나 극단적으로 작거나 큰 값에 대해서는 정확히 작동되지 않는 경우가 있다. [그림 21.1.1d]는 계측기의 하한에서는 편의가 작지만 계측기의 상한에서는 편의가 크게 나타나는 현상을 표현하고 있다. 많은 기술자는 이런 종류의 오차를 보정하기 위해, 전체 눈금의 20 - 80% 정도의 범위에서 계측기를 사용하도록 추천하고 있다.

[그림 21.1.1d] 선형성

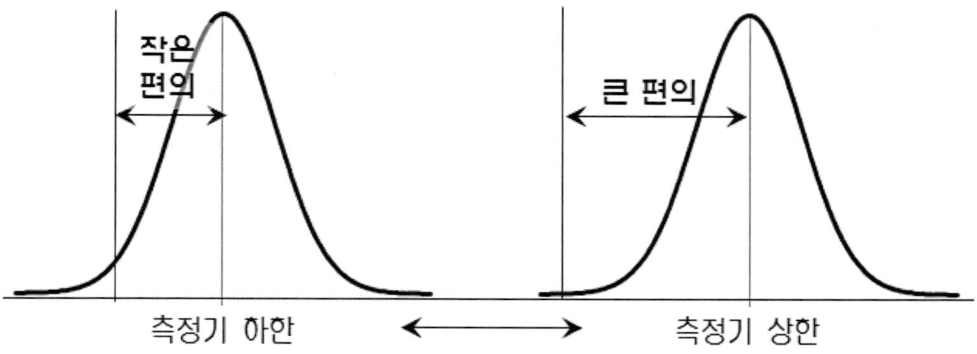

(5) **안정성**(Stability)

안정성은 계측기의 마모나 기온, 온도와 같은 환경변화에 의하여 시간이 지남에 따라 동일 제품의 계측 결과가 다른 것을 말한다. [그림 21.1.1e]에서 보는 봐와 같이 시간이 지남에 따라 측정된 평균값이 다를 경우, 그 계측기는 안정성이 결여됐다고 판단한다.

[그림 21.1.1e] 안정성

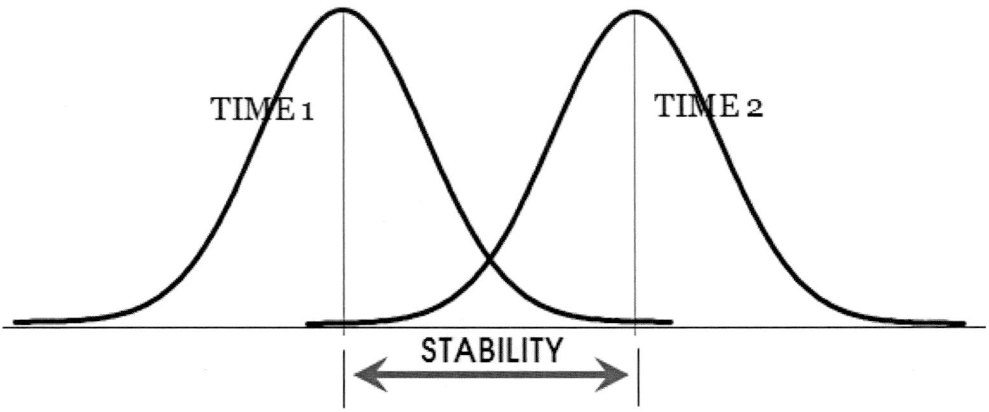

21.1.2 측정시스템 평가기준과 절차

계측기의 오차를 줄여 나가고자 할 때에 일반적으로 다음의 순서에 의하여 시행하는 것이 바람직하다.

① 우선 반복성(%), 재현성(%)을 검토해야 하며 얻어진 데이터를 분석하여 측정오차의 주요원인이 무엇이며 어느 분야의 개선이 필요한가를 판단한다. 만일 반복성(%)이 R&R(%)의 대부분을 차지한다면 평가자와 측정기술의 교육에 염두를 두어야 할 것이다. 반면에 반복성(%)이 재현성(%)에 비하여 상대적으로 크면, 측정기를 조사하여 개선점을 찾아내야 할 것이다. 보전이 문제라면 계속적으로 보전해야 할 것이며, 계측기의 고정방법이나 위치가 문제인가도 점검하여야 한다.

[표 21.1.2a] R&R 평가기준표

반복성/재현성 (%)	조 치
10% 미만인 경우	계측기 관리가 잘 되어 있는 편임
10~30%인 경우	계측기의 수리비용, 측정오차의 심각성 등을 고려하여 조치여부를 결정함.
30% 이상인 경우	계측기 관리가 미흡하며, 반드시 계측기 오차의 원인을 규명하여 이를 해소시켜 주어야 한다. 회사 측에서 개선방법이 없으면 계측기 판매 회사의 도움을 얻어야 함.

② 다음으로 계측기의 정확성과 안정성에 아무런 문제가 없는지를 검토한다. 정확성과 안정성은 계측기 자체의 신뢰성을 좌우하는 것으로, 이 신뢰성을 확보하기 위하여 측정방법, 시료의 샘플링방법 등을 실시하고, 실험방법의 면밀한 검토와 계측기의 물리적 상태를 체크해야 한다. 이 신뢰성이 떨어지면 그 원인을 규명하여 신뢰성을 회복할 수 있도록 조치하여야 한다.

[표 21.1.2b] 위치문제 평가기준표

정확성(Accuracy) 선형성(Linearity) 안정성(Stability)	1% 미만	Excellent(매우 적합): 개선 필요없음
	1~5% 미만	Good(적합): 개선 거의 필요없음
	5~10% 미만	Partially Acceptable(보통): 부분적 개선필요
	10% 이상	Not Acceptable(나쁨): 개선필요

[그림 21.1.2] 측정시스템 평가절차

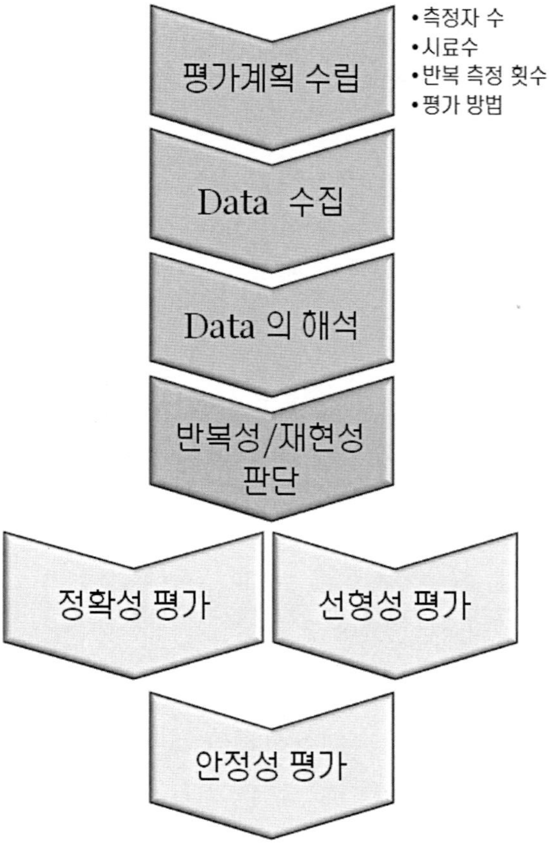

만일 계측기의 정도가 떨어지면 계측기 공급자나 제조자와 상의하여 새로이 정도 높은 측정기를 구입하거나, 측정기의 정도가 높아지도록 설계 및 제작되어야 한다. 일반적인 측정시스템 평가 절차는 [그림 21.1.2]과 같은 절차에 따른다.

⇒21.2 측정오차와 측정능력

여러 가지 통계적 공정관리기법은 공정으로부터 품질특성치를 측정하여 그 측정값에 대해 평가 및 분석을 실시하게 된다. 그런데 이러한 측정값을 산출하는 측정기의 측정오차가 크거나 변동이 심하다면 측정기로 인해 측정값들을 가지고 분석한 결과는 신뢰할 수 없는 것이 되고 말 것이다. 따라서 이때에 사용되는 측정기의 측정능력(gage capability)이 적절한 수준에 있는지 확인할 필요가 있다.

데이터에서 총변동 σ^2_{Total} 은 두 부분으로 분리할 수 있다. 즉, 제품으로 인한 데이터의 변동인 $\sigma^2_{Product}$과 측정오차(계측오차)로 인한 변동 σ^2_{Gage}로 분리할 수 있다. 즉 총변동은 공정변동과 측정변동의의 합으로 수식으로 표현하면 다음과 같다.

$$\sigma^2_{Total} = \sigma^2_{Product} + \sigma^2_{Gage}$$

이와 같이 표현하면 σ^2_{Total}이 오차로 인하여 얼마만큼 영향을 받는가를 알아낼 수 있을 것이다. 이렇게 하기 위하여서는 실험을 적절하게 설계해야 한다. 각 연구단위에서 여러 개의 관측값을 반복 측정해야 한다. 여러 개의 관측값으로부터 $\overline{\overline{x}}$(계측값의 평균)과 $\hat{\sigma}_{Gage} = \overline{R}/d_2$을 계산한다. 이 때 계측능력의 추정치는 $6\hat{\sigma}_{Gage}$이 되며, 이는 계측기의 정밀도라고 할 수 있다. 또한 계측기의 능력이 적절한 수준에 있는가를 알아보기 위하여 다음과 같은 P/T 비를 검사한다.

$$\frac{P}{T} = \frac{6\hat{\sigma}_{Gage}}{USL - LSL}$$

P/T 비(precision to tolerance ratio)는 0.1보다 작아야 계측능력이 적절한 수준에 있는 것으로 판단한다. 이러한 기준은 데이터에서 오차의 10% 미만이 측정오차임을 의미하며 측정자의 눈금의 오차라고 할 수도 있다.

n개의 제품을 추출하여 각 제품을 동일한 측정기구로 r번 반복측정하여 데이터를 얻는 경우([표 21.2a]), 같은 제품에서 측정한 r개의 값은 측정변동을 나타내며 n개의 표본평균값은 제품변동을 나타낸다.

[표 21.2a]

제품 번호	측정값				평균	범위
	1	2	…	r		
1	X_{11}	X_{12}	…	X_{1n}	$\overline{X}_1$	R_1
2	X_{21}	X_{22}	…	X_{2n}	$\overline{X}_2$	R_2
3	X_{31}	X_{32}	…	X_{3n}	$\overline{X}_3$	R_3
⋮	⋮	⋮	⋱	⋮	⋮	⋮
n	X_{n1}	X_{n2}	…	X_{nr}	$\overline{X}_n$	R_n
					$\overline{\overline{X}}$	$\overline{R}$

측정오차의 표준편차는 다음과 같이 추정된다.

$$\hat{\sigma}_{Gage} = \frac{\overline{R}}{d_2(r)}$$

이 때 $d_2(r)$는 반복수 r에 의해 결정된 d_2값을 나타낸다. 측정오차는 일반적으로 정규분포 $N(0,\ \sigma_m^2)$에 의해 잘 근사되므로 측정능력은 측정오차를 99.73% 포함할 수 있는 범위, 즉

$$6\hat{\sigma}_{Gage} = 6(\overline{R}/d_2(n))$$

로 정의한다. 만일 99%를 포함할 수 있는 범위이면 '6' 대신 '5.1517'를 곱하면 된다. 총변동과 제품변동은 다음과 같이 추정한다.

$$\begin{aligned}\hat{\sigma}^2_{Total} &= S^2 \\ &= \sum_{i=1}^{g}\sum_{j=1}^{n}(X_{ij} - \overline{\overline{X}})^2/(gn-1)\end{aligned}$$

$$\begin{aligned}\hat{\sigma}^2_{Product} &= \hat{\sigma}^2_{Total} - \hat{\sigma}^2_{Gage} \\ &= S^2 - (\overline{R}/d_2(r))^2\end{aligned}$$

$6\hat{\sigma}_{Gage}$와 $USL-LSL$의 비를 P/T 비(precision-to-tolerance ratio)라고 한다. 그러나 실제 현장에서는 이 용어보다는 인지하기 쉽게 백분비로 환산하여 %R&R이라는 말을 더 많이 사용하고 있다.

$$\%R\&R = P/T\text{ 비} \times 100$$

$$= \frac{6\hat{\sigma}_{Gage}}{USL-LSL} \times 100$$

P/T 비가 '0.1'보다 작으면 측정능력이 적절한 수준에 있는 것으로 판단한다. 판단기준은 [표 21.2b]가 일반적인 기준이다.

[표 21.2b] P/T 비의 해석기준

P/T 비 <= 1:10 측정오차가 부품공차의 10% 이내	ACCEPTABLE
P/T 비 = 1:10 ~ 3:10 측정오차가 부품공차의 10% ~ 30%이내	PARTIALLY ACCEPTABLE
P/T 비 >= 3:10 측정오차가 부품공차의 30% 이상	NOT ACCEPTABLE

다음 [표 21.2c]는 20개의 제품을 각각 3번씩 측정하여 얻은 자료이다. 측정능력을 추정하고 평가해 보자.

[표 21.2c] 20개 제품 3회 반복측정 데이터 (USL=80, LSL=40)

제품번호	측정값			평균	범위
	1	2	3		
1	60.04	59.72	60.13	59.963	0.4
2	65.22	64.49	64.47	64.727	0.8
3	63.20	63.07	63.02	63.097	0.2
4	59.16	58.49	58.48	58.710	0.7
5	59.79	59.67	59.07	59.510	0.7
6	63.54	64.24	64.17	63.983	0.7
7	61.15	60.27	61.05	60.823	0.9
8	59.64	59.84	59.18	59.553	0.7
9	59.07	59.10	59.60	59.257	0.5
10	58.54	59.10	59.93	59.190	1.4

11	62.76	62.82	63.31	62.963	0.6
12	58.87	58.85	58.80	58.840	0.1
13	61.96	62.42	62.89	62.423	0.9
14	59.04	59.39	59.52	59.317	0.5
15	61.26	61.05	59.48	60.597	1.8
16	58.56	58.90	59.44	58.967	0.9
17	55.51	54.64	56.00	55.383	1.4
18	55.57	56.36	56.59	56.173	1.0
19	59.63	59.68	58.75	59.353	0.9
20	60.13	59.26	60.83	60.073	1.6
			평균	60.145	0.8235

측정능력은 [표 21.2c]의 데이터를 이용한 $\overline{X}$-R관리도를 이용하여 판단할 수 있다. 이 때 관리도의 해석은 일반적인 해석과는 좀 달리해야 한다. 먼저 $\overline{X}$-관리도에서 관리한계 밖으로 점이 나타나면 이 측정도구가 제품과 제품을 구별할 수 있는 능력이 있다는 것을 의미한다. 또한 R-관리도가 관리상태에 있다는 것은 이 측정도구가 동일한 제품에 대해서는 일치된 값을 측정할 수 있는 능력(반복성)이 있다는 것을 의미한다. 만일 R-관리도가 이상상태를 나타내면 이 도구의 측정능력은 문제가 있는 것으로 판단한다.

먼저 위 데이터를 사용하여 작성한 $\overline{X}-R$관리도는 다음과 같다.

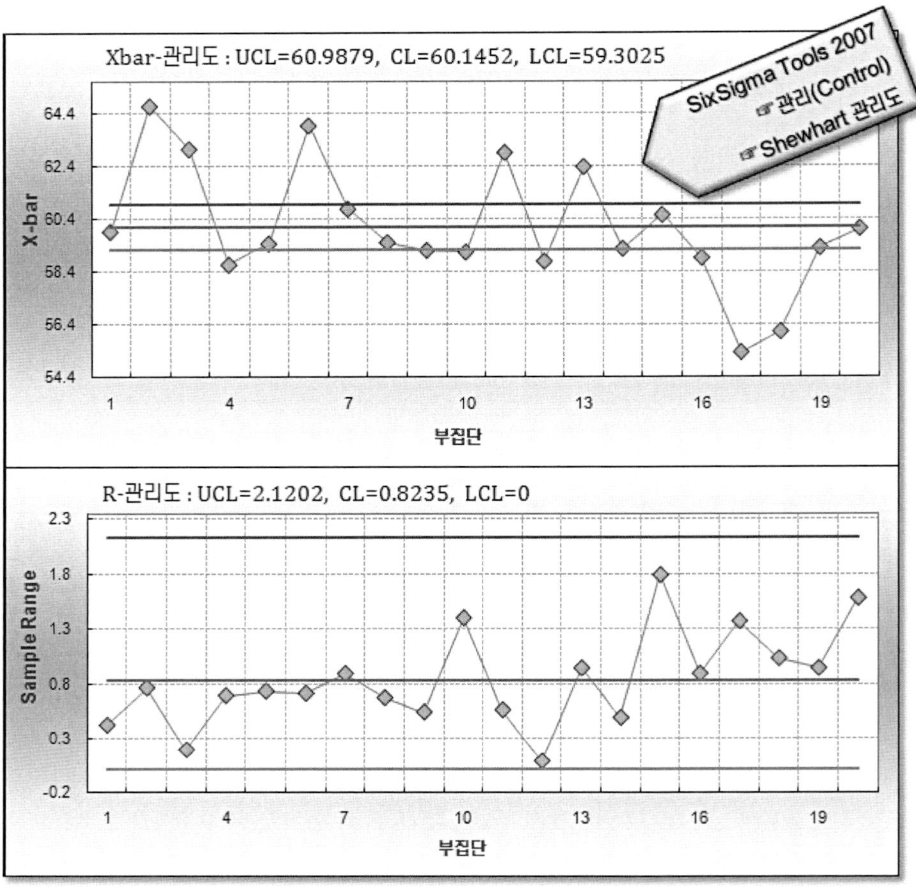

$\overline{X}$-관리도에서 많은 점들이 관리한계 밖으로 나타났으며 이는 제품특성값이 제품에 따라 다를 때 이를 구별할 수 있는 능력이 있음을 보여주고 있다. 또한 R-관리도에서는 모든 점들이 관리한계 내에 있어 측정능력은 만족할 만한 수준에 있다는 것을 보여준다.

먼저 $\hat{\sigma}_{Gage} = \overline{R}/d_2 = 0.8235/1.6929688 = 0.48654$ 이때 d_2는 표본크기가 3일 때의 값이다. 따라서 측정변동은

$$\hat{\sigma}^2_{Gage} = 0.2367$$

측정능력은

$$6\hat{\sigma}_{Gage} = 6(0.48654) = 2.9192$$

총변동은

$$\hat{\sigma}_{Total}{}^2 = S^2$$

$$= \sum_{i=1}^{20}\sum_{j=1}^{3}(\overline{X}_i - \overline{\overline{X}})^2/(20 \cdot 3 - 1)$$

$$= 5.5334$$

제품변동은

$$\hat{\sigma}^2_{Product} = \hat{\sigma}^2_{Total} - \hat{\sigma}^2_{Gage}$$

$$= 5.5334 - 0.2367$$

$$= 5.2967$$

P/T 비는

$$P/T\text{ 비} = \frac{6\hat{\sigma}_{Gage}}{USL - LSL} = \frac{2.9192}{70 - 30}$$

$$= 0.073$$

%R&R은 7.3%로 10%보다 작으므로(P/T 비가 0.1보다 작으므로) 측정능력은 만족할 만하다고 판단한다. 여기에서 분자에 6을 곱하는 것은 6배의 표준편차를 기준으로 계산하면 표준정규분포곡선 내부 면적의 99.73%를 포함하는 구간임을 의미하며, 미국 Chrysler, Ford, GM사의 경우는 99%에 해당하는 값 5.1517을 사용하고 있다. 4인 경우는 95.44%가 되며 잘 사용하지 않는다. 이는 옵션에서 간단하게 지정해 줄 수 있다. 이 결과는 SixSigma Tools에서 "측정(Measure) > Gage R&R..."을 수행하고 단기적 방법 시트에서 데이터를 붙여넣기하면 다음과 같은 결과를 볼 수 있으며 하단 오른쪽에 결과판정에 대한 텍스트가 출력된다.

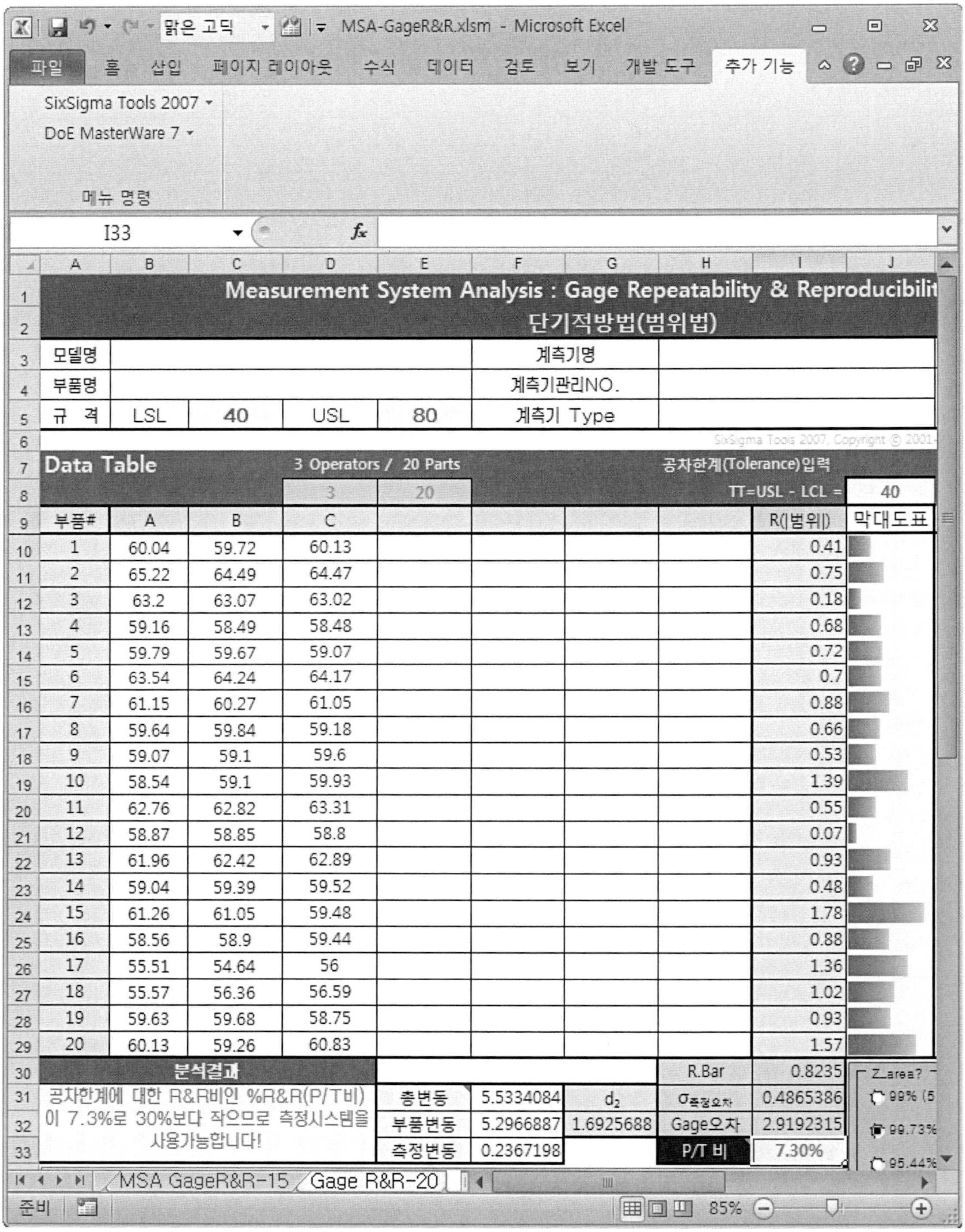

MSA-GageR&R.xlsm - Microsoft Excel

Measurement System Analysis : Gage Repeatability & Reproducibilit
단기적방법(범위법)

모델명				계측기명	
부품명				계측기관리NO.	
규 격	LSL	40	USL	80	계측기 Type

Data Table — 3 Operators / 20 Parts (3, 20) — 공차한계(Tolerance)입력 TT=USL - LCL = 40

부품#	A	B	C	R(범위)
1	60.04	59.72	60.13	0.41
2	65.22	64.49	64.47	0.75
3	63.2	63.07	63.02	0.18
4	59.16	58.49	58.48	0.68
5	59.79	59.67	59.07	0.72
6	63.54	64.24	64.17	0.7
7	61.15	60.27	61.05	0.88
8	59.64	59.84	59.18	0.66
9	59.07	59.1	59.6	0.53
10	58.54	59.1	59.93	1.39
11	62.76	62.82	63.31	0.55
12	58.87	58.85	58.8	0.07
13	61.96	62.42	62.89	0.93
14	59.04	59.39	59.52	0.48
15	61.26	61.05	59.48	1.78
16	58.56	58.9	59.44	0.88
17	55.51	54.64	56	1.36
18	55.57	56.36	56.59	1.02
19	59.63	59.68	58.75	0.93
20	60.13	59.26	60.83	1.57

분석결과

공차한계에 대한 R&R비인 %R&R(P/T비)이 7.3%로 30%보다 작으므로 측정시스템을 사용가능합니다!

			R.Bar	0.8235
총변동	5.5334084	d_2	$\sigma_{측정오차}$	0.4865386
부품변동	5.2966887	1.6925688	Gage오차	2.9192315
측정변동	0.2367198		P/T 비	7.30%

⇨21.3 계측변동

계측오차에 대한 변동은 두 가지 요인으로부터 발생한다. 계측기 자체의 측정오차와 계측기를 사용하는 측정자가 달라짐으로 해서 발생되는 오차로 나누어진다. 계측기 자체의 측정 정밀성에 대한 오차는 반복성(repeatability)에 대한 변동이라 하며, 계측기를 사용하는 측정자가 달라짐에 따라 발생하는 오차는 재현성(reproducibility)에 대한 변동이라고 한다. 한 측정자만이 측정한 경우에는 재현성에 의한 변동은 없다. 계측변동은 반복성과 재현성에 대한 변동의 합으로 표현된다.

측정오차의 분산은 다음과 같이 표현한다.

$$\sigma^2_{Gage} = \sigma^2_{repeatability} + \sigma^2_{reproducibility}$$

단, $\sigma^2_{repeatability}$: 반복성에 의한 변동

$\sigma^2_{reproducibility}$: 재현성에 의한 변동

$\sigma^2_{repeatability}$와 $\sigma^2_{reproducibility}$을 추정하기 위하여 실험설계시 여러 명의 계측기사가 필요하며(예를 들어, 3명의 계측기사), 한 부품에 한사람의 계측기사가 여러 번에 걸쳐 측정(예를 들어, 각 부품당 2번 측정)을 한다. 이때 각 계측기사에 대해 부품별로 $\overline{x}$ 와 R을 계산하고, 각 계측기사에 따라 전체적으로 $\overline{x}$와 R을 계산한다. 그래서 3명의 계측기사에 대해 각 부품별, 계측기사별로 $\overline{x}$와 R을 얻을 수 있으며, 또한 전체적으로 $\overline{\overline{x}}$와 $\overline{R}$의 값을 얻을 수 있게 된다. 계측기사의 $\overline{R}$들을 사용하여 $\overline{\overline{R}}$를 얻을 수 있다. 데이터의 구조는 [표 21.3a]와 같다.

[표 21.3a] 재현성과 반복성의 연구를 위한 데이터

제품 번호	사용자 1			사용자 2			…	사용자 a		
	측정값 (1 … r)	$\overline{X}$	R	측정값 (1 … r)	$\overline{X}$	R		측정값 (1 … r)	$\overline{X}$	R
1	$X_{111}\cdots X_{11r}$	$\overline{X}_{11}$	R_{11}	$X_{121}\cdots X_{12r}$	$\overline{X}_{12}$	R_{12}	…	$X_{1a1}\cdots X_{1ar}$	$\overline{X}_{1a}$	R_{1a}
2	$X_{211}\cdots X_{21r}$	$\overline{X}_{21}$	R_{21}	$X_{221}\cdots X_{22r}$	$\overline{X}_{22}$	R_{22}	…	$X_{2a1}\cdots X_{2ar}$	$\overline{X}_{2a}$	R_{2a}
3	$\vdots \quad \ddots \quad \vdots$	$\vdots$	$\vdots$	$\vdots \quad \ddots \quad \vdots$	$\vdots$	$\vdots$	…	$\vdots \quad \ddots \quad \vdots$	$\vdots$	$\vdots$
⋮										
n	$X_{n11}\cdots X_{n1r}$	$\overline{X}_{n1}$	R_{n1}	$X_{n21}\cdots X_{g2r}$	$\overline{X}_{n2}$	R_{n2}	…	$X_{na1}\cdots X_{nar}$	$\overline{X}_{na}$	R_{na}
		$\overline{\overline{X}}_1$	$\overline{R}_1$		$\overline{\overline{X}}_2$	$\overline{R}_2$			$\overline{\overline{X}}_a$	$\overline{R}_a$

이때 반복성은 각 요인에 대한 추정은 다음과 같이 추정한다.

$$EV = 5.1517 \times \hat{\sigma}_{repeatability}$$

$$= 5.1517 \times \frac{\overline{\overline{R}}}{d_2^*(an,r)}$$

$$= \overline{\overline{R}} \times K_1$$

단, $\overline{\overline{R}}=(\overline{R}_1+\overline{R}_2+\cdots+\overline{R}_r)/r$, $K_1 = 5.1517/d_2^*(an,r)$이며, 여기에서 $d_2^*(an,r)$은 [표 21.3b]를 참조하여 행과 열 번호 (G, n)의 값을 사용하면 된다. G=[측정자수×부품수]=$a\times n$이며 r은 반복측정수이다. 예를 들어 측정자 수가 3, 부품수는 10, 반복측정수가 2라면 행과 열 번호 (30, 2)의 $d_2^*(30,2)$값을 확인하면 '1.128'이 된다. [표 21.3b]에서 G의 값이 '15'를 넘는 경우는 기존의 $d_2(r)$값과 동일함을 알 수 있다.

[표 21.3b] 재현성과 반복성의 연구를 위한 d_2^* 값

$d_2^*(G,m)$		m [반복측정수(r) or 측정자수(a)]					
		2	3	4	5	6	7
평가자수×부품수 G	1	1.41	1.91	2.24	2.48	2.67	2.83
	2	1.28	1.81	2.15	2.40	2.6	2.77
	3	1.23	1.77	2.12	2.38	2.58	2.75
	4	1.21	1.75	2.11	2.37	2.57	2.74
	5	1.19	1.74	2.10	2.36	2.56	2.73
	6	1.18	1.73	2.09	2.35	2.56	2.73
	7	1.17	1.73	2.09	2.35	2.55	2.72
	8	1.17	1.72	2.08	2.35	2.55	2.72
	9	1.16	1.72	2.08	2.34	2.55	2.72
	10	1.16	1.72	2.08	2.34	2.55	2.72
	11	1.16	1.71	2.08	2.34	2.55	2.72
	12	1.15	1.71	2.07	2.34	2.55	2.72
	13	1.15	1.71	2.07	2.34	2.55	2.72
	14	1.15	1.71	2.07	2.34	2.54	2.71
	15	1.15	1.71	2.07	2.34	2.54	2.71
d_2	>15	1.128	1.693	2.059	2.326	2.534	2.704

측정자(계측기사)들 간의 차이로 인해 나타나는 측정변동은 일반적으로 계측기 변동이 혼재되어 나타나므로 반드시 계측기 자체의 변동을 빼주어야 한다. 그러므로 측정자들에 의한 변동은 다음과 같이 계산된다.

$$AV = \sqrt{\left[5.1517 \times \hat{\sigma}_{reproducibility}\right]^2 - \left[\frac{(EV)^2}{nr}\right]}$$

$$= \sqrt{\left[5.1517 \times \frac{R_{\overline{\overline{X}}}}{d_2^*(1,a)}\right]^2 - \left[\frac{(EV)^2}{nr}\right]}$$

$$= \sqrt{\left[R_{\overline{\overline{X}}} \times K_2\right]^2 - \left[\frac{(EV)^2}{nr}\right]}$$

단, $R_{\overline{\overline{X}}} = \max\{\overline{\overline{X}}_1, \overline{\overline{X}}_2, \cdots, \overline{\overline{X}}_r\} - \min\{\overline{\overline{X}}_1, \overline{\overline{X}}_2, \cdots, \overline{\overline{X}}_r\}$, $K_2 = 5.1517/d_2^*(1,a)$이며, $d_2^*(1,a)$은 [표 21.3b]에서 (1, a)의 값을 사용하면 된다. 측정자가 3명이면

(1,3)의 위치의 $d_2^*(1,3)=1.91$이 된다. 측정오차의 R&R과 %R&R은 다음과 같다.

$$R\&R = \sqrt{(EV)^2 + (AV)^2}$$

$$\%R\&R = \frac{R\&R}{Tolerance} \times 100$$

$$= \frac{R\&R}{USL - LSL} \times 100$$

또한 부품간 변동(PV; part-to-part variation)은 부품별 평균들의 범위(R_p)에 상수 K_3을 곱하여 다음과 같이 계산된다.

$$PV = 5.1517 \times \frac{R_p}{d_2^*(1,n)}$$

$$= R_p \times K_3$$

여기에서 K_3는 부품수 n에 따라 결정되는데 $5.1517/d_2^*(1,n)$으로 계산된다. G=1인 이유는 하나의 범위(R_p)만 계산되기 때문이다. K_3의 값은 [표 21.3c]에 수록하였다. 표에서 표준편차의 곱수가 5.1517σ는 표준정규분포곡선의 가운데 면적이 99%인 값이며 6σ는 99.73%인 값이다. Gage R&R 시트를 사용할 경우 이 표준편차 곱수를 지정하는 옵션이 있으며 '6σ'을 사용할 경우 K_3값도 달라지며 이에 따른 여러 통계량도 다르게 계산됨을 잊지 말자.

[표 21.3c] 측정자 수에 따른 K_3 값 (5.1517σ & 6σ인 경우)

부품수	2	3	4	5	6	7	8
5.15σ	3.654	2.703	2.303	2.080	1.930	1.822	1.740
6σ	4.255	3.148	2.682	2.422	2.248	2.122	2.026
부품수	9	10	11	12	13	14	15
5.15σ	1.675	1.621	1.575	1.538	1.506	1.476	1.451
6σ	1.951	1.888	1.835	1.791	1.754	1.719	1.690

이제 총변동을 구해보자. 총변동(TV; total variation)은 측정변동과 부품변동의 합으로 계산된다.

$$TV = \sqrt{(R\&R)^2 + (PV)^2}$$

만일 프로세스 변동이 알려져 있고, 6σ 기준이라면 총변동 TV는

$$TV = 5.1517 \times \left[\frac{\text{프로세스변동}}{6.0} \right]$$

으로 계산하고 다시 PV는 다음과 같이 계산하여 대입하면 된다.

$$PV = \sqrt{(TV)^2 - (R\&R)^2}$$

보통 이러한 절차는 변동의 임시원인(측정자들 간의 차이)이 계산에 포함되기 때문에 σ^2_{Gage}을 증가시킨다. 그러나 만일 다른 측정자가 계측기를 사용한다면 계측기-연구에서 이점을 생략해 버리는 것은 부적절할 것이다. 게다가 %R&R를 기본으로 하여, 계측기는 한 명의 측정자만을 사용하는 경우에는 우리가 논의한 처음의 방법을 사용하는 것이 적절하지만 여러 명의 측정자를 사용하는 경우에는 부적절함을 알 수 있다. 이는 측정자를 재교육하거나 계측기의 눈금을 조정하는데 도움이 될 것이다.

반복성 및 재현성을 알아보기 위해 다른 3명의 사용자가 동일한 방식으로 측정하여 얻은 데이터는 다음과 같다. SixSigma Tools에서 “측정(Measure) > Gage R&R...”을 수행하고 Gage R&R-20 시트에 데이터를 붙여넣기 한다.

측정자		A		B		C	
반복		1	2	1	2	1	2
부품#	1	0.65	0.60	0.55	0.55	0.50	0.55
	2	1.00	1.00	1.05	0.95	1.05	1.00
	3	0.85	0.80	0.80	0.75	0.80	0.80
	4	0.85	0.95	0.80	0.75	0.80	0.80
	5	0.55	0.45	0.40	0.40	0.45	0.50
	6	1.00	1.00	1.00	1.05	1.00	1.05
	7	0.95	0.95	0.95	0.90	0.95	0.95
	8	0.85	0.80	0.75	0.70	0.80	0.80
	9	1.00	1.00	1.00	0.95	1.05	1.05
	10	0.60	0.70	0.55	0.50	0.85	0.80

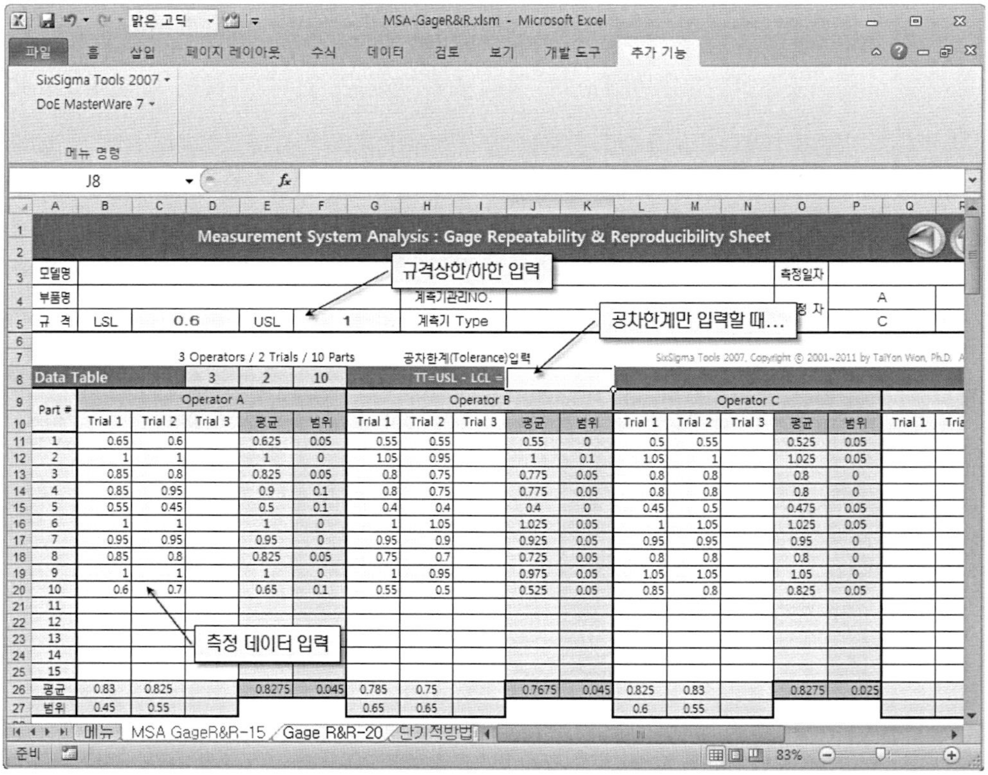

다음의 결과에서 EV(equipment variation)는 반복성(repeatability)으로 계측

기 자체의 측정 정밀성에 대한 오차를 말하며, AV(appraiser variation)는 재현성(reproducibility)으로 계측기를 사용하는 측정자가 달라짐에 따라 발생하는 오차를 말한다. 그리고 %EV, %AV, %R&R, %PV는 총변동 TV로 나누면 Process의 변동비이고, Tolerance(=USL-LSL) 0.4로 나누면 공차 대비 변동비가 된다. 그리고 단위는 100을 곱하여 %로 나타내는 것이 인지하기에 편리하다.

여기에서 공차한계를 5.1517배의 표준편차를 기준으로 계산하면 표준정규분포곡선 내부 면적의 99%를 포함하는 구간임을 의미하며, 대부분의 기업들이 99%에 해당하는 값 5.1517을 사용하고 있다. 그러나 이는 절대적인 기준은 아니며 일반적인 이론서에서는 6×표준편차를 기준으로 설명하고 있다.

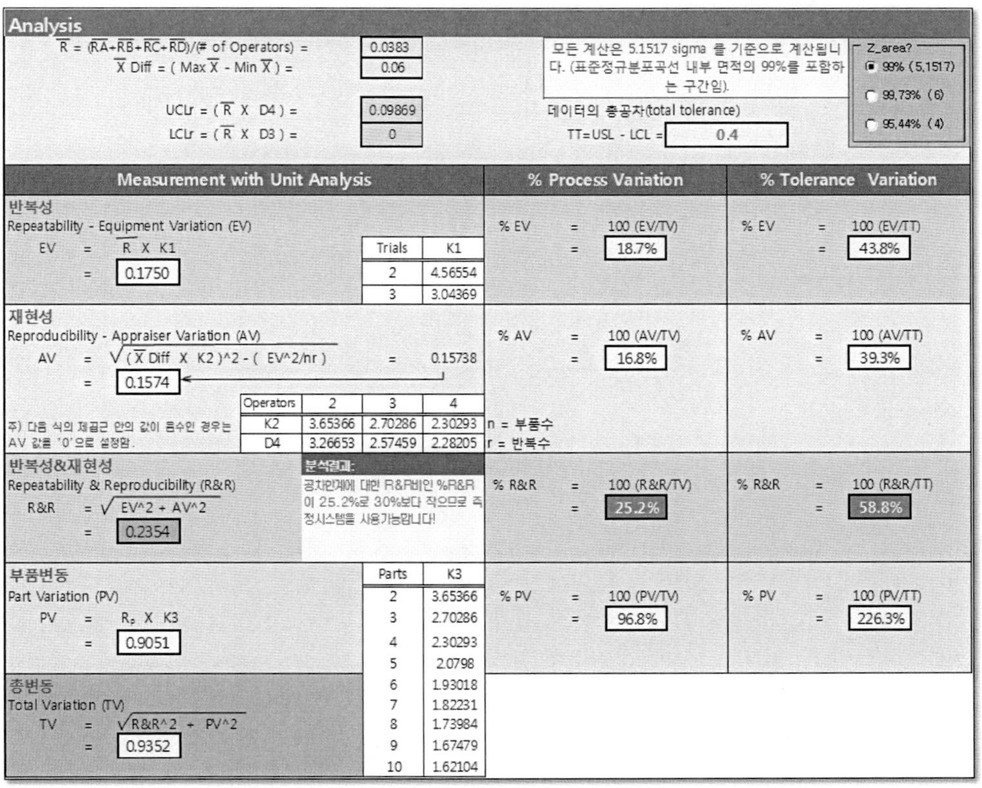

결국 출력된 추정값들은 다음과 같이 계산된다.

$$EV = 5.1517 \cdot \hat{\sigma}_{repeatability}$$

$$= 5.1517 \times \frac{\overline{\overline{R}}}{d_2^*(30,2)}$$

$$= 5.1517 \times \left(\frac{0.045 + 0.045 + 0.025}{3}\right) / 1.12838$$

$$= 0.1750$$

$$\%EV = \frac{EV}{USL - LSL} \times 100$$

$$= \frac{0.1750}{0.4} \times 100$$

$$= 43.8\%$$

$$AV = 5.1517 \times \hat{\sigma}_{reproducibility}$$

$$= 5.1517 \times \frac{R_{\overline{\overline{X}}}}{d_2^*(1,3)}$$

$$= 5.1517 \times \frac{0.8275 - 0.7675}{1.69257}$$

$$= 0.1574$$

$$\%AV = \frac{AV}{USL - LSL} \times 100$$

$$= \frac{0.1574}{0.4} \times 100$$

$$= 39.3\%$$

$$R\&R = \sqrt{(0.1750)^2 + (0.1574)^2}$$

$$= 0.2354$$

$$\%R\&R = \frac{R\&R}{USL - LSL} \times 100$$

$$= \frac{0.2354}{0.4} \times 100$$

$$= 58.8\%$$

$$PV = 5.1517 \times \frac{R_p}{d_2^*(1,10)}$$

$$= 5.1517 \times \frac{0.5583}{1.69257}$$

$$= 0.9051$$

$$\%PV = \frac{0.9051}{0.4} \times 100$$

$$= 226.3\%$$

총변동인 TV와 비교하기 위하여서는 TV로 나누어 백분비로 나타낸 %Process Variation의 각 %EV, %AV, %R&R, %PV의 값을 보고 판단하면 된다. %R&R은 25.2%로 30% 미만이므로 계측기의 반복성 및 재현성에 있어 부분적으로 받아들일 만한 수준이다.

또한 공차한계 0.4를 기준으로 판정한다면 %R&R은 58.8%로 계측기의 반복성 및 재현성에 있어 모두 문제로 계측기의 변동성을 수정 보완해야 한다. 보통 30%를 초과하면 계측기 자체를 믿을 수 없는 수준이다. 만일 %R&R이 10% 보다 커지면 사용자들의 교육을 통해 재현성을 향상시키는 노력이 필요하다.

다음은 TV와 비교하기 위한 계산 절차와 이를 시각적으로 다시 묘사한 그림이다. 참조하기 바란다.

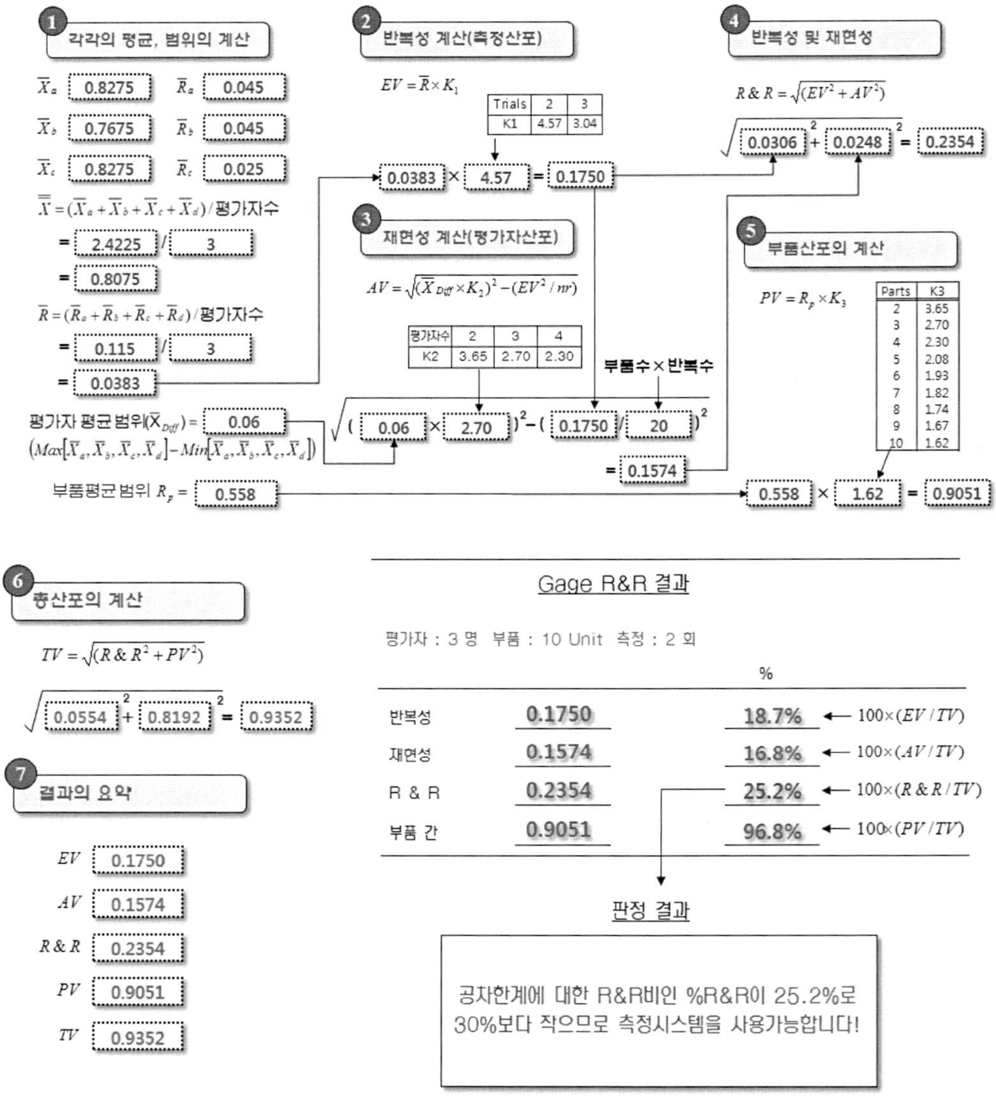

이 분리 평가법은 평가자의 수(g), 측정시료의 수(n), 반복측정의 수(r)등에 의해 변화를 줄 수 있으나 일반적으로 g=3, n=10, r=2가 주로 사용된다. 이런 경우에 대한 평가절차를 설명하면 다음과 같다.

(1) 평가자를 A,B,C라 하고, 측정시료에 번호 1,2,⋯,10을 주고, 평가자는 이 번호를 알 수 없도록 한다.

(2) 계측기를 측정할 수 있도록 준비한다.

(3) 평가자 A로 하여금 10개의 부품을 랜덤하게 측정하여 그 값을 1차 반복열에 기입한다.

(4) 평가자 B,C에 대해서도 순서 (3)을 반복한다.

(5) 1차 반복이 끝난 후, 2차 반복에 대해서도 순서 (3), (4)와 동일한 방법으로 다시 실시하여 측정치를 기입한다. 필요하다면 3차 반복을 실시한다. 반복의 수가 증가함에 따라 더 정확한 결과를 얻을 수 있다. 빈칸을 채우고, 평가 보고서를 작성하여 계측기오차인 반복성, 재현성, R&R(반복성과 재현성), 부품변동, 그리고 총공정변동을 다음의 순서 (6)번에서 (15)번에 걸쳐 계산한다.

(6) 측정된 자료에 대하여, 각 측정치에 대한 10개의 샘플의 합과 범위를 구한 후, 각 평가자에 대한 평균값($\overline{X}_A$=0.8275, $\overline{X}_B$=0.7675, $\overline{X}_c$=0.8275)와 평균범위($\overline{R}_A$=0.045, $\overline{R}_B$=0.045, $\overline{R}_c$=0.025)를 계산한다.

(7) 각 시료에 대하여 평균값을 구하고, 가장 큰 평균값(1.01667)에서 가장 작은 평균값(0.45833)을 빼어 부품의 평균범위 R_p(=0.55833)를 구한다.

(8) 측정시스템이 관리상태에 있는가를 확인한다.

(a) 총평균 범위($\overline{\overline{R}}$=0.0383)를 계산한다.

(b) R-관리도의 관리상한선($UCL_R = D_4 \cdot \overline{\overline{R}}$=0.09869)을 계산한다.

여기서 D_4=3.27(반복측정이 2회인 경우)

D_4=2.58(반복측정이 3회인 경우)

(c) 각 평가자에 대하여 산출된 범위(R)과 UCL_R을 비교하여 측정시스템이 관리상태에 있는지 분석한다. 만일 어떤 범위가 UCL_R보다 클 경우 측정시스템에 문제가 있는지 조사하고 그 값을 제외한 후 순서 (6)

과 순서 (8)을 다시 한다.

(9) 평가자 간의 평균값 범위를 다음과 같이 계산한 후 평가보고서에 적는다. $\overline{X}_{diff}$= 최대 평균값 - 최소 평균값 =$\overline{X}_c$ -$\overline{X}_B$ = 0.06

(10) 반복성을 나타내는 EV(계측기 변동; equipment variation)을 계산한다. EV=$\overline{\overline{R}}\cdot K_1$ 이다. 이 값이 크면 반복성 즉 계측기 간의 변동이 크다고 판단된다.

(11) 재현성을 나타내는 AV(평가자 변동; appraiser variation)을 계산한다. AV=$\sqrt{(\overline{X}_{diff}\cdot K_2)^2-\frac{(EV)^2}{nr}}$ 이다. 이 값이 크면 재현성 즉 평가자간의 오차가 큰 것이다.

(12) 반복성과 재현성을 동시에 나타내는 R&R을 계산한다.

$$R\&R = \sqrt{(EV)^2+(AV)^2}$$

(13) 부품변동을 나타내는 PV(part variation)을 계산한다.

$$PV = R_p \cdot K_3$$

(14) 총 공정변동을 나타내는 TV(total variation)을 구한다.

$$TV = \sqrt{(R\&R)^2+(PV)^2}$$

(15) 총 공정변동에 대한 반복성, 재현성, R&R, 부품변동의 백분비를 다음과 같이 계산한다. 만일 공차에 대한 백분율을 구하고자 할 경우에는 분모에 있는 총공정변동(T.V.) 대신에 공차 (8)를 대신하면 된다.

%반복성 = %EV = 100(EV/TV)

%재현성 = %AV = 100(AV/TV)

%R&R = %R&R = 100(R&R/TV)

%부품변동 = %PV = 100(PV/TV)

총공정변동에 대한 %반복성, %재현성이 각각 18.7%, 16.8%로서 반복성과 재현성이 비슷한 수치로 인정한만한 수준이며, %R&R은 25.2%로 30%보다 작으므로 측정시스템은 사용가능하다. 또한 %부품변동은 96.8%로 오차가 상당히 큰 편이다. 계측기의 관리가 적절한 수준이나 부품변동의 원인은 규명하여야 한다.

⇨21.4 위치문제 평가

이제까지 앞에서는 계측기의 변동에 관한 평가였었다. 이제부터는 계측기의 중심위치문제를 다루기로 한다. 보통 산포와 위치문제를 다룰 경우 우선 산포문제를 안정화하고 난 다음에 위치를 조정하는 순으로 문제를 해결하는 것이 유리하다. 그러므로 앞에서는 산포의 문제를 다루고 이제 중심위치문제를 다루는 것이다. 위치문제는 편의 다른 말로 정확성이라고도 표현한다. 그리고 선형성, 안정성을 평가함으로써 위치문제를 평가할 수 있으며 이에 대한 평가기준은 다음 표와 같다.

[표 21.4] 위치문제 평가기준표

정확성(Accuracy) 선형성(Linearity) 안정성(Stability)	1% 미만	Excellent(매우 적합): 개선 필요없음
	1~5% 미만	Good(적합): 개선 거의 필요없음
	5~10% 미만	Partially Acceptable(보통): 부분적 개선필요
	10% 이상	Not Acceptable(나쁨): 개선필요

21.4.1 편의 평가

측정시스템에 편의(bias)가 존재하는 지의 여부를 파악하기 위해서는 먼저 측정물의 기준값(reference value)을 알아야 한다. 이 기준값은 측정된 값의 평균값과 비교하면 된다. 기준값과 평균과의 차이를 측정시스템의 편의라고 한다. 만일 편의가 기대한 값에 비해서 크면 다음 사항을 유의하여 조사하여야 한다.

- ✓ 기준값이 틀리는 경우
- ✓ 눈금이 불량한 계측기로 측정된 경우
- ✓ 평가자가 계측기 사용 방법을 잘 모르는 경우이거나 측정방법에 어떤 잘못이 있는 경우
- ✓ 계측기의 상태가 안 좋은 경우

[CaseStudy 21.4.1] 편의란 기준값과 측정된 값의 평균값과의 차이를 말한다. 이를 조사하기 위하여 한명의 평가자가 동일한 부품을 10번 측정하였다. 부품의 기준값은 0.8mm 이고, 측정치는 다음과 같다. 공정변동(공차)은 0.7mm 이다.

$X_1 = 0.75 \quad X_2 = 0.75 \quad X_3 = 0.80 \quad X_4 = 0.80 \quad X_5 = 0.65$

$X_6 = 0.80 \quad X_7 = 0.75 \quad X_8 = 0.75 \quad X_9 = 0.75 \quad X_{10} = 0.70$

[Solve] $\overline{X} = \sum X/10 = 7.5/10 = 0.75$

편의 = 평균값 - 기준값 = 0.75 - 0.8 = - 0.05

즉 측정치의 평균이 기준값에 비해 0.05mm 작다는 것을 의미한다. 편의에 의한 공정변동 %는 다음과 같다.

$$\%\text{편의} = 100 \times \left[\frac{\text{편의의 절대값}}{\text{공정변동}}\right]$$

$$= 100 \times \left[\frac{0.05}{0.70}\right]$$

$$= 7.1\%$$

21.4.2 **선형성 평가**

선형성은 계측기의 측정범위 내에서의 측정의 일관성을 평가하는 것이다. 기준값과 측정값의 차이로 측정된 부품의 편의를 산출한다. 계측기의 측정범위 내에 있는 부품을 임의로 선택하여 평가자가 모르게 기준값을 계측하고(실험실에 있는 정확한 측정 장비를 이용), 평가자(들)로 하여금 미리 표시한 부분을 여러번 측정하여 기록하도록 한다. 이때 기준값과 측정치의 평균값과의 차이가 편의이다. 편의를 Y축에 기준값을 X축에 작성한 후에 직선을 이루고 있는지 기울기(slope)는 어느 정도 인지, 그리고 적합도(R^2)는 어느 정도 인지를 조사한다. 여기서 적합도는 편의와 기준값이 좋은 직선관계를 이루고 있는지를 알려준다.

만일 측정시스템의 선형성이 나쁘면, 다음 사항을 유의하여 조사하여야 한다.

- ✓ 계측기의 측정범위 중에서 상단부(upper end)나 하단부(lower end)의 눈금이 적합하지 않은 경우
- ✓ 기준값이 틀리는 경우
- ✓ 계측기가 마모된 경우
- ✓ 계측기 내부 설계 자체에 문제점이 있는 경우

[CaseStudy 21.4.2] 어떤 공장의 작업반장은 측정시스템의 선형성을 평가하

고자 한다. 그는 계측기의 측정범위 내에서 선형성 평가에 합당한 부품을 임의로 5개를 취하였다. 각 부품의 기준값은 실험실에서 정확한 측정장비를 이용하여 측정되었다. 그리고 이 부품을 평가자에게 각각 10번씩 랜덤하게 측정하도록 하였다. 부품의 평균과 편의(bias)는 다음과 같다.

[표 21.4.2] 계측기 측정 데이터

부품	1	2	3	4	5
기준값	2	4	6	8	10
1	2.3	4.4	6.3	8	9.7
2	2.2	4.1	6.5	7.5	9.8
3	2.1	3.9	6.2	8.6	9.9
4	2.2	3.8	5.9	8.2	10.1
5	2.1	4.3	6.4	8.3	10.3
6	2.3	4.3	6.6	7.5	9.6
7	2.1	4.2	6.7	7.7	9.8
8	2.2	3.8	6.3	7.6	9.4
9	2	4	6.6	7.8	9.5
10	2.4	3.9	6.3	7.8	9.7
평균	2.19	4.07	6.38	7.9	9.78
범위	0.4	0.6	0.8	1.1	0.9
편의	0.19	0.07	0.38	-0.1	-0.22

편의는 y축에 기준값은 x축으로 하여 다음 그림과 같이 작성하였다. 직선회귀선과 적합도(R^2) 는 다음과 같이 구하였다.

[Solve] 직선회귀선 : y = 0.361 -0.0495x

선형성 = 기울기 · 공정변동(공차) (여기서 기울기는 절대값을 취함)

= 0.0495 × 6 = 0.297

%선형성 = 0.0495 × 100 = 4.95%

적합도 = 0.439

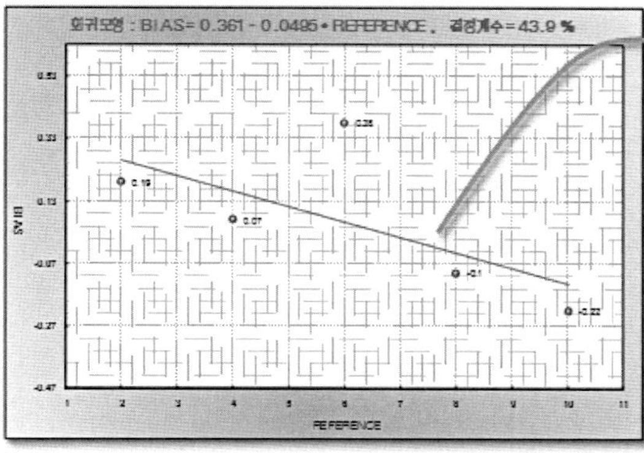

y=b+ax x : 기준치
y : 편의
a : 기울기

$$a = \frac{\sum xy - (\sum x \times \sum y / n)}{\sum x^2 - (\sum x)^2 / n}$$

$$= \frac{-0.06 - (30 \times 0.32 / 5)}{220 - 900 / 5}$$

$$= -0.0495$$

적합도는 편의와 기준값과의 직선관계의 설명력을 나타내는 결정계수(R^2)이다. 그러나 선형성 그 자체는 기울기(slope)에 의하여 결정되는 것이지 적합도 값에 의하여 결정되는 것은 아니다. 일반적으로 기울기가 적을 경우에 계측기 선형성이 좋고 기울기가가 클 경우에는 선형성이 나쁘다고 한다.

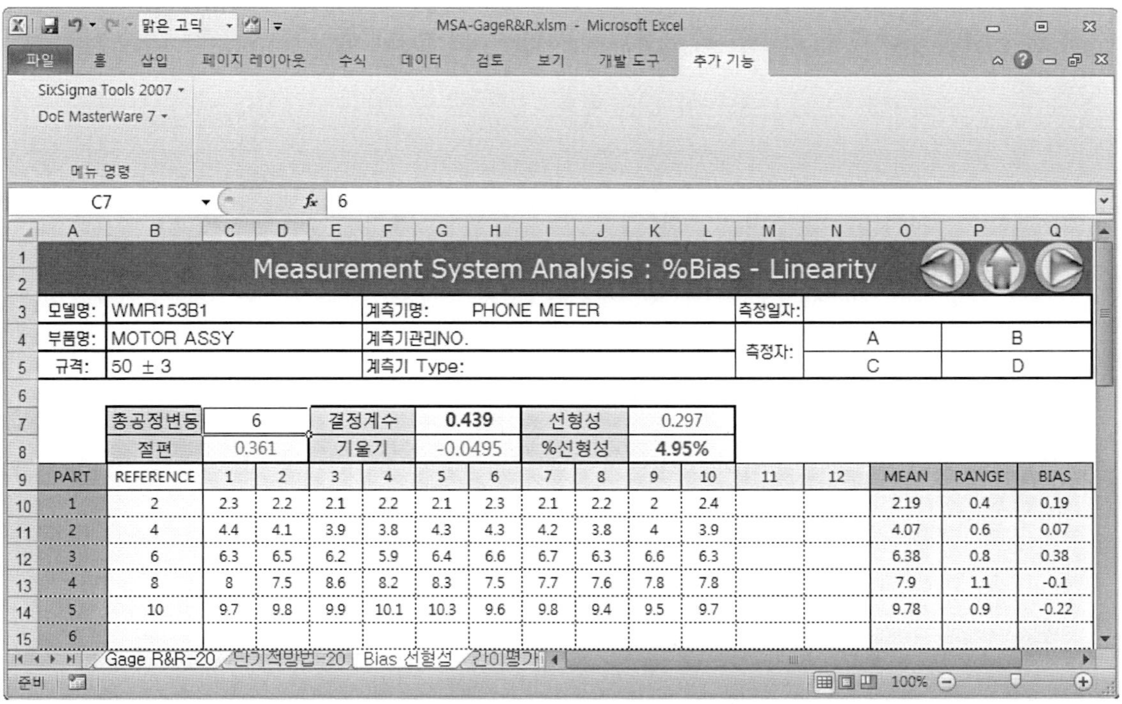

모델명:	WMR153B1	계측기명:	PHONE METER	측정일자:	
부품명:	MOTOR ASSY	계측기관리NO.		측정자:	A / B
규격:	50 ± 3	계측기 Type:			C / D

총공정변동	6	결정계수	0.439	선형성	0.297
절편	0.361	기울기	-0.0495	%선형성	4.95%

PART	REFERENCE	1	2	3	4	5	6	7	8	9	10	11	12	MEAN	RANGE	BIAS
1	2	2.3	2.2	2.1	2.2	2.1	2.3	2.1	2.2	2	2.4			2.19	0.4	0.19
2	4	4.4	4.1	3.9	3.8	4.3	4.3	4.2	3.8	4	3.9			4.07	0.6	0.07
3	6	6.3	6.5	6.2	5.9	6.4	6.6	6.7	6.3	6.6	6.3			6.38	0.8	0.38
4	8	8	7.5	8.6	8.2	8.3	7.5	7.7	7.6	7.8	7.8			7.9	1.1	-0.1
5	10	9.7	9.8	9.9	10.1	10.3	9.6	9.8	9.4	9.5	9.7			9.78	0.9	-0.22
6																

21.4.3 안정성 평가

계측기의 안정성이 어느 정도 인지를 알기 위해서는, 측정 데이터의 변동이 시간이 지남에 따라 동일 제품의 계측 결과가 차이가 있는지, 아니면 편의, 재현성 혹은 반복성에 의한 변동인지를 정확히 구분하여야 한다. 공정의 통계적인 안정성이 어느 정도인가를 파악함으로써 앞으로의 공정 상태를 더욱 정확하게 예측할 수 있다.

계측기의 안정성은 다음과 같은 경우에 점검한다.

✓ 계측기를 자주 사용하지 않아서 안 쓴 기간이 긴 경우
✓ 계측기의 공기압이 변화한 경우
✓ 계측기 작동준비 상태 여부가 측정치에 영향을 주는 경우

계측기 안정성에 나쁜 영향을 미치는 요인이 어느 것인가를 알면 이에 의하여 계측기 오차를 최소화할 수 있는 보정주기를 설정할 수 있다.

계측기는 다음 경우에 안정성이 결여될 수 있다.

✓ 환경조건의 변화로 공기압(air pressure)이 변화되는 경우
✓ 계측기 작동준비 상태 여부가 측정치에 영향을 미치는 경우
✓ 계측기를 오래간 만에 사용하는 경우

[CaseStudy 21.4.3] 안정성을 조사하기 위하여 어떤 평가자가 동일한 부품을 동일한 계측기로 10번 측정한 결과 평균 1.25cm($\overline{X}_2$) 였다. 이상적인 상태였을 때의 동일 부품을 동일 계측기로 측정한 평균값은 1.28cm($\overline{X}_1$)였다. 부품의 기준값은 0.8mm 이고, 공정변동(공차)은 0.6mm이다.

[Solve] 안정성 = 1.28 - 1.25 = 0.03

$$\%\text{안정성} = 100 \times \left[\frac{\text{안정성의 절대값}}{\text{공정변동}} \right]$$

$$= 100 \times \left[\frac{0.03}{0.60} \right]$$

$$= 5.0\%$$

Introduction to
Behaviorally Statistical Data Analysis
using SixSigma Tools 2007, Excel 2010 VBA Solution

V

Advanced Statistical Techniques

5부에서 다루는 내용은 고급 통계기법들로 주로 다변량 기법들에 대한 해석을 다룰 것이다. Minitab의 다변량기법에 대한 모듈들은 거의 쓸모가 없을 정도로 유치하기 그지없으나 품질관리와 실험계획법 모듈들은 상대적으로 매우 잘 구성이 되어 있다. 보통 통계학자들은 미니탭을 거의 사용하지 않는다. 그러다 보니 학계에서는 학술논문을 저술할 때 SPSS, SAS 등의 패키지만을 고집하는 경향이 있었다. 그러나 최근에는 기본적인 통계량을 제시한다면 데이터가 같은 한 제시되는 통계량의 값이 어떤 패키지이냐에 따라 달라지지 않기 때문에 그다지 통계패키지에 대한 제한을 두려는 경향은 거의 사라져 가고 있다. 그러므로 이제는 사용상의 편리성과 보고서나 학술논문을 신속하고 미려하게 작성할 수 있는가라는 효용성에 더 관심이 모여지고 있다. 결국 효용과 효율을 중시하는 풍토가 조성되고 있다. 매우 다행스런 분위기다. 물론 SixSigma Tools도 그러한 환경에 편승하여 앞으로 많은 개선을 보일 것이다. 이 장에서도 결과를 시각화하기 위하여 Excel VBA add-in Program인 "SixSigma Tools 2007"을 사용하여 위치도나 시각적 도표를 제시하겠다.

22

다변량 통계분석
Multivariate Statistical Analysis

⇒22.1 다변량 통계분석이란?

흔히 독립변수(들)와 단일 종속변수 간의 인과관계를 파악하고자 할 때 일변량 통계분석(univariate statistical analysis)을 적용한다. 즉, 하나의 변수의 변동 원인을 규명하기 위하여 많은 수의 요인 중 한 요인을 선택하여, 선택된 요인과 연구하고자 하는 변수와의 관계를 분석한 후, 다른 요인을 또 선택하여, 같은 절차를 반복하게 된다. 이렇게 하여 개별 분석된 결과를 종합하여 연구하고자 하는 변수를 이들 요인에 의하여 설명하는 것이다. 이러한 일변량 통계분석은 개개의 요인들이 서로 상호작용을 하지 않는 상태에서 연구하고자 하는 변수에만 작용한다고 가정하였을 때에는 아무런 문제가 없다. 그러나 현실에서는 요인들 간의 상호작용이 존재하며, 연구하고자 하는 변수 또한 요인들에게 영향을 주는 경우가 많다. 즉, 어떤 변수가 종속변수이고 어떤 변수가 독립변수인지 불분명하며, 독립변수들 간에도 종속 및 독립의 관계가 존재한다. 이러한 문제점들을 해결하기 위하여 개발된 분석방법이 바로 다변량 통계분석(multivariate statistical analysis)이다.

다변량 통계분석은 한마디로 말한다면, 차원(dimension)을 줄이고자 하는 통계분석 체계라고 할 수 있다. 즉, 많은 수의 변수를 최소한의 정보 손실(information loss)을 유지하면서 가능한 한 적은 수의 변수로 줄이는 분야(변수 차원 축소)와 많은 수의 케이스를 그 특성이 비슷한 몇 가지 집단으로 분류하여 전체 케이스가 가지고 있는 의미를 이들 분류된 몇 개의 집단으로 설명하고자 하는 분야(케이스 차원 축소) 등으로 양분되는 분석방법을 다변량 통계분석이라 한다.

⇒22.2 다변량 통계분석의 분류

앞 절에서 언급한 내용에 근거하여 다변량 통계분석을 분류하면 다음과 같다.

- 변수의 차원을 줄이는 분석
  ① 다변량 회귀분석(Multivariate Regression Analysis)
  ② 다변량 분산분석(Multivariate ANOVA: MANOVA)
  ③ 주성분 분석(Principal Component Analysis)
  ④ 요인분석(Factor Analysis)
  ⑤ 정준상관분석(Canonical Correlation Analysis)

- 케이스의 차원을 줄이는 분석
  ① 군집분석(Cluster Analysis)
  ② 판별분석(Discriminant Analysis)

③ 로지스틱 회귀분석(Logistic Regression)

④ 다차원척도법(Multi-Dimensional Scaling: MDS)

⑤ OVERALS, HOMALS, CATPCA 등 범주형 위치도 작성

다변량 통계분석은 많은 변수들을 한꺼번에 고려하여야 하므로, 분산-공분산행렬, 상관행렬, 거리행렬, 고유값(eigenvalue), 고유벡터(eigen vector) 등 기본적인 행렬이론의 이해가 다변량 통계분석의 이론을 숙지하는데 필요하다.

⇰22.3 유사성 및 상이성 행렬

일반적으로 두 변수의 공분산이 크거나 상관계수가 작다는 말은 두 변수가 서로 이질적이어서 서로 상이한 관계를 나타낸다고 할 수 있다. 이는 곧 공간 상에 두 변수를 좌표로 표시한다면 두 점 간의 거리가 멀다고 할 수 있다. 반대로 두 변수의 공분산이 작거나 상관계수의 절대값이 '1'에 가깝다면 두 변수는 유사한 변수로 판단할 수 있으며 역시 공간에서 두 변수 간의 거리는 가깝게 위치하고 있음을 의미한다. 다변량 분석에서는 변수들이 많아 변수들의 유사함의 정도를 표시하는 값들을 행렬로서 표현하게 된다. 즉 계산된 통계량의 값이 커질수록 유사함을 의미하는 척도값들이 원소로 구성된 행렬을 유사성(similarity) 행렬이라 한다. 대표적인 유사성 행렬은 상관행렬(correlation matrix)을 들 수 있다. 반대로 상이함을 의미하는 척도값들이 원소로 구성된 행렬을 상이성(dissimilarity) 행렬이라 하며, 대표적인 상이성 행렬은 분산-공분산행렬(variance-covariance matrix)과 거리행렬(distance matrix)을 들 수 있다.

22.3.1 **분산-공분산행렬**(Variance-Covariance Matrix)

두 변수 X, Y가 다음

$$X:\ X_1,\ X_2,\ \cdots\ ,\ X_n$$

$$Y:\ Y_1,\ Y_2,\ \cdots\ ,\ Y_n$$

과 같이 대응되는 쌍으로 관측되었다고 한다면 이 두 변수의 표본분산과 표본공분산은 다음과 같이 계산된다.

$$Var(X) = \frac{1}{n-1}\sum_{i=1}^{n}(X_i - \overline{X})^2,\ \overline{X} = \frac{1}{n}\sum_{i=1}^{n}X_i$$

$$Var(Y) = \frac{1}{n-1}\sum_{i=1}^{n}(Y_i - \overline{Y})^2,\ \overline{Y} = \frac{1}{n}\sum_{i=1}^{n}Y_i$$

$$Cov(X,\ Y) = \frac{1}{n-1}\sum_{i=1}^{n}(X_i - \overline{X})(Y_i - \overline{Y})$$

[X와 Y의 분산-공분산행렬]

	X	Y
X	$Var(X)$	$Cov(X,Y)$
Y	$Cov(Y,X)$	$Var(Y)$

$Cov(X,Y) = Cov(Y,X)$ 이므로 분산-공분산행렬은 대칭행렬이다. 일반적으로 k개(≥ 2)의 변수들($X_1, X_2, \cdots, X_k$)에 대한 분산-공분산 다음과 같이 표현할 수 있다.

[k개의 변수(X_1, X_2, $\cdots$, X_k) 의 분산-공분산행렬]

	X_1	X_2	$\cdots$	X_k
X_1	$Var(X_1)$	$Cov(X_1, X_2)$	$\cdots$	$Cov(X_1, X_k)$
X_2	$Cov(X_2, X_1)$	$Var(X_2)$	$\cdots$	$Cov(X_2, X_k)$
.	$\vdots$	$\vdots$	$\ddots$	$\vdots$
X_k	$Cov(X_k, X_1)$	$Cov(X_k, X_2)$	$\cdots$	$Var(X_k)$

22.3.2 상관행렬(Correlation Matrix)

상관행렬은 두 변수 사이의 상관계수를 행렬로 표시한 것으로써 분산-공분산행렬로부터 구할 수 있다. 두 변수 X와 Y의 표본상관계수는

$$r_{XY} = \frac{Cov(X,\ Y)}{\sqrt{Var(X)}\ \sqrt{Var(Y)}}$$

로 정의되고 같은 변수 사이의 상관계수는 '1'이다. 즉, 변수 X와 X의 표본상관계수는

$$r_{XX} = \frac{Cov(X,\ X)}{\sqrt{Var(X)}\ \sqrt{Var(X)}} = 1$$

이며, 변수 Y와 Y의 표본상관계수는

$$r_{YY} = \frac{Cov(Y,\ Y)}{\sqrt{Var(Y)}\ \sqrt{Var(Y)}} = 1$$

이다.

[X와 Y의 상관행렬]

	X	Y
X	1	r_{XY}
Y	r_{YX}	1

$r_{XY} = r_{YX}$이므로 상관행렬은 대칭정방행렬이다.

일반적으로 k개(≥ 2)의 변수들($X_1, X_2, \cdots, X_k$)에 대한 상관행렬은 다음과 같이 표현할 수 있다.

[k개의 변수(X_1, $X_2, \cdots, X_k$) 의 상관행렬]

	X_1	X_2	X_3	$\cdots$	X_k
X_1	1	r_{12}	r_{13}	$\cdots$	r_{1k}
X_2		1	r_{23}	$\cdots$	r_{2k}
.			.		
.				.	
.	대칭			.	
X_k					1

여기에서 r_{ij}, X_i와 $X_j(i, j = 1, 2, \cdots, k$)의 상관계수이다.

22.3.3 거리행렬(Distance Matrix)

거리행렬은 두 변수 사이의 거리를 행렬로 표시한 것으로서 일반적으로 유클리드 거리(Euclidean distance)와 유클리드 제곱거리(squared Euclidean distance)를 주로 사용한다. 표본크기가 n인 두 변수 X와 Y의 유클리드 거리는

$$D_{xy} = \sqrt{(x_1 - y_1)^2 + (x_2 - y_2)^2 + \cdots + (x_n - y_n)^2}$$

$$= \sqrt{\sum_{i=1}^{n}(x_i - y_i)^2}$$

로 정의되고 같은 변수 사이의 유클리드 거리는 '0'이다. X와 Y의 유클리드 제곱거리는

$$D_{x\,y}^2 = (x_1 - y_1)^2 + (x_2 - y_2)^2 + \cdots + (x_n - y_n)^2$$

$$= \sum_{i=1}^{n} (x_i - y_i)^2$$

이며, 일반적으로 k개(≥ 2)의 변수들($X_1, X_2, \cdots, X_k$)에 대한 상관행렬은 다음과 같이 표현할 수 있다.

[k개의 변수($X_1, X_2, \cdots, X_k$) 의 유클리드 거리행렬]

	X_1	X_2	X_3	…	X_k
X_1	0	D_{12}	D_{13}	…	D_{1k}
X_2		0	D_{23}	…	D_{2k}
.			.		
.	대칭			.	
X_k					0

여기에서 D_{ij}, X_i와 X_j($i, j = 1, 2, \cdots, k$)의 유클리드 거리이다.

⇨22.4 고유값과 고유벡터

고유값(eigenvalue)은 k차의 정방행렬 A에 대하여 다음을 만족하는 λ를 말한다.

$$|A - \lambda I| = 0$$

단, I는 k차 단위행렬이며, | | 표시는 행렬식을 의미한다.

이때 $f(\lambda) = |A - \lambda I|$ 을 행렬 A의 특성함수(characteristic function)라고 하며 고유값은 특성근(characteristic root)이라고도 한다.

고유벡터는 k차의 정방행렬 A에 대해 다음을 만족하는 벡터 $\underline{v}$를 말한다.

$$[A-\lambda I]\ \underline{v} = 0 \quad \text{또는} \quad A\underline{v} = \lambda \underline{v}$$

단, λ는 고유값, I는 k차 단위행렬

이때 $\underline{v}$를 고유값 λ에 대응하는 고유벡터라 하며, 고유값에 따라 고유벡터가 달라진다. 고유벡터는 임의의 상수를 가지므로 유일하지 않을 수 있다. 따라서 각 고유값 λ_i에 대하여 $\underline{v}_i'\underline{v}_i = 1$이 되도록 정규화(normalize)해야 한다. 즉, 고유벡터의 길이(norm)가 '1'이 되도록 하려면 다음과 같이 계산하면 된다.

$$\underline{v}_i = \frac{\underline{v}}{\sqrt{\underline{v}'\underline{v}}}$$

다변량 데이터 분석에서는 고유값에 대한 해석이 매우 중요하다. 그러므로 정의식에서 정방행렬 A는 분산-공분산행렬 Σ로 생각하여 고유값의 성질을 해석에 필요한 사항만을 설명하기로 한다. 기타 자세한 사항은 통계학 이론서나 행렬대수를 참고하기 바란다.

[**고유값의 성질**]

① 고유값들을 전부 곱하면 $|\Sigma|$의 값과 같다.

② 고유값들을 모두 합하면 Σ의 대각원소들의 합인 트레이스 $tr(\Sigma)$와 같다. 이는 분산-공분산행렬의 대각원소들의 합은 총분산을 의미하며 총분산은 고유값들의 합이 된다.

③ 대각행렬의 고유값은 대각선의 원소가 된다.

④ 분산-공분산행렬 Σ의 고유값 $\lambda_i > 0$이면 역행렬 Σ^{-1}의 고유값은 $1/\lambda_i$이 된다.

[고유벡터의 성질]

① 행렬 Σ은 대칭행렬이므로 Σ의 서로 다른 고유값 λ_i와 λ_j의 고유벡터 $\underline{v}_i$와 $\underline{v}_j$는 서로 직교(직각으로 교차)한다. 각 고유벡터의 곱 $\underline{v}_i' \underline{v}_j = 0$을 만족하면 직교하며 통계적으로 독립임을 의미한다.

② 행렬 Σ은 양정치행렬(positive definite matrix)이므로 $\underline{v} \neq \underline{0}$ 인 고유벡터가 있을 때 $\underline{v}'\Sigma\underline{v} = \underline{v}'(\Sigma\underline{v}) = \underline{v}'(\lambda\underline{v}) = \lambda\underline{v}'\underline{v} = \lambda$, ($\because \underline{v}'\underline{v} = 1$)인 관계가 성립한다.

이와 같은 고유값과 고유벡터의 의미를 이해하고 기억한다면 앞으로 설명할 다변량 분석법의 결과에서 자주 나타나는 고유값의 의미를 해석하는데 결정적인 도움이 될 것이다.

⇨22.5 표본공분산행렬 계산

이제 자동차 사양 데이터(SixSigma Tools 2007 > 예제 데이터 > "자동차 사양선호도.xlsx")를 가지고 표본 공분산 행렬을 계산해 보자.

▶ 분석(Analyze) → 상관분석 및 회귀분석 → 상관분석 > Corr. 시트로...

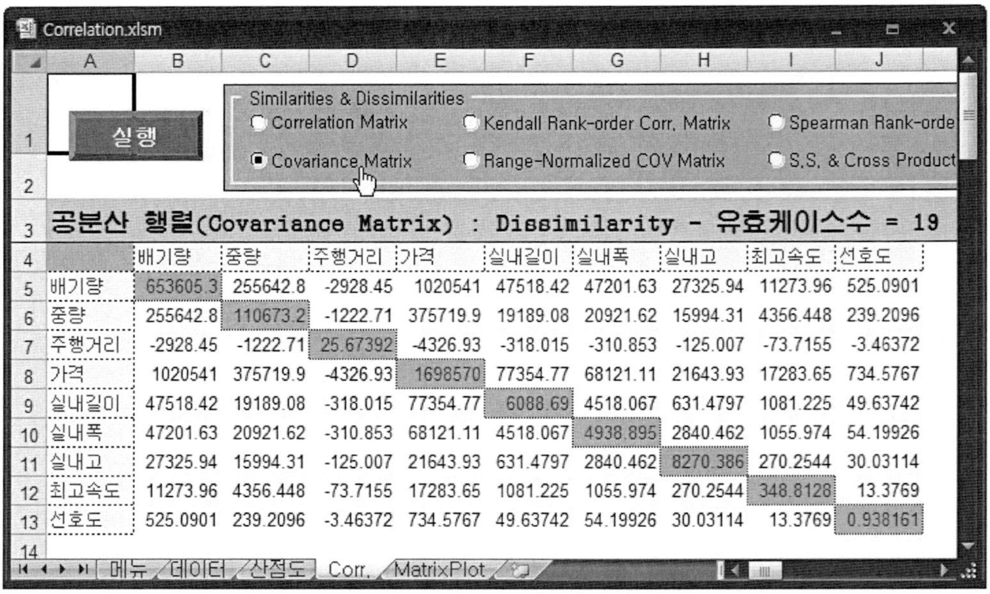

공분산 행렬(Covariance Matrix) : Dissimilarity - 유효케이스수 = 19

	배기량	중량	주행거리	가격	실내길이	실내폭	실내고	최고속도	선호도
배기량	653605.3	255642.8	-2928.45	1020541	47518.42	47201.63	27325.94	11273.96	525.0901
중량	255642.8	110673.2	-1222.71	375719.9	19189.08	20921.62	15994.31	4356.448	239.2096
주행거리	-2928.45	-1222.71	25.67392	-4326.93	-318.015	-310.853	-125.007	-73.7155	-3.46372
가격	1020541	375719.9	-4326.93	1698570	77354.77	68121.11	21643.93	17283.65	734.5767
실내길이	47518.42	19189.08	-318.015	77354.77	6088.69	4518.067	631.4797	1081.225	49.63742
실내폭	47201.63	20921.62	-310.853	68121.11	4518.067	4938.895	2840.462	1055.974	54.19926
실내고	27325.94	15994.31	-125.007	21643.93	631.4797	2840.462	8270.386	270.2544	30.03114
최고속도	11273.96	4356.448	-73.7155	17283.65	1081.225	1055.974	270.2544	348.8128	13.3769
선호도	525.0901	239.2096	-3.46372	734.5767	49.63742	54.19926	30.03114	13.3769	0.938161

⇒22.6 표본상관행렬 계산

▶ 분석(Analyze) → 상관분석 및 회귀분석 → 상관분석 > Corr. 시트로...

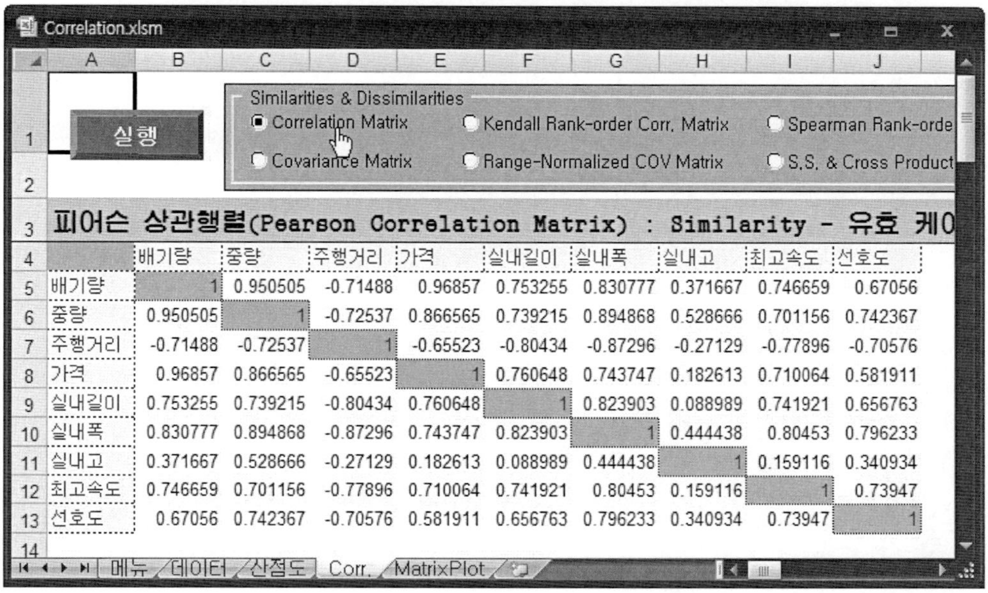

피어슨 상관행렬(Pearson Correlation Matrix) : Similarity - 유효 케이

	배기량	중량	주행거리	가격	실내길이	실내폭	실내고	최고속도	선호도
배기량	1	0.950505	-0.71488	0.96857	0.753255	0.830777	0.371667	0.746659	0.67056
중량	0.950505	1	-0.72537	0.866565	0.739215	0.894868	0.528666	0.701156	0.742367
주행거리	-0.71488	-0.72537	1	-0.65523	-0.80434	-0.87296	-0.27129	-0.77896	-0.70576
가격	0.96857	0.866565	-0.65523	1	0.760648	0.743747	0.182613	0.710064	0.581911
실내길이	0.753255	0.739215	-0.80434	0.760648	1	0.823903	0.088989	0.741921	0.656763
실내폭	0.830777	0.894868	-0.87296	0.743747	0.823903	1	0.444438	0.80453	0.796233
실내고	0.371667	0.528666	-0.27129	0.182613	0.088989	0.444438	1	0.159116	0.340934
최고속도	0.746659	0.701156	-0.77896	0.710064	0.741921	0.80453	0.159116	1	0.73947
선호도	0.67056	0.742367	-0.70576	0.581911	0.656763	0.796233	0.340934	0.73947	1

23

주성분 분석
Principal Component Analysis

⇨23.1 주성분 분석 이란?

주성분 분석(principal component analysis)이란 변수들이 가지고 있는 정보의 손실을 최대한 줄이면서 원래의 변수들의 선형결합을 구성하여 분산-공분산 구조를 설명하는 통계적 방법이다. 이때의 선형결합을 주성분(principal component)이라고 한다. 주성분분석의 목적은 일반적으로 데이터가 가지는 차원의 축소와 해석에 있다. 예를 들어 원데이터에 p 개의 변수가 있다고 할 때 p 보다 작은 숫자인 k개의 주성분으로 전체 변동 중에서 상당 부분을 설명할 수 있다면 이러한 기법은 매우 효과적이라 할 수 있다. 따라서 원데이터가 p 개 변수와 n개의 관측값으로 구성되어 있을 때 k개의 주성분과 n개의 관측값으로 데이터를 축소(reduction)할 수 있을 것이다. 이렇게 축소된 주성분을 통하여 데이터를 해석함으로써 원데이터에 나타나 있지 않은 관계들을 찾아내 원데이터에서 파악할 수 없었던 새로운 사실을 찾아낼 수 있다.

선형결합을 통하여 분산-공분산 구조를 설명하는 통계적 기법

- 직교변환을 이용한 반응변수의 선형결합(주성분)을 찾고
- p 개의 원래 변수를 중요한 $m\ (\leq p)$ 개의 (보통 2-3개) 주성분으로 분석하고 원데이터에 나타나 있지 않는 관계를 찾아냄(데이터의 축소와 해석)

23.2 주성분의 활용

회귀분석에서는 포함될 설명변수의 수를 결정하거나 설명변수들 간의 다중공선성 문제가 존재할 경우 이를 회피하기 위하여 주성분을 사용할 수도 있다.

요인분석에서는 요인을 추출하는 방법 중의 하나로 이용된다.

첫 2개의 주성분이 설명력이 큰 경우(대략 80% 이상), 두 주성분을 축으로 산점도를 작성하여 '0' 점을 중심으로 사분면으로 나누고 각 사분면을 4개의 집단으로 집단화하여 전략적인 분석에 응용할 수 있다.

23.3 주성분 이론

주성분 분석의 기본개념은 다변량 데이터의 변동(variation)을 가장 많이 설명해 주는 선형결합을 찾는 것이다. $\underline{x}' = (x_1, x_2, \cdots, x_p)$ 를 평균이 $\underline{\mu}$이고 공분산행렬이 Σ인 다변량정규분포를 따르는 확률벡터라 하자. Σ의 고유값을 $\lambda_1, \lambda_2, \cdots, \lambda_p$ 라 하고, 이들 고유값에 대한 고유벡터를 $\underline{e}_1, \underline{e}_2, \cdots, \underline{e}_p$ 라 하자. x_i들의 선형결합으로 표시되는 주성분을 구하기 위해 다음과 같은 선형결합을 생각해 보자.

$$y_1 = \underline{l}_1' \underline{x} = l_{11}x_1 + l_{12}x_2 + \cdots + l_{1p}x_p$$

$$y_2 = \underline{l}_2' \underline{x} = l_{21}x_1 + l_{22}x_2 + \cdots + l_{2p}x_p$$

$$\vdots \qquad \vdots \qquad \qquad \vdots$$

$$y_p = \underline{l}_p' \underline{x} = l_{p1}x_1 + l_{p2}x_2 + \cdots + l_{pp}x_p$$

$$\text{단, } \underline{l}_i' = (l_{i1}, l_{i2}, \cdots, l_{ip}), \quad i = 1,2,\cdots,p$$

이는 일반적으로 $y_i = \underline{l}_i' \underline{x}$라 할 수 있으며, 분산과 공분산은 다음과 같다.

$$Var(y_i) = \underline{l}_i' \sum \underline{l}_i \quad , \ i = 1,2,\cdots,p$$

$$Cov(y_i, y_j) = \underline{l}_i' \sum \underline{l}_j \quad , \ i,j = 1,2,\cdots,p, \ i \neq j$$

위의 선형결합에서 계수벡터의 길이 $\underline{l}_i' \underline{l}_i = 1$이 되도록 한 다음 주성분을 다음과 같이 정의한다.

⊙ 제 1 주성분 = 제약조건 $\underline{l}_1' \underline{l}_1 = 1$하에서 $Var(\underline{l}_1' \underline{x})$를 최대화시키는 $\underline{l}_1' \underline{x}$의 선형결합

⊙ 제 2 주성분 = 제약조건 $\underline{l}_2' \underline{l}_2 = 1$이고 $Cov(\underline{l}_1' \underline{x}, \underline{l}_2' \underline{x}) = 0$하에서 $Var(\underline{l}_2' \underline{x})$를 최대화시키는 $\underline{l}_2' \underline{x}$의 선형결합

⊙ 제 i 주성분 = 제약조건 $\underline{l}_i' \underline{l}_i = 1$이고 $Cov(\underline{l}_i' \underline{x}, \underline{l}_k' \underline{x}) = 0, k < i$ 하에서 $Var(\underline{l}_i' \underline{x})$를 최대화시키는 $\underline{l}_i' \underline{x}$의 선형결합

즉, y_i는 $y_1, y_2, \cdots, y_{i-1}$과 상관관계가 없으며, $y_1, y_2, \cdots, y_{i-1}$을 제외한 나머지 선형결합 중에서 최대분산을 갖도록 하면 다음과 같이 된다.

$$y_i = \underline{e}_i' \underline{x} = e_{i1}x_1 + e_{i2}x_2 + \cdots + e_{ip}x_p, \quad i = 1,2,\cdots,p$$

여기에서 $\underline{e}_i$는 Σ의 고유값 중에서 크기가 i번째인 λ_i에 대응하는 고유벡터이며 y_i를 제 i 주성분이라 한다.

결국 각 주성분은 고유벡터의 각 원소들을 계수로 하는 선형결합이 되는 것이다. 그리고 주성분들은 서로 상관관계가 없으며, 분산의 합은 다음과 같다.

$$\sum_{i=1}^{p} Var(y_i) = \sum_{i=1}^{p} \lambda_i = \sum_{i=1}^{p} Var(x_i)$$

$k(<p)$개의 주성분의 분산합 $\lambda_1 + \lambda_2 + \cdots + \lambda_k$ 가 전체분산의 대부분을 설명한다면 p개의 변수 대신에 k개의 새로운 변수 $y_1, y_2, \cdots, y_k$로 전체변동을 설명할 수 있게 된다.

⇨23.4 주성분의 개수(m) 결정

산출가능한 주성분의 수는 데이터 셋에 포함된 변수의 수와 같다. 즉 분석할 변수의 수가 9개라면 도출할 수 있는 주성분의 수도 9개가 된다. 이는 기하적으로는 9차원 공간이론으로 적용된다. 주성분 분석의 근본 목적은 분산을 가장 많이 설명하는 축을 찾되 축들 간의 관계는 직교해야 한다는 규칙을 적용하는 것이다. 그래서 가능한 모든 주성분(축=함수) 9개를 찾는데 있다. 그런데 일반적으로 분석자의 입장은 단지 주성분을 찾는데 목적이 있는 것이 아니라 설명하기 힘든 다차원을 상대적으로 쉬운 저차원으로 설명하기 위하여 차원을 축소하고자 하는 것이므로 주성분을 찾고 난 다음 축소를 하려할 것이다. 여기에서 단지 변동을 많이 설명하면서 서로 독립(직교)인 모든 주성분을 찾는 과정은 주성분 분석이라고 할 수 있으나 찾아진 주성분들의 설명력(또는 기여율)을 기준으로 차원을 축소하려는 행동은 요인분석의 개념이 된다. 이 이묘한 차이를 이해해야 한다. 즉 주성분 분석은 단지 9개의 주성분을 찾는데 국한되며 찾아진 9개의 주성분을 3개로 축소하여 설명하려는 행위는 주성분 분석이라기보다는 요인분석의 개념으로 이해해야 한다는 것이다. 그러나 실제 많은 분석자들이 이 미묘한 경계를 무시하고 주성분 분석도 차원을 축소하는 것이 목적인양 설명하려는 경향이 있다. 물론 틀리고 맞고의 문제는 아니지만 정확한 개념의 한계를 무시한 처사라고 할 수 있으며 이렇게 개념의 경계점을 혼용하게 되면 정명(正名:용어를 바르게 정의함)을 하지 못해 명료한 '앎'을 그르치게 된다. 이로 인해 마음에 확신을 갖지 못하게 된다. 결론적으로 말해서 주성분 분석에서 몇 개의 주성분만을 추출하려는 행동은 요인분석의 개념임을 잊지 말라는 것이다. 주성분은 단지 가능한 주성분만을 모두 산출해주는 것까지 그 임무를 다하는 것이다. 이는 요인분석의 쓰임새를 잘 이해하다면 무슨 말인지 정확하게 이해될 것이다.

다음은 차원을 축소하는 일반적인 기준으로 이해해야 한다. 통계학에서는 절대적인 기준이란 거의 없다. 그리고 요인분석은 차원축소의 기능임을 잊지 말라. p개 변수가 있을 때 각 도출되는 주성분의 분산인 고유값을 λ_i라고 하면 차원축소하기 위한 주성분 중 추출하는 개수는 다음과 같은 기준에 따른다.

① R (=상관행렬) 사용할 때 : $\lambda_i > 0.7$ 인 λ_i 의 개수로 정한다.

② 스크리 도표(scree plot) : $(i,\ \lambda_i),\ i = 1, 2, \cdots, p$ 를 그려 j번째부터 감소하는 추세가 완만해지면 $m = j - 1$ 을 선택한다.

③ 누적 기여율을 보고 선택 : 주성분에 의해서 설명되는 분산의 누적비율이 80%라면 80% 이상을 만족하는 차원에서 개수를 결정한다.

④ 선행연구자의 보고서(주로 요인분석의 결과임)의 개수에 따른다.

이와 같은 기준은 요인분석에서도 동일하게 적용되며 요인분석에서 더 자세히 설명할 것이다.

분산 설명력은 다른 말로 기여율이라고도 할 수 있는데 p개 변수가 있을 때 다음과 같이 계산된다.

$\sum_{i=1}^{p} \lambda_i$: 주성분에 의해서 설명되는 분산의 총합

$$\frac{\lambda_i}{\sum_{i=1}^{p} \lambda_i} < 1$$: i번째 주성분에 의하여 설명되는 기여율

$$\frac{\sum_{i=1}^{m} \lambda_i}{\sum_{i=1}^{p} \lambda_i} < 1$$: m번째까지의 주성분에 의해서 설명되는 분산의 누적비율

* 변수들의 측정단위가 다를 때는 반드시 상관행렬 R을 이용해야 함을 잊지 말라. 그러나 대부분 상관행렬로 디폴트가 되어 있으며 특별한 경우를 제외하고 일반적으로는 상관행렬을 사용하는 것이 바람직하다.

⇒23.5 시리얼 시장조사 데이터의 주성분 추출

새로운 제품에 대한 여러 가지 특성 (변수)들이 소비자의 선호도와 관련하여 어떤 요인들을 형성하는지 알아보기 위하여 100명의 소비자를 대상으로 '맛', '가격', '향기', '적당한 요깃거리', '영양가' 즉, 각 요소가 소비자의 제품 선정에 얼마나 중요한가를 질문하는 문항에 대하여 선호도 정도에 따라 '적극반대', '반대', '약간반대', '중립', '약간찬성', '찬성', '적극찬성' 7점 척도로 응답하게 하였다. 수집된 데이터는 정리하여 “시리얼시장조사.xlsx”로 저장되어 있다.

이제 Excel VBA addin 프로그램인 SixSigma Tools를 사용하여 시각화 분석을 해 보기로 한다. 우선 SixSigma Tools 2007을 실행한 후에 다음과 같이 단계에 따라 데이터를 연결하고 나면 모든 분석결과가 엑셀창의 워크시트에 실시간으로 나타난다. 단지 여기에서 결과를 보고 해석하는 방법만을 익히면 된다.

Step1 **SixSigma Tools 2007 > 예제 데이터 > "시리얼시장조사.xlsx"** 을 클릭하여 엑셀파일을 읽는다.

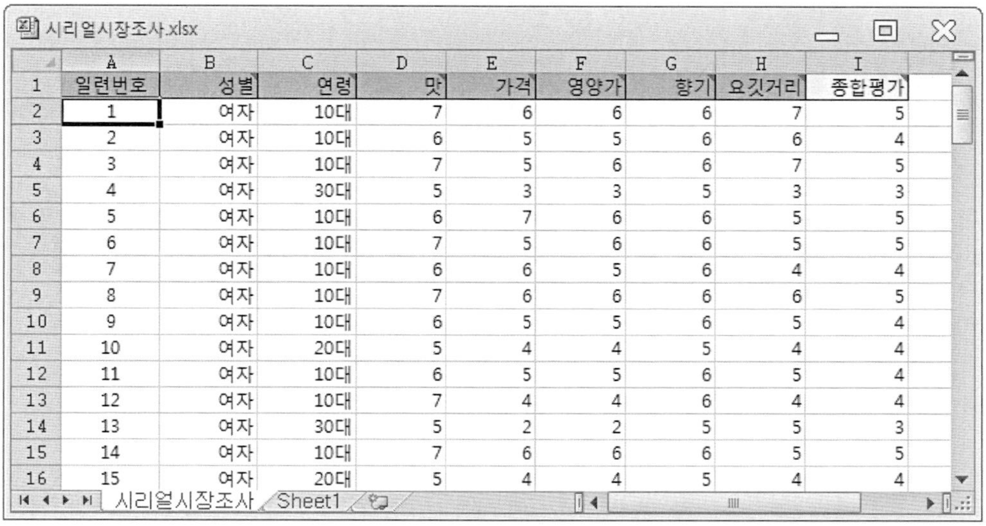

	A	B	C	D	E	F	G	H	I
1	일련번호	성별	연령	맛	가격	영양가	향기	요깃거리	종합평가
2	1	여자	10대	7	6	6	6	7	5
3	2	여자	10대	6	5	5	6	6	4
4	3	여자	10대	7	5	6	6	7	5
5	4	여자	30대	5	3	3	5	3	3
6	5	여자	10대	6	7	6	6	5	5
7	6	여자	10대	7	5	6	6	5	5
8	7	여자	10대	6	6	5	6	4	4
9	8	여자	10대	7	6	6	6	6	5
10	9	여자	10대	6	5	5	6	5	4
11	10	여자	20대	5	4	4	5	4	4
12	11	여자	10대	6	5	5	6	5	4
13	12	여자	10대	7	4	4	6	4	4
14	13	여자	30대	5	2	2	5	5	3
15	14	여자	10대	7	6	6	6	5	5
16	15	여자	20대	5	4	4	5	4	4

Step2 **분석(Analyze) → 차원축소 → 주성분 분석...**

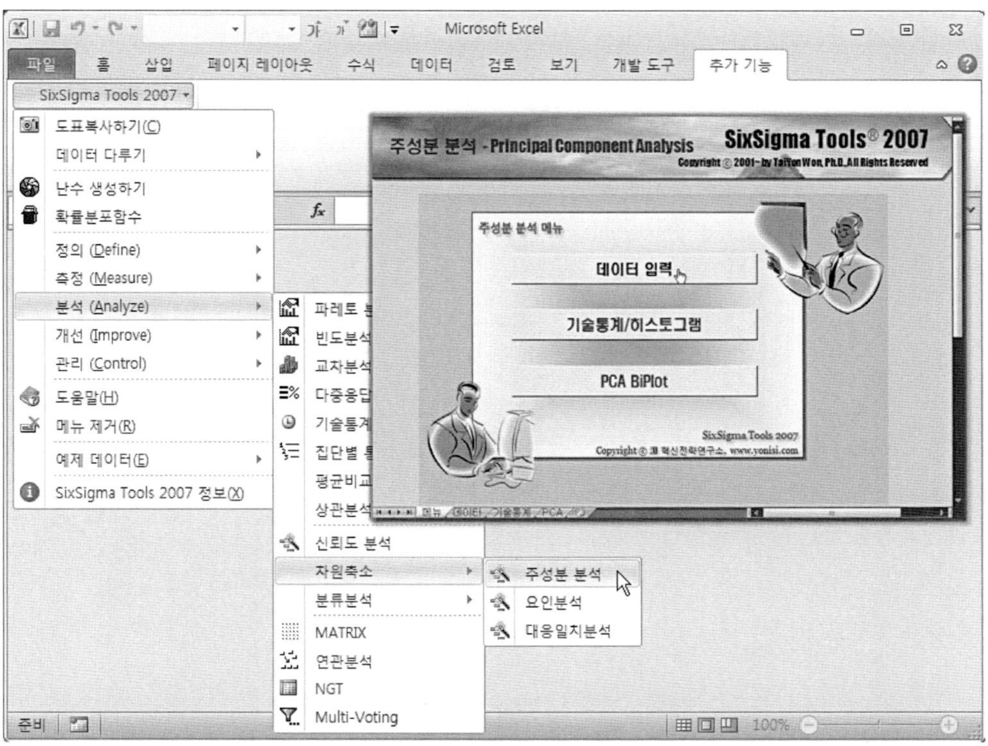

❶ 데이터 연결을 클릭하고 데이터 연결 단추를 클릭한다.

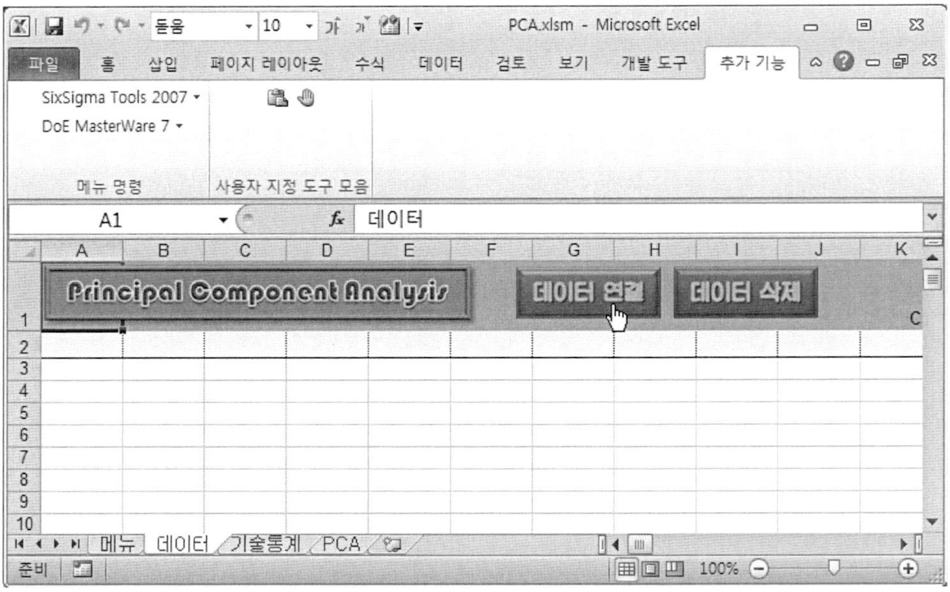

❷ “시리얼시장조사.xlsx”의 데이터 시트에서 데이터의 영역의 하나의 셀을 활성시키거나 또는 분석할 데이터 영역을 미리 끌기하여 선택하고,

❸ 도구에서 연결 도구( )를 클릭하고, 나타나는 대화상자에서 구분(ID)변수를 지정(선택사항임)한다.

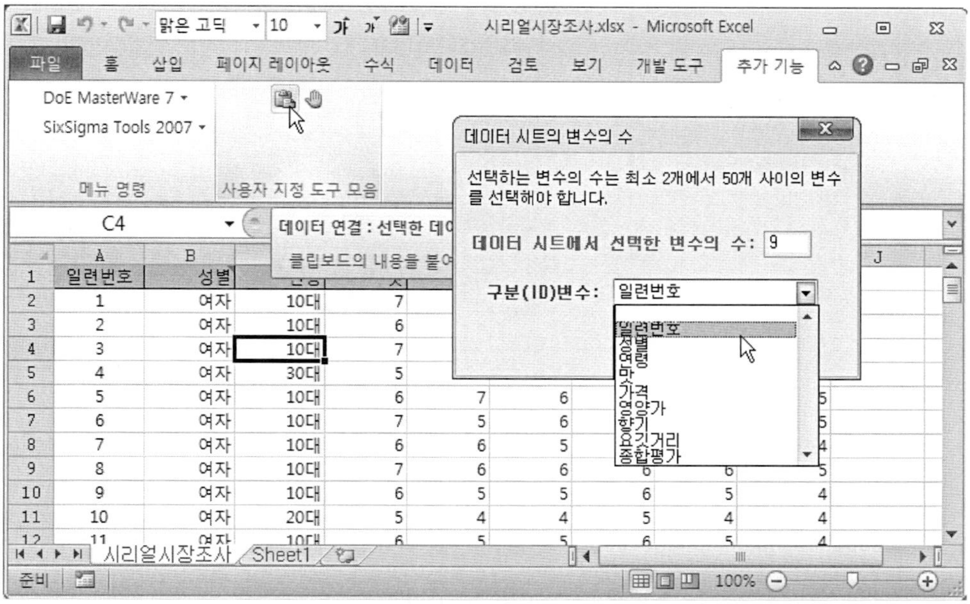

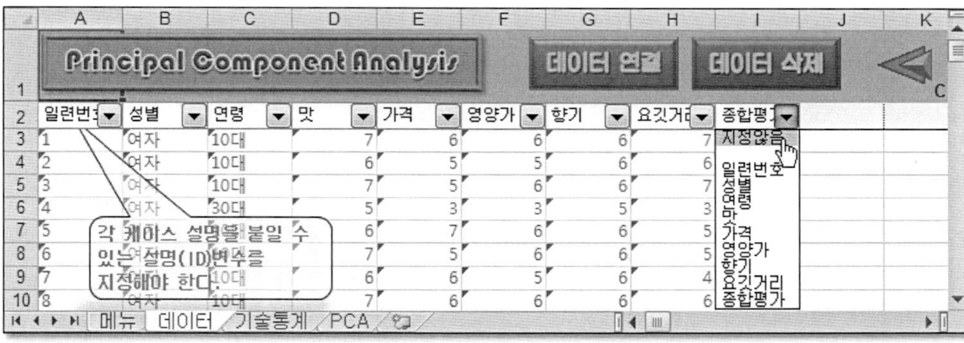

❹ 주성분 시트에서 “PCA 실행” 단추를 클릭하면 시각화 도표가 작성된다.

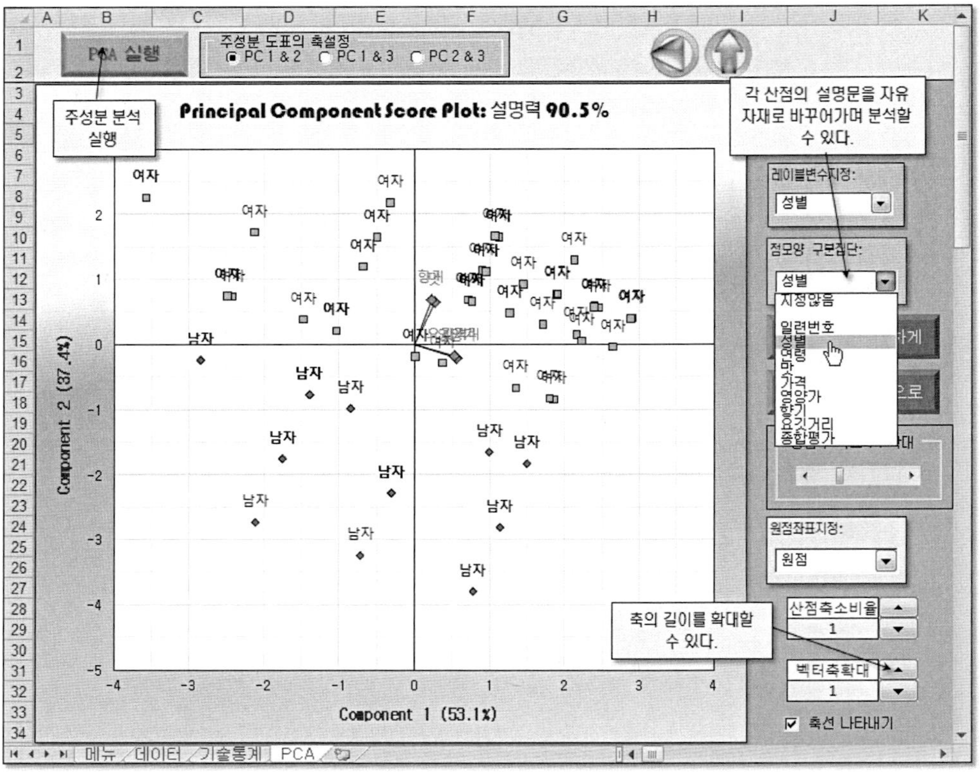

[표 23.5a] 고유값과 분산 설명%

Dimension	Singular values	Eigenvalues	Percentages	Cum. Percentages
1	1.629	2.655	53.1	53.1
2	1.367	1.869	37.4	90.5
3	0.562	0.316	6.3	96.8
4	0.356	0.127	2.5	99.3
5	0.183	0.034	0.7	100

[표 23.5b] 모든 주성분 계수 (고유벡터)

변수	EigenVectors (원점위치일 때)				
	PC1	PC2	PC3	PC4	PC5
맛	0.269	0.650	0.020	0.033	-0.709
가격	0.538	-0.191	-0.638	-0.517	-0.012
영양가	0.559	-0.217	-0.106	0.792	0.047
향기	0.218	0.677	-0.021	-0.013	0.702
요깃거리	0.527	-0.187	0.763	-0.323	0.034

각 주성분 점수는 다음과 같이 계산된다. 여기에서 "$Z_{변수이름}$"은 해당 변수의 각 변수값에서 평균을 빼고 표준편차로 나누어 준 값, 즉 표준화 값이다.

$$PC_1 = 0.269\,Z_{맛} + 0.538\,Z_{가격} + 0.559\,Z_{영양가} + 0.218\,Z_{향기} + 0.527\,Z_{요깃거리}$$

$$PC_2 = 0.650\,Z_{맛} - 0.191\,Z_{가격} - 0.217\,Z_{영양가} + 0.677\,Z_{향기} - 0.187\,Z_{요깃거리}$$

$$PC_3 = 0.020\,Z_{맛} - 0.638\,Z_{가격} - 0.106\,Z_{영양가} - 0.021\,Z_{향기} + 0.763\,Z_{요깃거리}$$

$$PC_4 = 0.033\,Z_{맛} - 0.517\,Z_{가격} + 0.792\,Z_{영양가} - 0.013\,Z_{향기} - 0.323\,Z_{요깃거리}$$

$$PC_5 = -0.709\,Z_{맛} - 0.012\,Z_{가격} + 0.047\,Z_{영양가} + 0.702\,Z_{향기} + 0.034\,Z_{요깃거리}$$

PC1이 설명하는 분산은 2.655로 총분산 5에서 약 53.1%를 설명하고 있다. 그리고 PC2는 PC1과 독립이며 PC2의 분산은 1.869으로 총분산 5에서 37.4%를 설명한다. 여기에서 독립이라 함은 기하적으로는 두 성분이 서로 직교함을 의미하며 이는 PC2는 PC1이 설명한 분산을 전혀 겹쳐서 설명하지 못하며 독립적으로 PC2만의 분산만을 설명한다는 의미가 된다. 역시 PC3도 동일한 방식으로 확장해 나아간다. 두 주성분이 설명하는 누적 %는 90.5%가 됨을 확인할 수 있다. 그러나 이렇게 5개의 주성분에서 몇 개만을 선택하여 설명하려는 시도 자체는 요인분석에 해당함으로 여기에서는 단지 두 주성분에 의한 시각화 분석에만 치중하기로 하고 다음 장 요인분석에서는 적은 수의 주성분만을 추출하여 분석하는 방법을 설명하기로 하겠다.

계산된 주성분 점수들을 가지고 [그림 23.5a]와 같이 여러 가지 시각적 분석을 수행할 수 있다. 앞에서 출력된 Biplot의 그림을 다시 보면 각 산점에서 데이터 레이블이 붙여져 있는 것을 볼 수 있다. 그것도 연령대로 표시하고 또 성별로도 표시해 보고 각 산점에 맛에 대한 응답값은 얼마가 되는지 산점에 레이블로 표시할 수 있다면 매우 정확하고 흥미로운 많은 분석을 할 수 있으며 그것도 시각적으로 보고 확인할 수 있을 것이다.

[그림 23.5a] Biplot 시각화 및 데이터 레이블(벡터축은 4배 연장함)]

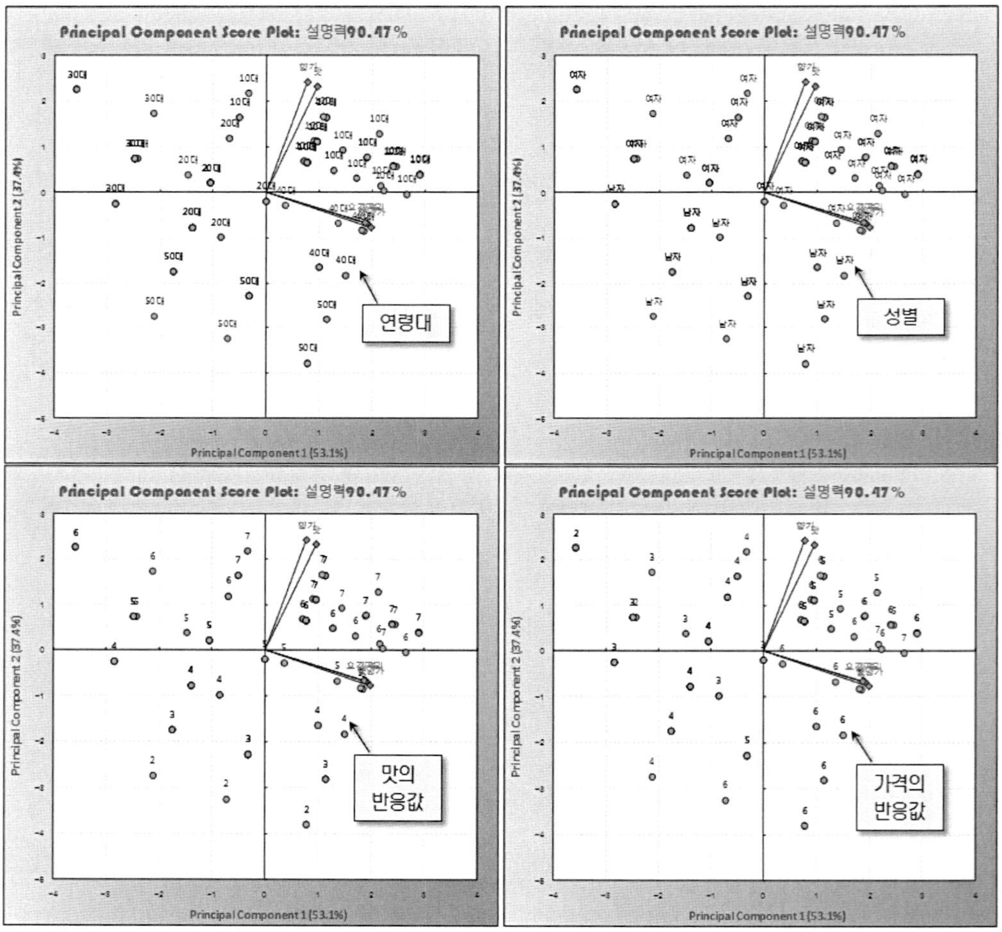

즉 [그림 23.5a]와 같이 출력하고 싶다면 어떻게 해야 하는가? 위 도표에서

데이터 레이블을 자유롭게 지정하여 출력할 수 있다면 좋겠는데... 각 점표시에 설명을 변경하고 싶을 때 오른쪽 레이블변수지정 콤보상자에서 변수를 지정하면 각 산점에 지정된 변수의 레이블로 변경됨을 확인할 수 있다. 다른 변수로도 바꾸어 보자.

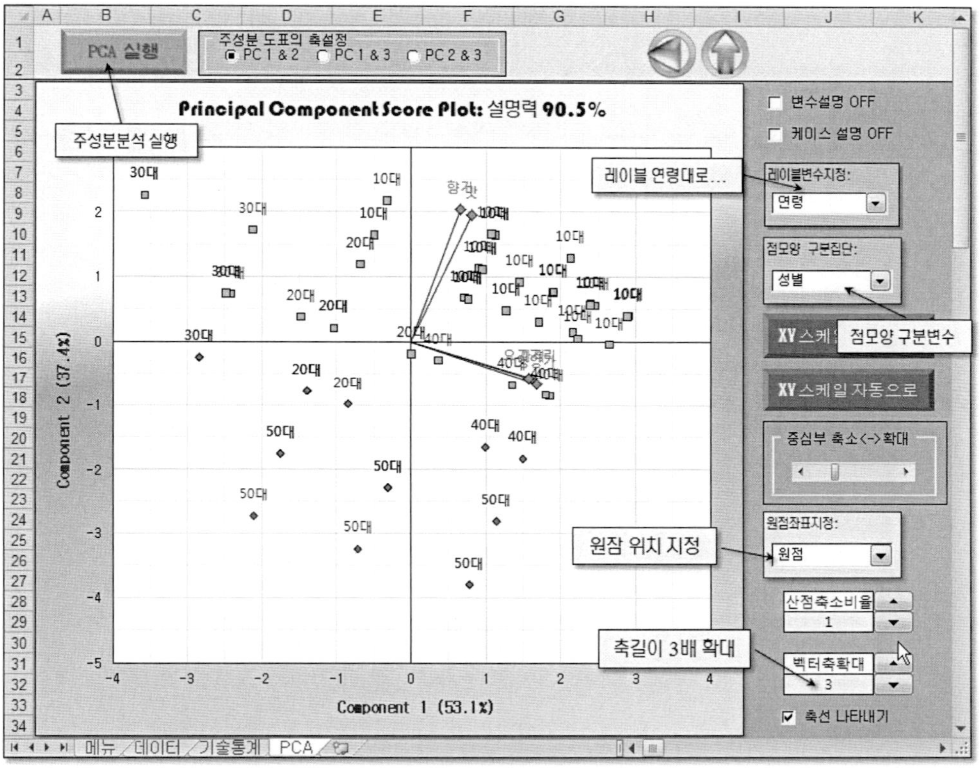

Minitab에서는 벡터 축을 따로 출력하여 원점에 스파이크(말뚝)를 표시하고 그리고 주성분 점수에 의한 산점도를 따로 작성하여 두 그림을 다른 프로그램을 사용하여 겹치기 하여야 한다. IBM SPSS를 사용할 때도 역시 그와 같은 방법을 사용하곤 했었다. 그러나 이는 서로 간의 축의 스케일이 일치되지 않는 문제뿐만 아니라 매우 다양한 컴퓨터 사용 능력을 요구하게 된다. 또한 시간도 많이 걸리고 일반적인 고급 사용자라고 할지라도 처음에 이렇게 작업하여 겹치기 할 생각조차 하지 못한다. 간단히 말해 먼저 '앎'이 있고 매우 귀신같이 컴퓨터를 잘 쓰지 못하면 구현하기 힘든 문제가 되고 만다. Minitab 이나 SPSS, 이외 세계적인 통계팩키지 등은 거의 예외 없이 Biplot을 작성할 때 몇 가지가 부족한 그림을 출력하고 있다. 이는 통계팩키지를 만들 때 분석자의 시각에서 프로그램화되지 않고 프로그래머 시각에서 프로그램이 만들어졌음을 짐작할 수 있다. 프로그래머는 컴퓨터 언어 사용에 능하지만 데이터 분석에는 잼뱅이다. 그래서 분석전문가나 통계학자가 조언하여 프로그램화한다고 하더라도 분석전문가나 통계학자 역시 몇몇을 제외하고는 데이터 분석에 대한 체험이 부족하거나 '앎'이 깊지 않고 단지 이론적 지식에만 박식하다면 역시 마찬가지의 결과를 초래할 것이다. 누가 얼마나 유명하든 얼마나 아는 척을 하던 간에 시각적으로 보고 싶은 분석의 핵심은 볼 수 있게 만들어야 하는 것이다. 어찌하겠는가! 시각적인 분석 결과가 목적이지 도구의 한계에 부딪쳐 매우 세련되고 효율적인 분석을 포기할 것인가? 남의 탓을 하기보다는 우리가 직접 보고자 하는 분석 결과를 어떻게든 만드는 것이 현명하고 지혜로운 행동이 아니겠는가? 이 문제의 핵심임을 잊지 말자.

Minitab의 biplot과 비교하면 상하 대칭되어 나타난다. 이는 단지 부호만 달라지는 문제로 SPSS의 결과와 비교하면 동일하게 나타난다. Minitab만 부호가 뒤집혀 나타난다. 이는 분석에 지장을 주는 요소는 아니다. 뒤집혀져 있으면 뒤집힌 대로 분석하면 된다. PCA를 실행하고 난 다음 산점의 레이블을 자유자재로 바꾸어가며 분석할 수 있다. 이는 필자가 수많은 시간과 여러 가지 통계패키지를 사용하면서 이렇게 되었으면 하는 깊은 바람이 있었는데 SPSS, SAS, Minitab 등은 이를 쉽게 구현할 수 없고 가능하다고 해도 몇 가지 편법 및 노하우를 동원해야만 하는 작업이었다. 매우 패키지를 잘 쓰지 못하면 생각하기 힘든 일이다. 그래서 이와 같이 자동화할 생각을 오래 전부터 해왔는데 드디어 완성하게 되어 개인적으로 흡족하다. 해보면 알 것이다.

⇒23.6 미국 Wisconsin주 사회경제조사

다음 표는 미국 Wisconsin 주 14개 지역에 대한 5개 사회경제적 변수에 대한 자료이다.

- ✓ V1 = Pop(총인구수(천명))
- ✓ V2 = School(교육년수 중위값(년))
- ✓ V3 = Employ(총고용자수(천명))
- ✓ V4 = Health(의료기관고용자수(천명))
- ✓ V5 = Home(주택가격 중위수(만불))

지역	Pop	School	Employ	Health	Home
R1	5.935	14.2	2.265	2.27	2.91
R2	1.523	13.1	0.597	0.75	2.62
R3	2.599	12.7	1.237	1.11	1.72
R4	4.009	15.2	1.649	0.81	3.02
R5	4.687	14.7	2.312	2.5	2.22
R6	8.044	15.6	3.641	4.51	2.36
R7	2.766	13.3	1.244	1.03	1.97
R8	6.538	17	2.618	2.39	1.85
R9	6.451	12.9	3.147	5.52	2.01
R10	3.314	12.2	1.606	2.18	1.82
R11	3.777	13	2.119	2.83	1.8
R12	1.53	13.8	0.798	0.84	4.25
R13	2.768	13.6	1.336	1.75	2.64
R14	6.585	14.9	2.763	1.91	3.17

1. 표본상관행렬 R에서 표본주성분을 구해본다.
2. 각 표본주성분에 의하여 설명되어지는 전체표본분산에 대한 비율을 분석하고 차원을 축소할 경우 몇 개 주성분으로 데이터를 요약할 수 있는지 판단해 본다.(요인분석의 개념임.)
3. 선택된 주성분의 의미를 해석해 본다.(요인분석의 개념임.)

Step1 분석(Analyze) > 상관분석 및 회귀분석 > 상관분석...

[그림 23.6a] 상관계수행렬과 행렬산점도

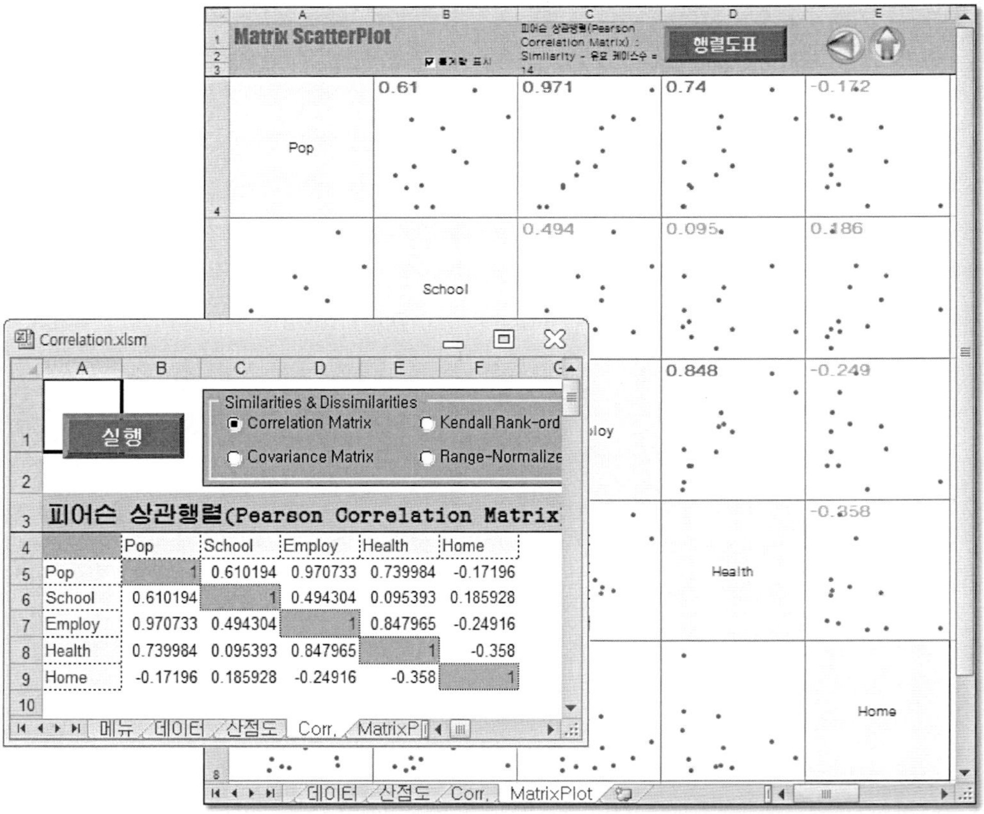

	Pop	School	Employ	Health	Home
Pop	1	0.610194	0.970733	0.739984	-0.17196
School	0.610194	1	0.494304	0.095393	0.185928
Employ	0.970733	0.494304	1	0.847965	-0.24916
Health	0.739984	0.095393	0.847965	1	-0.358
Home	-0.17196	0.185928	-0.24916	-0.358	1

[그림 23.6a]를 보면 Pop, Employ, Health 간의 상관계수가 매우 크게 나타났다. 이는 서로간의 동질성이 높은 변수들임을 나타내며 설명력이 큰 주성분이 존재하고 있다고 판단할 수 있다.

Step2 분석(Analyze) > 차원축소 > 주성분 분석...

데이터를 연결한 후에 "PCA" 시트에서 [PCA 실행] 단추를 클릭하여 실행한다.

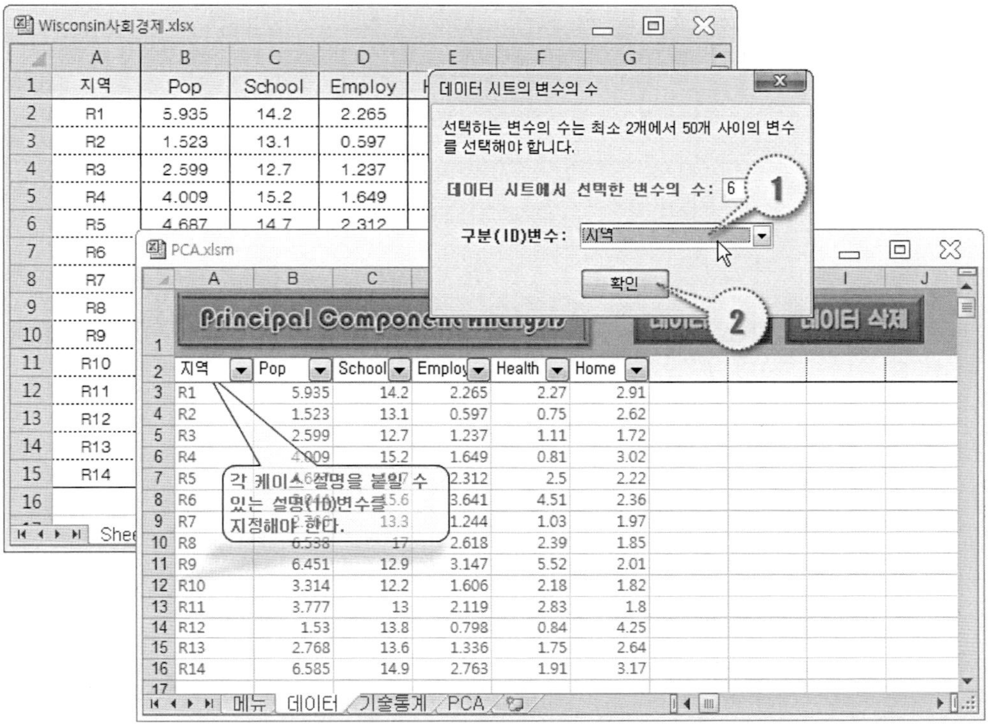

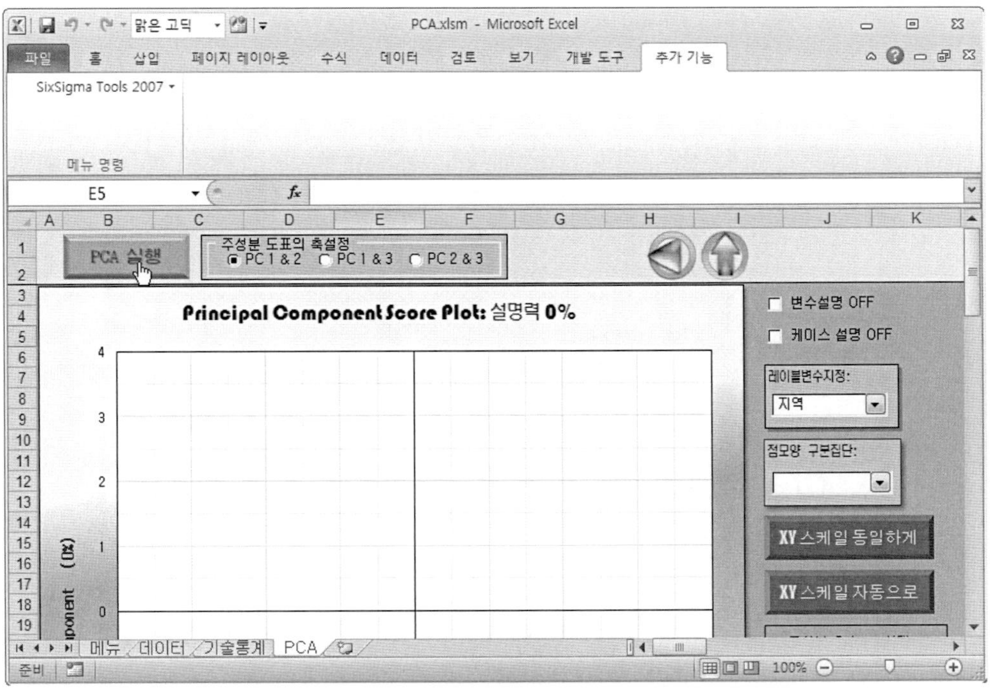

주성분을 몇 개로 축소하여 분석할 경우 몇 개가 적절한가를 알아보자. [그

림 23.6c]의 스크리 도표를 보면 대략 2개 정도의 주성분을 추출하여 봄이 바람직해 보인다.

[그림 23.6c] 주성분 개수 결정 - Scree Plot

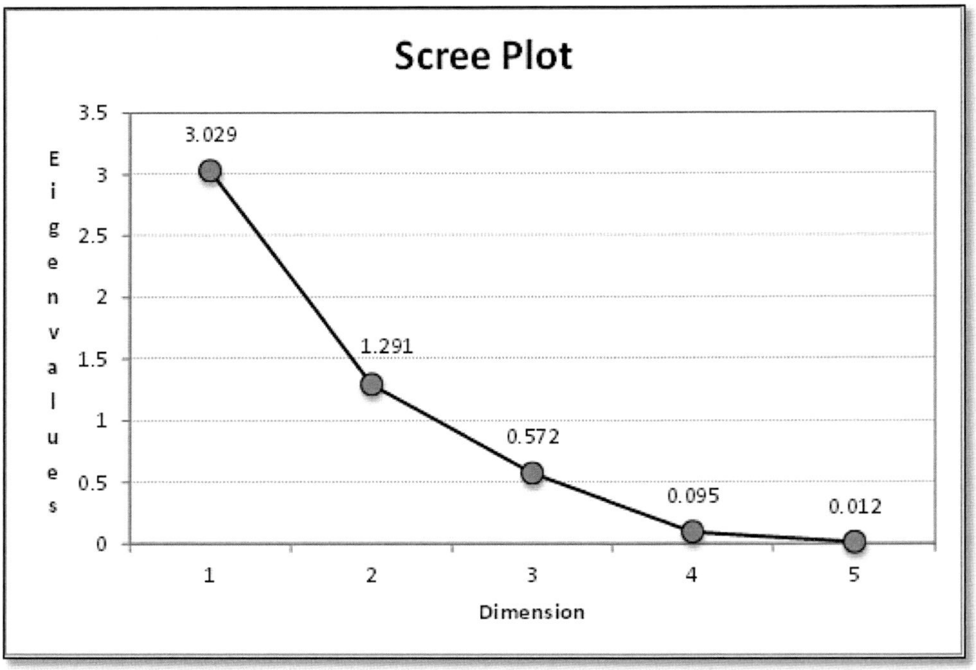

이 스크리 도표는 "PCA" 시트에서 'AA2' 셀에 출력되어 있는 다음 [표 23.6a]을 데이터로 작성된 그림이다.

[표 23.6a] 고유값과 분산 설명%

Dimension	Singular values	Eigenvalues	Percentages	Cum. Percentages
1	1.740	3.029	60.6	60.6
2	1.136	1.291	25.8	86.4
3	0.757	0.572	11.4	97.8
4	0.309	0.095	1.9	99.8
5	0.110	0.012	0.2	100

[표 23.6b] 설명력이 큰 3개의 주성분계수(고유벡터)

변수	EigenVectors (원점위치일 때)				
	Dim1	Dim2	Dim3	Dim4	Dim5
Pop	-0.558	0.131	-0.008	0.551	-0.606
School	-0.313	0.629	0.549	-0.453	0.007
Employ	-0.568	0.004	-0.117	0.268	0.769
Health	-0.487	-0.310	-0.455	-0.648	-0.201
Home	0.174	0.701	-0.691	0.015	0.014

제 1 주성분은 분산(고유값)이 3.0289를 갖고 총분산의 60.6%로 설명하고 있다. 5개의 추출된 주성분 함수의 유도된 계수들(고유벡터의 원소들)을 함수로 표현하면 아래와 같이 표현된다.

$$PC_1 = -0.558\,Z_{Pop} - 0.313\,Z_{School} - 0.568\,Z_{Employ} - 0.487\,Z_{Health} + 0.174\,Z_{Home}$$

$$PC_2 = 0.131\,Z_{Pop} + 0.629\,Z_{School} + 0.004\,Z_{Employ} - 0.31\,Z_{Health} + 0.701\,Z_{Home}$$

$$PC_3 = -0.008\,Z_{Pop} + 0.549\,Z_{School} - 0.117\,Z_{Employ} - 0.455\,Z_{Health} - 0.691\,Z_{Home}$$

$$PC_4 = 0.551\,Z_{Pop} - 0.453\,Z_{School} + 0.268\,Z_{Employ} - 0.648\,Z_{Health} + 0.015\,Z_{Home}$$

$$PC_5 = -0.606\,Z_{Pop} + 0.007\,Z_{School} + 0.769\,Z_{Employ} - 0.201\,Z_{Health} + 0.014\,Z_{Home}$$

여기에서 $Z_{변수이름}$은 평균이 ‘0’이고 분산이 ‘1’인 각 변수의 표준화값을 의미한다. 제 1 주성분은 총인구수(Pop), 고용수준(Employ)의 계수의 절대값이 상대적으로 크므로 이 변수들의 효과를 잘 반영하는 성분이라고 할 수 있다. 제 2 주성분은 분산이 1.2911이고, 이것은 총분산의 25.8%을 설명한다. PC1에 반해 교육수준(School)과 주택가격 중위수(Home)의 계수의 절대값이 상대적으로 크게 나타났다. 즉 특정변수를 고정하여 주성분들 간의 계수의 절대값을 비교하여 어떤 주성분이 상대적으로 큰지를 판단하여 절대값이 큰 값들을 표시하면 한 눈에 보일 것이다. 이 과정을 엑셀에서 표로 작업하여 음영으로 표시하여 다음 [표 23.6]으로 나타내었다.

[표 23.6c] 주성분 계수의 절대값이 0.5보다 큰 경우

	PC1	PC2	PC3	PC4	PC5
Pop	-0.558	0.131	-0.008	0.551	-0.606
School	-0.313	0.629	0.549	-0.453	0.007
Employ	-0.568	0.004	-0.117	0.268	0.769
Health	-0.487	-0.310	-0.455	-0.648	-0.201
Home	0.174	0.701	-0.691	0.015	0.014

의료기관 고용자수(Health)는 PC4에 크게 효과를 나타내고 있음을 알 수 있다. 여기에서 만일 2개 주성분을 추출하여 분석한다면 Health 변수는 주성분 1과 2 중에서 PC1에 절대값이 더 큰 계수가 곱해지므로 PC1에 더 효과를 나타내는 것으로 판단한다. 그리고 부호의 문제는 해당 주성분 점수를 계산할 때 그 주성분의 값을 크게 하거나 작게 하는 것이므로 음수 인 경우 와 양수인 경우를 같이 고려하여 그 효과를 해석해야 함을 잊지 말라. 또한 처음 2개의 주성분들과 처음 3개의 주성분들은 각각 총변동이 86.4%와 97.8%를 나타낸다. 따라서 대부분의 데이터의 분산구조는 2차 또는 3차의 근원적 차원(underlying dimensions)으로 형성될 수 있다. 나머지 주성분은 총변동의 매우 낮은 비율을 설명하고 있으므로 거의 중요하지 않다고 보아도 무방하다.

다음 [그림 23.6c]는 Biplot으로 이는 처음 두 개의 주정분 점수로 산점도를 작성하고 각 주성분의 계수인 고유벡터의 원소들을 2차원 평면에 좌표로 산점을 작성하고 원점에 말뚝(spikes)을 그린 것이다.

그런데 미니탭에서의 Biplot에서 각 관측값의 위치, 즉 산점에 ID 변수의 변수값을 레이블로 표시하고자 하는 경우에, 예를 들어 주택가격 중위수를 표

시하고 할 경우에 다시 각 두 장의 그림을 작성하여 다른 툴을 이용하여 겹쳐 그려야 한다. 그리고 다시 레이블을 다른 변수의 변수값으로도 보고 싶다면 다시 이 과정을 반복하여 작성해야 한다. 이런 경우에 SPSS라는 통계패

[그림 23.6c] Biplot

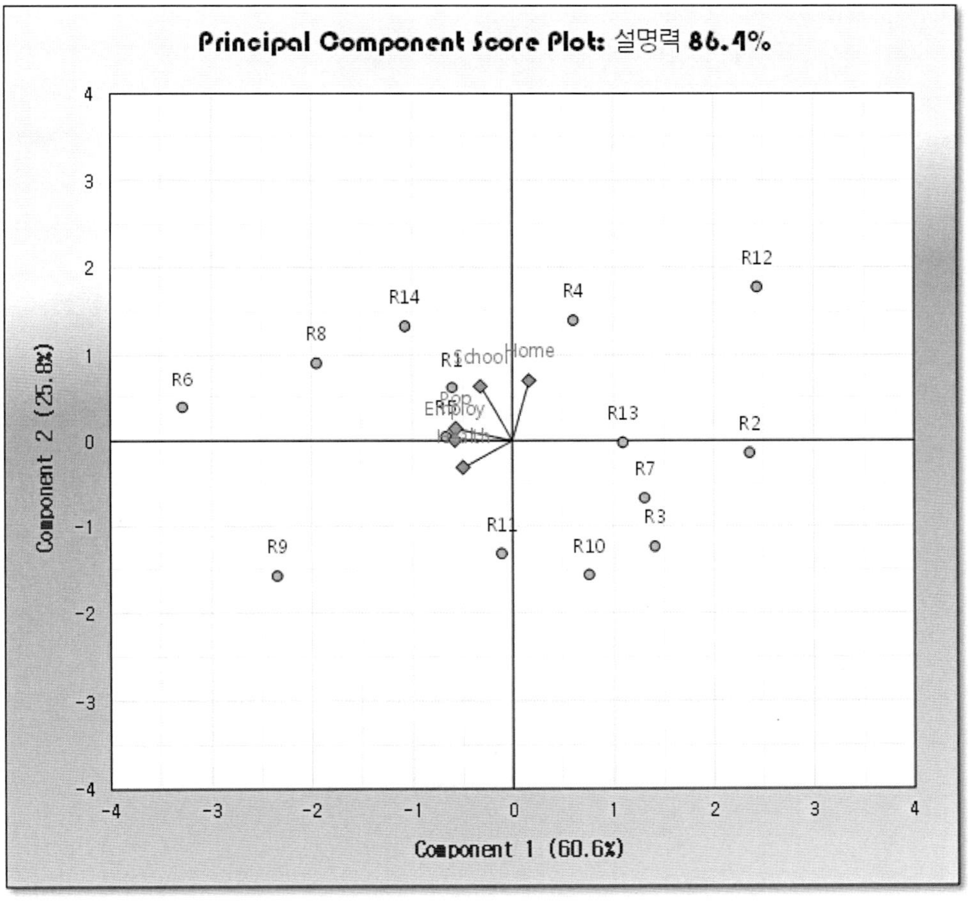

키지도 역시 불편하기는 마찬가지다. 실제 교육과정에서 이 쓸모없는 과정이 약 30분~40분 정도가 소요된다. 그것도 아주 컴퓨터를 잘 사용하는 경우다. 이는 통계툴들의 분석적 관점이 2%(??!#@$%?) 부족하여 나타나는 현상이다.

이러한 불편함을 해소하기 위하여 Excel에서 SixSigma Tools을 사용한다.

각 점표시에 설명을 변경하고 싶을 때 오른쪽 레이블변수지정 콤보상자에서 'Employ' 변수를 지정하면 각 산점에 총고용자수를 확인할 수 있다. 다른 변수로도 바꾸어 보기 바란다.

[그림 23.6d] Biplot의 레이블변수지정

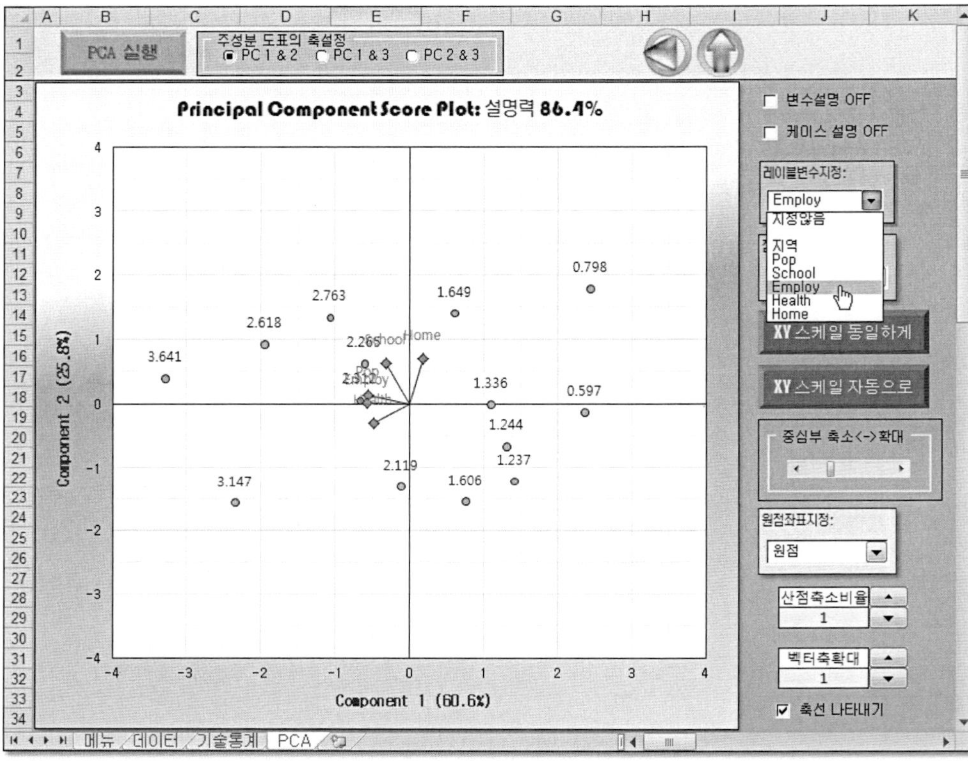

각 5개의 벡터를 축으로 양의 방향으로는 그 벡터의 값이 커지며 음의 방향으로는 그 벡터의 값이 작아진다. 오른쪽 하단의 원점좌표지정 콤보상자를 클릭하면 각 점의 레이블이 나타나며 이 중 하나를 선택하여 지정하면 그 산점으로 벡터축의 원점이 이동하게 된다. 매우 유용하고 중요한 기능이므로 잘 활용하기 바란다. 즉 이렇게 이동하게 되면 해석을 원점 중심으로 했으나 이제 각 산점을 중심으로 방향성을 이해하고 해석할 수 있게 해준다.

[그림 23.6e] 축의 확대 및 원점위치 이동

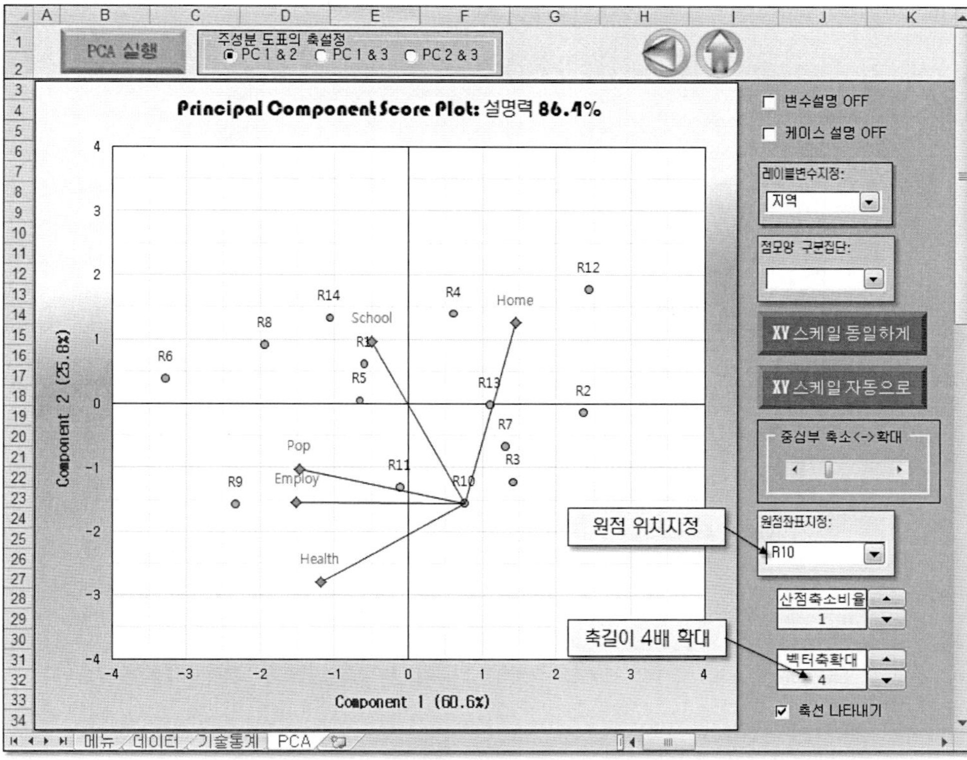

[그림 23.6f] 벡터축 원점좌표이동(축선 4배 연장)

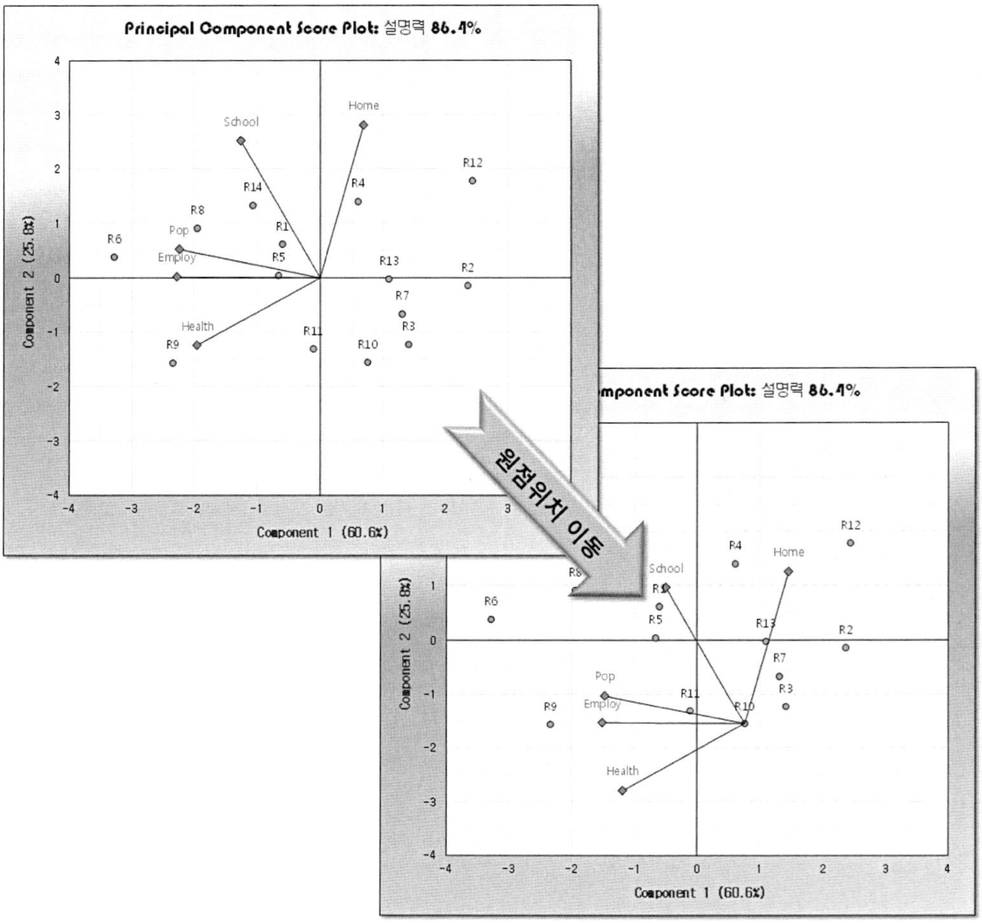

24

요인분석 - Factor Analysis

⇨24.1 요인분석이란?

만족도, 브랜드 이미지, 인지도, 창의성, 사랑과 같이 추상적인 개념을 가지는 변수들을 생각해 보자. 이러한 변수들은 매출액, 파괴강도, 혈압, 온도 등과 같은 변수들과는 달리 수치로 간단하게 표시할 수 없다. 그러나 이러한 변수들은 추상적인 개념에 부합되는 여러 변수집단으로 반응을 측정하고 이러한 변인들을 통합함으로써 간접적으로 측정할 수 있다. 예를 들어 설문조사에서 나에게 꽃을 보낸다든지, 내 문제를 이해하여 준다든지, 내 농담에 웃어 준다든지 또는 나를 지긋이 쳐다본다든지 등의 문항에 "매우 찬성"이라는 항목에 반응한다면 이에 반응한 사람들은 사랑이라는 "요인(factor)"이 존재한다고 결론을 내리게 될 것이다. 즉, 사랑이라는 요인은 하나의 문항으로 측정가능한 것이 아니라 여러 문항에 의해서 간접적으로 측정하게 되며 이들 변수들을 통합하는 과정을 거쳐 사랑이라는 추상적인 개념에 대해 가시적인 점수를 부여할 수 있게 된다.

더 나아가 이러한 요인들은 사회적 연관성과 같은 복잡한 문제를 이해하고 설명하는데 도움을 준다. 예를 들어 "사랑"이라고 하는 것이 당연히 존재한다고 가정하는 것은 여러 가지 상황들과 많은 사람들의 반응들 간에 상관계수로서 설명할 수 있는 것이다.

요인분석은 서로 관련된 많은 변수들 간에 관계를 나타내 줄 수 있는 비교적 작은 수의 요인들로 확증하는데 사용하는 통계적 기법이다. 예를 들어 종합적성고사의 점수는 문장 구사력이나 수리적 능력, 눈치 등의 요인들로 나타낼 수 있다. 즉, 요인분석은 이와 같이 직접적으로 관측되지 않는 변수(이념, 개념, 추상성, 잠재적 변인)들을 확인하는데 유용하게 사용된다.

⊙ 서로 상관되어 있는 변수들 사이의 복잡한 구조를 잠재적인 소수의 공통요인을 이용하여 설명하는 다변량 기법

⊙ 변수들과 잠재적인 공통요인 사이의 관계를 나타내는 통계적 모형을 설정하여 변수들간 상호 관계를 설명할 수 있는 관측되지 않는 잠재적인 소수의 공통요인을 찾아내어 해석하는 방법

⊙ 주성분 분석에서는 통계적 모형을 설정하지 않고 단순히 전체 분산의 대부분을 설명할 수 있는 주성분을 선택하여 변수들의 관계를 설명함

⊙ 요인모형은 일반적으로 변수들이 상관구조에 의하여 몇 개 그룹으로 분류될 수 있을 때 사용되어진다. 예를 들어 어떤 특정한 그룹에 속한 모든 변수들은 서로 상관관계가 매우 높으나, 다른 그룹에 속한 변수들과는 상대적으로 작은 상관을 가진다면, 이때 각 변수들의 집단은 관측된 상관관계를 설명할 수 있는 하나의 잠재적인 요인으로 대표될 수 있을 것이다.

요인분석은 그 쓰임새에 따라 탐색적 요인분석과 확증적 요인분석으로 분류하기도 한다. 요인과 변수의 관계에 대한 사전지식이 없는 경우에 잠재적인 관계를 찾아 요인들을 결정하려는 과정에 사용되면 탐색적 요인분석

(exploratory factor analysis)이라고 하며 이에 반해 기존에 나와 있는 이론적인 배경을 바탕으로 잠재변수를 구성하는 항목들이 지정이 되어 있고 개별변수들의 상관성 및 방향성이 이미 정해진 상태의 모형하에서 분석을 진행하여 기존의 요인구조를 확인하고 검증하려는 분석방법으로 활용되면 확증적 요인분석(confirmatory factor analysis) 이라고 한다. 확증적 요인분석으로 사용되는 경우는 경로분석(path analysis) 또는 구조방적식 모형(LISREL) 등에서 자주 이용된다. 그러므로 이 두 가지 방법은 요인분석모형이라는 이론적 측면에서 같지만 사용용도나 그 분석 과정상 서로 상이하게 활용되고 있다는 점에서 다르다. 그래서 연구상 처음인 경우는 탐색적 요인분석으로 접근하는 것이 일반적이며 이를 바탕으로 시간이 흐른 연후에는 확증적 요인분석을 적용하는 사례가 많아 질 수박에 없다.

⇒24.2 요인모형의 이론적 배경

요인분석의 이론을 정리하기 위하여 다음과 같이

$\underline{X}' = [X_1, X_2, \cdots, X_p]$

$\underline{\mu} = \underline{X}'$ 의 평균

Σ : $\underline{X}'$ 의 공분산 행렬

$F_1, \cdots, F_n$: μ 와 공통요인(common factor)인 m 개의 확률변수

$\varepsilon_1, \cdots, \varepsilon_p$: 오차, 특수요인

로 표기법을 정하면 요인모형은 다음과 같이 설정된다.

$$X_1 = \mu_1 + a_{11}F_1 + a_{12}F_2 + \cdots + a_{1m}F_m + \varepsilon_1$$

$$X_2 = \mu_2 + a_{21}F_1 + a_{22}F_2 + \cdots + a_{2m}F_m + \varepsilon_2$$

$$\vdots \qquad \qquad \vdots \qquad \quad \vdots$$

$$X_p = \mu_p + a_{p1}F_1 + a_{p2}F_2 + \cdots + a_{pm}F_m + \varepsilon_p$$

단, $X_i = i$ 번째 반응치, $\mu_i = i$ 번째 변수의 평균치,

$F_j = j$ 번째 공통요인 변수, $a_{ij} =$ i번째 반응치 구성에서 j번째 요인의 중요성을 나타내는 모수 (적재량, loading)

$\varepsilon_i = i$ 번째 오차 , $i = 1, 2, \cdots, m,\ \ j = 1, 2, \cdots, p\ \ (m < p)$

이와 같은 요인모형을 행렬로 나타내면

$\underline{\boldsymbol{X}} = \underline{\mu} + \boldsymbol{A}\,\underline{\boldsymbol{F}} + \underline{\varepsilon}$, $\boldsymbol{A}$: 적재량(loading) 행렬

으로 간략하게 표현할 수 있다.

이러한 요인분석에서의 기본가정은 다음과 같다.

가정)

$$E(\underline{F}) = \underline{O}$$

$$Cov(\underline{F}) = E(\underline{F}\,\underline{F}') = I$$

F_i : 평균 '0'이고 분산이 '1'인 임의의 확률변수

$$E(\underline{\varepsilon}) = \underline{O}$$

$$Cov(\underline{\varepsilon}) = E(\underline{\varepsilon}\,\underline{\varepsilon}') = \Psi = \begin{bmatrix} \psi_1 & 0 & \cdots & 0 \\ 0 & \psi_2 & \cdots & 0 \\ \vdots & \vdots & \ddots & \vdots \\ 0 & 0 & \cdots & \psi_p \end{bmatrix} \text{이며,}$$

ε_i 는 평균이 0이고 분산이 ψ_i(즉, ψ_i는 i 번째 반응치의 특수분산)

$Cov(\underline{F}, \underline{\varepsilon}) = E(\underline{\varepsilon}\,\underline{F}') = \underline{O}$ ($\underline{F}, \underline{\varepsilon}$ 는 독립)

$$\boldsymbol{\Sigma} = \boldsymbol{A}\boldsymbol{A}' + \boldsymbol{\Psi}$$

분산(위와 같은 가정하에서)은 $Var(X_i) = h_i^2 + \psi_i$ 으로 분리된다. 여기서 $\psi_i = Var(\varepsilon_i)$ 는 특수분산이며, $h_i^2 = \sum_{j=1}^{m} a_{ij}^2$ 는 X_i의 공통분산(communality; 공통성)이라고 한다.

요인분석에서는 일반적으로 데이터를 표준화시켜 적용하기 위해서 공분산 행렬 Σ 대신에 상관행렬 ρ로 대치시켜 분석한다. 그리고 대부분의 통계분석용 패키지들은 디폴트가 상관계수행렬로 되어 있다. $Cov(X_i, F_j) = a_{ij}$ 또는 요인적재량(factor loading)이라고 한다. 이는 X_i가 표준화 되어 있고 요인점수인 F_i 역시 표준화 되어 분산이 '1'이므로 적재량은 X_i와 요인 F_i 간의 상관계수임을 알 수 있다. 그러므로 이에 대한 해석 역시 상관계수와 동일하게 해야 한다. 통상적으로 a_{ij}의 추정값이 0.3이하이면 거의 그 요인과 변수간의 상관성이 매우 낮다고 보며, 0.3이상 0.4이하이면 약간의 상관성이 있으나 미약하다고 보며, 0.4이상이면 0,5 사이는 상관성이 있는 정도로 보며 0.6 이상이 되면 해당 요인과의 상관성이 높은 것으로 판단한다. 그러나 이 또한 절대적인 기준이 아니므로 고정해서는 안 된다. 그리고 커뮤널리티 $h_i^2 \fallingdotseq 1$ 일수록 추출된 요인들에 의하여 i번째 변수가 잘 대변됨을 나타낸다. '1'이 되면 추출된 요인들에 의하여 i번째 변수가 100% 설명되고 있음을 의미하나 이 경우는 변수의 수와 요인수가 같은 경우에 정확하게 '1'이 된다. 공통성 역시 분산이므로 추출된 요인들에 의해 해당 변수의 분산을 얼마나 잘 표현해 주고 있는가를 의미하게 된다.

⇨24.3 주성분 법의 요인모형

요인패턴 행렬을 추정하기 위해서 각 변수별 공통성 혹은 특수분산을 추측한 다음 주어진 상관 행렬의 대각원소인 1을 각 변수별로 추측된 공통성으로 대치시킨 행렬 작성

$$\Sigma = AA' + \Psi$$

여기서, $A = [\sqrt{\lambda_1}\underline{\beta}_1, \sqrt{\lambda_2}\underline{\beta}_2, \cdots, \sqrt{\lambda_m}\underline{\beta}_m]$ 이고,

$$\Psi = \begin{bmatrix} \psi_1 & 0 & \cdots & 0 \\ 0 & \psi_2 & \cdots & 0 \\ \vdots & \vdots & \ddots & \vdots \\ 0 & 0 & \cdots & \psi_p \end{bmatrix} \text{이다.}$$

왜냐하면, 스펙트럼 분해에서

$$\Sigma = \lambda_1 \underline{\beta}_1 \underline{\beta}_1' + \lambda_2 \underline{\beta}_2 \underline{\beta}_2' + \cdots + \lambda_m \underline{\beta}_m \underline{\beta}_m' + \lambda_{m+1} \underline{\beta}_{m+1} \underline{\beta}_{m+1}'$$
$$+ \cdots + \lambda_p \underline{\beta}_p \underline{\beta}_p'$$

이므로 주성분 분석에서 충분히 큰 λ_m이 계수를 가진 항까지를 AA'로 택하고 나머지를 ψ로 놓으면

즉, $\lambda \underline{\beta}_1 \underline{\beta}_1' + \cdots + \lambda_m \underline{\beta}_m \underline{\beta}_m' = AA'$,

$$\lambda_{m+1} \underline{\beta}_{m+1} \underline{\beta}_{m+1}' + \cdots + \lambda_p \underline{\beta}_p \underline{\beta}_p' = \Psi$$

따라서, $A = [\sqrt{\lambda_1}\underline{\beta}_1, \sqrt{\lambda_2}\underline{\beta}_2, \cdots \sqrt{\lambda_m}\underline{\beta}_m]$ 가 된다.

i번째 특수분산 $\psi_i = \sigma_{ii} - \sum_{j=1}^{m} a_{ij}^2, (i = 1, 2, \cdots, p)$

그밖에 $\underline{X}$가 다변량 정규분포를 따른다는 가정하에서의 최우도법(Maximum likelihood Method)이 있고 주축요인법(Principal Factor Method)등이 있다.

⇨24.4 공통요인 수의 결정기준

몇 개의 요인을 추출할 것인가는 차후의 요인의 해석에 관건이 되므로 매우 중요하다.

① 최소고유값(minimum eigenvalue) 기준: 가장 많이 사용되는 방법의 하나로 적용하기가 매우 간단하지만 분석자가 기본 모형으로 주대각성분 분석법 또는 공통요인 분석법을 사용하는가에 따라 적용이 달라진다. 주대각성분 분석법에서는 상관행렬의 대각에 '1'이 들어간다는 것을 상기하면 분석에서 전체 변량이 고려된다. 주대각성분분석법에서 요인들은 고유값(eigenvalue)이 '1'보다 적을 경우에는 의미가 없는 것으로 간주하고 무시한다. 공통요인 분석법을 선택할 경우 고유치는 약간 하향 조정되어야 한다. 요인 수의 결정에 있어서 최소고유값 기준 하나만으로 결정하는 것은 매우 위험하다. 다른 기준들도 고려한 후 결정하는 것이 좋다. 일반적으로 대부분의 통계팩키지에서는 요인추출을 결정하는 최소고유값은 기본값이 '1'로 지정되어 있다. 그리고 고유값은 해당 요인에 의해 설명되는 분산의 량이다. 간단히 말해 각 요인의 분산이 고유값이다.

⊙ 공분산 행렬을 이용시 : $\frac{\lambda_i}{\lambda_1 + \cdots + \lambda_p} > 1$ 또는 $0.7 \times \overline{\lambda}$ $(= \sum_{i=1}^{p} \lambda_i / p)$인 고유값 λ_i의 개수

⊙ 상관행렬 이용시 : $\lambda_i > 1$인 (또는 0.7)인 고유값 λ_i의 개수

[표 24.4a] 고유값과 분산 설명%

요인추출					추출된 요인		
요인 (차원)	비정칙값	고유값	분산 설명력(%)	분산누적 설명력(%)	고유값	분산 설명력(%)	분산누적 설명력(%)
1	1.629	2.655	53.09	53.09	**2.655**	**53.09**	**53.09**
2	1.367	1.869	37.38	90.47	**1.869**	**37.38**	**90.47**
3	0.562	0.316	6.33	96.80			
4	0.356	0.127	2.53	99.33			
5	0.183	0.034	0.67	100.00			
합계		5.000	100.00				-

② 스크리검정(Scree test): 주대각성분 분석법에서 뒤에 추출되는 요인들은 공통변량과 고유변량을 포함한다. 모든 요인들은 고유변량을 포함하는데 초기에 추출된 요인의 고유변량의 비율은 뒤에 추출되는 요인들의 고유변량의 비율보다 적은 데 근거하여, 요인의 수가 증가하면 고유값이 점점 작아지다가 일정 수준에 이르면 완만하게 된다. X-축과 평행을 이루기 직전의 요인이 추출하여야 할 요인의 수이다. 실제에 있어서 고유값에 의한 기준보다 스크리 검정 기준(Scree test criterion)에 의한 것이 하나 또는 두, 세 개의 요인이 더 추출되는 경향이 있다. 다음 스크리 도표 [그림 24.4]를 보고 요인의 수를 결정하는 방법은 급한 경사와 완만한 경사 사이의 팔꿈치를 연상하여 팔꿈치에 해당하는 부분을 찾아보도록 한다. 대략 성분 번호 '3' 부분을 팔꿈치로 가정할 수 있을 것이다. 스크리 도표에서 급한 경사와 완만한 경사 사이의 팔꿈치로 생각되는 부분을 제외하고 위에 나타난 점의 수를 곧 요인의 수로 결정하면 된다. 팔꿈치 부분에 점 표시가 존재하면 그 점은 요인의 수에서 제외시킨다. 그러므로 요인의 수는 2개로 결정할 수 있을 것이다.

[그림 24.4] Scree Plot

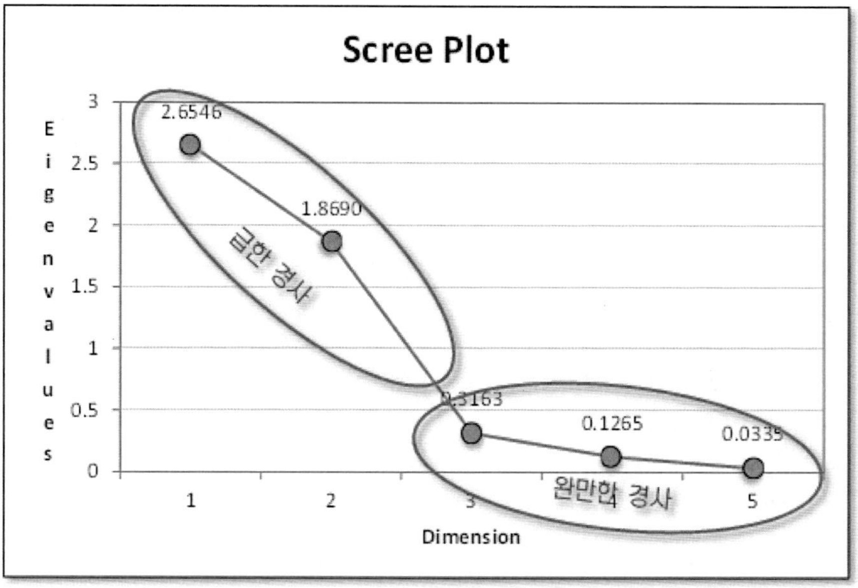

③ **분산의 비율(percentage of variance)**: 각 변수의 고유값을 변수의 수로 나누면 각 요인이 설명할 수 있는 요인 공통분산의 총분산에 대한 비율을 구할 수 있다. 모든 자료에서 채택될 수 있는 기준은 없지만 엄격하게는 가장 작은 분산의 비율이 5%가 될 때까지, 또 전체의 추출된 요인이 95%를 설명하게 될 때까지로 기준을 삼는다. 하지만 사회과학에서는 데이터가 덜 단순하기 때문에 전체 분산의 약 60%를 설명하는 것이 보통의 기준이다.

④ **선행이론**: 선행이론에 의한 방법은 특별한 상황에서 믿을 만하게 사용될 수 있는 좋은 방법이다. 이것을 적용할 때에는 몇 개의 요인이 추출될 것인가를 분석 전에 알고 있어야 한다. 분석자는 간단하게 지정된 숫자에서 컴퓨터는 수행을 멈출 것이다. 이러한 상황은 선행연구에 대한 복사연구, 이론이나 가설의 검정에서 사용될 수 있다. 요인추출 대화상자에서 '**요인**

의 수'를 선택하고 연구자가 직접 요인의 수를 지정한다.

➾24.5 요인회전(factor rotation)

요인추출법에 의해 구해진 잠재요인들이 뚜렷한 의미를 갖지 못하는 경우에 사용하게 된다. 그러므로 회전을 하지 않아도 잠재요인들이 뚜렷하게 분리된다면 구태여 회전을 수행할 필요는 없다. 그러나 대부분의 경우 그렇지 않은 경우가 많아 회전을 하게 되며 직각(90°)을 유지하고 회전하는 경우는 요인들 서로 간의 독립관계를 훼손시키지 않는다.

$\hat{A}_{ij}$가 $(p\times m)$ 행렬이고, T : 직교행렬(orthogonal matrix)

$\hat{A}^* = \hat{A}\,T$ (여기서 $TT' = T'\,T = I$)

여기에서 $\hat{A}^*$은 회전전 적재량의 $(p\times m)$행렬이다.

$m=2$인 경우에 θ만큼 시계방향 회전이면

$$T = \begin{bmatrix} \cos\theta & \sin\theta \\ -\sin\theta & \cos\theta \end{bmatrix}$$

시계방향의 반대 회전이면

$$T' = \begin{bmatrix} \cos\theta & -\sin\theta \\ \sin\theta & \cos\theta \end{bmatrix}$$

이다. 그리고

$$\hat{\Sigma} = \hat{A}'\,\hat{A} + \hat{\Psi} = \hat{A}\,TT'\,\hat{A}' + \hat{\Psi}$$

$$= \hat{A}^*\,\hat{A}^{*\prime} + \hat{\Psi}$$

$A^* = A\,T$: 회전된 요인행렬

⊙ 공통성과 특수분산은 요인회전에 의해 영향을 받지 않는다.

⇒24.6 회전방법

요인들의 회전은 요인분석에서 중요한 개념이다. 요인회전이란 단어의 의미 그대로 요인들의 축을 어떤 원하는 위치에 도달할 때까지 원점을 중심으로 돌리는 것을 말한다. 이때 각 요인의 축 사이의 각도를 90°로 유지하면 직각회전(orthogonal rotation), 직각을 유지하지 않으면 사각회전(oblique rotation)이라 한다. 직각회전에는 쿼티멕스(QUARTIMAX), 베리멕스(VARIMAX), 이퀴멕스(EQUIMAX), Orthomax 등의 방법이 있으며 사각회전에는 OBLIMIN, Promax, Harris-Kaiser 방법 등이 있다. 요인분석에서 요인을 회전시키는 것은 보다 간편하고 이론적으로 더 의미가 있는 요인의 해를 구하기 위함이다. 대부분의 경우 요인들의 회전은 초기 회전되지 않은 요인의 해에서 나타나는 불확실성을 줄여서 설명하기 편하게 만든다. 또한 요인들 간의 상관성을 존재하는 것으로 보고 사각회전을 통해 요인들 간의 상관계수를 구할 수도 있다.

24.6.1 직각회전(Orthogonal Rotation)

원래의 요인 좌표축 (F_1, F_2)를 θ만큼 회전시켜 좌표축 (p_1, p_2)가 직교(90°)하도록 회전시키는 방법으로 Quatmax(요인 행렬의 행을 단순화), Varimax(열을 단순화), Equimax(행과 열을 단순화), Orthomax 등이 있으며 Minitab에서는 직각회전만 지원하고 있다.

쿼티멕스회전(QUARTIMAX)

쿼티멕스회전의 궁극적인 목적은 요인행렬의 행을 단순화하는 것이다. 그것은 요인행렬의 열에 해당하는 각 변수의 요인들 중 요인적재값이 작은 것은 더욱 극소화시키고 요인적재값이 큰 것은 더욱 극대화시킴으로써 그 차이를 극대화하려는 방법이다. 그래서 요인적재값 행렬의 행에 해당되는 각 변수에 대해서 단 하나의 요인에 의해서만 크게 실리고, 나머지 요인에 대해서는 극히 적게 실리든지 '0'의 값으로 실리도록 하는 것이다. 이 방법은 어떤 특정 변수에 대해서 그 변수와 관련된 요인의 수를 작게 회전하는 방법이므로 그 변수에 대한 해석을 쉽게 하는 대신 요인에 대한 해석을 소홀히 할 위험이 있다.

베리멕스회전(VARIMAX)

쿼티멕스 회전이 각 변수 별로 각 요인에 실린 적재값 제곱의 분산이 최대가 되도록 회전하는 방법인데 비해 베리멕스 회전은 각 요인 별로 전체의 관찰변수에 실린 적재값 제곱에 대한 분산이 최대가 되도록 요인축을 회전하는 방법이다. 즉, 쿼티멕스 회전은 요인행렬의 각 변수를 단순화시키려는 것임에 반해 베리멕스 회전은 요인행렬의 각 요인을 단순구조에 맞도록 단순화시키려는 차이가 있다. 이 원칙에 따라 요인을 단순화시키면 동시에 변수도 단순구조에 부합되어 간다는 논리이다. 이와 같이 요인행렬의 요인의 변량을 극대화하면 가능성과 단순화가 극대화된다. 이 방법은 가장 널리 사용되고 있다.

이퀴멕스회전(EQUIMAX)

이퀴멕스 회전은 쿼티멕스 회전(QUARTIMAX)과 배리멕스 회전(VARIMAX)을 절충한 방법이다. 행과 열을 동시에 간략히 하려는 방법이다. 하지만 이 방법은 널리 인정받지 못하고 있고 따라서 자주 사용되지 않는다.

24.6.2 **사각회전**(Oblique Rotation)

두 개의 요인 좌표축 (F_1, F_2)를 회전시켰을 때 회전된 요인 좌표축

(p_1, p_2)가 직교하지 않는 방법으로 OBLIMIN, Promax, Harris-Kaiser 방법 등이 있으나 Minitab에서는 지원하지 않는다. 다른 패키지에서는 지원되는 오블리민만 간략하게 설명한다.

오블리민회전(OBLIMIN)

대부분의 사회 과학에 관련된 요인들 간의 관계가 상호독립적인 경우는 매우 드물다. 일반적으로 어느 정도의 관계는 항상 존재하기 때문에 앞에서 사용한 직각회전 방법들을 사용하는 것은 현실성을 외면하는 것이다. 보통 분석자가 단순히 이론적으로 더 의미있는 구조, 차원을 얻는 데 관심이 있다면 사각회전을 많이 사용한다.

⇒24.7 요인의 해석

요인의 수가 결정되고 적합한 방법에 의해 회전된 요인분석의 결과를 연구목적에 알맞게 해석하는 단계이다.

① 요인행렬(적재값 행렬)을 검사한다. 요인의 위치와 변수의 위치를 파악한다. 변수의 이름을 기억하면 더 쉽게 해석이 가능할 것이다.

② 요인을 해석하기 위해서 요인적재값이 고려할 만한가를 결정해야 한다. 수학적인 가정에 기초한 것은 아니지만, 요인분석에 의해 가장 많이 사용되는 규칙으로 요인적재값이 +.30 이상이면 고려할 만한 유의성을 갖는 것이고, +.40 이상이면 더 중요하게 고려되어야 한다. 또 +.50 이상일 경우 매우 의미 있는 것이다. 이와 같은 기준은 표본의 수가 50개 이상일 때 유용하다. 이 기준은 매우 단순한 면이 있지만 아직까지 인정할 만한 것으로 활용되고 있다. 해석을 시작하기 위해 제1요인의 첫 변수에

서 왼쪽에서 오른쪽으로 가면서 절대값이 가장 높은 요인적재값을 찾는다. 가장 높은 적재값을 확인하고 그것이 유의하다면 밑줄을 친다. 이런 식으로 다음의 나머지 줄에서도 밑줄을 친다. 100개보다 작은 표본에서는 가장 작은 요인적재값이 의미가 있기 위해서는 +.30이 되어야 한다는 점을 명심하자. 밑줄을 긋는 단계에서 기억해야 할 점은 각 변수에 대해 단지 하나의 의미 있는 요인적재값이 존재하는 것이 아닐 수 있다는 것이다. 각 변수의 한 요인에 대해 의미 있다고 고려되는 요인적재값이 하나일 때, 각 요인은 상당히 단순화되어 있다고 해석된다. 실제로는 많은 변수들이 여러 개의 적절한 요인적재값을 가지게 되는데 이때에는 해석이 복잡해진다. 이러한 어려움은 여러 개의 의미가 있는 요인적재값을 갖는 변수는 해당되는 요인마다 해석되어야 하는 데 있다. 거의 모든 요인분석의 결과는 단순구조를 갖는 것이 아니기 때문에 분석자는 모든 요인에 대한 변수마다의 의미 있는 적재값에 밑줄을 치며 요인행렬을 계속 평가하여야 한다. 궁극적으로 분석자는 의미 있는 적재값의 수를 최소화하고 무시할 만한 적재값을 최대화하기 위해 계속 노력한다.

③ 분석자는 다음으로 밑줄이 그어지지 않은 즉, 어떤 요인에도 실리지 않은 변수를 확인한다. 이런 경우는 두 가지 해결방법이 있다. 하나는 의미 있는 적재값이 없는 변수를 단순히 무시해 버리는 것이고, 또 다른 한 가지 방법은 적재값이 없는 변수 각각을 비판적으로 평가하는 것이다. 이 평가는 변수의 공통성(communality)뿐만 아니라 변수의 연구 전반에 대한 기여도를 살펴보는 것이 될 것이다. 만약 변수가 연구목적에 덜 중요하거나 공통성이 낮을 경우, 분석자는 변수를 제거하고 새로운 요인분석결과를 얻을 수 있을 것이다.

④ 더 높은 적재값을 가진 변수가 요인 해석의 단계에서는 더 중요하게 여

겨진다. 그것들이 요인을 나타내는 이름에 더 큰 역할을 한다. 이 절차는 요인이 추출된 다음의 과정이다. 마지막 결과는 가능하면 정확하게 표현된 요인들의 이름이 될 것이다. 어떤 경우에는 요인의 이름을 정하는 것이 불가능할 때도 있다. 그런 상황이 되면, 그 요인에 **'무명'**이라고 정하는 수밖에 없다. 이런 경우, 분석자는 의미가 있는 요인만을 해석하고 명명할 수 없거나 의미가 없는 요인은 버려야 한다. 중요한 것은 요인분석의 결과를 기술할 때, 명명할 수는 없지만 파생되어 나온 요인과 의미있는 관계를 나타내는 요인들을 표시해야 한다.

이제 모든 변수들을 각 요인으로 분류하였으면, 요인적재값의 형태에 따라 요인을 설명한다. 즉 적재값이 높은 변수에 더 비중을 두어 각 요인들을 설명한다.

시리얼 시장조사 데이터의 경우 [그림 24.7a]에서 적재값을 보면 Factor1을 '효율요인'으로, Factor2를 '미각요인'으로 볼 수 있다.

[그림 24.7a] 두 요인의 적재값과 분산비

변수	요인적재값(factor loadings)		공통성 Communality
	Factor1	Factor2	
맛	.439	.889	.983
가격	.877	-.261	.838
영양가	.910	-.297	.917
향기	.355	.926	.983
요깃거리	.859	-.256	.803
고유값	2.655	1.869	
분산%	53.1	37.4	
누적%	53.1	90.5	

아래 [그림 24.7b]는 회전하지 않은 요인을 축으로 한 각 변수의 위치를 나

타내는 적재값 도표(loading plot)이다. 도표 상에서 요깃거리, 영양가, 가격 변수들은 서로 유사한 위치에 중복되어 도표 상에는 잘 나타나지 않았으나 도표 우측의 각 변수의 좌표를 참조하면 그 위치를 잘 알 수 있다.

[그림 24.7b] 적재값 도표

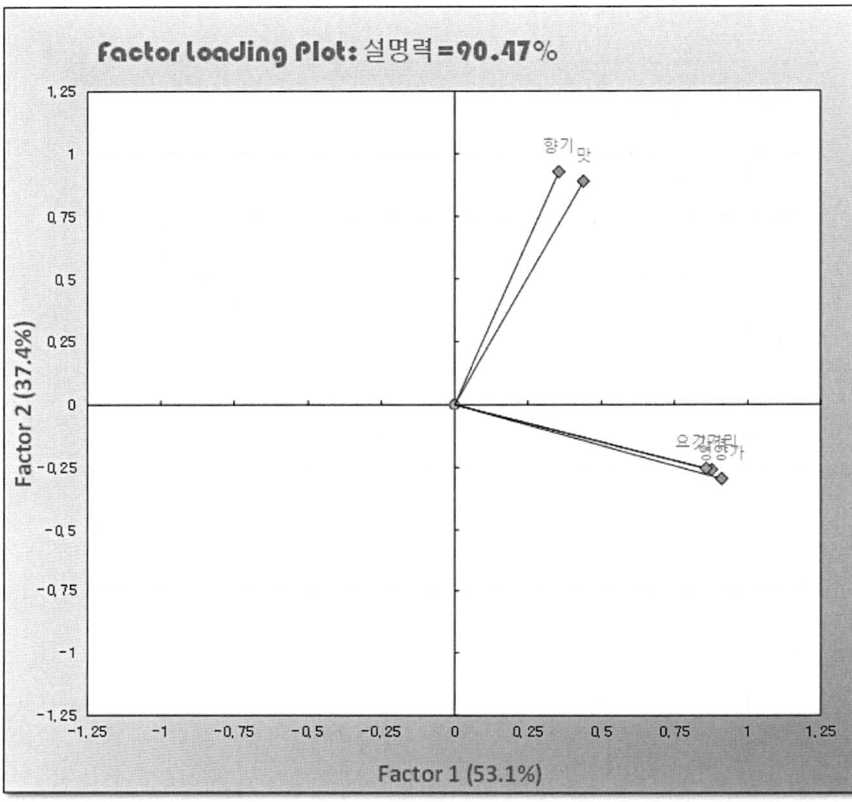

➪24.8 요인점수의 계산

추출된 요인에 요인해석에서 이름붙이기가 끝나면 이제 각 잠재요인에 대한 요인점수를 계산할 수 있다. 물론 이렇게 계산된 요임점수들은 요인분석을 적용하려는 목적에 따라, 요인에 의한 설명뿐만 아니라 요인점수(factor score)를 구한 후 다른 통계분석으로 연결될 수도 있다. 만약 연구목적이 변수나 응답자의 합리적인 조합을 만들어 내는 것이라면 요인에 대한 설명으로 분석이 끝난다. 그러나 연구목적이 다른 통계분석에 적용하기 위하여 적절한 변수를 가려내는 것이라면 요인행렬을 검토한 후 각 요인에 대하여 가장 큰 적재값을 갖는 변수를 뽑아야 하고, 다른 통계분석에 적용하기 위하여 원래 변수들을 대신할 수 있는 적은 수의 새로운 변수들을 만들어 내는 것이 목적이라면, 각 요인을 대표할 수 있는 요인점수를 계산한다. 이러한 요인점수는 이어서 사용될 회귀분석이나 판별분석, 상관분석, 군집분석 등 다른 통계분석의 독립변수로 사용된다. 즉, 요인점수는 어떤 대상이 원래의 변수보다는 새로 만들어진 요인에 대하여 어떤 수준을 갖는지를 나타낸다.

[그림 24.8] 두 요인의 요인점수계수

변수	요인점수계수(factor score coefficients)				
	1	2	3	4	5
맛	.165	.476	.035	-.092	-3.875
가격	.330	-.140	-1.134	1.453	-.066
영양가	.343	-.159	-.188	-2.227	.258
향기	.134	.495	-.038	.036	3.837
요깃거리	.323	-.137	1.356	.909	.188
고유값	2.655	1.869	.316	.127	.034

⇒24.9 시리얼 시장조사

설문이나 검사 또는 실험에서 나오는 여러 개의 질문에 대한 응답에서 실제 그 결과를 초래하게 된 작은 수의 요인을 찾아내고 그 요인을 통하여 목표로 하는 명제를 설명, 분석하는 다변량 요인분석의 기본을 설명하기 위해 [그림 24.7a]에 시리얼 시장조사 데이터의 분석변수의 구조를 시각화하였다.

[그림 24.7a] 시리얼 시장조사 데이터 변수구조

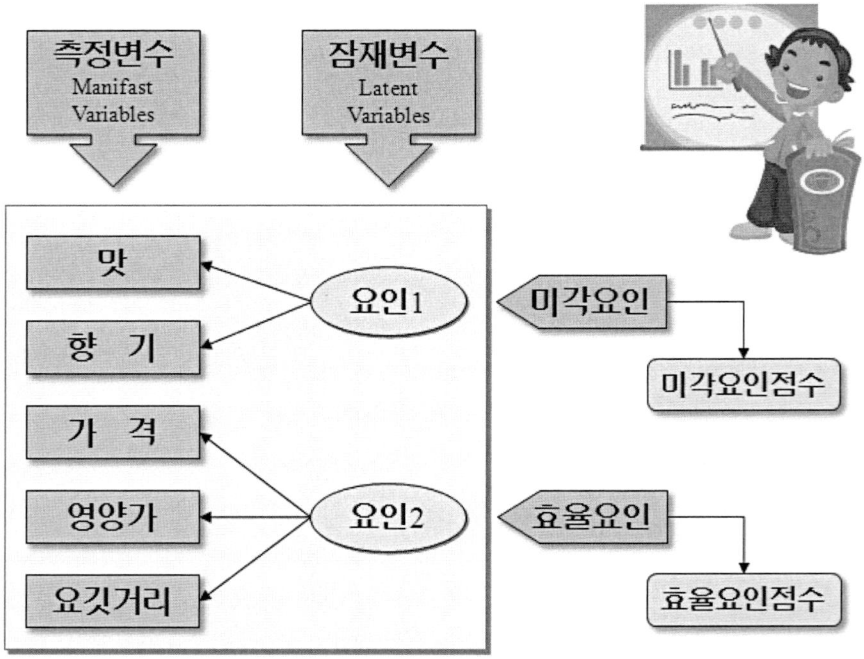

시리얼 시장조사는 새로운 제품에 대한 여러 가지 특성(변수)들이 소비자의 선호도와 관련하여 어떤 요인들을 형성하는지 알아보기 위하여 100명의 소비자를 대상으로 '맛', '가격', '향기', '적당한 요깃거리', '영양가' 등의 다섯 가지 특성에 대하여 조사하였다. 즉, 각 요소가 소비자의 제품선정에 중요한가를 질문하는 문항에 대하여 선호도 정도에 따라 '적극반대', '반대', '약간반대', '중립', '약간찬성', '찬성', '적극찬성' 등의 7점 척도로 응답하게 하였다. 수집된 데이터는 정리하여 "시리얼시장조사.xlsx"라는 파일로 보관하였다.

시리얼 시장조사 설문지의 질문 중에 '맛'과 '향기'를 묻는 질문(두 변수)은 '미각'이라는 요인에 의하여 좌우된다고 볼 수 있다.

24.9.1 시리얼 시장조사의 요인분석 실행

① **SixSigma Tools 2007 > 분석(Analyze) > 차원축소 > 요인분석...**

② 데이터입력을 클릭하고 데이터연결 단추를 클릭한다.

③ "시리얼시장조사.xlsx"의 데이터 시트에서 데이터의 범위를 변수이름과 같이 끌기하여 선택하고 선택(Ctrl+* 또는 Ctrl+Shift+8),

④ 도구에서 연결 단추를 클릭하고 나타나는 대화상자에서 구분(ID)변수를 지정('일련번호'를 지정하자 - 선택사항임)하고 '확인'을 클릭한다.

⑤ 각 시트를 차례대로 넘기면서 여러 가지 통계량 및 Correlation 등을 분석한다.

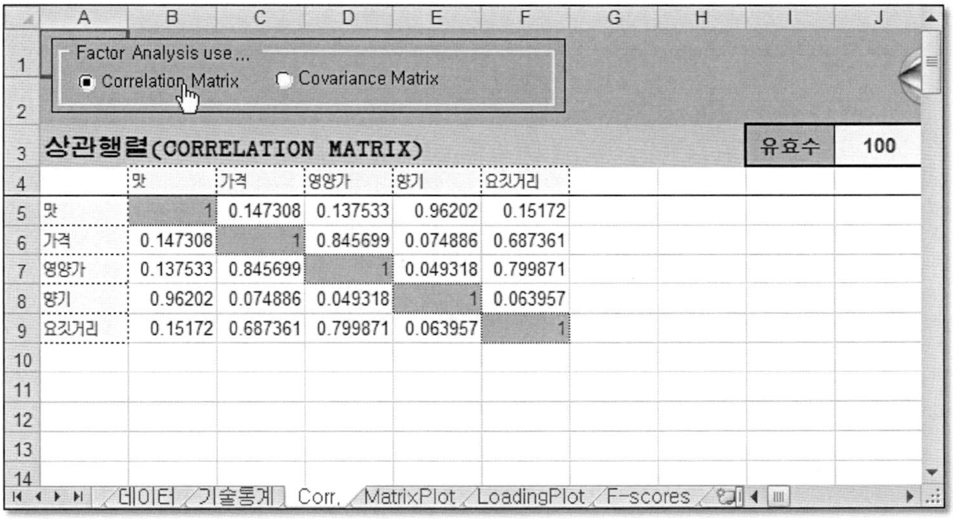

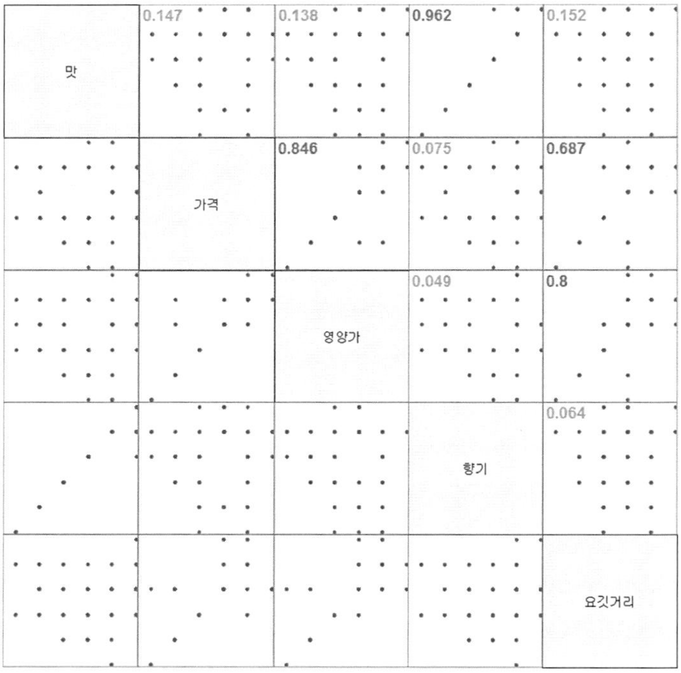

⑥ "LoadingPlot" 시트에서 Factor Analysis 실행 을 클릭하면 요인점수를 이용한 위치도를 작성해 준다. 물론 옵션을 이용하여 주성분 점수로도 표현할 수 있다.

⑦ 여러 가지 옵션 및 콤보상자를 이용하여 작성된 도표를 분석한다.

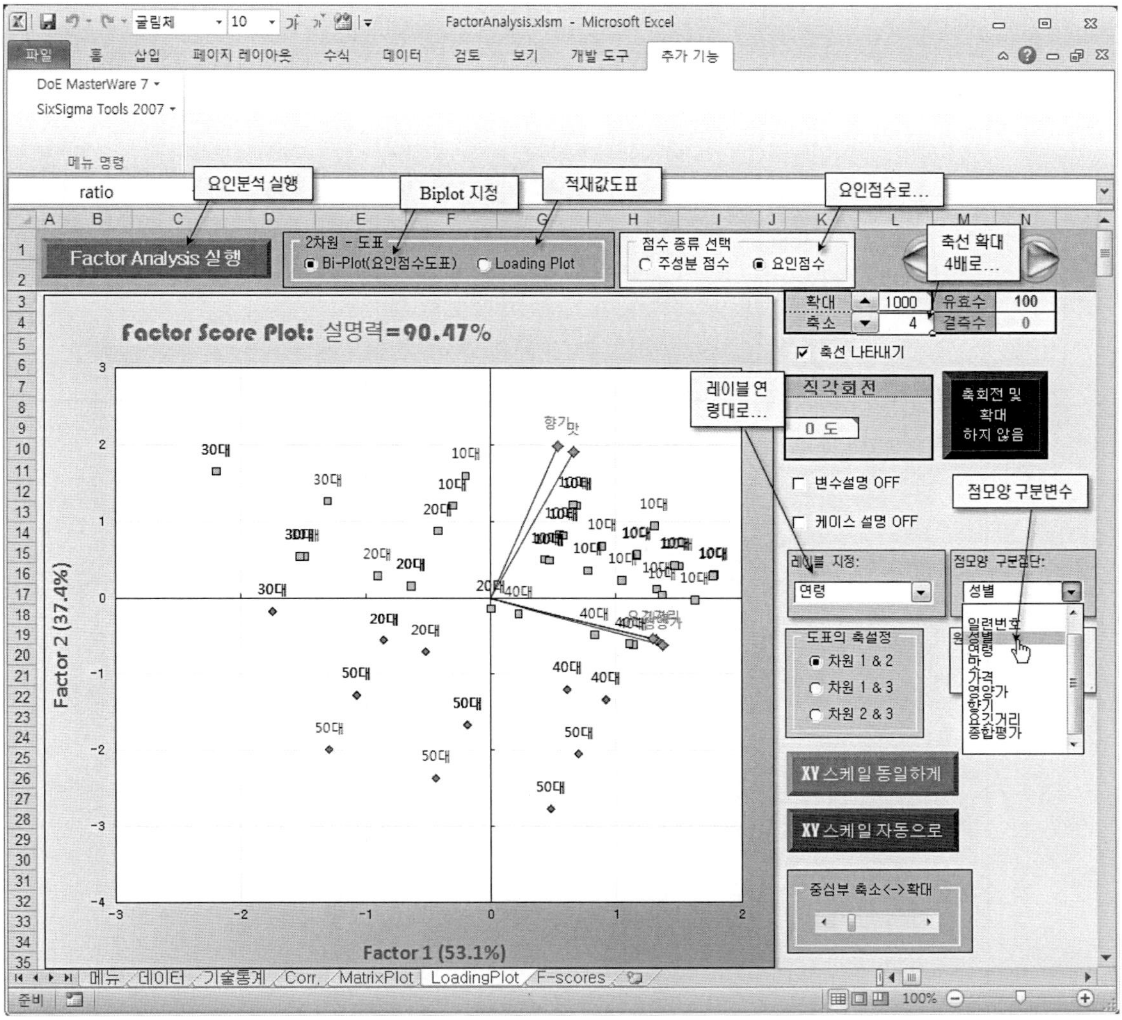

아래 결과는 산출 가능한 모든 요인과 요인점수계수를 나타낸다. 여기에서 사용자는 요인의 수를 결정해야 한다. [그림 24.9.1a]의 분산 설명력을 보면 추출요인이 2개인 경우 약 90.5%(=0.531+0.374)로 매우 우수하다. 즉 잠재요인 2개로 총분산을 90.5%를 설명할 수 있다는 것이다. 이는 고유값이 '1' 이상인 것들의 수와도 일치하며 또한 Scree 검정을 위한 도표 [그림 24.9.1b]를 봐도 2개가 적절함을 알 수 있다.

[그림 24.9.1a] 요인추출 통계량

요인추출					추출된 요인		
요인 (차원)	비정칙값	고유값	분산 설명력(%)	분산누적 설명력(%)	고유값	분산 설명력(%)	분산누적 설명력(%)
1	1.629	2.655	53.09	53.09	**2.655**	**53.09**	**53.09**
2	1.367	1.869	37.38	90.47	**1.869**	**37.38**	**90.47**
3	0.562	0.316	6.33	96.80			
4	0.356	0.127	2.53	99.33			
5	0.183	0.034	0.67	100.00			
합계		5.000	100.00				-

[그림 24.9.1b] 스크리 도표(scree plot)

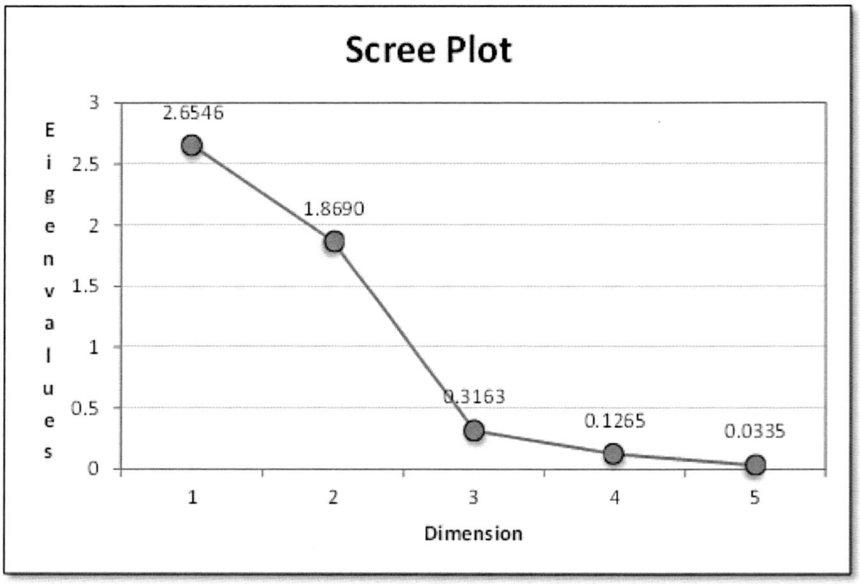

[그림 24.9.1c]의 각 행은 요인들을 독립변수 항들로 하고 해당된 변수를 종속변수로 했을 때 표준화된 회귀계수들이다. 이 계수들을 요인적재값(factor loadings)이라 하는데 이는 각각의 요인이 얼마나 많이 가중치가 할당(또는 적재, 부하)되었는가를 나타내기 때문이다. 한 변수에서 절대값이 큰 적재값을 가지는 요인들은 그 변수와 매우 밀접한 관련이 있다는 것을 의미한다. 예를 들어 '맛' 변수에서 가장 큰 적재값을 가지고 있는 요인은 '요인2'이다. 그러므로 '맛' 변수는 '요인2'와 매우 밀접한 관련을 가진다고 할 수

있다. 이러한 요인적재값들의 행렬을 요인패턴행렬(factor pattern matrix)이라고도 한다.

[그림 24.9.1c] 요인적재값(factor loadings)

변수	요인적재값(factor loadings)					공통성
	F1	F2	F3	F4	F5	
맛	.439	.889	.011	-.012	-.130	.017
가격	.877	-.261	-.359	.184	-.002	.034
영양가	.910	-.297	-.060	-.282	.009	.079
향기	.355	.926	-.012	.005	.129	.017
요깃거리	.859	-.256	.429	.115	.006	.013
고유값	2.655	1.869	.316	.127	.034	
분산%	53.1	37.4	6.3	2.5	.7	
누적%	53.1	90.5	96.8	99.3	100.0	

추정된 요인들이 서로 관련되어 있지 않을 때(직교할 때) 요인적재값은 요인들과 변수들 간의 상관계수들이다. 즉, 첫 번째 요인과 '맛'의 상관계수는 0.439이고 두 번째 요인과 '맛'의 상관계수는 0.889이다. 변수들과 요인들의 상관계수행렬은 요인구조(factor structure)라고 한다. 요인들이 직교(독립)할 경우 요인구조행렬과 요인패턴행렬은 같아진다. [그림 24.9.1c]와 같이 이러한 행렬들을 요인행렬(factor matrix)이라고 한다.

첫 번째 요인1은 가격, 영양가, 요깃거리와 강한 양의 상관계수를 가지고 맛과 향기는 미약한 양의 상관계수를 가진다. 그러므로 요인1은 가격, 영양가, 요깃거리와 강한 상관을 가지므로 "효율" 같은 어떤 것을 측정하는 것으로 볼 수 있다.

두 번째 요인은 맛과 향기가 높은 강한 양의 상관을 가지며 다른 변수들은 미약한 음의 상관을 가진다. 그러므로 요인2는 "미각"과 같은 것을 측정한다고 볼 수 있다. 시리얼 시장조사 데이터는 두 요인('효율성'과 '미각')에 의하여 잘 특성화될 수 있다.

24.9.2 요인점수계산

요인의 수를 '2'로 하고 요인점수를 계산해 보자.

요인계수	요인점수계수(factor score coefficients)				
	요인1	요인2	3	4	5
맛	.165	.476	.035	-.092	-3.875
가격	.330	-.140	-1.134	1.453	-.066
영양가	.343	-.159	-.188	-2.227	.258
향기	.134	.495	-.038	.036	3.837
요깃거리	.323	-.137	1.356	.909	.188

요인점수는 아래식으로 계산된다.

$$\text{효율요인점수} = 0.165\,Z_{\text{맛}} + 0.33\,Z_{\text{가격}} + 0.343\,Z_{\text{영양가}} + 0.134\,Z_{\text{향기}} + 0.323\,Z_{\text{요깃거리}}$$

$$\text{미각요인점수} = 0.476\,Z_{\text{맛}} - 0.14\,Z_{\text{가격}} - 0.159\,Z_{\text{영양가}} + 0.495\,Z_{\text{향기}} - 0.137\,Z_{\text{요깃거리}}$$

이렇게 계산된 요인점수는 서로 독립이므로 상관계수가 '0'이 된다. 그리고 분산은 각 고유값이 되며 평균은 '0'이다. 그리고 이 두 요인으로 총분산의 약 90.5%를 설명하게 된다.

24.9.3 두 요인점수를 이용한 Biplot의 해석

효율요인점수를 X축, 미각요인점수를 Y축으로 하여 산점도를 작성하되 각 산점에 레이블을 연령, 성별로 지정해 보자.

LoadingPlot 시트에서 Factor Analysis 실행 을 클릭하여 실행하면 Biplot이 작성된다. 확대축소의 회전자를 사용하여 축의 크기를 4배로 확대하여 축의 방향성을 표현한다.

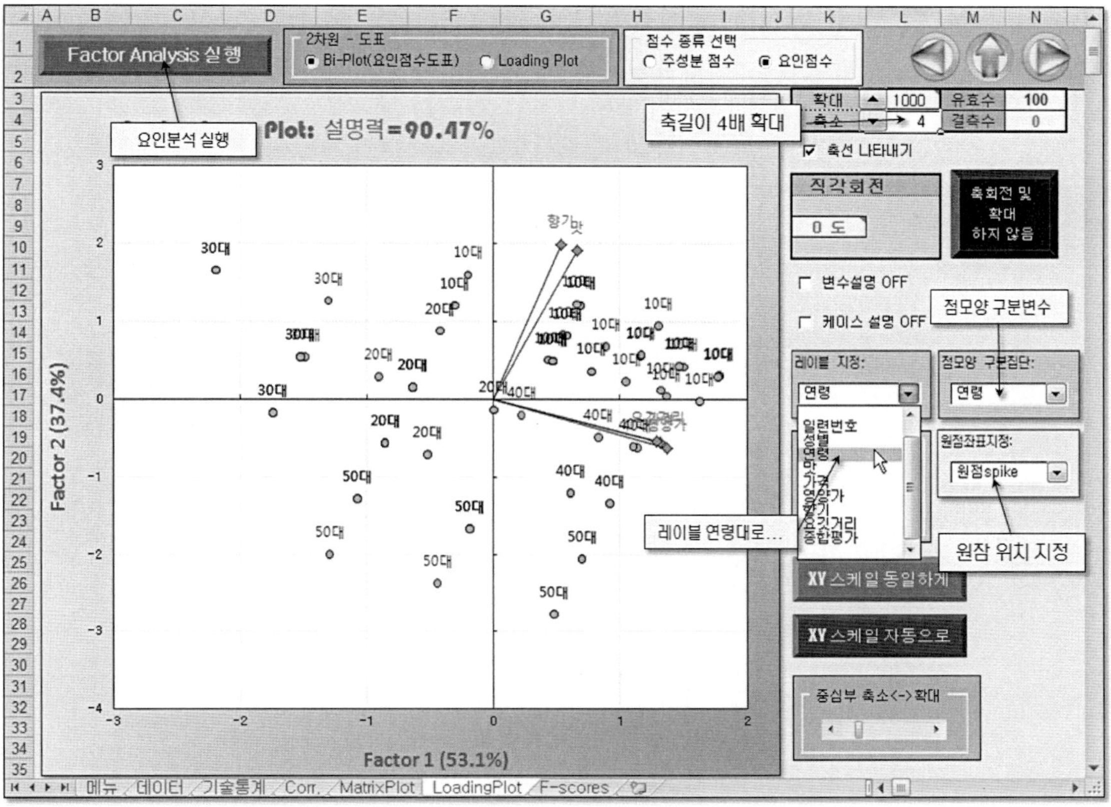

이 biplot의 산점은 요인점수를 좌표로 점표시한 것이며 축을 나타내는 화살표는 요인점수계수를 좌표로 점표시하고 원점에서 축선을 표시한 그림이다. 그림의 제목에 두 요인으로 전체분산의 약 90.47%를 설명할 수 있음을 나타내고 있다. 향기와 맛은 축의 사이 각이 매우 작아 서로 간의 상관성이 큼을 알 수 있으며 요인2에 높게 적재되어 있다. 그러므로 앞에서 '미각'요인으로 명명하였다. 역시 영양가, 가격, 요깃거리는 서로 간의 사이 각이 매우 좁으므로 높은 양의 상관관계를 가지고 있음을 예상할 수 있다. 즉 이 세 변수들은 요인2에 높은 설명력을 가지므로 '효율'요인으로 명명하였다.

다음은 '종합평가' 변수를 요인분석에 포함했을 때의 결과이다. 종합평가가 미각요인 변수들과 효율요인변수들의 중앙에 위치한 것을 확인 할 수 있다. 이는 두 요인의 합의 개념을 잘 반영하고 있음을 나타낸다. 즉 종합평가

점수에 높게 반응한 긍정적인 응답자는 두 요인 모두에 긍적적이라는 사실을 암시하고 있다. 그러므로 연령을 보면 10대가 두 요인 모두 긍정적인 태도를 나타내고 있음을 알 수 있다.

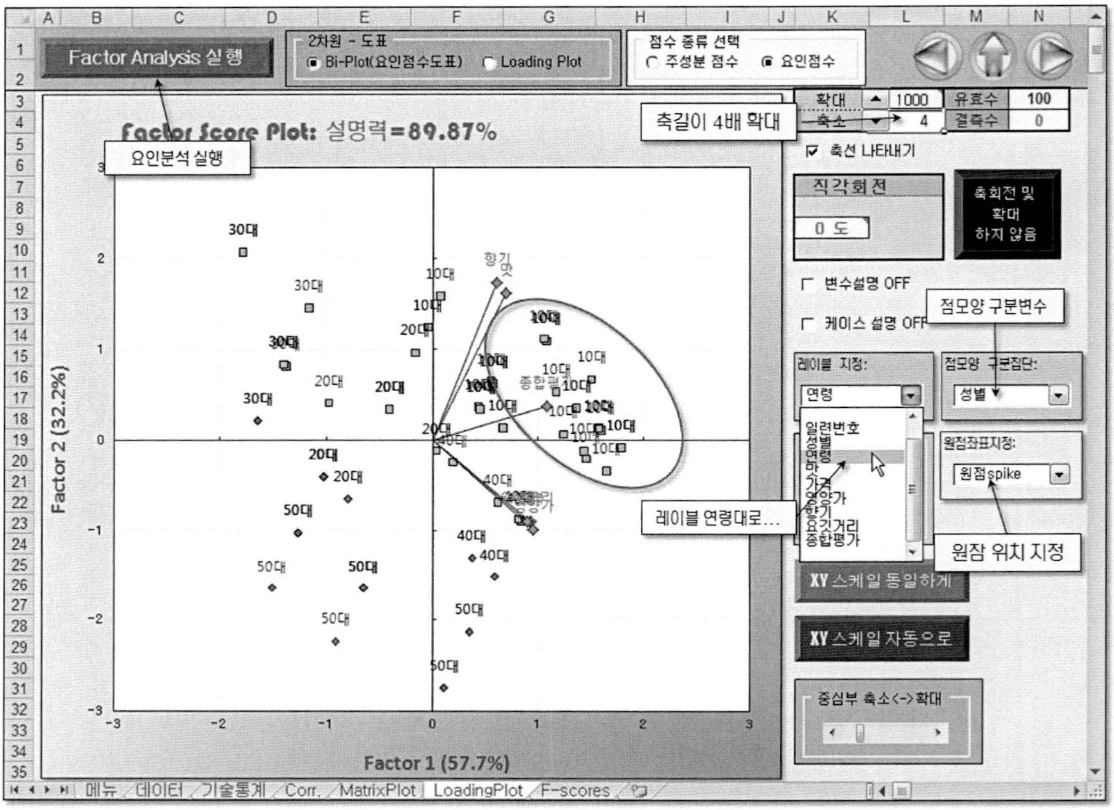

제목은 종합평가가 포함된 경우 두 요인으로 전체분산의 약 89.87%를 설명할 수 있음을 나타내고 있다. biplot은 각 케이스들과 변수들을 종합하여 2차원 평면상에 나타내는 방법론으로 케이스들의 상대적 위치뿐만 아니라 변수들의 방향성을 함께 해석할 수 있으며 집단별로 점표시를 달리 표현함으로써 각 집단간의 상대적 위치를 가늠해 볼 수 있는 매우 강력한 분석방법이다. 이러한 분석법은 마케팅 전략, 선거전략, 시장전략 등 현위치(As Is)와 앞으로 나가갈 위치(To Be)를 파악할 수 있으며 그렇게 하기 위하여 어떤 변수가 증가 또는 감소해야 하는가를 분석할 수 있다. 변수들의 중요도를 파악할 수 있다.

⇨24.10 운동화 구매요인분석

다음은 운동화 구매 시 중요하게 생각되는 다섯 개의 속성들에 대해서 40명의 응답자에 대한 1점에서 7점 척도로 측정한 데이터이다. 요인분석을 실행해 보자.

[표 24.10] 운동화구매요인 측정 데이터(운동화구매요인.xlsx)

번호	편안함	디자인	수명	색상	세탁의 용이성
1	1	5	1	5	3
2	4	3	5	2	4
3	5	1	5	1	5
4	3	4	5	3	5
5	3	1	3	1	4
6	5	1	6	2	1
7	3	4	2	5	4
8	4	3	2	3	5
9	2	5	1	4	4
10	5	3	5	3	4
11	6	2	7	3	4
12	4	3	4	2	6
13	6	1	5	2	2
14	6	2	6	2	1
15	2	5	2	6	6
16	3	2	2	2	4
17	3	6	2	5	4
18	4	1	4	1	5
19	6	3	6	3	3
20	3	2	3	2	7
21	5	2	6	2	3
22	5	2	4	3	2
23	1	5	1	5	7
24	3	2	3	2	4
25	3	5	3	5	3
26	3	2	4	1	6
27	7	4	7	4	2
28	4	1	3	2	6
29	4	3	4	3	3
30	3	3	5	3	1
31	2	4	1	4	5

32	4	1	3	2	4
33	2	4	2	4	3
34	4	2	6	2	5
35	5	5	6	4	4
36	3	2	4	1	6
37	6	3	5	2	2
38	4	3	5	4	3
39	3	1	4	4	6
40	3	1	4	1	5

① SixSigma Tools 2007 > 분석(Analyze) > 차원축소 > 요인분석...

② 데이터입력을 클릭하고 데이터연결 단추를 클릭한다.

③ "운동화구매요인.xlsx"의 데이터 시트에서 데이터의 범위를 변수이름과 같이 끌기하여 선택하고 선택(Ctrl+* 또는 Ctrl+Shift+8),

④ 도구에서 연결 단추를 클릭하고 나타나는 대화상자에서 구분(ID)변수를 지정('일련번호'를 지정하자 - 선택사항임)하고 '확인'을 클릭한다.

⑤ 각 시트를 차례대로 넘기면서 여러 가지 통계량 및 Correlation 등을 분석한다.

⑥ "LoadingPlot" 시트에서 Factor Analysis 실행 을 클릭하면 요인점수를 이용한 위치도를 작성해 준다.

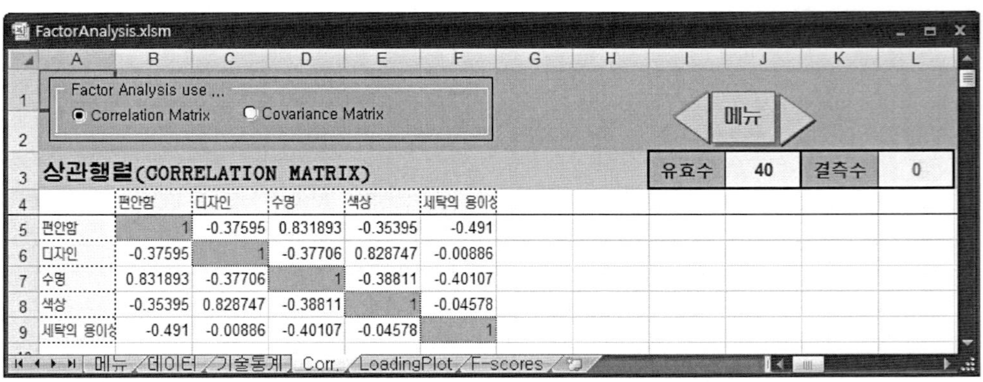

	편안함	디자인	수명	색상	세탁의 용이성
편안함	1	-0.37595	0.831893	-0.35395	-0.491
디자인	-0.37595	1	-0.37706	0.828747	-0.00886
수명	0.831893	-0.37706	1	-0.38811	-0.40107
색상	-0.35395	0.828747	-0.38811	1	-0.04578
세탁의 용이성	-0.491	-0.00886	-0.40107	-0.04578	1

위의 상관계수행렬을 보면 변수들 간의 상관이 크고 작음이 뚜렷하게 구분되고 있음을 알 수 있다. '디자인'과 '색상'은 매우 큰 양의 상관을 가지므

로 이 두 변수는 같은 요인으로 작용함을 예측할 수 있다. 그리고 '편안함'과 '수명'이 큰 양의 상관을 나타내고 있다. 즉 이렇게 서론 간의 상관계수의 절대값이 큰 변수들이 존재한다는 것은 기하적으로 데이터의 형상이 원형으로부터 찌그러진 타원의 형태를 띠게 되고 이는 주성분으로 설명하면 분산을 상대적으로 크게 설명하는 장축이 존재하고 이 장축이 제 1주성분이 됨을 알 수 있는 것이다. 그러므로 앞으로는 상관계수 행렬만을 보고도 요인분석 모형을 적합할 만한지 아닌지를 판단할 수 있다면 분석을 진행하는데 보다 더 깊은 통찰력을 가질 수 있다.

아래 각 추출된 주성분이 설명하는 분산의 양을 나타내는 표를 보면 제 1 주성분이 53.82%를 설명하고 제2주성분은 29.07%를 설명하고 있다. 즉 2차원으로 설명할 경우 총분산인 고유값의 합인 '5'에서 약 82.89%를 설명하게 됨을 알 수 있다.

요인추출					추출된 요인		
요인 (차원)	비정칙값	고유값	분산 설명력(%)	분산누적 설명력(%)	고유값	분산 설명력(%)	분산누적 설명력(%)
1	1.640	2.691	53.82	53.82	**2.691**	**53.82**	**53.82**
2	1.206	1.453	29.07	82.89	**1.453**	**29.07**	**82.89**
3	0.724	0.524	10.49	93.38			
4	0.424	0.180	3.60	96.98			
5	0.389	0.151	3.02	100.00			
합계		5.000	100.00				-

요인수는 대부분의 세계적인 통계패키지들에서 디폴트가 고유값이 '1' 이상인 경우로 설정되어 있다. 이는 각 변수들을 표준화했을 때 각 변수들이 담고 있는 정보량, 즉 분산이 '1'로 표준화되었으므로 이에 따른 것이다. 그런데 변수들 간의 상관성이 존재하면 주성분들의 설명하는 분산이 '1'이 아닌 더 큰 값들이 존재하게 되어 변수 자신의 분산 '1'보다 커지게 된다. 만일 변수들 간의 상관성이 존재하지 않아 서로간의 모두 상관계수가 '0'이 된다면 추출된 모든 주성분들의 분산인 고유값도 모두 '1'이 된다. 위의 표에서

고유값이 '1'보다 큰 경우는 2차원까지 이므로 그리고 2차원까지 사용했을 때 분산 설명력이 82.89%로 매우 만족스러운 적합을 보이므로 2차원으로 설명하는 무리가 없다. 참고로 차원을 축소하려는 목적으로 반드시 고유값 '1' 이상이 되는 개수만을 고집할 필요는 없다. 고유값이 대략 0.7이상인 점의 개수를 요인의 수로 결정할 수도 있다.

다음 결과를 보면 요인점수계수를 좌표로 2차원 평면상에 표시하고 원점을 중심으로 말뚝 표시한 것이다. 그런데 이 축들의 좌표값이 너무 작아서 가운데 작게 나타났다. 축을 확대하여 표현하면 보다 각 데이터 점들의 상호관계를 보다 쉽게 파악할 수 있을 것이다. 상단의 확대축소 회전자를 사용하여 확대해 보라. 재미있을 것이다.

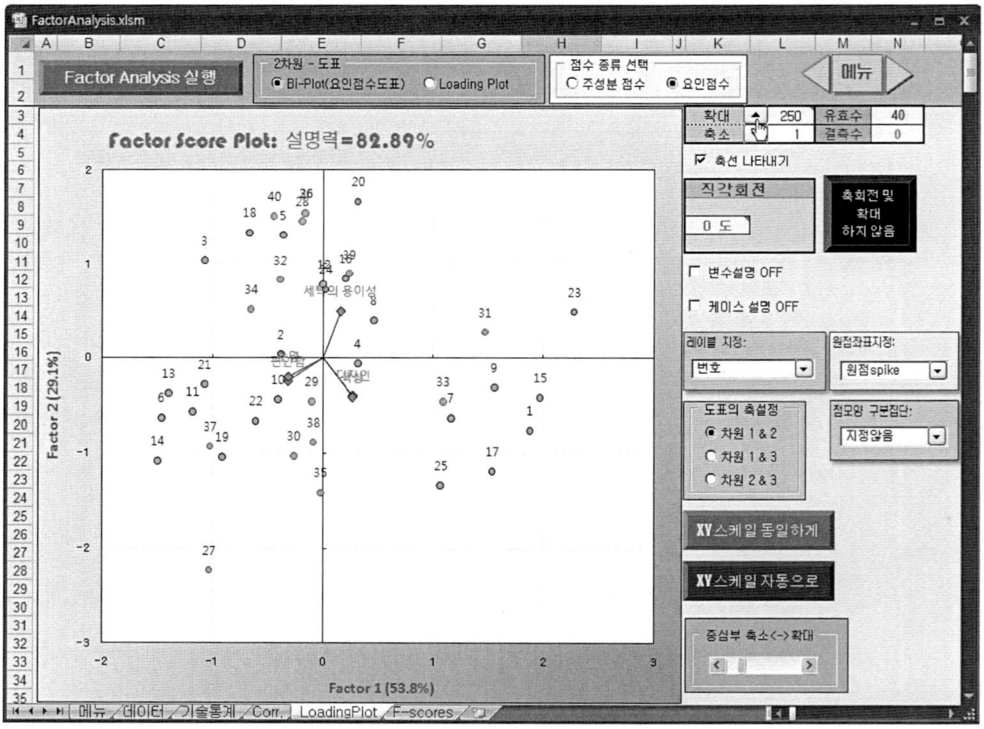

추출한 요인을 rotation하기 전의 결과로서 모든 변수가 FACTOR1에 0.40 이상의 매우 높게 관련되어 있으며, FACTOR2에는 디자인, 색상, 세탁의 용

이성이 관련 있게 나타나고 있다. 요인과 변수 간에 구분이 잘 되고 있지 않고 있기 때문에 이들 구조를 더 잘 설명할 수 있는 구조로 rotation하는 것이 필요하다.

요인추출 후에 각 요인에 대한 eigenvalue와 추출한 요인들에 의해 각 변수의 설명정도를 나타내는 공통성(communality)이 출력되어 있는데, 전반적으로 두 요인에 의한 설명 정도가 82.89%로 매우 높게 나타났다.

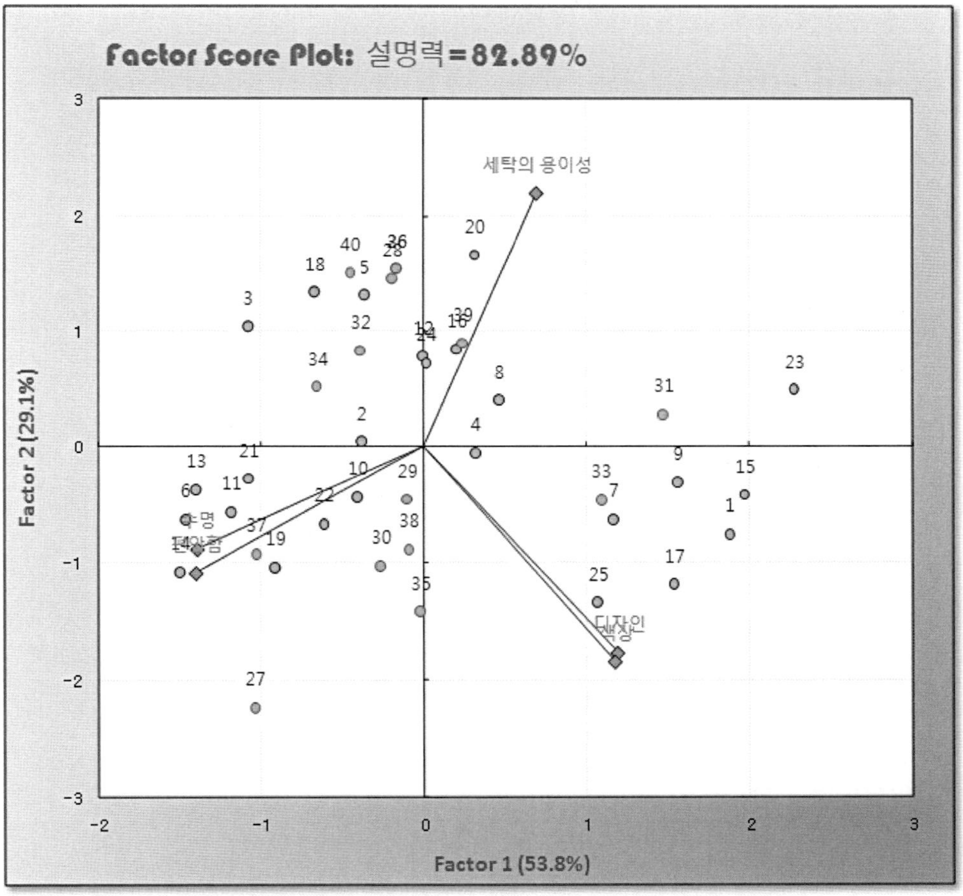

위의 결과에서는 축의 길이를 확대한 결과이다. 확대 전의 요인점수를 계산한 요인점수계수로 표현 하면 다음과 같이 계산된다.

$$FS_1 = -0.318\,Z_{편안함} + 0.272\,Z_{디자인} - 0.316\,Z_{수명} + 0.268\,Z_{색상} + 0.159\,Z_{세탁의용이성}$$

$$FS_2 = -0.248\,Z_{편안함} - 0.403\,Z_{디자인} - 0.202\,Z_{수명} - 0.419\,Z_{색상} + 0.498\,Z_{세탁의용이성}$$

위 산점의 각 좌표는 FS1과 FS2의 두 요인점수를 X축과 Y축으로 하는 산점도를 나타내며 각 축의 좌표는 요인점수계수들을 좌표로 나타내고 이들의 좌표를 일정수준으로 확대하여 표현한 것이다. 그리고 각 Z 변수들은 각 변수의 표준화 점수를 의미한다.

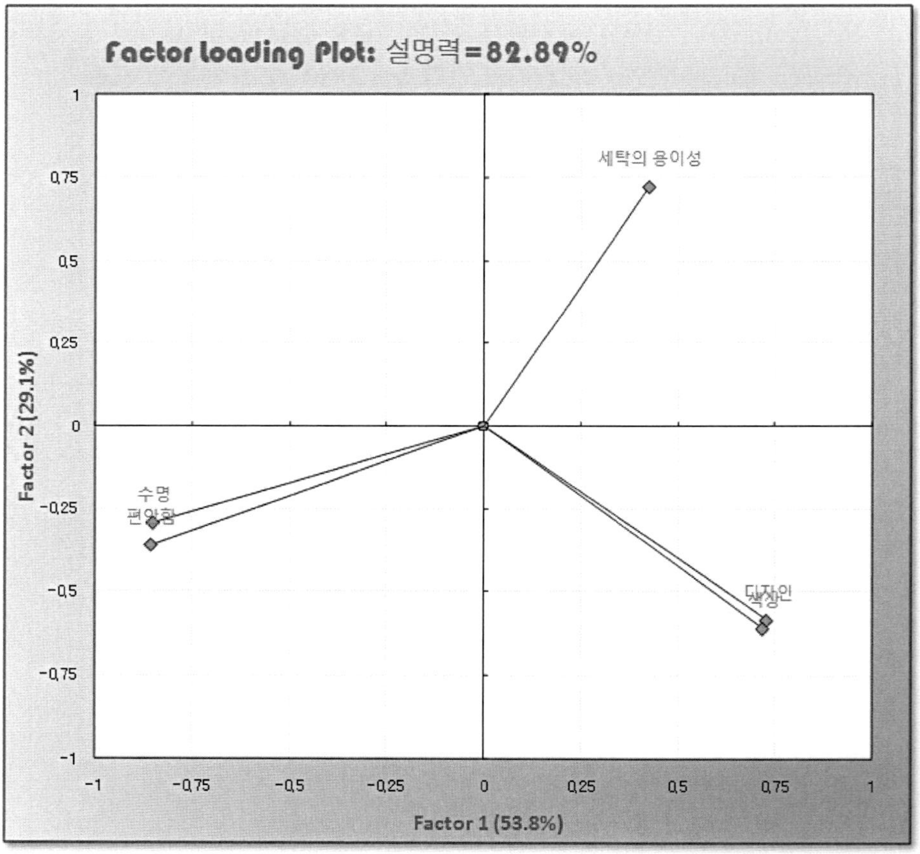

위의 결과는 요인에 대한 각 변수의 factor loading을 가지고 변수와 요인의 그림을 나타낸 것이다. '편안함'이라는 변수와 '수명'이라는 변수에 대해서 비슷하게 인식하고 있으며, '색상'과 '디자인' 또한 서로 비슷하게 인식되

고 있다. 반면에 '세탁의 용이성'은 다른 형태의 grouping을 하고 있는 것으로 나타났다. Factor1과 관련된 변수는 '편안함', '수명', '세탁의 용이성' 등으로 '신발의 실용성'이라는 잠재요인으로 이해할 수 있으며, Factor2와 관련된 변수는 '색상'과 '디자인'으로 '신발의 미적 가치'라는 이름으로 잠재요인을 명명할 수 있을 것이다. 잠재요인에 대한 명명은 구성되는 변수를 살펴보고 연구자가 적절하게 붙일 수 있다. 이렇게 잠재요인에 대한 명명을 시도한 후에 이 명명된 요인의 점수를 사용하여 다른 분석으로 확장 적용할 수 있다. 결국 이러한 요인점수는 실제 측정된 점수가 아닌 추상적인 개념에 대해 간접적인 방식을 사용하여 점수를 부여할 수 있음을 알 수 있다.

[Training 24.10a] 어느 회사는 입사 후 3년이 지난 사원의 업무능력을 평가하고 있다. 업무실적과 업무에 대한 잠재력 테스트를 시행하여 비교하여 보았다. 25명의 사원이 임의로 채택되었으며 업무실적 평가를 위해 판매실적, 새로운 고객확보실적의 변수들이 고려되었다. 이 점수는 20점 만점으로 되어 있다. 그리고 잠재력 테스트를 위해 각 개인들에게는 개발능력, 행동력, 사고능력, 계산능력의 4가지 테스트가 주어졌다. 이 점수는 100점 만점이다. 테스트 결과는 다음과 같다. 요인분석을 실시하되 군집분석을 통해 각 사원들을 몇 개의 유사한 집단으로 구성 한 후에 요인분석의 biplot 상에 표시하고 군집별 특성을 설명해 보라.

사원	판매실적	고객확보실적	개발능력	행동력	사고능력	계산능력
P1	15	15.3	65	50	40	68
P2	12.2	14.3	35	45	25	32
P3	15.1	15.3	55	60	55	64
P4	15.5	15.5	55	70	55	70
P5	14.3	15.5	25	70	65	60
P6	14.9	16	85	85	55	54
P7	16	16	70	80	60	78
P8	16	16.1	50	80	55	98
P9	13.8	15.7	40	50	65	34

P10	15.9	15	45	85	55	88
P11	15.9	15.7	90	75	50	86
P12	13.2	16.5	65	55	40	20
P13	14.4	14.5	35	75	55	54
P14	14.1	15.1	50	60	55	38
P15	15.9	14.9	90	85	50	84
P16	15.9	16.5	40	65	70	94
P17	13.8	16.1	90	80	40	36
P18	15.3	15.5	65	60	70	56
P19	16.2	15.5	75	95	60	82
P20	16	16.2	70	100	60	74
P21	15.4	16	45	85	65	64
P22	13.9	15.6	65	75	30	46
P23	15.5	14.9	85	100	50	64
P24	16	16	70	100	70	75
P25	15.3	16	75	60	60	52

[Training 24.10b] 다음 표는 미국 Wisconsin 주 14개 지역에 대한 5개 사회경제적 변수에 대한 자료이다.

C1 = Pop(총인구수(천명))
C2 = School(교육년수 중위값(년))
C3 = Employ(총고용자수(천명))
C4 = Health(의료기관고용자수(천명))
C5 = Home(주택가격 중위수(만불))

지역	Pop	School	Employ	Health	Home
R1	5.935	14.2	2.265	2.27	2.91
R2	1.523	13.1	0.597	0.75	2.62
R3	2.599	12.7	1.237	1.11	1.72
R4	4.009	15.2	1.649	0.81	3.02
R5	4.687	14.7	2.312	2.5	2.22
R6	8.044	15.6	3.641	4.51	2.36
R7	2.766	13.3	1.244	1.03	1.97
R8	6.538	17	2.618	2.39	1.85
R9	6.451	12.9	3.147	5.52	2.01
R10	3.314	12.2	1.606	2.18	1.82

R11	3.777	13	2.119	2.83	1.8
R12	1.53	13.8	0.798	0.84	4.25
R13	2.768	13.6	1.336	1.75	2.64
R14	6.585	14.9	2.763	1.91	3.17

요인분석을 실시하고 2차원 요인점수 위치도를 작성한 후에 각 14개 지역별 특성을 설명하시오.

[Training 24.10c] 다음 표는 1984년 LA 올림픽에서 국사별 육상경기의 기록이다. 요인점수 위치도(biplot)를 작성하고 각 국가별 강점 및 약점을 설명하시오.

국가	100m (초)	200m (초)	400m (초)	800m (분)	1500m (분)	5000m (분)	10,000m (분)	마라톤 (분)
ARGENTIN	10.39	20.81	46.84	1.81	3.7	14.04	29.36	137.72
AUSTRALI	10.31	20.06	44.84	1.74	3.57	13.28	27.66	128.3
AUSTRIA	10.44	20.81	46.82	1.79	3.6	13.26	27.72	135.9
BELGIUM	10.34	20.68	45.04	1.73	3.6	13.22	27.45	129.95
BERMUDA	10.28	20.58	45.91	1.8	3.75	14.68	30.55	146.62
BRAZIL	10.22	20.43	45.21	1.73	3.66	13.62	28.62	133.12
BURMA	10.64	21.52	48.3	1.8	3.85	14.45	30.28	139.95
CANADA	10.17	20.22	45.68	1.76	3.63	13.55	28.09	130.15
CHILE	10.34	20.8	46.2	1.79	3.71	13.61	29.3	134.03
CHINA	10.51	21.04	47.3	1.81	3.73	13.9	29.13	133.53
COLOMBIA	10.43	21.05	46.1	1.82	3.74	13.49	27.88	131.35
COOKISLA	12.18	23.2	52.94	2.02	4.24	16.7	35.38	164.7
COSTARIC	10.94	21.9	48.66	1.87	3.84	14.03	28.81	136.58
CZECHO	10.35	20.65	45.64	1.76	3.58	13.42	28.19	134.32
DENMARK	10.56	20.52	45.89	1.78	3.61	13.5	28.11	130.78
DOMINICA	10.14	20.65	46.8	1.82	3.82	14.91	31.45	154.12
FILAND	10.43	20.69	45.49	1.74	3.61	13.27	27.52	130.87
FRANCE	10.11	20.38	45.28	1.73	3.57	13.34	27.97	132.3
EGERMAN	10.12	20.33	44.87	1.73	3.56	13.17	27.42	129.92
WGERMAN	10.16	20.37	44.5	1.73	3.53	13.21	27.61	132.23
ENGLAND	10.11	20.21	44.93	1.7	3.51	13.01	27.51	129.13
GREECE	10.22	20.71	46.56	1.78	3.64	14.59	28.45	134.6
GUATEMAL	10.98	21.82	48.4	1.89	3.8	14.16	30.11	139.33

HUNGARY	10.26	20.62	46.02	1.77	3.62	13.49	28.44	132.58
INDIA	10.6	21.42	45.73	1.76	3.73	13.77	28.81	131.98
INDONESI	10.59	21.49	47.8	1.84	3.92	14.73	30.79	148.83
IRELAND	10.61	20.96	46.3	1.79	3.56	13.32	27.81	132.35
ISRAEL	10.71	21	47.8	1.77	3.72	13.66	28.93	137.55
ITALY	10.01	19.72	45.26	1.73	3.6	13.23	27.52	131.08
JAPAN	10.34	20.81	45.86	1.79	3.64	13.41	27.72	128.63
KENYA	10.46	20.66	44.92	1.73	3.55	13.1	27.38	129.75
KOREA	10.34	20.89	46.9	1.79	3.77	13.96	29.23	136.25
NKOREA	10.91	21.94	47.3	1.85	3.77	14.13	29.67	130.87
LUXEMBOU	10.35	20.77	47.4	1.82	3.67	13.64	29.08	141.27
MALAYSIA	10.4	20.92	46.3	1.82	3.8	14.64	31.01	154.1
MAURITIU	11.19	22.45	47.7	1.88	3.83	15.06	31.77	152.23
MEXICO	10.42	21.3	46.1	1.8	3.65	13.46	27.95	129.2
NETHERLA	10.52	20.95	45.1	1.74	3.62	13.36	27.61	129.02
NEWZEALA	10.51	20.88	46.1	1.74	3.54	13.21	27.7	128.98
NORWAY	10.55	21.16	46.71	1.76	3.62	13.34	27.69	131.48
NEWGUINE	10.96	21.78	47.9	1.9	4.01	14.72	31.36	148.22
PHILLIPP	10.78	21.64	46.24	1.81	3.83	14.74	30.64	145.27
POLAND	10.16	20.24	45.36	1.76	3.6	13.29	27.89	131.58
PORTUGAL	10.53	21.17	46.7	1.79	3.62	13.13	27.38	128.65
RUMANIA	10.41	20.98	45.87	1.76	3.64	13.25	27.67	132.5
SINGAPOR	10.38	21.28	47.4	1.88	3.89	15.11	31.32	157.77
SPAIN	10.42	20.77	45.98	1.76	3.55	13.31	27.73	131.57
SWEDEN	10.25	20.61	45.63	1.77	3.61	13.29	27.94	130.63
SWITZERL	10.37	20.46	45.78	1.78	3.55	13.22	27.91	131.2
TAIPEI	10.59	21.29	46.8	1.79	3.77	14.07	30.07	139.27
THAILAND	10.39	21.09	47.91	1.83	3.84	15.23	32.56	149.9
TURKEY	10.71	21.43	47.6	1.79	3.67	13.56	28.58	131.5
USA	9.93	19.75	43.86	1.73	3.53	13.2	27.43	128.22
USSR	10.07	20	44.6	1.75	3.59	13.2	27.53	130.55
WESTERNS	10.82	21.86	49	2.02	4.24	16.28	34.71	161.83

군집분석 - Cluster Analysis

⇨25.1 군집분석이란?

"새들은 깃털이 같은 것끼리 모인다."라는 말이 있다. 이러한 말 이면에는 전체 새들을 특성이 서로 유사한 몇 개의 집단으로 분류할 수 있다는 의미를 내포하고 있다. 이 경우 개개의 새들을 가르쳐 '개체', '대상'이라 하고 특성이 서로 유사한 각각의 집단을 '군집'이라 하며 집단의 분류에 기준이 되는 유사성들을 가르쳐 '속성' 또는 '설명변수'라고 한다.

군집분석(cluster analysis)이란 많은 개체(object)들을 일정한 속성에 따라 몇 개의 군집(cluster)으로 분류하여, 같은 군집에 속한 객체들의 유사성과 서로 다른 군집에 속한 객체간의 상이성을 규명하고자 하는 통계분석방법이다.

생물학에서 동식물들을 분류하는데 군집분석이 사용되며, 의학에서는 환자를 대상으로 질병의 종류 및 상태를 분류하는데 군집분석을 사용할 수 있으며, 심리학에서는 성격유형에 따른 개인의 분류에 군집분석이 사용된다. 또한, 마케팅조사(marketing research)에서는 소비자들의 상품구매행태나 생활양식에 따라 몇 개의 소비자 군으로 분류하여 시장세분화(market segmentation) 전략을 수립하고자 할 때에 군집분석을 이용하며, 동종업종에서 생산된 많은 기존 상품들을 몇 개의 속성에 근거하여 군집화(clustering)함으로써 새로운 상품의 시장진출 가능성을 예측해 볼 때에도 군집분석이 사용된다.

군집분석은 다음과 같은 용도로 활용된다.

- ⊙ 다양한 특성을 지닌 관찰 대상을 유사성을 바탕으로 동질적인 집단으로 분류하는데 쓰이는 기법
- ⊙ 집단의 수 또는 집단 구조에 대한 가정이 없이 오직 개체들 사이의 유사성 또는 거리에 의하여 군집을 형성하고, 형성된 군집의 특성을 파악하여 군집들 사이의 관계를 분석하는 기법
- ⊙ 개체들 사이의 정의된 거리를 유사성이라 하고 이로써 군집을 형성하고 그 특성을 파악하고, 그 군집들 사이의 관계를 분석하는 기법
- ⊙ 분명한 분류 기준이 없거나 알려져 있지 않은 상태에서 활용될 수 있는 기법

⇨25.2 군집분석 절차

군집분석의 기본원리는 분석하고자 하는 객체들의 여러 가지 특성들을 유사성 거리로 환산하여, 유사성 거리가 상대적으로 가까운 객체들을 동질적인 집단으로 군집화(clustering)하는 것으로, 다음과 같은 3가지 중심과제가 있다.

① 어떠한 특성들을 비교할 것인가? (설명변수들의 선정문제)

② 어떻게 유사성 거리를 측정할 것인가? (유사성 거리의 측정방법)

③ 어떻게 동질적인 집단으로 분류할 것인가? (군집화 방법)

⇒25.3 설명변수의 선정

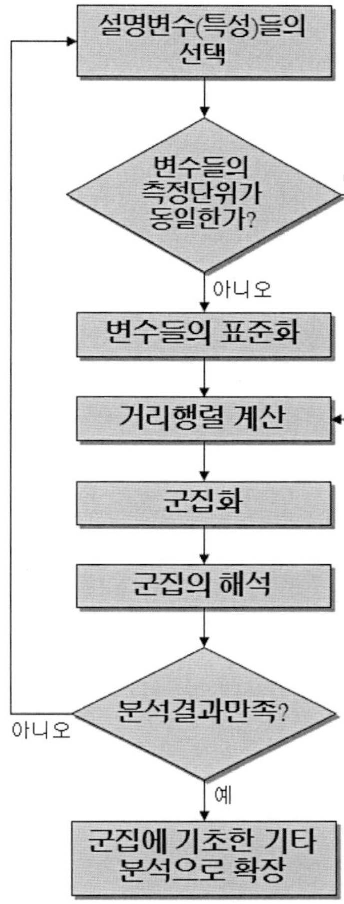

군집분석에서 가장 중요한 문제로 중요한 설명변수를 제외시키거나 불필요한 설명변수가 추가되는 경우 유사성 거리가 제대로 측정되지 못하게 된다. 회귀분석이나 판별분석 등과는 달리 군집분석에는 의미없는 설명변수들을 제외시키는 기능이 없으므로 특히 설명변수의 선정에 유의하여야 한다. 즉, 군집분석에서는 선정된 설명변수들이 모두 동일한 비중으로 유사성 거리의 측정에 반영되므로 잘못된 설명변수의 선정은 엉뚱한 결과를 도출하게 되는 직접적인 원인이 된다. 또한 군집분석은 다른 분석방법과는 달리 최종결과에 대한 통계적 유의성 검정의 방법이 없으므로 더욱 설명변수의 선정에 유의하여야 한다.

경우에 따라서는 요인분석(factor analysis)을 통하여 사전에 변수들 간의 중복부분을 제거한 순수요인인 요인점수(factor score)들을 계산하여 이 요인변수들을 군집분석의 설명변수로 사용하기도 한다.

⇨25.4 유사성의 측정

j 번째 자료를 $[X_{1j}, X_{2j}, \cdots, X_{pj}]' = \underline{X}_j'$

k 번째 자료를 $[X_{1k}, X_{2k}, \cdots, X_{pk}]' = \underline{X}_k'$

라 하면 두 자료의 상이성(dissimilarity)은 다음과 같이 정의한다.

⊙ Euclidean 거리(수학적 거리)

$$d_{jk} = d(\underline{X}_j, \underline{X}_k) = \sqrt{(\underline{X}_j - \underline{X}_k)'(\underline{X}_j - \underline{X}_k)}$$

$$= \sqrt{(X_{1j} - X_{1k})^2 + (X_{2j} - X_{2k})^2 + \cdots + (X_{pj} - X_{pk})^2}$$

$$= \sqrt{\sum_{i=1}^{p} (X_{ij} - X_{ik})^2}$$

⊙ Manhattan 거리

$$d_{jk} = \sum_{i=1}^{p} | X_{ij} - X_{ik} |$$

⊙ Pearson 거리(표준화 방법)

$$d_{jk} = d(\underline{X}_j, \underline{X}_k) = \sqrt{\sum_{i=1}^{p} (X_{ij} - X_{ik})^2 / S_{ii}}$$

⊙ Squared Euclidean 거리(수학적 거리)

$$d_{jk}^2 = \sum_{i=1}^{p} (X_{ij} - X_{ik})^2$$

⊙ Squared Pearson 거리(표준화 방법)

$$d_{jk}^2 = \sum_{i=1}^{p} (X_{ij} - X_{ik})^2 / S_{ii}$$

> 유사성거리의 측정시 주의해야 할 점은 변수값들을 **표준화**(standardized)하여야 한다는 점이다. 만약 변수값을 표준화하지 않는다면 변수값의 단위에 따라 상이한 결과를 초래할 수 있기 때문이다. 예를 들어 자동차의 배기량과 가격을 기준으로 자동차를 군집화할 때 배기량은 1000 - 2000 CC 정도의 편차가 있을 수 있지만, 가격은 1,000,000원 이상의 편차가 있을 수 있다. 그러므로 배기량에서는 1000이란 차이가 매우 큰 차이이지만, 가격에 있어서 1000이란 차이는 매우 적은 차이이므로, 유사성 거리의 측정에 있어서 배기량의 차이가 거의 무시되며 가격의 차이가 객체간의 거리를 완전히 좌우하게 될 것이다. 따라서 선정된 설명변수들의 단위가 서로 다를 경우에는 표준화를 통하여 설명변수들의 중요도를 동일하게 하여야만 한다.

⇨25.5 군집의 유형

군집의 유형은 대체로 다음과 같이 나누어 생각할 수 있다.

① 상호배반적(disjoint) 군집

- 각 객체들이 상호배반적인 여러 군집 중에서 어느 한 군집에만 속하는 경우로, 군집이 구형(spherical)을 이루고 있으므로 대부분의 군집화 방법들이 만족할 만한 결과를 유도하게 된다.

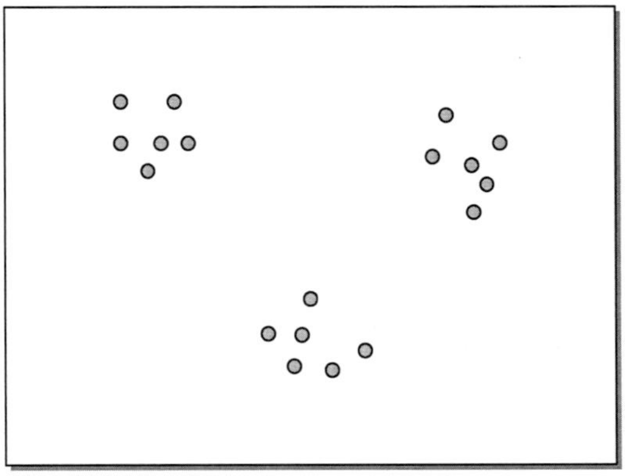

② **계층적(hierarchical) 군집**

- 한 군집이 다른 군집의 내부에 포함되나 군집 간의 중복이 허용되지 않고 가계보 또는 나무모양의 형태를 가지고 있는 경우로, 객체 A는 객체 C와 같은 군집에 속한다고 보아야 하나, 객체 B와 더 가깝다고 판정되기 쉽다. 따라서 이 같이 군집의 모양이 긴 경우에는 군집의 기준으로서 단순히 객체들 사이의 단순거리만을 사용하면 잘못된 결과를 얻기가 쉽다.

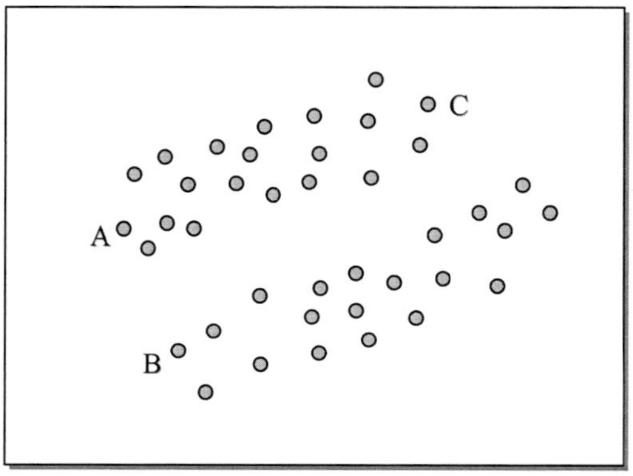

③ **중복(overlapping) 군집**

- 두 개 이상의 군집에 한 객체가 동시에 소속되는 경우로, 객체 A와 객체 B가 두 군집 사이에 '**고리**' 역할을 하여 군집화 방법에 따라서 상이한 군집으로 판정될 수 있다.

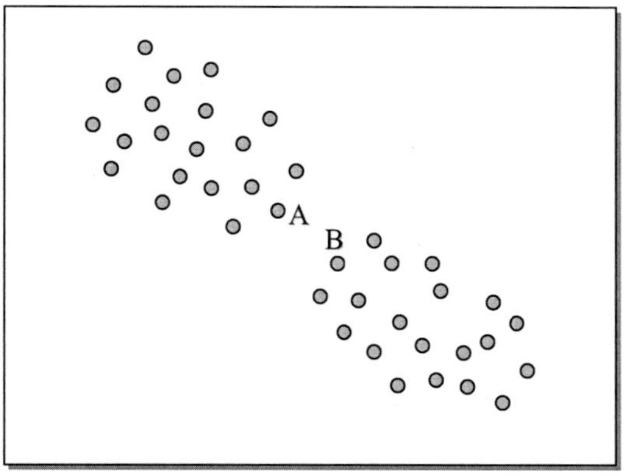

⇒25.6 군집 연결 방법

객체들을 군집화하는 방법에는 다음과 같은 것들이 있는데, 모든 방법들이 같은 군집 내의 유사성 거리는 되도록 가깝게 하고 군집 간의 유사성 거리는 되도록 멀게 한다는 기본 원리에 입각한 것이다.

① **최단연결법**(Single Linkage Method)

- 기존의 군집에 속해 있는 객체들 중에서 어느 한 객체와 가장 가까운 객체부터 군집에 포함시키는 방법이다.

이제 예를 들어 최단연결법을 설명하겠다. 5개의 객체들 간의 유사성 거리가 다음과 같은 거리행렬로 주어졌다고 하였을 때,

$$D = \begin{array}{c} \\ 1 \\ 2 \\ 3 \\ 4 \\ 5 \end{array} \begin{array}{c} \begin{array}{ccccc} 1 & 2 & 3 & 4 & 5 \end{array} \\ \begin{bmatrix} 0 & 7 & 1 & 9 & 8 \\ 7 & 0 & 6 & 3 & 5 \\ 1 & 6 & 0 & 8 & 7 \\ 9 & 3 & 8 & 0 & 4 \\ 8 & 5 & 7 & 4 & 0 \end{bmatrix} \end{array}$$

첫 단계로 $d_{13}=1$이 최소거리이므로 객체1과 객체3을 묶어 군집(1,3)을 만든다. 다음으로 군집(1,3)과 나머지 객체들 2,4,5와의 거리는

$d\{(2)(1,3)\} = \min\{d_{21}, d_{23}\} = d_{23} = 6$

$d\{(4)(1,3)\} = \min\{d_{41}, d_{43}\} = d_{43} = 8$

$d\{(5)(1,3)\} = \min\{d_{51}, d_{53}\} = d_{53} = 7$

이므로, 다음과 같은 거리행렬 D_1을 얻는다.

$$D_1 = \begin{array}{c} \\ (1,3) \\ 2 \\ 4 \\ 5 \end{array} \begin{array}{c} \begin{array}{cccc} (1,3) & 2 & 4 & 5 \end{array} \\ \begin{bmatrix} 0 & 6 & 8 & 7 \\ 6 & 0 & 3 & 5 \\ 8 & 3 & 0 & 4 \\ 7 & 5 & 4 & 0 \end{bmatrix} \end{array}$$

두 번째 단계로서 $d_{24}=3$이 최소거리가 되므로 객체 2와 객체 4를 묶어 군집(2,4)을 만든다. 그러면

$d\{(1,3)(2,4)\} = \min[d\{(2)(1,3)\}, d\{(4)(1,3)\}] = d\{(2)(1,3)\} = 6$

$d\{(5)(2,4)\} = \min\{d_{52}, d_{54}\} = d_{54} = 4$

이므로 다음 거리행렬 D_2를 얻는다.

$$D_2 = \begin{array}{c} (1,3) \\ (2,4) \\ 5 \end{array} \overset{\begin{array}{ccc} (1,3) & (2,4) & 5 \end{array}}{\begin{bmatrix} 0 & 6 & 7 \\ 6 & 0 & 4 \\ 7 & 4 & 0 \end{bmatrix}}$$

세 번째 단계로서 d{(2,4)(5)} = 4가 최소거리가 되므로 군집(2,4)와 객체 5를 묶어 군집(2,4,5)를 이루고 최종적으로 전체가 한 군집을 이루게 된다.

이와 같은 군집과정을 덴드로그램(dendrogram)으로 나타내면 다음과 같다.

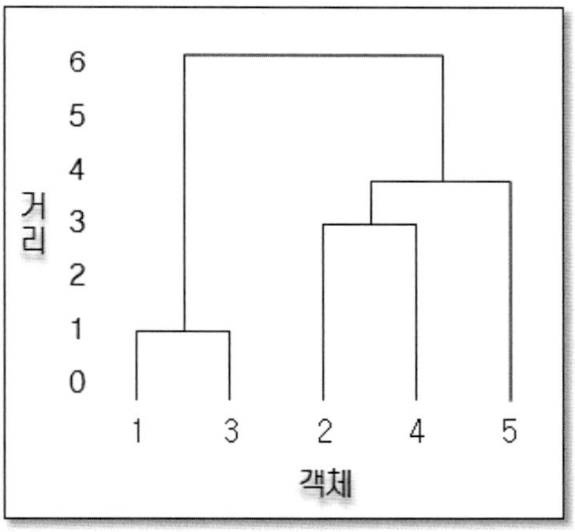

최단연결법은 수리적인 면이 우수하고, 컴퓨터 처리시간이 다른 방법들에 비하여 적게 걸리며, 순서 데이터를 군집화할 때 좋은 결과가 도출되나, 이른바 '고리' 현상의 객체들의 군집화할 때에는 매우 불리하다.

② **최장연결법**(Complete Linkage Method)

- 기존의 군집에 포함되어 있는 모든 객체에 대하여 일정 거리 이내에 들어와야만 동일한 군집에 포함시키는 방법이다. 또한 군집 간

의 거리는 각 군집에 속해 있는 객체 간에 가장 먼 거리로 산정된다. 따라서 새로운 객체를 포함시킬 때도 가장 먼 거리에 있는 객체와 비교하여 그 거리가 가장 가까운 군집에 포함시킨다.

최단연결법의 설명에서 사용한 거리행렬을 가지고 최장연결법을 설명하겠다. 즉, 5개의 객체들 간의 유사성 거리가 다음과 같은 거리행렬로 주어졌다고 하였을 때,

$$D = \begin{array}{c} \\ 1 \\ 2 \\ 3 \\ 4 \\ 5 \end{array} \begin{array}{c} \begin{array}{ccccc} 1 & 2 & 3 & 4 & 5 \end{array} \\ \begin{bmatrix} 0 & 7 & 1 & 9 & 8 \\ 7 & 0 & 6 & 3 & 5 \\ 1 & 6 & 0 & 8 & 7 \\ 9 & 3 & 8 & 0 & 4 \\ 8 & 5 & 7 & 4 & 0 \end{bmatrix} \end{array}$$

첫 단계로 최단연결법과 동일하다. 즉, $d_{13}=1$이 최소거리이므로 객체 1과 객체 3을 묶어 군집(1,3)을 만든다. 다음으로 군집(1,3)과 나머지 객체들 2,4,5와의 거리는

$$d\{(2)(1,3)\} = \max\{d_{21}, d_{23}\} = d_{21} = 7$$

$$d\{(4)(1,3)\} = \max\{d_{41}, d_{43}\} = d_{41} = 9$$

$$d\{(5)(1,3)\} = \max\{d_{51}, d_{53}\} = d_{51} = 8$$

이므로, 다음과 같은 거리행렬 D_1을 얻는다.

$$D_1 = \begin{array}{c} \\ (1,3) \\ 2 \\ 4 \\ 5 \end{array} \begin{array}{c} \begin{array}{cccc} (1,3) & 2 & 4 & 5 \end{array} \\ \begin{bmatrix} 0 & 7 & 9 & 8 \\ 7 & 0 & 3 & 5 \\ 9 & 3 & 0 & 4 \\ 8 & 5 & 4 & 0 \end{bmatrix} \end{array}$$

두 번째 단계로서 $d_{24}=3$이 최소거리가 되므로 객체 2와 객체 4를

묶어 군집(2,4)를 만든다. 그러면

$$d\{(1,3)(2,4)\} = \max[\{ d\ (2)(1,3)\}, d\{(4)(1,3)\}] = d\{(4)(1,3)\} = 9$$

$$d\{(5)(2,4)\} = \max\{d_{52}, d_{54}\} = d_{52} = 5$$

이므로 다음 거리행렬 D_2를 얻는다.

$$D_2 = \begin{array}{c} \\ (1,3) \\ (2,4) \\ 5 \end{array} \begin{array}{c} \begin{array}{ccc} (1,3) & (2,4) & 5 \end{array} \\ \begin{bmatrix} 0 & 9 & 8 \\ 9 & 0 & 5 \\ 8 & 5 & 0 \end{bmatrix} \end{array}$$

세 번째 단계로서 d{(2,4)(5)} = 5가 최소거리가 되므로 군집(2,4)와 객체 5를 묶어 군집(2,4,5)를 이루고 최종적으로 전체가 한 군집을 이루게 된다. 이와 같은 군집과정을 덴드로그램(dendrogram)으로 나타내면 다음과 같다.

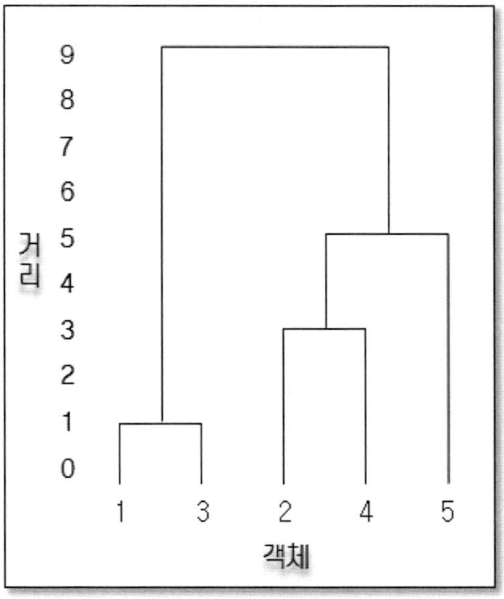

최장연결법은 앞서 소개한 최단연결법과 상호 보완적인 관계가 있다. 즉, 최단연결법이 고립(isolated)되어 있는 군집을 찾는 데 치중하

고 있다면, 최장연결법은 군집들 간의 내부적 응집성(internal cohesion)에 중점을 두고 있다고 하겠다. 따라서 두 방법의 장단점을 모두 고려한 군집화 방법으로 중심연결법, 중위수연결법, 평균연결법 등이 제안되어 있다.

③ **중심연결법**(Centroid Linkage Method)

- 군집 간의 거리는 각 군집의 중심들 사이의 '**거리**'를 사용한다. 따라서 새로운 객체를 포함시킬 때도 군집의 중심과의 거리가 가장 가까운 군집에 객체를 포함시킨다. 중심연결법은 반드시 유클리드 제곱거리로 측정한 유사성 거리를 사용하여야 한다. 또한, 중심연결법은 이상값(outlier)의 영향을 적게 받으므로, 특이한 객체들이 포함되어 있는 경우의 군집화에 매우 효과적이다.

④ **중위수연결법**(Median Linkage Method)

- 앞의 중심연결법은 새로운 군집의 중심은 군집의 크기에 따른 가중 평균값(weighted mean)을 사용한다. 이러한 군집화 방법은 군집의 크기가 매우 상이한 경우에는 크기가 작은 군집이 크기가 큰 군집에 포함되는 단점이 생긴다. 그러므로 중위수연결법에서는 이러한 단점을 극복하기 위하여 군집의 크기에 관계없이 일정한 중심을 갖도록 하였다. 중위수연결법은 앞의 중심연결법과 마찬가지로 반드시 유클리드 제곱거리로 측정한 유사성거리를 사용하여야 한다.

⑤ **군집 간 평균연결법**(Between Average Linkage Method)

- 군집 간의 거리는 각 군집에 속해 있는 객체와의 평균거리로 산정

된다. 따라서 새로운 객체가 기존의 군집에 포함될 때 기존의 군집 내에 있는 모든 객체와의 평균거리가 가장 가까운 군집에 포함시키는 방법이다.

⑥ **군집 내 평균연결법**(Within Average Linkage Method)

- 앞의 군집 간 평균연결법과 유사하나, 새로운 객체를 기존의 군집에 포함시킬 때 새로운 객체를 포함한 모든 객체 간의 평균거리가 최소가 되는 군집에 포함시키는 방법이다. 즉, 군집 내의 객체들의 응집에 더 중점을 두는 군집화 방법이다. 두 군집이 연결될 경우 한 군집에서 새로운 군집까지의 평균거리를 사용한다.

⑦ McQuitty **연결법**(McQuitty's Linkage)

- 두 군집이 연결될 경우 한 군집에서 새로운 군집까지의 평균거리를 사용한다.

⑧ **왈드 군집법**(Ward's Method)

- 중심연결법과 유사한 방법으로 군집중심(centroid) 간의 거리에 가중치를 부여하여 군집 간의 거리를 계산한다는 점이 다르다. 왈드 군집법은 앞의 중심연결법, 중위수연결법과 마찬가지로 반드시 유클리드 제곱거리로 측정한 유사성 거리를 사용하여야 한다.

⇨25.7 미국맥주 군집화

이제 1983년 미국의 맥주 소비자 보고서에서 발췌한 데이터를 가지고 군집분석을 수행해 보기로 한다. 본 데이터는 20가지 맥주의 칼로리 함량, 염분 함량, 알코올 농도, 생산원가 등을 발췌하여 "맥주군집.xlsx"라는 파일로 저장하였다. 본 군집분석의 수행 예에서는 칼로리 함량, 염분 함량, 알코올 농도 및 생산원가 등의 네 가지 변수를 기준으로 20가지 맥주들을 군집화하고자 한다.

[표 25.7] 맥주 데이터 입력형식(맥주군집.xlsx)

변수 이름	변수의 내용	응답범주와 내용
맥주이름	상품명	문자 변수
칼로리	칼로리 함량(12온스 용량 1병)	
염분	염분 함량(mg 12온스 용량 1병)	
알코올	알코올 농도(% 퍼센트)	소수점 이하 1자리
생산가	생산원가(달러 12온스 용량 1병)	소수점 이하 2자리

25.7.1 미국맥주 군집분석 실행

이제 주메뉴에서 다음과 같이 군집분석을 실행한다.

순서1 **SixSigma Tools 2007 > 분석(Analyze) > 분류분석 > 계층적 군집분석...**

순서2 **예제 데이터 > 맥주군집.xlsx** 읽고 데이터를 연결한다.

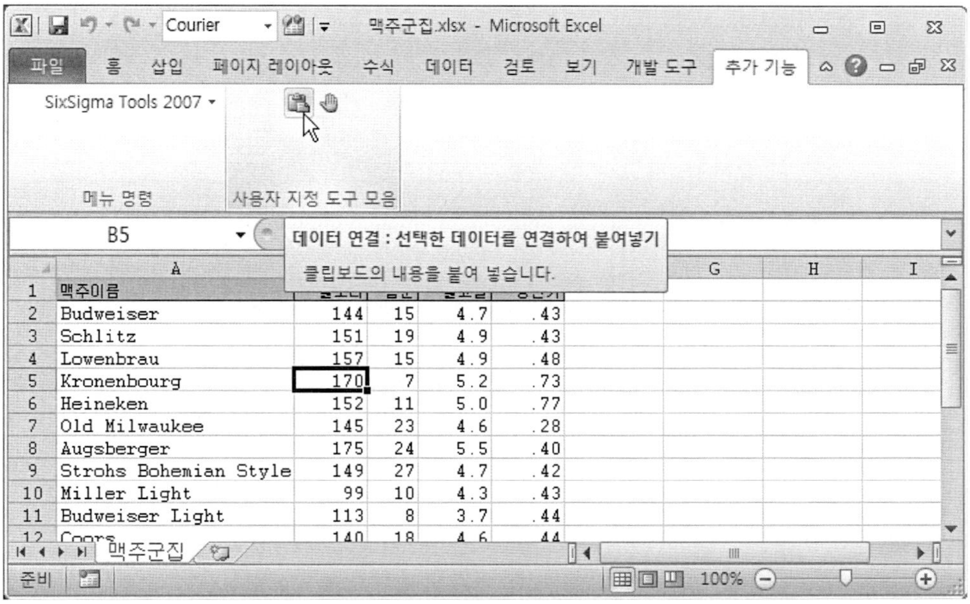

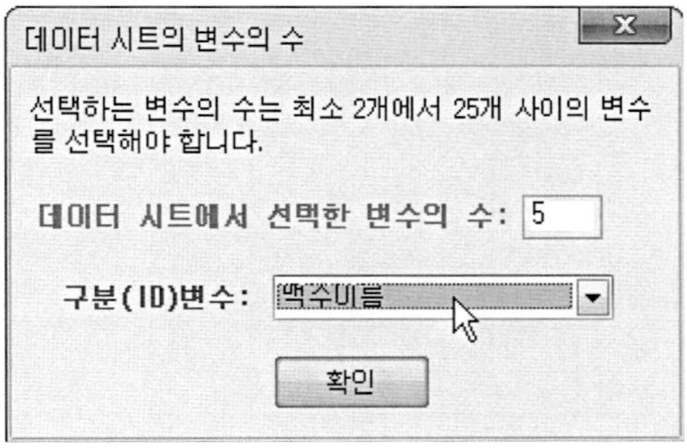

군집화할 때 보통의 학술연구 분야에서 세계적으로 알려진 통계 소프트웨어들은 디폴트로 평균연결법과 제곱유클리드거리를 사용한다. SixSigma Tools에서는 옵션에서 지정할 수 있으므로 제곱유클리드 거리로 지정한다. 그리고 중요한 사항은 변수들의 측정단위가 동일하지 않을 경우에는 반드시 변수값들을 표준화 점수로 환산하여 분석해야 한다.

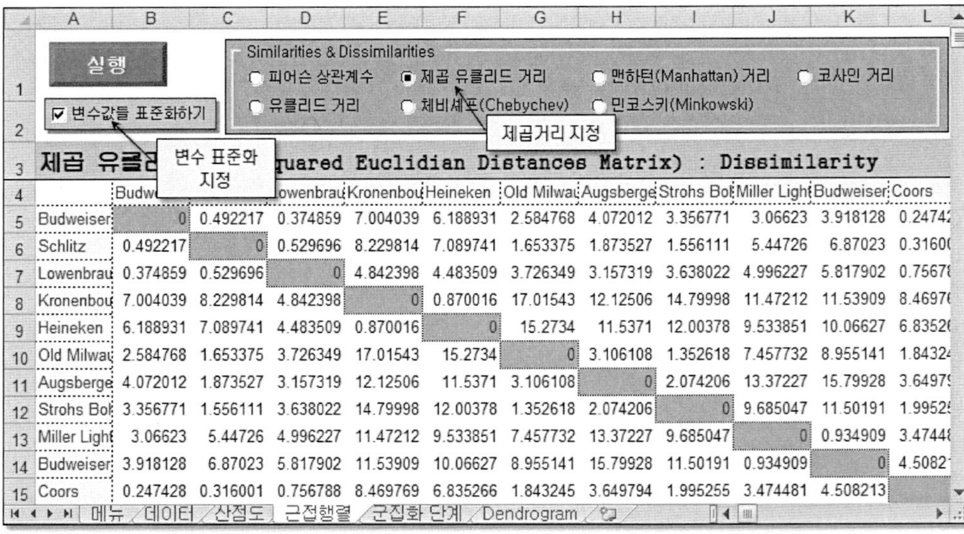

제곱 유클리 ... uared Euclidian Distances Matrix) : Dissimilarity

	Budw		owenbrau	Kronenbou	Heineken	Old Milwau	Augsberge	Strohs Bol	Miller Light	Budweiser	Coors
Budweiser	0	0.492217	0.374859	7.004039	6.188931	2.584768	4.072012	3.356771	3.06623	3.918128	0.24742
Schlitz	0.492217	0	0.529696	8.229814	7.089741	1.653375	1.873527	1.556111	5.44726	6.87023	0.31600
Lowenbrau	0.374859	0.529696	0	4.842398	4.483509	3.726349	3.157319	3.638022	4.996227	5.817902	0.75678
Kronenbou	7.004039	8.229814	4.842398	0	0.870016	17.01543	12.12506	14.79998	11.47212	11.53909	8.46976
Heineken	6.188931	7.089741	4.483509	0.870016	0	15.2734	11.5371	12.00378	9.533851	10.06627	6.83526
Old Milwau	2.584768	1.653375	3.726349	17.01543	15.2734	0	3.106108	1.352618	7.457732	8.955141	1.84324
Augsberge	4.072012	1.873527	3.157319	12.12506	11.5371	3.106108	0	2.074206	13.37227	15.79928	3.64979
Strohs Bol	3.356771	1.556111	3.638022	14.79998	12.00378	1.352618	2.074206	0	9.685047	11.50191	1.99525
Miller Light	3.06623	5.44726	4.996227	11.47212	9.533851	7.457732	13.37227	9.685047	0	0.934909	3.47448
Budweiser	3.918128	6.87023	5.817902	11.53909	10.06627	8.955141	15.79928	11.50191	0.934909	0	4.50821
Coors	0.247428	0.316001	0.756788	8.469769	6.835266	1.843245	3.649794	1.995255	3.474481	4.508213	

[그림 25.7a] 군집화 일정표

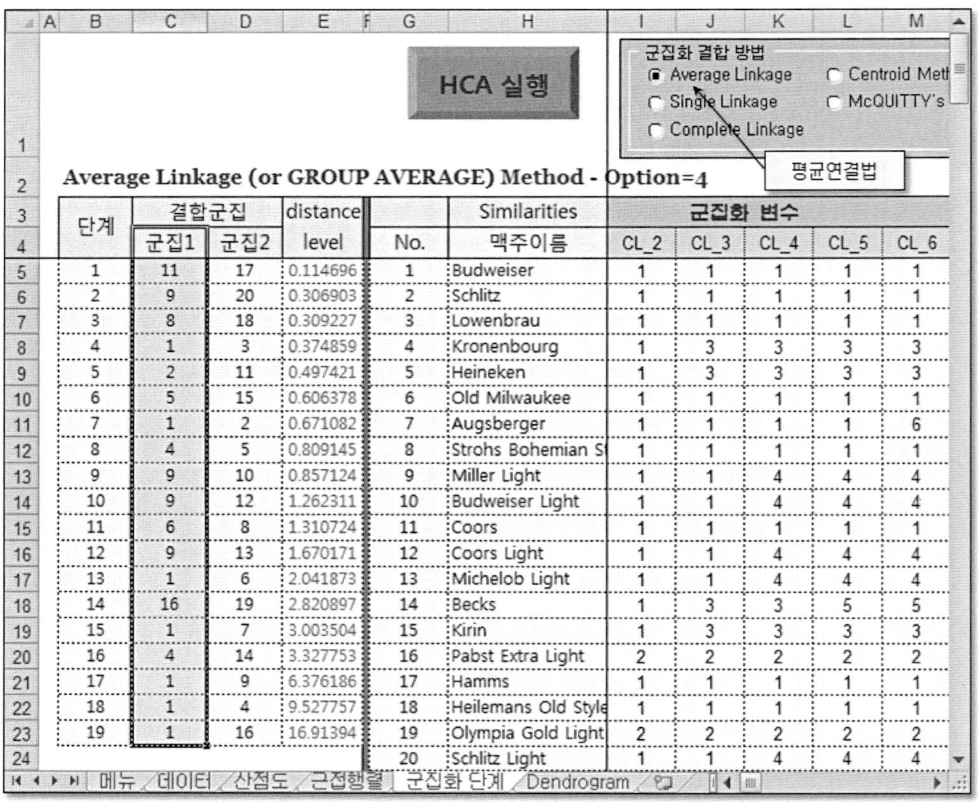

Average Linkage (or GROUP AVERAGE) Method - Option=4

단계	결합군집		distance	Similarities		군집화 변수				
	군집1	군집2	level	No.	맥주이름	CL_2	CL_3	CL_4	CL_5	CL_6
1	11	17	0.114696	1	Budweiser	1	1	1	1	1
2	9	20	0.306903	2	Schlitz	1	1	1	1	1
3	8	18	0.309227	3	Lowenbrau	1	1	1	1	1
4	1	3	0.374859	4	Kronenbourg	1	3	3	3	3
5	2	11	0.497421	5	Heineken	1	3	3	3	3
6	5	15	0.606378	6	Old Milwaukee	1	1	1	1	1
7	1	2	0.671082	7	Augsberger	1	1	1	1	6
8	4	5	0.809145	8	Strohs Bohemian St	1	1	1	1	1
9	9	10	0.857124	9	Miller Light	1	1	4	4	4
10	9	12	1.262311	10	Budweiser Light	1	1	4	4	4
11	6	8	1.310724	11	Coors	1	1	1	1	1
12	9	13	1.670171	12	Coors Light	1	1	4	4	4
13	1	6	2.041873	13	Michelob Light	1	1	4	4	4
14	16	19	2.820897	14	Becks	1	3	3	5	5
15	1	7	3.003504	15	Kirin	1	3	3	3	3
16	4	14	3.327753	16	Pabst Extra Light	2	2	2	2	2
17	1	9	6.376186	17	Hamms	1	1	1	1	1
18	1	4	9.527757	18	Heilemans Old Style	1	1	1	1	1
19	1	16	16.91394	19	Olympia Gold Light	2	2	2	2	2
				20	Schlitz Light	1	1	4	4	4

"군집1"로 표시된 열에는 각 '단계'마다 몇 번(No.) 맥주들이 군집을 형성하는지를 표시하여 준다. 즉, 1번째 단계에서 11번 맥주와 17번 맥주가 가장 짧은 제곱 유클리드 거리(0.1147)로 군집을 형성하고 11번 군집으로 명명된다. 그리고 이 11번 군집은 5 Step에서 2번 맥주와 군집을 형성하는데 11번 군집은 '단계1'에서 11번과 17번이 군집화되어 11번으로 명명되었기 때문에 관측값의 수가 3이 되면 다시 2번 군집으로 명명된다. 즉 11,17,2 번 맥주가 군집화되었다.

다시 7단계에서 1번 맥주와 2번 군집이 군집화되는데(2번 및 11번(1단계에서 11번과 17번 맥주 군집을 지정한 것임을 상기할 것)) 1번은 '단계4'에서 이미 3번 맥주와 군집이 형성되어 관측수가 5개가 된다. 이와 같이 말로 설명하였으나 이해하기가 쉽지 않을 것이다. 결국 이러한 결과를 쉽게 표현한 그림으로 덴드로그램을 사용하므로 이 결과를 이해하지 않아도 크게 걱정할 일은 아니다.

Distance Level이라는 상이성 거리계수가 [그림 25.7a]의 군집화 일정표에 출력되는데, 이러한 계수(coefficient)들은 각 단계에서 얼마나 상이한 군집이 형성되었는지를 판단할 수 있으며, 군집의 수를 몇 개로 결정하여야 하는지에 대한 유익한 정보를 주고 있다. 즉, 각 단계의 계수가 클수록 상이한 두 개의 군집이 합쳐짐을 말하며, 계수가 작을수록 유사한 두 군집이 합쳐짐을 의미한다. 따라서 이러한 계수가 갑자기 큰 폭으로 증가하기 전 단계에서 군집의 형성을 종료한다면 결과적으로 군집의 수를 몇 개로 하여야 할 것인가를 판단할 수 있다. 맥주 군집화의 경우에는 16번째 단계와 17번째 단계에서 계수가 3.328에서 6.376으로 크게 증가하는 단계가 나타나는데 바로 이 지점에서 군집을 수를 정하다면 4개의 군집으로 군집화하는 것이 적절할 것이다. 그리고 중요한 사항은 2~(개체수-1)개까지 군집화한 결과가 CL_2~CL_# 컬럼에 저장되어 있다.

군집화 결과를 도식적으로 표현하는 방법으로 [그림25.7b]와 같은 덴드로그램(Dendrogram)이다. 도표의 상단의 수평축은 [그림 25.7a]의 군집화 단계수가 0에서 19 까지 출력되었으며, 수직축은 각 개체들이 군집화된 과정을 나무구조(tree structure)로 맥주의 군집화되는 결과가 출력되어 있다. 군집의 수를 4로 변경하면 수직축의 4개 군집들이 같은 색의 사각형으로 표시된다.

[그림 25.7b] 덴드로그램

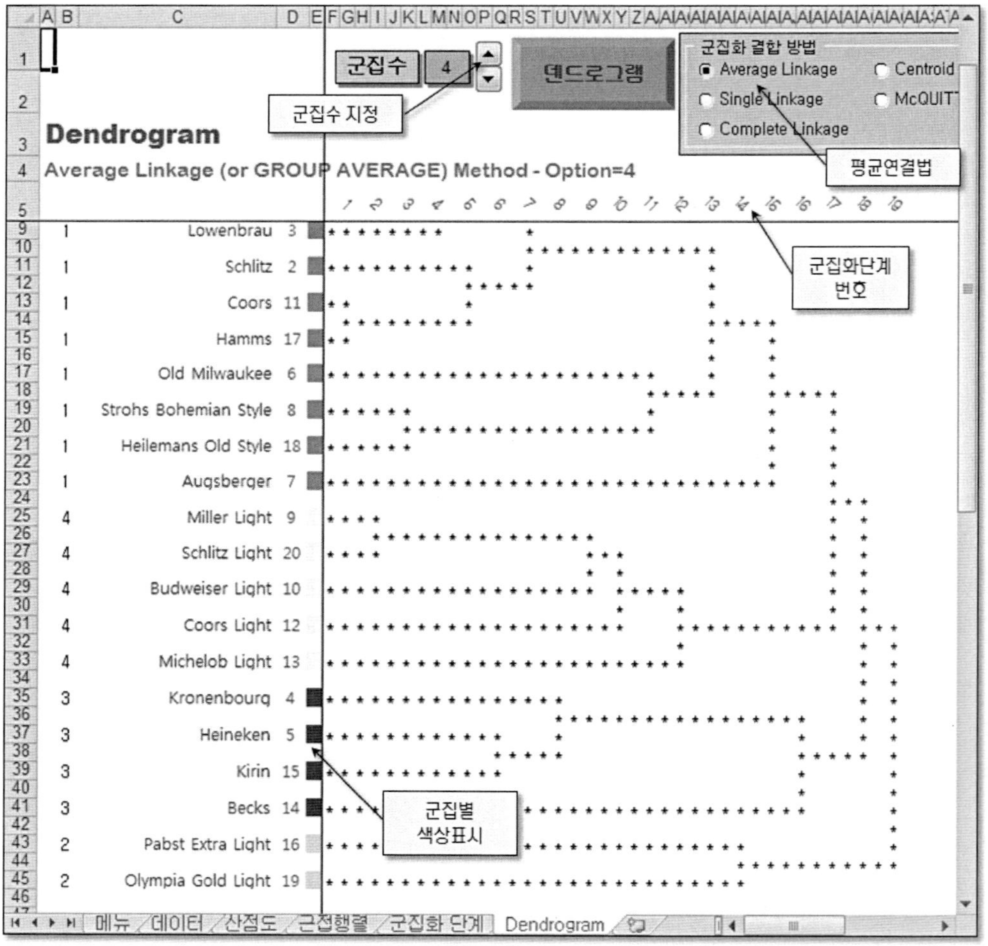

25.7.2 군집속성 파악

이렇게 저장된 군집변수는 집단간의 평균분석을 통하여 각 군집에 소속된 맥주들의 특성을 파악하고 이 특성에 따라 군집 1, 2, 3에 대한 이름붙이기를 시도한다. 사실 군집분석은 군집화하는 과정이외는 별 다를 것이 없다. 즉 분석이 군집화 과정으로만 끝나지 않는다. 그러므로 군집분석을 수행할 때 군집의 수를 적절하게 정하고 그 군집들 각각에 대한 속성을 정의하고 정의된 군집들을 활용하여 여타 다른 분석 기법들로 여정을 떠나야 한다. 궁극적으로 이렇게 하려고 군집화하는 것이지 괜히 군집만 형성하고 더 이상 진행이 없다면 그 또한 바보스런 분석이 될 것이다. 다음은 군집화한 결과로 형성된 군집화 변수를 추가하여 요인분석에서 요인점수를 이용하여 위치도를 작성한 도표이다. 이를 보면 각 군집에 따라 그 속성을 정의할 수 있다.

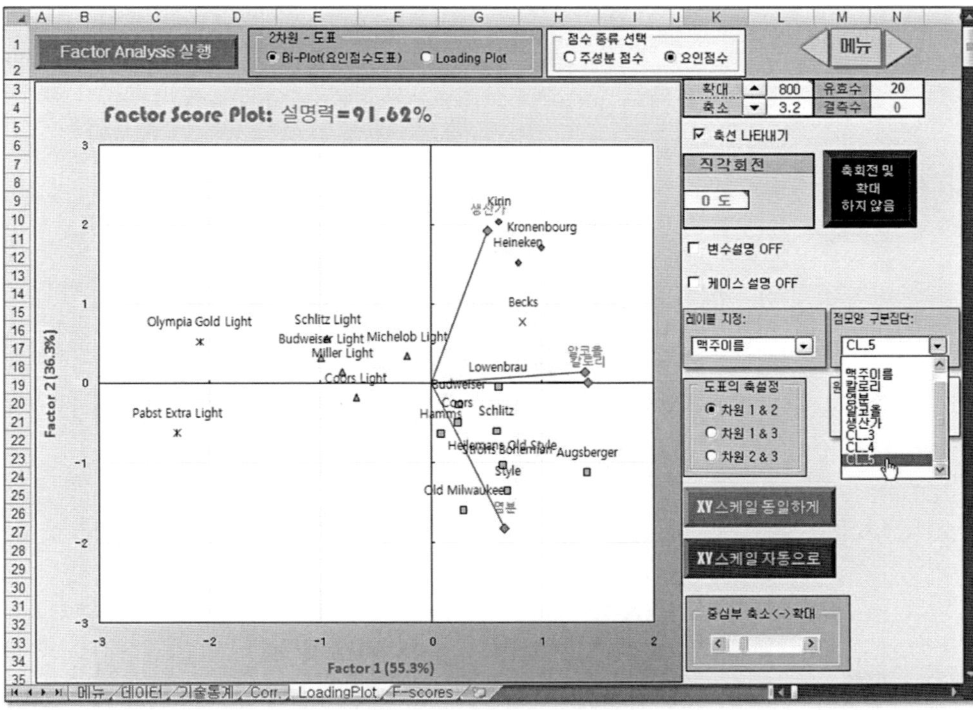

다음 그림은 4개의 군집 번호를 표시한 것이다. 염분 축을 기준으로 보면 염분의 농도가 가장 큰 군집은 1이고 군집 2,4,3은 염분 축에 직교 영사하면

서로 겹쳐지므로 염분의 차이가 없는 것으로 판단할 수 있다.

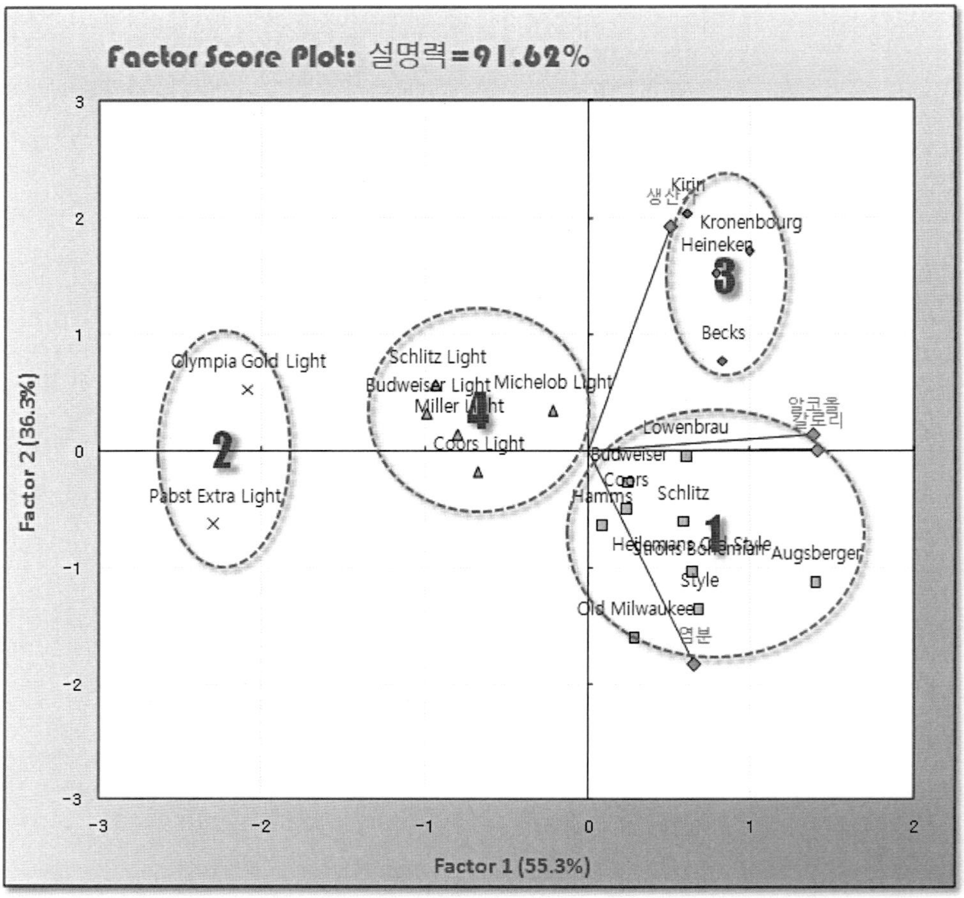

그리고 2,4,3은 알코올과 칼로리 함량의 차이가 있으며 3은 1와 같이 알코올과 칼로리 함량이 가장 크다. 당연히 알코올과 칼로리 함량이 가장 작은 맥주 군집은 1이 된다. 생산가가 가장 큰 군집은 3이며 4와 1은 동일해 보이고 2는 생산가가 가장 작은 것으로 판단된다. 이러한 해석과 판단은 상단의 설명력이 91.62%로 매우 높기 때문에 그만큼의 설득력을 가지게 된다고 볼 수 있다. 만일 설명력이 너무 저조하여 50% 미만으로 떨어지는 경우는 해석과 판단이 잘못될 가능성도 커진다. 결국 상기의 도표는 군집분석과 요인분석의 요인위치도를 결합한 분석이며 이와 같이 어떤 하나의 다변량분석에서 그치지 않고 분석 기법끼리의 상호 연관성에 의식을 집중하여 학습해야 함을 잊지 말라.

⇒25.8 12종의 시리얼 군집화

다음 데이터는 아침식사로 이용되는 곡물식인 12종의 시리얼(cereals)에 대해 5가지 영양분 변수인 단백질(gm), 탄수화물(gm), 지방(gm), 칼로리(온스당), 비타민 A(하루 필요한 섭취량의 %) 등을 조사한 데이터이다. 이에 대해 군집분석을 실시해 보자.

[표 25.8a] 12종의 시리얼의 5가지 영양분 데이터

번호	시리얼	단백질 (gm)	탄수화물 (gm)	지방 (gm)	칼로리 (oz당)	비타민A (%)
1	라이프	6	19	1	110	0
2	그레이프 너트	3	23	0	100	25
3	슈가 크리습	2	26	0	110	25
4	스페셜 K	6	21	0	110	25
5	라이스 크리습	2	25	0	110	25
6	레이진 브란	3	28	1	120	25
7	프로닥 19	2	24	0	110	100
8	휘티즈	3	23	1	110	25
9	토탈	3	23	1	110	100
10	퍼프 라이스	1	13	0	50	0
11	콘팝	1	26	0	110	25
12	스맥스	2	25	0	110	25

▶ **SixSigma Tools 2007 > 분석(Analyze) > 분류분석 > 계층적 군집분석...**

[그림 25.8a] 군집분석의 변수 표준화 및 유클리드 거리 지정

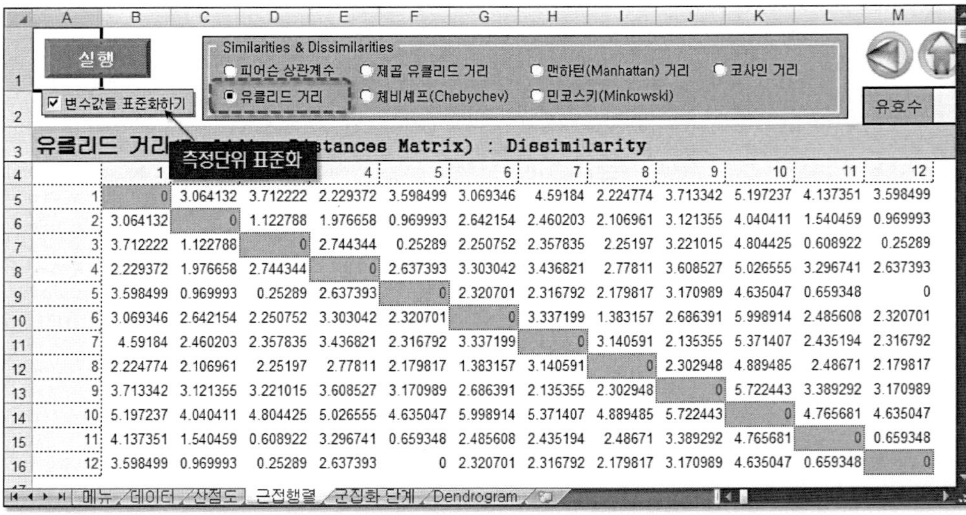

	1	2	3	4	5	6	7	8	9	10	11	12
1	0	3.064132	3.712222	2.229372	3.598499	3.069346	4.59184	2.224774	3.713342	5.197237	4.137351	3.598499
2	3.064132	0	1.122788	1.976658	0.969993	2.642154	2.460203	2.106961	3.121355	4.040411	1.540459	0.969993
3	3.712222	1.122788	0	2.744344	0.25289	2.250752	2.357835	2.25197	3.221015	4.804425	0.608922	0.25289
4	2.229372	1.976658	2.744344	0	2.637393	3.303042	3.436821	2.77811	3.608527	5.026555	3.296741	2.637393
5	3.598499	0.969993	0.25289	2.637393	0	2.320701	2.316792	2.179817	3.170989	4.635047	0.659348	0
6	3.069346	2.642154	2.250752	3.303042	2.320701	0	3.337199	1.383157	2.686391	5.998914	2.485608	2.320701
7	4.59184	2.460203	2.357835	3.436821	2.316792	3.337199	0	3.140591	2.135355	5.371407	2.435194	2.316792
8	2.224774	2.106961	2.25197	2.77811	2.179817	1.383157	3.140591	0	2.302948	4.889485	2.48671	2.179817
9	3.713342	3.121355	3.221015	3.608527	3.170989	2.686391	2.135355	2.302948	0	5.722443	3.389292	3.170989
10	5.197237	4.040411	4.804425	5.026555	4.635047	5.998914	5.371407	4.889485	5.722443	0	4.765681	4.635047
11	4.137351	1.540459	0.608922	3.296741	0.659348	2.485608	2.435194	2.48671	3.389292	4.765681	0	0.659348
12	3.598499	0.969993	0.25289	2.637393	0	2.320701	2.316792	2.179817	3.170989	4.635047	0.659348	0

여기에서 특히 주의해야 할 점은 변수들의 측정단위가 다르므로 반드시 표준화해야 한다. 그래야 유클리드 거리를 계산할 때 왜곡되지 않는다. 만일 모든 변수들이 5점 척도로 사람들의 심리적인 의지, 태도, 신념 등을 측정하였다면 이는 동일한 스케일의 점수들이므로 이런 경우는 표준화하지 않고 분석한다. 그런데 만일 변수들이 모두 금액을 표시하는 것이라고 해도 그 금액이 변수들마다 매우 차이가 많이 난다면 예를 들어 X1은 십만원 단위로 측정되고 X2는 백억원 단위로 측정되었다면 표준화하지 않고 유클리드 거리를 계산하면 이 또한 엄청난 거리의 왜곡이 생겨 분석을 그르치게 된다. 그러니 같은 돈을 측정한 변수들이라고 할지라도 그 단위가 고르지 않으면 표준화해야 한다. 어떤 책(?)을 보니 표준화하지 않고 실행한 예를 자주 보게 되는데 변수들의 측정단위가 다른데도 표준화하지 않고 거리를 계산한 사례를 종종 보게 된다. 이는 분석에서 치명적인 실수를 범한 것이다. 그 책의 저자가 몰라서 그렇게 했을 리는 없고 정신을 놓은 탓일 것이다. 너그럽게 실수로 이해하자.

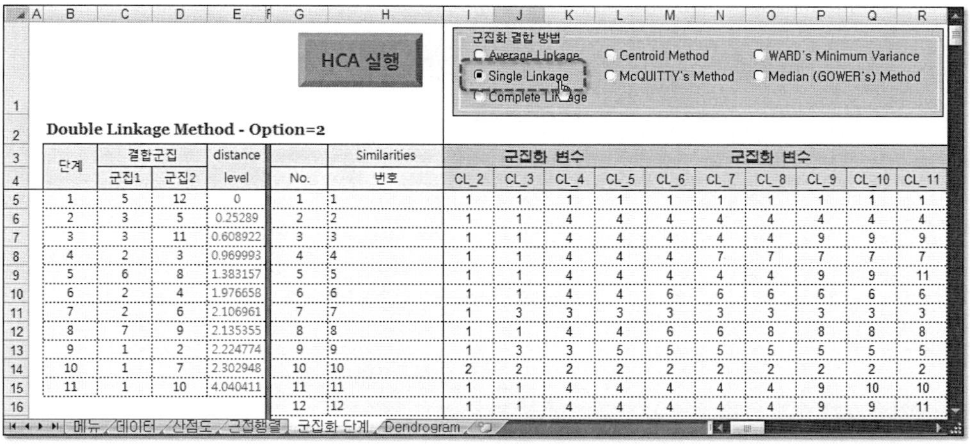

단계	결합군집 군집1	군집2	distance level	No.	Similarities 번호	CL_2	CL_3	CL_4	CL_5	CL_6	CL_7	CL_8	CL_9	CL_10	CL_11
1	5	12	0	1	1	1	1	1	1	1	1	1	1	1	1
2	3	5	0.25289	2	2	1	1	4	4	4	4	4	4	4	4
3	3	11	0.608922	3	3	1	1	4	4	4	4	4	9	9	9
4	2	3	0.969993	4	4	1	1	4	4	4	7	7	7	7	7
5	6	8	1.383157	5	5	1	1	4	4	4	4	4	9	9	11
6	2	4	1.976658	6	6	1	1	4	4	6	6	6	6	6	6
7	2	6	2.106961	7	7	1	3	3	3	3	3	3	3	3	3
8	7	9	2.135355	8	8	1	1	4	4	6	6	8	8	8	8
9	1	2	2.224774	9	9	1	3	3	5	5	5	5	5	5	5
10	1	7	2.302948	10	10	2	2	2	2	2	2	2	2	2	2
11	1	10	4.040411	11	11	1	1	4	4	4	4	4	9	10	10
				12	12	1	1	4	4	4	4	4	9	9	11

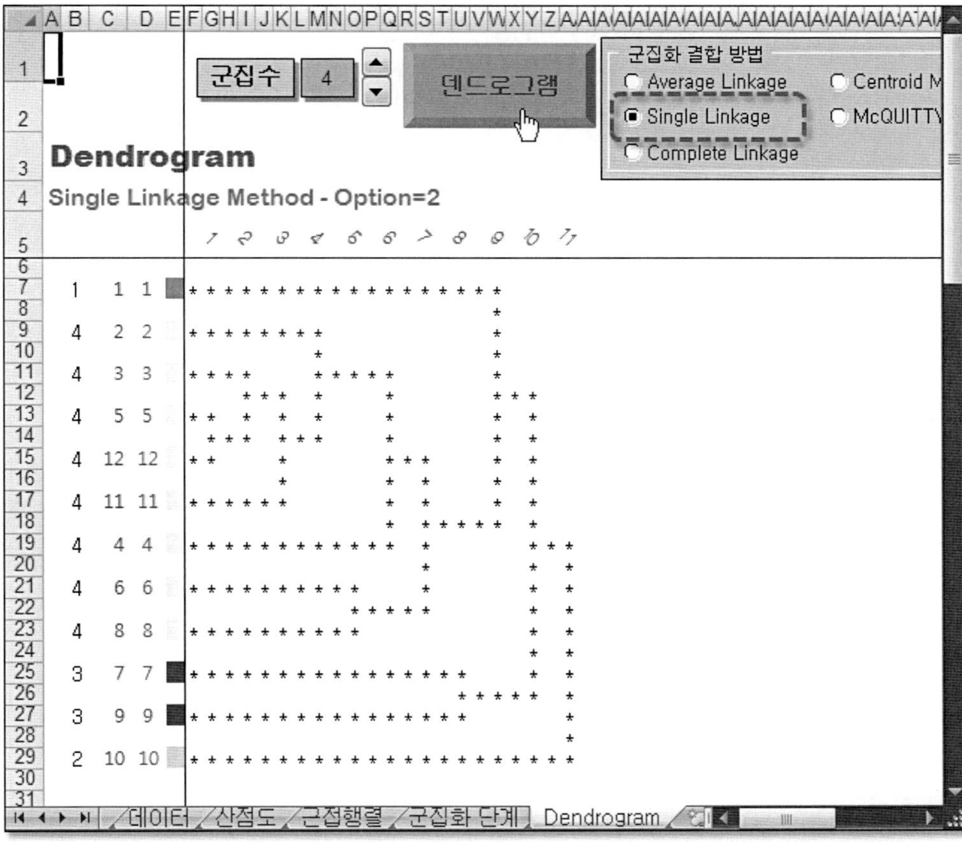

다음의 CaseStudy는 직접 수행해보고 이런 경우에도 군집분석을 이용할 수 있음을 감 잡기 위하여 수록하였다.

[CaseStudy 25.8a] 다음 표는 미국의 화학산업 회사, 건강관리산업 회사와 식품산업 회사 등 3개 산업체에서 수집된 25개 회사의 재무데이터(미국산업체재무데이터.xlsx)를 나타내고 있다. 수집된 7개 재정 변수는 다음과 같이 정의되었다. 아래 자료에 대하여 군집분석을 실시하여 적절한 군집수를 결정하고 위치도(Hint: 요인분석 이용)로 나타내 보라.

변수이름	설명
① 주당수익주가비율	(주가/주당수익)×100%
② 총자본이익율	(순이익/총자본)×100%
③ 부채비율	타인자본/자기자본
④ 매출액순이익율	매출액순이익율(%)
⑤ 주당이익률증가	주당 이익률 증가(%)
⑥ 매출순이익율	(당기순이익/매출액)×100%
⑦ 주당수익	주당수익

ID	대분류	주당수익 주가비율	총자본 이익율	부채 비율	매출액순 이익율	주당이익 률증가	매출순 이익율	주당수익
C1	Chemical	9	13	0.7	20.2	15.5	7.2	0.426398
C2	Chemical	8	13	0.7	17.2	12.7	7.3	0.380693
C3	Chemical	8	13	0.4	14.5	15.1	7.9	0.40678
C4	Chemical	9	12.2	0.2	12.9	11.1	5.4	0.568182
C5	Chemical	5	10	0.4	13.6	8	6.7	0.324544
C6	Chemical	6	9.8	0.5	12.1	14.5	3.8	0.508083
C7	Chemical	10	9.9	0.5	10.2	7	4.8	0.378913
C8	Chemical	9	10.3	0.3	11.4	8.7	4.5	0.481928
C9	Chemical	11	9.5	0.4	13.5	5.9	3.5	0.573248
C10	Chemical	9	9.9	0.4	12.1	4.2	4.6	0.490798
C11	Chemical	7	7.9	0.4	10.8	16	3.4	0.48913
C12	Chemical	7	7.3	0.6	15.4	4.9	5.1	0.272277
C13	Chemical	7	7.8	0.4	11	3	5.6	0.315646
C14	Chemical	10	6.5	0.4	18.7	-3.1	1.3	0.384
C15	Health	21	9.2	2.7	39.8	34.4	5.8	0.390879
C16	Health	22	8.9	0.9	27.8	23.5	6.7	0.16129
C17	Health	19	8.4	1.2	38.7	24.6	4.9	0.30303

C18	Health	19	9	1.1	22.1	21.9	6	0.303318
C19	Health	14	12.9	0.3	16	16.2	5.7	0.2875
C20	Grocery	8	15.2	0.7	15.3	11.6	1.5	0.59893
C21	Grocery	9	18.4	0.2	15	11.6	1.6	0.578313
C22	Grocery	6	9.9	1.6	9.6	24.3	1	0.194946
C23	Grocery	8	9.9	1.1	17.9	15.3	1.6	0.32107
C24	Grocery	6	10.2	0.5	12.6	18	0.9	0.453731
C25	Grocery	7	9.2	1	11.6	4.5	0.8	0.594966

26 문항의 신뢰도 분석

⇒26.1 신뢰도분석의 개요

측정이론은 전통적으로 심리학과 교육학 분야에서 설문지와 시험지의 구성과 관련하여 연구되어 왔으나 근래에 들어와서는 사회학, 정치학, 인류학, 가정학 등 여러 분야에서 관심을 끌고 있다. 측정은 추상적인 개념을 경험적 지표로 구현시키는 과정이라고 할 수 있는데 이때 문제가 되는 것은 측정의 신뢰성(reliability)과 타당성(validity)이다. 그 중 전자의 측도인 신뢰도는 반복측정이 얼마나 동일한 결과를 표출하는지에 관한 것이며, 타당도는 경험적 지표가 그것이 측정하고자 한 추상적인 개념을 얼마나 충실하게 반영하고 있는가 하는 것이다. 예를 들어 특정 제품에 대해 고객의 만족도를 조사한다고 하자. 이 조사의 목적이 설문을 사용하여 그 제품을 사용해 본 고객들이 제품에 얼마나 만족하고 있는가를 측정하는데 목적이 있다. 과연 의도대로 만족도라는 추상적인 개념이 설문조사를 통해 경험적 지표로 나타내어지고 있는지 평가하

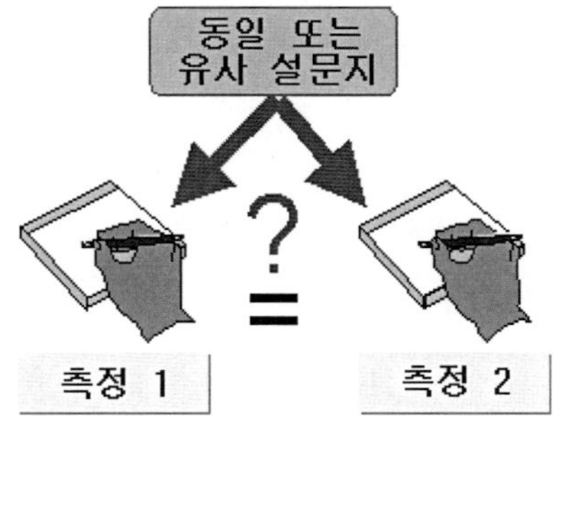

기 위해서 신뢰성과 타당성의 두 관점에서 분석이 요구된다. 신뢰도가 낮은 설문은 마치 측정할 때마다 다른 수치를 가리키는 저울과 같은 것으로, 이 경우에 신뢰성이란 고객이 서로 동등한 여러 설문지로 만족도를 측정하였을 경우 과연 만족도 점수가 어느 정도 유사하게 나타나는가에 관한 것이다.

⇒26.2 신뢰도란?

26.2.1 신뢰도의 의미

신뢰도란 한 검사가 측정대상이 되는 내용을 어느 정도의 안정성을 가지고 일관성있게 측정하고 있느냐라는 것과 관련된 정확성(accuracy)을 말한다.

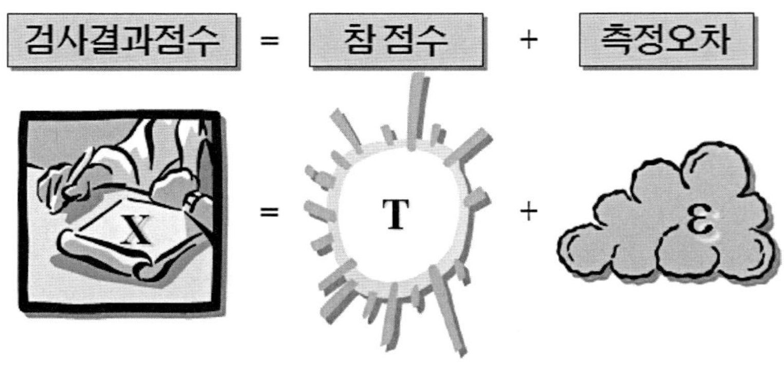

X = 검사결과점수
T = 참점수
ε = 오차점수 (측정오차)

신뢰도는 다음과 같이 정의한다.

$$신뢰도 = \frac{T}{T+\varepsilon}$$

신뢰도가 '1'이 되면 측정오차(ε)가 '0'이라는 의미이며, 이는 마치 설문을 측정할 때마다 동일한 반응을 응답자로부터 얻게 되는 신뢰할 만한 측정도구(설문지)라고 할 수 있다. 그러나 신뢰도가 '0'이거나 '0'에 가까운 값이 되면 측정오차가 커서 마치 측정할 때마다 다른 수치를 가리키는 저울과 같은 것으로 응답자의 반응을 일관성있게 측정하지 못하는 측정도구로 판단할 수 있다.

26.2.2 신뢰도의 종류

● 재검사 신뢰도(test-retest reliability)

동일한 설문을 같은 응답자에게 2회 실시하는 것으로 가장 고전적인 방법이다. 이 방법은 동일한 설문을 일정 시간 후에 단순히 반복하여 신뢰도를 추정하는 방법이다. 만약 응답자가 두 검사에서 동일한 결과를 보인다면 신뢰도는 당연히 '1'이어야 하나 실제로는 서로 다른 두 시점에서의 응답자 반응은 여러 이유에서 다를 수 있다. 이 방법은 매우 단순하다는 이점이 있으나, 응답자의 기억효과(memory effect)로 인하여 신뢰도가 과대 추정될 소지가 있으며, 충분한 간격의 두 시점에서 동일한 응답자로부터 측정이 이루어져야 하므로 관리상의 애로점이 있다.

● 동형검사신뢰도(equivalent form reliability)

형식이 같은 A형과 B형의 설문을 실시하는 것으로 수준이 같고 내용은 다른 문항의 제작에 어려움이 있다. 이 방법은 서로 매우 유사한 유형의 설문지를 2부 개발하여 각 응답자에게 적용하여 신뢰도를 추정하는 방법이다. 이 방법에서는 두 설문지의 각 문항들은 서로 유사하나 같지는 않으므로 재검사 신뢰도에서 나타나는 기억효과가 여기에서는 문제가 되지 않는다. 그러나 동형(equivalent form)의 설문지 개발이 경우에 따라서는 상당히 어려울 수 있다는 사실이 현실적 문제로 남는다.

반분신뢰도(split-half reliability)

설문의 문항들을 양분하여 각각 채점하는 방법이다. 이 방법은 한 설문지의 문항들을 반으로 나누어 구성된 두 부분의 상관계수로부터 신뢰도의 추정값을 얻는 방법이다. 예를 들어 홀수 문항의 응답치 합계를 X_1, 짝수문항의 응답값의 합계를 X_2라고 할 때 X_1과 X_2의 상관계수 $\rho_{x_1 \cdot x_2}$를 가지고 신뢰계수 ρ에 관한 추정을 하는 것이다. 그러나 $\rho_{x_1 \cdot x_2}$는 문항수가 절반인 설문지의 신뢰도에 관한 척도이므로 전체 설문지의 신뢰도 ρ에 대한 것으로 쓰기 위해서는 다음과 같이 수정되어야 한다.

$$\rho = \frac{2\,\rho_{x1.x2}}{(1+\rho_{x1.x2})}$$

그 이유는 X와 동등한 X'을 가상하고 $\rho = corr(X_1 + X_2,\ X_1' + X_2')$를 계산하여 보면 명확하다. 이 식은 스피어만-브라운 공식으로 알려져 있다.

문항내적합치도(inter-item consistency reliability)

한 개의 문항을 한 개의 설문지로 가정하는 것으로, 예를 들어 문항이 10개라면 설문조사를 10번 한 것처럼 가정한다. 앞에서 설명한 반분신뢰도의 결점은 실제의 자료분석에 있어서는 어떻게 설문지를 두 부분으로 나누느냐에 따라 신뢰도 ρ의 추정값이 달라진다는 사실이다. 이에 대한 대안으로서 다음과 같은 생각을 할 수 있다. $X_1, \cdots, X_N$을 각 문항 점수라고 하고 $X_1', \cdots, X_N'$을 동형의 문항점수라고 한다면(즉, 문항 1, ..., N, 1′, ..., N′이 문항들의 전체집단으로부터의 확률표본이라면), 등분산성(equal variances)과 등공분산성(equal covariances)의 가정하에서

$$Cov(X_1 + \cdots + X_N,\ X_1' + \cdots + X_N') = N^2\,\sigma_{12}$$

$$Var(X_1 + \cdots + X_N) = Var(X_1' + \cdots + X_N')$$

$$= N\sigma^2 + N(N-1)\,\sigma_{12}$$

이다. 여기서 $\sigma_{12} = Cov(X_i, X_j)$, $\sigma^2 = Var(X_i)$ 이다. 한편

$$Cov(X_1 + \cdots + X_N, X_1' + \cdots + X_N') =$$

$$\frac{N}{(N-1)}[Var(X_1 + \cdots + X_N) - \sum Var(X_i)]$$

이 된다. 따라서 신뢰도는

$$\begin{aligned} \rho &= Corr(X_1 + \cdots + X_N, X_1' + \cdots + X_N') \\ &= \frac{N}{(N-1)} \frac{Var(X_1 + \cdots + X_N) - \sum Var(X_i)}{Var(X_1 + \cdots + X_N)} \\ &= \frac{N}{(N-1)} \left[1 - \frac{\sum Var(X_i)}{Var(\sum X_i)} \right] \end{aligned}$$

으로 표현된다. 이 공식을 Cronbach의 Alpha[12)](크론바 알파) 혹은 그냥 알파계수라고 한다. 만약 각 문항의 동등성에 관한 가정이 깨지게 되면 알파는 신뢰도 ρ를 과소 측정하게 된다는 사실이 알려져 있으므로 실제 알파계수는 신뢰도의 하한(lower bound)으로 생각될 수 있다. 알파계수는 각 문항이 이분형(0 또는 1)인 경우 KR-20(Kuder-Richardson-20) 계수로도 알려져 있다.

만약 모든 문항점수를 표준화하여 $Var(X_i) = 1$ 이라면

$$\rho = \frac{N \rho_{12}}{1 + \rho_{12}(N-1)}$$

이 된다. 이 식에서 N이 2인 경우는 스피어만-브라운 공식과 일치하며, 또 이 식으로부터 신뢰도 ρ는 문항간의 상관계수 ρ_{12}에 뿐만 아니라 문항수 N에도 의존하고 있음을 알 수 있다. 신뢰도에 관한 [표 26.2]에서 볼 수 있는 분명한 사실은 10개 문항에서 평균상관계수가 0.2라면 알파는 0.71이다. 만일 문항수가 30으로 많아지면 알파는 0.88이 된다. 비록 문항간의 상관계수

12) Cronbach, L.J.(1951), *Coefficient alpha and the internal structure of tests*, Psychometrika, 16:3, 297-334.

가 작다고 하더라도 문항수가 충분히 많으면 신뢰도 혹은 알파계수는 '1'에 가깝게 커진다는 것이다. 이 점이 설문지의 문항수가 커지는 경향이 있게 되는 부분적 이유이다. 그렇지만 응답자의 인내 한계와 반응오류를 고려한다면 설문지의 문항수 N이 작을수록 좋으므로, 연구자는 절약의 원칙을 지켜야 할 것이다.

[표 26.2] 상관계수와 표본크기에 따른 신뢰도

		문항간의 평균상관계수 ρ_{12}										
		0	0.1	0.2	0.3	0.4	0.5	0.6	0.7	0.8	0.9	1
문항수 (N)	2	0	0.18	0.33	0.46	0.57	0.67	0.75	0.82	0.89	0.95	1
	6	0	0.40	0.60	0.72	0.80	0.86	0.90	0.93	0.96	0.98	1
	10	0	0.53	**0.71**	0.81	0.87	0.91	0.94	0.96	0.98	0.99	1
	15	0	0.63	0.79	0.87	0.91	0.94	0.96	0.97	0.98	0.99	1
	20	0	0.69	0.83	0.90	0.93	0.95	0.97	0.98	0.99	0.99	1
	25	0	0.74	0.86	0.91	0.94	0.96	0.97	0.98	0.99	1.00	1
	30	0	0.77	**0.88**	0.93	0.95	0.97	0.98	0.99	0.99	1.00	1
	35	0	0.80	0.90	0.94	0.96	0.97	0.98	0.99	0.99	1.00	1
	40	0	0.82	0.91	0.94	0.96	0.98	0.98	0.99	0.99	1.00	1
	45	0	0.83	0.92	0.95	0.97	0.98	0.99	0.99	0.99	1.00	1
	50	0	0.85	0.93	0.96	0.97	0.98	0.99	0.99	1.00	1.00	1

참고로 신뢰도 분석은 다른 말로 문항분석(item analysis)라고도 하며 신뢰성 공학의 'Reliability'라는 용어와 혼동하지 않기를 바란다. 신뢰도 분석에서는 'Item(문항)'에 대한 내적 합치도 또는 일치도로서 크론바 알파계수를 제공하고 있다. 이는 여러 논문 및 연구에서는 크론바 알파계수를 주로 사용하고 있으므로 특별한 경우를 제외하고는 크론바 알파계수를 사용할 것을 권한다.

⇒26.3 척도화(Scaling)란?

우리는 태어나는 그 순간부터 수많은 측정의 세계를 경험하게 된다. 신체 측정, 지능측정, 학업성취도 측정, 직업적성 측정, 신용도 측정, 제품선호도 측정, 제품만족도 측정 등 수없이 많은 측정의 대상물이 된다.

개인의 키나 몸무게 등과 같은 물리적 특성들은 계측기에 의해 직접 측정할 수 있지만, 성격, 지능, 태도 등과 같은 심리적 특성들은 직접 측정하기가 매우 곤란하다. 그러므로 이러한 심리적 특성들을 측정하기 위해서는 특별히 고안된 측정도구가 필요하다. 과거에는 경험적 관측을 통하여 이러한 심리적 특성들을 직감하였으나, 과학적인 분석법이 중시되는 현시점에서는 보다 합리적이고 계량적인 측정방법이 요구된다.

체계적인 법칙과 의미있는 측정의 단위를 개발하여 경험적 관측들을 적절히 수량화하는 과정을 가리켜 척도화(scaling)라 한다.

척도화의 목적은 같은 속성 또는 태도를 가진 사람들 중 대부분이 같은 점수(score)를 갖도록 숫자를 배정하는데 있다. 이러한 목적을 달성하기 위해 여러 가지 척도화 방법들이 제안되었는데, Thurstone 척도법, Likert 척도법, Guttman 척도법 등이 있다.

- ◈ Thurstone 척도법 - 자극 또는 문항 중심의 접근방법
- ◈ Likert 척도법 - 응답자 중심의 접근방법
- ◈ Guttman 척도법 - 반응 중심의 접근방법

이 중에서 제작이 용이하고 경제적인 Likert 척도법이 가장 널리 사용된다.

⇨26.4 Likert 척도화 방법

Likert 척도화 방법은 응답자에게 언어적 자극을 준 후 나타나는 반응으로부터 측정하고자 하는 속성을 척도화하는 것이다. Likert 척도의 제작 과정을 살펴보면 다음과 같다.

1. 측정하려고 하는 일차원의 속성을 정의한다.

- 원자력(nuclear power)산업에 대한 긍정도
- 라면에 대한 호의도
- TV광고에 대한 호의도

2. 정의된 속성에 대해 강한 긍정의 문항과 강한 부정의 문항들을 만든다. 긍정의 문항과 부정의 문항들이 반반씩 되도록 한다. 이러한 문항들을 무순위(무작위)로 배열한다.

- 원자력 산업은 과학의 진보이다. (강한 긍정)
- 원자력 산업은 삶의 질을 향상시킨다. (강한 긍정)
- 원자력 산업은 철폐되어야 한다. (강한 부정)
- 원자력 산업은 나라를 망치게 한다. (강한 부정)
- 라면은 경제적인 식품이다. (호의적)
- 라면은 편리한 식품이다. (호의적)
- 라면은 영양가가 없는 식품이다. (비호의적)
- 라면은 비위생적인 식품이다. (비호의적)
- TV광고는 재미있다. (호의적)
- 나는 TV광고의 제품들을 구입하려고 한다. (호의적)
- TV광고는 좋은 제품을 구입하도록 도와준다. (호의적)
- TV광고는 정규 TV프로그램보다 더 재미있다. (호의적)
- TV광고는 다양한 정보를 제공하여 준다. (호의적)
- TV광고를 법적으로 금지해야 한다. (비호의적)
- TV광고를 보는 것은 시간낭비이다. (비호의적)

- TV광고는 해롭다. (비호의적)
- TV광고는 허위이거나 과장되어 있다. (비호의적)
- TV광고는 백해무익하다. (비호의적)

3. 연구대상과는 비슷하면서도 측정하려는 태도 또는 속성에 관해 다양성을 보일 수 있는 사람들(보통 50-100명)에게 각 문항마다 주어진 범주(보통 5~7개) 중 하나를 택하도록 한다.

범 주	강한 부정	부 정	보 통	긍 정	강한 긍정
점 수	1	2	3	4	5

범 주	적극 반대	반 대	중 립	찬 성	적극 찬성
점 수	1	2	3	4	5

부정적인 문항은 범주 점수를 반대로 부여한다.

4. 응답자들이 택한 각 범주 점수를 합하여 그들의 점수로 한다.

5. 다음 4가지 기준에 근거하여 문항을 평가한다.

- 각 문항과 전체점수(그 문항을 제외한)간의 상관계수를 계산한다.
- 음수의 상관계수가 나오면 부정적인 문항들의 범주점수를 거꾸로 주었는지를 확인하고, 제대로 주었는데도 음수의 상관계수가 나오면 해당 문항은 뜻이 모호한 것으로 간주하여 수정하거나 삭제한다.
- 0에 가까운 상관계수가 나오면, 응답자들이 구별하지 못하는 불명료한 문항이거나, 모든 사람들이 동의해야하는 사실에 대한 문항이거나, 또는 처음에 정의한 일차원 속성 이외의 속성을 측정하는 문항일 수 있으므로 배제하는 것이 바람직하다.
- 척도의 내적일치성을 측정하기 위하여 알파계수나 반분계수 신뢰도를 구한다.

6. 바람직한 상관계수를 나타내고, 또 알파계수가 높은 값을 가지는데 기여하는 문항들로써 개정된 척도를 제작한다.

7. 개정된 척도를 규준집단(보통 수백명)을 대상으로 실시한다. 이러한 과정을 통해서 앞에서 얻은 상관계수와 알파계수가 우연히 얻

은 값이 아님을 확인할 수 있다. 규준집단에서도 계속 바람직한 상관계수와 알파계수를 유지하는 문항들로 구성된 최종적 척도를 만든다.

8. 이 검사를 연구대상 집단에게 실시하여 응답자들의 척도값, 즉 합산점수를 구한다.

문항작성시 주의하여야 할 사항

(1) 명확하고 간단한 문항을 쓴다. 되도록 '만약에', '왜냐하면' 등의 단어를 포함하는 절은 쓰지 않는다.
예) 만약 내가 죽으면 많은 사람들이 슬퍼할 것이다. (✘)
(2) 각 문항은 단일한 idea를 가져야 한다.
예) 많은 국민들이 건강 상태가 안 좋고, 의사들은 너무 많은 돈을 요구하므로 정부는 낮은 비용의 의료서비스를 제공해야 한다.(✘)
(3) 이중 부정은 혼동을 일으킬 수 있으므로 피한다.
예) 나는 흡연자들이 공공장소에서 담배를 피우지 않아야 한다는 것을 믿지 않는다. (✘)
(4) 문장이 애매해서 사람에 따라 해석이 두개 이상으로 될 수 있는 문장은 피한다.
(5) 서술적 문장을 써야하며 모든 사람이 동의해야 하는 사실을 다루어서는 안 된다.
예) 담배를 피우는 것은 건강에 좋지 않다.(✘)
(6) 문장은 현재의 시제로 쓴다.
(7) 긍정과 부정의 느낌을 표현하는 문항들의 수가 거의 같도록 한다.
(8) 문법적으로 적절한 문장이어야 한다.
(9) 항상(always), 모두(all), 절대로(never), 아무도(none) 등의 전체 긍정이나 부정어를 포함하는 문장을 피하는 것이 좋다.
(10) 응답자들이 이해하기 쉬운 단어를 사용한다.

⇨26.5 신뢰도 분석 활용위치

조사절차 8단계에 연계하여 신뢰도 분석을 활용하는 위치를 표시해 놓은 [그림 26.5]를 보면 신뢰도 분석의 주목적은 새롭게 작성된 문항의 수정/보

[그림 26.5] 신뢰도 분석 활용위치

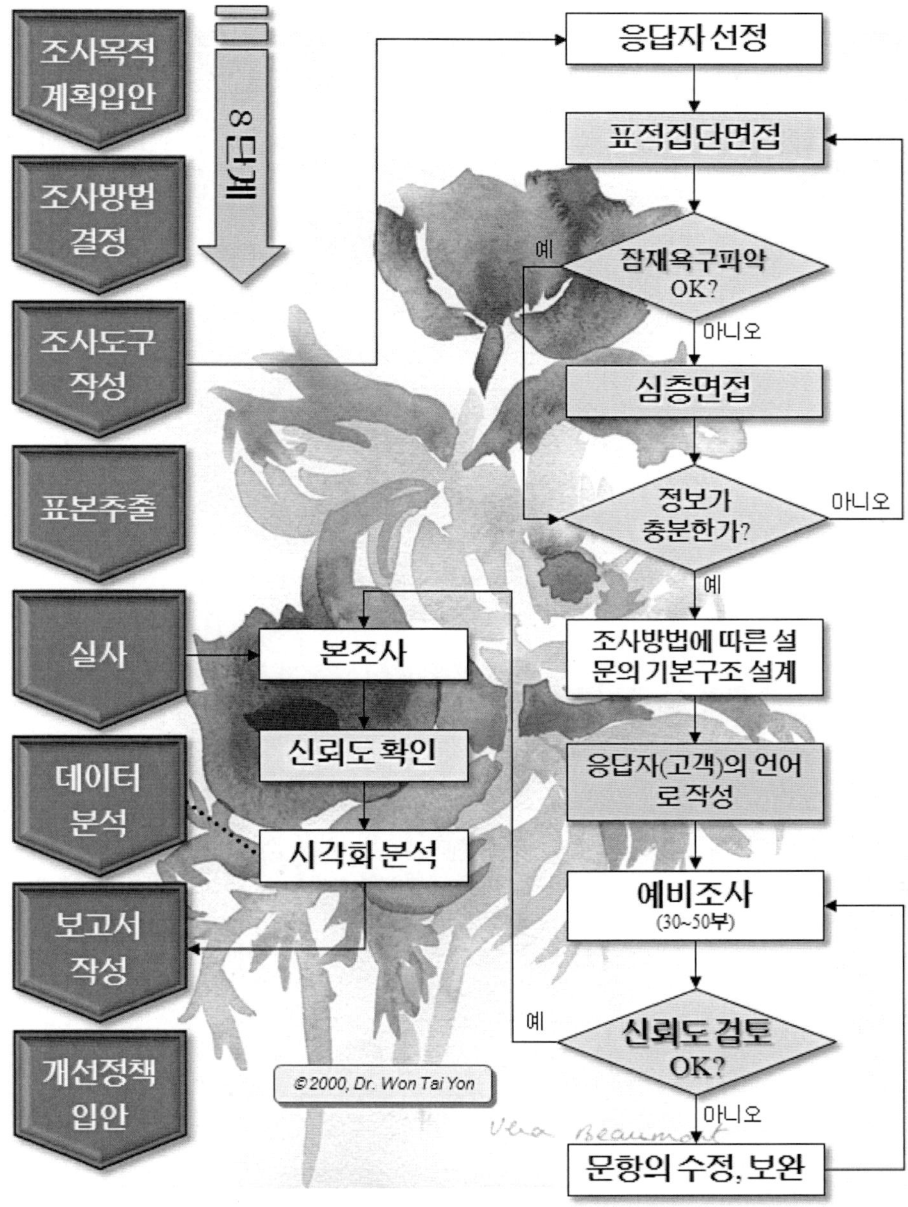

완에 있음을 알 수 있다. 그리고 본조사 이후에 신뢰도를 계산한다는 것은 현재 측정된 문항들의 최종적인 신뢰도의 정도를 확인하기 위한 용도로 사용된다.

⇨26.6 PC 만족도 문항의 신뢰도 분석

PC를 보유하고 있는 29명의 대학생을 대상으로, 현재 보유하고 있는 PC에 대한 종합적인 만족도를 측정하는 다음과 같은 14개 항목에 대하여 '전혀 아니다', '아니다', '보통', '그렇다', '매우 그렇다' 등의 5개의 범주를 제시하고 이중에 하나씩을 선택하도록 하여 '대학생PC만족도.xlsx'라는 파일로 저장하였다.

- 주위에 추천하고 싶다.
- 최고의 제품이다.
- 다음에도 같은 회사제품을 구입하겠다.
- 주위에서 같은 제품을 산다면 만류하겠다.
- 나에게 충분한 제품이다.
- 기대 이상의 성능을 가지고 있다.
- 가끔 갖다 버리고 싶도록 화가 난다.
- 타인의 PC에 비하여 성능이 떨어진다.
- 본 제품을 구매한 것을 후회한다.
- 정말 매력적인 제품이다.
- 생각보다 괜찮은 제품이다.
- 타사의 제품광고에 관심이 있다.
- 만족스럽다.
- 역시 현명한 선택이었다.

응답자들로부터 설문지를 수집하여, '전혀 아니다'에 1점, '아니다'에 2점,

'보통'에 3점, '그렇다'에 4점, '매우 그렇다'에 5점을 부여하였다. 부정적인 질문항목에 대하여는 반대로 점수를 부여하였다. 신뢰도분석을 통하여 14개 문항에 대한 신뢰도를 구하고 전체 신뢰계수에 악영향을 주는 문항을 제거하여 전체 신뢰도를 향상시켜 보기로 하겠다.

이러한 문항에 대한 신뢰도를 분석을 SixSigma Tools에서 실행해 보자.

순서1 **SixSigma Tools 2007** ☞ **분석(Analyze)** ☞ **신뢰도 분석...** 을 선택하면 다음과 같은 "신뢰도 분석" 시트가 나타난다.

순서2 **데이터 입력** ☞ **데이터 연결**을 클릭하여 준비하고 예제 데이터에서 '대학생PC만족도.xlsx'을 열고 데이터를 블록설정 후 연결한다.

순서3 **Cronbach 알파** 시트로 이동하여 분석한다.

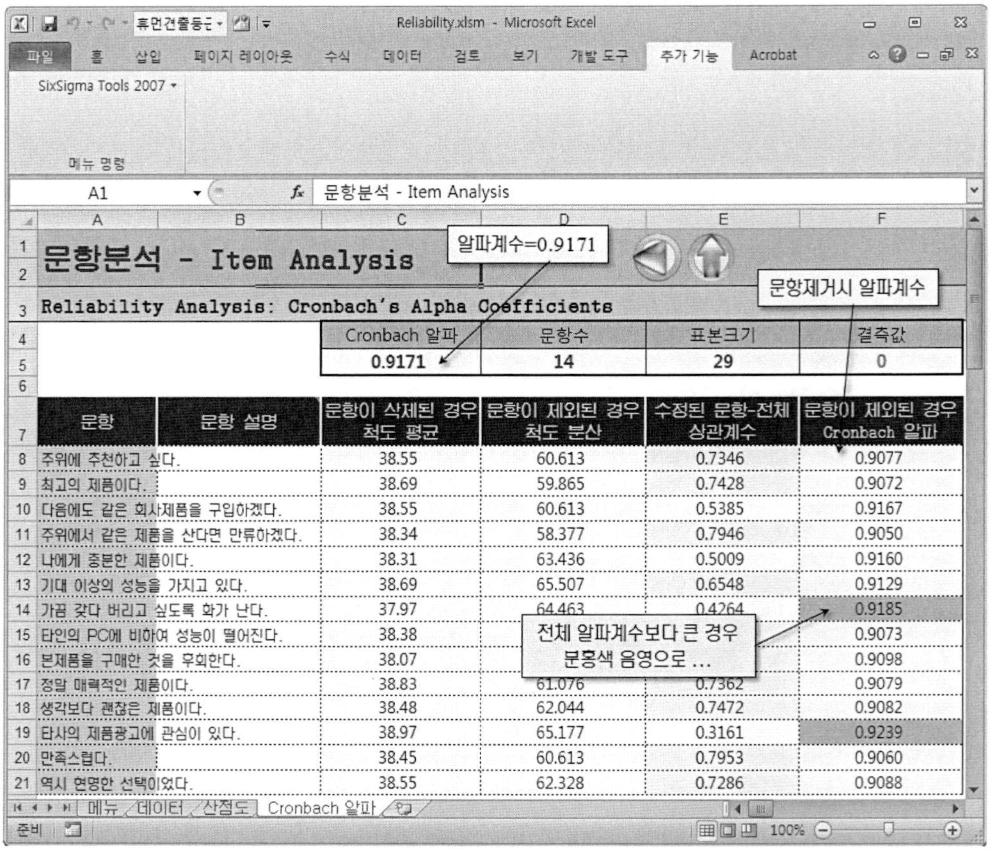

Cronbach 알파	문항수	표본크기	결측값
0.9171	14	29	0

	문항	문항 설명	문항이 삭제된 경우 척도 평균	문항이 제외된 경우 척도 분산	수정된 문항-전체 상관계수	문항이 제외된 경우 Cronbach 알파
8	주위에 추천하고 싶다.		38.55	60.613	0.7346	0.9077
9	최고의 제품이다.		38.69	59.865	0.7428	0.9072
10	다음에도 같은 회사제품을 구입하겠다.		38.55	60.613	0.5385	0.9167
11	주위에서 같은 제품을 산다면 만류하겠다.		38.34	58.377	0.7946	0.9050
12	나에게 중분한 제품이다.		38.31	63.436	0.5009	0.9160
13	기대 이상의 성능을 가지고 있다.		38.69	65.507	0.6548	0.9129
14	가끔 갖다 버리고 싶도록 화가 난다.		37.97	64.463	0.4264	0.9185
15	타인의 PC에 비하여 성능이 떨어진다.		38.38	[illegible]	[illegible]	0.9073
16	본제품을 구매한 것을 후회한다.		38.07	[illegible]	[illegible]	0.9098
17	정말 매력적인 제품이다.		38.83	61.076	0.7362	0.9079
18	생각보다 괜찮은 제품이다.		38.48	62.044	0.7472	0.9082
19	타사의 제품광고에 관심이 있다.		38.97	65.177	0.3161	0.9239
20	만족스럽다.		38.45	60.613	0.7953	0.9060
21	역시 현명한 선택이었다.		38.55	62.328	0.7286	0.9088

알파계수는 0.9171로 매우 높게 나타났으나 해당문항을 제거했을 때(그 문항을 제외한) 변화되는 알파계수를 나타내는 문항 제거시 Cronbach 알파계수와 전체 알파계수 = 0.9171과 비교하여 값이 크게 나타난 항목은 수정 또는 보완하거나 최악의 경우에는 삭제하는 것이 바람직하다. 여기에서는 문항을 수정 보완하고 다시 조사할 수 없으므로 전체 신뢰도를 낮추는 문항을 제외하면 다음과 같이 10개의 문항까지 남게 된다. 여기에서는 0.9297보다 큰 알파계수가 없으므로 제거해야 할 문항이 없는 것으로 판단할 수 있다.

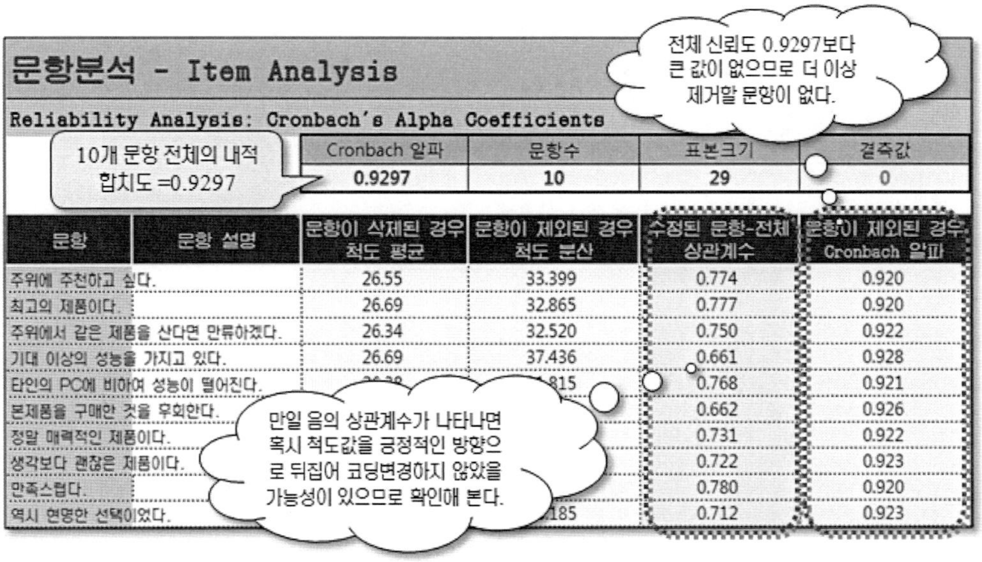

문항분석 - Item Analysis

Reliability Analysis: Cronbach's Alpha Coefficients

Cronbach 알파	문항수	표본크기	결측값
0.9297	**10**	**29**	0

문항	문항 설명	문항이 삭제된 경우 척도 평균	문항이 제외된 경우 척도 분산	수정된 문항-전체 상관계수	문항이 제외된 경우 Cronbach 알파
주위에 추천하고 싶다.		26.55	33.399	0.774	0.920
최고의 제품이다.		26.69	32.865	0.777	0.920
주위에서 같은 제품을 산다면 만류하겠다.		26.34	32.520	0.750	0.922
기대 이상의 성능을 가지고 있다.		26.69	37.436	0.661	0.928
타인의 PC에 비하여 성능이 떨어진다.		[illegible]	[illegible]	0.768	0.921
본제품을 구매한 것을 후회한다.		[illegible]	[illegible]	0.662	0.926
정말 매력적인 제품이다.		[illegible]	[illegible]	0.731	0.922
생각보다 괜찮은 제품이다.		[illegible]	[illegible]	0.722	0.923
만족스럽다.		[illegible]	[illegible]	0.780	0.920
역시 현명한 선택이었다.		[illegible]	[illegible]	0.712	0.923

대응일치분석
Correspondence Analysis

⇨27.1 최적화 척도법 개요

시장조사, 서베이 조사를 비롯한 많은 사회과학적 조사에서 가장 많이 접하는 데이터는 범주형 데이터이다. 실제로 많은 조사 분석가들이 전적으로 범주형 데이터만을 취급하고 있다.

범주형 데이터를 요약하는 가장 전통적인 방법은 교차표를 작성하는 것이다. 교차표로 요약된 데이터를 분석하는 데 있어서 적용되는 통계적 분석모형은 통상적인 상관분석이나 회귀분석과 같은 연속형 데이터에 적용되는 통계적 접근법과는 성격을 달리하고 있다.

최적화 척도법(optimal scaling)은 변수들 간의 관계를 가능한 한 적은 수의 차원(2차원 또는 3차원)에 표시함으로써 변수들 간의 내적구조나 패턴을 설명하고자 하는 통계적 분석기법이다. 시장조사 분야에서는 이러한 분석기법을 위치도(perceptual map)라고 하는 위치도 작성에 활용할 수 있다.

위치도(perceptual map)란 사람들이 유사한 많은 제품이나 개체들 중에서 각 제품이나 개체의 이미지를 어떻게 지각하는가를 나타내는 지도이다. 위치도는 통상적으로 **'지각도'**, **'인지도'** 또는 **'포지셔닝 맵'**이라고도 부른다.

최적화 척도법으로는 다음과 같은 분석방법들이 있다.

① ANACOR – 대응일치분석(Correspondence Analysis)

: 2차원 교차표로 나타낼 수 있는 범주형 데이터의 분석

② HOMALS – 다중대응일치분석(Multiple Correspondence Analysis)

: 다차원 교차표로 나타낼 수 있는 범주형 데이터의 분석, 동질성분석(Homogeneity Analysis; HOMALS)이라고도 함.

③ CatPCA – 범주형 주성분분석(Categorical Principal Components Analysis)

: 한 종류의 혼합형 변수군의 변동 유형을 분석

④ OVERALS – 비선형 정준상관분석(Nonlinear Canonical Correlation Analysis)

: 두 종류 이상의 혼합형 변수군들의 변동 유형을 분석

⇒27.2 대응일치분석

대응일치분석(correspondence analysis)은 2차원 교차표로 나타낼 수 있는 정보를 일목요연하게 도식화하는 분석방법이다.

위치도(perceptual map) 작성에 널리 사용되는 통계분석기법인 다차원척도법(MDS)은 주로 연속형 변수에 적용되는데 반하여 대응일치분석은 주로 범주형 변수에 폭넓게 적용될 수 있다.

흔히 두 범주형 변수의 상관관계를 분석하고자 할 때 교차표(Crosstabs)를 작성하고, 두 변수 간의 독립성검정(카이제곱검정)을 하여 통계적으로 유의

한 상관이 있다고 판단될 때에는 두 변수 간에 얼마만큼의 연관성이 있는지를 나타내는 상관도, 즉, 결합도(measure of association)를 계산한다. 그러나 상관도는 단지 두 변수간의 상관의 정도만을 나타내 줄 뿐 두 변수의 각 수준별로 어떻게 상관이 있는지에 대한 정보를 제시하여 주지 못한다. 대응일치분석은 두 변수의 각 수준별 관측점들을 2차 평면상에 도식화하여 줌으로써 개개의 수준에 따른 차이를 명확히 볼 수 있게 한다.

⇒27.3 개인용 컴퓨터(PC) 이미지의 위치화

삼성, 삼보, 금성, 현대, 대우 및 용산상가 조립품의 여섯 가지 컴퓨터 브랜드에 대하여 32명의 대학생을 대상으로 A/S, 가격, 성능, 확장성, 디자인, 안정성 및 다기능성 등의 7가지 제품 이미지를 중복을 허용하여 선택하도록 하여 수집된 데이터는 [표 27.3]과 같다.

[표 27.3] PC 이미지와 브랜드명과의 교차집계표(PC이미지.xlsx)

		제품 이미지							전체
		가격	성능	확장성	디자인	안정성	다기능	A/S	
제조사	삼성	6	13	12	15	14	15	23	98
	삼보	7	19	10	10	14	9	13	82
	LG	6	8	9	14	10	9	9	65
	현대	6	7	8	7	12	8	9	57
	대우	5	8	6	6	6	6	8	45
	상가조립품	30	13	15	7	6	12	8	91
전체		60	68	60	59	62	59	70	438

메뉴의 '예제 데이터'에서 데이터 파일을 찾을 수 있으며 클릭하면 다음과 같이 입력되어 있음을 알 수 있다. E, F열에 원데이터가 입력되어 있다.

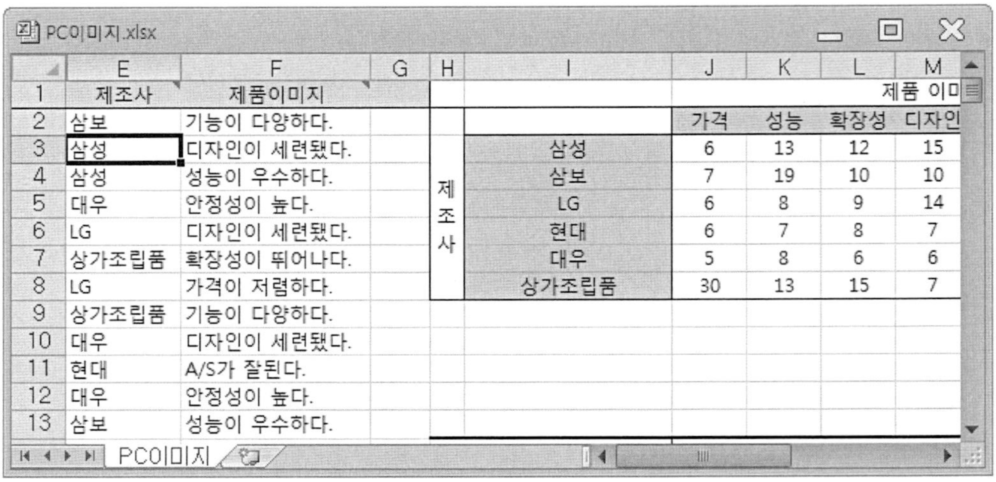

이제 작업 데이터 파일이 준비되었다. SixSigma Tools에서 결과물을 만들어 보자.

▶ **분석(Analyze) > 차원축소 > 대응일치분석...**

E나 F열의 어느 셀에 커서를 두고 데이터 연결을 시도하면 다음과 같이 데이터가 연결되고 교차표가 통계량으로 채워지는 것을 볼 수 있다.

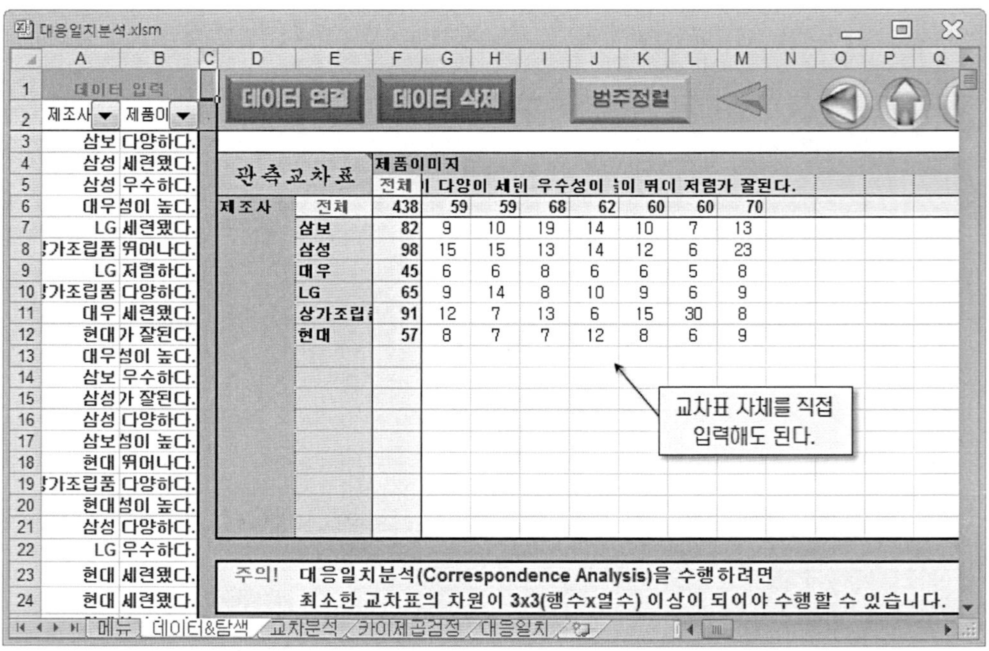

이제 교차표를 분석해 보자. [그림 27.4]의 교차표를 보면 가장 많은 반응을 보인 PC 제품은 상가조립품으로 나타났으며, 가장 적은 반응을 보인 것은 대우 제품인 것으로 나타났다. 이는 “말도 많고 탈도 많다”로 표현되는 상가조립품 PC를 대변하는 현상이다. 반면에 대우 제품은 본 설문의 응답학생들에게 가장 무미건조한 제품으로 평가된 것이다.

개별 제품 이미지와 PC 제품명을 연결시켜서 살펴보면, 상가조립품은 가격이 저렴하고 확장성이 뛰어난 것으로 인지되고 있으며, 삼성 제품은 A/S가 잘되며, 디자인이 세련되고 기능이 다양한 것으로 인지되고 있으며, 대부분의 제품 이미지에서 지명도가 높은 것으로 나타났다. 삼보 제품은 특히 성능이 우수하며 안정성이 뛰어난 것으로 인지되고 있으며, LG 제품은 디자인이 세련된 것으로 인지되고 있다.

[그림 27.4] 교차표

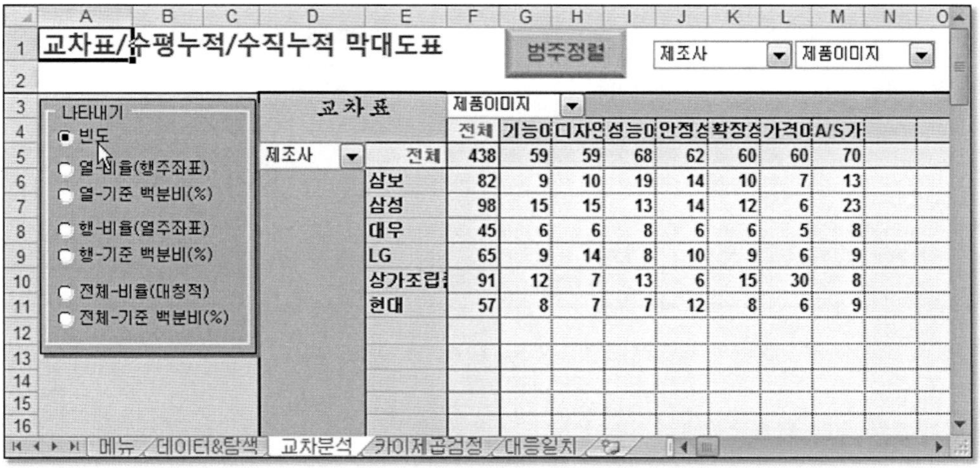

제조사	전체	기능이	디자인	성능이	안정성	확장성	가격이	A/S가
전체	438	59	59	68	62	60	60	70
삼보	82	9	10	19	14	10	7	13
삼성	98	15	15	13	14	12	6	23
대우	45	6	6	8	6	6	5	8
LG	65	9	14	8	10	9	6	9
상가조립품	91	12	7	13	6	15	30	8
현대	57	8	7	7	12	8	6	9

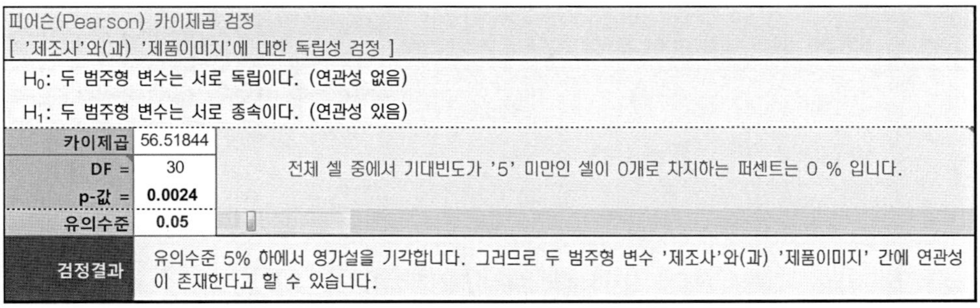
피어슨(Pearson) 카이제곱 검정
['제조사'와(과) '제품이미지'에 대한 독립성 검정]

H_0: 두 범주형 변수는 서로 독립이다. (연관성 없음)

H_1: 두 범주형 변수는 서로 종속이다. (연관성 있음)

카이제곱	56.51844
DF =	30
p-값 =	**0.0024**
유의수준	**0.05**

전체 셀 중에서 기대빈도가 '5' 미만인 셀이 0개로 차지하는 퍼센트는 0 % 입니다.

검정결과: 유의수준 5% 하에서 영가설을 기각합니다. 그러므로 두 범주형 변수 '제조사'와(과) '제품이미지' 간에 연관성이 존재한다고 할 수 있습니다.

대응일치분석은 가능한 적은 수의 차원에 행변수와 열변수 간의 관계를 표현하고자 하는 것인데, 4차원 이상은 우리가 인지할 수 없고 3차원은 표현하기가 어려운 점이 있어 가능하면 2차원에서 정보의 손실을 최소화하여 표현된다면 매우 바람직할 것이다.

Dimension	Singular values	Eigenvalues	Percentages	Cum. Percentages
합계		0.1290	100	
1	0.3183	0.1013	78.52	78.52
2	0.1195	0.0143	11.06	89.58
3	0.0904	0.0082	6.34	95.92
4	0.0724	0.0052	4.06	99.98
5	0.0051	0.0000	0.02	100

각 차원별로 원래의 모든 데이터가 갖고 있는 정보를 얼마만큼 표현해 주는가를 알 수 있는 통계표를 출력하여 주는데 상기의 결과에서 알 수 있듯이 2차원 평면에서 나타난 결합도표는 전체 데이터가 갖고 있는 정보의 89.58% (Cum. Percentages)을 나타내 준다고 볼 수 있다. 다른 말로 표현하면 2차원 공간상에 각 관측점들을 투영했을 때 약 10.42%의 정보 손실이 발생된다는 것을 의미한다.

만약 3차원 공간상에 각 관측점들을 투영했다면 원래 데이터가 갖고 있는 정보의 95.92%를 표현할 수 있음을 알 수 있다.

열변수	Dim1	Dim2	Dim3
기능이 다양하다.	0.021	-0.091	-0.043
디자인이 세련됐다.	0.225	-0.152	0.111
성능이 우수하다.	0.026	0.243	0.001
안정성이 높다.	0.260	0.059	0.105
확장성이 뛰어나다.	-0.108	-0.030	0.025
가격이 저렴하다.	-0.729	-0.027	-0.002
A/S가 잘된다.	0.255	-0.034	-0.171

올바른 축의 해석을 위하여 각 좌표값(coordinate)을 검토하여야 하는데, 제품 이미지에 있어서 X축(Dim1)에 가장 크게 기여한 것은 **'가격'**으로 좌표값이 -0.729로 절대값 다른 값보다 매우 크게 나타났으므로 X축은 **가격** 축으로 해석하여도 크게 무리가 없다. Y축(Dim2)의 경우에는 **'성능'**이 0.243으로 나타냈으며, **디자인**이 -0.152로 상대적으로 절대값이 크다. 그러므로 Y축은 **'성능'**과 **'디자인'** 축으로 해석하면 되겠다.

행변수	Dim1	Dim2	Dim3
삼보	0.142	0.221	0.031
삼성	0.252	-0.083	-0.128
대우	0.069	0.046	-0.044
LG	0.149	-0.149	0.152
상가조립품	-0.612	-0.016	-0.018
현대	0.116	-0.014	0.067

반면에 제품의 측면에서 살펴본다면 **가격** 축인 X축에 가장 기여한 제품은 **'상가조립품'**으로 좌표값이 -0.612로 상대적으로 매우 큰 값이라고 할 수 있다. **삼보** 제품은 **성능** 축(양방향)으로 0.221이므로 잘 설명되고 있으며, LG 제품인 경우 **디자인** 축(음방향)에 의하여 -0.149로 어느 정도 근접하여 설명된다고 볼 수 있다.

행변수		주좌표		표준좌표		정준좌표	
		1	2	1	2	1	2
TV제조사	삼보	0.142	0.221	0.445	1.846	0.251	0.638
	삼성	0.252	-0.083	0.791	-0.698	0.446	-0.241
	대우	0.069	0.046	0.217	0.386	0.122	0.133
	LG	0.149	-0.149	0.469	-1.250	0.265	-0.432
	상가조립품	-0.612	-0.016	-1.923	-0.134	-1.085	-0.046
	현대	0.116	-0.014	0.363	-0.121	0.205	-0.042

열변수		주좌표		표준좌표		정준좌표	
		1	2	1	2	1	2
만족요소	기능이 다양하다.	0.021	-0.091	0.065	-0.761	0.037	-0.263
	디자인이 세련됐다.	0.225	-0.152	0.707	-1.274	0.399	-0.440
	성능이 우수하다.	0.026	0.243	0.082	2.031	0.046	0.702
	안정성이 높다.	0.260	0.059	0.817	0.491	0.461	0.170
	확장성이 뛰어나다.	-0.108	-0.030	-0.339	-0.255	-0.191	-0.088
	가격이 저렴하다.	-0.729	-0.027	-2.291	-0.222	-1.292	-0.077
	A/S가 잘된다.	0.255	-0.034	0.800	-0.284	0.451	-0.098

다른 통계분석용 소프트웨어인 Minitab에서의 대응일치분석의 위치도는 SPSS의 결과와 비교하면 원점대칭 이동된 상태로 나타난다. 그러나 이러한 대칭 이동은 상대적인 해석을 할 경우는 상관이 없다. 서로간의 상대 위치에 대한 해석일 뿐 그림 전체가 뒤집혀져 있는가는 문제가 되지 않는다. 이는 고유값(관성(inertia): 분산을 의미 함)을 계산할 때 부호가 반대로 출력되었기 때문이다.

앞의 과정보다 훨씬 간편하다. 그러나 출력된 결과물을 읽고 해석할 줄 모르면 다 필요없는 일이다. 그러므로 작성시간을 획기적으로 줄이고 남는 시간에 해석하는 방법과 통계적 이해에 시간을 투자하는 것이 보다 효율적이라고 할 수 있다. 그리고 결코 잊지 말아야 할 것은 분석은 행동하기 위하여 하는 것이므로 반드시 행동전략을 수립해야 함을 잊지 마시라. 결코...

대응일치분석결과인 위치도는 보통 3장의 결과를 출력할 수 있는데 대칭적 관계인 위치도와 비대칭(asymmetric)인 경우 2장을 출력할 수 있다. 실전에서는 이 모두를 번역할 수 없다 이들 중 데이터의 내용에 적합한 하나의 위치도를 선택하여 분석하게 된다.

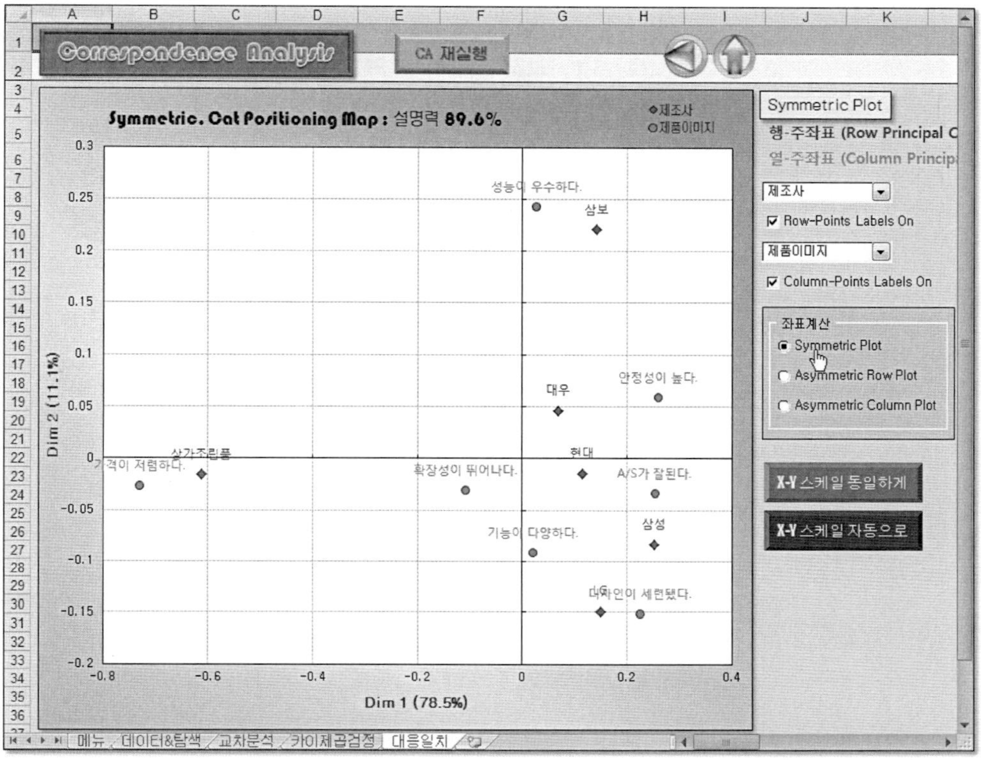

다음 [그림 27.3a]는 대칭적 관계일 때 위치도이다. 먼저 행변수인 제조사에 따른 각 제품의 위치도를 살펴보면, 삼성과 현대, LG 제품이 매우 근사하게 위치하고 있으며, 대우와 삼보 제품이 역시 근사하게 위치하여 있는 것을 알 수 있다.

열변수인 제품 이미지에 따른 위치도를 살펴보면, **안정성**과 **A/S**는 매우 근사하게 위치하고 있으며, **다기능**과 **확장성** 역시 근사하게 위치하고 있다.

이제 제조사와 제품 이미지를 결합한 위치도(결합도표)를 확인해 보도록 하자. **상가조립품**은 **가격**이 저렴한 것이 가장 특징적인 이미지로 나타났으며, **삼보**와 **대우**는 **성능**에 가장 부각되는 이미지를 갖고 있는 것으로 나타났다.

[그림 27.3a] 대칭적 관계일 때 위치도

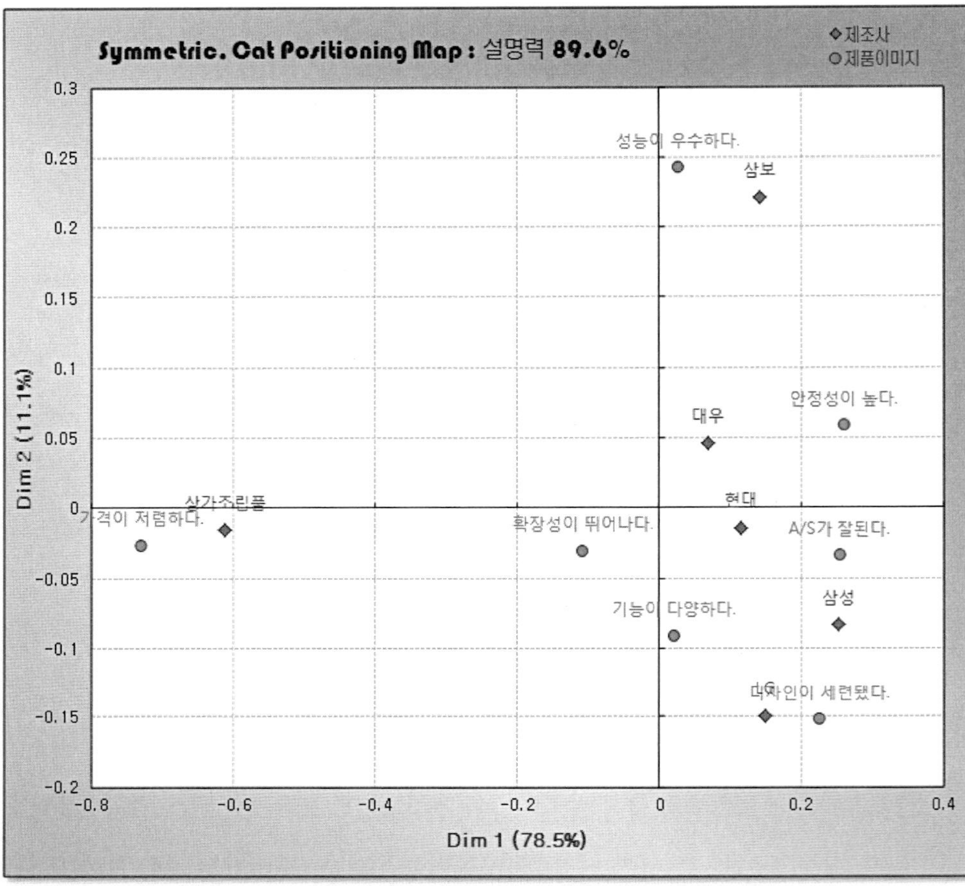

또한 **삼성**과 **현대**는 **안정성**과 **A/S**로 이미지가 부각되었으며, LG는 **디자인**에서 탁월한 이미지로 부각되었음을 알 수 있다.

결론적으로 말하면 상가조립품은 저렴한 가격의 이미지가 소비자의 머릿속에 뚜렷이 인지되어 있으며, 삼보 제품은 우수한 성능의 이미지로, LG 제품은 세련된 디자인 이미지로 소비자의 머릿속을 점하고 있는 것으로 나타났다. 이 조사를 보다 다양한 계층에 적용하여 실시하였다면 계층별로 각 PC 제품이 어떠한 이미지로 부각되고 있는지를 분석할 수 있을 것으로 기대된다. 지금까지 살펴본 바와 같이 대응일치분석은 많은 사회과학조사 및 마케팅/홍보 조사에서 쉽게 얻을 수 있는 범주형 데이터에 근거하여 각 제품 또는 서비스 등을 소비자에 마음속에 인지되고 있는 다양한 이미지와 결합시켜 분석해 볼 수 있는 매우 유용한 분석법이다. 잘 활용할 수 있도록 반복 체험하여 자신의 앎으로 승화시키도록 하자. 여기까지 차분히 학습한 사람은 드물 것이다. 그러나 여기까지 무사히 학습했다면 고수가 될 자질은 충분하다. 행운을 빈다. Good Luck! ^_^

참고문헌

1. 박성현, 박영현 (1995), "통계적 품질관리" 민영사
2. 박성현, 박영현, 이명주 (1997), "통계적 공정관리" 민영사
3. 박성현, 박창순, 백재욱 (1998), 『통계적 품질관리(품질경영)』, 한국방송대학교 출판부
4. 박성현, 박창순, 백재욱 (1999), 『품질경영실무』, 한국방송대학교 출판부
5. 백재욱 (1999), 『6시그마 경영』, 자유아카데미출판사
6. 박창순 (1995), 통계적 품질관리 [SAS의 응용과 함께], 율곡출판사.
7. 박창순, 원태연 (1996), 지수가중이동평균관리도의 경제적 최적모수의 선정, 응용통계연구, Vol. 9, No. 1, pp. 91-109.
8. 아오키 야스히코 외 (1998), (사)한국능률협회 6시그마 추진센터 옮김, 6시그마 도입전략, 21세기북스
9. 원태연 (2011), 통계적 품질관리, 홍릉과학출판사
10. 원태연 (2009), EXCEL 고객만족 전략분석, 홍릉과학출판사
11. 원태연 (2009), SPSS 시각화 통계자료분석, 홍릉과학출판사
12. 원태연 (2010), Minitab & SixSigma Tools 통계자료분석, 홍릉과학출판사
13. Andrew D. Sleeper (2006), Design for Six Sigma Statistics, McGraw-Hill.
14. John Walkenbach (2010), Excel VBA Programming For Dummies, 2nd Edition, Wiley Publishing, Inc.
15. Harry MJ, Schroeder R (1999), Six Sigma, The Breakthrough Management Strategy Revolutionizing The World's Top Corporations. Bantam Doubleday Dell, New York
16. Harry, M.J. (1994), "The Vision fo Six Sigma: Tools and Methods for Breakthrough" 4th ed., Sigma Publishing Company
17. Harry, M.J. (1994), "The vision of Six Sigma: A Roadmap for

Breakthrough" 4th ed., Sigma Publishing Company

18. Juran, J. M. and Gryna, F. M. (1982), Quality Planning and Analysis, McGraw-Hill.
19. McFadden, F. R. (1993), "Six sigma program," Quality Progress, June
20. Montgomery DC (2000), Design and Analysis of Experiments, 5th edn. John Wiley & Sons, Inc., Hoboken, NJ
21. Montgomery DC (2001), Statistical Quality Control, 4th edn. John Wiley & Sons, Inc., Hoboken, NJ
22. Myers RH, Montgomery DA (2001), Response Surface Methodology, 5th edn. John Wiley & Sons, Inc., Hoboken, NJ
23. Taguchi G (1993), Taguchi Methods: Research and Development. In Konishi S(ed.) Quality Engineering Series, vol 1. The American Supplier Institute, Livonia, MI
24. Theodore T. Allen (2006), Introduction to Engineering Statistics and Six Sigma, Springer-Verlag London Limited.
25. Warren Brussee (2004), Statistics for Six Sigma Made Easy, McGraw-Hill.
26. Page, E. S. (1954), Continuous Inspection Schemes, Biometrika, Vol. 41, pp. 100-115.
27. Page, E. S. (1955), A Control Chart with Warning Lines, Biometrika, Vol. 42.
28. Page, E. S. (1961), Cumulative Sum Control Charts, Technometrics, Vol. 3.

색인

(1)
1차 자기상관계수 / 362, 383

(4)
4 block diagram / 547

(5)
5M1E / 528

(7)
7가지 도구 / 419

(A)
absolute zero / 188, 189
accuracy / 558, 688
adjusted coefficient of determination / 377
all possible regressions / 387
alternative hypothesis / 199
appraiser variation / 575
ARL / 442
ascending order / 46
assignable cause / 438
association / 262
asymmetric / 267, 710
AV / 575
Average Linkage Method / 672
Average Run Length / 442

(B)
backward elimination method / 388
bar chart / 78, 84
bell shape / 444
bell-shape / 140
Bernoulli trials / 119
Beta / 166
between subgroup / 536
bias / 582, 584
binomial distribution / 121
Biplot / 648
block / 412, 413

(C)
cases / 27
categorical data / 183, 261
Central Limit Theorem / 144
central limit theorem / 446
Centroid Linkage Method / 672
characteristic function / 595
characteristic root / 595
chi-squared distribution / 159
cluster analysis / 661
clustering / 662
coefficient of determination / 355, 377
cokes / 326
common factor / 627
communality / 638
Complete Linkage Method / 669
conceptualization / 180

conditional probability density function / 100
confirmatory factor analysis / 627
contingency table or crosstable / 262
continuity correction / 145
continuous distribution / 97
control chart / 434
control group / 242
control value / 439
coordinate / 709
correlation analysis / 343
correlation coefficient / 343
correlation matrix / 591
countable / 97
covariance / 113
critical region / 204
Cronbach / 691
cumulative distribution function / 97
CUSUM Chart / 434
cycle / 447
cyclohexanol / 332
cyclohexanone / 332

(D)
defect / 523
Defects Per Million Opportunities / 524
Defects Per Unit / 523
degree of freedom / 159
Dendrogram / 678
dendrogram / 671
dependent variable / 352
derivative / 108
descending order / 46
design of experiments / 283
diffusion furnace / 428
dimension / 590
discrete distribution / 97
dispersion / 556
dissimilarity / 591
distance matrix / 591
distribution free method / 399
distribution function / 97
DOE / 283
Dotplot / 87
DPMO / 524, 527
DPO / 527
DPU / 527
Durbin-Watson / 362
Durbin-Watson 통계량 / 382

(E)
eigenvalue / 591, 631
element / 95
empirical rule / 446
equal variances / 690
equality of variance / 361
equivalent form / 689
equivalent form reliability / 689
error / 285
error term / 357
errors / 358
Euclidean distance / 594
event / 95
EWMA / 437

EWMA Chart / 434
expectation / 101
explanatory variable / 352
exploratory factor analysis / 627
exponential / 151

(F)
F-분포 / 170
factor / 625
factor loading / 629
factor matrix / 647
factor pattern matrix / 647
factor score / 640
factor structure / 647
failure rate / 151
FGI / 439
FillDown / 25
first order autocorrelation / 383
first order autocorrelation coefficients / 362
First time Yield / 525
Fishbone Diagram / 428
fixed format / 33
focus group interview / 439
forecasting / 384
forward selection method / 387
free format / 33
Friedman / 400

(G)
gage / 555
gage capability / 562
gamma distribution / 155
Gap 도표 / 92
Geometric / 128
geometric moving average / 512
goodness of fit test / 554
goodness-of-fit test / 273

(H)
Histogram / 86
histogram / 420
homogeneity test / 269
homogeneous / 412
Hotelling / 176
hypergeometric / 132
hypothesis / 199

(I)
identically independent distribution / 373
independence test / 262
independent variable / 352
index / 181
indicators / 180, 181
inertia / 710
information loss / 590
Integrated Circuit / 423
inter-item consistency reliability / 690
internal cohesion / 672
Ishikawa / 428
Item / 692
item analysis / 692

(J)
joint cumulative distribution function / 99
joint probability function / 99

(K)
Kolmogorov-Smirnov / 400
Kruskal-Wallis / 400
Kuder-Richardson-20 / 691

(L)
least squares method / 373, 374
level of measurement / 184
lifetimes / 155
Likert scale / 193
Likert 척도화 방법 / 694
linear relation / 352
Linearity / 558
linearity / 360
loading plot / 640
location / 556
lognormal / 164
long term process capability / 533
lower control limit / 446
lower specification limit / 538
LSL / 538

(M)
Mann-Whitney / 407
Mann-Whitney의 U 통계량 / 409
Mann-Witney / 400
market segmentation / 661
marketing research / 661
Matrix Plot / 91
Maximum likelihood Method / 630
McQuitty's Linkage / 673
MDS / 704
mean / 101
measure of association / 705
measures of association / 267
median / 111
Median Linkage Method / 672
memory effect / 689
memoryless property, forgetfulness property / 154
method of least squares / 353
metric data / 183
moment / 108
moment generating function / 107
multiple linear regression model / 372
multivariate normal distribution / 175
mutually independent / 100

(N)
natural tolerance limits / 529
negative binomial / 125
nominal scale / 186
nonmetric data / 183
nonparametric method / 399
normal distribution / 140
normalize / 596
Normalized Yield / 525
NTL / 529
null hypothesis / 199

(O)
object / 661
OBLIMIN / 637
oblique rotation / 635
operational definition / 182
operationalization / 180, 182
opportunities / 523
optimal scaling / 703
order statistic / 112
ordinal scale / 187
orthogonal matrix / 634
Orthogonal Rotation / 635
orthogonal rotation / 635
out-of-control / 439

(P)
P-P plot / 363
P/T 비 / 564
paired sample / 116
parametric method / 399
Pareto / 424
part-to-part variation / 572
path analysis / 627
percentage of variance / 633
percentile / 111
perceptual map / 88, 704
pie chart / 78, 84
Poisson / 134
pooled estimator / 250
pooling / 301
population mean / 101
population variance / 103
Positioning Map / 92
positioning map / 88
precision / 372, 556
precision to tolerance ratio / 562
precision-to-tolerance ratio / 564
predicted value / 373
principal component / 601
principal component analysis / 601
Principal Factor Method / 630
probability density function / 99
probability function / 98
probability limits / 459
probability mass function / 98
process capability ratio / 538
process performance / 533
process performance index / 547
PV / 572

(Q)
QC 7 Tools / 436
qualitative data / 183
quantile / 110
quartile / 111
QUARTIMAX / 636

(R)
R-관리도 / 460
random cause / 438
random experiment / 95
random number / 69
random sample / 100

random variable / 96
randomized block design / 291
randomized complete block design / 412
Range / 448
rank sum / 409
rating scale / 191
ratio scale / 189
reduction / 601
reference value / 558, 582
regression analysis / 352
rejectable quality level / 439
Reliability / 692
reliability / 687
repeatability / 569, 574
reproducibility / 569, 575
residual / 374
residuals / 358, 382
response variable / 352
rework / 526
Roberts / 437
Rolled Throughput Yield / 525

(S)
S-관리도 / 463
sample correlation coefficient / 116
sample kurtosis / 107
sample mean / 101, 241
sample skewness / 105
sample space / 95
sample variance / 103
sampling error / 241
sampling with replacement / 133
sampling without replacement / 132
scale / 181, 184
scale parameter / 155
scaling / 693
scatter plot / 433
scatterplot / 78, 88
Scree test criterion / 632
semantic differential scale / 192
shape parameter / 155
short term process capability / 533
Sigma Benchmarking / 547
sign test / 401
similarity / 591
Single Linkage Method / 667
skewed to the left / 105
skewed to the right / 105
slope / 583
Sort / 44
SPC / 418
specification / 529
spherical / 665
spikes / 620
split-half reliability / 690
squared Euclidean distance / 594
Stability / 559
standard deviation / 104
standard normal distribution / 143
standard process capability index / 553
standardization / 59
standardized residual / 359
standby redundant system / 155

statistical process control / 418
statistically in-control / 438
statistically out-of-control / 438
stepwise selection method / 388
sum of squares / 285
sum of squares for regression / 375
sum of squares for total / 375
symmetric / 267
symmetric distribution / 111

(T)
target value / 439, 541
test statistic / 201, 204
test-retest reliability / 689
Total Opportunities / 527
total variation / 572
treatment / 413
treatments / 285
tree structure / 678
trend / 348, 422, 447
trivial many / 424, 536
tube / 428
TV / 572
two-way ANOVA / 412
type I error / 446
type Ⅰ error / 208
type Ⅱ error / 208

(U)
um of squares for error / 375
unbiasness / 103
underlying dimensions / 620
uniform / 150
uniqueness / 108
unit / 523
upper control limit / 446
upper specification limit / 538
USL / 538

(V)
validity / 687
values / 27
variable name / 27
variable selection method / 386
variables / 27, 180, 181
variance-covariance matrix / 175
variance–covariance matrix / 591
VARIMAX / 636
Vilfredo Pareto / 424
vital few / 424, 536

(W)
W.A.Shewhart / 437
waiting time / 153
Wald-Wolforwitz / 400
Ward's Method / 673
Weibull distribution / 161
Wilcoxen Signed-Ranks Test / 405
Wilcoxon의 순위합 / 409
Wilcoxon의 순위합 검정 / 407
Wishart / 176
within subgroup / 536

(Y)

yield per step / 526

(ㄱ)
가설 / 199
가설검정 / 197
감마분포 / 155
개념화 / 180
개체 / 661
거리행렬 / 591
건망성 / 154
검정통계량 / 201
결점집중도 / 431
결정계수 / 377
결함 / 523
결함수(DPMO / 524
결합누적분포함수 / 99
결합도 / 267, 705
결합확률함수 / 99
경로분석 / 627
경향 / 422
경향(trend)을 / 348
경험적 관례 / 446
계량적 데이터 / 183
계측기 / 555
계층적(hierarchical) 군집 / 666
고유값 / 591, 631, 710
고유벡터 / 591
고정형식 / 33
공분산 / 113
공정능력비 / 538
공정능력지수 / 539
공정성능 / 533
공정성능지수 / 547
공통분산 / 629
공통성 / 638
공통요인 / 627
관리값 / 439
관리도 / 434, 437
관리상태 / 438
관리상한 / 446
관리하한 / 446
교차표 / 704
구간척도 / 188
구형 / 665
군집 간 평균연결법 / 672
군집 내 평균연결법 / 673
군집분석 / 661
군집화 / 662
귀무가설 / 199
규격 / 529
규격상한 / 538
규격하한 / 538
균일분포 / 150
기각역 / 204, 205
기각품질수준 / 439, 515
기대값 / 101
기억효과 / 689
기여율 / 604
기울기 / 583
기준값 / 558, 582
기하분포 / 128
기하이동평균 / 512
기회 / 523
기회당 결함수 / 527

(ㄴ)
나무구조 / 678
난괴법 / 291, 412
난수 / 69
내림차순 / 46
내부적 응집성 / 672
누적분포함수 / 76, 97
누적수율 / 525
누적합 관리도 / 434

(ㄷ)
다변량정규분포 / 175
다중선형회귀모형 / 372
다차원척도법 / 704
단계선택법 / 388
단기공정능력 / 533
단위 / 523
단위당 결함수 / 523, 527
대기시간 / 153
대기중복시스템 / 155
대립가설 / 199, 205
대응 2-표본 부호검정 / 404
대응일치분석 / 704
대응표본 / 116
대칭분포 / 111
대칭적 / 267
데이터 / 183
덴드로그램 / 671, 678
도함수 / 108
독립변수 / 352
독립성 검정 / 262
동질성검정 / 269
동질적 / 412
동형 / 689
동형검사신뢰도 / 689
등간척도 / 188
등공분산성 / 690
등공분산성(equal / 690
등급척도 / 191
등분산 / 361
등분산성 / 690

(ㄹ)
런길이 / 442, 517
로그정규분포 / 164
리커트 척도 / 193

(ㅁ)
마케팅조사 / 661
막대도표 / 78, 84
말뚝 / 620
명목척도 / 186
모든 가능한 회귀 / 387
모분산 / 103
모수적 방법 / 399
모평균 / 101
목표값 / 541
문항내적합치도 / 690
문항분석 / 692

(ㅂ)
반복성 / 556, 569, 574
반복측정 / 687

반분신뢰도 / 690
배리멕스 / 636
백분위수 / 111
범위 / 448
범주형 데이터 / 183, 261
베르누이 시행 / 119
베리멕스회전 / 636
베타분포 / 166
변수 / 27, 180, 181, 184
변수값 / 27, 184
변수선택법 / 386
변수이름 / 27
복원추출 / 133
부품간 변동 / 572
부호검정 / 401
분산-공분산행렬 / 175
분산의 비율 / 633
분산−공분산행렬 / 591
분위수 / 110
분포무관방법 / 399
분포함수 / 97
분할표 / 262
불편성 / 103
블록 / 412, 413
비대칭 / 710
비대칭적 / 267
비모수적 방법 / 399
비복원추출 / 132
비율척도 / 189

(ㅅ)

사각회전 / 635, 636
사건 / 95
사분위수 / 111
사소한 다수 / 424
사소한 다수요인 / 536
사용자 정의 서식 / 49
사이클로헥사논 / 332
사이클로헥사놀 / 332
산점도 / 78, 88, 433
상관계수 / 343
상관관계 / 347
상관분석 / 343
상관행렬 / 591, 593
상이성 / 591
상호 연관성 / 262
상호작용 / 301
생존시간 / 155
서로 독립 / 100
서열척도 / 187
선행이론 / 633
선형관계 / 343, 352
선형성 / 343, 360, 558, 583
설명력 / 604
설명변수 / 352
셀 수 있는 / 97
수정결정계수 / 377
순서척도 / 187
순서통계량 / 112
스크리 검정 기준 / 632
스크리검정 / 632
스타펠척도 / 193
스피어만-브라운 공식 / 691
시리얼 / 681

시리얼 시장조사 / 641
시장세분화 / 661
신뢰도 / 688
신뢰도 분석 / 692
신뢰성 / 687
신뢰수준 / 211
실패율 / 151
실험계획법 / 283

(ㅇ)
안정성 / 559, 586
알파계수 / 691
양적 데이터 / 183
양쪽검정 / 205
어의차이척도 / 192
역 누적분포함수 / 77
연속성의 수정 / 145
연속형 분포 / 97
예측 / 384
예측값 / 373
오류 / 208
오름차순 / 46
오블리민회전 / 637
오차 / 285, 358
오차제곱합 / 375
오차항 / 357
와이블분포 / 161
왈드 군집법 / 673
요소 / 95
요인 / 625
요인구조 / 647
요인적재값 / 646, 647
요인적재량 / 629
요인점수 / 640
요인패턴행렬 / 647
요인행렬 / 647
우연원인 / 438
원도표 / 78, 84
위샤트 / 176
위치 / 556
위치도 / 88, 92, 703, 704
윌콕슨 부호순위 검정 / 405
유사성 / 591
유의수준 / 204, 209
유일성 / 108
유클리드 거리 / 594
유클리드 제곱거리 / 594
음이항분포 / 125
이변량정규분포 / 173
이산형 분포 / 97
이상상태 / 438
이상원인 / 438
이원분산분석 / 412
이항분포 / 121

(ㅈ)
자료 / 183
자연공차한계 / 529
자유도 / 159
자유형식 / 33
잔차 / 374, 382
잔차도표 / 369
장기공정능력 / 533
재검사 신뢰도 / 689

재작업 / 526
재현성 / 557, 569, 575
적률 / 108
적률모함수 / 107
적재값 도표 / 640
적합도 검정 / 273, 554
전진선택법 / 387
절대적 원점 / 188, 189
점도표 / 87
정규분포 / 140
정규화 / 596
정도 / 372
정량적 데이터 / 183
정렬 / 44
정밀도 / 556
정보 손실 / 590
정성적 데이터 / 183
정확성 / 688
제 1 종 오류 / 208, 446
제 1 종 오류확률 / 209
제 2 종 오류 / 208
제곱합 / 285
조건부 확률밀도함수 / 100
조작적 정의 / 182
조작화 / 180, 182
종모양 / 444
종속변수 / 352
종형 / 140
좌표값 / 709
주기 / 447
주성분 / 601, 604
주축요인법 / 630
중복(overlapping) 군집 / 666
중심극한정리 / 144, 446
중심연결법 / 672
중요한 소수 / 424
중위수 / 111
중위수연결법 / 672
지각도 / 88
지수 / 181
지수가중이동평균 관리도 / 434
지수분포 / 151
지표 / 180, 181
직각회전 / 635
직교행렬 / 634
직접회로 / 423
질적 데이터 / 183
집단간 변동 / 536
집단내 변동 / 536

(ㅊ)

차원 / 590
차원(underlying / 620
참조값 / 558
처리 / 285, 413
척도 / 181, 184
척도모수 / 155
척도화 / 693
첨도 / 106
초기수율 / 525
초기하분포 / 132
총기회수 / 527
총변동 / 572
총제곱합 / 375

최단연결법 / 667
최소제곱법 / 373, 374
최우도법 / 630
최장연결법 / 669
최적화 척도법 / 703
추세 / 447
축소 / 601
측정 / 179
측정능력 / 562
측정수준 / 184
측정시스템 / 555
측정이론 / 687
치명적인 소수요인 / 536

(ㅋ)
카이제곱분포 / 159
케이스 / 27
코우크스(cokes) / 326
쿼티멕스 / 636
쿼티멕스회전 / 635
크론바 알파계수 / 692
크루스칼-왈리스 검정 / 410

(ㅌ)
타당성 / 687
탐색적 요인분석 / 626
통제집단 / 242
특성근 / 595
특성요인도 / 428
특성함수 / 595

(ㅍ)
퍼짐 / 556
편의 / 557, 582, 584
평균 / 101
평균런길이 / 442
평균수율 / 526
포아송분포 / 134
표본공간 / 95
표본분산 / 103
표본상관계수 / 116
표본오차 / 241
표본왜도 / 105
표본첨도 / 107
표본평균 / 101, 241
표준공정능력지수 / 553
표준정규분포 / 143
표준편차 / 104
표준화 / 59
표준화 잔차 / 359

(ㅎ)
한쪽검정 / 205
합동추정량 / 250
행렬도표 / 91
행렬의 연산 / 64
행태적 해석 / 267
형태모수 / 155
호텔링 / 176
확률 / 96
확률(probability)이라 / 96
확률밀도함수 / 75, 99
확률변수 / 96
확률실험 / 95

확률표본 / 100
확률한계 / 459
확률함수 / 98
확증적 요인분석 / 627
회귀분석 / 352
회귀제곱합 / 375
후진제거법 / 388
히스토그램 / 86, 420

(p)
p-value / 211
p-값 / 211

정가 37,000원

EXCEL SixSigmaTools 응용과 이해

2012년 6월 1일 초판 인쇄
2012년 6월 10일 초판 발행
저 자 : 원 태 연
발행자 : 우 명 찬 · 송 준
발행처 : 홍릉과학출판사
주 소 : 서울시 강북구 인수동 455-60
142-885
등 록 : 1976년 10월 21일 제5-66호
전 화 : (02)999-2274 ~ 5, 996-8341, 903-7037
팩 스 : (02)905-6729
ISBN : 978-89-97570-21-8
e-mail: hongpub@hongpub.co.kr
http://www.hongpub.co.kr

저자와의 협의하에 인지생략